Dynamomaschinen

für

Gleich- und Wechselstrom.

Von

Gisbert Kapp.

Vierte vermehrte und verbesserte Auflage.

Mit 255 in den Text gedruckten Figuren.

Springer-Verlag Berlin Heidelberg GmbH 1904

ISBN 978-3-662-35995-2 ISBN 978-3-662-36825-1 (eBook)
DOI 10.1007/978-3-662-36825-1
Softcover reprint of the hardcover 4th edition 1904

Vorwort zur vierten Auflage.

Die vorliegende Auflage ist eine Neubearbeitung und erhebliche Erweiterung der dritten Auflage. Die Anzahl und Überschriften der Kapitel blieben zwar unverändert, um den Zusammenhang mit der dritten Auflage nicht zu stören, die einzelnen Kapitel haben aber entsprechend der ausführlicheren Behandlung eine größere Zahl von Abschnitten erhalten. In manchen Fällen ist neben der rein mathematischen Ableitung oder an Stelle dieser eine der Denkungsweise des praktischen Ingenieurs besser angepaßte Ableitung gegeben worden, wie z. B. bei den Abschnitten über elektromagnetisch aufgespeicherte Energie und Spannungserhöhung beim Abschalten des Stromes, Kommutierung durch Bürstenwiderstand, Bestimmung des Formfaktors, Messung der Leistung von Mehrphasenströmen, Ableitung des Kreisdiagrammes unter Verwendung des Begriffes der äquivalenten Spulen, das Pendeln ungedämpfter und gedämpfter Maschinen und die Wirkungsweise von mit Kommutator versehenen Wechselstrommaschinen. Allerdings entbehren diese Ableitungen jene Eigenschaft, die der mathematische Physiker mit dem Worte Eleganz kennzeichnet, und in manchen Fällen geben sie nur eine näherungsweise Lösung des Problems; sie haben aber den Vorteil der Einfachheit und deshalb hoffe ich, daß sie dem praktischen Ingenieur sympathischer sein werden, als die durch Übergang von einem Textbuch ins andere klassisch gewordenen Ableitungen.

Manchem Leser könnte es vielleicht scheinen, daß der Theorie der Kommutator-Wechselstrommaschinen übermäßig viel Raum gewidmet worden ist, da ja die praktische Verwendung dieser Typen noch weit hinter jener der gewöhnlichen Wechselstrommaschinen zurücksteht. Tatsächlich sind die meisten der Kommutatormaschinen noch in der Entwicklung begriffen, und bevor die Praxis gezeigt hat, welche Typen lebensfähig sind, wäre es zwecklos und möglicherweise verfehlt, einzelne Typen zwecks Besprechung ihrer konstruktiven Einzelheiten herauszugreifen. Aus diesem Grunde aber diese Art Maschinen ganz zu übergehen schien mir doch nicht gerechtfertigt. Daß für Motoren dieser Art und besonders für Einphasenstrom sehr bald durchweg praktische Typen auf den Markt kommen werden, halte ich in Anbetracht ihrer Bedeutung für den Bahnbetrieb für sehr wahrscheinlich, nur ist es jetzt noch nicht möglich zu sagen, welche besonderen Konstruktionen aus dem augenblicklichen Wettstreit der Erfinder und Konstrukteure siegreich hervorgehen werden. Ich habe mich deshalb darauf beschränkt, eine allgemeine Theorie der wichtigsten Typen und eine Erklärung ihrer Wirkungsweise zu geben.

Der Ingenieur kommt oft in die Lage für seine eigenen konstruktiven Zwecke Formeln ableiten oder auf ihre Anwendbarkeit prüfen zu müssen. Dabei ist es zweckmäßig zu untersuchen, ob die Formel auf einer richtigen Grundlage aufgebaut ist, wozu gehört, daß die durch die Formel ausgedrückte Größe auch die ihr zukommenden Dimensionen hat. Um diese Prüfung zu erleichtern, ist dem Buche eine Tafel der Dimensionen für die wichtigsten physikalischen Größen als Anhang beigegeben.

Westend-Berlin, im Januar 1904.

Gisbert Kapp.

Inhalt.

Erstes Kapitel.

Zweites Kapitel.

Drittes Kapitel.

Viertes Kapitel.

Fünftes Kapitel.

Sechstes Kapitel.

Siebentes Kapitel.

Achtes Kapitel.

Neuntes Kapitel.

Zehntes Kapitel.

Inhalt.

Erstes Kapitel.

Zweites Kapitel.

Drittes Kapitel.

Viertes Kapitel.

Fünftes Kapitel.

Sechstes Kapitel.

Siebentes Kapitel.

Achtes Kapitel.

Neuntes Kapitel.

Zehntes Kapitel.

Elftes Kapitel.

Zwölftes Kapitel.

Dreizehntes Kapitel.

Vierzehntes Kapitel.

Fünfzehntes Kapitel.

Sechzehntes Kapitel.

Siebenzehntes Kapitel.

Achtzehntes Kapitel.

Neunzehntes Kapitel.

Zwanzigstes Kapitel.

Erstes Kapitel.

1. Definition und Wirkungsgrad der Dynamomaschine. — 2. Messung der elektrischen Leistung. — 3. Hauptbestandteile der Dynamomaschine. — 4. Unterschied zwischen Gleich- und Wechselstrommaschinen. — 5. Geschichte und Entwicklung der Dynamomaschinen.

1. Definition und Wirkungsgrad der Dynamomaschine.

Im weitern Sinne bezeichnet man als Dynamomaschine einen Apparat, bei dem die mechanische Energie einer rotierenden Bewegung durch die elektromagnetische Induktion in elektrische Energie und umgekehrt verwandelt wird. Hierbei ist es gleichgültig, ob der elektrische Strom, den die durch irgend eine Kraft angetriebene Dynamomaschine liefert, immer dieselbe Richtung hat oder abwechselnd in entgegengesetzter Richtung fließt; dasselbe gilt für den Strom, der, von einer äußeren Quelle zugeführt, die Dynamomaschine antreibt. Daß wir bei der Erzeugung der mechanischen Energie nur die drehende Bewegung berücksichtigen, geschieht deshalb, um durch die Definition eine Reihe von Apparaten auszuschließen, deren Wirkung gleichfalls auf der Anwendung der elektromagnetischen Induktion beruht. So wird auch bei einer gewöhnlichen elektrischen Klingel, dem Morseschen Schreibapparat oder bei den Blocksignalen der Eisenbahnen die Energie elektrischer Ströme in mechanische Energie umgesetzt, ohne daß für diese Apparate die Bezeichnung Dynamomaschinen zutreffend wäre. Anderseits ist die Holtzsche Influenzmaschine durch die obige Definition ausgeschlossen, weil bei ihr die mechanische Energie der rotierenden Bewegung nicht durch elektromagnetische, sondern durch elektrostatische Induktion in elektrische Energie umgesetzt wird. Trotz dieser Einschränkungen bleiben die Grenzen für den Begriff der Dynamomaschine noch unzweckmäßig weit, und wir wollen deshalb noch Unterabteilungen machen. Hierbei sind zwei Gesichtspunkte leitend: einmal wird entweder die mechanische Energie rotierender Bewegung in elektrische umgesetzt oder umgekehrt; zum andern fließt entweder Gleichstrom oder Wechselstrom durch die Leitung. Hiernach unterscheiden wir vier Arten von Maschinen:

1. Der Gleichstromgenerator, durch welchen die mechanische Energie in die Energie eines Gleichstroms verwandelt wird.
2. Der Wechselstromgenerator, durch welchen die mechanische Energie in die Energie eines Wechselstroms oder mehrerer Wechselströme umgesetzt wird.
3. Der Gleichstrommotor, durch welchen die Energie eines Gleichstroms in mechanische Energie verwandelt wird.
4. Der Wechselstrommotor, durch welchen die Energie eines Wechselstroms oder mehrerer Wechselströme in mechanische Energie verwandelt wird.

Alle diese Maschinen haben also den Zweck, Energie in eine andere Form überzuführen; es ist deshalb klar, daß der Wert dieser Apparate in erster Reihe von dem Wirkungsgrad der Umsetzung abhängt, d. h. von dem Verhältnis der Energiemengen, die einerseits der Maschine zugeführt, anderseits wieder gewonnen werden. Je kleiner der Verlust bei dieser Umsetzung ist, um so besser ist die Maschine. Daß überhaupt ein gewisser Verlust bei den Dynamomaschinen stattfindet, läßt sich aus der Analogie mit ähnlichen Apparaten schließen. Denn bisher ist keine Maschine erfunden, die nicht mit einem bestimmten Verlust arbeitet; bei den Dynamomaschinen ist dieser Verlust aber kleiner als bei den meisten mechanischen Umsetzungen. Es ist nämlich keineswegs schwierig, Dynamomaschinen zu bauen, die einen Wirkungsgrad von 95 % haben, während die besten Zentrifugalpumpen kaum 70 %, die besten Turbinen 85 % und die Dampfmaschinen nur ausnahmsweise 90 % erreichen. Sehen wir von den einfachen mechanischen Einrichtungen, die zur Kraftübertragung dienen, wie Seilbetrieb u. s. w., ab, so hat daher die Dynamomaschine gegenwärtig ohne Zweifel den größten Wirkungsgrad von allen Maschinen.

2. Messung der elektrischen Leistung.

Es entsteht hier natürlich die Frage, wie der Wirkungsgrad einer Dynamomaschine oder eines Elektromotors zu bestimmen ist. Er ist gleich dem Verhältnis der der Maschine zugeführten und der von ihr wiedergewonnenen Leistung. Die eine Energieform ist jedem Techniker bekannt und läßt sich ohne besondere Schwierigkeit messen. Wird z. B. die Dynamomaschine durch Dampfkraft angetrieben, so können wir Diagramme bei voller Belastung und beim Leergang aufnehmen und so mit ziemlicher Genauigkeit bestimmen, welche Leistung der Dynamomaschine wirklich zugeführt wird. Auch läßt sich die Leistung mit einem mechanischen Arbeitsmesser bestimmen. Man vermeidet dabei den geringen Fehler, der von dem Unterschied der Reibung bei voller Belastung und beim Leergang herrührt. Mit solchen Messungen ist jeder Techniker vertraut; erst die elektrischen Messungen am Ende des Übertragungsprozesses erheischen eine neue Vorbereitung. Die Beziehung zwischen den magnetelektrischen und den rein mechanischen Kräften werden wir im vierten Kapitel näher betrachten; für den vorliegenden Zweck genügt es, wenn wir nur eine einzige Methode angeben, wie man die elektrische Leistung messen kann.

Fließt ein Strom durch einen Draht, so wird dieser erwärmt. Die entwickelte Wärmemenge rührt von der Arbeit her, die der Strom leistet, wenn er den Widerstand des Drahtes überwindet. Aus dem Prinzip von der Erhaltung der Arbeit, das für elektrische Prozesse ebenso gilt, wie für thermodynamische und rein mechanische, schließen wir, daß die vom Drahte abgegebene Wärmemenge ein Maß für die vom Strome entwickelte elektrische Arbeit ist. Die in einer bestimmten Zeit entwickelte Wärmemenge läßt sich mit einem Kalorimeter messen und ihr mechanisches Äquivalent in Meterkilogramm oder Pferdestärkenstunden bestimmen. Durch Division durch die Zeit finden wir die Leistung, d. h. die Arbeit in der Zeiteinheit. Messen wir gleichzeitig die Stromstärke und den Spannungsunterschied zwischen den Enden des Stromleiters, so finden wir, daß bei einem ununterbrochenen Gleichstrom das Produkt dieser beiden Ablesungen der Anzahl von Kalorien proportional ist, die in der Zeiteinheit entwickelt werden. Wir können deshalb die etwas lästige und schwierige kalorimetrische Methode durch die weit einfachere elektrische ersetzen und sagen: die von einem ununterbrochenen Gleichstrom in einem Stromleiter entwickelte Leistung, d. h. die Arbeit in der Zeiteinheit wird gemessen durch das Produkt aus Stromstärke und Spannungsdifferenz zwischen den Enden des Leiters. Auf diese Weise findet man die von einer Glühlampe verzehrte Leistung durch Multiplikation der Spannung an den Klemmen der Lampe mit der Stärke des sie durchfließenden Stromes. Damit die Messung das richtige Resultat liefert, darf der Stromleiter unter keinen andern elektrodynamischen Einflüssen stehen. Er soll also nicht in der Nähe eines Magnetes in Bewegung gesetzt werden, noch soll man einen Magnet ihm nähern oder von ihm entfernen. Denn durch eine solche relative Bewegung zwischen einem Magnet und einem Leiter würde in diesem eine E.M.K. induziert, die den ursprünglichen Strom, dessen Leistung zu messen ist, entweder verstärkt oder schwächt; die Messung würde also um den Betrag derjenigen Energiemenge fehlerhaft sein, die in der Zeiteinheit durch die Bewegung verloren oder gewonnen wird. Aus demselben Grunde ist die Messung der Leistung eines Wechselstromes nicht immer auf so einfache Weise möglich wie die eines Gleichstroms. Unter gewissen Bedingungen wirkt nämlich ein Wechselstrom fast ebenso wie ein bewegter Magnet: das Produkt aus Spannung und Stromstärke ist sodann größer als die wirkliche Leistung. Um diese zu erhalten, wenn der Wechselstrom auf den Leiter zurückwirkt — eine Eigenschaft, die man als *Selbstinduktion* bezeichnet, — sind noch einige weitere Messungen unvermeidlich; doch wollen wir jetzt hierauf nicht näher eingehen, da wir in einem späteren Kapitel darauf zurückkommen. Es genügt jetzt für uns, daß bei einem ununterbrochenen Gleichstrom das Produkt aus Spannung und Stromstärke ein Maß für die entwickelte Leistung bildet. Die elektrische Spannung oder Potentialdifferenz wird in *Volt* gemessen, die Stromstärke in *Ampère* und das Produkt beider in *Volt-Ampère* oder *Watt.* Die Beziehung zwischen Watt und den andern Einheiten wird später erläutert, für jetzt möge es genügen anzuführen, daß

1 Meterkilogramm in der Sekunde = 9,81 Watt
und 1 metrische Pferdestärke[1]) = 736 Watt.

Mit Hilfe dieser Gleichungen können wir die Leistung einer Dynamomaschine in dem System mechanischer Einheiten ausdrücken.

---

[1]) Die englische Pferdestärke beträgt 746 Watt.

Wir messen die elektrische Leistung in Watt und verwandeln diese in Pferdestärken, wenn die der Maschine zugeführte Leistung in diesem Maße ausgedrückt ist. Es möge z. B. der Strom einer Dynamomaschine durch einen in den Stromkreis eingeschalteten Strommesser bestimmt werden; ein Spannungsmesser möge an den Polklemmen der Dynamomaschine anliegen, von wo die Hauptleitungen abgehen, um eine Anzahl Lampen mit Strom zu versorgen. Machen

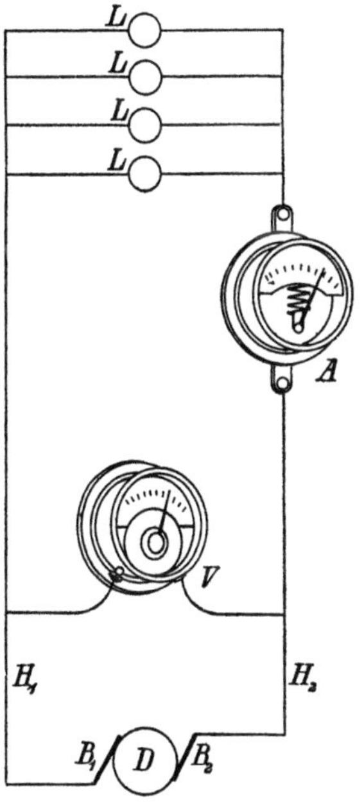

Fig. 1.

wir alsdann gleichzeitig Ablesungen an beiden Instrumenten, so können wir bestimmen, welche Leistung in den Lampen und in ihren Zuleitungen verzehrt wird. Die Anordnung ist schematisch in Fig. 1 dargestellt; hier bedeutet D die Dynamomaschine, die durch die *Bürsten* B_1, B_2 mit den Hauptkabeln H_1, H_2 verbunden ist. In der Leitung H_2 ist der Strommesser A eingeschaltet; der Spannungsmesser V ist mit den Enden der Hauptleitungen durch ein Paar Drähte verbunden und gibt die Spannung an den Klemmen der Maschine an. Zeigt der Strommesser auf 140 Ampère und der

Spannungsmesser auf 105 Volt, so ist die im Stromkreis verbrauchte Leistung $105 \times 140 = 14700$ Watt oder rund 20 P. S. Auf ähnliche Weise läßt sich die einem Motor zugeführte Leistung messen. In diesem Falle würde D den Motor bedeuten, der den Strom von einer beliebigen Quelle, z. B. von einer Batterie, empfängt, die an Stelle der Lampen L tritt. Die Leistung, die dem Motor in Form eines elektrischen Stromes von einer bestimmten Stärke und Spannung zugeführt wird, kann aus den Ablesungen der beiden Instrumente A und V berechnet werden.

3. Hauptbestandteile der Dynamomaschine.

Für eine solche Messung ist eine Kenntnis von dem Bau der Dynamomaschine nicht erforderlich, der Beobachter braucht nur die beiden Instrumente abzulesen und eine einfache Rechnung anzustellen. Wir wollen indessen hier auch auf die Konstruktion dieser Maschine im allgemeinen eingehen und ihre Hauptteile beschreiben. Dabei beschränken wir uns vorläufig auf Gleichstrommaschinen und berücksichtigen zunächst nur den Generator, da die einzelnen Teile des Motors im wesentlichen dieselben sind. Wenn wir zuerst von jenen Teilen absehen, die rein mechanische Aufgaben erfüllen, so kann man bei einer Dynamomaschine vier Hauptteile unterscheiden, die elektrischen oder magnetischen Zwecken dienen, nämlich die Feldmagnete, den Anker, den Kommutator und die Bürsten. Die Feldmagnete und die Bürsten sind im allgemeinen fest, während sich der Anker mit seinem Kommutator dreht. Der Strom wird durch die elektromagnetische Induktion in Drähten erzeugt, die vor den Magnetpolen bewegt werden. Die Drähte bilden einen Teil des Ankers und sind so mit einander verbunden, daß sich die einzelnen Induktionsstöße addieren. Sie stehen auch mit dem Kommutator in Verbindung, auf dem die Bürsten schleifen; infolge dessen kann, wenn die Klemmen der Maschine durch einen Leiter verbunden sind, der Strom auf einer Seite vom Anker wegfließen und, nachdem er durch die äußere Leitung geflossen ist, auf der anderen Seite zu ihm zurückkehren. Die Aufgabe der vier Hauptteile ist also folgende: Die Feldmagnete erzeugen die Pole, vor oder zwischen denen sich der Anker bewegt. Die hierbei in jeder Drahtwicklung entstehenden elektrischen Ströme sammelt und richtet der Kommutator. Endlich haben die Bürsten den Zweck, zwischen den festen Klemmen des äußeren Stromkreises und dem rotierenden Kommutator eine passende Verbindung herzustellen. Diese Beschreibung wird mit Hilfe der

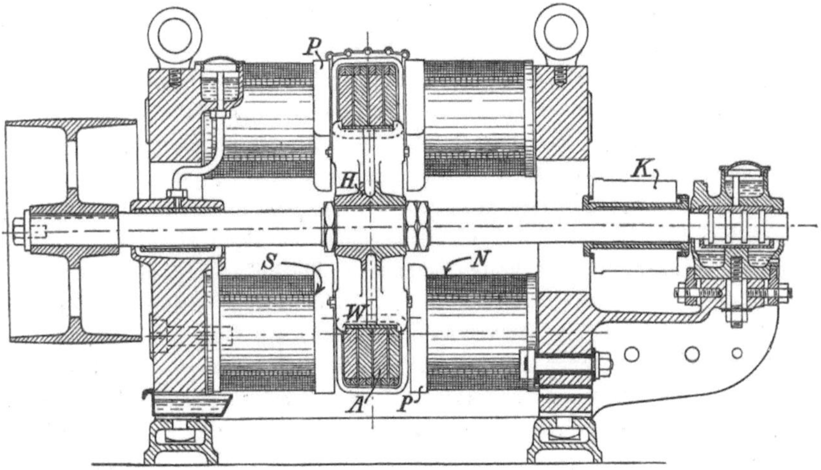

Fig. 2.

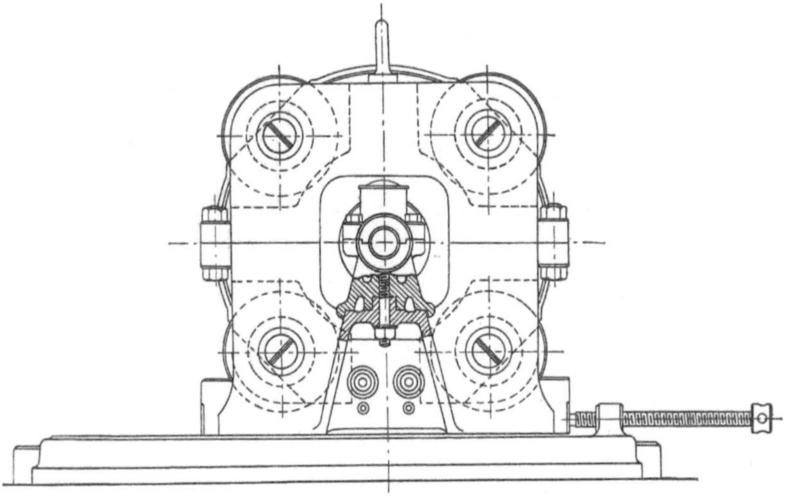

Fig. 2a.

durch Fig. 2 gegebenen Zeichnung einer der Praxis entnommenen Dynamomaschine deutlicher werden. Die abgebildete Maschine gehört zu der Klasse der sogenannten Flachringmaschinen[1]), deren Anker die Form einer Scheibe oder eincs zylinderförmigen Ringes von verhältnismäßig großem Durchmesser und kurzer Achse bildet. In der Seitenansicht (Fig. 2) ist der Anker im Querschnitt gezeichnet; *A* bezeichnet den Kern und *W* die Wicklung. Der Kern besteht aus dünnem Eisenblechband, das auf einen stärkern Ring gewickelt ist, der seinerseits wieder mittels Armen und der Nabe *H* auf der Achse aufsitzt. Die flachen Arme sind auseinandergeschnitten, Schraubenbolzen halten sie zusammen und pressen den Anker dazwischen. Aus gewissen Gründen, die wir jetzt nicht näher erörtern wollen, besteht der Anker nicht aus einem einzigen starken Eisenkern, sondern aus mehreren schmalen Blechbändern, die nebeneinander aufgewickelt worden sind. Ist der Kern fertiggestellt, so wird über seine mit Isolationsstoffen bekleidete Oberfläche der mit Baumwolle besponnene Kupferdraht gewickelt und zwar so, daß die Windungen eine in sich geschlossene Spirale bilden, die der Bequemlichkeit wegen in Abteilungen angefertigt wird; die Verbindungsstellen zwischen zwei benachbarten Teilen der Wicklung werden mit den entsprechenden Segmenten des Kommutators *K* verbunden. Diese Segmente sind von einander gut isoliert und bilden zusammen einen Zylinder, auf dessen Außenfläche die Bürsten schleifen. Durch diese wird der Strom aus dem Anker zu den Klemmen und in den äußeren Stromkreis geleitet. Die Polschuhe *P P* bilden die innern Endstücke von zwei Magnetsystemen, die auf beiden Seiten des Ankers liegen, während die äußern Enden durch das Joch unter sich verbunden sind. Spulen *N* und *S* aus isoliertem Kupferdraht umgeben die Magnetkerne, und die in diesen Spulen fließenden Ströme induzieren den Magnetismus, der seinerseits wieder die Ströme in der Ankerwicklung induziert.

4. Unterschied zwischen Gleich- und Wechselstrommaschinen.

Die Gleich- und Wechselstrommaschinen unterscheiden sich in ihrem Bau nicht wesentlich, weisen jedoch in elektrischer Beziehung erhebliche Abweichungen von einander auf. Dies leuchtet am besten

---

[1]) Es ist das eine ältere Konstruktion und hier als Beispiel nur deshalb gewählt, weil die einzelnen Organe leichter unterschieden werden können als bei den modernen Maschinen von mehr gedrängter Bauart.

ein, wenn man überlegt, welche Änderungen an der durch Fig. 2 dargestellten Maschine vorgenommen werden müßten, damit sie Wechselstrom liefern könnte. Die Ankerspulen wären dann in vier getrennten Gruppen anzuordnen, die den vier Polen der Feldmagnete entsprächen. Spule 1 müßte mit Spule 2 verbunden werden, ebenso Spule 2 mit Spule 3 und Spule 3 mit Spule 4, sodaß je ein Ende von Spule 1 und 4 frei blieben. Diese freien Enden wären mit zwei Kontaktringen zu verbinden, die auf der Achse befestigt, aber von dieser und von einander isoliert sein müßten. Von ihnen würde der Strom mittels Bürsten in gewöhnlicher Weise abgenommen. Bei beiden Maschinen haben wir also ein System von Feldmagneten, ebenso einen Anker mit Drahtspulen; aber während diese bei der Gleichstrommaschine in großer Zahl vorhanden sind und jede nur wenige, sogar in vielen Fällen nur eine einzige Windung besitzen, gibt es bei der Wechselstrommaschine nur so viel Spulen, als die Feldmagnete Pole haben; jede Spule enthält dagegen eine große Zahl von Windungen. Bei der Gleichstrommaschine sind die Spulen alle ununterbrochen mit einander und mit den Segmenten des Kommutators verbunden, und jede Spule kommt gleichsam allmählich in Wirkung und ebenso allmählich wieder heraus. Bei der Wechselstrommaschine haben wir keinen Kommutator, sondern nur ein Paar Kontaktringe, die die Klemmen des Ankerkreises bilden; alle Spulen kommen gleichzeitig in Wirkung und wieder heraus. Da es nur auf die relative Bewegung zwischen Ankerspulen und Feldpolen ankommt, können wir Wechselstrommaschinen auch derart anordnen, daß der Anker still steht und die Pole rotieren. Dann werden Schleifringe zur Abnahme des Wechselstroms überflüssig, sind aber für die Zufuhr des Erregerstromes zu den Magneten notwendig.

Es gibt noch andere Unterschiede zwischen beiden Maschinenarten, doch sollen diese in spätern Kapiteln besprochen werden, wo wir die Theorie und die Wirkungsweise dieser Maschine näher behandeln. Wir wollen jetzt nur noch die verschiedenen Aufgaben hervorheben, für welche die Gleich- und Wechselstrommaschinen bestimmt sind. Die ersteren werden für elektrische Beleuchtung, elektrochemische und thermoelektrische Arbeiten und elektrische Arbeitübertragung benutzt. Der Wechselstrommaschinen bedient man sich hauptsächlich für Beleuchtungszwecke und für Arbeitübertragung, in letzterem Falle meist in der Form von Mehrphasenmaschinen. Für elektrochemische Zwecke sind sie nur mit besonderen Vorrichtungen verwendbar; was die thermoelektrischen Arbeiten, wie die Gewinnung von Aluminiumlegierungen, anbelangt, so können diese auch ohne Zweifel mit Erfolg durch Wechselstrom ausgeführt werden, obgleich man hierfür jetzt meistens Gleichstrom verwendet.

5. Geschichte und Entwicklung der Dynamomaschinen.

Ein besonderes praktisches Interesse beansprucht die Leistungsfähigkeit der Dynamomaschinen. Vor etwa dreißig Jahren lenkten sie zuerst die Aufmerksamkeit der Techniker auf sich, allerdings zunächst nur in bescheidenem Maße. Erst mit der Pariser Ausstellung im Jahre 1881 ist das Interesse reger geworden, hat ihre Größe und Leistung beständig zugenommen. Vor dieser Ausstellung gab es nur wenige Firmen, die sich mit dem Bau von Dynamomaschinen beschäftigten, und die meisten der hergestellten Maschinen paßten mehr für wissenschaftliche Laboratorien als für technische Aufgaben. Ihre Leistung war nur gering und ihre Konstruktion sowohl in elektrischer, als mechanischer Beziehung unvollkommen. In der Tat wurden sie nicht von Technikern gebaut, sondern von Mechanikern, die auch andere Arten von elektrischen Apparaten für den Gebrauch der Laboratorien konstruierten. Trotzdem war die Dynamomaschine als Laboratoriumsapparat schon damals eine alte Erfindung. Kurz nachdem Faraday im Jahre 1831 die elektromagnetische Induktion entdeckt hatte, konstruierte Pixii magnetelektrische Maschinen für Gleich- und Wechselstrom. Ihm folgte eine große Zahl von Physikern und Mechanikern, die fortwährend kleinere Verbesserungen anbrachten, bis Pacinotti im Jahre 1864 die in sich geschlossene Ankerwicklung und den Kommutator entdeckte, wie sie beide heute noch im Gebrauch sind. Eigentliche Dynamomaschinen mit Selbsterregung gibt es jedoch erst, seitdem im Jahre 1867 gleichzeitig Siemens in Deutschland und Wheatstone in England das dynamoelektrische Prinzip erfunden hatten. Hierdurch wurde es möglich, Maschinen von der Leistung, wie sie heute üblich ist, zu bauen. Gramme machte dann im Jahre 1870 nochmals dieselbe Erfindung, wie Pacinotti, gab ihr jedoch eine praktische Form, die seinen Namen trägt und das Muster für alle Dynamomaschinen mit geschlossener Ankerwicklung geworden ist. Auf der Wiener Ausstellung 1873 waren neben solchen Grammeschen Maschinen auch Wechselstrommaschinen, die Beleuchtungszwecken dienten, zu sehen, doch erregten sie alle die Aufmerksamkeit der Techniker nur in geringem Grade. Später erst, nach der Erfindung der Glühlampe und nach den Pariser Ausstellungen von 1878 und 1881, wurde man sich klar, daß die Dynamomaschinen, die bisher zu wissenschaftlichen Zwecken in Laboratorien, in der Praxis jedoch nur in vereinzelten Fällen benutzt worden waren, ein großes Anwendungsgebiet in der Industrie erringen konnten. Seit dieser Zeit fingen deshalb die Techniker damit an, den Bau der Dynamomaschine im großen Stil zu betreiben. Anfangs war die Leistung der Maschinen sehr klein, sodaß sie im allgemeinen nur für einzelne wenig ausgedehnte Beleuchtungsanlagen verwandt wurden. Als jedoch allmählich das Zutrauen zu dem elektrischen Licht wuchs und dieses deshalb in Fabriken, Mühlen und andern großen Anlagen eingeführt wurde, nahmen die Maschinen an Größe zu. Dies steigerte sich noch, als auch elektrische Zentralstationen gegründet wurden. Die Leistung der neuern Gleich- und Wechselstrommaschinen beläuft sich auf Hunderte, ja in manchen Fällen auf Tausende von Pferdestärken. Fast in allen neuern Zentralen der großen Städte findet man Maschinen, deren Leistung 1000 P. S. und mehr beträgt. Ferranti hatte zuerst erkannt, daß in Zentralen große Maschinen am Platze sind, und baute für die Zentrale zu Deptford Wechselstrommaschinen mit einer Leistung von 1500 P. S., ja er beabsichtigte sogar dort 10 000 pferdige Maschinen einzuführen, die allerdings angefangen, aber nicht fertiggestellt wurden. Auf der Chicagoer Ausstellung waren unter den Maschinen, die die Beleuchtung versorgten, mehr als zehn von 1000 P. S. und auf der Pariser Ausstellung im Jahre 1900 hatten viele der Maschinen eine Leistung von 3000 P. S. und darüber. Seitdem sind Maschinen von 5000 P. S. und darüber in Beleuchtungszentralen vielfach zur Aufstellung gekommen.

Ebenso ist die Größe der Maschinen für andere als Beleuchtungszwecke beständig im Wachsen begriffen. So galt z. B. die Übertragung von 50 P. S. zwischen Kriegstetten und Solothurn in der Schweiz, die vor etwa 15 Jahren gebaut wurde, damals als ein Unternehmen von beträchtlicher Größe; jetzt sind Anlagen, die Hunderte und Tausende von Pferdestärken übertragen, in Ländern mit Wasserkräften nichts Seltenes mehr. Die größte derartige Anlage ist seit dem Jahre 1894 an den Niagarafällen im Betriebe; hier werden mittels 5000 pferdiger Dynamomaschinen 50 000 P. S. übertragen. In Rheinfelden ist eine Anlage zur Ausnutzung von 15000 P. S. errichtet worden. Ebenso gibt es in allen Ländern viele Zentralen, die elektrische Bahnen mit Strom versorgen und deren Leistung nach Hunderten und manchmal Tausenden von Pferdestärken zählt.

Auch die Maschinen, die für elektrochemische und thermoelektrische Zwecke dienen, sind von bedeutender Größe. Zur Herstellung der Akkumulatoren, zur Reinigung des Kupfers, zur Herstellung von Bleichpulver und bei anderen chemischen Prozessen werden große Maschinen verwandt. Ferner verbraucht man bei thermochemischen Arbeiten in den elektrischen Schmelzöfen bedeutende Leistungen, z. B. in den Cowlesschen Aluminiumwerken zu Milton ungefähr 400 P. S., im Heroultschen Ofen in Neuhausen zwischen 300 und 400 P. S. und in Karbidwerken 1000 P. S. und mehr. Überall wendet man also in der Technik große und kräftige Maschinen an, die nur in größern Werkstätten mit vollkommenen Einrichtungen herzustellen sind. Die Konstruktion dieser Maschinen kann nur mit Erfolg unternommen werden, wenn der Elektrotechniker die wissenschaftlichen Prinzipien hinreichend berücksichtigt, die bei seinen Arbeiten in Frage kommen; zugleich darf er die rein mechanische Seite seiner Aufgabe nicht vernachlässigen und muß überall nur die besten Materialien in Anwendung bringen und deren Verarbeitung sorgfältig überwachen.

Zweites Kapitel.

6. Einleitende Bemerkungen. — 7. Das magnetische Feld. — 8. Feldstärke. — 9. Maßeinheiten. — 10. Mathematische und physische Magnete. — 11. Das Feld eines mathematischen Pols.

6. Einleitende Bemerkungen.

Die Wirkung der Dynamomaschinen beruht auf der elektromagnetischen Induktion, deren allgemeine Prinzipien wir zuerst untersuchen müssen. Zu diesem Zweck betrachten wir die Wechselwirkung zwischen Magneten und elektrischen Strömen, ferner die allgemeinen Merkmale und die Größe der mechanischen Kräfte, die aus dieser Wechselwirkung entspringen, endlich die allgemeinen Beziehungen, die zwischen den mechanischen und elektromagnetischen Kräften bestehen. Es würde über den Rahmeu des vorliegenden Buches, das in erster Linie für den Ingenieur bestimmt ist, hinausgehen, wenn wir eine vollständige Theorie der Elektrodynamik bringen wollten. In dieser Beziehung müssen wir den Leser auf die physikalischen Werke verweisen. Indessen hat kein Autor diesen Gegenstand erschöpfend behandelt, und der Leser muß mehrere Werke studieren, um eine einigermaßen vollständige Übersicht über die Theorie des Gegenstandes zu gewinnen. Dies erfordert natürlich einen beträchtlichen Aufwand an Arbeit und setzt ein größeres Maß mathematischer Kenntnisse voraus, als der Techniker gewöhnlich besitzt. Glücklicherweise ist es jedoch für diesen nicht nötig, eine Theorie in allen ihren Einzelheiten zu verstehen, um sie in der Praxis anwenden zu können. Es sind ausgezeichnete Dampfmaschinen von Männern gebaut worden, die niemals die Schriften von Carnot, Clapeyron und Clausius studiert haben, die aber trotzdem die hauptsächlichsten thermodynamischen Prinzipien erfaßt hatten und sie anzuwenden verstanden. Sehr wenige der erfolgreichen Konstrukteure von Dynamomaschinen haben es für nötig gehalten, zuerst Maxwells Werke durchzuarbeiten, bevor sie an den Bau der Maschinen gingen. Dennoch haben sie von den Maxwellschen Gedanken Nutzen gehabt, aber erst nachdem diese von einer Reihe von Leuten durchgearbeitet waren, die die Theorie in mehr populärer Weise mit Hilfe des praktischen Experiments erklärt hatten. Wenn wir deshalb im folgenden die Wirkungsweise der Dynamomaschine behandeln oder vielmehr die Regeln und Formeln darlegen wollen, die heute von den Erbauern solcher Maschinen benutzt werden, so lassen wir uns dabei weniger von den wissenschaftlichen Pionieren als vielmehr von ihren populären Dolmetschen und dem praktischen Experimente leiten. Die Behandlung wird infolgedessen leider oft die mathematische Eleganz vermissen lassen, dafür aber den Bedürfnissen des Technikers mehr entgegenkommen und ihm das Verständnis bedeutend erleichtern.

7. Das magnetische Feld.

Wenn wir einen geraden Stabmagnet auf den Tisch legen und den ihn umgebenden Raum mit Hilfe einer Kompaßnadel (Fig. 3) untersuchen, so ergibt sich, daß die Nadel in jedem Punkt in der Nähe des Magnetes eine ganz bestimmte Lage hat. In der Figur ist der Nordpol der Nadel und derjenige des Stabes (d. h. das Ende, welches bei einem frei aufgehängten Stabe nach dem geographischen Norden zeigen würde) schraffiert. Die Nadel stellt sich in jedem Punkte so ein, daß die Anziehungen und Abstoßungen zwischen den verschiedenen Polen einander das Gleichgewicht halten. Es möge der Stab auf einem Blatt Papier liegen und auf diesem eine Linie *a b* derart gezogen sein, daß die Achse der Nadel bei ihrer Verschiebung stets die Tangente an die Linie bildet. Eine solche Linie läßt sich leicht auf folgende Weise konstruieren: Wir nehmen einen langen und dünnen magnetisierten Stahldraht *D*, dessen unteres Ende ein Nordpol und dessen oberes ein Südpol ist, und hängen ihn so über dem Papier auf, daß sein unteres Ende grade die Ebene des Papiers berührt. Durch die Wirkung des Magnetstabes wird dann, wenn der Draht mittels einer genügend langen Aufhängung frei beweglich ist, sein unteres Ende auf dem Papier Kurven von der angegebenen Art beschreiben. Die anziehenden und abstoßenden Kräfte des Magnetes wirken gleichsam längs dieser Kurven, die deshalb *Kraftlinien* heißen. Sie verlaufen nicht nur in der Ebene des Papiers, sondern ebenso in dem ganzen Raume, der den Magnet umgibt; in ihrer Gesamtheit faßt man sie unter dem Namen des *magnetischen Feldes* zusammen. Wir definieren deshalb das magnetische Feld als einen Raum, in dem magnetische Kraftlinien verlaufen. Das magnetische Feld eines Stahlmagnetes ist nach innen durch die Oberfläche des Magnetes begrenzt, nach außen hat es keine bestimmte Grenze. Die Wirkung, die der Draht D erleidet, wird immer schwächer, je weiter wir uns vom Magnet entfernen;

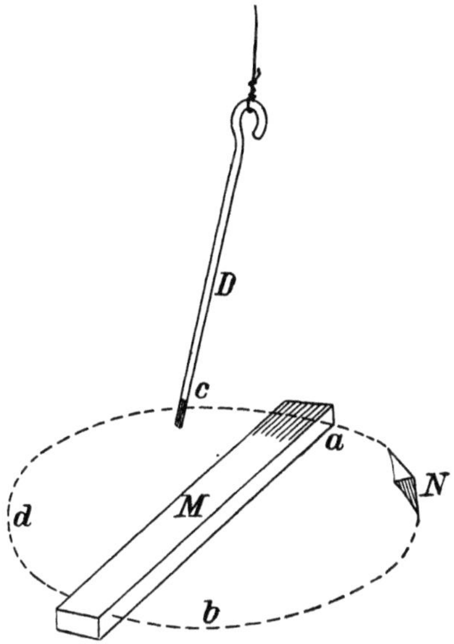

Fig. 3.

doch würde es keine bestimmte Grenze geben, wo die Kraftlinien zu existieren aufhören, wenn unsere Untersuchungsmethoden empfindlich genug wären.

Eine zweite Methode, den Verlauf der Kraftlinien sichtbar zu machen, besteht darin, daß man ein Blatt Papier auf den Magnet legt und mit Eisenfeilspänen bestreut. Diese ordnen sich alsdann in der durch Fig. 4 dargestellten Art an. Ihre Dichte ist in der Nähe der Pole am größten und nimmt mit der Entfernung ab. Dementsprechend wird auch das untere Ende des Stahldrahtes stark abgestoßen, wenn es dem Nordpol des Stabes sehr genähert wird, und ebenso stark angezogen, wenn es dem Südpol nahe kommt, während diese Kräfte in den dazwischen liegenden Punkten kleiner sind. Bewegt sich das Ende des Drahtes längs der Linie *e d* (Fig. 5), so leistet es mechanische Arbeit. Der Betrag an Arbeit, die der

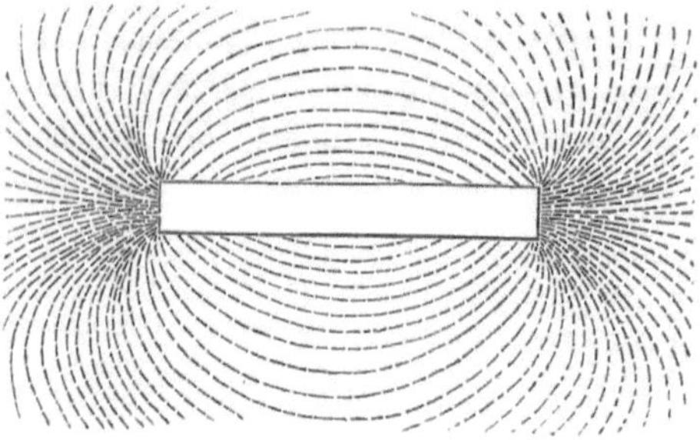

Fig. 4.

Einheitspol verrichtet, wenn er sich von einem Punkte der Kurve nach einem andern bewegt, stellt die magnetische Potentialdifferenz zwischen den beiden Punkten dar. Es ist zu beachten, daß diese Arbeit von dem Wege unabhängig ist, den der Pol durchläuft, wenn nur der Anfangs- und Endpunkt derselbe bleibt. Wird er gezwungen,

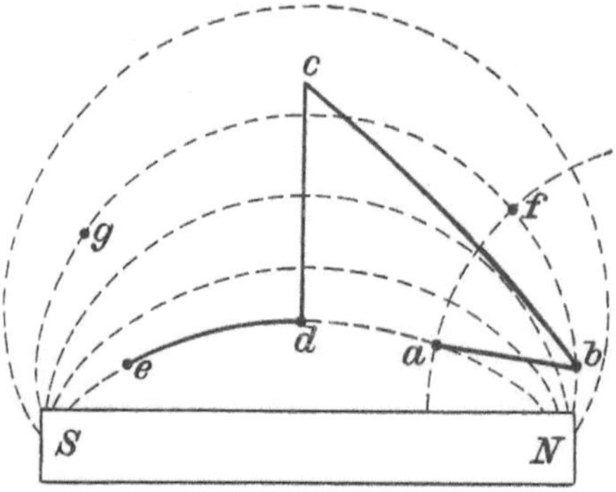

Fig. 5.

eine beliebige Bahn zu beschreiben, so wird auf den verschiedenen Strecken derselben Arbeit geleistet oder verzehrt. Ziehen wir alsdann die verlorene Arbeit von der gewonnenen ab, so ist der Unterschied genau gleich derjenigen Arbeit, die der Einheitspol leistete, als er, wie zuerst angenommen, seinen Weg auf der Kraftlinie zurücklegte. So möge der Pol von dem Punkte *a* auf der Kraftlinie *N a d e S* ausgehen und, statt daß er sich längs dieser Linie weiter bewegt, gezwungen werden, nach *b*, von da nach *c* und *d* und zuletzt nach *e* zu wandern. Der Weg *a b* wird zurückgelegt, während *N* abstoßend auf den Pol wirkt, und dieser nimmt deshalb Arbeit auf. Dagegen wird auf der Strecke *b c* Arbeit gewonnen, da der Pol sich mehr oder weniger in der Richtung bewegt, in der er vom Magnet fortgetrieben wird. Auf dem Wege *c d* wird von dem Pol weder Arbeit aufgenommen, noch solche geleistet, da er alle Kraftlinien rechtwinklig schneidet.

Die Arbeit kann nämlich als das Produkt zweier Faktoren aufgefaßt werden, von denen der eine die Kraft und der andere den in der Richtung der Kraft zurückgelegten Weg darstellt. Wollen wir deshalb die Arbeit berechnen, so brauchen wir nur diejenige Komponente der Bewegung zu berücksichtigen, die in die Richtung der Kraft fällt. Findet also die Bewegung genau rechtwinklig zu der Richtung aller Kräfte statt, so ist der eine Faktor und demnach das ganze Produkt, die Arbeit, Null. Wenn bei dem Übergang zwischen zwei Punkten des Feldes weder Arbeit geleistet, noch gewonnen wird, so haben diese beiden Punkte offenbar dasselbe magnetische Potential, sie liegen auf derselben *Niveaulinie.* Stellen wir uns eine unendliche Zahl solcher Punkte vor, die eine Fläche bilden, so kann ein magnetischer Pol einen beliebigen Weg auf dieser Fläche beschreiben, ohne daß er Arbeit leistet oder verzehrt. Eine solche Fläche, die alle Kraftlinien rechtwinklig schneidet, heißt *Niveaufläche.*

So bildet z. B. bei einer Dynamomaschine die Oberfläche der Polschuhe oder die des Ankerkerns, der innerhalb der Polschuhe liegt, eine Niveaufläche. Wir können einen magnetischen Pol in jeder dieser Flächen oder in einer dazwischenliegenden, die von der Pol- und der Ankeroberfläche überall gleichen Abstand hat, verschieben, ohne daß Arbeit geleistet oder gewonnen wird. Dies ist nicht mehr der Fall, wenn sich der Pol von einer Niveaufläche nach einer andern bewegt. Bei der Dynamomaschine läßt sich dieser Versuch nur schwer ausführen, da einmal der Zwischenraum zwischen Polschuhen und Anker sehr beschränkt ist, und zum andern ein magnetischer Pol, der sich in einem so starken Felde bewegt, leicht ummagnetisiert wird. In ziemlich unvollkommener und roher Weise läßt sich der Versuch aber auf folgende Art anstellen: Man bringt nach Entfernung des Ankers an die Polfläche einen Schlüssel, der stark angezogen wird und fest stehen bleibt, wenn man ihn losläßt, da er selbst ein Magnet geworden ist. Das die Polfläche berührende Ende besitzt die entgegengesetzte Polarität, das abstehende Ende dieselbe Polarität wie der Polschuh. Drehen wir nun den Schlüssel um den Berührungspunkt, sodaß das äußere Ende näher an die Polfläche herankommt, so müssen wir dabei eine gewisse Arbeit leisten, die wiedergewonnen wird, wenn wir den Schlüssel in seine ursprüngliche Lage zurückschnellen lassen. Verschieben wir jedoch den Schlüssel parallel zu sich selbst, so bemerken wir, abgesehen von der Reibung, keinen Widerstand gegen die Bewegung. In diesem Falle bewegt sich jeder Punkt des Schlüssels längs einer Niveaufläche; es wird deshalb Arbeit weder aufgenommen, noch geleistet.

Um auf Fig. 5 zurückzukommen, so hatten wir die Bewegung des magnetischen Poles bis zum Punkte d verfolgt und gesehen, daß auf dem Wege von c nach d keine Arbeit geleistet wird. Auf der Strecke von d nach e wird Arbeit gewonnen, weil sich der magnetische Pol längs einer Kraftlinie bewegt. Nun läßt sich leicht zeigen, daß der gesamte Arbeitsbetrag, der von dem Pol längs des Weges von a nach e geleistet wird, von dem durchlaufenen Wege unabhängig ist und nur von dem Unterschiede des magnetischen Potentials zwischen den beiden Punkten a und e abhängt. Wir brauchen uns zu diesem Zweck nur eine Bewegung, die schief zu der Richtung der Kraftlinien verläuft, aus einer großen Anzahl einzelner Strecken zusammengesetzt zu denken, die abwechselnd mit der Richtung der Kraftlinien zusammenfallen und rechtwinklig dazu verlaufen. Die Verschiebungen, die rechtwinklig zu den Kraftlinien erfolgen, tragen nichts zu der geleisteten Arbeit bei, und der Erfolg ist derselbe, als ob die ganze Bewegung längs den Kraftlinien vor sich gegangen wäre. So leistet der magnetische Pol, wenn er sich auf einer Geraden von a nach g bewegt, genau dieselbe Arbeit, als wenn er zuerst längs der Niveaulinie $a\,f$ und darauf von f nach g längs der einen Kraftlinie wanderte. Besitzt der Pol die Stärke 1, so ist die Arbeit gleich dem Unterschied des magnetischen Potentials zwischen a und g.

8. Die Feldstärke.

Betrachten wir das Feld eines Magnetes, wie es Fig. 3 darstellt, so sehen wir, daß sich die auf einen beweglichen Pol wirkenden Kräfte mit dessen Lage ändern. Je näher das Ende des Drahtes *D* dem einen oder dem andern der beiden Pole des Stabes *M* ist, um so stärker wirkt die Anziehung oder Abstoßung. Wandert also der magnetische Pol vom Nordpol zum Südpol des Stabes längs derselben Kraftlinie, so ändert sich die auf ihn wirkende Kraft von Punkt zu Punkt. Diese Änderung ergibt sich auch aus Fig. 4, wo die Eisenfeilspäne am dichtesten in der Nähe der Pole angehäuft sind und um so spärlicher werden, je weiter wir uns von den Polen entfernen. Die Dichtigkeit dieser Kraftlinien ist in der Tat ein Maß für die Kraft, die in den verschiedenen Teilen des Feldes auf den beweglichen Pol ausgeübt wird. Man sagt gewöhnlich, die Kraft, die in einem gegebenen Teile des magnetischen Feldes auf einen beweglichen Pol wirkt, rührt davon her, daß dort so und so viel Kraftlinien auf das Quadratcentimeter kommen; vorausgesetzt wird dabei, daß die Kraftlinien die Fläche dieses Quadratcentimeters rechtwinklig schneiden. Geben wir also die Feldstärke zwischen den Polen und dem Anker einer Dynamomaschine zu 5000 C.G.S.-Einheiten an, so meinen wir damit, daß durch jedes Quadratcentimeter des Zwischenraums 5000 mal so viel Kraftlinien laufen, als durch ein Quadratcentimeter desjenigen Raums, in dem die Einheit der Kraft auf den Einheitspol wirkt. Wir brauchen uns also nur über die Definition dieser Einheiten zu verständigen und können alsdann die Stärke eines magnetischen Feldes für jeden Punkt numerisch angeben.

Es muß hier jedoch vor einem Irrtum gewarnt werden, der aus einer allzu engen und wörtlichen Deutung der Theorie der Kraftlinien entstehen kann. Diese Theorie rührt, soweit sie sich auf den Magnetismus bezieht, von Faraday her, der damit auf einfache und natürliche Weise die magnetischen Erscheinungen zu erklären versuchte, ohne jedoch den Kraftlinien irgend welche physikalische Existenz zuzuschreiben. Bei dieser Einschränkung ist keine Gefahr vorhanden, daß man Faradays Auffassung falsch anwendet; betrachten wir aber die Kraftlinien als wirklich existierend, sodaß sie eine bestimmte Dimension und Lage haben und eine bestimmte Kraft ausüben, so hält die Theorie nicht stand. Um dies zu zeigen, wollen wir beispielsweise die Anordnung der Kraftlinien in einem Einheitsfelde betrachten. Nach der Theorie kommt in einem solchen Felde nur eine Kraftlinie auf jedes Quadratcentimeter, und jede derselben übt die Einheit der mechanischen Kraft auf den in ihr befindlichen Einheitspol aus. Es gibt jedoch innerhalb des von einer Kraftlinie durchsetzten Quadratcentimeters eine unendliche Zahl von Punkten, in welchen auf den Einheitspol die Einheit der mechanischen Kraft ausgeübt wird. Um dies zu erklären, müßten wir annehmen, daß jede Kraftlinie freilich auf ihr Quadratcentimeter beschränkt, aber innerhalb desselben frei beweglich ist, sodaß sie dem Einheitspol folgen und überall auf ihn wirken kann. Diese gekünstelte Anschauung würde die Eigenschaften des Feldes erklären, wenn dies nur mit einem Einheitspol untersucht wird. Dagegen kommen wir wieder in Verlegenheit, wenn wir das Feld mit zwei Polen, deren Entfernung weniger als ein Centimeter beträgt, untersuchen wollten. Denn auf beide Pole wirkt das Feld in gleicher Weise, während höchstens einer auf einer Kraftlinie liegen könnte. Aus diesem Grunde ist die Vorstellung, die den Kraftlinien eine physikalische Existenz zuschreibt und sie wie elastische Fäden an einen Magnetpol angreifen läßt, unhaltbar.

Besser, wenn auch keineswegs vollständig, würden wir zum Ziele kommen, wenn wir uns das magnetische Feld als eine bewegte Flüssigkeit vorstellen. Den Magnet müssen wir uns alsdann als eine Röhre denken, in deren Mittelpunkt eine Schnecke als Pumpe wirkt; die ganze Röhre soll in Wasser liegen. Wird die Pumpe in Bewegung gesetzt, so tritt das Wasser an dem einen Ende der Röhre heraus, fließt in gekrümmten Stromlinien und mit wechselnder Geschwindigkeit um die Röhre herum und tritt an dem andern Ende wieder ein. Den Einheitspol können wir durch eine Scheibe ersetzen, welche die Einheitsfläche darstellt, und damit die Stärke der Strömung an jeder Stelle messen. Dieser Vergleich ist nur insofern unvollkommen, als sich die vom strömenden Wasser ausgeübte Kraft nicht mit der ersten, sondern mit der zweiten Potenz der Geschwindigkeit ändert. Sehen wir indessen von diesem Unterschiede ab, so kann ein solches Modell näherungsweise das magnetische Feld darstellen. Die Kraftlinien bilden alsdann nicht feste Linien von bestimmter Zahl, welche die beiden Pole des Magnetes umgeben, sondern Stromlinien eines gewissen magnetischen Fluidums. In der Nähe der Magnetpole ist das Strombett eingeengt und daher die

Geschwindigkeit größer. An diesen Stellen ist die Kraft, die von dem magnetischen Fluidum auf den beweglichen Pol ausgeübt wird, ein Maximum, während sie in größerer Entfernung von den Polen, wo sich der Strom ausbreitet und folglich die Geschwindigkeit geringer wird, abnimmt. Diese Anschauung von der Änderung der magnetischen Kraft, die der bewegliche Pol in verschiedenen Teilen des Feldes erfährt, erklärt auch den Umstand, daß ein magnetisches Feld einen bestimmten Energievorrat darstellt.

Die Vorstellung von magnetischen Stromlinien ist also der Annahme, daß die Kraftlinien festen Fäden gleichen, vorzuziehen; sie ist auch jetzt allgemein angenommen. Sprechen wir trotzdem von einem Felde, bei dem so und so viel Kraftlinien auf das Quadratcentimeter kommen, so meinen wir damit, daß der Strom der Kraftlinien so und so viel mal stärker ist als in dem Felde von der Stärke 1. Der Leser wird gut tun, sich stets an diese Erklärung zu halten, wenn im folgenden der Begriff der *Kraftlinien* vorkommt.

9. Elektromagnetische und elektrodynamische Einheiten.

Kraft. — Jedes physikalische Maßsystem beruht auf den drei Grundmaßen der Masse, Länge und Zeit, und die verschiedenen Systeme unterscheiden sich nur insofern von einander, als die absolute Größe dieser drei Grundmaße verschieden ist. So ist in dem metrischen System die Kraft von 1 kg*[1]) als eine solche definiert, die, eine Sekunde lang auf die Masse von 1 kg wirkend, dieser die Beschleunigung der Schwere, also 9,81 m in der Sekunde, erteilt. In dem englischen Maßsystem ist die Kraft von einem Pfund gleich derjenigen Kraft, die, eine Sekunde lang auf die Masse von einem Pfund wirkend, dieser die Beschleunigung der Schwere, also 32,2 Fuß in der Sekunde gibt. In beiden Systemen ist der Begriff der Kraft auf ähnliche Weise definiert, aber die Einheiten sind verschieden groß.

Bei den elektrischen Maßen drückt man die Kräfte gewöhnlich in viel kleineren Einheiten als in Kilogramm oder Pfund aus. Die Einheit der Kraft erhält man, wenn das Centimeter als Grundmaß der Länge, das Gramm als Grundmaß der Masse und die Sekunde

---

[1]) Dienen Gewichte zur Messung von Kräften, so werden sie im folgenden immer mit einem * bezeichnet.

als Grundmaß der Zeit angenommen wird. Die Maßeinheiten der Kraft und aller andern physikalischen Größen, die auf diesen Grundmaßen beruhen, bilden das *Centimeter-Gramm-Sekunden-* oder kurz das *C.G.S.-System*. Haben wir also eine gewisse Kraft, die im C.G.S.-System den Wert 20 hat, so wissen wir, daß diese Kraft, wenn sie eine Sekunde lang auf die Masse von einem Gramm wirkt, dieser die Beschleunigung von 20 Centimeter in der Sekunde erteilt, oder wenn sie eine Sekunde lang auf die Masse von 4 Gramm wirkt, dieser die Beschleunigung von 5 Centimeter verleiht, oder wenn sie $^1/_{20}$ Sekunde lang auf die Masse von einem Gramm wirkt, dieser die Beschleunigung von einem Centimeter in der Sekunde gibt. Die Einheit der Kraft wird in ähnlicher Weise als diejenige Kraft definiert, die, eine Sekunde lang auf die Masse von einem Gramm wirkend, dieser eine Geschwindigkeit oder eine Beschleunigung ihrer Geschwindigkeit von 1 Centimeter in der Sekunde erteilt.

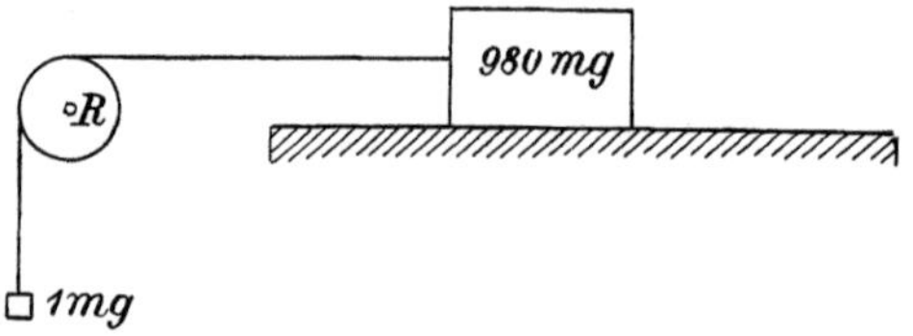

Fig. 6.

Fig. 6 kann dies noch näher erläutern: Es möge ein Gewicht von 980 mg vollständig ohne Reibung auf einem wagerechten Tische gleiten. Von dem Gewicht geht ein gewichtsloser und biegsamer Faden über eine Rolle *R* und trägt an seinem untern Ende ein Gewicht von 1 mg. Die Rolle soll ebenfalls keine Masse haben und sich ohne Reibung drehen. Es wirkt alsdann auf das System nur die Schwerkraft, unter deren Einfluß das kleine Gewicht herabfällt und das große Gewicht auf dem Tische fortzieht. Wäre der Faden nicht an das große Gewicht geknüpft, so würde das Milligrammstück mit einer Beschleunigung von 981 cm in der Sekunde herabfallen; da die in Bewegung zu setzende Masse aber 981 mal so groß ist, so beträgt die Beschleunigung nur ein Centimeter in der Sekunde. Wir wollen nun beide Gewichte in demselben Verhältnis vergrößern, nämlich das große Gewicht von 980 auf 1000 mg oder 1 g und das kleine von 1 mg auf 1000 : 980 oder 1,020 mg bringen.

Durch diese gleichmäßige Vergrößerung beider Gewichte haben wir die Beschleunigung des ganzen Systems nicht geändert, die immer noch 1 cm beträgt, und da die Kraft, die diese Beschleunigung bei dem großen Gewicht hervorbringt, in die Richtung des Fadens fällt, so stellt die Spannung des Fadens genau die Einheit der Kraft im C.G.S.-System dar.

Der Techniker denkt sich gewöhnlich die Kräfte nicht als Ursache der Beschleunigung einer gegebenen Masse, sondern er drückt sie in Tonnen, Kilogramm oder Gramm aus. Um auf diese Weise die Einheit der Kraft, die den Faden spannt, darzustellen, haben wir nur zu untersuchen, wieviel sich von der Schwere des kleinen Gewichts wirklich als Zugkraft durch den Faden fortpflanzt. Es ist klar, daß die ganze Kraft des kleinen Gewichts nur dann übertragen wird, wenn sich das große Gewicht in Ruhe befindet; da sich aber das kleine Gewicht in beschleunigter, nach unten gerichteter Bewegung befindet, so fällt die Kraft, die diese Beschleunigung hervorbringt, gewissermaßen aus der Spannung des Fadens heraus, und es wird nur der Unterschied zwischen dem Gewicht und der Kraft, die für seine Beschleunigung nötig ist, durch den Faden übertragen. Nun beträgt das kleine Gewicht 1,020 mg und seine Beschleunigung 1 cm in der Sekunde, während die Beschleunigung durch die Schwere gleich 981 cm in der Sekunde ist. Die Kraft, die den Faden spannt, entspricht deshalb einer Beschleunigung von 980 cm oder

$$1{,}020 \times \frac{980}{981} = 1{,}019 \text{ mg}^*.$$

An einem Orte also, wo die Beschleunigung durch die Schwere 981 cm beträgt, kann die Einheit der Kraft durch das Gewicht von 1,019 mg* dargestellt werden. Diese Rücksicht auf die Schwere ist, wie man leicht einsieht, notwendig, wenn wir eine ähnliche Berechnung wie oben anstellen, dabei aber voraussetzen, daß die Beschleunigung durch die Schwerkraft eine andere ist. Tatsächlich sind solche Unterschiede auf der Erde vorhanden, wenn sie auch nur klein sind. Wir wollen jedoch annehmen, daß es auf unserm Planeten einen Ort gebe, wo die Schwere nur halb so groß ist, wie wir vorher angenommen hatten. Dies würde die Einheit der Kraft, wenn sie durch die Einheit der Masse und die Einheit der Beschleunigung definiert ist, nicht ändern; an allen Orten der Erde würde man hierfür mittels der Federwage genau denselben Wert finden. Dagegen würden die entsprechenden Gewichte anders werden. Die Einheit der Kraft wäre in diesem Falle durch die Zugkraft eines Gewichts von 2,038 mg dargestellt, also durch das doppelte Gewicht wie vorhin. Drücken wir also die Einheit der Kraft durch ein Gewicht von 1,019 mg aus, so ist zu bedenken, daß diese Beziehung nur für solche Orte gilt, an denen die Beschleunigung durch die Schwere 981 cm in der Sekunde beträgt.

Die auf diese Weise definierte Einheit der Kraft heißt eine *Dyne,* und wir können deshalb sagen, daß die Kraft einer Dyne in unsern Breiten durch das Gewicht von 1,019 mg* dargestellt wird oder näherungsweise durch das Gewicht einer Masse, die um 2% größer als die des Milligramms ist. Hieraus ergeben sich folgende Beziehungen:

1 Gramm* = 981 Dynen
1 Kilogramm* = 981 000 Dynen
1 Tonne* = 981 000 000 Dynen.

Leistung oder Effekt. — Nachdem wir die Einheit der Kraft definiert haben, kommen wir auf ähnlichem Wege zu der Einheit der Leistung. Offenbar wird die Einheit der Arbeit geleistet, wenn ein Punkt, auf welchen die Kraft einer Dyne wirkt, sich um ein Centimeter verschiebt; wird diese Arbeit in der Zeiteinheit, d. h. in einer Sekunde, ausgeführt, so haben wir die Einheit der Leistung. Die Einheit der Arbeit nennt man *Erg,* diejenige der Leistung ist daher ein Erg in einer Sekunde. Nach sehr einfachen Rechnungen, die wir hier nicht im einzelnen angeben wollen, ergeben sich folgende Beziehungen:

1 Centimetergramm	in der Sekunde	= 981	Erg i. d. Sek.
1 Meterkilogramm	in der Sekunde	= 98 100 000	Erg i. d. Sek.
1 metrische Pferdestärke	in der Sekunde	= 7 357 500 000	Erg i. d. Sek.

Diese Zahlen sind unbequem groß, und deshalb hat man in der Technik eine größere Einheit als das Sekunden-Erg, nämlich das *Watt* = 10^7 Sekunden-Erg, eingeführt. Es ist daher:

1 metrische Pferdestärke = 735,75 oder nahezu 736 Watt
1 englische Pferdestärke = 745,96 oder nahezu 746 Watt.

Im folgenden ist die Pferdestärke immer zu 736 Watt angenommen.

Arbeit. — Die Einheit der Arbeit ist das Erg; sie ist von der Zeit, in der sie geleistet wird, unabhängig. Da aber den Technikern der Begriff der Leistung näher liegt als derjenige der Arbeit, so wird die Einheit der Arbeit auch oft mit Rücksicht auf die Einheit der Leistung definiert. Die Einheit der Arbeit ist dann offenbar diejenige Arbeit, die durch die Einheit des Effekts in der Zeiteinheit geleistet wird. Diese Einheit ist unbequem klein; man verwendet deshalb eine 10000000 mal größere Einheit, das *Sekunden-Watt* oder *Joule*. Heben wir ein Gewicht vom Fußboden auf und stellen es auf einen Tisch, so haben wir damit Arbeit geleistet; der Betrag dieser Arbeit ist unabhängig von der Zeit, in der sie geleistet wurde. Der Effekt, mit dem die Arbeit geleistet wurde, ist der Zeit umgekehrt proportional; die Arbeit selbst aber ist eine Konstante und kann durch das Produkt aus Gewicht und Höhe dargestellt werden, auf die das Gewicht gehoben wurde. Wir könnten folglich die Arbeit in Meterkilogramm ausdrücken. Wir können auch das mechanische Wärmeäquivalent benutzen und die Arbeit in Wärmeeinheiten ausdrücken. Heben wir ein Kilogramm auf die Höhe von 424 m, so leisten wir damit eine Arbeit, die einer *Kalorie* äquivalent ist. Diese ist gleich der Wärmemenge, die erforderlich ist, um ein Kilogramm Wasser um einen Grad Celsius zu erwärmen. Nach einer einfachen Rechnung ergibt sich:

$$1 \text{ Kalorie} = 4159{,}44 \text{ Joule oder Sekunden-Watt.}$$

Der Gebrauch dieser Einheiten möge an folgenden Beispielen erläutert werden. Glühlampen brennen oft zu dekorativen Zwecken unter Wasser. Wir wollen nun annehmen, daß eine solche Lampe, deren Effektverbrauch 60 Watt beträgt, in einem Gefäße brennt, das 1 l oder 1 kg Wasser von 20^0 enthält. Wir setzen voraus, daß die Energie, die die Lampe in Wärme umsetzt, vollständig an das Wasser abgegeben wird und kein Verlust infolge von Wärmestrahlung entsteht. Wie lange dauert es unter diesen Umständen, bis das Wasser ins Kochen gerät?

Die Temperatur wird den Siedepunkt erreichen, wenn 80 Kalorien an das Wasser abgegeben worden sind. Dies ist der Fall, wenn die Lampe $80 \times 4159{,}44 = 332775$ Joule dem umgebenden Wasser mitgeteilt hat. Da in einer Sekunde 60 Joule von der Lampe abgegeben werden, oder 3600 Joule in einer Minute, so dauert es 92,43 Minuten oder ungefähr $1^1/_2$ Stunden, bis das Wasser kocht. In

Wirklichkeit vergeht eine etwas längere Zeit, da wir das Gefäß nicht vollständig vor Ausstrahlung schützen können.

Als zweites Beispiel möge die Berechnung der Arbeit dienen, die beim Bremsen eines Wagens verloren geht. Ein Straßenbahnwagen wiege unbesetzt 10 Tonnen. Rechnen wir für 40 Fahrgäste und zwei Mann Personal 3 Tonnen, so erhalten wir ein gesamtes rollendes Gewicht von 13 Tonnen. Es fragt sich, wie viel Watt-Stunden gehen jedesmal beim Anhalten des Wagens verloren. Ist v die Geschwindigkeit in m pro Sekunde und G das Gewicht in kg, so ist die kinetische Energie in Meterkilogramm

$$A = \frac{G}{g} \frac{v^2}{2},$$

wobei $g = 9{,}81$ m zu setzen ist.

Um die Arbeit in Watt-Sekunden zu erhalten, müssen wir die Anzahl Meterkilogramm mit 9,81 multiplizieren. Wir erhalten somit

$$\text{Watt-Sekunden} = G \frac{v^2}{2}.$$

Aus dieser Gleichung folgt, daß die Watt-Sekunde oder das Joule mechanisch dargestellt werden kann durch die Arbeit, welche nötig ist, einer Masse von 2 kg die Geschwindigkeit von 1 m pro Sekunde zu erteilen. Eine Watt-Sekunde = 0,102 Meterkilogramm.

Für den Straßenbahnwagen haben wir

$$G = 13000.$$

Um ihn auf eine Geschwindigkeit von 18 km pro Stunde (5 m pro Sekunde) zu beschleunigen, gebrauchen wir außer der Arbeit zur Überwindung des Zugwiderstandes

$$\frac{1300}{2} \times 5^2 = 162000 \text{ Watt-Sekunden.}$$

Die gleiche Arbeit geht natürlich beim Anhalten jedesmal verloren. Da man beim Anfahren Widerstand in den Stromkreis des Motors schalten muß und da auch im Antriebsmechanismus Arbeit verloren geht, so kostet jedes Anfahren natürlich mehr elektrische Stromarbeit, als hier berechnet wurde. Wir können einen Wirkungsgrad von 40% für die Anfahrperiode annehmen und finden dann, daß jedes Anfahren die Ausgabe von

$$\frac{1}{0{,}4} \times \frac{162000}{3600} = 113 \text{ Watt-Stunden}$$

erheischt. Es ist gebräuchlich, im geschäftlichen Verkehr mit elektrischer Arbeit diese nach Einheiten der Kilowatt-Stunden zu bemessen. Die Selbsterzeugungskosten von Kilowatt-Stunden können zu 10 Pf. angenommen werden. Da nun das Anfahren 0,113 Kilowatt-Stunden erfordert, so können wir sagen, daß das Anhalten des Wagens jedesmal 1,13 Pf. für Strom kostet.

10. Mathematische und physische Pole.

In derselben Weise, wie wir zwischen mathematischen und physischen Punkten unterscheiden, müssen wir auch mathematische und physische Pole eines Magnetes trennen. Die Magnete in Fig. 3, 4 und 5 haben physische Pole, d. h. Pole von einer gewissen Ausdehnung. Die Pole bilden bekanntlich diejenigen Teile des Magnetes, von denen Kraftlinien ausgehen, und müssen daher Ausdehnung haben. Bei Fig. 4 kann man tatsächlich nur schwer die Pole von den anderen Teilen des Stabes trennen, da die Kraftlinien fast von der ganzen Oberfläche ausgehen. Sie sind jedoch an den Enden am dichtesten, und wir nennen deshalb die Endpunkte des Stabes gewöhnlich Pole, ohne ihrer Ausdehnung genau bestimmte Grenzen zuzuschreiben. Diese unbestimmte Anordnung der Kraftlinien ist offenbar für die mathematische Behandlung unbequem, und um über diese Schwierigkeit hinwegzukommen, denken wir uns den physischen Magnet durch einen idealen oder mathematischen ersetzt, bei dem die Endpunkte die Pole bilden, von denen alle Kraftlinien ausgehen. Ein für sich allein existierender Pol ist in der Natur nicht möglich, wir können aber unsern idealen Magnet lang genug machen und dadurch seine Pole so weit auseinander bringen, daß man in der Nachbarschaft jedes einzelnen dieselbe Wirkung erreicht, als wenn nur ein einziger Pol vorhanden wäre. Die Stärke eines physischen oder mathematischen Magnetes kann als Produkt aus seiner Länge — d. h. der Entfernung seiner beiden Pole — und dem freien Magnetismus an einem der Pole betrachtet werden. Dies Produkt nennt man *magnetisches Moment.* Wir nehmen hierbei an, daß an jedem Pol eine bestimmte Menge von magnetischem Fluidum konzentriert ist, von dem die Kraftlinien ausgehen. Dies Fluidum ist zwar an beiden Polen von gleicher Beschaffenheit, muß sich aber dem Vorzeichen nach unterscheiden. An dem einen Ende des Magnetes haben wir positives oder nordmagnetisches Fluidum, an dem andern negatives oder südmagnetisches. Wenn wir voraussetzen, daß die Kraftlinien vom Nordpol durch die Luft zum Südpol verlaufen, so können wir auch sagen, daß die nordmagnetische Masse die Kraftlinien aussendet und die südmagnetische sie wieder absorbiert. In dieser Definition nehmen wir diejenige Richtung der Kraftlinie als positiv an, in der sich ein freier Nordpol durch das Feld bewegt. Ob das magnetische Fluidum wirklich existiert oder nicht, ist von keiner praktischen Bedeutung. Es empfiehlt sich, den Begriff beizubehalten, da er sich wohl dazu eignet, die Eigenschaften der Magnetpole darzustellen. Die Anziehungskraft eines Magnetes ist unter dieser Voraussetzung der Menge des magnetischen Fluidums oder, wie man auch zu sagen pflegt, des an den Polen konzentrierten *freien Magnetismus* proportional; fererer muß die Feldstärke oder der Kraftfluß der Menge des freien Magnetismus an den Polen proportional gesetzt werden.

11. Das magnetische Feld eines mathematischen Pols.

Es möge μ in Fig. 7 den Nordpol eines mathematischen Magnetes vorstellen, der so lang ist, daß wir den Südpol außer

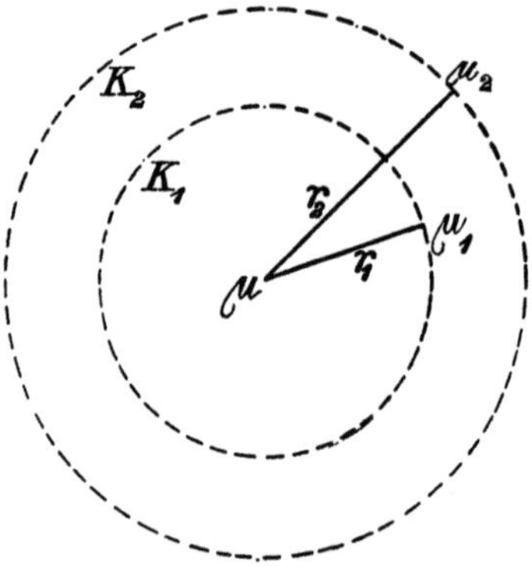

Fig. 7.

Betracht lassen können. Die Menge des in dem Pol konzentrierten magnetischen Fluidums soll gleichfalls mit μ bezeichnet werden, und in der Entfernung r_2 von μ möge sich ein zweiter Nordpol befinden, dessen freier Magnetismus gleich μ_2 sei. Nach dem bekannten Gesetz ist die Abstoßung zwischen den beiden gleichnamigen Polen durch den Ausdruck $\frac{\mu\mu_2}{r_2^2}$ bestimmt. Wir beschreiben nun mit dem Radius r_2 um μ eine Kugelfläche K_2. Bewegt sich nun der Pol μ_2 alsdann auf dieser Kugelfläche, so wechselt die Kraft, mit der sich die Pole μ und μ_2 abstoßen, zwar ihre Richtung, behält aber stets denselben numerischen Wert. Die Kugelfläche K_2 ist also ein Ort konstanten magnetischen Potentials. Die Kraftlinien des Feldes von μ sind Radien dieser Kugelfläche und schneiden sie also unter rechtem Winkel. Die Kugelfläche ist eine Niveaufläche. Wird nun der Pol μ_2 aus seiner Lage auf der Niveaufläche K_2 nach μ_1 auf der Niveaufläche K_1 verschoben, so wird dabei eine Arbeit geleistet, deren Wert offenbar durch

$$\int_{r_2}^{r_1} \frac{\mu\mu_2}{r^2}\,dr = -\,\mu\mu_2\left(\frac{1}{r_1} - \frac{1}{r_2}\right)$$

gegeben ist; das negative Vorzeichen bedeutet hier, daß Arbeit aufzuwenden ist. Dieser Ausdruck ist aber gleich dem Unterschied des magnetischen Potentials zwischen zwei beliebigen Punkten der Flächen K_1 und K_2, wenn wir voraussetzen, daß der Pol μ_2 die Einheit des freien Magnetismus enthält. Ist r_2 unendlich groß im Verhältnis zu r_1, d. h. befindet sich der Einheitspol ursprünglich in unendlich weiter Entfernung von μ, so muß die Arbeit

$$p = -\,\frac{\mu}{r_1}$$

aufgewandt werden, um den Einheitspol auf die Kugelfläche K_1 zu versetzen; dieser Ausdruck ist aber gleich dem Potential der Fläche K_1. *Wir können also das magnetische Potential für einen beliebigen Punkt des magnetischen Feldes als diejenige Arbeit definieren, die geleistet werden mufs, um den Einheitspol von einer Stelle ausserhalb des Feldes, wo das Potential Null ist, nach dem betreffenden Punkte des Feldes überzuführen.* Der numerische Wert des magnetischen Potentials hängt natürlich von der Wahl der Einheiten ab.

Wir definieren die Einheit des Magnetismus als *diejenige Menge magnetischen Fluidums, die in einem Punkt konzentriert, eine andere ihr gleiche, um ein Centimeter entfernte Menge mit der Kraft einer Dyne abstöfst.* Sind μ und μ_1 in Fig. 7 beide Einheitspole, und ist r_1

gleich 1 cm, so hat ein Faden, an dessen Enden je ein Pol befestigt ist, die Spannung einer Dyne; diese Spannung ändert sich nicht, wenn μ_1 seinen Ort auf der Kugeloberfläche K_1 ändert. Nun haben wir früher die Einheit der Feldstärke als diejenige Dichte der Kraftlinien definiert, bei der die Einheit der mechanischen Kraft, die Dyne, auf den Einheitspol wirkt. Für die Einheit der Feldstärke kam eine Kraftlinie auf das Quadratcentimeter; wenn also die Einheit der abstoßenden Kraft wirkt, so müssen 4π Kraftlinien die Kugelfläche K_1 schneiden, da deren Oberfläche gleich 4π qcm ist. Von dem Pol μ gehen folglich insgesamt 4π Kraftlinien aus. Hätte er die doppelte Stärke, so erhielten wir auch doppelt soviel Kraftlinien, sodaß allgemein $4\pi\mu$ Kraftlinien von einem Pol mit der Stärke μ ausgehen. Bezeichnen wir demnach mit N die gesamte Feldstärke, d. h. die Zahl der Kraftlinien, die von einem Pol ausgehen, so besteht die folgende Beziehung zwischen dieser Größe und der Polstärke μ:

$$N = 4\pi\mu \quad \ldots\ldots\ldots \quad (1).$$

Drittes Kapitel.

12. Magnetisches Moment. — 13. Messung schwacher magnetischer Felder. — 14. Messung starker magnetischer Felder. — 15. Anziehungskraft von Magneten.

12. Magnetisches Moment.

Wie wir bereits erwähnten, ist das Moment M eines Magnetes gleich dem Produkte seiner Polstärke μ und seiner Länge l. Setzen wir

$$\mu = \frac{N}{4\pi},$$

so wird

$$M = \frac{lN}{4\pi}.$$

N ist die Anzahl der magnetischen Kraftlinien, welche von einem zum andern Ende des Stabes verlaufen. Bezeichnen wir mit B die Anzahl dieser Linien, die auf 1 qcm kommen, und mit q den Querschnitt des Stabes, so wird

$$M = \frac{lqB}{4\pi}.$$

Der Buchstabe B bezeichnet die Kraftliniendichte im Stabe, die gewöhnlich *spezifische Induktion* oder kurz *Induktion* genannt wird. Da lq das Volumen des Stabes ist, so kann man auch sagen: *das Moment eines geraden Magnetstabes ist gleich seinem Volumen multipliziert mit dem Quotienten der spezifischen Induktion und 4π.*

Der Magnetstab möge nun in einem magnetischen Felde von der Stärke H aufgehängt sein, dessen Kraftlinien horizontal und rechtwinklig zur magnetischen Achse des Stabes verlaufen. Dann wird der Nordpol in der Richtung der Kraftlinie des Feldes vorwärts getrieben, und der Südpol erfährt eine Anziehung in der entgegengesetzten Richtung. Diese beiden Kräfte setzen sich zu einem Drehungsmomente zusammen, das durch den Ausdruck

$$D = l\mu H = \frac{l q B H}{4\pi}$$

gegeben ist. Hier ist D in Centimeter-Dynen gemessen; um es in Centimetergramm zu erhalten, haben wir den obigen Ausdruck durch 981 zu teilen.

Ein Beispiel möge einen Begriff von der Größe der Kräfte geben, mit denen wir bei den magnetischen Anziehungen zu rechnen haben. Nehmen wir an, wir magnetisierten einen großen Stahlstab und hingen ihn im Erdfelde auf, d. h. wir stellten uns eine gewaltige Kompaßnadel her. Wie groß müßte dann das Drehungsmoment sein, durch das dieser Stab in der Ost-West-Richtung gehalten würde? Der Magnet sei 1 m lang und habe 10 qcm Querschnitt. Bei Anwendung der nötigen Mittel sind wir im stande, auf jedem Quadratcentimeter der Endflächen des Stabes 400 Einheiten freien Magnetismus anzuhäufen, was einer Induktion von etwa 5000 Kraftlinien auf 1 qcm des Querschnittes entsprechen würde. Für die Stärke des Erdfeldes haben wir 0,18 C.G.S.-Einheiten in Rechnung zu setzen. Führen wir diese Werte in obige Gleichung ein, so finden wir, daß das Erdfeld auf den in der Ost-West-Richtung befindlichen Magnet ein Drehungsmoment von 73 Centimetergramm ausüben würde. Um den Stab in dieser Lage zu halten, hätten wir demnach an einem Ende eine Kraft von 1,46 g* aufzuwenden. Dies ist ein sehr geringer Wert in Anbetracht der Dimensionen des Stabes, dessen Gewicht etwa 7,5 kg betragen würde. Man muß jedoch bedenken, daß, wenn auch der Magnet sehr kräftig ist, das Feld, in dem er sich befindet, nur geringe Stärke besitzt. Hätten wir ein stärkeres Feld benutzt, wie man es leicht mit stromdurchflossenen Drahtspulen herstellen kann, so würde das Drehungsmoment weit größer gewesen sein. Man kann ein Feld von 500 C.G.S.-Einheiten noch in einfacher Weise zwischen zwei Spulen herstellen, deren Windungsflächen parallel und deren Abstand von einander gleich ihrem Radius ist. Hängen wir unseren Stabmagnet in einem solchen Felde senkrecht zu den Kraftlinien auf, so wäre das Drehungsmoment

$$D = 100 \times 10 \,\frac{5000}{4\,\pi} \times \frac{500}{981}$$

$$= 203\,000 \text{ Centimetergramm}$$

$$= 2{,}03 \text{ Meterkilogramm.}$$

Um den Magnet demnach so zu halten, daß seine Achse parallel den Windungsebenen der Spulen ist, haben wir an jedem seiner Enden und senkrecht zu seiner Achse eine Kraft von 2,03 kg* anzubringen.

13. Messung schwacher magnetischer Felder.

Diese Berechnung ist nur unter der Annahme richtig, daß der Magnetismus des Stabes unverändert bleibt, wenn wir ihn in das Feld bringen. Bei großen Feldstärken findet dies in Wirklichkeit nicht statt. Ein Feld von 500 C.G.S.-Einheiten hat schon eine große Stärke und würde den Magnetismus des Stabes ändern, selbst wenn er aus dem härtesten Stahle verfertigt wäre.

Die oben durchgeführte Berechnung des Drehungsmomentes ist daher nur annäherungsweise richtig und sollte nur einen Begriff von der Größenordnung der Kräfte geben, die hier in Wirksamkeit treten. In einem schwachen Feld bleibt der Magnetismus eines stark magnetisierten Stahlstabes unverändert, weshalb man ihn auch als *permanenten* Magnet bezeichnet. Das Moment eines solchen Stabes ist daher in jeder Lage innerhalb eines schwachen Feldes konstant, eine Tatsache, deren man sich mit Vorteil bei der Bestimmung der magnetischen Feldstärke bedient.

Auf den ersten Blick könnte es scheinen, daß sich die Feldstärke, wenn das Moment des Stabes bekannt ist, leicht durch Messung des Kräftepaares bestimmen ließe, das erforderlich ist, um den Magnet senkrecht zur Richtung der Kraftlinien zu halten. Doch ist eine solche Messung nicht mit der nötigen Genauigkeit auszuführen. Denn einerseits ist das Kräftepaar, wenn das Feld schwach ist und der Stab mäßige Dimensionen hat, außerordentlich klein und deshalb schwer zu ermitteln, anderseits ist die Bestimmung eines magnetischen Momentes selbst schwieriger auszuführen, als die einer Feldstärke.

Die allgemein übliche Methode zur Bestimmung schwacher Felder, besonders des Erdfeldes, ist von Gauss angegeben worden und setzt zwei Versuche voraus, die mit demselben Magnet anzustellen sind. Zuerst wird eine Magnetnadel durch den Stab abgelenkt, und aus der relativen Lage und Entfernung beider, sowie aus der Ablenkung der Nadel, wird $\frac{M}{H}$, d. h. das Verhältnis des Momentes des Stabes zur Stärke des Feldes ermittelt. Dann versetzen wir den Magnetstab in Schwingungen und bestimmen seine Schwingungsdauer. Nach einem bekannten Satze ist diese der Quadratwurzel aus dem Trägheitsmomente des schwingenden Körpers, das für einen zylindrischen Stab leicht aus den Dimensionen zu berechnen ist, direkt und der Quadratwurzel aus der Direktionskraft MH umgekehrt proportional. Durch Multiplikation der beiden Werte, die sich für $\frac{M}{H}$ und MH ergeben, erhalten wir M^2 und durch Division H^2, sodaß durch die beiden Beobachtungen sowohl das Moment des Magnetstabes als auch die Stärke des Feldes bestimmt ist.

Man kann also auf diese Weise die Horizontalkomponenten des Erdmagnetismus für einen bestimmten Ort messen. Da diese Meßmethode in allen Lehrbüchern der Physik beschrieben ist, wollen wir nicht weiter auf ihre Einzelheiten eingehen, sondern nur erwähnen, daß die Kenntnis der Horizontalkomponenten es möglich macht, ein ballistisches Galvanometer zu eichen, das dann zur Bestimmung starker Felder benutzt werden kann. Die Eichung kann in folgender Weise ausgeführt werden: Man stellt einen Holzrahmen, der mit n Windungen isolierten Drahtes umgeben ist, so auf, daß er um eine vertikale Achse gedreht werden kann. Die von den Windungen umschlossene Fläche sei F qcm. Steht die Windungsebene in der Ost-West-Richtung, so geht durch die Windungen ein Kraftfluß von $N = FH$ Linien. Drehen wir den Rahmen in die Nord-Süd-Richtung, so geht durch die Windungen kein Kraftfluß. Wie wir später sehen werden, ist die durch eine Änderung des Kraftflusses in den ihn umschließenden Windungen induzierte E.M.K. im C.G.S.-System gegeben durch den Ausdruck

$$e = \frac{dN}{dt} n.$$

Wollen wir e in Volt erhalten, so schreiben wir

$$e = \frac{dN}{dt} n \cdot 10^{-8}$$

Ist die Wicklung des Rahmens mit dem ballistischen Galvanometer in Serie geschaltet und bedeutet w den gesamten Widerstand von Rahmen und Galvanometer in Ohm, so ist der augenblickliche Strom in Ampère

$$i = \frac{1}{w} \frac{dN}{dt} n \,.\, 10^{-8}$$

Bekanntlich ist der Ausschlag eines ballistischen Galvanometers proportional dem Zeitintegral des Stromes, also bei schneller Drehung des Rahmens von der Ost-West- in die Nord-Süd-Lage haben wir

$$K \frac{\Delta_0}{2} = \int_0^t i\, dt,$$

wenn t die Zeit der Vierteldrehung, $\frac{\Delta_0}{2}$ den Ausschlag und K eine von der Konstruktion des Galvanometers abhängige Konstante bedeuten. Da

$$i\, dt = \frac{1}{w} dN\, n\, 10^{-8},$$

so haben wir auch

$$K \frac{\Delta_0}{2} = \frac{1}{w} N n\, 10^{-8}.$$

Hätten wir den Rahmen von der Ost-West- in die West-Ost-Richtung, also um 180° gedreht, so würde der Ausschlag doppelt so groß geworden sein, also Δ_0 betragen. Wir hätten also

$$K \Delta_0 = \frac{2N}{w} n\, 10^{-8}.$$

Es empfiehlt sich die halbe statt der Viertel-Drehung, weil dabei ein etwaiger Fehler in der Einstellung des Rahmens weniger Einfluß hat.

Wir haben also als Konstante des Galvanometers

$$K = \frac{2FH}{\Delta_0 w} n\, 10^{-8}$$

und die bei einem Ausschlag Δ durch das Galvanometer geflossene Elektrizitätsmenge ist in Ampère-Sekunden oder Coulomb gegeben durch

$$Q = K \Delta.$$

14. Messung starker magnetischer Felder.

Ein ballistisches Galvanometer ist ein bequemes und, wenn richtig geeicht, auch ein genaues Werkzeug für derartige Messungen. Eine Methode zur Eichung ist eben angegeben worden; sie ist aber nur brauchbar, wenn das Erdfeld wirklich homogen und konstant ist. Diese Bedingungen sind jedoch in einer modernen Stadt mit elektrischen und anderen Bahnen selten und in einer Fabrik für Dynamomaschinen wohl nie erfüllt. Kann man also ein störungsfreies Gebiet für die Eichung des Galvanometers nach der eben beschriebenen Methode nicht finden, so empfiehlt sich folgendes

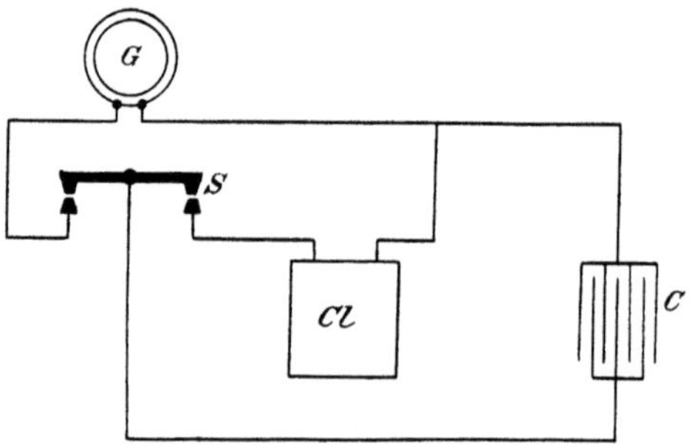

Fig. 8.

Verfahren: In Fig. 8 ist *Cl* ein Clark-Element, dessen E.M.K. *e* Volt sein möge, *C* ein Kondensator von *e* Mikrofarad, *S* ein Stromschlüssel und *G* das zu eichende Galvanometer. Je nachdem der Schlüssel auf der einen oder der anderen Seite niedergedrückt wird, ladet sich der Kondensator unter Ausschaltung des Galvanometers, oder entladet sich der Kondensator durch das Galvanometer unter Ausschaltung des Clark-Elementes. Die E.M.K. des Elementes in Volt wird gewöhnlich angegeben mit

$$e = 0{,}001\,(1452 - 0{,}12\,t),$$

wobei t die Temperatur in Graden Celsius bedeutet. Nach Kahles neuesten Messungen ist sie jedoch etwas geringer, nämlich:

bei 0 Grad $e = 1{,}44\,925$
bei 15 Grad $e = 1{,}43285$.

Die im Kondensator angesammelte Elektrizitätsmenge ist $e\,C\,10^{-6}$ Coulomb. Ihre Entladung durch das Galvanometer bewirkt den Ausschlag Δ_0. Wir haben also

$$K\Delta_0 = e\,C\,10^{-6}$$

$$K = \frac{e\,C\,10^{-6}}{\Delta_0}.$$

Hat man auf diese Weise die Konstante des Galvanometers bestimmt, so kann man beispielsweise den Kraftfluß, der vom Pol einer Dynamomaschine, Fig. 9, in den Anker übertritt, in folgender Weise

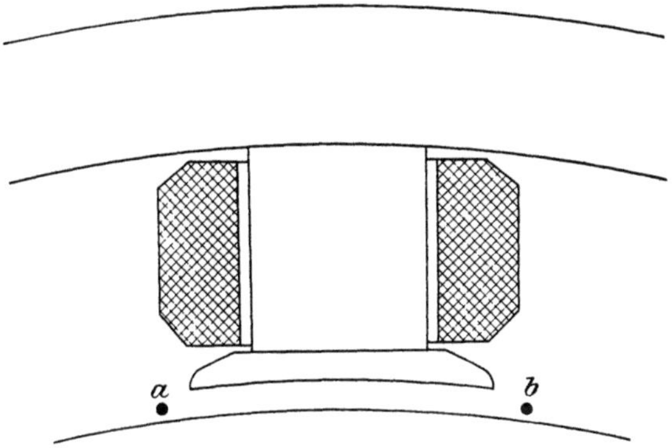

Fig. 9.

finden. Man befestigt zweckmäßig durch Einnähen einen Prüfdraht auf einem Bogen starken Papieres derart, daß eine Schleife $a\,b$ gebildet wird, die etwas größer als die Polfläche ist. Zum Schutze des Prüfdrahtes können beiderseitig Papierblätter aufgeklebt werden. Die Enden der Schleife werden durch biegsame Leitungen mit dem Galvanometer verbunden. Zieht man nun die Schleife schnell hervor, so schneidet sie sämtliche Kraftlinien des Feldes und der Ausschlag Δ des Galvanometers ist dem gesamten Kraftfluß N proportional. Es ist der augenblickliche Strom

$$i = \frac{1}{w}\frac{dN}{dt}10^{-8}$$

$$Q = \int_0^\infty i\,dt = \frac{1}{w}\,N\,10^{-6}.$$

Da aber auch

$$Q = \varDelta K$$

$$Q = \frac{\varDelta}{\varDelta_0} e\, C\, 10^{-6}$$

so ist

$$N = \frac{\varDelta}{\varDelta_0} 100\, w\, e\, C.$$

Es ist selbstverständlich, daß bei passender Anordnung der Prüfschleife auch einzelne Teile des Feldes und Streufelder durch diese Methode gemessen werden können.

15. Die Anziehungskraft von Magneten.

Die im **11.** und **12.** Kapitel entwickelten Formeln setzen uns in stand, die Kraft, mit der ein permanenter Magnet einen andern oder ein durch Induktion magnetisiertes Stück Eisen anzieht, in Dynen oder Gramm auszudrücken. Wenn die Entfernung des einen der anziehenden oder abstoßenden Pole im Vergleich zu den Abmessungen des Magnetes groß ist, läßt sich die Berechnung einfach durchführen. Wir können uns in diesem Falle die physischen Magnete durch ihnen äquivalente ideale Magnete mit punktförmigen Polen ersetzt denken, deren gegenseitige Wirkung dem Quadrate ihrer Entfernung umgekehrt proportional ist. Wir erhalten dann ganz bestimmte Ausdrücke für die zwischen den Magneten wirkenden Kräfte und die sich hieraus ergebenden Kräftepaare.

In dieser Form hat jedoch die Aufgabe kein Interesse für den Konstrukteur von Dynamomaschinen und braucht deshalb auch hier nicht weiter verfolgt zu werden. Uns interessiert die Anziehung zwischen magnetischen Flächen, deren Ausdehnung im Vergleich zu ihrer Entfernung groß ist; in diesem Falle ist das oben angegebene Gesetz nicht mehr gültig. Wenn wir die Anziehung zwischen den Polschuhen und dem Anker einer Dynamomaschine ermitteln wollen, so können wir uns für die Berechnung den Magnetismus nicht in Punkten konzentriert denken, sondern wir müssen eine Verteilung über bestimmte Flächen voraussetzen. Die sich hierbei ergebenden Kräfte können unter gewissen Bedingungen sehr bedeutend sein und müssen, da sie direkt auf die Achse, die Lager und sonstige Teile der Maschine wirken, genau bestimmt und bei der Berechnung berücksichtigt werden.

Bevor wir zu der theoretischen Betrachtung dieses Gegenstandes übergehen, wollen wir seine praktische Bedeutung für einen bestimmten Fall ins Auge fassen. Fig. 10 stellt die Feldmagnete *F F* und den Ankerkern *A* einer gewöhnlichen Dynamomaschine schematisch dar. Die Kraftlinien verlaufen von dem links gelegenen Nordpol $N_1 N N_2$ durch den schmalen Luftzwischenraum $a_1\, a_2$ in den Ankerkern *A*, von hier wieder durch den Luftzwischenraum $b_1\, b_2$ in den

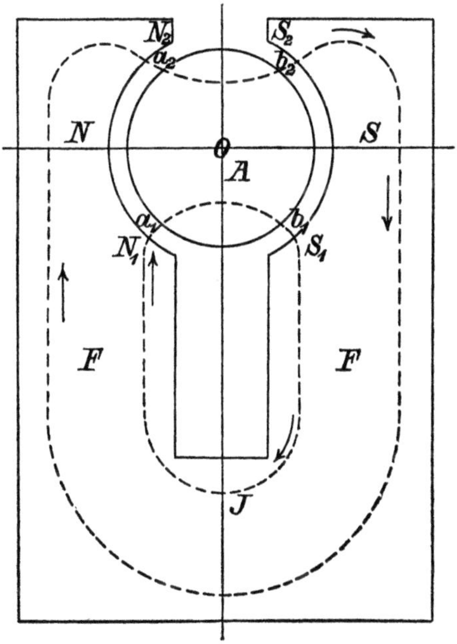

Fig. 10.

Polschuh $S_1 S S_2$ und kehren durch das Joch *J* zum Nordpol zurück; sie bilden so einen geschlossenen magnetischen Kreis. Zwei solche Kreise sind in der Figur durch punktierte Linien gekennzeichnet, während die Richtung der Kraftlinien durch Pfeile angedeutet ist. Wie wir schon früher erwähnt, müssen die Flächen der Polschuhe und des Ankers Niveauflächen sein, was sich auch leicht durch den Versuch beweisen ließ. Die im Luftraum verlaufenden Kraftlinien müssen deshalb überall senkrecht auf diesen Flächen stehen, also radial verlaufen. An den Ecken der Polflächen wird ihre eigentliche radiale Richtung natürlich etwas geändert werden, aber wir vernachlässigen absichtlich den Einfluß dieser Störung. Denken wir uns nun einen Einheitspol nach N_2 gebracht, so wird er von der Oberfläche des Polschuhes in radialer Richtung abgestoßen und in gleicher Richtung von der Oberfläche des Ankers angezogen werden. Die auf den Pol wirkende Kraft ist daher die Summe dieser Anziehung und Abstoßung. Bringen wir anderseits den Einheitspol auf die Fläche des Polschuhes S, so wird er von dieser angezogen und von der Ankerfläche abgestoßen. Wir gehen jetzt wieder auf den ersten Fall zurück und denken uns den Einheitspol fest mit der Fläche des Polschuhes N verbunden oder besser noch als Teil derselben. Diese Annahme führt zur Betrachtung der Kräfte, die auf ein Element der Polfläche $N_1 N N_2$ wirken, dessen Größe so gewählt ist, daß in ihm die Einheit der magnetischen Masse konzentriert ist. Augenscheinlich kann ein solches Element keine Abstoßung durch die übrige Fläche erfahren, da es einen Teil derselben bildet. Die eine Kraft, die, wie wir oben fanden, auf den freien Einheitspol wirkt, fällt damit fort. Die andere Kraft, die nach der Oberfläche des Ankers hin gerichtete Anziehung, bleibt jedoch unverändert bestehen. Jedes Element der Oberfläche des Polschuhes erfährt somit eine nach dem Anker zu gerichtete Anziehung, und da Wirkung und Gegenwirkung gleich und entgegengesetzt gerichtet sein müssen, so wird daher der gesamte Anker von der Oberfläche des Polschuhes, also in der Richtung nach links angezogen.

Dieselbe Überlegung gilt auch für die andere Seite der Maschine. Denken wir uns, der Einheitspol bilde einen Teil der dem Polschuh S gegenüberliegenden Ankeroberfläche, so findet eine nach rechts gerichtete Anziehung statt, wenn auch die im gleichen Sinne gerichtete Abstoßung nicht mehr wirkt. Da dies für jedes Teilchen der gesamten Ankeroberfläche gilt, welche vom Polschuh $S_1 S S_2$ umschlossen wird, so erfährt der Anker als Ganzes eine nach rechts gerichtete Anziehung. Wenn der Anker genau symmetrisch zum Felde angeordnet ist, so hebt die nach links gerichtete Anziehung die im entgegengesetzten Sinne wirkende auf, und die Lager erfahren daher keinen seitlichen Druck.

Ein Druck in der Richtung nach oben oder nach unten kann stattfinden, wenn der Anker unsymmetrisch zum Durchmesser $N O S$ liegt. Denken wir uns z. B. die obere Hälfte beider Polschuhe entfernt, so würde der Anker durch den Nordpol nicht nur nach links, sondern auch nach unten gezogen werden, und in ähnlicher Weise würde der Südpol nach rechts und nach unten anziehend wirken. Die beiden horizontalen Komponenten heben einander auf, die beiden vertikalen verstärken sich jedoch und erzeugen einen abwärts gerichteten Druck auf die Lager, der den vom Gewichte des Ankers herrührenden verstärkt. In gleicher Weise, wenn auch in schwächerem Grade muß eine Ungleichheit zwischen der obern und der untern Hälfte der Polschuhe wirken. Da nun eine völlige Symmetrie in jeder Richtung praktisch nicht immer herzustellen ist, so muß man die mechanischen Kräfte ungefähr abschätzen können, die bei mangelhafter Symmetrie auftreten können.

Wir wollen diesen Gegenstand noch von einem allgemeinern Standpunkt aus betrachten. Denken wir uns einen ringförmigen, an einer Stelle aufgeschnittenen Magnet, wie ihn Fig. 11 zeigt. Nahezu das gesamte von einem solchen Magnet erzeugte Feld liegt in dem engen Spalt zwischen den beiden Schnittflächen. Bei einem geraden Magnetstabe ist offenbar der Quotient aus der an jedem Polende angehäuften magnetischen Masse und der Polfläche gleich dem magnetischen Momente dividiert, durch das Volumen des Stabes. Dieser Quotient wird die *Stärke der Magnetisierung* genannt. Daß diese Definition für gekrümmte Magnete nicht mehr gültig ist, leuchtet sofort ein, wenn wir uns einen geraden Magnetstab kreisförmig gebogen denken, sodaß sich die Pole beinahe berühren. Das magnetische Moment, das als Produkt aus Stärke und Entfernung der Pole definiert wurde, ist dadurch kleiner geworden, während die auf jedem Pole angehäufte magnetische Masse keine Abnahme, vielleicht sogar eine Zunahme erfahren hat. Um eine auch für gekrümmte Magnete gültige Definition aufzustellen, dürfen wir nicht das Verhältnis des ganzen magnetischen Momentes zum gesamten Volumen betrachten, sondern müssen das Verhältnis des magnetischen Momentes eines kleinen, aus der gesamten Masse herausgeschnittenen Teilchens zum Volumen desselben in Rechnung setzen. Einfacher ist es indessen, gänzlich von dem Begriffe der Stärke der Magnetisierung abzusehen und dafür *die Dichte der magnetischen Masse* einzuführen. Wir nehmen daher an, die magnetische Masse sei gleichförmig über die Polflächen mit einer Dichte m ausgebreitet, und meinen damit, daß auf jedem Quadratcentimeter der Oberfläche m C.G.S.-Einheiten der magnetischen Masse angehäuft seien. Jedes Teilchen der magnetischen Masse stößt einen punktförmigen Pol von gleichem Magnetismus mit einer Kraft ab, deren Größe dem Quadrate der Entfernung beider umgekehrt proportional ist und deren Richtung in die Verbindungslinie beider fällt. Die Einzelkräfte sind somit nach Größe und Richtung verschieden und setzen sich zu einer Resultante zusammen, die, wie wir im folgenden zeigen wollen, durch Integration der Einzelkräfte gefunden werden kann.

Wir wollen nun mit Hilfe der Fig. 12, die den Zwischenraum zwischen den Polflächen in größerm Maßstabe darstellt, die Kraft bestimmen, welche die Polflächen auf einen zwischen ihnen im Punkte A befindlichen Einheitspol ausüben. Hierzu nehmen wir an, es befinde sich im Punkte D der Polfläche NN ein magnetisches

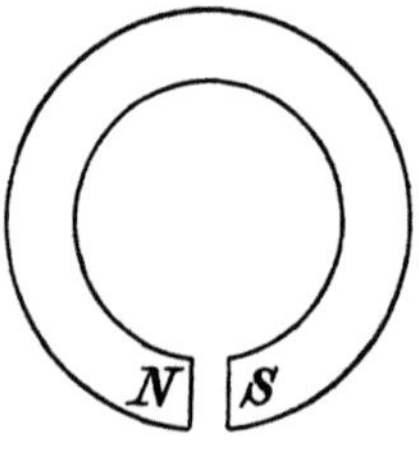

Fig. 11.

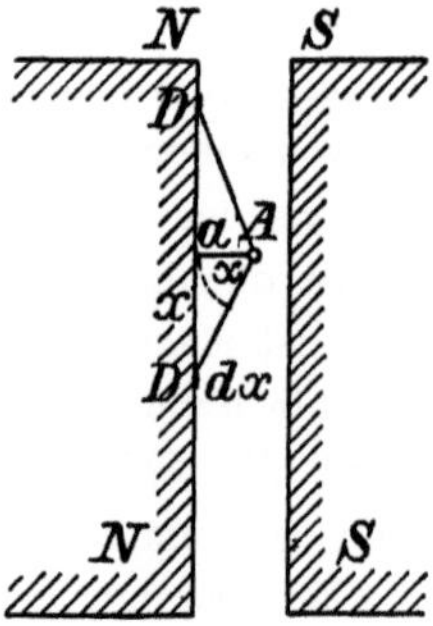

Fig. 12.

Teilchen mit dem Magnetismus $m\sigma$, und es sei ferner der senkrechte Abstand zwischen A und der Polfläche NN gleich a, der Abstand des magnetischen Teilchens $m\sigma$ vom Fußpunkte dieser Senkrechten gleich x und der von der Senkrechten und der Linie AD eingeschlossene Winkel gleich α. Dann ist die horizontale Komponente der zwischen $m\sigma$ und dem Einheitspole wirkenden Kraft gleich

$$\frac{m\sigma}{a^2+x^2}\cos\alpha.$$

Denken wir uns nun eine ganze Reihe solcher Elementarmagnete $m\sigma$, welche auf der Oberfläche NN einen Kreisring DD von der Breite dx bilden, so ist die horizontale Komponente der Kraft, mit der dieser Ring auf den in A befindlichen Einheitspol wirkt, gleich

$$dF = \frac{2\pi m x\, dx}{a^2 + x^2} \cos \alpha.$$

Ihre vertikale Komponente ist Null, da die vertikalen Komponenten der Kräfte je zweier einander auf dem Kreisringe gegenüberliegender Teilchen gleich groß, aber entgegengesetzt gerichtet sind. Somit stellt obiger Ausdruck die gesamte zwischen dem Kreisringe und dem Einheitspole wirkende Kraft dar. Nun ist

$$x = a \operatorname{tg} \alpha, \text{ also } dx = \frac{a\, d\alpha}{\cos^2 \alpha}$$

und

$$\cos \alpha = \frac{a}{\sqrt{a^2 + x^2}}.$$

Durch Einsetzung dieser Werte in obige Gleichung erhalten wir

$$dF = 2\pi m \sin \alpha\, d\alpha.$$

Integrieren wir diesen Ausdruck zwischen den Grenzen $\alpha = 0$ und $\alpha = \alpha$, so finden wir als gesamte Kraft, die von der Polfläche NN auf den Einheitspol ausgeübt wird,

$$F = 2\pi m (1 - \cos \alpha).$$

Es sei nun die Polfläche sehr groß gegen den Abstand a des Punktes A; alsdann sind die Verbindungslinien zwischen A und den Kanten der Polflächen diesen nahezu parallel. Wir können α unter dieser Annahme gleich $\frac{\pi}{2}$ setzen, und somit wird, da $\cos \frac{\pi}{2} = 0$ ist,

$$F = 2\pi m \quad . \quad . \quad . \quad . \quad . \quad . \quad . \quad . \quad . \quad (2)$$

Ist die zwischen der Polfläche NN und dem Einheitspol wirkende Kraft eine abstoßende, so erfährt er gleichzeitig eine Anziehung von der Fläche SS. Eine ähnliche Betrachtung, wie die oben durchgeführte, zeigt, daß diese ebenfalls gleich $2\pi m$ ist. Die Gesamtkraft, die auf einen in dem Luftzwischenraum zwischen den Polflächen NN und SS befindlichen Einheitspol ausgeübt wird, ist demnach unter der Annahme, daß die Breite des Zwischenraums im Verhältnis zu der Ausdehnung der Flächen klein ist,

$$2F = 4\pi m.$$

Mit Hilfe dieses Ausdruckes können wir die Feldstärke in dem Luftzwischenraum berechnen. In Übereinstimmung mit den allgemein gültigen Festsetzungen bezeichnen wir die Stärke desjenigen Feldes mit Eins, in dem auf jedes Centimeter eine Kraftlinie kommt oder in dem auf den Einheitspol eine Kraft von einer Dyne ausgeübt wird. Beträgt diese Kraft $4\pi m$ Dynen, so kommen in dem Felde auf jedes Centimeter $4\pi m$ Kraftlinien. Bezeichnen wir die Feldstärke oder *Induktion* mit dem Symbol B, so erhalten wir

$$B = 4\pi m.$$

Es sei nun Q der Inhalt jeder Polfläche in qcm, dann ist $N = QB$ die Gesamtzahl der Kraftlinien, die von einer Fläche zur andern verlaufen, und $\mu = mQ$ die gesamte Polstärke jeder Fläche oder die gesamte magnetische Masse, die wir uns als auf jeder Fläche angehäuft denken. Wir haben deshalb

$$N = 4\pi\mu,$$

d. h. die Gesamtzahl der Kraftlinien ist 4π mal so groß, wie die gesamte Polstärke. Wir finden mithin das gleiche Ergebnis, wie am Schluß des vorigen Kapitels, wo wir einen einzelnen Pol betrachteten. Da damals aber das Feld den Pol an allen Seiten umgab, war es nicht von vornherein klar, daß dieser Ausdruck auch noch für den Fall Gültigkeit behalten würde, wo das Feld gleichsam einseitig ist, d. h. sich von dem Pol aus nur nach einer Seite hin ausdehnt. Wie wir gesehen haben, ist dies jedoch der Fall, und die Formel

$$N = 4\pi\mu$$

ist allgemein gültig.

Wir kehren nun zu Formel (2) zurück. Die Abstoßung, welche die Polfläche NN auf einen in der Nähe befindlichen Nordpol von der Einheit der Stärke ausübt, ist, wie gezeigt wurde, gleich $2\pi m$. Wäre der Einheitspol ein Südpol, so würden wir denselben Ausdruck, jedoch mit umgekehrtem Vorzeichen finden; die zwischen Pol und Fläche wirkende Kraft hat somit entgegengesetzte Richtung, ist also eine Anziehung. Unser Pol sei nun ein Teil der südlichen Polfläche SS. Wir erkennen sofort, daß jedes Teilchen dieser Fläche, das die Einheit der magnetischen Masse besitzt, von der Polfläche NN mit einer Kraft von $2\pi m$ Dynen angezogen wird. Da sich auf der südlichen Polfläche mQ solcher Teilchen befinden, so ist die gesamte Anziehungskraft, die zwischen beiden Flächen wirkt, $F = 2\pi m^2 Q$. Diesen Ausdruck können wir auf eine bequemere Form bringen, wenn wir die Induktion B einführen.

Da

$$m = \frac{B}{4\pi},$$

also

$$m^2 = \frac{B^2}{16\pi^2}$$

ist, so wird

$$F = 2\pi m^2 Q = \frac{Q B^2}{8\pi} \text{ Dynen},$$

oder für jedes qcm ist die Kraft in kg

$$F = \frac{1}{24{,}6}\left(\frac{B}{1000}\right)^2 \text{ kg} \quad \ldots\ldots \quad (3)$$

Nach dieser Formel ist die folgende Tabelle berechnet. Dabei ist die Anziehungskraft F in kg pro Quadratcentimeter Fläche und die Induktion im Zwischenraum in Einheiten von 1000 gegeben.

$\frac{B}{1000} =$	1	2	3	4	5	7	10	15	20
$F =$	0,046	0,163	0,365	0,649	1,014	1,98	4,06	9,1	16,2

Es ist jedoch zu bedenken, daß diese Formel und Tabelle nur dann richtig sind, wenn die Entfernung der Polflächen im Verhältnis zu ihrer Ausdehnung so klein ist, daß man den störenden Einfluß der Kanten, wo die obere Grenze für den Winkel α kleiner als $^1/_2\,\pi$ ist, vernachlässigen kann. Selbst wenn die Entfernung zwischen den Polschuhen merklich ist, behält die Formel trotzdem für den Fall Gültigkeit, daß sich die eine der Polflächen, wie bei den Dynamomaschinen, weit über die Grenzen der anderen ausdehnt. Stehen die Flächen in unmittelbarer Berührung, wie z. B. bei einem Hufeisenmagnet und seinem Anker, so kann die Formel ohne weiteres angewendet werden; sind jedoch die Polflächen klein und ihre Entfernung beträchtlich, so muß der Einfluß der Kanten berücksichtigt werden. Für praktische Zwecke genügt jedoch gewöhnlich eine angenäherte Kenntnis der Anziehungskraft, und deshalb ist die Formel (3) meistens hinreichend genau.

Wir wollen jetzt die Anwendung dieser Formel durch einige Beispiele erläutern. Fig. 13 stelle einen Hufeisenmagnet M mit seinem Anker A dar. Die Schenkel mögen zusammen einen Querschnitt von 9 qcm besitzen, und die Induktion (Kraftliniendichte auf 1 qcm) in ihnen betrage 20 000 C. G. S.-Einheiten. Dann ist die Kraft, mit der der Anker von jedem Schenkel angezogen wird, gleich

$$\frac{9 \times 20\,000^2}{8 \times 3{,}14} \text{ Dynen.}$$

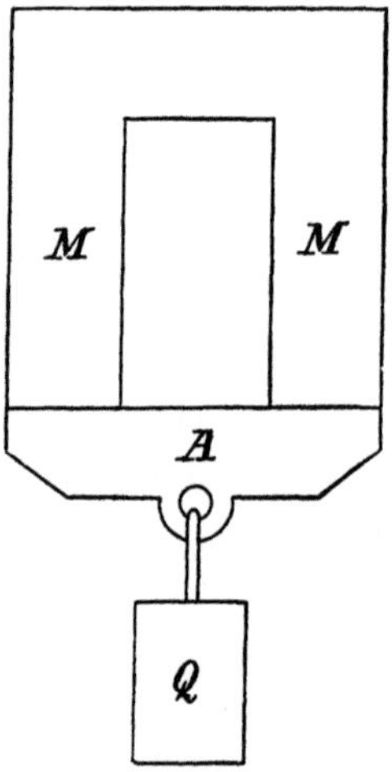

Fig. 13.

Um die Kraft in Kilogramm zu erhalten, haben wir diesen Ausdruck durch 981 000 zu dividieren und erhalten somit als Anziehungskraft beider Schenkel

$$K = \frac{9 \times 20\,000^2}{25{,}12 \times 981\,000} \times 2 = 292 \text{ kg*}.$$

Als zweites Beispiel möge die Dynamomaschine dienen, welche in Fig. 10 dargestellt ist. Ihr Anker habe einen Durchmesser von 30 cm und eine Länge von 40 cm. Die Polschuhe sollen an jeder Seite einen Winkel von 120° umfassen. Die mittlere Kraftliniendichte (Induktion) im Luftraum sei $B = 5000$. Wir werden später zeigen, daß die Kraftliniendichte von dem Luftzwischenraume zwischen

Polschuhen und Anker abhängt und nehmen an, daß infolge mangelhafter Zentrierung dieser Zwischenraum nicht konstant ist, sondern oberhalb des Durchmessers *N O S* größer und unterhalb dieses Durchmessers kleiner ist als sein Mittelwert. Infolgedesssen wird auch ein Unterschied bestehen in der Kraftliniendichte und zwar möge die mittlere Kraftliniendichte oberhalb des Durchmessers *N O S* 4800 und unterhalb desselben 5200 betragen.

Die Anziehung des obern rechten Viertels des Ankers ist unter der Annahme, daß die Ausbohrung in den Polschuhen auf jeder Seite einen Winkel von 120^0 umschließt, um 30^0 gegen den Durchmesser *N O S* geneigt. Ihre vertikale Komponente ergibt sich durch Multiplikation der Gesamtkraft mit $\sin 30^0$ und ist somit die Hälfte der Gesamtkraft. Ähnlich liegen die Verhältnisse für die linke obere Hälfte. Die gesamte nach oben gerichtete Kraft, die auf die obere Hälfte des Ankers wirkt, ist demnach der Anziehung gleich, welche die obere Hälfte eines Polschuhes ausübt. In derselben Weise finden wir, daß die gesamte abwärts gerichtete Kraft, welche auf die untere Hälfte des Ankers wirkt, gleich der Anziehung der untern Hälfte eines Polschuhes ist. Die Differenz dieser beiden Kräfte stellt einen Druck dar, den der Anker auf die Lager ausübt, und der sich zu seinem Gewichte addiert. Nach Gleichung (3) ergibt sich dieser Druck zu

$$\frac{30\,\pi}{6} \times 40 \times \frac{5200^2 - 4800^2}{25{,}12} \text{ Dynen} = 100 \text{ kg*}.$$

Eine Dynamomaschine von den angegebenen Abmessungen würde ungefähr 40 bis 50 K.W. leisten. Eine Vermehrung des Ankerdruckes auf jedes Lager um 50 kg* ist hier bedeutungslos und kann bei der Konstruktion vernachlässigt werden.

Es kann indessen Fälle geben, in denen die magnetische Anziehung nicht mehr zu vernachlässigen ist und bei der Konstruktion der Lager berücksichtigt werden muß. Als Beispiel hierfür möge eine sogenannte Flachringmaschine[1]) dienen. Der Anker bildet hier bekanntlich eine flache Scheibe, die zwischen zwei Reihen auf Kreisen angeordneter und einander gegenüberstehender Pole umläuft. Wenn der Anker sorgfältig ausgerichtet ist, wird der Abstand der Pole von

---

[1]) Solche Maschinen findet man noch in älteren Elektrizitätswerken, sie werden aber heutzutage nicht mehr gebaut.

der Scheibe auf jeder Seite derselbe sein, und die zwischen ihnen wirkenden Kräfte werden sich aufheben. Der Anker wird durch Kammlager in der richtigen Lage gehalten, und solange diese nicht abgenutzt sind, ist der Druck, der in achialer Richtung auf ihnen lastet, sehr gering. Kann sich jedoch der Anker infolge der Abnutzung der Lager oder aus irgend einem andern Grunde der einen Reihe der Polschuhe nähern, so nimmt auf dieser Seite die Feldstärke bedeutend zu; infolge dessen wird hier eine stärkere magnetische Anziehung auftreten, als auf der andern Seite. Nehmen wir an, in einer 100 pferdigen Maschine betrage die Oberfläche der Polschuhe auf der einen Seite des Ankers 2000 qcm, bei richtiger Stellung des Ankers sei ferner die Länge des Luftzwischenraumes auf jeder Seite 20 mm und die Induktion im Luftraum 4600 C.G.S.-Einheiten. Der Anker möge sich nun aus irgend einem Grunde um 2 mm nach einer Seite verschieben, sodaß die Induktion auf dieser Seite 5000 und auf der andern 4200 werden möge. Wir erhalten dann eine einseitige Anziehung von

$$\frac{2000\,(5000^2 - 4200^2)}{25{,}12}\ \text{Dynen} = 600\ \text{kg}^*.$$

Eine Kraft von solchem Betrage muß offenbar bei der Konstruktion der Maschine berücksichtigt werden.

Eine interessante Anwendung der magnetischen Anziehungskraft findet man in gewissen Hebezeugen. Es werden in neuerer Zeit Geschosse, Ingots und schwere Blechplatten mittels Elektromagnete gehoben. Der Elektromagnet nimmt dann einfach die Stelle des Hakens an der Krahnkette ein. Soll ein Stück angehoben werden, so läßt man den Magneten auf dasselbe herab und schließt nach der Berührung den Stromkreis, durch den der Magnet erregt wird. Bei Unterbrechung des Stromkreises fällt das Stück wieder ab.

Viertes Kapitel.

16. Wirkung eines elektrischen Stromes auf einen Magnet. — 17. Das magnetische Feld eines Stromes. — 18. Stärke des Feldes eines Stromes. — 19. Einheit der Stromstärke. — 20. Mechanische Kraft zwischen Strömen und Magneten. — 21. Praktische Beispiele.

16. Wirkung eines elektrischen Stromes auf einen Magnet.

Stellen wir eine Kompaßnadel, die sich in ihrem Gehäuse befindet, auf einen Tisch und ziehen dicht darüber einen Draht, so sucht sich die Nadel rechtwinklig zu dem Draht zu stellen, sobald diesen ein elektrischer Strom durchfließt. Steht die Nadel nicht unter dem Einfluß einer andern Kraft oder ist der Strom sehr stark, so schließt die Richtung der abgelenkten Nadel mit dem Draht genau einen rechten Winkel ein; wirken dagegen noch andere Kräfte auf die Nadel ein, so stellt sie sich in die Resultante jener und der ablenkenden Kraft des Stromes ein. Wenn wir demnach den Winkel beobachten, um den die Nadel abgelenkt wird, so sind wir im stande, uns ein Urteil über die Stärke der ablenkenden Kraft zu bilden, die der Strom ausübt. Wir finden auf diese Weise, daß die Kraft abnimmt, wenn der Draht parallel zu sich selbst um eine gewisse Strecke von der Nadel entfernt wird, daß sich ferner die Richtung der Nadel umkehrt, wenn der Draht unter, statt über der Nadel verläuft, und daß in allen Lagen die Kraft proportional der Stromstärke zunimmt.

17. Das magnetische Feld eines Stromes.

Aus diesen Versuchen geht hervor, daß ein von einem Strom durchflossener Draht auf seiner ganzen Länge von Kraftlinien umgeben ist, deren Dichte in der Nähe des Drahtes am größten ist und in weitrer Entfernung von demselben abnimmt. Die Kraftlinien bilden konzentrische Ringe, wie sie Fig. 14 zeigt. Es geht dies noch klarer aus Fig. 15 hervor, wo der Draht ein Blatt Papier schneidet, auf dem die Kraftlinien gezeichnet sind. Nach der bekannten Ampèreschen Regel wird die Richtung, in der der Nordpol einer Nadel abgelenkt wird, wie folgt bestimmt: *Denkt man sich eine menschliche Figur mit dem Strome schwimmend und nach dem Nordpol der Nadel sehend, so wird dieser nach derjenigen Richtung abgelenkt, die der Schwimmer mit ausgestreckter linker Hand*

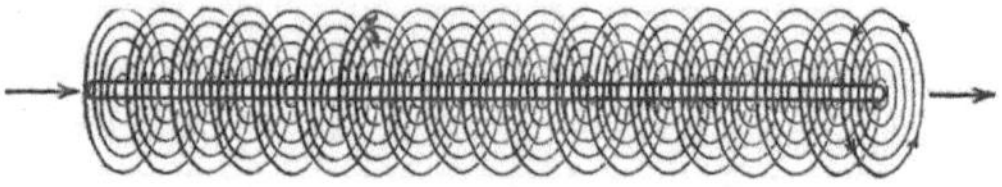

Fig. 14.

anzeigt. In einem der vorhergehenden Kapitel haben wir diejenige Richtung der Kraftlinien eines magnetischen Feldes als positive bezeichnet, in der sich ein beweglicher Nordpol fortbewegt. Vereinigen wir diese Definition mit der Ampèreschen Regel, so können wir sofort die Richtung des magnetischen Wirbels angeben, welcher einen vom Strom durchflossenen Leiter umgibt. Wenn nämlich der Strom im Drahte aufwärts fließt (Fig. 15), so ist die Richtung der Kraftlinien durch die Pfeile angegeben, oder anders ausgedrückt,

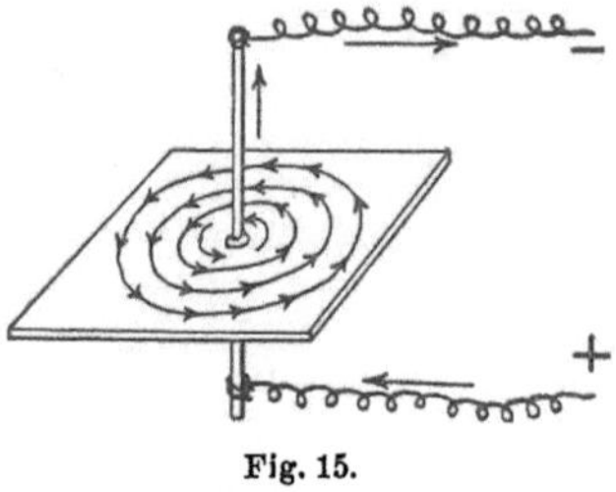

Fig. 15.

wenn wir in die Richtung blicken, in der der Strom fließt, so verlaufen die Kraftlinien in der Drehrichtung des Uhrzeigers. Eine einfache Gedächtnisregel liefert auch die folgende Anschauung. Umfaßt man den stromdurchflossenen Leiter mit der rechten Hand in der Weise, daß der ausgestreckte Daumen in der Richtung des Stromes zeigt, dann umfließen die Kraftlinien den Draht so, daß sie an den Spitzen der übrigen Finger austreten.

Daß die Kraftlinien tatsächlich in konzentrischen Kreisen verlaufen, läßt sich leicht durch den Versuch nachweisen. Wir nehmen zu diesem Zwecke eine Glasplatte (Fig. 16) und bohren ein Loch durch ihre Mitte. Darauf wird die Platte mit einer dünnen Paraffinschicht überzogen und mit feinen Eisenfeilspänen bestreut. Führt man durch das Loch einen Draht und schickt durch diesen einen Strom, so nehmen die auf die Platte gestreuten Eisenfeilspäne, wenn man die Glasscheibe gleichzeitig durch leises Klopfen etwas erschüttert, die in dem Diagramm dargestellte Lage ein. Erwärmt man nun die Platte gelinde, so schmilzt das Paraffin und schließt die Feilspäne ein, die alsdann beim Abkühlen in ihrer Anordnung erhalten bleiben.

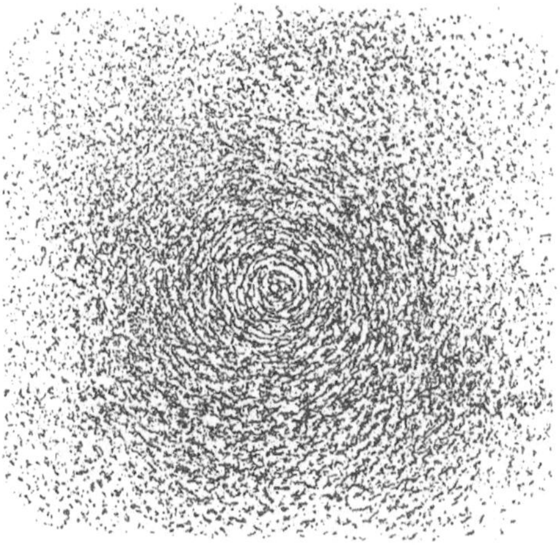

Fig. 16.

18. Die Stärke eines vom Strom erzeugten Feldes.

Nachdem wir gesehen haben, daß ein Stromleiter von einem Wirbel magnetischer Kraftlinien umgeben ist, müssen wir zunächst die Feldstärke für einen beliebigen Punkt in der Nähe des Drahtes bestimmen. Aus der Anordnung der Eisenfeilspäne können wir sogleich schließen, daß die in einem Punkt ausgeübte Kraft rechtwinklig auf der Ebene steht, die durch diesen Punkt und den Teil des Drahtes geht, dessen Einfluß wir zu bestimmen wünschen. Es ist jedoch unmöglich, direkt die Kraft zu messen, die ein kurzes Stück des Stromleiters auf einen beweglichen Einheitspol ausübt; denn der Strom muß durch weitere Leitungen nach dem kurzen

Stück hin und von da wieder weggeführt werden, und diese Zuleitungen wirken ebenfalls auf den Pol und verdecken den Einfluß des zu untersuchenden Stücks. Ein Strom kann nur in einem geschlossenen Leiter entstehen, und auf den beweglichen Pol muß deshalb notwendigerweise der ganze Stromkreis wirken. Um das Gesetz experimentell zu untersuchen, wählt man deshalb einen Stromkreis von einer so einfachen Form, daß die von dem geschlossenen Leiter hervorgebrachten Wirkungen einen Schluß auf den Einfluß jedes einzelnen Teils gestatten.

Der einfachste Fall besteht darin, daß der Stromleiter einen Kreis bildet, in dessen Mittelpunkt sich der Magnetpol befindet. Bei dieser Anordnung sind alle Teile des Leiters von dem Pol gleich weit entfernt, und die Richtung jedes Stromelements steht senkrecht auf der Verbindungslinie des Elements und des Pols. Die mit einem solchen Apparat gewonnenen Ergebnisse sind natürlich nicht ohne weiteres auf Stromkreise anwendbar, bei denen die Elemente nicht alle vom Pol dieselbe Entfernung haben und keine rechte Winkel mit den Verbindungslinien zwischen Pol und Element einschließen. Für den kreisförmigen Stromleiter zeigt der Versuch, daß die auf den Einheitspol ausgeübte Kraft, wenn sich dieser im Mittelpunkt des Kreises befindet, dem Umfang des Kreises und der Stromstärke direkt und dem Quadrat des Radius umgekehrt proportional ist. Wir können daraus schließen, daß die von einem Element hervorgebrachte Wirkung der Länge des Elements und der Stromstärke direkt, dem Quadrate der Entfernung des Elements vom Pol aber umgekehrt proportional ist; jedoch gilt dies nur in dem Falle, wo das Element rechtwinklig auf der Linie steht, die es mit dem Pol verbindet. Wenn diese Bedingung nicht erfüllt ist, so läßt uns der Versuch im Stich. Wir müssen hier vorläufig eine Voraussetzung machen, deren Richtigkeit darauf durch den Versuch zu bestätigen ist. Wir nehmen an, daß die Kraft eines Elements, das mit der Verbindungslinie einen spitzen Winkel einschließt, dem Sinus dieses Winkels proportional ist. Wir führen also statt der Länge des Elements seine Projektion auf die Senkrechte zur Richtungslinie nach dem Pol ein. Ein Element, das vollständig mit dieser Richtungslinie zusammenfällt, würde also überhaupt keine Wirkung auf den Pol ausüben.

Diese Annahme läßt sich leicht durch den Versuch prüfen. Wir wählen zu diesem Zweck einen unendlich langen, geradlinigen

Leiter (Fig. 17). In Wirklichkeit existiert ein solcher natürlich nicht; aber wählt man den Draht sehr lang im Verhältnis zum Abstande des Pols N, so ist die theoretische Bedingung sehr nahe erfüllt, besonders wenn dafür gesorgt ist, daß die andern Teile des Stromkreises von dem Pol möglichst weit entfernt sind. Die Strom-

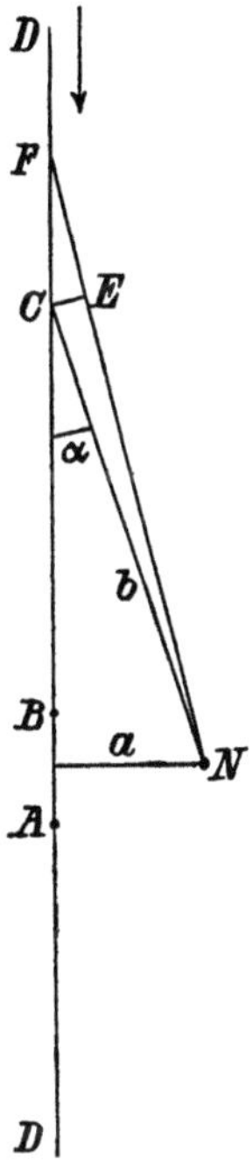

Fig. 17.

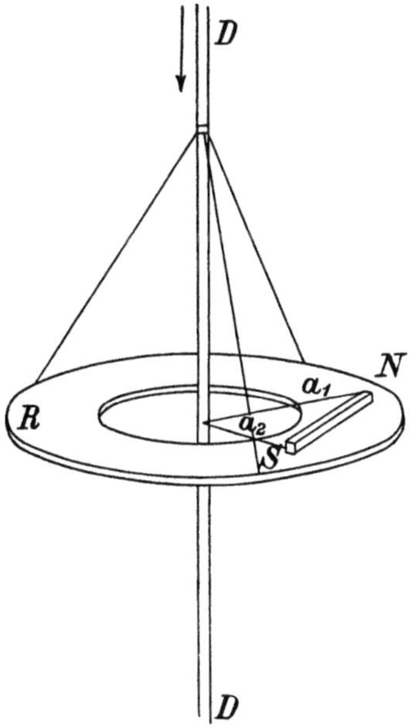

Fig. 18.

stärke i im Element AB übt eine Kraft aus, die in absolutem Maß durch den Ausdruck

$$\frac{i\,\overline{AB}}{a^2}$$

dargestellt wird, während das Element CF nach unserer Annahme die Wirkung

$$\frac{i\,\overline{CE}}{b^2}$$

ausübt. Integrieren wir diese elementaren Kräfte über die ganze Länge des Drahts, und stimmt die so berechnete Resultante mit dem

Wert überein, den der Versuch ergibt, so können wir natürlich unsere Annahme für richtig halten. Wir brauchen zu diesem Zweck keine wirkliche Messung vorzunehmen und die Kraft zu ermitteln, da sich die absolute Größe solcher Kräfte schon aus dem Versuch mit dem kreisförmigen Stromleiter ergibt. Wir haben nur zu prüfen, wie sich die Kraft mit der Entfernung a ändert.

Dies lehrt ein sehr einfacher Versuch. In Fig. 18 möge DD den Draht vorstellen, den eine ringförmige hölzerne Scheibe R umgibt, auf die wir einen Magnet NS beliebig hinlegen können, sodaß z. B. die Abstände a_1, a_2 seiner Pole vom Drahte verschieden sind. Schicken wir einen Strom durch den Draht, so findet keine Drehung der Scheibe statt, obgleich sich der Magnet, allein betrachtet, wie wir oben sahen, rechtwinklig zu dem Draht zu stellen sucht. Fließt nämlich der Strom in der Richtung des Pfeils, so sucht sich der Nordpol nach vorn im Sinne des Uhrzeigers zu bewegen, während der Südpol die entgegengesetzte Richtung einschlägt. Da nun jede Kraft für sich allein eine Drehung der Scheibe hervorrufen würde, so müssen die an den Polen auf die Scheibe ausgeübten Drehungsmomente einander entgegengesetzt gleich sein. Dies ist nur möglich, wenn die auf die Pole ausgeübten Kräfte ihren Entfernungen a_1, a_2 vom Draht umgekehrt proportional sind.

Liefert nun auch die Integration der elementaren Kräfte in Fig. 17 dasselbe Ergebnis, so dürfen wir unsere Annahme für richtig halten. Hier sucht die vom Element AB ausgeübte Kraft den Pol N aus der Ebene des Papiers nach vorn heraus zu drehen, dasselbe gilt für CF und jedes andere Element. Ist N ein Einheitspol, so ist die vom Element CF ausgeübte Kraft gleich

$$dP = \frac{i\,\overline{CE}}{b^2},$$

wo i die Stärke des Stromes in CF und b der Abstand zwischen N und CF ist. Bezeichnen wir die Entfernung zwischen den Elementen AB und CF mit x und wählen CF so klein, daß es als ein unendlich kleiner Zuwachs dx dieser Entfernung angesehen werden kann, so haben wir

$$x = a \operatorname{ctg} \alpha \text{ und } dx = -\frac{i\,a\,d\alpha}{\sin^2 \alpha}$$

$$dP = \frac{i \sin \alpha\, dx}{b^2} = -\frac{i\,a\,d\alpha}{b^2 \sin \alpha}\,.$$

Nun ist

$$b = \frac{a}{\sin\alpha},$$

mithin wird

$$dP = -\frac{i \sin\alpha \, d\alpha}{a}.$$

Wird dieser Ausdruck über die ganze Länge des Drahts von $\alpha = 0$ bis $\alpha = \pi$ integriert, so erhalten wir als gesamte Kraft

$$P = \frac{2i}{a} \quad \ldots\ldots\ldots\ldots \quad (4)$$

Wir sehen also, daß die Kraft, die den Einheitspol N aus der Ebene des Papiers nach vorn herauszudrehen sucht, tatsächlich dem Abstande a zwischen Pol und Draht umgekehrt proportional ist. Unsere obige Annahme über die Wirkung von Stromelementen, die mit der Verbindungslinie nach dem Punkte, auf den sie wirken, einen spitzen Winkel einschließen, ist also richtig.

19. Einheit der elektrischen Stromstärke.

Da die auf einen im magnetischen Felde befindlichen Einheitspol wirkende Kraft in C.G.S.-Einheiten gleich der Induktion in der Luft oder der Feldstärke H ist, so haben wir auch

$$H = \frac{2i}{a}; \quad \ldots\ldots\ldots\ldots \quad (5)$$

d. h. *die Induktion in einem Punkte des Feldes, das von einem geraden, unendlich langen Stromleiter gebildet wird, ist gleich der doppelten Stromstärke, dividiert durch die Entfernung des betreffenden Punktes vom Stromleiter.* Aus dieser Beziehung können wir sofort die Definition für die Einheit der elektrischen Stromstärke ableiten. *Sie ist gleich der Stärke desjenigen Stromes, der beim Durchfließen eines geraden, unendlich langen Leiters im Abstande von 1 cm von diesem eine Feldstärke von 2 C.G.S.-Einheiten oder im Abstande von 2 cm die Einheit der Feldstärke erzeugt.*

Diese Definition, die streng richtig ist, lautet indessen in den Lehrbüchern gewöhnlich anders. Man pflegt nämlich sonst die Einheit der Stromstärke mit Rücksicht auf einen kreisförmigen Stromleiter von 1 cm Radius zu definieren. Offenbar übt ein solcher

Strom i auf den Einheitspol, der sich im Mittelpunkt des Kreises befindet, die Kraft $2\pi i$ aus; für die Stromstärke 1 ist diese Kraft demnach gleich 2π. Wir können also auch sagen: *Durch einen kreisförmigen Ring von 1 cm Radius aus dünnem Draht fließt ein Strom von der Stärke 1, wenn er auf einen Einheitspol, der sich im Mittelpunkt des Kreises befindet, eine Kraft von 2π Dynen ausübt.* Die auf die Weise definierte Einheit der Stromstärke ist von der Technik nicht angenommen, obwohl sie eine ganz passende Größe besitzt. Man mißt die Stromstärken in einer Einheit, die zehnmal kleiner ist, und nennt diese praktische Einheit das *Ampère*. Demnach ist ein Strom von 25 Ampère gleich einem Strom von 2,5 C.G.S.-Einheiten.

20. Mechanische Kräfte zwischen elektrischen Strömen und Magneten.

In gewisser Weise haben wir schon in dem vorhergehenden Paragraphen die mechanischen Kräfte zwischen Stromleitern und Magneten betrachtet; es geschah dies hauptsächlich zu dem Zweck, um die Eigenschaften kennen zu lernen, die das magnetische Feld eines elektrischen Stromes besitzt. Wir müssen diesen Gegenstand jetzt mehr vom Standpunkt des Technikers prüfen und die Kräfte untersuchen, die Stromleiter und physikalische Magnetpole oder magnetische Felder auf einander ausüben. Es ist ohne weiteres klar, daß bei unsern vorhergehenden Untersuchungen alle Kräfte μ mal größer werden, wenn es sich statt des Einheitspols um einen Pol von der Stärke μ handelt. Ferner nimmt die auf den Pol ausgeübte Kraft im Verhältnis von 1 zu r ab, wenn der Radius des Kreises r cm statt 1 cm beträgt. Es möge NS in Fig. 19 einen Magnet von der Polstärke μ vorstellen; der Nordpol befinde sich im Mittelpunkt eines kreisförmigen Drahtringes vom Radius r, der von der Batterie B den Strom i empfängt. Der Magnet soll so lang sein, daß der Einfluß des Stromleiters auf den Südpol zu vernachlässigen ist; alsdann wird der Nordpol mit der Kraft

$$P = \frac{2\pi i \mu}{r} \quad . \; . \; . \; . \; . \; . \; . \; . \; . \quad (6)$$

nach links getrieben. Nun gehen, wie wir im zweiten Kapitel gesehen haben, von dem Pol $4\pi\mu$ Kraftlinien aus. Denken wir uns also um den Pol eine Kugelfläche vom Radius r beschrieben, so ist auf dieser die Dichte der Kraftlinien gleich $4\pi\mu : 4\pi r^2 = \mu : r^2$. Der ganze kreisförmige Leiter befindet sich demnach in einem Felde von der Stärke $B = \frac{\mu}{r^2}$.

Gewöhnlich gebraucht man das Symbol B für die Induktion im Eisen, auf die wir später zu sprechen kommen, und bezeichnet die Feldstärke mit H. Da wir aber dieses Symbol für das Linienintegral der magnetischen Kraft gebrauchen werden, so ist es am besten, B in allen denjenigen Fällen anzuwenden, wo es sich um die

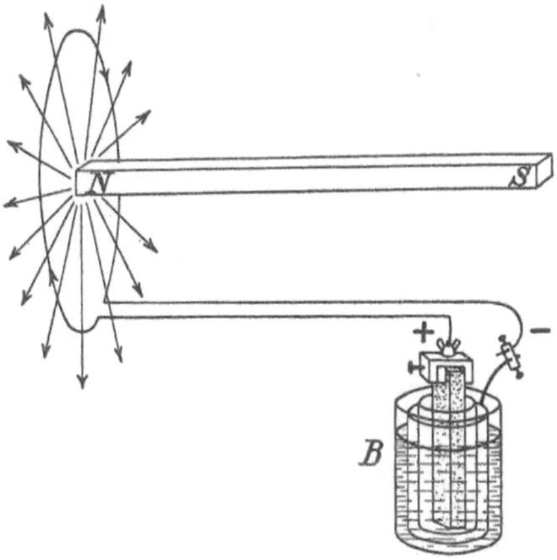

Fig. 19.

Induktion oder die Kraftlinienzahl für das Quadratcentimeter handelt, mögen nun die Kraftlinien im Eisen oder in sonst einem Medium verlaufen.

Im vorliegenden Falle besteht dies Medium aus Luft. Die Kraftlinien schneiden den Draht rechtwinklig, und die in irgend einem Punkte wirkende Kraft ist der Achse des Magnetes parallel — d. h. rechtwinklig sowohl zu den Kraftlinien des Feldes wie zu der Richtung des Stromes. Daß eine mechanische Kraft auf den Draht wirken muß, geht daraus hervor, daß nach dem Prinzip von Aktion und Reaktion keine Wirkung auf den Magnet stattfinden kann, ohne daß eine gleiche, aber entgegengesetzt gerichtete Kraft auf den Stromkreis ausgeübt wird. Wir sahen, daß der Magnet nach links getrieben wird, wenn der Stromkreis fest ist. Denken wir uns jetzt ersteren befestigt, so würde letzterer nach rechts hin bewegt werden. Ein Stromleiter, den man in ein magnetisches Feld bringt, wird daher parallel zu sich selbst und rechtwinklig zu den Kraftlinien des Feldes verschoben.

Um die Richtung, in der die Bewegung des Poles erfolgt, angeben zu können, denkt man sich eine menschliche Figur mit dem Strome schwimmend und der Richtung der Kraftlinien entgegensehend, dann zeigt ihre ausgestreckte Linke in die gesuchte Richtung.

Die Kraft, die diese Bewegung hervorbringt, ist in dem durch Fig. 19 dargestellten Falle durch die Formel

$$P = 2\pi i r B$$

gegeben. Nun ist $2\pi r$ gleich der Länge l des kreisförmigen Leiters; die mechanische Kraft, die auf den Stromleiter wirkt, ist deshalb, in Dynen ausgedrückt, gleich dem Produkt aus Stromstärke, Länge des Leiters, soweit er der Einwirkung des Feldes ausgesetzt ist, und Feldstärke. Wir haben also

$$P = l i B. \quad \ldots \ldots \ldots \quad (7)$$

In dieser Formel ist die Stromstärke natürlich in C.G.S.-Einheiten ausgedrückt. Geben wir sie in Ampère an, so erhalten wir

$$P = l i B 10^{-1}.$$

Um die Kraft in Kilogramm zu erhalten, haben wir durch 981000 zu dividieren, also

$$P = \frac{l i B}{9810000} \text{ kg}^*$$

oder

$$P = 10{,}19\, l i B\, 10^{-8} \text{ kg}^*.$$

Bis auf 2 % genau kann die Kraft auch durch folgende für das Gedächtnis bequemere Formel ausgedrückt werden

$$F = l \left(\frac{i}{100}\right) \left(\frac{B}{1000}\right) \text{kg}^* \quad \ldots \ldots \quad (8)$$

wenn die Länge des Leiters in m eingesetzt wird.

Die zwischen zwei parallelen Leitern wirkende Kraft können wir ebenfalls berechnen, wenn wir bedenken, daß jeder Leiter im Felde des anderen liegt. Die Ströme in den Leitern I und II seien i_1 und i_2 Ampère und die Entfernung der Leiter sei a cm. Es liegt also der Leiter II in dem von i_1 erzeugten Felde, welches nach Gleichung 5 an der betreffenden Stelle die Stärke $B_1 = \frac{2\,i_1}{10\,a}$ hat, und der Leiter I liegt in dem Felde $B_2 = \frac{2\,i_2}{10\,a}$. Die auf $l\,m$ eines jeden Leiters wirkende Kraft ist mithin in Dynen

$$F = \frac{20\,l\,i_1\,i_2}{a}$$

oder annähernd

$$F = \frac{20\,l\,i_1\,i_2}{a}\,10^{-6}\ \text{kg}^* \quad \ldots\ldots \quad (9)$$

Es können Fälle eintreten, wo diese Kraft so groß wird, daß sie bei Anordnung der Befestigungsstellen der Leiter berücksichtigt werden muß. Das gilt z. B. von den Leitungen zu den Schaltzellen bei großen Batterien. Diese Leitungen müssen wegen des recht beschränkten Raumes ziemlich nahe aneinander verlegt werden. Bei einer Batterie von normal 1000 Ampères würde bei 4 cm Abstand der Leitungen ein seitlicher Zug von 5 kg auf dem laufenden m und bei 2 m Abstand der Befestigungspunkte auf jeden derselben ein Druck von 10 kg kommen. Diese Beanspruchung kann ein Glockenisolator ganz gut aushalten; tritt aber auch nur vorübergehend ein Kurzschluß einer Zelle am Schaltende der Leitung ein, so kann der Strom für einen Augenblick das fünf- oder zehnfache seines normalen Wertes annehmen und dadurch die Kraft auf das 25 oder 100 fache steigern und die Befestigung losgerissen werden.

21. Anwendung auf Dynamoanker.

Wir haben gesehen, daß auf einen Leiter, in dem ein Strom von 100 Ampère fließt und der sich auf einer Länge von 1 m durch ein Feld von 1000 C.G.S.-Einheiten erstreckt, eine Kraft von 1,019 kg* wirkt.

Diese mechanische Kraft, die sich aus der Wechselwirkung von magnetischen Feldern und elektrischen Strömen ergibt, muß bei den Generatoren von der Antriebsmaschine überwunden werden, bei den Motoren setzt sie die Achse des Ankers in Bewegung.

Es geht dies deutlich aus Fig. 20 hervor, wo eine Dynamomaschine schematisch dargestellt ist. Der Einfachheit halber ist die Ankerwicklung nur durch eine Windung *ABCD* gezeichnet, und die Feldmagnete sind durch punktierte Linien angedeutet. Der enge Raum zwischen der innern Oberfläche des Ankerkerns

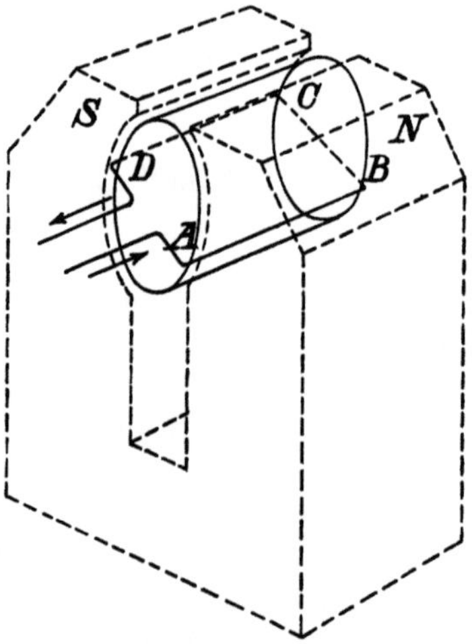

Fig. 20.

(gewöhnlich Luftzwischenraum oder magnetische Luft genannt) bildet ein starkes magnetisches Feld, d. h. der Raum wird von Kraftlinien durchsetzt, die sämtlich vom Nordpol radial in den Ankerkern eintreten, ihn auf der andern Seite ebenfalls radial verlassen und zum Südpol laufen. Wenden wir die oben angegebene Regel über die Richtung, in welcher sich ein stromdurchflossener Leiter in einem magnetischen Felde bewegt, auf den vorliegenden Fall an, so ergibt sich für den mit *AB* bezeichneten Teil des Leiters eine nach oben gerichtete Bewegung, während die des Teiles *CD* nach unten erfolgt. Beide wirken daher im gleichen Sinne und rufen eine Drehung des Ankers hervor, deren Richtung im vorliegenden Falle dem Sinne der Drehung des Uhrzeigers entgegengesetzt ist.

Die Anwendung der Formel (8) soll noch am folgenden Zahlenbeispiel erläutert werden. Bei den neuern Dynamomaschinen kann die Feldstärke im Luftzwischenraum zu ungefähr 5000 bis 10000 C.G.S.-Einheiten angenommen werden. Fließt nun durch die Drahtwindung *A B* (Fig. 20) ein Strom von 100 Ampère, so ist die Kraft, die auf einen 10 cm langen Teil der Windung wirkt, rund $^1/_2$—1 kg.

Fünftes Kapitel.

22. Elektromagnet.

Bisher haben wir nur von Magneten und ihrem Felde gesprochen, ohne zu berücksichtigen, wie sie entstanden sind. Für unsern Zweck war es unwesentlich, ob wir es mit einem permanenten Stahlmagnet oder mit einem Elektromagnet zu tun hatten, wenn sie nur die erforderliche Stärke der Magnetisierung besaßen. Diese ist indessen in der Praxis meistens nicht auf die althergebrachte Weise zu erreichen, daß man einen Stahlstab mit einem andern Magnet streicht, sondern man muß dazu Elektromagnete anwenden, d. h. weiches Eisen, welches von einem elektrischen Strom umkreist und dadurch magnetisiert wird. Die Wirkung der Dynamomaschinen, soweit wir sie bis jetzt untersucht haben, hängt ausschließlich von der Stärke der angewandten Magnete ab. Ehe wir eine Theorie der Wirkung solcher Maschinen aufstellen können, müssen wir daher zunächst wissen, wieviel Magnetismus in einem gegebenen Stück Eisen erzeugt wird, wenn ein gegebener Strom es eine bestimmte Anzahl Male umkreist. Mit andern Worten, wir haben die Beziehung aufzufinden zwischen den *Strom-* oder *Ampèrewindungen*, wie man sie gewöhnlich nennt, und der Gesamtzahl der von ihnen erzeugten Kraftlinien. Es leuchtet sofort ein, daß es für unsern Zweck nur auf die Größe des Produktes Strom $\times$ Windungen ankommt und nicht auf die Art und Weise, wie es zusammengesetzt ist. Die magnetische Wirkung wird dieselbe sein, ob wir einen schwachen Strom in vielen Windungen oder einen starken Strom in wenigen Windungen um ein Stück Eisen schicken, vorausgesetzt, daß der Raum, den die Windungen einnehmen, und das Produkt aus Stromstärke und Windungszahl in beiden Fällen dieselben sind. Dies ist leicht ersichtlich, wenn man sich zwei, drei oder mehr Windungen, durch welche ein schwacher Strom fließt, zu einer einzigen zusammengefaßt denkt, die dann ein Strom von zwei-, drei- oder mehrfacher Stärke durchläuft. Dehnen wir dies auf die ganze Spule aus, so können wir von einem zum andern Fall übergehen, ohne das Resultat dadurch zu verändern.

Fig. 21 stellt einen Elektromagnet in der Form dar, wie man sie gewöhnlich in physikalischen Laboratorien findet, und soll zeigen,

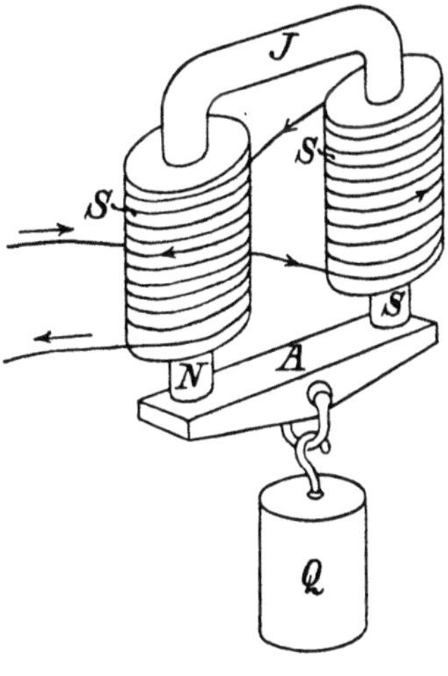

Fig. 21.

wie weiches Eisen durch einen es umkreisenden Strom magnetisiert werden kann. Ein Stück Rundeisen ist zweimal rechtwinklig umgebogen und bildet den Magnet NJS. Auf die beiden vertikalen Schenkel sind zwei Spulen SS aus isoliertem Kupferdraht geschoben und quer über die Pole des Magnetes ist ein Anker A gelegt, an welchem, um die Kraft des Magnetes zu veranschaulichen, ein Gewicht Q hängt. Solange der Strom in der durch die Pfeile angegebenen Richtung fließt, wird das Gewicht festgehalten, es fällt jedoch in der Regel ab, wenn der Strom unterbrochen wird. Wir sagen mit Absicht in der Regel, weil tatsächlich das Gewicht unter gewissen Umständen hängen bleibt, obwohl der Strom unterbrochen ist. In einem geschlossenen magnetischen Kreise besteht nämlich ein Teil der Kraft noch fort, nachdem ihre Ursache schon zu wirken aufgehört hat. Hängen wir deshalb an einen Magnet von großer Tragfähigkeit ein verhältnismäßig kleines Gewicht, so kann schon die zurückbleibende Kraft genügen, um es festzuhalten. Da dies jedoch nur eine sekundäre Wirkung ist, brauchen wir sie nicht weiter zu berücksichtigen und nehmen daher an, daß der Magnet seine Tragfähigkeit verliert, sobald der Strom unterbrochen wird.

Weitere Versuche ergeben, daß die Tragfähigkeit des Magneten bis zu einem gewissen Grade mit der Stärke des ihn erregenden Stromes zunimmt. Im 15. Abschnitt wurde gezeigt, daß zwischen der Tragfähigkeit eines Magnetes und seiner Polstärke, oder besser gesagt, der Zahl der Kraftlinien, die an seinen Polen austreten, eine bestimmte Beziehung besteht. Mit Hilfe der dort entwickelten Formel können wir aus dem Gewichte, das in jedem Falle erforderlich ist, um den Anker abzureißen, die gesamte durch den Strom erzeugte Induktion berechnen. Kennen wir außerdem die Zahl der Drahtwindungen auf den Spulen, so sind wir im stande, allgemein anzugeben, wieviel Kraftlinien bei einer bestimmten Anzahl von Ampèrewindungen oder bei einer bestimmten *erregenden Kraft*, wie diese Größe allgemein genannt wird, in unserm magnetischen Kreise verlaufen. Diese Untersuchungsmethode liefert indessen nur dann genaue Resultate, wenn der störende Einfluß der Kanten durch eine besondere Konstruktion vermieden wird. Man wendet deshalb gewöhnlich andere Methoden an, um die Beziehung zwischen induzierender und induzierter Kraft für verschiedene Eisensorten abzuleiten. Wir werden hierüber später zu sprechen haben. Vorläufig möge die Bemerkung genügen, daß die induzierte Kraft bis zu einem gewissen Grade mit der induzierenden zunimmt, und daß sie bei weichem Eisen für einen bestimmten Betrag der erregenden Kraft größer als bei hartem ist.

23. Solenoid.

Wie wir sahen, wirkt eine einzelne kreisförmige Drahtwindung (siehe Fig. 19), welche vom Strome durchflossen wird, in derselben Weise auf einen Magnet, als ob sie selbst ein Magnet wäre. Hängen wir eine solche Windung so auf, daß sie sich ohne Reibung um ihren vertikalen Durchmesser drehen kann, so verhält sie sich ähnlich wie eine Kompaßnadel. Sie wird sich nämlich so einstellen, daß ihre Windungsebene in die Ost-West-Richtung fällt, und daß der sie durchfließende Strom in der obern Hälfte der Windung von Westen nach Osten und in der untern Hälfte von Osten nach Westen verläuft. Wir führen jetzt an Stelle der einzelnen kreisförmigen Windung eine Reihe schraubenförmiger Windungen ein, wie sie Fig. 22 zeigt. Sie bilden zusammen eine zylindrische Spule, die ein *Solenoid* genannt wird und die in ihrer Wirkung einen geraden

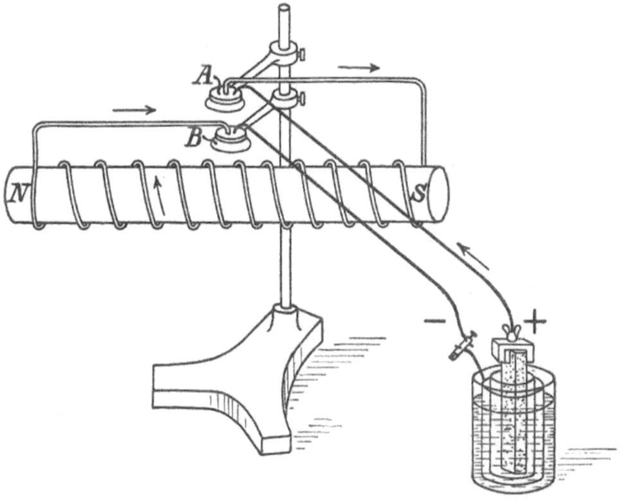

Fig. 22.

Stabmagnet ersetzt. Legen wir z. B. ein Stück Papier darauf und bestreuen dies mit Eisenfeilspänen, so ordnen sie sich in derselben Weise an, als befände sich unter ihnen ein wirklicher Stahlmagnet. Hängen wir die Spule in einem magnetischen Felde, z. B. dem der Erde auf, so stellt sich ihre Achse, ebenso wie die Kompaßnadel, in die Nord-Süd-Richtung. Dieser Versuch läßt sich mit dem Apparat ausführen, den Fig. 22 darstellt. Die Enden des auf eine Spule gewickelten Drahtes sind umgebogen und tauchen in Quecksilbernäpfe, die auf den horizontalen Armen eines Statives so angebracht sind, daß sich die Spule in ihnen frei drehen kann. Das Quecksilber in den Näpfen ist durch Drähte mit einem Elemente verbunden, sodaß man einen Strom durch die Spule schicken kann, ohne daß ihre Beweglichkeit merklich durch Reibung gestört wird. Um die Herstellung zu erleichtern, kann man den Draht auf einen hölzernen Kern wickeln, der jedoch für die Wirkung des Apparates nicht in Betracht kommt. Das Solenoid verhält sich wie eine Röhre, durch die magnetische Kraftlinien verlaufen. Nähern wir dem Pole des Solenoides einen Magnetpol, so wird er, ebenso wie von einem andern Magneten, angezogen oder abgestoßen. Ferner beobachtet man Anziehung oder Abstoßung zwischen den Polen zweier Solenoide, sodaß sich also die Solenoide in jeder Hinsicht wie Magnete verhalten.

24. Magnetische Permeabilität.

Jeder stromdurchflossene Draht wird, wie wir sahen, der Ursprung und Mittelpunkt eines magnetischen Wirbels. In einem Solenoide, wo alle Drähte nahe aneinander liegen, vereinigen sich daher die einzelnen Wirbel zu einem gemeinsamen Kraftlinienbündel, das in das Innere des Solenoides am Südpol eintritt, dasselbe seiner Länge nach mehr oder weniger parallel zu der Achse des Zylinders durchsetzt und am Nordpol wieder austritt. In dem das Solenoid umgebenden Raume beschreiben die Kraftlinien gekrümmte Bahnen, die vom Nord- zum Südpol verlaufen, wie man leicht mit Hilfe von Eisenfeilspänen zeigen kann.

Führen wir nun an Stelle des Holzstabes einen Eisenstab in das Innere des Solenoides, so gewinnt das äußere Feld bedeutend an Stärke. Die Feilspäne ordnen sich in dichtern Linien an, die Richtkraft des aufgehängten Solenoides (Fig. 22) wird stärker, und die Anziehung und Abstoßung, die es ausübt, werden kräftiger.

Wir schließen daraus, daß bei Gegenwart von Eisen ein bedeutend stärkeres Kraftlinienbündel induziert wird, als vorher. Das Eisen scheint den Kraftlinien den Weg zu erleichtern und für sie besser durchdringbar zu sein, als die Luft. Diese Eigenschaft des Eisens, die Zahl der Kraftlinien zu verstärken, wird deshalb *Permeabilität* (Durchdringbarkeit) genannt; sie kann zur Unterscheidung der verschiedenen Eisensorten dienen, da diese jene Eigenschaft in mehr oder weniger hohem Grade besitzen. Die Permeabilität ist deshalb ein numerischer Koëffizient, der die Zahl angibt, mit welcher man die ursprüngliche Feldstärke H multiplizieren muß, um die Feldstärke B zu erhalten, welche bei Einführung von Eisen in das Feld besteht. Bezeichnen wir die Permeabilität mit μ, so haben wir die Gleichung

$$B = \mu H, \quad \ldots \ldots \ldots \quad (10)$$

oder setzen wir B und H als bekannt voraus, so ergibt sich die Permeabilität μ aus der Gleichung

$$\mu = \frac{B}{H}. \quad \ldots \ldots \ldots \quad (11)$$

Die Permeabilität einer bestimmten Eisensorte ist keine Konstante, sondern hängt von der Feldstärke in einer Weise ab, welche nicht genau durch eine mathematische Formel ausgedrückt werden kann, sondern in jedem Falle experimentell bestimmt werden muß. Für die Konstruktion von Dynamomaschinen muß man wissen, wie viel Kraftlinien für eine bestimmte Anzahl von Amperewindungen bei einer gegebenen Anordnung der Feldmagnete erzeugt werden. Wie wir sahen, ist die Induktion das Produkt zweier Faktoren, von denen der eine die Permeabilität, die wir experimentell bestimmen müssen, und der andere die ursprüngliche Kraftlinienzahl vorstellt, die den Magnetismus im Eisen induziert und die wir deshalb *magnetische Kraft* nennen. Zwischen der letztern und der erregenden Kraft bestehen bestimmte Beziehungen, die durch Formeln ausgedrückt werden können. Unsere Aufgabe ist deshalb auf die Frage zurückgeführt: Welche Gesetze bestimmen die Beziehung zwischen erregender und magnetischer Kraft und wie hängen sie von der Größe und der Gestalt der Magnete ab?

25. Magnetische Kraft.

In einem gleichförmigen magnetischen Felde von der Stärke H verlaufen die Kraftlinien sämtlich gradlinig und parallel, und auf jedes Quadratcentimeter des Querschnitts kommt die Anzahl H. Grenzen wir in diesem Felde einen zylindrischen Raum von der Länge l und dem Querschnitt Q ab, dessen Achse in die Richtung der Kraftlinien fällt, und lassen wir einen Einheitspol sich von einem Punkte der einen zu einem Punkte der andern Endfläche dieses Zylinders bewegen, so ist die Arbeit, welche bei der Bewegung dieses Punktes geleistet wird, augenscheinlich gleich $H\,l$ und, wie im zweiten Kapitel gezeigt wurde, unabhängig von dem Wege, welchen der Einheitspol beschreibt. Diese Arbeit ist gleich der magnetischen Potentialdifferenz zwischen den beiden Punkten, oder allgemeiner, gleich der zwischen den beiden Endflächen unseres zylindrischen Raumes. Multiplizieren und dividieren wir nun die rechte Seite von Gleichung (10) mit l, so erhalten wir

$$B = \frac{\mu H l}{l},$$

d. h. *die Induktion in einem zylindrischen Raume ist der magnetischen Potentialdifferenz seiner Endflächen und seiner Permeabilität direkt und seiner Länge umgekehrt proportional.*

Denken wir uns nun eine Reihe solcher zylindrischer Räume von verschiedener Länge, aber von gleichem Querschnitt, deren Inhalt verschiedene Permeabilität besitzt. Sind ihre Längen l_1, l_2, l_3 u. s. w., und die entsprechenden Werte der Permeabilität μ_1, μ_2, μ_3 u. s. w., so bestehen die folgenden Gleichungen:

$$\frac{B\, l_1}{\mu_1} = H l_1$$

$$\frac{B\, l_2}{\mu_2} = H l_2$$

$$\frac{B\, l_3}{\mu_3} = H l_3 \text{ u. s. w.}$$

Durch Addition erhalten wir

$$B\left(\frac{l_1}{\mu_1} + \frac{l_2}{\mu_2} + \frac{l_3}{\mu_3} + \ldots\right) = H(l_1 + l_2 + l_3 + \ldots), \quad . \quad (12)$$

wo der Ausdruck auf der rechten Seite einfach die Arbeit darstellt, welche erforderlich ist, um den Einheitspol von dem einen zum andern Ende der Reihe der aneinandergrenzenden Zylinder zu bringen.

26. Linienintegral der magnetischen Kraft.

Unsere Betrachtungen bleiben unverändert, wenn wir an Stelle eines Feldes mit geraden ein solches mit gekrümmten Kraftlinien annehmen, vorausgesetzt, daß wir die Gestalt unsrer zylindrischen Räume entsprechend abändern. Die einzelnen Räume von verschiedener Permeabilität mögen in diesem Falle einen vollständig in sich geschlossenen Ring bilden. Unser Einheitspol würde dann auf dem Wege zu seinem Ausgangspunkte zurückkehren, aber sich nicht mehr auf einer willkürlichen Bahn bewegen können. Er dürfte nur einmal den von dem Ringe begrenzten Raum umkreisen, und der Einfachheit halber nehmen wir an, seine Bewegung erfolgte auf einer der Kraftlinien. Die dabei geleistete Arbeit ist das *Linienintegral der magnetischen Kraft*, welches einmal längs des geschlossenen magnetischen Kreises gebildet ist. Dividieren wir dasselbe durch

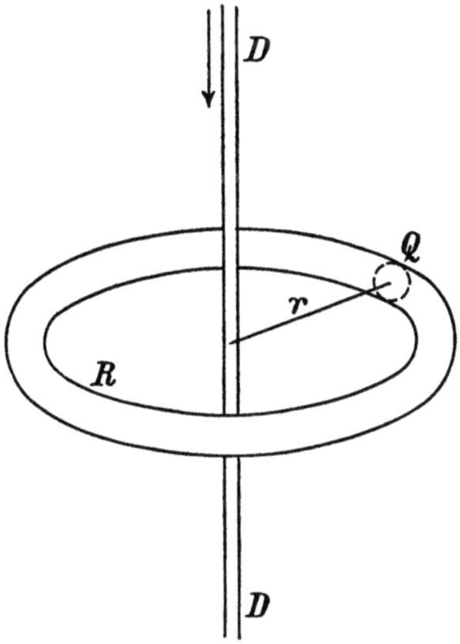

Fig. 23.

den Ausdruck $\frac{l_1}{\mu_1} + \frac{l_2}{\mu^2} + \frac{l_3}{\mu_3} + \ldots$, so erhalten wir die Induktion B. Ein Beispiel möge dies veranschaulichen.

In Fig. 23 sei $D\,D$ ein gestreckter Draht von großer Länge, den ein Strom i in der durch den Pfeil angedeuteten Richtung durchfließt. Wir grenzen um diesen Draht einen ringförmig gestalteten Raum R vom Querschnitt Q und vom Radius r ab. Die magnetischen Kraftlinien umkreisen den Draht, wie wir oben sahen, in der Richtung des Uhrzeigers, sodaß wir Arbeit leisten müssen, um den Pol einmal in entgegengesetzter Richtung um den Draht zu bewegen. Aus Gleichung (5) ergibt sich, daß die Stärke des den

Draht umgebenden magnetischen Feldes in der Entfernung r gleich $\frac{2i}{r}$ ist. Dieser Ausdruck bezeichnet daher gleichzeitig die Kraft, die sich der Bewegung des Poles auf jedem Punkte seiner Bahn entgegensetzt. Wollen wir die Arbeit finden, die erforderlich ist, um den Pol einmal längs des Ringes zu bewegen, so haben wir diese Kraft mit der Länge des zurückgelegten Weges, im vorliegenden Falle also mit $2\pi r$, zu multiplizieren. Wir haben somit als Linienintegral der magnetischen Kraft

$$F = 4\pi i. \qquad (13)$$

Aus Gleichung (12) folgt daher für die Induktion

$$B = \frac{4\pi i}{\frac{l_1}{\mu_1} + \frac{l_2}{\mu_2} + \frac{l_3}{\mu_3} + \ldots}, \qquad (14)$$

während die Gesamtzahl der in dem betrachteten Ringe verlaufenden Kraftlinien

$$N = QB$$

ist.

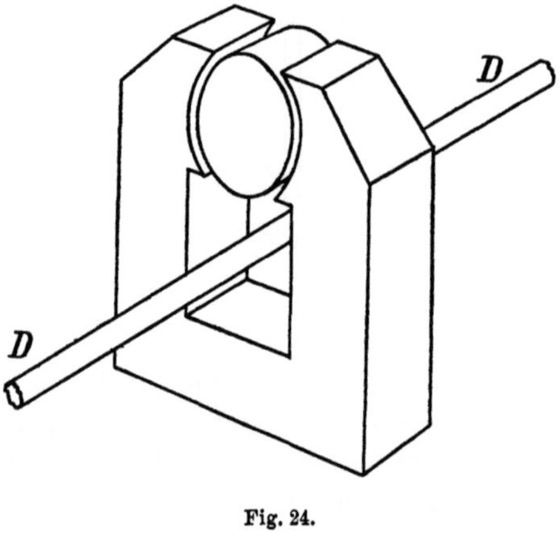

Fig. 24.

Es ist zu beachten, daß der Radius des Ringes nicht mit in die Gleichung eingeht. Wir schließen hieraus, daß eine wirklich kreisförmige Gestalt des Ringes für unsere Betrachtungen nicht wesentlich ist, und daß ein Ring von beliebiger Gestalt dieselbe Induktion ergeben würde, wenn nur seine gesamte Länge dieselbe ist, wie die des kreisförmigen Ringes. Dies folgt auch aus der Tatsache, daß die für den Einheitspol aufgewandte Arbeit von dem durchlaufenen Wege unabhängig ist, vorausgesetzt, daß er den vom Strome durchflossenen Leiter nur einmal umkreist hat. Anstatt also die mit Kraftlinien gefüllten Räume zu einem kreisförmigen Ringe zusammenzufügen, können wir sie auch auf jede beliebige andere Weise zusammensetzen, wenn sie nur eine geschlossene Bahn um den Leiter bilden.

Eine Anordnung, wie sie Fig. 24 darstellt, würde demnach in magnetischer Beziehung gleichbedeutend mit der durch Fig. 23 gekennzeichneten sein. Wir haben hier die Feldmagnete und den Anker einer Dynamomaschine, welche zusammen einen geschlossenen magnetischen Kreis um den Draht $D\,D$ bilden, den der Strom von der Stärke i durchfließt. Wäre der Querschnitt des magnetischen Kreises an jeder Stelle derselbe, so könnte Formel (14) sofort zur Bestimmung der Induktion im Anker benutzt werden. Aber aus Gründen, die später auseinandergesetzt werden sollen, wählt man nicht für alle Teile der Maschine den gleichen Querschnitt. Wir müssen daher unsere Formel erst so abändern, daß sie auch für magnetische Kreise von ungleichförmigem Querschnitt anwendbar ist.

27. Gesamte Feldstärke.

Wenn Q_1, Q_2, Q_3 u. s. w. die Querschnitte der einzelnen Teile und B_1, B_2, B_3 u. s. w. die entsprechenden Induktionen bedeuten, so ist die gesamte Kraftlinienzahl, die natürlich auf dem ganzen Wege konstant sein muß, durch die Ausdrücke

$$N = Q_1 B_1 = Q_2 B_2 = Q_3 B_3 \text{ u. s. w.}$$

gegeben.

Gleichung (11) haben wir auf die Form

$$B = \frac{\mu H l}{l}$$

gebracht; sie läßt sich jetzt auch in folgender Weise schreiben:

$$N \frac{l_1}{\mu_1 Q_1} = H l_1$$

$$N \frac{l_2}{\mu_2 Q_2} = H l_2$$

$$N \frac{l_3}{\mu_3 Q_3} = H l_3$$

u. s. w.

Durch Addition dieser Gleichungen erhalten wir

$$N \left\{ \frac{l_1}{Q_1} \cdot \frac{1}{\mu_1} + \frac{l_2}{Q_2} \cdot \frac{1}{\mu_2} + \frac{l_3}{Q_3} \cdot \frac{1}{\mu_3} + \cdots \right\} = H (l_1 + l_2 + l_3 + \ldots).$$

Der Ausdruck auf der rechten Seite ist, wie wir oben zeigten, das Linienintegral der magnetischen Kraft, die ihren Sitz in dem stromdurchflossenen Drahte $D\,D$ hat und durch das Produkt $4\,\pi\,i$ gegeben ist. Wir erhalten somit für die gesamte Kraftlinienzahl oder für die gesamte Feldstärke den Ausdruck

$$N = \frac{4\,\pi\,i}{\frac{l_1}{Q_1} \cdot \frac{1}{\mu_7} + \frac{l_2}{Q_2} \cdot \frac{1}{\mu_2} + \frac{l_3}{Q_3} \cdot \frac{1}{\mu_3} + \cdots} \quad . \quad . \quad (15)$$

oder

$$N = \frac{4\,\pi\,\mathrm{i}}{\Sigma \frac{l}{Q} \cdot \frac{1}{\mu}} \quad . \quad . \quad . \quad . \quad . \quad . \quad . \quad . \quad (16)$$

28. Praktisches Beispiel.

Die Anwendung von Formel (16) läßt sich am besten durch ein Beispiel zeigen. Zu diesem Zwecke nehmen wir eine Dynamomaschine an, deren Anker einen Durchmesser von 30 cm und eine Länge von 50 cm hat. Wir wollen die Stärke des Stromes ermitteln, die in dem geraden Drahte $D\,D$ der Fig. 24 erforderlich ist, damit der Anker von 6×10^6 Kraftlinien durchflossen wird. Der magnetische Stromkreis möge in drei Teile geteilt werden, nämlich in die Feldmagnete, den Anker und die Lufträume zwischen ihnen; die Länge dieser einzelnen Teile nehmen wir bezw. zu 140, 30 und 4 cm an. Hierbei ist die Länge eines jeden Luftzwischenraumes zu 2 cm angenommen. Der Querschnitt der Feldmagnete möge 800 qcm, der des Luftzwischenraums 1800 qcm und der des Ankers

500 qcm betragen. Die Permeabilität des Ankerkerns setzen wir zu 1000, die der Feldmagnete zu 2000 fest, wobei wir die Permeabilität der Luft als Einheit annehmen. Setzen wir diese Zahlen in Gleichung (16) ein, so finden wir

$$6 \times 10^6 = \frac{1{,}256\, i}{\frac{4}{1800} + \frac{140}{800 \times 2000} + \frac{30}{500 \times 1000}},$$

wenn wir i in Ampere ausdrücken. Hieraus ergibt sich

$$i = 11400 \text{ Ampère.}$$

Legen wir also einen geraden Draht zwischen die Schenkel der Feldmagnete und senden einen Strom von 11 400 Ampere hindurch, so erhalten wir im Anker die gewünschte Anzahl Kraftlinien. Es würde natürlich völlig untunlich sein, einen so gewaltigen Strom zur Erregung der Feldmagnete zu verwenden. Um diese Schwierigkeit zu umgehen, wird man nicht einen einzelnen Draht benutzen, den der gesamte Strom durchfließt, sondern eine Anzahl Drähte, die nebeneinander liegen und von denen jeder einen Teil des Stromes leitet. Ferner wird man die Enden der einzelnen Drähte so mit einander verbinden, daß derselbe Strom sie nacheinander durchfließt. Wählt man diese Verbindungsstücke so kurz wie möglich, um an Draht zu sparen und um einen möglichst geringen elektrischen Widerstand zu erhalten, so gelangen wir zu der gewöhnlichen Form der Spulen für die Feldmagnete. An Stelle eines geradlinigen Leiters, den ein Strom von 11 400 Ampere durchfließt, treten alsdann Spulen von zusammen 11400 Ampere-Windungen. Es drängt sich indessen sofort die Frage auf, ob solche Spulen, die die Magnete eng umschließen, wirklich die gleiche Wirkung wie ein Draht haben, der zwischen den Magnetschenkeln hindurchgeführt ist. Auf den ersten Blick scheint dies nicht der Fall zu sein. Denn die Gleichung (5), auf die wir unsere Berechnungen begründet haben, ist streng genommen nur für einen Draht von unendlicher Länge gültig, und diese Bedingung ist nicht einmal annähernd durch eine Spule von begrenzten Abmessungen erfüllt. Bevor wir also Gleichung (16) für die Berechnung von Dynamomaschinen anwenden können, müssen wir sie für die übliche Spulenform der Feldmagnete auf ihre Anwendbarkeit untersuchen.

29. Erweiterung der Theorie von den Elektromagneten.

Wir sahen, daß ein Solenoid, welches einen Eisenkern enthält, ein Elektromagnet wird, sobald wir einen Strom durch die Drahtspule senden, die das Solenoid bildet. Wir nahmen hierbei an, daß der Eisenkern gestreckte Form und ungefähr dieselbe Länge, wie das Solenoid, habe. Da wir es jedoch bei den Dynamomaschinen mit geschlossenen magnetischen Kreisen zu tun haben, so setzen wir jetzt voraus, der Eisenkern sei zu einem Ringe gebogen, der in

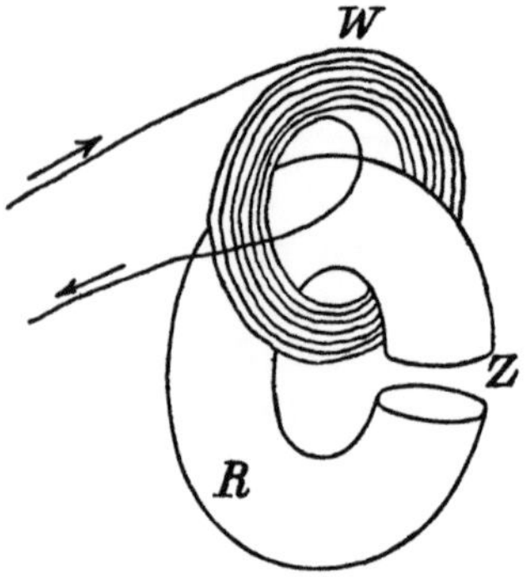

Fig. 25.

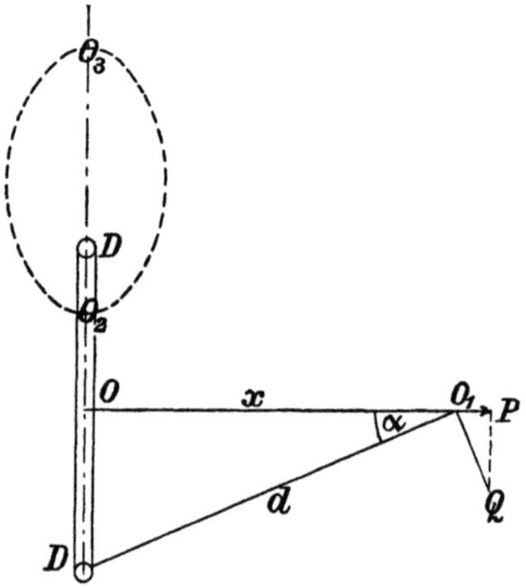

Fig. 26.

den das Solenoid bildenden Drahtring hineingehängt ist. Diese Anordnung ist durch Fig. 25 veranschaulicht. Hier stellt W die Spule aus isoliertem Draht dar, welche aus irgend einer Stromquelle den durch die Pfeilrichtung gekennzeichneten Strom erhält, und R ist ein Ring, der aus Teilen von verschiedener Permeabilität zusammengesetzt sein möge. Einer dieser Teile sei der Luftzwischenraum Z, dessen Permeabilität gleich 1 zu setzen ist. Er entspricht dem Raume, welcher sich bei Dynamomaschinen zwischen dem Anker und den Polschuhen befindet. Unsere Aufgabe ist es jetzt, das Linienintegral der magnetischen Kraft zu finden, die von dem Strom in der Spule W ausgeübt wird, und zwar haben wir es längs eines Umlaufs um den magnetischen Kreis zu bilden.

In Fig. 26 möge DD den Schnitt durch eine Drahtwindung der Spule vom Radius r darstellen, der rechtwinklig zu ihrer Ebene ausgeführt ist. Der magnetische Kreis um die Spule besteht aus Kraftlinien, welche ihre Windungsebene rechtwinklig schneiden. Diese bildet daher eine Niveaufläche, und man hat bei der Bewegung eines magnetischen Poles in ihr keine Arbeit zu leisten, ob er sich nun innerhalb oder außerhalb des vom Drahte umschlossenen Teiles dieser Ebene befindet.

Wir wollen das Linienintegral der magnetischen Kraft längs einer Linie bestimmen, die einen beliebigen Teil des Drahtes einmal umgibt. Man kann leicht zeigen, daß in dieser Beziehung jeder beliebig gestaltete Weg, wenn er nur einmal um den Draht verläuft, dasselbe Ergebnis liefert. Aus diesem Grunde muß die Arbeit, welche man bei der Bewegung des Einheitspols längs der elliptischen Bahn $O_2\,O_3$ um den Draht zu leisten hat, genau gleich der sein, welche erforderlich ist, um ihn von O aus nach rechts in die Unendlichkeit, von hier auf einem Halbkreis von unendlich grossem Radius nach links in die Unendlichkeit und schließlich von hier an den Ausgangspunkt O zurückzubringen.

Zum bessern Verständnis wollen wir dem Pol auf den verschiedenen Teilen seiner Bahn folgen. Man leistet keine Arbeit, um ihn von O_2 nach O zu bringen, da beide Punkte auf derselben Niveaufläche liegen. Die Bewegung von O in die Unendlichkeit erfordert Arbeit, während jede Bewegung des Poles in der Unendlichkeit ohne Arbeitsleistung zu vollziehen ist. Deshalb wird bei der Bewegung auf dem Viertelkreise von unendlichem Radius, die nötig ist, um den Pol in die Ebene $O\,O_2\,O_3$ zurückzuführen, keine Arbeit verbraucht. Da diese Ebene eine Niveaufläche ist, so ist das magnetische Potential in O_3 genau dasselbe wie das eines in der Unendlichkeit auf der Linie $O\,O_1$ liegenden Punktes. Um also unsern Einheitspol von O nach rechts in die Unendlichkeit zu bringen, haben wir dieselbe Arbeit zu leisten, wie in dem Falle, wo wir ihn von O_2 nach O_3 auf der im Endlichen liegenden Bahn bewegen, die in Fig. 26 durch die punktierte Linie angedeutet ist. In ähnlicher Weise läßt sich zeigen, daß die Arbeit dieselbe bleibt, ob wir ihn auf der linken Seite in der Unendlichkeit nach O zurückführen, oder ihn auf der zweiten Hälfte der punktierten Linie, nämlich von O_3 nach O_2 bewegen. Da sich dieselbe Betrachtungsweise für jeden geschlossenen Weg anwenden läßt, der einmal um den Draht führt, so ist das Linienintegral längs jeder solchen geschlossenen Bahn gleich dem Werte, der sich für die Bewegung des Poles von einem rechts im Unendlichen liegenden Punkte nach einem links im Unendlichen liegenden ergibt, vorausgesetzt, daß sie durch die Windung $D\,D$ erfolgt.

Dieses Integral kann leicht, wie folgt, gefunden werden. Nehmen wir an, der Pol sei im Punkte O_1 angelangt. Ein im Punkte D gelegenes Teilchen l des Leiters, das sich in der Entfernung d von dem Pole befindet, wirkt dann auf ihn mit der Kraft

$$Q = \frac{l\,i}{d^2},$$

die in die Richtung $Q\,O_1$ fällt. Die Horizontalkomponente dieser Kraft ist

$$P = \frac{l\,i}{d^2} \sin\alpha.$$

Da diese Gleichung für jedes Teilchen gilt, so finden wir als gesamte Kraft, die der kreisförmige Leiter ausübt,

$$P = 2\pi r i \frac{\sin\alpha}{d^2} = \frac{2\pi i}{r} \sin^3\alpha,$$

da

$$\sin\alpha = \frac{r}{d}.$$

Die Arbeit, die zur Verschiebung des Einheitspoles um eine kleine Größe dx erforderlich ist, beträgt daher

$$P\,dx = \frac{2\pi i}{r} \sin^3\alpha\,dx.$$

Nun ist

$$x = r \operatorname{ctg}\alpha \text{ und } dx = -\frac{r\,d\alpha}{\sin^2\alpha},$$

also

$$P\,dx = -2\pi i \sin\alpha\,d\alpha.$$

Integrieren wir diese Gleichung zwischen den Grenzen $\alpha = 0$ und $\alpha = \pi$, so finden wir als Linienintegral der magnetischen Kraft

$$F = 4\pi i, \quad \ldots \ldots \ldots \quad (17)$$

also genau denselben Ausdruck, den wir in Gleichung (13) für einen geraden, unendlich langen Leiter fanden. Die Gleichung

$$N = \frac{4\pi i}{\Sigma \frac{l}{Q} \frac{1}{\mu}} \quad \text{. . . . .} \quad (16)$$

behält also auch ihre Gültigkeit für Magnete, die durch Spulen erregt werden.

Es ist augenscheinlich von keiner Bedeutung, ob die Spule in Fig. 26 nur aus einem kreisförmigen Draht besteht, oder aus einem Leiter, der mehrere Windungen bildet. Denn in Gleichung (17) geht weder der Durchmesser, noch die Dicke der Spule ein, und das Linienintegral erstreckt sich über eine Linie von unendlicher Länge. Wir können daher den Strom, ohne das Resultat zu beeinflussen, in eine Anzahl Windungen verteilen, die entweder dicht nebeneinander liegen oder sich über eine bestimmte Länge des Magnetes ausdehnen, vorausgesetzt, daß der magnetische Kreis von allen Windungen umschlossen wird. Die Gestalt der Spule ist daher ohne Einfluß auf die magnetischen Verhältnisse. Wenn die Spule aus mehreren Drähten besteht, so ist der erzeugte Magnetismus ausschließlich von dem Produkte aus der Anzahl der Windungen und der Stärke des Stromes, der sie durchfließt, d. h. von den Ampere-Windungen, abhängig.

Bezeichnet nun i die Stromstärke in jedem Drahte und n die Windungszahl der Spule, so muß Gleichung (16), wie folgt, geschrieben werden:

$$N = \frac{4\pi n i}{\Sigma \frac{l}{Q} \frac{1}{\mu}}. \quad \text{. . . . .} \quad (18)$$

Es ist wohl zu beachten, daß die Stromstärke in dieser Formel in C.G.S.-Einheiten gegeben ist. Drücken wir sie in Ampere aus, so wird

$$N = \frac{0{,}4\pi n i}{\Sigma \frac{l}{Q} \frac{1}{\mu}}. \quad \text{. . . . .} \quad (19)$$

30. Magnetischer Widerstand.

Der Gleichung (19) geben wir zweckmäßig eine andere Form. Nehmen wir nämlich an, der magnetische Kreis bestehe aus drei Teilen von verschiedener Länge, verschiedenem Querschnitt und verschiedener Permeabilität, welche wir durch die Indices 1, 2 und 3 unterscheiden, so können wir schreiben:

$$0{,}4\,\pi\,n\,i = \frac{N l_1}{Q_1\,\mu_1} + \frac{N l_2}{Q_2\,\mu_2} + \frac{N l_3}{Q_3\,\mu_3}. \quad \dots \dots \quad (20)$$

Der Ausdruck auf der linken Seite ist das Linienintegral der magnetischen Kraft, welches einmal längs des magnetischen Kreises gebildet ist, oder die gesamte Potentialdifferenz, bei der ein Kraftlinienbündel von der Stärke N erzeugt ist. Die Ausdrücke auf der rechten Seite zeigen, wie die Potentialdifferenz auf die einzelnen Teile des Kreises verteilt ist. Jeder von ihnen stellt die Stärke des Kraftlinienstromes dar, multipliziert mit einem Ausdruck, der die Länge des betreffenden Teiles im Zähler und das Produkt aus seinem Querschnitt und seiner Permeabilität im Nenner aufweist.

Es fällt auf den ersten Blick auf, daß eine merkwürdige Analogie zwischen der Formel (20), welche die Eigenschaften des magnetischen Stromkreises darstellt, und zwischen dem Ohmschen Gesetze besteht, das die Eigenschaften des elektrischen Stromkreises angibt. Um dies klar einzusehen, haben wir nur an Stelle der Stärke des magnetischen Kraftlinienstromes die elektrische Stromstärke zu setzen, an Stelle der magnetischen Permeabilität die spezifische Leitungsfähigkeit, also den reziproken Wert des spezifischen elektrischen Widerstandes, und an Stelle von $0{,}4\,\pi\,n\,i$ die elektromotorische Kraft.

In Übereinstimmung mit dieser Analogie müssen die Ausdrücke von der Form $\frac{l}{Q}\frac{1}{\mu}$ als die *magnetischen Widerstände* der entsprechenden Teile des magnetischen Stromkreises angesehen werden, und wir können in folgender Weise das Ohmsche Gesetz von den elektrischen Strömen auf die magnetischen übertragen: *Die magnetomotorische Kraft (das Linienintegral der magnetischen Kraft) ist gleich dem Produkte aus der Gesamtstärke des magnetischen Kraftflusses und dem gesamten magnetischen Widerstande.*

Der Begriff des *magnetischen Widerstandes* erleichtert die Berechnung der dynamoelektrischen Apparate, aber vom streng wissenschaftlichen Standpunkte aus ist er nicht ganz einwurfsfrei. Da wir in Zukunft häufig den Ausdruck magnetischer Widerstand anwenden werden, ist es wünschenswert, von vornherein diese Einwände näher zu prüfen. Besonders kann man einwenden, daß die Überwindung des magnetischen Widerstandes im Gegensatze zu der des elektrischen keinen Energieaufwand erfordert, und daß der magnetische Widerstand nicht konstant, sondern von der Induktion, d. h. von der Gesamtstärke des Kraftlinienstromes, abhängig ist. Der erste Einwand ist ohne Zweifel gerechtfertigt. Erzeugen wir eine elektromotorische Kraft an den Enden eines Leiters und rufen auf diese Weise einen Strom in ihm hervor, so wird der Leiter erhitzt, und es ist keine Anordnung denkbar, bei der sich dieser Energieverlust vermeiden ließe. Beim magnetischen Stromkreise liegt die Sache wesentlich anders. Es ist klar, daß die erregende Spule, durch welche wir den magnetisierenden Strom fließen lassen, einen gewissen Widerstand besitzen muß, und wir haben deshalb auch einen bestimmten Betrag von Energie aufzuwenden, um den Strom durch die Spule hindurchzusenden. Wir können jedoch diesen Energieaufwand auf jeden beliebigen Betrag herabdrücken, indem wir einen größern Querschnitt für den Draht wählen, ohne dadurch in irgend einer Weise den magnetischen Kraftlinienstrom zu verändern. Ja, wir können sogar einen solchen Strom erregen, ohne überhaupt eine Drahtspule zu verwenden, wenn wir nämlich einen permanenten Stahlmagnet zur Erzeugung des Magnetismus wählen. Sprechen wir also vom magnetischen Widerstande, so ist stets zu bedenken, daß er kein Widerstand im gewöhnlichen Sinne des Wortes ist, der nur durch Aufwand von Energie überwunden werden kann, sondern vielmehr einer von der Art, welchen die Körper den Kräften entgegensetzen, die ihre Form zu verändern bestrebt sind.

Der zweite Einwurf ist nicht so stichhaltig, weil der elektrische Widerstand eines Stromkreises ebenfalls Veränderungen unterworfen ist, welche der ihn durchfließende Strom verursacht. Der spezifische Widerstand aller Metalle wächst mit der Temperatur, und da die letztere um so mehr steigt, je mehr die Stromstärke zunimmt, so folgt daraus, daß, je höher die Stromstärke ist, um so größer auch der elektrische Widerstand der von diesem Strome durchflossenen Metallteile sein wird. Genau dieselbe Beziehung besteht zwischen dem magnetischen Kraftlinienstrom und dem magnetischen Widerstande. Je stärker der magnetische Kraftlinienstrom ist, um so geringer ist die Permeabilität und um so größer ihr reziproker Wert, der ein Maß für den magnetischen Widerstand ist. In dieser Beziehung besteht zwischen dem magnetischen und dem elektrischen Widerstande der Unterschied nur in der Größe, nicht aber in der Art der Veränderlichkeit.

Aus der ganzen Anordnung von Formel (20) erkennt man sofort, daß die gesamte magnetomotorische Kraft, welche in einem gegebenen magnetischen Stromkreise wirkt, gleich der Summe der magnetomotorischen Kräfte ist, welche in seinen einzelnen Teilen erforderlich sind, daß also das Ohmsche Gesetz nicht nur für den Stromkreis als Ganzes, sondern auch für jeden seiner einzelnen Teile gilt. Wir können daher allgemein den Satz aufstellen: *Die Kraftlinienzahl in einem beliebigen Teile eines magnetischen Stromkreises ist der Quotient aus der magnetomotorischen Kraft in diesem Teile (magnetische Potentialdifferenz zwischen dem Anfang und dem Ende desselben) und seines magnetischen Widerstandes.*

Aus diesem Satze folgt, daß, wenn einer magnetomotorischen Kraft verschiedene Wege zur Verfügung stehen, auf denen sie sich ausgleichen kann, die Kraftlinienzahl auf diesen Wegen den betreffenden magnetischen Widerständen umgekehrt proportional ist. So können z. B. bei einer Dynamomaschine die Kraftlinien eine ganze Reihe von Wegen einschlagen, um von einem Polschuh zum andern zu gelangen. Einer unter ihnen läuft durch den Anker, und die Kraftlinien, die hier verlaufen, kommen allein für die Wirkung der Maschine in Betracht. Außerdem gibt es aber noch eine Anzahl von Kraftlinien, welche ihren Weg von einem Polschuh zum andern oder zum Joch durch die Luft nehmen. Diese sind für den eigentlichen Zweck der Maschine verloren. Wir werden hierauf zurückkommen, wenn wir den *magnetischen Nebenschluſs* oder *das Streufeld* der Dynamomaschinen behandeln.

Um Formel (20) besser anwenden zu können, ist es zweckmäßig, sie auf etwas andere Form zu bringen, indem wir beide Seiten durch $0{,}4\,\pi$ dividieren. Wir erhalten dann die erregende Kraft direkt in Amperewindungen, nämlich

$$n\,i = N\left(\frac{1}{1{,}256}\,\frac{l_1}{Q_1}\,\frac{1}{\mu_1} + \frac{1}{1{,}256}\,\frac{l_2}{Q_2}\,\frac{1}{\mu_2} + \frac{1}{1{,}256}\,\frac{l_3}{Q_3}\,\frac{1}{\mu_3}\right) \quad (21)$$

oder kurz

$$n\,i = N\,R, \quad \ldots\ldots\ldots \quad (22)$$

wo

$$R = \Sigma \frac{1}{1{,}256} \frac{l}{Q} \frac{1}{\mu} \quad \ldots\ldots\ldots \quad (23)$$

den magnetischen Widerstand bezeichnet. Wenn wir in Zukunft von einem magnetischen Widerstande sprechen, soll immer der durch Formel (23) gegebene Ausdruck damit gemeint sein.

31. Die Energie eines Magnetfeldes.

Ein Stab aus hartem Stahl kann durch Streichen mit einem Magnet selbst in einen Magnet verwandelt werden. Das Streichen erfordert eine gewisse mechanische Arbeit, und es liegt der Gedanke nahe, daß diese Arbeit in dem magnetischen Felde des Stahlstabes aufgespeichert ist. Wird der Anker eines Magnetes von diesem angezogen, so kann der Anker mechanische Arbeit leisten; ziehen wir den Anker ab, so müssen wir mechanische Arbeit aufwenden. Wir denken uns in Fig. 13 den Anker A in der Richtung der Schenkel M um wenige Millimeter abgezogen. Dann entsteht vor jeder Polfläche ein Raum von wenigen Millimetern Dicke und der Ausdehnung der Polfläche, der von Kraftlinien durchsetzt ist. Um diesen magnetischen Raum herzustellen, mußten wir mechanische Arbeit aufwenden. Da diese Arbeit nicht verloren gehen kann, so müssen wir annehmen, daß sie in dem magnetischen Felde zwischen Polflächen und Anker aufgespeichert ist.

Bezeichnen wir mit Q den Querschnitt beider Polflächen zusammengenommen und nehmen wir an, daß der Anker um einen Betrag δ abgezogen werde, der so gering sein möge, daß dadurch die in den Schenkeln aus hartem Stahl herrschende Induktion B nicht geändert wird, so ist die in jeder Lage des Ankers zwischen $\delta = o$ und $\delta = \delta$ herrschende Anziehungskraft nach Gleichung (3) dargestellt durch den Ausdruck

$$F = \frac{Q}{8\,\pi} B^2 \text{ Dynen}$$

und die bei der Bewegung des Ankers aufzuwendende Arbeit ist

$$A = \frac{\delta Q}{8\pi} B^2 \text{ Erg}.$$

Wollen wir die Arbeit in Joule (Watt-Sekunden) erhalten, so müssen wir durch 10000000 dividieren; wir können also schreiben

$$A = \frac{\delta Q}{8\pi} \left(\frac{B}{1000}\right)^2 10^{-1} \text{ Watt-Sekunden}.$$

In dieser Formel ist Q in qcm und δ in cm einzusetzen; ihr Produkt ist das Volumen der „magnetischen Luft", ausgedrückt in ccm. Wenn wir das Volumen V in cdm ausdrücken, so müssen wir mit 1000 multiplizieren und erhalten so

$$A = \frac{100\,V}{8\pi} \left(\frac{B}{1000}\right)^2 \text{ Watt-Sekunden}$$

oder mit genügender Annäherung

$$A = 4\,V \left(\frac{B}{1000}\right)^2 \text{ Watt-Sekunden}.$$

Die in einem cdm „magnetischer Luft" aufgespeicherte Arbeit ist mithin je nach der Induktion verschieden, wie man aus obiger Formel und der nachfolgenden daraus berechneten Tabelle sieht.

$\frac{B}{1000}$	=	5	6	7	8	9	10	11	12
Watt-Sekunden	=	100	144	198	256	324	400	484	576
kgm	=	10,2	14,7	20,2	26,1	33,0	40,8	29,3	58,7

Die hier gegebene Ableitung des Ausdruckes für die Energie eines Magnetfeldes deckt zunächst nur den Fall eines permanenten Stahlmagnetes, der so hart ist, daß die Induktion innerhalb des Stahles selbst tatsächlich als permanent angesehen werden kann. Bei Dynamomaschinen haben wir es aber mit Elektromagneten zu tun und bei Leitungen mit Stromkreisen, die zwar ein magnetisches Feld erzeugen, aber keine wirklichen Magnete enthalten. Um auch diese Fälle mit in unsere Betrachtung einzuschließen, müssen wir die Theorie auf Stromkreise irgend einer Art ausdehnen. Wir setzen dabei voraus, daß die Beziehung zwischen Strom i und dem durch diesen Strom erzeugten Feld N bekannt oder berechenbar ist, daß also R in Gleichung (22) für jeden Wert von N bekannt ist.

Wie später gezeigt wird, ist die in einem Stromkreis beliebiger Form induzierte E.M.K. proportional dem nach der Zeit genommenen Differentialquotienten des mit dem Stromkreise verschlungenen Kraftflusses, also proportional dem Ausdrucke $n\frac{dN}{dt}$, wobei N den Kraftfluß und n die Anzahl Verschlingungen bedeutet. Im C.G.S.-System haben wir

$$e = n\frac{dN}{dt} \quad . \quad . \quad . \quad . \quad . \quad . \quad . \quad . \quad . \quad (24)$$

Da nach Formel (22)

$$N = \frac{ni}{R}$$

so können wir unter Voraussetzung eines konstanten magnetischen Widerstandes auch schreiben

$$\frac{dN}{dt} = \frac{n}{R}\frac{di}{dt}$$

$$e = \frac{n^2}{R}\frac{di}{dt}.$$

In dieser Formel ist R gegeben nach Formel (23) als die Summe von Quotienten, die außer unbenannten Zahlen im Zähler eine Länge und im Nenner eine Fläche, also das Qudrat einer Länge enthalten. Da n auch eine unbenannte Zahl ist, so folgt, daß der Bruch n^2/R eine Länge darstellt, die wir mit L bezeichnen wollen. Wir können also auch schreiben

$$e = L\frac{di}{dt} \quad . \quad . \quad . \quad . \quad . \quad . \quad . \quad . \quad . \quad (25)$$

wobei wir L als den Koeffizienten der Selbstinduktion bezeichnen und im absoluten Maßsystem in cm angeben müssen. Wollen wir jedoch e nicht in absoluten Einheiten, sondern in Volt erhalten, so müssen wir durch 10^8 dividieren, und wenn wir die Änderung der Stromstärke in Ampere pro Sekunde ausdrücken wollen, müssen wir statt i setzen $\frac{i}{10}$. Die obige Formel wird also die Beziehung zwischen Änderung der Stromstärke und der dadurch induzierten E.M.K. im praktischen Maß angeben, wenn wir den Koeffizienten der Selbstinduktion nicht als eine in cm zu messende Länge angeben, sondern als eine Länge, die in einem 1000 Millionen $= 10^9$ mal größeren Maßstab zu messen ist. Die Einheit für L ist also 10^9 cm, oder 10000 km, oder nahezu die Länge eines Erdquadranten.

Im 7. Kapitel wird gezeigt, daß die praktische Einheit des Widerstandes, also das Ohm, gegeben ist durch die Geschwindigkeit von 10000 km in der Sekunde. Der Koeffizient der Selbstinduktion kann also in praktischen Einheiten als das Produkt dieser Geschwindigkeit (Ohm) mit einer Zeit (Sekunden) ausgedrückt werden und kann deshalb nach einer von den Herren Ayrton und Perry eingeführten Bezeichnung Sekundenohm oder in englischer Abkürzung „secohm“, genannt werden. Dieser Name, sowie auch die Bezeichnnug Quadrant ist jedoch wenig gebräuchlich. Allgemein angenommen ist die vom Chicagoer Kongreß zu Ehren des amerikanischen Physikers Henry vorgeschlagene Bezeichnung für die Einheit, in der L, der Koeffizient der Selbstinduktion, ausgedrückt wird. Ein Henry bedeutet also eine Länge von 10000 km. In einem Stromkreis, dessen Koeffizient der Selbstinduktion, oder kürzer gesagt, dessen Induktanz ein Henry ist, wird durch eine stetige Änderung der Stromstärke um 1 Ampere pro Sekunde eine E.M.K. von 1 Volt selbstinduziert. Wird umgekehrt einem solchen Stromkreis eine E.M.K. von 1 Volt aufgedrückt, so ändert sich die Stromstärke um den Betrag von 1 Ampère pro Sekunde.

Eine Änderung der Stromstärke ist natürlich mit Aufnahme oder Abgabe von Arbeit verbunden. Wir finden aus Gleichung (25)

$$e\,i = L\,i\,\frac{d\,i}{d\,t}.$$

In der Zeit $d\,t$ wird bei zunehmendem Strom im ganzen System die Arbeit $e\,i\,d\,t$ Wattsekunden (Joule) aufgespeichert. Die Arbeit ist also in Wattsekunden gegeben durch den Ausdruck

$$A = \int_{i_1}^{i_2} L\,i\,d\,i$$

$$A = L\,\frac{i_2^2 - i_1^2}{2}.$$

Wächst der Strom von 0 bis i, so werden elektromagnetisch im Stromkreis aufgespeichert

$$A = L\,\frac{i^2}{2}\ \text{Wattsekunden.} \quad . \quad . \quad . \quad (26)$$

Bisher haben wir angenommen, daß R, also auch L konstant, mithin von der Stromstärke unabhängig sind. Das ist der Fall, wenn der Kraftlinienpfad entweder gar kein Eisen oder nur schwach magnetisiertes Eisen enthält. Diese Voraussetzung trifft bei Fernleitungen und meist auch bei Transformatoren zu. Bei Asynchronmotoren trifft sie nur ausnahmsweise und bei Dynamomaschinen beinahe nie zu, denn die Feldmagnete dieser Maschinen werden magnetisch ziemlich stark beansprucht und infolgedessen ist die Permeabilität μ in Formel (23) und mithin auch R nicht mehr konstant. Um für einen solchen Fall die im magnetischen Felde aufgespeicherte Arbeit zu berechnen, greifen wir auf Formel (24) zurück, schreiben sie aber für Volt wie folgt:

$$e = n\,\frac{d\,N}{d\,t}\,10^{-8}\,.$$

Die bei Anwachsen des Stromes von 0 bis i aufgespeicherte Arbeit ist in Wattsekunden

$$A = \int_0^i e\,i\,d\,t$$

$$A = \int_0^N n\,i\,d\,N\,10^{-8}\,,$$

$n\,i$ ist die Erregung, welche den Kraftfluß N erzeugt. Die Beziehung zwischen beiden Größen können wir nach Formel (21) für eine beliebige Anzahl Werte von N berechnen und in einer Kurve auftragen, deren Abszissen $X = n\,i$ die erregenden Amperewindungen in einem beliebigen Maßstabe und deren Ordinaten N die entsprechenden Feldstärken, ebenfalls in einem beliebigen Maßstabe, darstellen. Eine solche Kurve nennen wir die *magnetische*

Charakteristik des Stromkreises. In Fig. 27 stelle $O\,C\,C_1$ eine solche Charakteristik dar. Der Erregung X entspricht der Kraftfluß N. Wenn wir nun die Erregung um $d\,X$ wachsen lassen, so wächst N um $d\,N$ und die unendlich kleine Zunahme der aufgespeicherten Arbeit ist gegeben durch die Fläche des schraffierten Streifens $N\,C$. Die in der Formel für A angegebene Integration ist aber nichts anderes als die Summierung solcher Elementarstreifen von O bis N, das Ergebnis ist also die zwischen der Ordinatenachse $O\,N$ und der Kurve $O\,C$ eingeschlossene Fläche. Bei Umrechnung der Fläche in Wattsekunden sind natürlich die Maßstäbe, welche bei Aufzeichnung der Kurve verwendet werden, gebührend zu berücksichtigen. Hat man beispielsweise für den Kraftfluß einen solchen Maßstab

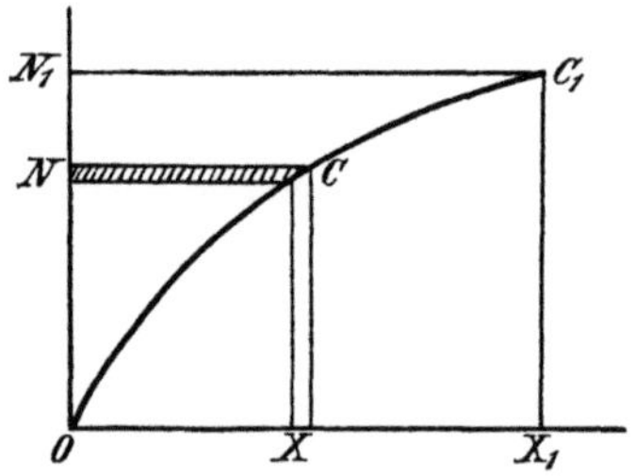

Fig. 27.

gewählt, daß 1 cm 1000000 Kraftlinien darstellt, und für die Erregung einen solchen Maßstab, daß 1 cm 100 Amperewindungen bedeutet, so ist die Anzahl qcm in der Fläche $O\,C\,N$ gleich der Anzahl Wattsekunden aufgespeicherter Arbeit. Bei einer Erregung von X_1 Amperewindungen wäre die aufgespeicherte Arbeit durch die zwischen $O\,C_1$ und $O\,N_1$ liegende Fläche gegeben.

Wenn man nach Formel (21) die für jeden Teil des magnetischen Kreises nötige Erregung durch eine besondere Charakteristik darstellt, so kann man auch die in jedem Teil des magnetischen Kreises aufgespeicherte Arbeit gesondert berechnen. Als Beispiel möge das Feldsystem eines Generators mit Nebenschlußwickelung dienen. Ist δ der einfache Luftraum, so haben wir für die Überwindung seines magnetischen Widerstandes die Erregung

$$X_a = N \frac{2\,\delta}{1{,}256\,Q_a}$$

nötig. Dabei ist Q_a der Querschnitt des Luftraumes. $\frac{N}{Q_a}$ ist aber nichts anderes als die Induktion B_a im Luftraum und wir können auch schreiben

$$X_a = \frac{2\,\delta\,B_a}{1{,}256}$$

$$X_a = 0{,}8 \times 2\,\delta\,B_a.$$

Die Charakteristik für den Luftraum ist eine Gerade $0\,c$ (Fig. 28) und die im Luftraum von 2 Polen aufgespeicherte Arbeit ist gegeben durch die Fläche des Dreiecks $0\,c\,N$. Wenn wir nun zur Aufzeichnung der Charakteristik für den im Eisen liegenden Teil des

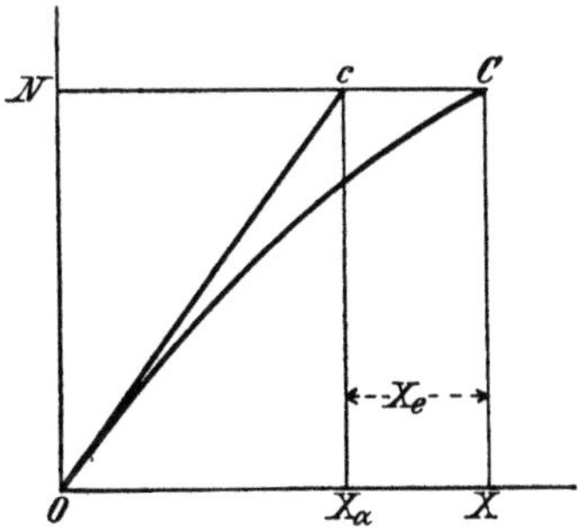

Fig. 28.

magnetischen Kreises $O\,c$ als Ordinatenachse benutzen, so erhalten wir die Kurve $O\,C$. Bei dem Kraftfluß N ist die für das Eisen nötige Erregung

$$X_e = c\,C$$

und die Gesamterregung ist

$$X = X_a + X_e.$$

Die im Eisen magnetisch aufgespeicherte Arbeit ist jetzt durch die Fläche zwischen der Geraden $O\,c$ und der Kurve $O\,C$ gegeben. In der Regel ist X_e klein im Verhältnis zu X_a; es ist also die Energie im Luftraum viel größer als im Eisen. Für erstere können wir den Ausdruck schreiben

$$A_a = N \frac{X_a}{2} 10^{-8}$$

$$A_a = B_a Q_a \times \frac{0{,}8 \times 2 \delta B_a}{2} 10^{-8} .$$

Nun ist aber $2 \delta Q_a$ das Luftvolumen V und wir haben mithin für die Energie in Wattsekunden den Ausdruck

$$A_a = 0{,}4 V B_a^2 10^{-8} ,$$

wobei V natürlich in ccm einzusetzen ist. Führen wir diese Größe in cdm ein, so ist

$$A_a = 4 V \left(\frac{B_a}{1000} \right)^2 \text{Wattsekunden.}$$

Es ist das derselbe Ausdruck, den wir am Anfang dieses Abschnittes unter der Voraussetzung fanden, daß der magnetische Luftraum durch Abziehen des Ankers von den Polen eines permanenten Magnetes erzeugt wird.

Die im Luftraum eines Generators aufgespeicherte Arbeit kann recht beträchtlich sein, wie folgendes Beispiel zeigt. Ein Drehstromgenerator habe 56 Pole von 400 qcm Querschnitt. Die Luftinduktion sei $B_a = 6500$. Es ist dann bei 9 mm Luftabstand $V = 20{,}16$ cdm und $A_a = 3400$ Wattsekunden oder 346 Meterkilogramm. Wenn das Feld durch Abschalten des Erregerstromes zum Verschwinden gebracht wird, muß diese Energie wieder frei werden, beziehungsweise in eine andere Form übergehen, wie z. B. in die Energie einer elektrostatischen Ladung der in der Erregerwickelung vorhandenen Kapazität. Da diese jedoch nur gering ist, muß die Spannung stark ansteigen, was zu einem Durchschlagen der Wickelung führen kann. Um diese Gefahr zu vermeiden, darf man nie den vollen Erregerstrom plötzlich abschalten, sondern nur allmählich unter Einschaltung von induktionslosen Widerständen, und um auch beim Abschalten der letzten Stufe das noch übrigbleibende Feld nicht plötzlich zu vernichten, verwendet man eine Schaltanordnung, welche die Erregerspulen kurz schließt, wie dies Fig. 29 zeigt. E ist die Erregerwickelung der Feldmagnete, die aus der Leitung $a\, b$ Strom erhält. Die Stromstärke wird durch den Schalter S und

Widerstand W reguliert. Beim Abschalten wird S auf den untersten Kontakt gestellt und so E kurzgeschlossen. Auf diese Weise kann der Erregerstrom langsam absterben. Im übrigen wird die Gefahr des Durchschlagens bei Erregerstromkreisen ohne Kurzschlußschalter dadurch etwas vermindert, daß bei Verschwinden des Feldes in den Metallmassen der Pole und der Spulenträger Ströme induziert werden. Diese Metallmassen wirken gewissermaßen als Sicherheitsventil gegen übermäßiges Anwachsen der Spannung. Wo jedoch, wie z. B. bei Induktionsapparaten, zusammenhängende Metallmassen nicht vorhanden sein dürfen, muß das Sicherheitsventil durch einen Kondensator gebildet werden.

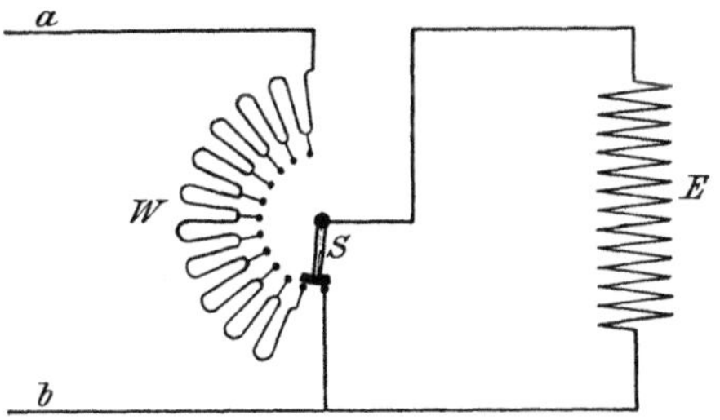

Fig. 29.

Die in einem Kondensator aufgespeicherte Arbeit läßt sich wie folgt berechnen. Es sei C die Kapazität in Mikrofarad und e die den Belegungen aufgedrückte E.M.K. in Volt. Dann ist für eine Steigerung der E.M.K. von de in der Zeit dt die in den Kondensator fließende Elektrizitätsmenge $i\,dt$ Amperesekunden, gegeben durch $C\,de\,10^{-6}$. Die Energie $e\,i\,dt$ ist

$$dA = C\,e\,de\,10^{-6} \text{ Wattsekunden.}$$

Daraus durch Integration in den Grenzen 0 bis e

$$A = C\frac{e^2}{2}10^{-6} \text{ Wattsekunden} \quad . \quad . \quad (27)$$

Die im Stromkreis aufgespeicherte Arbeit ist $L\frac{i^2}{2}$. Wird nun durch Unterbrechung des Stromes i auf Null reduziert, so muß diese

Energie im Kondensator elektrostatisch aufgespeichert werden. Wir haben also

$$L\frac{i^2}{2} = C\frac{e^2}{2}10^{-6}$$

und daraus die durch Abschaltung entstehende Spannung in Volt

$$e = 1000\,i\sqrt{\frac{L}{C}}. \qquad (28)$$

Diese Formel zeigt, daß eine gewisse Kapazität im Stromkreis notwendig ist, damit beim Abschalten die Steigerung der Spannung in zulässigen Grenzen bleibt.

Sechstes Kapitel.

32. Magnetische Eigenschaften des Eisens.

Nach der auf Seite 66 gegebenen Definition ist die magnetische Permeabilität gleich dem numerischen Werte des Verhältnisses, in dem die ursprüngliche Zahl der Kraftlinien eines magnetischen Feldes durch die Gegenwart von Eisen vergrößert wird. Dieses Verhältnis ist bei verschiedenen Eisensorten verschieden und ändert sich selbst bei demselben Eisen mit der Stärke des ursprünglichen Feldes, oder, was dasselbe sagt, mit der magnetisierenden Kraft, also auch mit der Induktion. Man pflegt die Permeabilität als eine Funktion der Induktion oder der magnetisierenden Kraft aufzufassen; die magnetische Beschaffenheit eines Eisenstückes läßt sich demnach durch eine Tabelle oder Kurve darstellen. Solche Kurven können die Beziehung zwischen folgenden Größenpaaren angeben: entweder zwischen magnetisierender Kraft und Permeabilität oder zwischen Induktion und Permeabilität oder zwischen magnetisierender Kraft und Induktion. Die letzte Beziehung ergibt sich unmittelbar aus den Beobachtungen und gewährt den größten Nutzen.

Verschwindet die magnetisierende Kraft, so kehrt das Eisen nicht in seinen ursprünglichen Zustand zurück, in dem es sich vor der Magnetisierung befand; es behält vielmehr eine gewisse Magnetisierung bei, die man als *remanente* bezeichnet und die man numerisch durch die entsprechende Induktion ausdrücken kann. Zu jeder magnetisierenden Kraft und der entsprechenden Induktion gehört eine bestimmte remanente Induktion, die ebenfalls in einer Kurve dargestellt werden kann. Trägt man die magnetisierenden Kräfte als Abszissen und die Induktionen als Ordinaten auf, so hat die

Kurve der remanenten Induktion eine ähnliche Gestalt wie die Kurve der Induktion, liegt aber ihrer ganzen Ausdehnung nach unter ihr. Es mag hierbei bemerkt werden, daß, wenn man das Probestück während der magnetischen Prüfung mechanischen Erschütterungen oder Deformationen unterwirft, die Kurve der Induktion schwach nach oben, die Kurve der remanenten Induktion dagegen bedeutend nach unten verschoben wird.

Ferner ist der Unterschied zwischen dem aufsteigenden und dem absteigenden Aste der Magnetisierungskurve bemerkenswert. Wenn wir zuerst ein Probestück auf die Weise untersuchen, daß wir die magnetisierende Kraft allmählich anwachsen lassen und die Induktion für jeden Wert bestimmen, so erhält man nach dem Aufzeichnen der Resultate den ansteigenden Ast der Magnetisierungskurve. Von einer bestimmten Grenze an nimmt bei großen Werten der Induktion der Zuwachs für die gleichen Inkremente der magnetisierenden Kraft ab; infolge dessen wird die Kurve immer flacher, bis ein Punkt erreicht ist, wo das Anwachsen der magnetisierenden Kraft keine Zunahme der Induktion mehr bewirkt. In diesem Zustande, der übrigens praktisch kaum erreicht werden kann, hat das Eisen die Sättigungsgrenze erreicht. Im folgenden nehmen wir an, daß die Magnetisierung nicht so weit, sondern nur bis zu einem bestimmten kleinern Werte getrieben ist. Lassen wir alsdann die magnetisierende Kraft allmählich abnehmen und tragen wiederum für jeden Wert die Induktion auf, so erhalten wir den absteigenden Ast der Magnetisierungskurve, der vollständig oberhalb der ersten Kurve verläuft und die Ordinatenachse in einem Punkte schneidet (entsprechend dem Werte Null der magnetisierenden Kraft), der über dem Koordinatenanfangspunkte liegt. Der Abstand dieses Schnittpunktes vom Koordinatenanfangspunkt stellt die Induktion dar, die noch in dem Probestück vorhanden ist, nachdem man die magnetisierende Kraft allmählich auf Null zurückgeführt hat: diese Induktion bezeichnet man als *Remanenz.* Wir kehren nun die magnetisierende Kraft um, sodaß das Probestück entmagnetisiert wird, und lassen die jetzt entgegengesetzt gerichtete Kraft allmählich anwachsen, bis die frühere Induktion in negativer Richtung erreicht ist: wir erhalten dann den aufsteigenden negativen Ast der Magnetisierungskurve. Nimmt darauf die negative magnetisierende Kraft bis Null ab, und kehren wir sie zum zweiten Male um, sodaß sie wieder positiv wird und allmählich bis zu ihrem früheren Wert anwächst, so erhalten wir zuerst den absteigenden negativen und sodann den aufsteigenden positiven Ast der Magnetisierungskurve, der uns zu dem Punkte zurückführt, von dem die absteigende Magnetisierungskurve ausging. Auf diese Weise haben wir das Eisen einem vollständigen Magnetisierungszyklus unterworfen, der von einer bestimmten positiven Induktion durch Null zu einer gleichen negativen Induktion und von da durch Null zurück nach dem Ausgangspunkte lief. Die geschlossene Kurve, die diesem Zyklus entspricht, schneidet die Koordinatenachsen in vier Punkten: Die Schnittpunkte mit der Or-

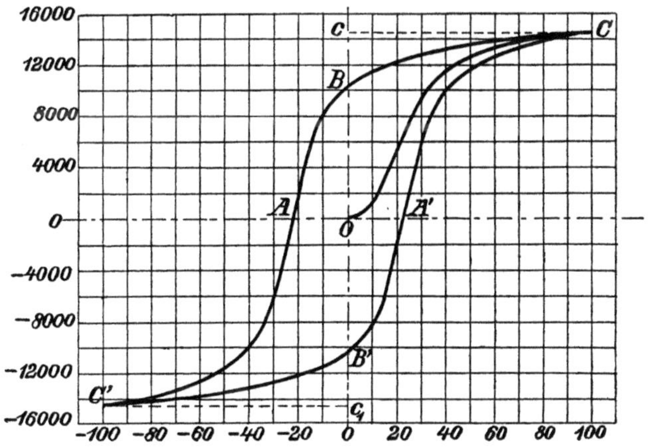

Fig. 30.

dinatenachse ober- und unterhalb des Koordinatenanfangspunktes bestimmen die Remanenz des Probestücks, während die Schnittpunkte mit der Abszissenachse rechts und links vom Koordinatenanfangspunkt denjenigen Wert der entgegengesetzt gerichteten magnetisierenden Kraft angeben, der erforderlich ist, um die Induktion des Probestücks auf Null zu bringen. Hopkinson hat in seiner bekannten Abhandlung über die Magnetisierung des Eisens (Transactions of the Royal Society 1885) vorgeschlagen, diesen Wert der magnetisierenden Kraft als Maß für die *Koerzitivkraft* einzuführen, wenn die Magnetisierung nach beiden Seiten hin bis zum höchsten Werte getrieben ist.

Es wird zweckmäßig sein, diese verschiedenen Begriffe an einer Figur zu veranschaulichen. Es möge in Fig. 30 OC die Magnetisierungskurve eines bestimmten Eisenstücks darstellen, das vorher noch keiner magnetisierenden Kraft ausgesetzt war. Nachdem wir in C angekommen sind, lassen wir die magnetisierende Kraft bis auf Null abnehmen und erhalten den Zweig CB der positiven absteigenden Magnetisierungskurve. Darauf kehren wir die Richtung der magnetisierenden Kraft um, bis sie den negativen Wert OA erreicht hat, wobei wir den Rest BA der positiven absteigenden Magnetisierungskurve erhalten. Durch weitere Steigerung der negativen magnetisierenden Kraft bekommen wir den negativen aufsteigenden Wert AC' der Magnetisierungskurve, und wird darauf die magnetisierende Kraft auf Null zurückgebracht und weiter bis auf OA' gesteigert, so kann man den negativen absteigenden Ast $C'A'$ zeichnen. Eine weitere Zunahme der magnetisierenden Kraft liefert uns endlich die aufsteigende Magnetisierungskurve $A'C$. Ferner haben wir

$$OB = OB' = \text{Remanenz},$$
$$OA = OA' = \text{Koerzitivkraft}.$$

Besonders die letzte Größe spielt eine wichtige Rolle bei den Dynamomaschinen und ähnlichen Apparaten, da von der Koerzitivkraft in gewissem Grade die Energie abhängt, die in Wärme umgesetzt wird, wenn das Eisen einen zyklischen Magnetisierungsprozeß durchmacht. Auf diesen Punkt kommen wir später zurück.

33. Experimentelle Bestimmung der Permeabilität.

Wir haben soeben vorausgesetzt, daß für eine gegebene magnetisierende Kraft die entsprechende Induktion stets bekannt ist; wir müssen nun zeigen, wie die Beziehung zwischen magnetisierender Kraft, Induktion und Permeabilität auf experimentellem Wege bestimmt werden kann. Man wendet zu diesem Zweck verschiedene Methoden an. Anfangs brachte man das Probestück in Form eines kurzen Stabes oder Drahtes in eine Drahtspule, worin es magnetisiert wurde. Man benutzte alsdann ein Magnetometer, um das magnetische Moment des Probestückes zu bestimmen, das einem beliebigen Werte des Magnetisierungsstromes entspricht; dabei war die Wirkung, die die Spule allein auf das Magnetometer ausübte, für sich zu bestimmen oder durch eine andere sogenannte Kompensationsspule aufzuheben. Unter diesen Umständen läßt sich aus der Ablenkung des Magnetometers das magnetische Moment, die Intensität der Magnetisierung und die Induktion des Probestückes berechnen*). Diese Methode ist aber, besonders sobald es sich um die Bestimmung der Remanenz handelt, nur dann ohne weiteres anzuwenden, wenn das Probestück sehr lang im Verhältnis zum Durchmesser ist. Trifft dies nicht zu, so übt der freie Magnetismus an den Enden eine entmagnetisierende Kraft auf die innern und mittlern Teile des Stabes oder Drahtes aus, sodaß der für die Induktion sich ergebende Wert zu klein ausfällt. Dieselbe Schwierigkeit tritt natürlich bei allen Methoden auf, bei denen das zu untersuchende Stück die Form eines Stabes mit freien Enden besitzt. Um den hierherrührenden Fehler zu vermeiden, benutzten Stoletow und Rowland Probestücke, die geschlossene Ringe bildeten; der letztere wandte auch gerade Stäbe von sehr großer Länge an. Ewing fand, daß die Länge des Stabes wenigstens 300 mal den Durchmesser übertreffen muß, wenn man die entmagnetisierende Wirkung der freien Enden vernachlässigen will.

Besitzt das Probestück die Form eines geschlossenen Ringes, so ist die magnetometrische Methode jedoch nicht brauchbar, da alsdann kein freier Magnetismus auftritt oder, richtiger gesagt, auftreten sollte, der auf das Magnetometer wirken kann. Hier benutzt man meist die ballistische Methode, die darauf beruht, daß jede Änderung der Kraftlinienzahl innerhalb des Probestücks eine elektromotorische Kraft in einer dasselbe umgebenden Drahtspule hervorruft. Diese sogenannte sekundäre Spule ist mit einem ballistischen Galvanometer verbunden, dessen Ablenkung ein Maß für das Zeitintegral der in der Spule wirkenden elektromotorischen Kraft liefert. Da dies Integral der Änderung proportional ist, welche die gesamte Anzahl der die Spule schneidenden Kraftlinien erfährt, so ist auch die Ablenkung des ballistischen Galvanometers der Änderung proportional, welche die Induktion des zu untersuchenden Eisenstücks erleidet. Die Art und Weise, wie das ballistische Galvanometer zur Messung eines Kraftflusses verwendet wird, ist im 14. Abschnitt allgemein erläutert worden.

---

*) Näheres über die magnetometrische Methode siehe bei Ewing, Die magnetische Induktion im Eisen und verwandten Metallen. Deutsche Übersetzung, Berlin 1892.

Eine nähere Betrachtung der für diese Versuche erforderlichen Apparate*), der anzubringenden Korrektionen, sowie der zu beobachtenden Vorsichtsmaßregeln gehört nicht in den Rahmen dieses Buches, und deshalb mögen folgende Bemerkungen genügen. Die Beziehung zwischen H und B kann bestimmt werden durch Messung der magnetischen Anziehung oder durch ein Magnetometer, oder durch die Ablenkung, welche eine unter dem Einfluß einer Feder stehende und von einem bestimmten Strom durchflossene Spule erfährt, oder endlich nach der ballistischen Methode. Die letztere ist die genaueste, aber gleichzeitig die mühsamste Methode. Der Ausschlag den das ballistische Galvanometer anzeigt, ist proportional der Anzahl Windungen der Prüfspule und der Änderung des durch sie fließenden magnetischen Kraftflusses N und umgekehrt proportional dem Widerstand im Stromkreis der Prüfspule. Die Konstante des ballistischen Galvanometers kann, wie im 14. Abschnitte erläutert wurde, auf experimentellem Wege entweder mit Hilfe des Erdinduktors oder eines Kondensators von bekannter Ladung bestimmt werden.

34. Magnetisierungskurven.

Hat man eine genügende Zahl von zusammengehörigen Werten der magnetischen Kraft H und der Induktion bestimmt, so kann man diese in einer Kurve auftragen. Gewöhnlich werden die Werte von H als Abszissen, jene von B als Ordinaten eingetragen und die so erhaltene Kurve ist die im 32. Abschnitt erwähnte Magnetisierungskurve. Ebenso kann man in einer Permeabilitätskurve das Verhältnis zwischen H und B als Funktion von H graphisch darstellen.

Hopkinson hat in seiner schon zitierten Abhandlung über die „Magnetisierung des Eisens“ die Resultate angegeben, die sich aus

*) Hopkinson, Philos. Transactions 1885, 176, II, 455.
Du Bois, Magnetische Kreise. Berlin 1894, S. 367.
Kapp, Über die Untersuchungsmethoden der magnetischen Eigenschaften des Eisens. E. T. Z. 1894, S. 264.
Ewing, Magnetische Apparate zur Untersuchung von Blechen für Transformatoren. E. T. Z. 1895, S. 292.
Ewings Magnetische Wage für den Gebrauch in der Werkstatt. E. T. Z. 1898, S. 325.
Kath, Über Köpsels Apparat. E. T. Z. 1898, S. 411.

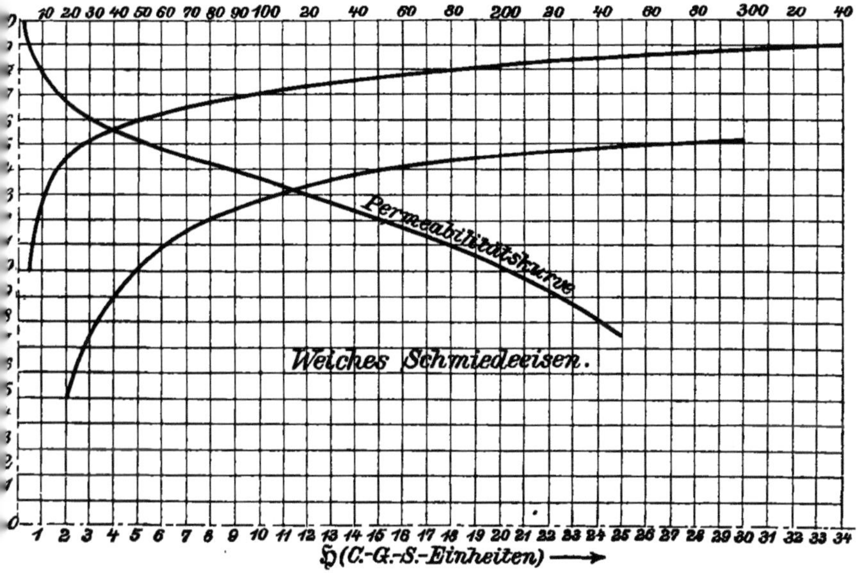
Permeabilitätskurve
Weiches Schmiedeeisen.
ℌ (C.-G.-S.-Einheiten) ⟶

Fig. 31.

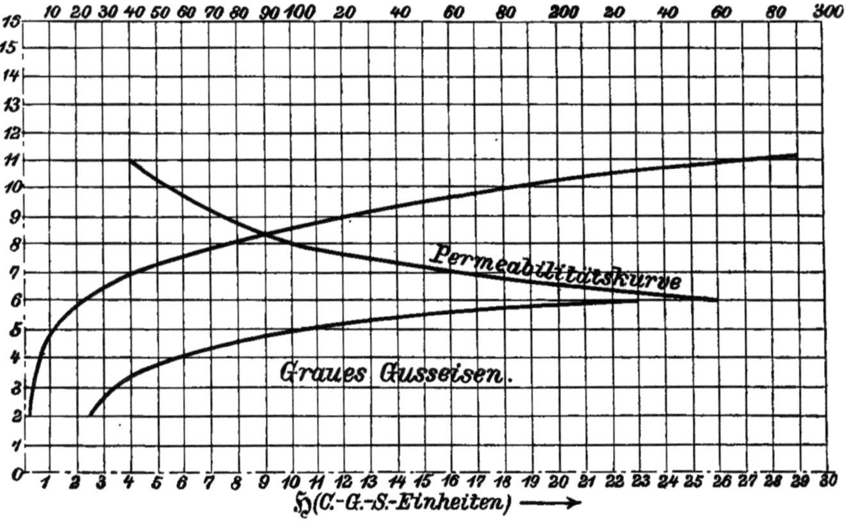
Permeabilitätskurve
Graues Gusseisen.
ℌ (C.-G.-S.-Einheiten) ⟶

Fig. 32.

der Prüfung einer großen Anzahl verschiedener Probestäbe ergeben haben. Die wichtigsten beziehen sich auf Schmiedeeisen und graues Gußeisen. Die Kurven in Fig. 31 und 32 geben Mittelwerte an, die nach den Hopkinsonschen Tabellen und Kurventafeln zusammengestellt sind. Es muß dabei erwähnt werden, daß eine beliebige Eisensorte, die allgemein als ausgeglühtes Schmiedeeisen oder graues Gußeisen bezeichnet wird, doch Kurven aufweisen kann und gewöhnlich auch wirklich aufweist, die von den hier mitgeteilten

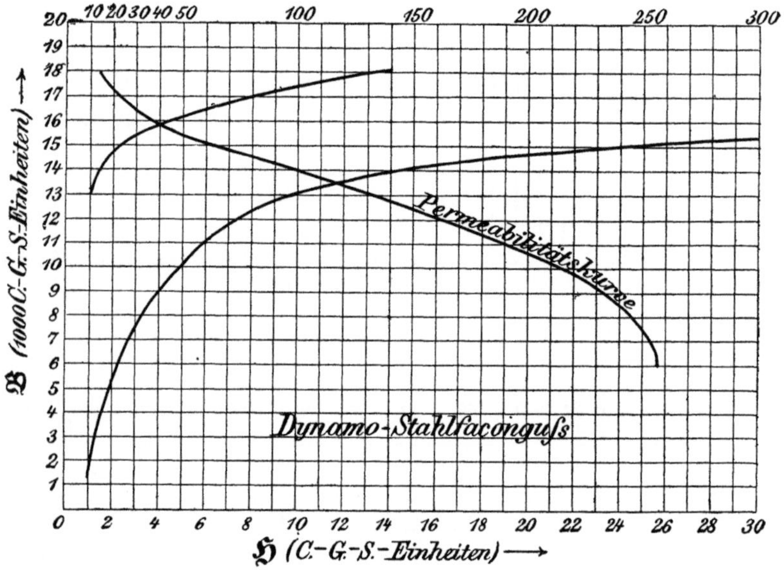

Fig. 33.

Kurven etwas abweichen. Ferner ist zu bemerken, daß in den Figuren der aufsteigende und absteigende Ast der Magnetisierungskurve nicht unterschieden ist, weil wir bei Dynamomaschinen, für deren Berechnung diese Kurven zuerst bestimmt waren, eine bestimmte Induktion ebenso oft bei abnehmendem als bei wachsendem Magnetisierungsstrom erreichen, und deshalb das Mittel aus beiden Kurven im ganzen die richtigsten Ergebnisse liefert. Auch wird der Unterschied zwischen den beiden Kurven durch die mechanischen Erschütterungen verringert, die eine Dynamomaschine während des Betriebes erfährt. In jeder Figur sind zwei Kurven für die Induktion angegeben, deren Abszissen sich wie 1 : 10 verhalten. Dies ist deshalb geschehen, um den ersten Teil der Kurven besser zur Darstellung zu bringen. Die Zahlenwerte für die Abszissen der untern Kurve stehen am untern, die für die obere Kurve am obern Rande der Figur. Ferner sind die Permeabilitätskurven gezeichnet, wobei die Ordinaten die Induktion und die Abszissen die Permeabilität darstellen. Letztere ist eine einfache Zahl, die in der Figur für Gußeisen

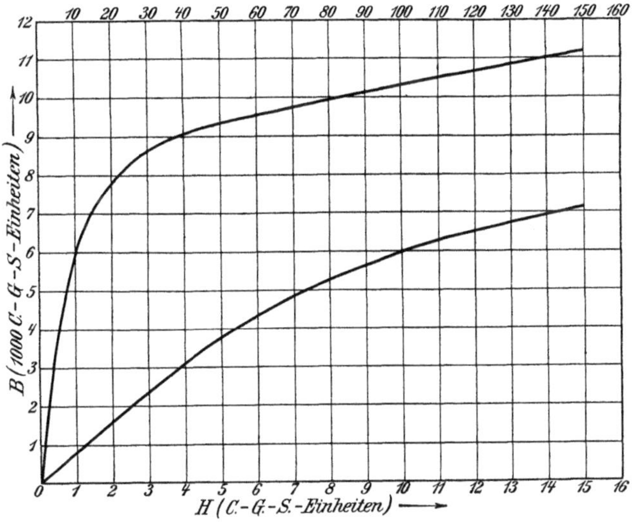

Fig. 34.

gleich den am obern Rande verzeichneten Werten ist. Bei Schmiedeeisen hat die Permeabilität den zehnfachen Wert der obern Zahlen.

Aus den Kurven in Fig. 31 und 32 geht hervor, wie sehr das gewöhnliche Gußeisen in magnetischer Beziehung dem Schmiedeeisen nachsteht. Doch sind die Bestrebungen der Eisengießereien, die magnetischen Eigenschaften des Eisengusses zu verbessern, namentlich in neuerer Zeit von großem Erfolg gekrönt worden. Die verschiedenen Sorten von Stahlguß, Flußeisenguß und auch Gußeisen, die jetzt speziell für den Bau von Dynamomaschinen hergestellt werden, sind in magnetischer Beziehung ganz vorzüglich, wie dies aus den Fig. 33 und 34 hervorgeht. Fig. 33 zeigt die Magnetisierungs- und Permeabilitätskurve für Kruppschen Dynamostahlfaçonguß und Fig. 34 die Magnetisierungskurve einer besonderen Sorte von Gußeisen, die von der Firma Gebrüder Körting im Jahre 1902 für Dynamomaschinen verwendet wurde.

Die Verwendung dieser Kurven für den Bau und die Prüfung von Dynamomaschinen wird in einem spätern Kapitel behandelt.

35. Verlust von Energie bei der Magnetisierung von Eisen.

Im fünften Kapitel haben wir gefunden, daß keine Energie erforderlich ist, um ein einmal hergestelltes magnetisches Feld zu erhalten. Wir haben die magnetischen Kraftlinien mit den Stromlinien einer bewegten Flüssigkeit verglichen, wo, abgesehen von der Reibung, auch keine Energie nötig ist, um die Flüssigkeit in Bewegung zu erhalten. Es muß jedoch Energie aufgewendet werden, um die Flüssigkeit in Bewegung zu setzen, und diese Energie bleibt in der Flüssigkeit erhalten und kann wiedergewonnen werden, wenn man die Bewegung hemmt. Unser Vergleich zwischen einer bewegten Flüssigkeit und einem magnetischen Felde trifft in dieser Beziehung zu, denn wir haben im 31. Abschnitt gezeigt, daß die Erzeugung eines magnetischen Feldes die Aufspeicherung einer gewissen Arbeit bedingt. Man könnte daraus weiter folgern, daß diese Arbeit bei Verschwinden des Feldes wieder gewonnen werden müßte. Das ist allerdings der Fall, jedoch wird, wenn das Feld in Eisen verläuft, ein Teil der abgegebenen Arbeit im Eisen selbst in Wärme verwandelt, also nicht nutzbar abgegeben. Da, wie im 31. Abschnitt gezeigt wurde, die Energie des Feldes durch die Fläche zwischen Ordinatenachse und Charakteristik dargestellt wird, so folgt ohne weiteres, daß die in Wärme umgesetzte Arbeit durch die Fläche der Schleife (Fig. 30) zwischen auf- und absteigendem Ast der Magnetisierungskurve gegeben ist. Der Vollständigkeit halber möge aber auch, unabhängig von der dortigen Ableitung, die in Textbüchern gebräuchliche Erklärung für den Arbeitsverlust beim Magnetisieren und Entmagnetisieren von Eisen hier gegeben werden.

Wir haben im fünften Kapitel auseinandergesetzt, daß das Linienintegral der magnetischen Kraft oder der Unterschied des magnetischen Potentials zweier Punkte eines magnetischen Feldes gleich der Energie ist, die aufgewendet oder gewonnen wird, wenn sich der Einheitspol von dem einen Punkt nach dem andern bewegt. Sind die beiden Punkte um 1 cm von einander entfernt, so ist der

Unterschied des magnetischen Potentials gleich der magnetischen Kraft H des Feldes. Wir wollen uns nun den Raum eines Kubikcentimeters vorstellen, der so im Felde gelegen ist, daß die Kraftlinien zwei gegenüberliegende Würfelseiten rechtwinklig schneiden; die Induktion soll über die ganze Oberfläche gleichmäßig verteilt sein und im absoluten Maß den Wert B haben. Natürlich hängt der Wert von B von der Permeabilität der Substanz ab, die den Würfel füllt. Besteht sie aus Luft oder aus einem andern unmagnetischen Stoffe, so ist die Induktion

$$B = H;$$

besteht sie aus Eisen mit der Permeabilität μ, so ist

$$B = \mu H \quad \ldots\ldots\ldots\ldots \quad (29)$$

Jedenfalls erhalten wir für jeden Wert der magnetischen Kraft eine bestimmte Induktion. Nun möge die magnetische Kraft um einen unendlich kleinen Betrag wachsen und die Induktion infolgedessen um dB zunehmen. Vor der Änderung war die Menge des freien Magnetismus auf den Endflächen unseres Würfels gleich

$$\frac{B}{4\pi},$$

nach derselben ist sie gleich

$$\frac{B}{4\pi} + \frac{dB}{4\pi}$$

d. h. es sind $\frac{dB}{4\pi}$ Einheiten der magnetischen Masse von der einen Endfläche des Würfels nach der andern übertragen worden, während die magnetische Kraft von H auf $H + dH$ gewachsen ist. Vernachlässigen wir die unendlich kleine Größe dH, so können wir die Arbeit, die zu der Übertragung nötig ist, gleich $\frac{1}{4\pi} H\,d\,B$ setzen. Wächst nun die magnetische Kraft unendlich oft um unendlich kleine Beträge, so erhalten wir einen endlichen Zuwachs der magnetischen Kraft und der Induktion. Die gesamte Arbeit (in Erg) ist offenbar gleich dem Integral des obigen Ausdrucks zwischen den Grenzen der anfänglichen und schließlichen Induktion, oder in einer Formel ausgedrückt,

$$A = \frac{1}{4\pi} \int_{B^2}^{B^1} H dB, \quad \ldots \ldots \quad (30)$$

wenn wir mit B_1 und B_2 die Grenzen bezeichnen, zwischen denen sich die Induktion ändert. Die gesamte Arbeit, die erforderlich ist, um die Induktion von 1 ccm der magnetisierten Substanz auf B zu bringen, erhält man, wenn man die eine Grenze gleich 0 und die andere gleich B setzt; sie ist daher

$$A = \frac{1}{4\pi} \int_0^B H dB. \quad \ldots \ldots \quad (31)$$

Die Anwendung, welche diese Formel findet, wenn es sich um die Magnetisierung von Eisen handelt, wird durch Fig. 35 noch

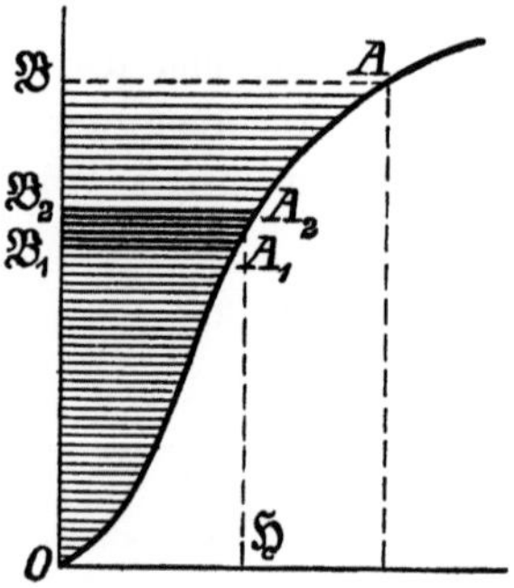

Fig. 35.

klarer, welche die Beziehung zwischen magnetischer Kraft und Induktion darstellt. $A_1 A_2$ mögen zwei Zustände der Magnetisierung bezeichnen, die einander so nahe sind, daß man sie, ohne einen großen Fehler zu begehen, auf dieselbe magnetische Kraft H beziehen kann; $B_1 B_2$ seien die entsprechenden Werte der Induktion. Die Zunahme des Magnetismus, der unter dem Einfluß der magnetischen Kraft H übertragen wird, stellt die Länge der Linie $B_1 B_2$, dividiert durch 4π, graphisch dar; die entsprechende Arbeit (in Erg) ist demnach gleich der Fläche $A_1 A_2 B_2 B_1$ dividiert durch 4π. Die gesamte Arbeit (in Erg), die bei der Magnetisierung von 1 ccm Eisen von der Induktion 0 auf die Induktion B aufgewendet wird,

wird daher durch die Fläche zwischen der Ordinatenachse und der Magnetisierungskurve, dividiert durch 4π, dargestellt In der Figur ist dies die schraffierte Fläche AOB. Ist also die Magnetisierungskurve irgend einer Eisensorte bekannt, so kann die Arbeit, die sich als Magnetismus in einem gegebenen Volumen oder in einer bestimmten Gewichtsmenge dieses Eisens bei verschiedenen Werten der Induktion aufspeichern läßt, leicht berechnet werden.

36. Hysteresis.

Die Betrachtungen, die wir im 31. Abschnitt und hier über die Arbeit der Magnetisierung angestellt haben, sind in zweifacher Hinsicht von praktischer Wichtigkeit, nämlich einmal bei *Drosselspulen* und Wechselstromapparaten überhaupt, soweit die periodische Aufnahme und Abgabe von Arbeit auf elektromagnetischem Wege in Frage kommt, und sodann in Bezug auf den Arbeitsverlust, der in solchen Apparaten eintritt, die sogenannte *Hysteresis*. Der Name, der von Ewing herrührt, bedeutet „Nachhinken" und bezieht sich darauf, daß die Induktion hinter der magnetisierenden Kraft zurückbleibt, wodurch der Unterschied zwischen dem auf- und absteigenden Ast der Magnetisierungskurve (Fig. 30) zu stande kommt.

Fangen wir mit der magnetischen Kraft Null an und lassen sie bis zu ihrem höchsten positiven Werte wachsen, so erhalten wir die Kurve $B' A' C$ (Fig. 30). Ist der Punkt C erreicht, so hat jedes Kubikcentimeter des Eisens eine Arbeitsmenge aufgenommen, welche, in Erg ausgedrückt, gleich der durch 4π dividierten Fläche zwischen der Kurve $B'A'C$ und der Strecke $B'c$ ist. Nimmt nun die magnetische Kraft wieder auf Null ab, so müßten wir die ganze Arbeitsmenge wiedergewinnen, die das Eisen vorher absorbiert hat. Dies ist jedoch nicht der Fall. Wir erhalten nur die Arbeit wieder, die der zwischen BC und cB eingeschlossenen Fläche entspricht. Der Fehlbetrag, also die durch die Fläche $B'A'CBOB'$ dargestellte Arbeit, ist in Wärme umgesetzt worden. Dieselbe Schlußfolgerung gilt für die negativen magnetischen Kräfte, und wir kommen zu dem Resultat, daß in dem Eisen, das einen vollständigen magnetischen Zyklus durchmacht, eine Arbeitsmenge verloren geht, die, in Erg, ausgedrückt, gleich der durch 4π dividierten Fläche $CBAC''B'A'$ ist. Die Arbeit, die durch Hysteresis zerstreut wird, verkleinert nicht nur den Wirkungsgrad der Dynamomaschinen und überhaupt solcher

Apparate, in denen Eisen einer Induktionsänderung unterworfen ist, sondern bringt auch eine Wärmeentwickelung hervor, die unter gewissen Bedingungen sehr lästig werden kann. Je weicher das Eisen ist, das man anwendet, um so kleiner ist der Abstand zwischen der aufsteigenden und absteigenden Magnetisierungskurve, um so kleiner ist also auch der Arbeitsverlust infolge der Hysteresis. Deshalb sollte das für Wechselstromapparate zu verwendende Eisen möglichst weich und gut ausgeglüht sein.

Ist keine vollständige Magnetisierungskurve für eine gewisse Eisensorte vorhanden, dagegen aber die Koerzitivkraft OA bekannt,

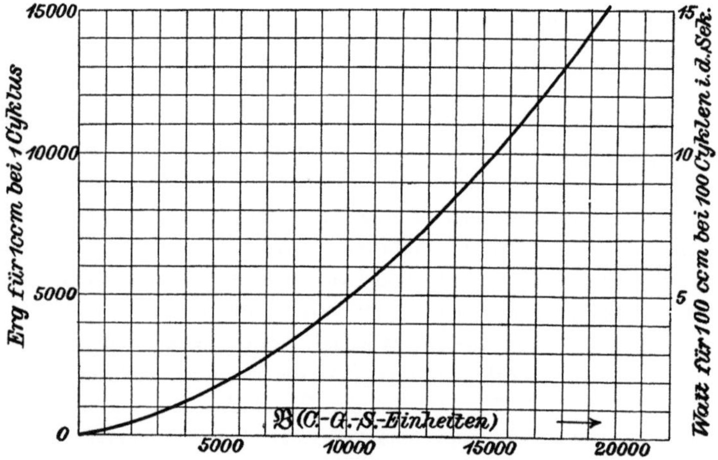

Fig. 36.

so kann der Arbeitsverlust infolge der Hysteresis auch näherungsweise aus dieser Größe berechnet werden. Ein Blick auf Fig. 30 zeigt, daß die Länge der horizontalen Linien, die zwischen den beiden Kurven in verschiedenen Höhen liegen, annähernd konstant ist und daß der Flächeninhalt der ganzen gestreckten Figur nahezu gleich dem Rechteck ist, dessen Grundlinie gleich AA' und dessen Höhe gleich dem doppelten höchsten Werte der Induktion, also viermal so groß als das Produkt aus Koerzitivkraft und Induktion ist. *Der Arbeitsverlust infolge von Hysteresis (in Erg) ist mithin annähernd gleich dem Produkt aus Koerzitivkraft und Induktion dividiert durch* π.

Der Arbeitsverlust, welcher in der Zeiteinheit infolge der Hysteresis stattfindet, ist natürlich der Anzahl der vollständigen magnetischen Zyklen proportional, die auf die Zeiteinheit kommen. Wählen wir die Sekunde als Zeiteinheit und setzen voraus, daß das Eisen 100 vollständige Zyklen in der Sekunde durchmacht, so können wir die Arbeitszerstreuung für das Kubikcentimeter Eisen in Watt angeben, wie es durch die Kurve in Fig. 36 geschehen ist, die nach den Ewingschen Beobachtungen über ausgeglühtes Schmiedeeisen gezeichnet ist. Die Zahlen links bedeuten hier Erg, die rechts bezeichnen Watt und gelten für ein Eisenstück, das 100 Zyklen in der Sekunde durchmacht.

Steinmetz hat gefunden, daß der durch Hysteresis verursachte Arbeitsverlust pro ccm Eisen und Zyklus in Erg ausgedrückt werden kann durch die Formel

$$A = \eta B^{1,6},$$

wobei η einen Koeffizienten bedeutet, der von der Qualität des Eisens abhängt. Bei dem von Ewing untersuchten Schmiedeeisen Fig. 36 ist $\eta = 0,002$. Heutzutage ist jedoch ein besseres Material erhältlich, dessen Koeffizient etwa $\eta = 0,0015$ ist, und sogar 0,0010 ist schon gelegentlich erreicht worden. Allerdings scheint dieses ungewöhnlich gute Material einem mit dem Ausdruck „*Altern*" bezeichneten Verschlechterungsprozeß unterworfen zu sein, der wahrscheinlich eine Folge langandauernder Erwärmung ist. Bei einem von Hause aus nicht so gutem Material scheint das Altern nicht so leicht einzutreten und man wird bei dem heutigen Stande der Fabrikation von Dynamoblechen $\eta = 0,0015$ als einen zuverlässigen Mittelwert für den Steinmetz-Koeffizienten annehmen können. Umgerechnet auf das kg ergibt sich dabei ein Leistungsverlust bei ν Perioden in der Sekunde von

$$P_\mu = 0,12 \frac{\nu}{100} \left(\frac{B}{1000}\right)^{1,6} \text{Watt} \quad \ldots \ldots \quad (32)$$

37. Wirbelströme.

Die Hysteresis ist eine Verlustquelle, indem durch eine Art magnetischer Reibung die bei Magnetisierung und Entmagnetisierung eintretende Arbeitsdifferenz in Wärme umgewandelt wird. Diese Arbeitsdifferenz hängt nur von den Grenzen ab, zwischen denen die Induktion schwankt, und von der Beschaffenheit des Eisens. Sie ist natürlich der dem Magnetisierungsprozeß unterworfenen Masse des Eisens proportional, aber von der Form unabhängig. Eine zweite Verlustquelle bilden die bei magnetischen Änderungen in der Masse des Eisens auftretenden elektrischen Ströme, gemeinhin Wirbelströme oder nach ihrem Entdecker Foucault-Ströme genannt. Diese sind von der Form des Eisens abhängig und unter sonst gleichen Umständen umso größer, je größer die elektrische Leitfähigkeit des Eisens ist. In Bezug auf Hysteresis ist es vorteilhaft, nur möglichst weiches Eisen zu verwenden, da aber das magnetisch weiche Eisen auch eine große elektrische Leitfähigkeit hat, so wird dabei der Wirbelstromverlust gesteigert. Kleiner Wirbelstromverlust und kleiner Hysteresisverlust sind also in gewissem Sinne widersprechende Bedingungen. Man wird jedoch zweckmäßig das Material nur mit Rücksicht auf den Hysteresisverlust wählen und den Wirbelstromverlust durch richtige Wahl der Form herabsetzen. Das letztere

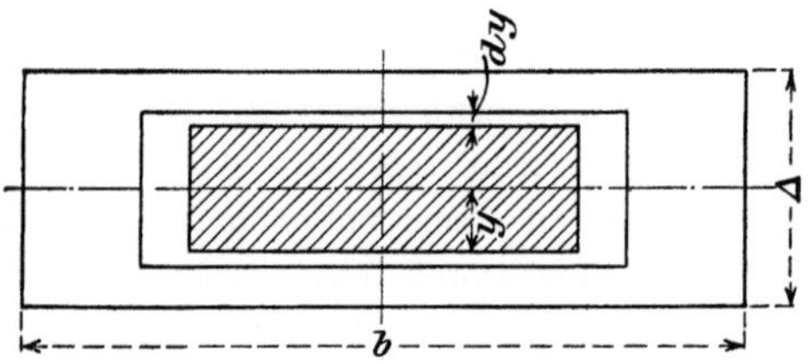

Fig. 37.

geschieht, indem man die zu magnetisierenden Körper aus gegeneinander isolierten Blechen aufbaut und allgemein solche Formen vermeidet, die einen geschlossenen Stromkreis bilden könnten.

Der in einem Blechkörper, z. B. im Anker einer Dynamomaschine durch Wirbelströme entstehende Verlust läßt sich berechnen, wenn wir die Verteilung der Kraftlinien innerhalb des Querschnittes kennen. Da letzteres jedoch meist nicht der Fall ist, wollen wir gleichmäßige Verteilung annehmen und dann der Sicherheit halber einen Zuschlag machen.

Es sei in Fig. 37 der Querschnitt eines Bleches dargestellt, wobei wir die Dicke übertrieben zeichnen. Das Verhältnis der Breite zur Dicke sei

$$m = \frac{b}{\Delta} .$$

Ein in dem schraffierten und als Kern gedachten Teil hin- und herwogender Kraftfluß N erzeugt in der als geschlossener Ring anzusehenden umgebenden Hülle eine elektromotorische Kraft. Wie später gezeigt werden wird, läßt sich diese ausdrücken durch die Formel

$$e = 4 f \nu N 10^{-8} \text{ Volt},$$

wobei wir mit f den Formfaktor der E.M.K.-Kurve bezeichnen, die den Erregerstrom für das Kraftfeld N liefert, und ν die Frequenz bedeutet. Die Ableitung dieser Formel und die Erklärung des Begriffes Formfaktor ist bei Besprechung der Wechselstrommaschinen gegeben. Ist B die Induktion, so können wir auch schreiben

$$N = B\, 4\, m\, y^2.$$

Für einen Blechstreifen, dessen Tiefe senkrecht zur Bildfläche gemessen 1 cm beträgt, ist der Querschnitt der Elementarhülle dy und die Länge des Strompfades ist die Summe der beiden längeren Seiten des in Fig. 37 gezeichneten Rechteckes. Wir vernachlässigen dabei die zwei kürzeren Seiten, weil sie tatsächlich verschwindend klein sind. Es ist also die Länge des Wirbelstrompfades

$$l = 4\, m\, y.$$

Bezeichnet man mit ρ den spezifischen Widerstand des Eisens (bei weicherem Blech etwa das 6 fache des entsprechenden Wertes für Kupfer), also den Widerstand von einem ccm, so ist der Widerstand des elementaren Strompfades

$$w = \varrho \frac{l}{dy}.$$

Der Strom ist

$$di = \frac{e\, dy}{\varrho\, l}.$$

Die Leistung, die in der Elementarhülle verloren geht, ist

$$e\, di = \frac{e^2\, dy}{\varrho\, l}$$

$$e\, di = \frac{e^2\, dy}{\varrho\, 4\, m\, y}$$

$$e\, di = \frac{(4 f \nu B\, 4\, m\, y^2\, 10^{-8})^2}{\varrho\, 4\, m\, y} dy.$$

Die im ganzen Blech verlorene, d. h. durch Wirbelströme in Wärme umgesetzte Leistung finden wir durch Integration zwischen den Grenzen $y=0$ und $y=\frac{\Delta}{2}$. Die Rechnung ergibt

$$P_w = \frac{1}{\varrho} \nu^2 (f B)^2 m \Delta^4 10^{-16}.$$

Nun ist $m\Delta = b$ und $b\Delta = V$, wenn wir mit V das Volumen des Blechstückes von $1 \times b \times \Delta$ Kantenlänge bezeichnen.

$$P_w = \frac{1}{\varrho} \nu^2 (f B)^2 V \Delta^2 10^{-16}.$$

Um die pro ccm Blech verlorene Leistung zu berechnen, müssen wir durch V dividieren. Wollen wir den Verlust nicht für 1 ccm, sondern für 1 kg Blech haben, so müssen wir mit 130 multiplizieren, weil 1 kg Blech 130 ccm enthält. Wir erhalten somit den Wirbelstromverlust für 1 kg Blech, das bei ν Perioden der Induktion B ausgesetzt ist, zu

$$P_w = \frac{130}{\varrho} \nu^2 (f B)^2 \Delta^2 10^{-16}.$$

Die Blechdicke Δ ist dabei in cm einzusetzen. Setzen wir Δ in mm ein, so können wir schreiben

$$P_w = \frac{130}{\varrho} (\nu f B \Delta 10^{-5})^2 10^{-8}.$$

Nun ist bei weichem Eisen ρ etwa das Sechsfache des entsprechenden Wertes von Kupfer, also rund 10^{-5}. Wir finden somit

$$P_w = 0{,}13 \left(\frac{\nu}{100} \Delta f \frac{B}{1000}\right)^2,$$

wobei Δ in mm einzusetzen ist. Da B im Quadrat vorkommt, so muß eine ungleichförmige Verteilung der Induktion den Gesamtverlust erhöhen und da die Induktion wegen Verschiedenheit der Pfadlängen nie ganz gleichmäßige sein kann, so wollen wir diesem Umstande durch einen Aufschlag von 20% Rechnung tragen. Wir schreiben also nicht 0,13, sondern 0,156 und erhalten für den in einem kg Blech, bei der als gleichförmig angenommenen Induktion B, eintretenden Wirbelstromverlust in Watt für das kg Blech

$$P_w = 0{,}156 \left(\frac{\nu}{100}\, \varDelta f \frac{B}{1000}\right)^2 .$$

Moderne Maschinen liefern meist Strom- und Spannungskurven, die von einer Sinuskurve so wenig abweichen, daß der Formfaktor als 1,11 angenommen werden kann. Für diesen Fall kann obige Formel auch wie folgt geschrieben werden

$$P_w = 0{,}19 \left(\frac{\nu}{100}\, \varDelta \frac{B}{1000}\right)^2 \text{ Watt pro kg.} \quad . \quad . \quad . \quad (33)$$

38. Günstigste Blechdicke.

Formel (33) zeigt, daß wir durch Reduktion der Blechdicke den Leistungsverlust durch Wirbelströme beliebig klein machen können. Da jedoch die Isolierschicht zwischen den Blechen nicht proportional mit der Blechstärke kleiner gemacht werden kann, so muß bei einem vorgeschriebenen Gesamtquerschnitt der tatsächlich von Eisen ausgefüllte Querschnitt um so kleiner ausfallen, je geringer wir die Blechstärke wählen. Für einen vorgeschriebenen Kraftfluß und Gesamtquerschnitt wird also die Induktion B mit abnehmender Blechstärke wachsen und es wird deshalb auch der Verlust durch Hysteresis zunehmen, wenn wir die Blechstärke vermindern. Da nun mit abnehmender Blechstärke der Hysteresisverlust zu-, der Wirbelstromverlust aber abnimmt, so muß es für jeden bestimmten Fall eine Blechstärke geben, bei welcher die Summe dieser beiden Verluste, bezogen auf das ganze in der Maschine verwandte Blechgewicht, ein Minimum wird. Bei Isolierung mit dünnem Papier kann man annehmen, daß für jedes Blech 0,05 mm auf die Isolierung kommt, sodaß bei Blechen von 0,5 mm rund 9 % und bei Blechen von 0,3 mm rund 14 % des Gesamtquerschnittes wegen Isolierung verloren gehen, der wirkliche Eisenquerschnitt also 91 %, beziehungsweise 86 % des Gesamtquerschnitts beträgt.

Für eine gegebene Frequenz ν, einen gegebenen Gesamtquerschnitt Q' und einen gegebenen Kraftfluß N kann man nun unter

Benutzung der Formeln (32) und (33) die Gesamtverluste für das kg Blech berechnen. Wenn man die Rechnung für verschiedene Blechdicken durchführt, kann man die Summe der Verluste als

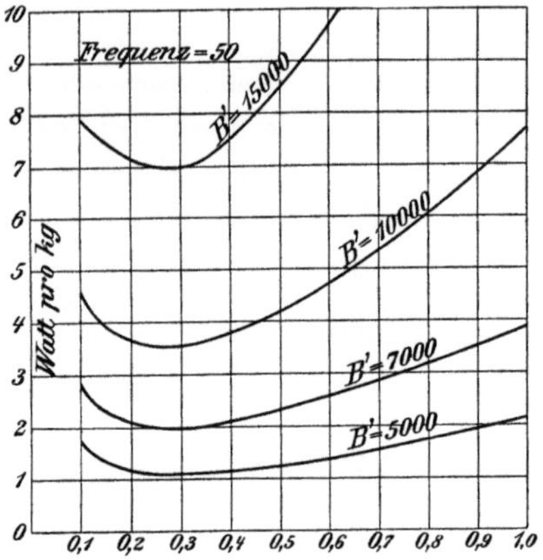

Fig. 38.

Funktion der Blechdicke in einer Kurve auftragen und so die günstigste Blechdicke für den gegebenen Fall bestimmen. Derartige Kurven sind in Fig. 38 für eine Frequenz von 50 und in Fig. 39

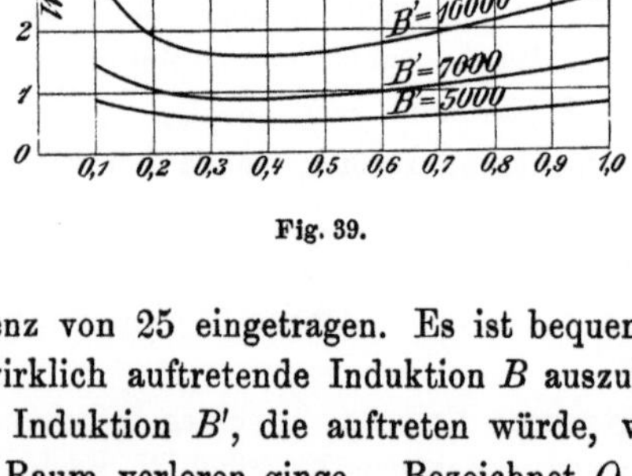

Fig. 39.

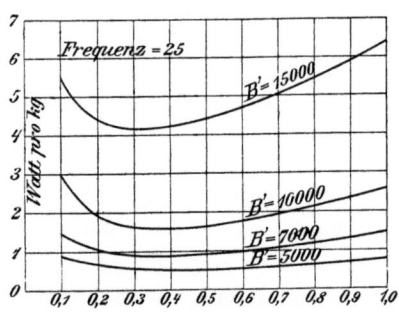

für eine Frequenz von 25 eingetragen. Es ist bequem, die Rechnung nicht für die wirklich auftretende Induktion B auszuführen, sondern für eine ideelle Induktion B', die auftreten würde, wenn durch die Isolierung kein Raum verloren ginge. Bezeichnet Q den wirklichen

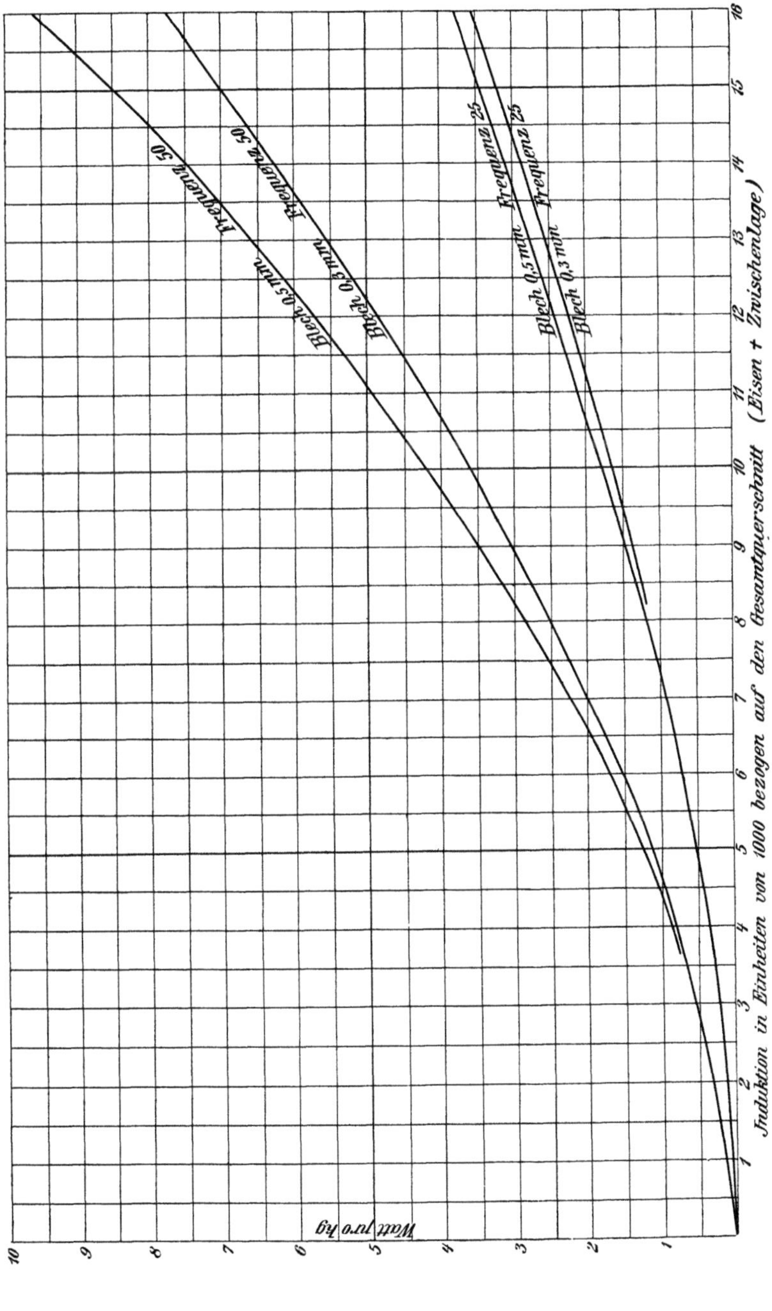
Blech 0,5 mm Frequenz 50
Blech 0,3 mm Frequenz 50
Blech 0,5 mm Frequenz 25
Blech 0,3 mm Frequenz 25
Watt pro kg
10
9
8
7
6
5
4
3
2
1
Induktion in Einheiten von 1000 bezogen auf den Gesamtquerschnitt (Eisen + Zwischenlage)
1
2
3
4
5
6
7
8
9
10
11
12
13
14
15
16

Fig 40.

Eisenquerschnitt, so besteht zwischen wirklicher und ideeller Induktion die Beziehung

$$B = B' \frac{Q'}{Q} \cdot$$

In den Figuren 38 und 39 sind je 4 Kurven für ideelle Induktionen von 5000, 7000, 10000 und 15000 gegeben. In Fig. 38 liegt der tiefste Punkt aller 4 Kurven bei einer Blechdicke von 0,3 mm, es ist also dieses die günstigste Blechdicke, bei einer Frequenz von 50. In Fig. 39 ist für $B' = 15000$ die günstigste Blechdicke 0,35 mm und etwas größer bei geringeren Induktionen. Eine Blechdicke von 0,5 mm ist bis zu Induktionen von $B' = 10000$ (entsprechend $B = 11000$) ebenso günstig als eine Blechdicke von 0,3 mm und auch für $B' = 15000$ (entsprechend $B = 16500$) noch ganz gut zulässig.

In Fig. 40 sind für Blechdicken von 0,3 und 0,5 mm und für Frequenzen von 50 und 25 die Verlustkurven für Hysteresis und Wirbelströme pro kg Blech, bezogen auf die ideelle Induktion B', eingetragen. Die wirklichen Induktionen sind bei

Blech von 0,5 mm . . . . $B = 1{,}10\, B'$
Blech von 0,3 mm . . . . $B = 1{,}16\, B'$.

Der von Eisen wirklich ausgefüllte Querschnitt ist vom Gesamtquerschnitt bei

Blech von 0,5 mm . . . . 91 %
Blech von 0,3 mm . . . . 86 %.

Siebentes Kapitel.

39. Induzierte elektromotorische Kraft. — 40. Gesamte elektromotorische Kraft einer zweipoligen Dynamomaschine. — 41. Einheit des elektrischen Widerstandes im C.G.S.-System.

39. Induzierte elektromotorische Kraft.

In den vorhergehenden Kapiteln sahen wir, wie ein von einem Strome durchflossener Leiter in seiner Umgebung ein magnetisches Feld erzeugt, wie ein Stück Eisen, das wir in dieses Feld bringen, magnetisch wird, und wie Ströme und Magnete mit meßbaren mechanischen Kräften auf einander wirken. Der elektrische Strom erzeugt in jedem Falle Magnetismus, und es fragt sich nun, ob auch das Umgekehrte der Fall ist, d. h. ob auch ein Magnet einen elektrischen Strom erzeugen kann. Die Erfahrung zeigt, daß dies nur unter gewissen Bedingungen geschieht. Wickeln wir auf einen Magnet einen Leiter auf und halten beide in unveränderter Lage zu einander, so würde das empfindlichste Galvanometer, das wir mit den Enden des Leiters verbinden, keinen Strom anzeigen. Verschieben wir dagegen den Leiter gegen den Magnet, so entsteht ein Strom. Während also zur Erzeugung des Magnetismus durch einen elektrischen Strom keine Bewegung nötig ist, erfordert der umgekehrte Vorgang eine relative Verschiebung des Magnetes gegen den Leiter.

Dies läßt sich leicht durch folgenden Versuch zeigen. Man verbindet die freien Enden eines Stromleiters W (Fig. 41), der in Form einer Spule aufgewickelt und über den geraden Magnetstab NS geschoben ist, mit dem Galvanometer G; die Verbindungsdrähte sollen so lang sein, daß das Galvanometer nicht unmittelbar durch den Magnet beeinflußt wird. In der angegebenen Lage, wo sich die Spule in der Mitte des Magnetstabes befindet, verlaufen sämtliche Kraftlinien durch sie hindurch, aber das Galvanometer zeigt keine

Ablenkung. Verschieben wir jedoch die Spule auf dem Magnet, so wird die Galvanometernadel abgelenkt, und zwar im allgemeinen um so stärker, je rascher die Bewegung vor sich geht. Ferner wird die Ablenkung in verschiedenem Sinne erfolgen, je nach der Richtung, in der wir die Spule verschieben: Dreht sich die Nadel des Galvanometers also z. B. nach rechts, wenn wir die Spule über den Nordpol hin abziehen, so erfolgt eine Ablenkung nach links, wenn die Spule nach dem Südpol bewegt wird. Schieben wir ferner die Spule wieder auf den Stab zurück, so erfährt die Galvanometernadel eine Ablenkung im entgegengesetzten Sinne, als wenn die Spule an demselben Magnetpol abgezogen wird. Da wir nun dieselbe Wirkung auch dadurch erreichen können, daß wir die Spule in Ruhe lassen und den Magnet in Bewegung setzen, so schließen wir auf Grund

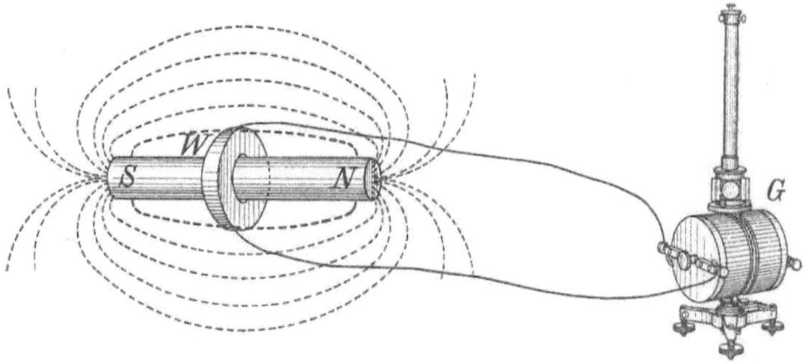

Fig. 41.

dieser Versuche, daß durch jede Bewegung des Magnetes und des Leiters gegen einander eine elektromotorische Kraft erzeugt wird, die ihrerseits einen Strom hervorruft. Hat die Spule die in Fig. 41 angegebene Lage, so verläuft das Maximum der Kraftlinien durch sie hindurch, befindet sie sich dagegen auf einem Ende des Stabes, so ist die Zahl der in ihrem Innern verlaufenden Kraftlinien geringer. Deswegen schreiben wir das Entstehen der elektromotorischen Kraft der Veränderung der Kraftlinienzahl zu, welche die Spule oder, allgemein gesagt, den Stromkreis durchsetzen. Denn der Versuch gelingt auch, wenn wir ihn in der Weise vornehmen, die Fig. 42 veranschaulicht.

Wie bereits gesagt, ist die Ablenkung der Galvanometernadel um so größer, je schneller der Leiter bewegt wird, und wir schließen daraus, daß nicht die Veränderung der Kraftlinienzahl als solche, sondern die Schnelligkeit, mit der sie vor sich geht, die elektromotorische Kraft bestimmt. Diese ist demnach der Änderung proportional, welche die Zahl der durch den betreffenden Stromkreis verlaufenden Kraftlinien in der Zeiteinheit erfährt. Ob hierbei die Kraftlinienzahl wächst oder abnimmt, ist nur auf die Richtung der entstehenden elektromotorischen Kraft von Einfluß. Dies ist eine einfache empirische Tatsache, die auf mannigfache Art experimentell bewiesen werden kann, für die wir jedoch keine Erklärung haben. Zwei Beispiele, die als Beweis gelten können, sind in Fig. 41 und 42 veranschaulicht. In beiden — und überhaupt in allen — Fällen, in

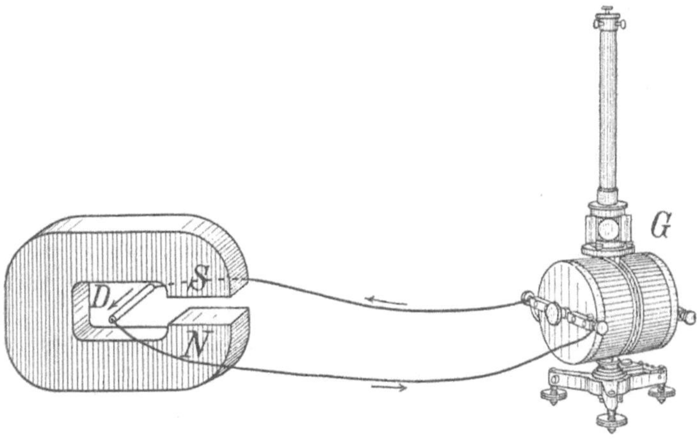

Fig. 42.

denen ein Induktionsstrom zu stande kommt, sind der elektrische und magnetische Stromkreis wie die Glieder einer Kette mit einander verbunden, d. h. die magnetischen Kraftlinien durchsetzen den von den elektrischen Leitungen gebildeten Ring.

Wir haben zu beachten, daß in den beiden gegebenen Fällen das Feld selbst keine Veränderung erfährt, sondern daß nur die Zahl der Kraftlinien, die den elektrischen Stromkreis durchsetzen, eine andere wird. Hierbei müssen die vom elektrischen Stromkreise umschlossenen Kraftlinien diesen stets schneiden. Es gibt jedoch auch Fälle, wo sich die Zahl der vom elektrischen Stromkreis umschlossenen Kraftlinien ändert, ohne daß diese vom Stromleiter geschnitten werden. Hierfür gibt Fig. 43 ein Beispiel. R bezeichnet hier einen Eisenring, um welchen zwei Stromkreise P und S gewickelt sind. Senden wir durch P einen Strom, so entstehen Kraftlinien im Eisen, deren Zahl (proportional der Induktion B) von Null bis zu einem Maximum wächst und aus den elektrischen und magnetischen Konstanten der Anordnung nach Formel (21) berechnet werden kann. Während der Zeit, in der die Induktion anwächst,

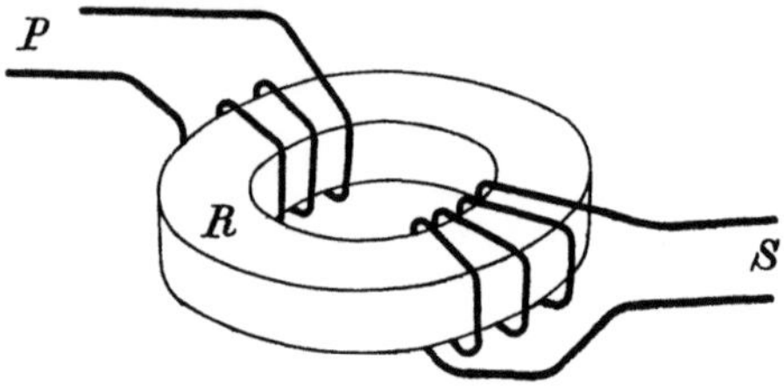

Fig. 43.

wird im Stromkreise S, der gleichfalls mit dem Kraftfluß verkettet ist, eine elektromotorische Kraft erzeugt, und der Abnahme der Induktion entspricht eine entgegengesetzt gerichtete elektromotorische Kraft in S. Die Ursache dieser Erscheinung bildet hier, ebenso wie oben, die Veränderung, welche die Zahl der den elektrischen Stromkreis durchsetzenden Kraftlinien erleidet; sie wird jedoch jetzt nicht dadurch bewirkt, daß sich der Stromkreis bewegt und Kraftlinien schneidet, sondern es ändert sich die gesamte Stärke des Feldes.

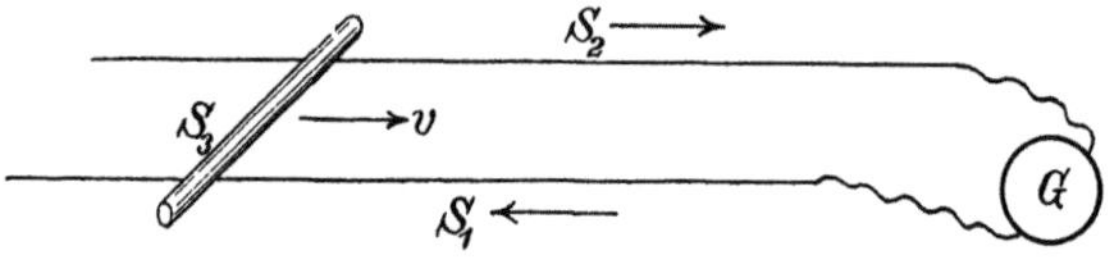

Fig. 44.

In Fig. 44 mögen S_1 und S_2 zwei parallele Metallschienen bedeuten, die an ihrem einen Ende durch ein Galvanometer G geschlossen sind; an dem andern Ende sind sie durch eine bewegliche dritte Schiene S_3 verbunden, die sie rechtwinklig schneidet. Der ganze Apparat soll sich in einem gleichförmigen magnetischen Felde befinden, dessen Kraftlinien senkrecht auf der Ebene der drei Schienen stehen. Wenn sich die Schiene S_3, welche wir als Schlitten bezeichnen wollen, mit der Geschwindigkeit v auf den festen Schienen bewegt, so schneidet sie die Kraftlinien. Dadurch wird in ihr eine elektromotorische Kraft erzeugt, welche ihrerseits einen Strom in dem Kreise hervorruft. Ist die elektromotorische Kraft und der Widerstand des Stromkreises bekannt, so läßt sich die Stromstärke berechnen, und umgekehrt ergibt sich die elektromotorische Kraft, sobald wir Stromstärke und Widerstand bestimmt haben. Die elektromotorische Kraft hängt natürlich von der Geschwindigkeit, mit der sich der Schlitten bewegt, von der Feldstärke und von der Länge des Schlittens ab.

Durch eine Reihe sorgfältig angestellter Versuche würde man so das Gesetz der Induktion einer elektromotorischen Kraft bestimmen können. Noch einfacher läßt es sich indessen aus dem Prinzip von der Erhaltung der Energie ableiten. Der Strom, der infolge der induzierten elektromotorischen Kraft durch den Leiter fließt, stellt eine bestimmte Energiemenge dar; diese muß offenbar gleich der Arbeit sein, die aufgewandt wird, um den Schlitten im magnetischen Felde zu bewegen. Im vierten Kapitel zeigten wir, daß die mechanische Kraft P, die in einem Felde von der Kraftliniendichte B auf einen Leiter von der Länge l und der Stromstärke i wirkt, durch die Formel

$$P = l i B$$

gegeben ist. Bewegen wir den Schlitten mit der Geschwindigkeit v in der Sekunde, so ist die hierfür erforderliche Arbeit A (in Erg) in einer Sekunde

$$A = P v = l i B v.$$

Nun ist die Leistung, die der Strom von der Stärke i darstellt, gleich $e i$, wenn wir mit e die elektromotorische Kraft bezeichnen.

Es ist somit

$$A = e i = l i B v$$

oder

$$e = l B v, \qquad (34)$$

d. h. die induzierte elektromotorische Kraft ist gleich dem Produkt aus der Länge des Leiters, seiner Geschwindigkeit und der Feldstärke, wenn jede dieser Größen in Einheiten des C.G.S.-Systems gegeben ist. In obiger Formel ist die Leistung in Erg per Sekunde ausgedrückt; um sie in Watt zu erhalten, haben wir durch 10^7 zu dividieren und erhalten

$$A = l i B v 10^{-7}.$$

Wollen wir ferner i in Ampere einsetzen, so haben wir noch durch 10 zu dividieren und erhalten schließlich

$$A = l\,i\,B\,v\,10^{-8} \text{ Watt.}$$

Hieraus folgt für die induzierte elektromotorische Kraft

$$e = l\,B\,v\,10^{-8} \text{ Volt. } \qquad (35)$$

Vergleichen wir den letzten Ausdruck mit Formel (34), so finden wir, daß die Einheit der elektromotorischen Kraft im C.G.S.-System gleich einem Hundertmilliontel Volt ist. Sie wird in einem Schlitten von 1 cm Länge erzeugt, wenn wir ihn mit einer Geschwindigkeit von 1 cm in der Sekunde rechtwinklig zu den Kraftlinien eines magnetischen Feldes von der Stärke 1 bewegen.

Da $l\,v$ die Fläche bedeutet, die vom Schlitten in einer Sekunde beschrieben wird, so stellt $l\,v\,B$ die Änderung dar, welche die Gesamtzahl der den Stromkreis durchsetzenden Kraftlinien in der Sekunde erfährt. Nimmt die gesamte Feldstärke in der Zeit $d\,t$ um $d\,N$ zu, so würde in einem einfachen Stromkreise eine elektromotorische Kraft im Betrage von

$$e = \frac{d\,N}{d\,t}\,10^{-8} \text{ Volt}$$

induziert. Besteht der Kreis aus mehreren Windungen, deren Zahl n sein möge, so ist

$$e = n\,\frac{d\,N}{d\,t}\,10^{-8} \text{ Volt. } \qquad (36)$$

Ein Beispiel mag zeigen, wie Formel (35) zu benutzen ist. Bei einer Dynamomaschine möge die Feldstärke B im Luftzwischenraum 5000 C.G.S.-Einheiten, und die Geschwindigkeit der Ankerdrähte 1500 cm in der Sekunde betragen. Alsdann wird in einem Stücke der Ankerwicklung von 10 cm Länge eine elektromotorische Kraft von $\frac{10 \times 5000 \times 1500}{100\,000\,000} = 0{,}75$ Volt erzeugt.

Bevor wir die hier gefundenen Gesetze auf Dynamomaschinen anwenden, wollen wir zunächst eine einfache Regel aufstellen, aus der sich die Richtung der elektromotorischen Kraft ergibt. Nach dem Prinzip von der Erhaltung der Energie muß die elektromotorische Kraft notwendig eine solche Richtung haben, daß der durch sie erzeugte Strom der Bewegung, durch die sie entsteht, entgegenwirkt, und daß demzufolge bei der Überwindung dieses Widerstandes

Arbeit zu leisten ist. Auf Grund dieser Überlegung könnte man die Richtung der elektromotorischen Kraft in jedem Falle bestimmen; man erleichtert sich jedoch die Sache durch Anwendung der Flemingschen Gedächtnisregel, Fig. 45.

Bildet man mit den drei ersten Fingern der rechten Hand ein rechtwinkliges Achsenkreuz, und zwar so, daß der Daumen in der Richtung der Bewegung und der Zeigefinger in der Richtung der

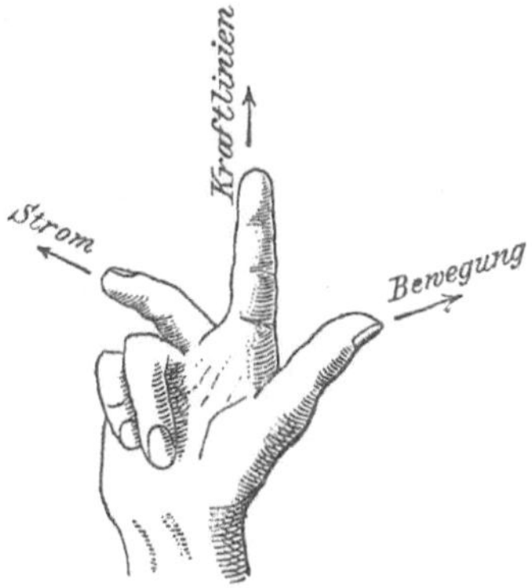

Fig. 45.

Kraftlinien zeigt, so gibt der Mittelfinger die Richtung des erzeugten Stromes an. Die Reihenfolge der Finger ist hierbei dieselbe wie die Reihenfolge der Anfangsbuchstaben der drei Worte: Bewegung, Kraftlinien (oder Magnetismus) und Strom im Alphabet.

40. Gesamte elektromotorische Kraft einer zweipoligen Maschine.

Um die Anwendung von Formel (35) zu zeigen, wählen wir als Beispiel einen zweipoligen Grammeschen Anker, der auf seinem äußeren Umfange z wirksame Leiter besitzt. Es mag hier die Bemerkung Platz finden, daß man besser eine Ankerwicklung durch die Anzahl der äußern, wirksamen Leiter, als durch die Anzahl der Windungen definiert. Bei dem Grammeschen Anker sind zwar diese beiden Zahlen identisch, aber bei den Trommelankern ist dies nicht der Fall, sodaß unsere Formeln bei Einführung von Windungszahlen ihre allgemeine Gültigkeit verlieren würden.

Die Konstruktion des Grammeschen Ankers ist so bekannt, daß nur einige allgemeine Bemerkungen über seine Eigenschaften hier nötig sind. Er besteht aus einem Cylinderring, der aus Eisenscheiben hergestellt und so mit Kupferdraht bewickelt ist, daß dieser eine in sich geschlossene Schraubenlinie bildet. An der äußern und innern Mantelfläche des Cylinders verläuft der Draht der Maschinenachse parallel und an den Seitenflächen nahezu radial. Auf dem ganzen Umfang der Wicklung sind die Drahtwindungen in gleichen Zwischenräumen durch metallische Leiter mit den Kommutatorsegmenten verbunden. Um die Herstellung zu erleichtern, besteht die Wicklung nicht aus einem zusammenhängenden Stück, sondern aus einer Anzahl Spulen, die je eine, zwei oder mehrere Windungen enthalten. Von den Verbindungspunkten benachbarter Spulen führen dann die Leiter nach den Kommutatorsegmenten. Ein Strom, der an einem Kommutatorsegment eintritt, teilt sich in zwei Zweige, von denen der eine der Reihe nach alle Spulen auf der einen Hälfte des Cylinders und der andere der Reihe nach alle Spulen auf der andern Hälfte des Cylinders durchfließt. Bei dem der Eintrittsstelle gegenüberliegenden Kommutatorsegment vereinigen sich die beiden Zweige wieder und treten aus der Wicklung aus. Die Hälfte der wirksamen Leiter ist daher jederzeit hintereinander und die beiden Hälften sind parallel geschaltet. Der Anker dreht sich zwischen den Polen des Magnetfeldes und die Leiter schneiden daher die Kraftlinien des Feldes, sodaß in jedem Draht eine elektromotorische Kraft erzeugt wird. Da die Drähte, welche zu irgend einer Zeit unter dem Einflusse desselben Poles stehen, hintereinander geschaltet sind, so addieren sich ihre elektromotorischen Kräfte. Die Summe ergibt die gesamte elektromotorische Kraft, welche wir jetzt bestimmen wollen.

B_a möge die Induktion im Luftzwischenraum bezeichnen, l die Länge und d den Durchmesser des Ankers, während U die Anzahl der Umdrehungen bedeute, die er in der Minute macht. ω sei der Winkel, den jeder Polschuh umfaßt, und die Induktion habe in dem gesamten durch diesen Winkel bestimmten Teil des Ankers denselben Betrag. In den dazwischen liegenden Teilen sei die Induktion gleich Null. In Wirklichkeit ist dies nicht der Fall, da die Induktion an den Ecken der Polschuhe keine plötzliche Veränderung erleidet, sondern allmählich abfällt. Für die Bestimmung der elektromotorischen Kraft ist jedoch die genaue Kenntnis der Verteilung der Kraftlinien nicht erforderlich, da es nicht darauf ankommt, die elektromotorische Kraft in jedem einzelnen Drahte, sondern die Summe aller Einzelkräfte zu ermitteln. Wenn deshalb ein Draht infolge der ungleichen Verteilung der Kraftlinien seinen vollen Anteil an der Erzeugung der E.M.K. nicht leistet, so wirkt ein anderer um ebensoviel mehr, sodaß die gesamte E.M.K. denselben Wert behält, als wenn die Kraftlinien gleichmäßig verteilt wären.

Ist z die Gesamtzahl der wirksamen Leiter auf dem Anker, so stehen von ihnen $\frac{\omega}{2\pi} z$ in einem bestimmten Zeitpunkt unter dem Einflusse eines Polschuhes. Die elektromotorische Kraft e, welche in jedem dieser Drähte bei der Bewegung des Ankers erzeugt wird, beträgt nach Formel (35)

$$e = l B_a \pi d \frac{U}{60} 10^{-8} \text{ Volt.}$$

wo der Ausdruck $\pi d \frac{U}{60}$ die lineare Geschwindigkeit bezeichnet, mit der sich die Drähte durch das Feld bewegen. Die gesamte elektromotorische Kraft ist daher

$$E = \frac{\omega}{2\pi} z l B_a \pi d \frac{U}{60} 10^{-8} \text{ Volt}$$

$$= z \omega \frac{d}{2} B_a l \frac{U}{60} 10^{-8} \text{ Volt.}$$

Für die Gesamtzahl der Kraftlinien, welche den Anker durchsetzen, haben wir nun

$$N = \omega \frac{d}{2} B_a l.$$

Führen wir daher die Gesamtzahl N der Kraftlinien ein, die wir aus den Konstruktionsdaten der Maschine und aus den erregenden Windungen nach Formel (21) berechnen können, so wird die gesamte elektromotorische Kraft

$$E = N z \frac{U}{60} 10^{-8} \text{ Volt.}$$

Oder wenn wir N in Einheiten von 10^6 ausdrücken

$$E = N \frac{z}{100} \frac{U}{60} \text{ Volt.} \quad \ldots \ldots \quad (37)$$

41. Einheit des elektrischen Widerstandes im C.G.S.-System.

Der Versuch, den wir mit den Schlitten anstellten, liefert uns ein bequemes Mittel, um die Beziehung zu bestimmen, die zwischen der absoluten oder C.G.S.-Einheit des Widerstandes und dem Ohm besteht. Die Widerstandseinheit im C.G.S.-System wird bekanntlich durch den Widerstand eines Leiters dargestellt, in welchem die Einheit der elektromotorischen Kraft die Einheit der Stromstärke erzeugt. Die Entfernung zwischen den beiden festen Schienen betrage 1 cm, die Feldstärke B sei gleich 1 und der Schlitten werde mit einer Geschwindigkeit von 1 cm in der Sekunde bewegt. Die erzeugte elektromotorische Kraft ist dann gleich 1 C.G.S.-Einheit oder gleich 10^{-8} Volt. Wenn der Gesamtwiderstand des Stromkreises gleich der Einheit wäre, so würde auch die Einheit der Stromstärke, also 10 Ampere, in dem Leiter fließen. Nehmen wir jetzt an, die Geschwindigkeit des Leiters würde auf 10000 km oder 10^9 cm in der Sekunde gesteigert, so würde dies eine elektromotorische Kraft von 10 Volt ergeben. Soll trotz der Vergrößerung der Geschwindigkeit die Stromstärke ihren alten Wert beibehalten, so müssen wir den Widerstand des Stromkreises in demselben Verhältnisse vergrößern. Statt ihn einer C.G.S.-Einheit gleich zu machen, müssen wir ihn auf 10^9 C.G.S.-Einheiten bringen. Da nun die elektromotorische Kraft 10 Volt und die Stromstärke 10 Ampere beträgt, so muß der Widerstand des Stromkreises 1 Ohm sein. Es ergibt sich somit, daß die C.G.S.-Einheit des Widerstandes der tausendmillionte Teil eines Ohm ist, oder

$$1 \text{ Ohm} = 10^9 \text{ C.G.S.-Einheiten.}$$

Wir sahen, daß man, um die Stromstärke auf demselben Betrage zu halten, den Widerstand des Stromkreises im gleichen Verhältnis wie die Geschwindigkeit des Schlittens vergrößern muß. Man kann diese daher auch als ein Maß für den Widerstand ansehen. Hiernach ist der Widerstandsbetrag von 1 Ohm durch die Geschwindigkeit von 10^9 cm oder von 10000 km (Länge des Erdquadranten) in der Sekunde gegeben.

Achtes Kapitel.

42. Elektromotorische Kraft des Ankers. — 43. Geschlossene und offene Ankerwicklung. — Geschlossene Ankerwicklungen: 44. Zweipolige Wicklung. — 45. Mehrpolige Wicklung mit Parallelschaltung. — 46. Mehrpolige Wicklung mit Serienschaltung. — 47. Mehrpolige gemischte Wicklung.

42. Elektromotorische Kraft des Ankers.

Im Abschnitt 40 des vorhergehenden Kapitels haben wir für die mittlere elektromotorische Kraft des Ankers eine Formel abgeleitet, bei der wir die Voraussetzung machten, daß das Feld vollständig gleichförmig sei oder, anders ausgedrückt, daß die Induktion in dem ganzen Zwischenraum zwischen dem Ankereisen und den Polflächen konstant sei. Wir haben auch erwähnt, daß diese Voraussetzung nicht zutrifft, daß wir aber von etwaigen Unterschieden, welche die Induktion in verschiedenen Punkten aufweist, absehen könnten, da sie sich ausglichen. Die gesamte elektromotorische Kraft des Ankers blieb daher dieselbe, als wenn das Feld vollständig gleichförmig gewesen wäre. Dies ist jedoch kein genauer Beweis, und wir müssen deshalb, bevor wir weiter gehen, die Formel (37) streng ableiten.

Fig. 46 stellt den Querschnitt eines Ankers und seiner Magnetpole N, S dar. Die Verteilung der magnetischen Kraftlinien in den Zwischenräumen zwischen den Polen hängt von so vielen Bedingungen ab, daß wir uns unmöglich von der Beschaffenheit des Feldes auf dem Wege der Konstruktion eine Vorstellung machen können; wir müssen es vielmehr experimentell mittels einer Probespule oder mit Eisenfeilspänen untersuchen. Für den vorliegenden Zweck ist es jedoch nicht nötig, daß wir die genaue Verteilung der Kraftlinien kennen; es braucht uns vielmehr nur die Anzahl aller magnetischen Kraftlinien bekannt zu sein, die links von der neutralen

Linie AB in den Anker treten und ihn dann an der rechten Seite wieder verlassen. Die Wicklung des Ankers ist so angeordnet, daß sich die elektromotorischen Kräfte, die in allen Drähten auf der einen Seite der Linie AB induziert werden, addieren, und daß die gesamte elektromotorische Kraft, die auf der rechts von der Linie liegenden Hälfte hervorgerufen wird, gleich der auf der andern Hälfte erzeugten ist.

Behalten wir die frühere Bezeichnungsweise bei, so haben wir z wirksame Drähte auf dem Anker, und die gesamte induzierte elektromotorische Kraft rührt von $^1/_2\,z$ hintereinander geschalteten

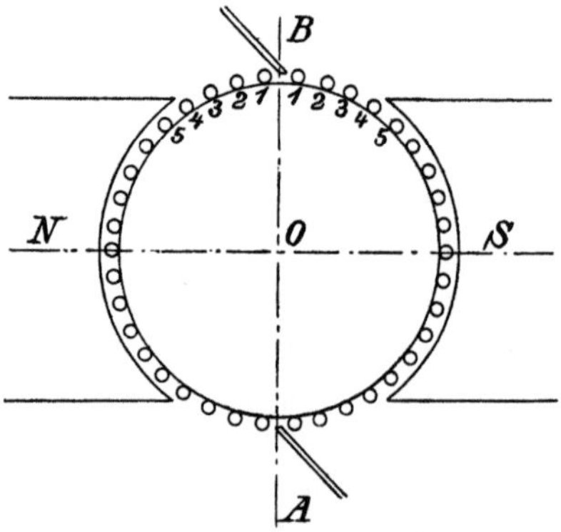

Fig. 46.

Drähten her. Zählen wir die Windungen von oben nach rechts und nach links als 1, 2, 3 u. s. w., so können wir uns die gesamte Zahl der Kraftlinien durch die Mittellinien der einzelnen Drähte in so viele Teile zerlegt denken, als Drähte auf jeder Seite vorhanden sind; die Zahl der Kraftlinien zwischen dem obersten Punkte des Ankers und der Mittellinie des Drahtes 1 sei gleich ΔN_1, die zwischen den Mittellinien von 1 und 2 gleich ΔN_2 u. s. w. Die Zahl aller Kraftlinien ist alsdann gleich der Summe aller ΔN, wenn diese über die linke oder über die rechte Hälfte des Ankers ausgedehnt wird. Wir wollen nun zwei aufeinander folgende Teile des Ankers betrachten, deren Winkelabstand gleich der Entfernung zweier benachbarter Drähte ist. Werden die Drähte verschoben, sodaß sie ihre Plätze vertauschen, so schneidet 1 alle Kraftlinien zwischen 1 und 2, 2 alle Kraftlinien zwischen 2 und 3 u. s. w. Die dadurch in Leiter 1 induzierte elektromotorische Kraft ist folglich gleich $\frac{\varDelta N_2}{t}$, die in Leiter 2 induzierte gleich $\frac{\varDelta N_3}{t}$ u. s. w., wo t die Zeit bedeutet, in der sich der Anker um den entsprechenden kleinen Winkel dreht. Die gesamte elektromotorische Kraft, die in $^1/_2\, z$ Windungen auf der einen Seite des neutralen Durchmessers induziert wird, ist also $E = \frac{\Sigma \varDelta N}{t} = \frac{N}{t}$.

Nun möge der Anker einen Durchmesser von d cm haben und U Umdrehungen in der Minute machen; alsdann ist die Geschwindigkeit an der Peripherie gleich $\frac{U}{60}\pi d$ und der Abstand zweier benachbarter Drähte gleich $\frac{\pi d}{z}$. Daraus folgt

$$t \frac{U}{60} \pi d = \frac{\pi d}{z}$$

und

$$\frac{1}{t} = z \frac{U}{60};$$

setzen wir diesen Wert in die obige Gleichung ein, so ist

$$E = N z \frac{U}{60}.$$

Die elektromotorische Kraft ist hierbei in C.G.S.-Einheiten angegeben; wollen wir sie in Volt ausdrücken, so müssen wir durch 10^8 dividieren und erhalten ebenso wie im vorigen Kapitel

$$E = N z \frac{U}{60} 10^{-8} \text{Volt.} \qquad (37)$$

Die elektromotorische Kraft ist daher nur von der Gesamtzahl N der Kraftlinien abhängig aber nicht von der mehr oder weniger regelmäßigen Beschaffenheit des Feldes.

Wir haben diese Verhältnisse bisher nur für zweipolige Maschinen untersucht und müssen nun sehen, wie die Formel abzuändern ist, wenn es sich um mehrpolige Maschinen handelt. Wir wollen beispielsweise eine Maschine mit vier Polen betrachten, wie sie Fig. 47 zeigt. Die Kraftlinien, die von einem Pol ausgehen, teilen sich hier und laufen zu den beiden benachbarten Polen, wie es die punktierten Linien angeben. Wenn wir annehmen, daß jeder Pol N Kraftlinien aussendet, so haben wir vier Induktionsstreifen im Anker, von denen jeder $^1/_2\,N$ Kraftlinien enthält. Um den Vergleich mit der zweipoligen Maschine zu erleichtern, wollen wir annehmen, daß der Anker in Fig. 47 derselbe wie in Fig. 46 sei. Die Zahl der Windungen, auf die jeder Pol jetzt wirkt, ist $^1/_4\,z$, während sie vorher $^1/_2\,z$ war; setzen wir aber voraus, daß von jedem der vier Pole ebenso viele Kraftlinien ausgehen, wie vorher von jedem der zwei Pole, so ist die Zahl der zwischen zwei benachbarten Drähten verlaufenden Kraftlinien doppelt so groß als bei der zweipoligen Maschine. Während wir jetzt also eine geringere Zahl von ΔN

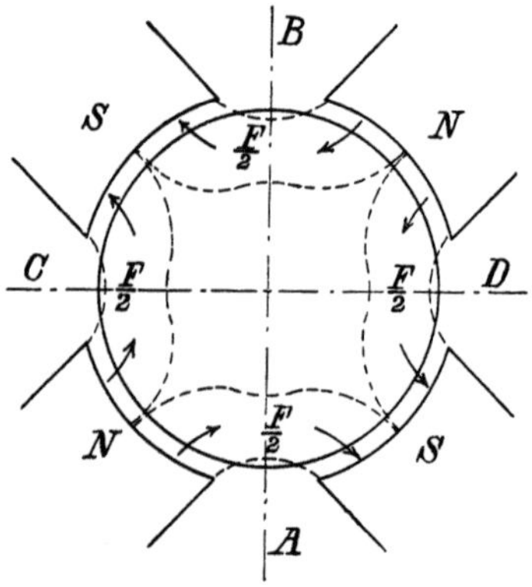

Fig. 47.

haben, repräsentiert dagegen jedes ΔN mehr Kraftlinien, was einer höhern Induktion im Luftzwischenraume entspricht. Wenden wir dieselben Schlußfolgerungen wie vorher an, so ergibt sich, daß bei einer mehrpoligen Maschine die gesamte elektromotorische Kraft der Windungen, die unter dem Einfluß eines einzigen Polschuhes stehen, durch die Formel

$$E = \frac{N}{t} = N z \frac{U}{60}$$

in C.G.S.-Einheiten dargestellt wird und deshalb denselben Wert hat, wie bei der zweipoligen Maschine.

Es ist zu beachten, daß diese Formel für die elektromotorische Kraft desjenigen Ankerteils gilt, der zwischen zwei benachbarten neutralen Punkten liegt, an denen die Richtung des Stromes umgekehrt wird; wir wollen ein solches Stück der Kürze halber als *Ankersegment* bezeichnen. Bei einer zweipoligen Maschine liegen diese Punkte einander diametral gegenüber, und die elektromotorische Kraft rührt von der einen Hälfte der Ankerwindungen her, die auf einer Seite des neutralen Durchmessers liegen. In diesem Falle sind die beiden Ankersegmente parallel geschaltet, und die elektromotorische Kraft eines Segments ist dieselbe wie die des ganzen Ankers. Bei einer vierpoligen Maschine besteht der Anker aus vier Segmenten, von denen jedes einen Winkel von 90° umfaßt. Hat die Maschine sechs Pole, so haben wir sechs Ankersegmente, von denen jedes einen Winkel von 60° einnimmt u. s. w.

Die Formel

$$E = N z \frac{U}{60} 10^{-8} \text{ Volt} \quad \ldots\ldots \quad (37)$$

gibt daher die elektromotorische Kraft für jedes Segment an, und obgleich diese bei der zweipoligen Maschine gleich der elektromotorischen Kraft des ganzen Ankers ist, so braucht dies nicht notwendig bei einer mehrpoligen Maschine der Fall zu sein. Es trifft dies vielmehr nur dann zu, wenn die Ankerwicklung so angeordnet ist, daß alle Segmente parallel zu einander liegen; schaltet man aber zwei, drei oder mehr Segmente hintereinander, so ist die elektromotorische Kraft des ganzen Ankers gleich dem Zwei-, Drei- oder Mehrfachen des durch Formel (37) angegebenen Wertes. Es ist also die gesamte elektromotorische Kraft einer vierpoligen Maschine mit Serienwicklung zweimal so groß als die einer zweipoligen Maschine von gleicher Feldstärke und mit einem Anker von gleicher Windungszahl. Die elektromotorische Kraft einer sechspoligen Maschine mit Serienwicklung ist dreimal so groß als die einer zweipoligen Maschine u. s. w. Wir haben also für mehrpolige Maschinen mit Serienschaltung im Anker

$$E = p N z \frac{U}{60} 10^{-8}, \quad \ldots\ldots \quad (38)$$

wobei p die Anzahl Polpaare bedeutet.

Der Strom, den eine zweipolige Maschine liefert, ist doppelt so stark als der jeder Ankerwindung. Bei einer vierpoligen Maschine mit paralleler Ankerwicklung ist der Gesamtstrom viermal so stark als der einer einzigen Ankerwindung u. s. w. Die folgende Tabelle enthält die Beziehungen zwischen der Zahl der Pole, der elektromotorischen Kraft, der Stromstärke und der Leistung einer Dynamomaschine. Die Tabelle gilt natürlich nur für Maschinen, bei denen Feldstärke, Tourenzahl und Anzahl Ankerdrähte dieselben sind. E bedeutet hier die elektromotorische Kraft eines Ankersegmentes, wie sie aus Formel (37) bezw. (38) folgt, und $^1/_2\,I$ die Stromstärke in jeder Ankerwindung.

Zahl der Pole	E.M.K.		Stromstärke		Leistung
	Parallel-schaltung	Serien-schaltung	Parallel-schaltung	Serien-schaltung	Parallel- oder Serien-schaltung
2	E	E	I	I	EI
4	E	$2E$	$2I$	I	$2EI$
6	E	$3E$	$3I$	I	$3EI$
8	E	$4E$	$4I$	I	$4EI$
$2n$	E	nE	nI	I	nEI

Die Tabelle zeigt, daß die Leistung bei gegebener Größe und gegebenem Gewicht des Ankers mit der Zahl der Pole wächst, und es könnte scheinen, als ob die mehrpoligen Maschinen unter allen Umständen leistungsfähiger wären als die zweipoligen. Man muß jedoch hierbei bedenken, daß die elektromotorische Kraft eines Ankersegments von der Feldstärke abhängt. Umgeben wir nun einen gegebenen Anker mit einer größern Anzahl von Magneten, so wird die Größe der Polschuhe abnehmen. Wir müssen daher entweder die Dichte der Kraftlinien in dem Raum zwischen den Polen vergrößern, was aus später anzugebenden Gründen nicht immer möglich ist, oder uns mit einem schwächern Felde begnügen. Dies wiegt aber den Vorteil wieder auf, den die Anwendung vieler Pole auf der andern Seite mit sich bringen würde. Im allgemeinen ist ein Anker, der für ein zweipoliges Feld gebaut ist, nicht gut in einem mehrpoligen Felde zu brauchen und umgekehrt. Steht es uns jedoch frei, die Dimension und die Wicklung des Ankers dem jedesmaligen Felde entsprechend zu ändern, so wählen wir am besten das zweipolige Feld für kleine und das mehrpolige für große Maschinen. Es wird dies noch näher im elften Kapitel ausgeführt werden.

Augenblicklich beschäftigt uns nur die elektromotorische Kraft, die man bei einer gegebenen Ankerwicklung und bei einem bestimmten Felde erhält. In Bezug hierauf ist noch zu bemerken, daß man auch eine gemischte Ankerwicklung anwenden und z. B. einen zwölfpoligen Anker so anordnen kann, daß zwei Segmente hintereinander und sechs parallel geschaltet sind.

43. Geschlossene und offene Ankerwicklung.

Wir wollen nun einige Wicklungsmethoden beschreiben, nach denen man die Ankersegmente in Reihe oder parallel schalten kann*). Man unterscheidet geschlossene und offene Ankerwicklungen. Im ersten Falle bilden alle Windungen eine geschlossene, unterbrochene Kette, von der an verschiedenen Stellen besondere Leiter zum Kommutator führen, um die Ströme abzuleiten. Diese Stromabnahme findet nur da statt, wo an zwei benachbarten Kommutatorsegmenten gleiche elektromotorische Kräfte auftreten. Es kann höchstens die Hälfte aller Leiter hintereinander geschaltet werden, sodaß bei zweipoligen Maschinen mit geschlossener Wicklung nur die Parallelschaltung möglich ist.

Bei der offenen Wicklung schaltet man alle Leiter hintereinander, welche die gleiche Lage im magnetischen Felde haben. Die Bürsten liegen zeitweise nur immer an denjenigen Ankerspulen an, die der stärksten Induktion ausgesetzt sind, alle andern sind ganz ausgeschaltet. Der Strom im äußern Kreise pulsiert daher in seiner Stärke.

Wir behandeln zuerst die geschlossenen Wicklungen und beginnen der Einfachheit halber mit der zweipoligen. Darauf gehen wir zu der Betrachtung der mehrpoligen Wicklungen über, indem wir zuerst die Parallelschaltung, darauf die Serienschaltung und zum Schluß die gemischte Schaltung behandeln.

---

*) Aus Mangel an Raum betrachten wir nur die gebräuchlichsten Wicklungen. Eine eingehendere Behandlung des Gegenstandes findet man in Arnold, „Die Ankerwicklungen und Ankerkonstruktionen der Gleichstromdynamomaschinen, 2. Aufl., Berlin 1896“ und „Die Gleichstrommaschine“, Berlin 1902.

Geschlossene Ankerwicklungen.

44. Zweipolige Wicklung.

Der Kreis in Fig. 48 soll den Querschnitt eines Ankers darstellen, der sich im Sinne des Uhrzeigers zwischen den Polen *N*, *S* dreht, und die 16 kleinen Kreise auf dem Umfange des großen mögen die wirksamen Drähte sein. Nach der im siebenten Kapitel über die Richtung der induzierten Ströme gegebenen Regel wird alsdann in allen Leitern zwischen dem Anker und dem Nordpol eine elektromotorische Kraft erzeugt, die nach unten, also vom Beobachter weg, gerichtet ist, und in allen Leitern, die unter der Einwirkung des

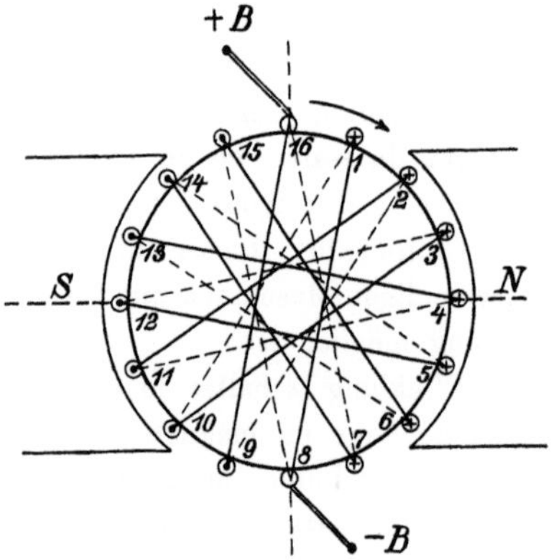

Fig. 48.

Südpols stehen, ist die elektromotorische Kraft nach oben, also auf den Beobachter zu, gerichtet. Wir bezeichnen die letzte Richtung durch einen Punkt in der Mitte des Drahtes; er bedeutet die Spitze des Pfeils, der die Stromrichtung angibt. In ähnlicher Weise wird ein nach unten gerichteter Strom durch einen Pfeil bezeichnet, der vom Beobachter wegfliegt, und durch ein Kreuz angedeutet, das die Federn des Pfeiles darstellt. Diese Bezeichnungsweise der Richtung von Strömen und elektromotorischen Kräften in Drähten, auf deren Endfläche man sieht, ist überall in diesem Buche angewandt.

Bei der Wicklung des vorliegenden Ankers teilen wir zuerst den Umfang in 16 gleiche Teile und ziehen auf dem Mantel des Zylinders 16 Parallelen zu seiner Achse. Wir wollen alsdann mit der Wicklung bei Linie 16 beginnen und den Draht längs dieser von dem vordern nach dem hintern Ende ausspannen. Darauf biegen wir ihn um die Rückseite des Ankers längs der punktierten Linie 16—7 und führen ihn längs der Linie 7 nach vorn, biegen ihn um die Stirnfläche längs der ausgezogenen Linie 7—14 und gehen dann auf der Linie 14 weiter. Darauf gelangen wir zur Linie 5 u. s. w. und schließen zuletzt mit der Verbindung 9—16. Es ist charakteristisch für die vorliegende Wicklung, die von Hefner-Alteneck angegeben ist und *Trommelwicklung* genannt wird, daß wir jede Windung nicht mit dem benachbarten, sondern mit dem an zweiter Stelle folgenden Drahte vervollständigen. Die Wicklung mag durch die folgende Tabelle dargestellt werden, in der die Zahlen in der Kolumne *U* die nach unten gerichteten Drähte bedeuten, die in Kolumne *O* die nach oben gerichteten; *H* und *V* bezeichnen die Verbindungen auf der hintern und vordern Stirnfläche.

V	*U*	*H*	*O*	*V*	*U*	*H*	*O*	*V*	*U*	*H*	*O*	*V*	*U*	*H*	*O*
—	16	—	7	—	14	—	5	—	12	—	3	—	10	—	1
—	8	—	15	—	6	—	13	—	4	—	11	—	2	—	9
—	16														

Da die Zahl der Kolumnen nebensächlich ist, so können wir die Wicklung auch durch folgende Tabelle ausdrücken:

V	*U*	*H*	*O*
—	16	—	7
—	14	—	5
—	12	—	3
—	10	—	1
—	8	—	15
—	6	—	13
—	4	—	11
—	2	—	9
—	16	—	7

Diese Darstellungsweise der Wicklung ist einem Diagramm vorzuziehen, da sie, besonders bei großen Windungszahlen, übersichtlicher ist. In einem Diagramm würde man zu viele sich kreuzende Linien erhalten.

Wir haben jetzt die Verteilung der elektromotorischen Kräfte in den verschiedenen Ankerwindungen zu untersuchen. Aus Fig. 48 ergibt sich folgendes über die Richtung der E.M.K.:

	15	16	1		. . . . . E.M.K. = 0,
2	3	4	5	6	. . . . . E.M.K. nach unten gerichtet,
	7	8	9		. . . . . E.M.K. = 0,
10	11	12	13	14	. . . . . E.M.K. nach oben gerichtet.

Der Einfachheit wegen wollen wir annehmen, daß in jedem der Drähte 2—6 und 10—14 die Einheit der elektromotorischen Kraft erzeugt wird und daß der absolute Wert des Potentials in dem Punkte, wo die Bürste $-B$ anliegt, Null ist. Alsdann ist das Potential des Drahtes 1 und der Verbindung 1—10 auf der hintern Stirnfläche Null, aber das der vordern Verbindung 10—3 gleich 1, da in dem Draht 10 die nach vorn gerichtete elektromotorische Kraft 1 induziert wird. An dem hintern Ende von 3 kommt noch eine Einheit hinzu, sodaß das Potential der hintern Verbindung 3—12 gleich 2 ist. In ähnlicher Weise ist das Potential der vordern Verbindung 12—5 gleich 3 u. s. w. Wir können die Werte des Potentials in unserer Wicklungstabelle einführen, indem wir in den Kolumnen H und V die Potentialwerte an Stelle der Striche setzen, welche die Verbindungen auf den Stirnflächen bezeichnen. Die Tabelle erhält dann folgende Form:

V	*U*	*H*	*O*
5	16	*5*	7
5	14	*4*	5
3	12	*2*	3
1	10	*0*	1
0 $-B$	8	*0*	15
0	6	*1*	13
2	4	*3*	11
4	2	*5*	9
5 $+B$	16	*5*	7

Die negative Bürste berührt die auf der Stirnfläche befindliche Verbindung 8—1 und die positive die gleich gelegene Verbindung 16—9. Aus der Tabelle ergibt sich, daß der gesamte Potentialunterschied zwischen den Bürsten 5 Einheiten beträgt. Dies ist somit auch der Spannungsunterschied zwischen zwei benachbarten Drähten auf der Stirnfläche des Ankers, wenn sie sich in der Nähe der neutralen Punkte befinden.

Dieser Umstand ist für die Herstellung solcher Anker von großer Bedeutung, und um ihn noch mehr hervorzuheben, lassen wir eine Wicklungstabelle für eine Maschine folgen, die eine große Zahl von Ankerwindungen besitzt. In Wirklichkeit ist nämlich die

Zahl der Windungen gewöhnlich viel größer als 16, wie wir bisher der Einfachheit wegen annahmen. Da es ferner zweckmäßig ist, die Verteilung des Potentials an einer Maschine, wie sie in der Praxis benutzt wird, zu betrachten, so wählen wir eine solche für 200 Volt, deren Anker im ganzen 100 wirksame Drähte, also auf jeder Seite des neutralen Durchmessers 50 besitzt. Von diesen stehen ungefähr 40 unter dem Einfluß eines Polschuhs, sodaß die in jedem Draht induzierte elektromotorische Kraft gleich 5 Volt ist. Die Potentialwerte der einzelnen Drähte sind in den Kolumnen *H* und *V* eingetragen. Einige dieser Zahlen sind unterstrichen und beziehen sich auf solche Verbindungen, die an den von den Bürsten berührten Kommutatorsegmenten anliegen. Bedecken die Bürsten zwei Segmente auf jeder Seite, so tritt der Strom an den vorn gelegenen Drahtenden 49, 51, 98 und 100 in die Wicklung ein und verläßt sie an den gleichfalls vorn gelegenen Drahtenden 48, 50, 99 und 1. Er fließt also in den ersten Drähten nach unten und in den andern nach oben. Einen Augenblick später, wenn sich der Anker um einen kleinen Winkel gedreht hat, ist das mit 51 und 100 verbundene Kommutatorsegment an der Bürste vorbeigegangen, und der Strom fließt in diesen Drähten nach oben, dagegen in 50 und 1 nach unten.

V	*U*	*H*	*O*	*V*	*U*	*H*	*O*	*V*	*U*	*H*	*O*	*V*
0	100	*0*	49	*0*	98	*0*	47	*0*	96	*0*	45	*0*
0	94	*0*	43	*5*	92	*10*	41	*15*	90	*20*	39	*25*
25	88	*30*	37	*35*	86	*40*	35	*45*	84	*50*	33	*55*
55	82	*60*	31	*65*	80	*70*	29	*75*	78	*80*	27	*85*
85	76	*90*	25	*95*	74	*100*	23	*105*	72	*110*	21	*115*
115	70	*120*	19	*125*	68	*130*	17	*135*	66	*140*	15	*145*
145	64	*150*	13	*155*	62	*160*	11	*165*	60	*170*	9	*175*
175	58	*180*	7	*185*	56	*190*	5	*195*	54	*200*	3	*200*
200	52	*200*	1	*200*	50	*200*	99	*200*	48	*200*	97	*200*
200	46	*200*	95	*200*	44	*195*	93	*190*	42	*185*	91	*180*
150	40	*175*	89	*170*	38	*165*	87	*160*	36	*155*	85	*150*
150	34	*145*	83	*140*	32	*135*	81	*130*	30	*125*	79	*120*
120	28	*115*	77	*110*	26	*105*	75	*100*	24	*95*	73	*90*
90	22	*85*	71	*80*	20	*75*	69	*70*	18	*65*	67	*60*
60	16	*55*	65	*50*	14	*45*	63	*40*	12	*35*	61	*30*
30	10	*25*	59	*20*	8	*15*	57	*10*	6	*5*	55	*0*
0	4	*0*	53	*0*	2	*0*	51	*0*	100			

Nach der Wicklungstabelle wirkt in den obengenannten acht Drähten keine elektromotorische Kraft, und wenn wir die Bürsten nach der Tabelle eingestellt haben, so würde sich der Strom in jedem Drahte plötzlich umkehren, sobald er die Bürste verläßt. Um die hierbei auftretenden Funken zu vermeiden, müssen wir die Bürsten etwas vorwärts schieben, sodaß eine geringe elektromotorische Kraft in den Drähten während der Stromumkehrung wirkt. Infolge dessen wird der ursprüngliche Strom allmählich geschwächt und der entgegengesetzt gerichtete Strom allmählich induziert, bevor der Draht die Bürste verläßt. Wir werden hierauf im elften Kapitel zurückkommen.

Für den Augenblick sehen wir von dieser Verschiebung der Bürsten ab und betrachten die Verteilung der elektromotorischen Kraft in den verschiedenen Windungen, die durch die Bürstenverschiebung nicht bedeutend geändert wird. Nach der Tabelle besteht eine Spannungsdifferenz von 200 Volt zwischen zwei benachbarten Drähten in den Punkten, wo der Strom umgekehrt wird. Dies tritt noch klarer hervor, wenn wir die Drähte ihrer Reihenfolge nach hinschreiben und bei jedem Paar die aus Kolumne H und V entnommene Potentialdifferenz hinzufügen. Wir wählen zu diesem Zweck dasjenige Viertel des Ankers, das die Drähte 100 — 25 enthält, da das Potential in den andern Quadranten symmetrisch hierzu verteilt ist. Es ergibt sich auf diese Weise folgende Zusammenstellung:

Draht	100		1		2		3		4		5		6		
Spannungsunterschied		200		200		200		200		195		185			
Draht	6		7		8		9		10		11		12		
Spannungsunterschied		175		165		155		145		135		125			
Draht	12		13		14		15		16		17		18		
Spannungsunterschied		115		105		95		85		75		65			
Draht	18		19		20		21		22		23		24		25
Spannungsunterschied		55		45		35		25		15		5		5	

Aus dieser Tabelle geht hervor, daß die Isolation derjenigen Drähte, in denen keine elektromotorische Kraft erzeugt wird, die volle Spannung der Maschine aushalten muß, und daß allmählich die Spannung zwischen benachbarten Leitern kleiner wird, wenn wir längs der wirksamen Drähte nach dem polaren Durchmesser gehen. Da jedoch alle Windungen nacheinander die Stelle der Stromumkehrung passieren, so muß die Isolation jedes Drahtes die volle Spannung der Maschine aushalten können.

Es braucht kaum erwähnt zu werden, daß jede Ankerspule nicht nur aus einer einzigen Windung zu bestehen braucht, wie bei unserm vorliegenden Beispiel, sondern eine beliebige Anzahl enthalten kann. So können wir z. B. fünf Windungen auf jede Spule bringen: alsdann ist die gesamte E.M.K. der Maschine gleich 1000 Volt, und wir müßten die benachbarten Spulen für eine Spannung von 1000 Volt isolieren. Da dies ziemlich schwierig ist, so findet die Trommelwicklung für sehr hohe Spannungen wenig Verwendung. Die Grenze, bis zu der diese Wicklungsart noch ohne Gefahr benutzt werden kann, liegt bei besonders sorgfältiger Ausführung bei einigen Tausend Volt, doch gewöhnlich schon bei ungefähr 1000 Volt.

C. E. L. Brown u. a. wandten bei glatten Ankern ein besonderes Mittel an, um den Spannungsunterschied zwischen benach-

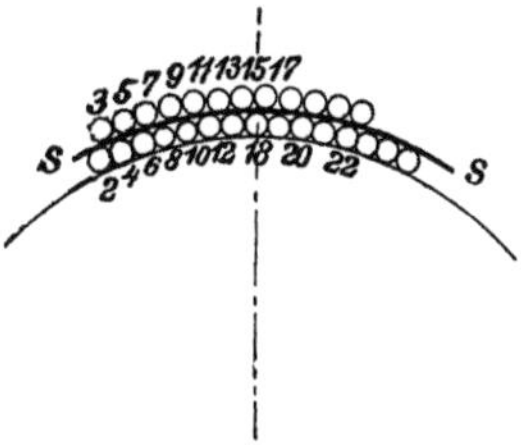

Fig. 49.

barten Drähten zu verringern. Sie wickeln den Draht in zwei Lagen auf, zwischen denen sich eine starke isolierende Schicht SS befindet, wie es Fig. 49 zeigt. Alle Drähte von gerader Ordnungszahl werden dabei zunächst ringsherum auf dem Ankerkern angebracht; ihre Enden, die sich an die zurücklaufenden Drähte schließen müssen, läßt man an der hintern Stirnfläche hervorragen. Darauf trägt man eine Schicht aus sehr gut isolierendem Material auf, wickelt hierüber die Drähte von ungerader Ordnungszahl und stellt die Endverbindungen mit den Drähten gerader Ordnungszahl her. Unter diesen Umständen besteht nur ein geringer Spannungsunterschied zwischen zwei nebeneinander liegenden Leitern, während der Spannungsunterschied zwischen den übereinander liegenden Drähten, der die volle Spannung der Maschine erreicht, ohne Gefahr von der Isolierschicht ertragen wird. Werden die Drähte in Nuten gelegt, so empfiehlt es sich, jene von gerader Ordnungszahl unten, jene von ungerader oben zu legen, weil bei dieser Anordnung genügender Raum für eine starke Isolierschicht zwischen den Drähten großer Potentialdifferenz eingelegt werden kann.

Ferner muß man bei dem Trommelanker große Sorgfalt auf die Anordnung und Isolation der Querverbindungen verwenden. Ein Blick auf Fig. 48 zeigt, daß sich die Drähte an den Stirnflächen des Ankers unter verschiedenen Winkeln schneiden. Nun ist es verhältnismäßig leicht, zwei Drähte zu isolieren, die parallel nebeneinander verlaufen; schneiden sie sich jedoch, so ist die Gefahr größer, daß die Isolierung durchgeschlagen wird. Bei großen

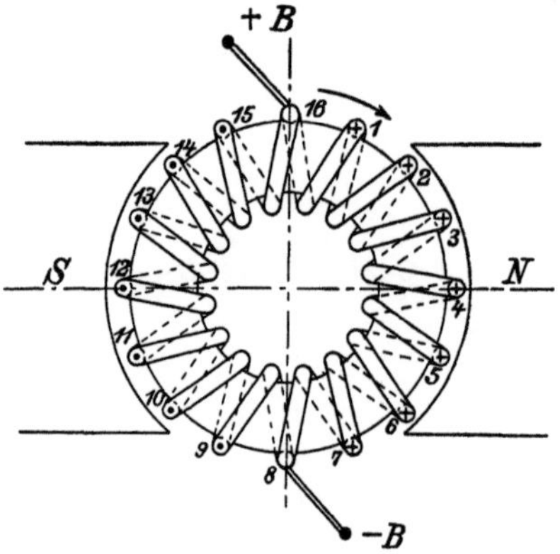

Fig. 50.

Maschinen, deren Wicklung nicht aus Draht, sondern aus Stäben besteht, sind für die Querverbindungen besonders geformte Leiter vorgesehen, deren Anordnung hohe Spannungsdifferenzen zwischen benachbarten Stäben ausschließt. Solche Konstruktionen beschreiben wir später ausführlicher, wenn wir auf die verschiedenen Maschinenarten zu sprechen kommen.

Eine andere Wicklungsart für einen zweipoligen Anker zeigt Fig. 50. Sie ist bekannt unter dem Namen der *Ring-* oder der Grammeschen Wicklung, obwohl sie zuerst Pacinotti bei seinem Elektromotor angewandt hat. Bei dieser Anordnung bildet der Ankerkern einen Zylinderring, auf dem die Windungen in Form einer Schraubenlinie aufgewickelt und folglich in sich geschlossen sind. In der Figur sind 16 Leiter dargestellt. Beginnen wir mit der Wicklung oben, so würden wir 16 nach unten winden, darauf durch das Innere nach oben, 1 nach unten, darauf durch das Innere nach oben, 2 nach unten, u. s. w.

Die Wicklungstabelle ist in diesem Falle einfach. Bezeichnen wir die innern Seiten der Windungen 1, 2, 3 mit 1′, 2′, 3′, so erhalten wir:

V	*U*	*H*	*O*	*V*	*U*	*H*	*O*	*V*	*U*	*H*	*O*
—	16	—	1′	—	1	—	2′	—	2	—	3′
—	3	—	4′	—	4	—	5′	—	5	—	6′
—	6	—	7′	—	7	—	8′	—	8	—	9′
—	9	—	10′	—	10	—	11′	—	11	—	12′
—	12	—	13′	—	13	—	14′	—	14	—	15′
—	15	—	16′	—	16	—					

Die Verbindungen auf der hintern und vordern Stirnfläche sind hier viel kürzer als bei dem Trommelanker; ihre Länge ist nämlich nur wenig größer als die radiale Tiefe des Ankerkerns und beträgt ungefähr $^1/_3$ des Durchmessers, während bei dem zweipoligen Trommelanker die Endverbindungen $1^1/_4$—$1^3/_4$ mal so lang sind als der Durchmesser. Es ist dies ein entschiedener Vorzug der Ringwicklung, während die Drähte im Innern einen Nachteil gegenüber dem Trommelanker bilden.

Vergleichen wir nämlich die obige Wicklungstabelle mit der auf S. 131, so ergibt sich, daß bei ersterer doppelt so viele Drähte den Polschuhen parallel laufen und doppelt so viele Querverbindungen nötig sind. Nun ist es offenbar vorteilhaft, die gewünschte Spannung bei möglichst geringer Drahtlänge zu erzeugen, nicht allein, um an Material zu sparen, sondern auch, um den Widerstand der Maschine zu verkleinern. Bei Gegenüberstellung der Vorzüge zweier Wicklungsarten ist deshalb die Drahtlänge zu berücksichtigen, die zur Hervorbringung einer bestimmten Spannung erforderlich ist, d. h. das Verhältnis des wirksamen Teiles zur gesamten Drahtlänge der Wicklung. Bei den beiden Wicklungsarten wirken die Feldmagnete nur auf die äußern Leiter und erzeugen nur in ihnen elektromotorische Kräfte; die Querverbindungen beim Ring und bei der Trommel und die im Innern des Ringes verlaufenden Drähte tragen daher nichts zu der elektromotorischen Kraft bei.

Das Verhältnis der wirksamen zur gesamten Wicklung hängt natürlich noch von der allgemeinen Beschaffenheit des Drahtes und der Geschicklichkeit des Konstrukteurs ab, der die Windungen mit möglichst geringer Raumverschwendung unterzubringen hat. Ferner spielen hierbei die Größe, Geschwindigkeit und Spannung der Maschine eine Rolle, da offenbar bei einer großen Maschine mit starkem Draht der Raum besser auszunutzen ist, als bei einer kleinen Maschine mit dünnem Draht; denn im letzten Falle nimmt die Isolation im Verhältnis zum Kupfer einen größern Raum ein.

Um einen rohen Vergleich zwischen Ring- und Trommelwicklung anzustellen, wollen wir annehmen, daß die Querverbindungen bei ersterer das 0,4 fache, bei letzterer das 1,6 fache des Kerndurchmessers betragen. Wir müssen ferner ein bestimmtes Verhältnis zwischen dem Durchmesser und der Länge des Kerns voraussetzen. Ist z. B. die Länge gleich dem Durchmesser, so wäre bei dem Ringanker jede Windung gleich dem 2,8 fachen und bei der Trommel gleich dem 5,2 fachen des Kerndurchmessers. Infolgedessen wäre der Wirkungsgrad der Wicklungen, d. h. das Verhältnis der wirksamen zur gesamten Drahtlänge, gleich $1:2{,}8 = 0{,}356$ und $2:5{,}2 = 0{,}385$. Die folgende Tabelle gibt den Wirkungsgrad der Wicklungen für verschiedene Werte des Verhältnisses von Länge und Durchmesser des Kerns für zweipolige Maschinen an.

$\frac{\text{Länge}}{\text{Durchmesser}}$	Wirkungsgrad der Wicklung für	
	Ringanker	Trommelanker
0,5	0,278	0,238
1,0	0,356	0,385
1,5	0,395	0,484
2,0	0,416	0,555

Hieraus geht deutlich hervor, daß die ganze Länge der Windungen um so besser ausgenutzt wird, je länger der Anker im Verhältnis zum Durchmesser ist. Ferner ist die Trommelwicklung mit Ausnahme der sehr kurzen Anker wirksamer als die Ringwicklung; bei den gebräuchlichen Dimensionen zweipoliger Anker, wo die Länge das 1 bis $1\frac{1}{2}$ fache des Durchmessers beträgt, ist jedoch der Unterschied nicht groß.

Ein anderer Umstand spricht jedoch noch zu Gunsten der Trommelwicklung, der in der obigen Tabelle nicht hervortritt. Diese berücksichtigt nämlich nur die wirksame Länge der Wicklung, dagegen nicht ihren Widerstand. Derselbe ist der Länge des Drahtes direkt proportional. Besteht die Wicklung aber aus Stäben, so kann deren Querschnitt in den verschiedenen Teilen (äußere und innere Stäbe, sowie Querverbindungen) verschieden gewählt werden, und zwar so, daß der verfügbare Wicklungsraum am besten ausgenutzt und der Ankerwiderstand möglichst verringert wird. Nun sind bei einem Ringanker die Windungen am schwierigsten an der innern Seite des Ankerkerns anzubringen, da hier am wenigsten Raum zur Verfügung steht. Aus diesem Grunde ist es kaum möglich, den Querschnitt der innern Stäbe größer als den der äußern zu wählen. Der Wicklungsraum bei der Trommel ist dagegen nicht so beschränkt, und wir können hier im allgemeinen den Querverbindungen einen größern Querschnitt geben, als den wirksamen Stäben. Die Trommel hat demnach nicht allein eine kürzere Drahtlänge, sondern einzelne Teile ihres Stromkreises können auch einen größern Querschnitt haben als bei dem Ringanker, wodurch der Widerstand verringert wird. Infolgedessen läßt sich ein stärkerer Strom durch den Anker schicken, und wir erhalten, wenn Gewicht und Größe des Ankers gegeben sind, eine größere Leistung. In der Praxis macht dieser Unterschied oft 30—50 % aus.

Diese Vorteile der Trommelwicklung werden aber bis zu einem gewissen Grade durch die größere Schwierigkeit aufgewogen, die die Isolation und die Anbringung der Spulen verursacht. Bei kleinen Maschinen mit glatten Ankern, die mit Draht bewickelt werden, sind die Spulen auf der Trommel schwerer zu befestigen als auf dem Ringe, da bei diesem die innern Teile der Windungen und die Querverbindungen dazu beitragen, daß die äußern Drähte in ihrer Lage erhalten bleiben. Dasselbe gilt für große Maschinen mit hoher Spannung; nur kommt hier noch die Schwierigkeit hinzu, die die Isolation der Spulen beim Trommelanker verursacht und die beim Ringanker wegfällt. Aus Fig. 50 geht hervor, daß hier der Strom die Spulen in derselben Reihe durchfließt, in der sie aufeinander folgen, sodaß der Spannungsunterschied zwischen zwei benachbarten Spulen gleich der elektromotorischen Kraft ist, die in einer einzigen Spule induziert wird. Die Spulen lassen sich deshalb leicht gegeneinander isolieren, und aus diesem Grunde wird für Maschinen mit hoher Spannung allgemein der Ringanker bevorzugt. Bei mittlern und großen Maschinen von mäßiger Spannung kann man der erwähnten Schwierigkeit leicht begegnen, und in diesen Fällen ist die Trommelwicklung dem Ringe offenbar vorzuziehen.

45. Mehrpolige Wicklung mit Parallelschaltung.

Wir wollen jetzt die Wicklung mehrpoliger Maschinen untersuchen. Den einfachsten Fall bildet ein Ringanker mit Parallelschaltung, den wir deshalb zuerst betrachten. Fig. 51 stellt einen solchen Anker in einem sechspoligen Felde vor. Die Windungen sind schraubenförmig in genau derselben Weise wie bei den zweipoligen Maschinen um den Ankerkern gewickelt. Die Richtung, in

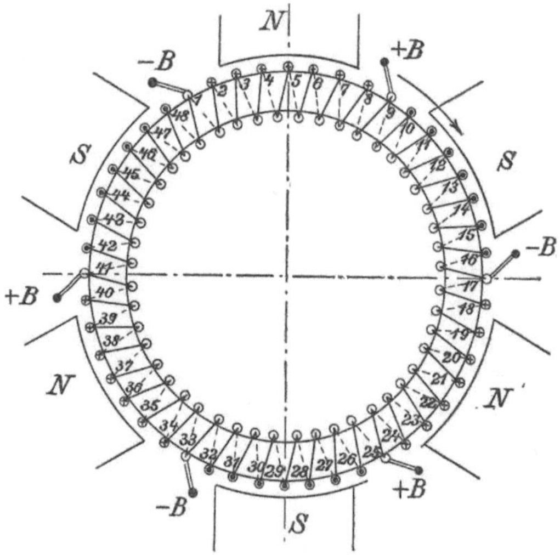

Fig. 51.

der die elektromotorische Kraft in den verschiedenen Drähten induziert wird, ist wie früher durch Punkte und Kreuze angegeben. In jeder der Gruppen von sieben Drähten, die sich unter den Nordpolen befinden, ist der Strom nach unten gerichtet und in den Gruppen unter den Südpolen nach oben. Nehmen wir an, daß in jedem Leiter 1 Volt erzeugt wird und daß der Strom links oben an der Bürste $-B$ eintritt, wo demnach das Potential gleich 0 ist, so haben wir in dem Leiter 9 das Potential 7. Von Leiter 10 an ist die elektromotorische Kraft nach oben gerichtet, d. h. wir haben 1 Volt für jeden folgenden Draht abzuziehen, sodaß im Leiter 17 das Potential wieder 0 ist. Die beiden Bürsten, die in der Figur mit — *B* bezeichnet sind, haben also dasselbe Potential und können durch einen äußern Leiter mit einander verbunden werden. Dieselbe Betrachtung läßt sich auf die übrige Wicklung und auf die positiven Bürsten anwenden, sodaß wir die drei negativen Bürsten und die drei positiven, jede unter sich, verbinden können. Die Spannung zwischen den negativen und den positiven Bürsten ist natürlich durch die einer Abteilung der Ankerwicklung gegeben, und die gesamte Stromstärke ist sechsmal so groß als die eines einzelnen Leiters.

Bei der Wicklungsart, wie sie Fig. 51 darstellt, haben wir deshalb sechs Bürsten nötig, die in gleichen Abständen rund um den Kommutator herum angebracht sind. Dies ist bei gewissen Konstruktionen unbequem und hat außerdem den Nachteil, daß wir statt zweier Bürsten nun deren sechs einzustellen haben. Durch Anbringung innerer Querverbindungen läßt sich jedoch die Zahl der Bürsten verringern. Die Figur zeigt einen Anker mit 48 Drähten, und in der dargestellten Lage liegen die drei negativen Bürsten an den Windungen 1, 17 und 33 an, während gleichzeitig die drei positiven Bürsten die Drähte 9, 25 und 41 berühren. Wollen wir vier Bürsten weglassen, so müssen wir offenbar die äußern Verbindungen zwischen je drei Bürsten durch innere zwischen den sämtlichen, einander entsprechenden Windungen der jedesmal zusammengehörigen drei Segmente ersetzen. Wir erhalten so die folgende Wicklungstabelle, bei der die vertikalen Kolumnen, nach abwärts gelesen, die aufeinander folgenden Drähte der gewöhnlichen Ringwicklung darstellen und die horizontalen Striche die innern Querverbindungen, die, soweit sie augenblicklich gerade mit den Bürsten in Berührung stehen, dicker gezeichnet sind.

1 — 17 — 33 —	10 — 26 — 42 —
2 — 18 — 34 —	11 — 27 — 43 —
3 — 19 — 35 —	12 — 28 — 44 —
4 — 20 — 36 —	13 — 29 — 45 —
5 — 21 — 37 —	14 — 30 — 46 —
6 — 22 — 38 —	15 — 31 — 47 —
7 — 23 — 39 —	16 — 32 — 48 —
8 — 24 — 40 —	**17 — 33 — 1 —**
9 — 25 — 41 —	

Fig. 52 stellt schematisch einen vierpoligen Cylinderanker mit Querverbindungen dar. Der Einfachheit halber ist die Annahme gemacht, daß der Anker nur 16 Windungen besitzt; die Querverbindungen sind als konzentrische Kreise gezeichnet, obgleich sie in Wirklichkeit gewöhnlich schraubenförmig auf einem cylinderförmigen Ansatz hinter dem Kommutator angeordnet oder innerhalb des Kommutators selbst untergebracht sind. Solche Querverbindungen hat zuerst Mordey bei seinen Viktoria-Dynamomaschinen angewandt.

Die Vorteile der mehrpoligen, parallel geschalteten Ringwicklung bestehen darin, daß man Leiter von kleinerem Querschnitt anwenden kann, die sich besser bearbeiten lassen, daß die zu kommutierenden

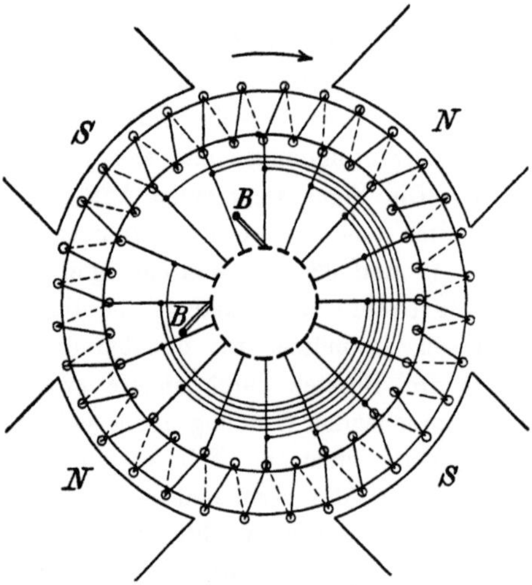

Fig. 52.

Ströme geringe Stärke haben und daß deshalb die Funken am Kommutator leichter zu vermeiden sind. Ferner besteht nirgends zwischen zwei benachbarten Windungen ein großer Spannungsunterschied. Dagegen liegt die Gefahr vor, daß im Innern der Wicklung Ströme entstehen, welche nicht in den äußern Stromkreis gelangen und deshalb Energieverluste herbeiführen können.

Nehmen wir nämlich an, daß sich der Anker infolge irgend eines Versehens bei der Montierung der Maschine nicht genau in der Mitte des Feldes befindet, sondern etwas tiefer liegt, so ist der Luftzwischenraum an den zwei untern Polen (Fig. 52) kleiner als an den obern. Nun wächst offenbar die gesamte Kraftlinienzahl, wenn die Länge des Luftzwischenraums abnimmt. Durch die excentrische Lage des Ankers wird also bewirkt, daß von den einzelnen Polschuhen ungleich viel Kraftlinien ausgehen und daß infolgedessen die elektromotorische Kraft jeder einzelnen Spule in der untern Hälfte des Ankers größer ist als in der obern. Beispielsweise wollen wir annehmen, der Unterschied betrage nur 10 %, sodaß, wenn das Potential des Drahtes 2 ein Volt beträgt, das der Drähte 18 und 34 gleich 1,1 Volt ist. Für Draht 3 hätten wir 2 Volt und für die Leiter 19 und 35, die mit jenem durch Querleiter verbunden sind, 2,2 Volt u. s. w. Dieser Spannungsunterschied muß Ströme in den Querverbindungen hervorrufen, die um so größer und schädlicher sind, je geringer der Widerstand der Wicklung, also je vollkommener der Anker in sonstiger Beziehung ist. Nun kann der Widerstand der Ankerwicklung leicht so klein gemacht werden, daß der Spannungsverlust in ihm nur 1—3 % der gesamten elektromotorischen Kraft beträgt. Ein so kleiner Ankerwiderstand macht die Maschine für Ausgleichströme im Anker natürlich sehr empfindlich. Wir können das an einem Beispiel zeigen. Eine sechspolige Maschine mit Parallelwicklung sei für 100 V bei 1000 A gebaut und der Ankerwiderstand verursache einen Spannungsverlust von 2 %, also in diesem Fall 2 V. Sind alle Pole genau gleich stark, so würde an jeder Bürste ein Stromübergang von 333,3 A stattfinden. Nun wollen wir annehmen, daß infolge ungenauer Zentrierung der Luftraum auf einer Seite um 5—6 % größer ist als auf der andern. Diesem Umstande entspricht ein Unterschied in der E.M.K. bei Leerlauf von rund 4 %. Bezeichnen wir mit B_1, B_3 und B_5 die drei negativen und mit B_2, B_4 und B_6 die drei positiven Bürsten, und denken wir uns vorläufig die Bürsten nicht untereinander verbunden, so würden wir beim Leerlauf an den Bürsten folgende Potentiale messen:

$$B_1 = 0, \quad B_2 = 104, \quad B_3 = 2, \quad B_4 = 102, \quad B_5 = 2, \quad B_6 = 104.$$

Bei Herstellung der Bürstenverbindungen werden die Potentiale der negativen Bürsten B_1, B_3, B_5 natürlich auf den gleichen Wert gebracht und die der positiven Bürsten B_2, B_4, B_6 ebenfalls. Der Unterschied beider Werte ist die gemeinsame Klemmenspannung, in unserem Falle 100 V. Die gemeinsame Klemmenspannung bedingt aber in jedem Ankersegmente einen Strom von solcher Stärke, daß die überschüssige Spannung dadurch aufgebraucht wird. Eine einfache Rechnung zeigt, daß in den Ankersegmenten zwischen B_1,

B_2 und B_1, B_6 je ein Strom von 400 A, in jenen zwischen B_3, B_2 und B_5, B_6 je ein Strom von 200 A fließen muß, während die Ankersegmente B_3, B_4 und B_5, B_4 überhaupt keinen Strom führen. Es ist also die Stärke des an den Bürsten übergehenden Stromes, in A ausgedrückt, folgende:

$$B_1 = 800, \quad B_2 = 600, \quad B_3 = 200, \quad B_4 = 0, \quad B_5 = 200, \quad B_6 = 600.$$

Die Unterschiede werden durch die Rückwirkung des Ankers auf das Feld einigermaßen ausgeglichen, jedoch bleibt die Belastung einzelner Bürsten immer noch so groß, daß ein Funken zu befürchten

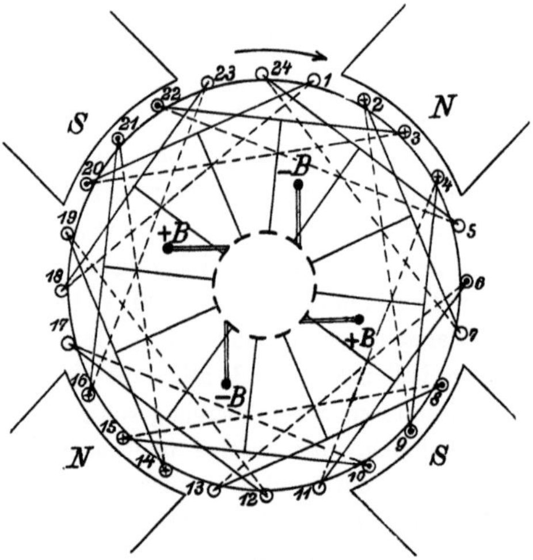

Fig. 53.

ist. Diesem Übelstande kann durch Querverbindungen abgeholfen werden. Wenn dadurch auch nicht das Auftreten von Ausgleichsströmen vermieden wird, so wird wenigstens erreicht, daß diese Ströme nicht durch die Bürsten fließen und Funken veranlassen. Am besten ist es natürlich, die störende Ursache, nämlich ungleiche Feldstärke, zu vermeiden.

Aus diesem Grunde ist es wichtig, bei Anwendung der parallelgeschalteten Wicklung für mehrpolige Maschinen große Sorgfalt auf die gute Zentrierung des Ankers und die gleichmäßige Verteilung der Feldstärke zu verwenden. Es gilt dies natürlich in gleicher Weise für den Trommelanker.

Wir haben jetzt die Trommelwicklung mit Parallelschaltung zu untersuchen und wählen für diesen Zweck einen vierpoligen Anker mit 24 Windungen (Fig. 53). In elektrischer Beziehung ist ein solcher Anker zwei Ankern äquivalent, von denen jeder 12 Windungen besitzt, die ein Strom von halber Stärke durchfließt. Um die Wicklung für den vierpoligen Anker zu finden, können wir deshalb die Verbindungen in derselben Weise herstellen, wie bei der zweipoligen Maschine. Hier beginnen wir mit dem Draht 2 (Fig. 54), wickeln diesen zuerst nach unten, dann über die hintere Stirnfläche nach 9, von da aufwärts und über die vordere Fläche nach 4, dann wieder nach unten u. s. w. Genau so verfahren wir

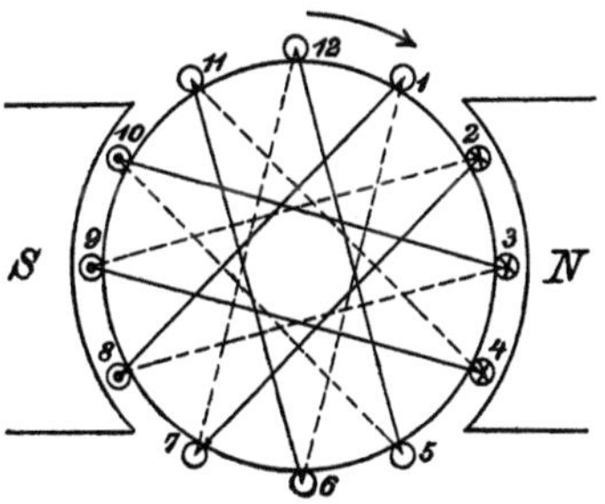

Fig. 54.

bei dem vierpoligen Trommelanker (Fig. 53). Da hier aber der Winkelabstand zwischen den benachbarten Leitern nur halb so groß ist wie bei der zweipoligen Maschine, so umfassen die Querverbindungen nur ein Viertel statt der Hälfte des Umfangs. Ferner ist zu bemerken, daß die Querverbindungen auf der vordern und hintern Fläche nicht gleich lang sind. So überspannt die Verbindung 2—9 sieben Drähte, 9—4 aber nur fünf. Im Mittel würden 6 Leiter überspannt werden, also genau ein Viertel des Umfangs. Lassen wir bei dem Anker von Fig. 53 die Drähte in der angegebenen Reihenfolge weiter aufeinander folgen, so kehren wir wieder zum Ausgangspunkt zurück und erhalten eine geschlossene Wicklung, für die hier die Tabelle folgen möge:

V		*H*		*V*		*H*		*V*		*H*		*V*		*H*		*V*		*H*	
0	24	*0*	7	*0*	2	*1*	9	*2*	4	*3*	11	*3*	6	*3*	13	*3*	8	*2*	15
1	10	*0*	17	*0*	12	*0*	19	*0*	14	*1*	21	*2*	16	*3*	23	*3*	18	*3*	1
3	20	*2*	3	*1*	22	*0*	5	*0*	24	*0*	7	*0*	2	*1*	9	*2*	4	*3*	11

Die Buchstaben *U* und *O* sind als überflüssig weggelassen worden, da es gleichgültig ist, ob wir einen bestimmten Draht zuerst abwärts oder aufwärts wickeln. Das Resultat muß in beiden Fällen dasselbe sein. Die Buchstaben *V* und *H* bezeichnen, wie früher, Querverbindungen, und die Zahlen in den Kolumnen *V* und *H* stellen den Wert des Potentials (in passenden Einheiten) in diesem Teile der Wicklung dar. Um das Potential für irgend einen Punkt der Wicklung zu finden, gehen wir von der negativen Bürste aus (die das Potential Null haben soll) und addieren, der Wicklung folgend, für jeden wirksamen Leiter die Anzahl von Volt hinzu, die in ihm erzeugt wird. Die Richtung der elektromotorischen Kraft ist in Fig. 53, wie gewöhnlich, durch Punkte und Kreuze angegeben. Wir erhalten auf diese Weise:

23, 24, 1; 5, 6, 7; 11, 12, 13; 17, 18, 19 E.M.K. = 0,
2, 3, 4; 14, 15, 16 E.M.K. nach unten gerichtet,
8, 9, 10; 20, 21, 22 E.M.K. nach oben gerichtet.

Indem wir der Einfachheit halber annehmen, daß in jedem Drahte 1 Volt induziert wird und daß die negative Bürste dasjenige Kommutatorsegment berührt, das der vordern Verbindung 24—5 entspricht, erhalten wir 1 Volt für 22—3 und 3 Volt für 20—1 und 18—23. In der nächsten Verbindung 23—16, die auf der hintern Stirnfläche liegt, beträgt das Potential 3 Volt; gehen wir aber längs des Leiters 16 nach der vordern Stirnfläche, so verlieren wir 1 Volt, da die elektromotorische Kraft hier nach unten gerichtet ist. Das Potential der vordern Verbindung 16—21 beträgt deshalb nur 2 Volt. Da wir jedoch den Punkt des Ankers, in dem das Potential sein Maximum erreicht, mit dem äußern Stromkreis verbinden wollen, so müssen wir die positive Bürste jenseits des Drahtes 20 (der als letzter die elektromotorische Kraft vermehrt) anbringen, und zwar, bevor der Leiter 16 erreicht wird. Weil ferner der Punkt auf einer vordern Verbindung liegen muß, so können wir nur zwischen 20—1 und 18—23 wählen. Wir wollen uns für die letztere entscheiden, da alsdann die beiden Bürsten $-B$ und $+B$ genau um 90^0 von einander abstehen.

Wir haben bisher gesehen, daß der Strom, der in $-B$ eintritt, darauf 5, 22 u. s. w. durchfließt, schnell die Bürste $+B$ erreicht. Wie verläuft nun der andere Stromzweig, der in 24 abwärts geht?

Nach der Wicklungstabelle hat er 18 Leiter zu passieren, bevor er die positive Bürste erreicht, also dreimal so viel Leiter als der erste Stromzweig. Außerdem steigt das Potential auf 3 Volt in 11—6, fällt darauf auf 0 in 12—17 und steigt wieder auf 3 Volt in 18—23. Da man offenbar den Strom austreten lassen muß, sobald die Spannung ihr Maximum erreicht hat, so bringen wir eine Bürste auf dem Kommutatorsegment an, das der vordern Verbindung 11—6 entspricht (in der Figur ist sie mit $+B$ bezeichnet) und eine zweite mit $-B$ bezeichnete auf dem Segment, das zu der vordern Verbindung 12—17 gehört. In der Wicklungstabelle ist die Lage der Bürsten durch das Unterstreichen der Zahlen in Kolumne V angedeutet, ein einfacher Strich bezeichnet die negative, ein doppelter die positive Bürste.

Wir können auf der Trommel beliebig viele solcher Wicklungen herstellen und haben nur die Bedingung zu erfüllen; daß die Zahl aller Drähte auf der Trommel eine gerade ist und daß der eine von den beiden Drähten, die eine Windung bilden, auf eine ungerade Zahl fällt, wenn man beim andern anfangend die zwischen ihnen liegenden Drähte der Reihe nach zählt. Gehen wir also von dem letzten Draht aus, der eine gerade Ordnungszahl haben muß, so wickeln wir diesen abwärts, darauf quer über die hintere Stirnfläche nach vorwärts, bis wir z. B. zu 21 kommen. Von hier gehen wir nach oben und überschreiten die vordere Stirnfläche rückwärts nach 2. Wir wollen in diesem Fall sagen, daß der *Wicklungsschritt* nach vorwärts 21 und nach rückwärts 19 beträgt. Nun könnten wir auch nach vorwärts Schritte von 17, und nach rückwärts solche von 15 machen oder irgend eine andere Kombination anwenden, bei der die Schrittzahlen nach vorwärts und rückwärts ungerade sind und sich um 2 Einheiten unterscheiden. Der Wicklungsschritt muß natürlich etwas mehr als die Breite des Polschuhs umfassen, wenn das Feld voll ausgenutzt werden soll. Werden die Schritte größer als nötig gewählt, so kann die Wicklung immer noch benutzt werden; doch wird alsdann, da die Querverbindungen länger sind, mehr Kupfer aufgewandt und dadurch der Ankerwiderstand vergrößert. Auch wird die Rückwirkung des Ankers auf das Feld dadurch stärker. Wählt man jedoch die Schritte so groß, daß auf die beiden Drähte derselben Windung zwei gleiche Pole wirken, so wird nicht nur die Spannung verringert, sondern auch das Auftreten von Funken befördert.

Es ist charakteristisch für diese Art der Trommelwicklung, daß derselbe Anker in Feldern benutzt werden kann, die eine verschiedene Anzahl von Polen haben, wenn man nur, gerade wie bei dem Ringanker, die Zahl der Bürsten entsprechend ändert. So kann man eine Trommel mit 24 Windungen, die nach vorwärts in Schritten von 7 und nach rückwärts in solchen von 5 gewickelt sind, recht gut in einem Felde mit vier Polen laufen lassen, vorausgesetzt, daß die Breite der Polschuhe nicht größer ist als der Raum, den drei Drähte einnehmen. Ganz derselbe Anker kann aber auch in einem Felde mit 2 Polen Verwendung finden, wenn die Polschuhe dieselben Dimensionen haben. Die elektromotorische Kraft wäre in beiden Fällen dieselbe, aber die Stromstärke bei dem zweipoligen Felde nur halb so groß als bei dem vierpoligen.

Um dies noch anschaulicher zu machen, folgt auf der nächsten Seite die Wicklungstabelle für einen sechspoligen Trommelanker mit Parallelschaltung; er besitzt 120 Drähte, die nach vorwärts in Schritten von 21 und nach rückwärts in solchen von 19 gewickelt sind. Die Lage der sechs Bürsten ist durch Unterstreichen der entsprechenden Zahlen in den Spannungskolumnen gekennzeichnet. Jede Bürste soll in dem betrachteten Augenblicke zwei Kommutatorsegmente berühren; die negativen Bürsten befinden sich bei *0*, die positiven bei *16*.

Aus der Tabelle geht hervor, daß zwischen benachbarten Windungen der volle Spannungsunterschied besteht, gerade so wie bei der gewöhnlichen zweipoligen Maschine. Da jedoch die mehrpolige Wicklung mit Parallelschaltung gewöhnlich für große Stromstärken und mittlere Spannungen verwandt wird, so macht die Isolation hier keine Schwierigkeiten.

Bringen wir denselben Anker in ein vierpoliges Feld, so bleibt die obige Wicklung völlig brauchbar, vorausgesetzt natürlich, daß die Breite der Polschuhe dieselbe ist, wie zuvor. Die Wicklungstabelle für diese Anordnung folgt als zweite auf der nächsten Seite.

Dadurch, daß die Zahl der Pole von sechs auf vier verringert wird, ändert sich die elektromotorische Kraft nicht, die Stromstärke wird aber um ein Drittel kleiner. Wollten wir das vierpolige Feld mehr ausnutzen, so müßten wir die Breite der Polschuhe und die Zahl der von ihnen ausgehenden Kraftlinien vergrößern; dementsprechend wäre auch der Wicklungsgrad größer zu wählen, z. B. 29 vorwärts und 27 rückwärts.

V		H		V		H		V		H		V		H		V		H		V
9	120	8	21	7	2	6	23	5	4	4	25	3	6	2	27	1	8	0	29	0
0	10	0	31	0	12	0	33	1	14	2	35	3	16	4	37	5	18	6	39	7
7	20	8	41	9	22	10	43	11	24	12	45	13	26	14	47	15	28	16	49	16
16	30	16	51	16	32	16	53	15	34	14	55	13	36	12	57	11	38	10	59	9
9	40	8	61	7	42	6	63	5	44	4	65	3	46	2	67	1	48	0	69	0
0	50	0	71	0	52	0	73	1	54	2	75	3	56	4	77	5	58	6	79	7
7	60	8	81	9	62	10	83	11	64	12	85	13	66	14	87	15	68	16	89	16
16	70	16	91	16	72	16	93	15	74	14	95	13	76	12	97	11	78	10	99	9
9	80	8	101	7	82	6	103	5	84	4	105	3	86	2	107	1	88	0	109	0
0	90	0	111	0	92	0	113	1	94	2	115	3	96	4	117	5	98	6	119	7
7	100	8	1	9	102	10	3	11	104	12	5	13	106	14	7	15	108	16	9	16
16	110	16	11	16	112	16	13	15	114	14	15	13	116	12	17	11	118	10	19	9

E.M.K. = 0 : 29—32; 49—52; 69—72; 89—92; 109—112; 9—12.
E.M.K. nach oben gerichtet: 33—48; 73—88; 113—8.
E.M.K. nach unten gerichtet: 13—28; 53—68; 93—108.

V		H		V		H		V		H		V		H		V		H		V
4	120	4	21	3	2	3	23	2	4	2	25	1	6	1	27	0	8	0	29	0
0	10	0	31	0	12	0	33	0	14	1	35	1	16	2	37	2	18	3	39	3
3	20	4	41	4	22	5	43	6	24	7	45	8	26	9	47	10	28	11	49	12
12	30	12	51	13	32	13	53	14	34	14	55	15	36	15	57	16	38	16	59	16
16	40	16	61	16	42	16	63	16	44	15	65	15	46	14	67	14	48	13	69	13
13	50	12	71	12	52	11	73	10	54	9	75	8	56	7	77	6	58	5	79	4
4	60	4	81	3	62	3	83	2	64	2	85	1	66	1	87	0	68	0	89	0
0	70	0	91	0	72	0	93	0	74	1	95	1	76	2	97	2	78	3	99	3
3	80	4	101	4	82	5	103	6	84	7	105	8	86	9	107	10	88	11	109	12
12	90	12	111	13	92	13	113	14	94	14	115	15	96	15	117	16	98	16	119	16
16	100	16	1	16	102	16	3	16	104	15	5	15	106	14	7	14	108	13	9	13
13	110	12	11	12	112	11	13	10	114	9	15	8	116	7	17	6	118	5	19	4

E.M.K. = 0: 119—12; 29—42; 59—72; 89—102
E.M.K. nach oben gerichtet: 53—58; 103—118.
E.M.K. nach unten gerichtet: 13—28; 73—88.

46. Mehrpolige Wicklung mit Serienschaltung.

Bei der Besprechung der mehrpoligen Wicklung mit Parallelschaltung sind wir vom Ringanker ausgegangen, weil bei ihm die Verhältnisse einfacher lagen als bei der Trommel. Bei der Reihenschaltung verhält es sich umgekehrt; deshalb wollen wir hier mit dem Trommelanker beginnen und als erstes Beispiel einen vierpoligen Anker wählen. Das charakteristische Merkmal des Trommelankers besteht darin, daß keine Drähte durch das Innere gehen; um also von einem Draht zum andern zu gelangen, können wir nur solche Verbindungen anwenden, die auf einer der Stirnflächen des Ankerkerns verlaufen. Die notwendige Folge dieser Bedingung ist, daß wir bei der Verbindung zweier Drähte nur das hintere Ende des einen mit dem hintern Ende des andern, oder das vordere Ende des einen mit dem vordern Ende des andern verbinden können, aber niemals das hintere Ende des einen mit dem vordern Ende des andern. Da die elektromotorische Kraft mit dem Vorzeichen des Magnetpols ihre Richtung wechselt und wir die Drähte so verbinden müssen, daß sich die in ihnen erzeugten elektromotorischen Kräfte addieren, so folgt, daß die Länge der Verbindungen auf den Stirnflächen ungefähr gleich dem Winkelabstand der Pole sein muß oder, mit andern Worten, daß der Wicklungsschritt y ungefähr gleich der gesamten Zahl der wirksamen Drähte, dividiert durch die Zahl der Pole, sein muß. Wir sagen ausdrücklich „ungefähr gleich", da die Zahl der Drähte nie ein genaues Vielfaches des Wicklungsschritts sein kann, wie wir sogleich sehen werden.

Einen vierpoligen Anker mit Serienschaltung kann man sich aus zwei zweipoligen Ankern entstanden denken, deren elektromotorische Kräfte sich addieren. Wir nehmen alsdann an, daß die zweipoligen Anker aufgeschnitten und in Halbcylinder ausgestreckt werden, die aneinander gesetzt einen Anker von dem doppelten Durchmesser bilden. Die Drähte, die bei dem zweipoligen Anker um 180^0 voneinander entfernt waren, stehen nun um 90^0 von einander ab, sodaß vier aufeinander folgende Drähte mit ihren entsprechenden Verbindungen den ganzen Umfang des Ankers umspannen. Die Wicklung schreitet also jetzt nicht mehr vorwärts und rückwärts wie bei der Parallelschaltung, sondern nur noch vorwärts. Ferner muß der Wicklungsschritt eine ungerade Zahl sein; denn wäre er eine gerade Zahl, so könnte man überhaupt keine Drähte an die Stellen bringen, die mit ungeraden Zahlen bezeichnet sind. Zählt man von einem abwärts gewickelten Draht, mit Null anfangend, bis zum nächsten abwärts gewickelten Draht, so fällt dieser auf eine gerade Zahl, die doppelt so groß wie der Wicklungsschritt ist.

Verfolgen wir die Wicklung rund um den Anker herum, so finden wir, daß, wenn die Drähte unter dem Nordpol z. B. gerade Zahlen haben, die unter dem Südpol auf ungerade Zahlen fallen. Gehen wir alsdann von einem Draht mit gerader Zahl unter einem der Nordpole aus, so kommen wir nach einem einmaligen Umlauf zu einem Draht unter demselben Pol, der ebenfalls eine gerade, aber nicht dieselbe Ordnungszahl hat, da sonst die Windung in sich geschlossen wäre. Aus der Analogie mit der zweipoligen Trommel schließen wir, daß wir nach einem Umlauf zu einem Drahte gelangen, der entweder um zwei vor oder um zwei hinter dem liegt, von welchem wir ausgingen. Die Beziehung zwischen der Zahl der Pole, der gesamten Anzahl z der wirksamen Drähte und dem Wicklungsschritt y ist deshalb

$$z = 2py \pm 2,$$

wo y eine ungerade Zahl und p die Anzahl Polpaare bedeuten.

So kann die Anzahl der Drähte bei einer vierpoligen Trommel, deren Wicklungsschritt gleich 7 ist, entweder 30 oder 26 betragen, aber nicht 28, was ein Vielfaches des Wicklungsschrittes sein würde. Bei einem Wicklungsschritt von 5 betrüge die Anzahl der Drähte 18 oder 22.

Bisher haben wir angenommen, daß die Länge der Querverbindungen auf der vordern Stirnfläche dieselbe ist wie auf der hintern. Dies ist jedoch nicht unbedingt notwendig. Dadurch, daß wir beide Enden jedes Drahtes um denselben Schritt fortführen, erhalten wir eine vollständig symmetrische Anordnung, die der Konstrukteur aus diesem Grunde vorziehen wird. Es kann jedoch unter gewissen Bedingungen vorteilhaft sein, die Symmetrie aufzugeben. Ordnen wir z. B. bei einer vierpoligen Maschine die Verbindungen auf der Rückseite in Schritten zu 7 und die auf der Vorderseite in Schritten zu 5 an, so können wir 26 Drähte anbringen, und die Wicklung verliefe in der Folge 26—7—12—19; 24—5—10 u. s. w. Wir könnten aber auch die hintern Verbindungen in Schritten zu 9 und die vordern in Schritten zu 7 wickeln und einen Anker mit 30 Drähten in folgender Weise anordnen: 30—9—16—25—2—11—18 u. s. w.

Jeder dieser Anker ist in elektrischer Beziehung den entsprechenden Wicklungen ($z = 26$ und $z = 30$) gleichwertig, die wir erhalten, wenn der Wicklungsschritt der hintern und der vordern Verbindungen gleich 7 ist.

Um die Fälle einzuschließen, wo sich der Wicklungsschritt auf der hintern und vordern Stirnfläche um 2 unterscheidet, müssen wir unsere Formel für die Anzahl der Drähte in folgender Form schreiben:

$$z = p(2y + 2) \pm 2 = 2p(y + 1) \pm 2,$$

wo y den kleineren der beiden Schritte bezeichnet und eine ungerade Zahl ist. Auf diese Weise könnten wir einen sechspoligen Anker mit 50 Drähten wickeln, der hinten in Schritten zu 9 und vorn in solchen zu 7 angeordnet ist, denn es ist

$$50 = 6(7 + 1) + 2.$$

Für einen solchen Anker genügen schon einige Zahlen, um die Reihenfolge der Drähte anzugeben, wie

50—9—16—25—32—41; 48—7—14—23 u. s. w.

Ist die elektromotorische Kraft in den Drähten 6 bis 10, 23 bis 27, 40 bis 44 nach unten und in denen von 48 bis 2, 14 bis 18, 31 bis 35 nach oben gerichtet, so muß die negative Bürste die Kommutatorsegmente berühren, die an der Vorderfläche mit den Drähten 5, 21 oder 37 verbunden sind, und die positive Bürste die Segmente, die an dem vordern Ende der Drähte 47, 13 oder 29 anliegen. Die Entfernung zwischen den beiden Bürsten beträgt hierbei entweder 60^0 oder 180^0.

Die Anwendung zweier ungleichen Wicklungsschritte für die vordern und hintern Verbindungen gewährt den Vorteil, daß wir nicht in der Zahl der Windungen beschränkt sind. So können wir bei einem sechspoligen Anker, bei dem der Wicklungsschritt auf der vordern und hintern Fläche beidemal gleich 7 ist, nicht mehr als 44 Drähte aufwickeln, während bei Herstellung der Verbindungen auf beiden Stirnflächen in Schritten zu 9 nicht weniger als 52 Drähte möglich sind. Finden wir nun beispielsweise bei dem Entwurf der Maschine, daß 44 Drähte eine zu kleine und 52 Drähte eine zu große elektromotorische Kraft ergeben, so können wir uns dadurch helfen, daß wir die vordern Verbindungen in Schritten zu 7 und die hintern in Schritten zu 9 anordnen. Die Zahl der Drähte beträgt dann entweder 46 oder 50. Es geht dies noch deutlicher aus den nachfolgenden Tabellen hervor, von denen sich die erste auf sechspolige, die zweite auf achtpolige Maschinen bezieht.

Wicklungsschritt		Zahl der Drähte	Wicklungsschritt		Zahl der Drähte
vorn	hinten		vorn	hinten	
7	7	40 und 44	19	21	118 und 122
7	9	46 - 50	21	21	124 - 128
9	9	52 - 56	21	23	130 - 134
9	11	58 - 62	23	23	136 - 140
11	11	64 - 68	23	25	142 - 146
11	13	70 - 74	25	25	148 - 152
13	13	76 - 80	25	27	154 - 158
13	15	82 - 86	27	27	160 - 164
15	15	88 - 92	27	29	166 - 170
15	17	94 - 98	29	29	172 - 176
17	17	100 - 104	29	31	178 - 182
17	19	106 - 110	31	31	184 - 188
19	19	112 - 116	31	33	190 - 194

Wicklungsschritt		Zahl der Drähte	Wicklungsschritt		Zahl der Drähte
vorn	hinten		vorn	hinten	
11	11	86 und 90	23	25	190 und 194
11	13	94 - 98	25	25	198 - 202
13	13	102 - 106	25	27	206 - 210
13	15	110 - 114	27	27	214 - 218
15	15	118 - 122	27	29	222 - 226
15	17	126 - 130	29	29	230 - 234
17	17	134 - 138	29	31	238 - 242
17	19	142 - 146	31	31	246 - 250
19	19	150 - 154	31	33	254 - 258
19	21	158 - 162	33	33	262 - 266
21	21	166 - 170	33	35	270 - 274
21	23	174 - 178	35	35	278 - 282
23	23	182 - 186	35	37	286 - 290

Nachdem wir die Frage erledigt haben, wie viel Drähte auf dem Anker möglich sind, kehren wir zu unserm Beispiel von der vierpoligen Maschine zurück.

Fig. 55 stellt die Wicklung eines vierpoligen Trommelankers mit 18 Stromleitern dar. Der Strom tritt an der negativen Bürste $-B$ ein und an der positiven $+B$ aus; dabei geht ein Zweig nach 18 abwärts und erhält die elektromotorische Kraft aus den

Drähten 15, 2, 7, 12, während der andere Zweig nach 13 heruntergeht und die elektromotorische Kraft von den Drähten 3, 16, 11, 6 bekommt.

Diese Wicklungsart ist natürlich auf jede Anzahl von Polen anwendbar. Die Tabelle auf Seite 156 stellt die Wicklung einer achtpoligen Trommel mit 202 Drähten dar, die auf beiden Stirnflächen in Schritten zu 25 gewickelt sind. Jeder wirksame Draht soll 1 Volt hervorbringen, und die Zahlen in den Kolumnen *V* und *H* bezeichnen, wie früher, das Potential der Verbindungen, wenn das der negativen

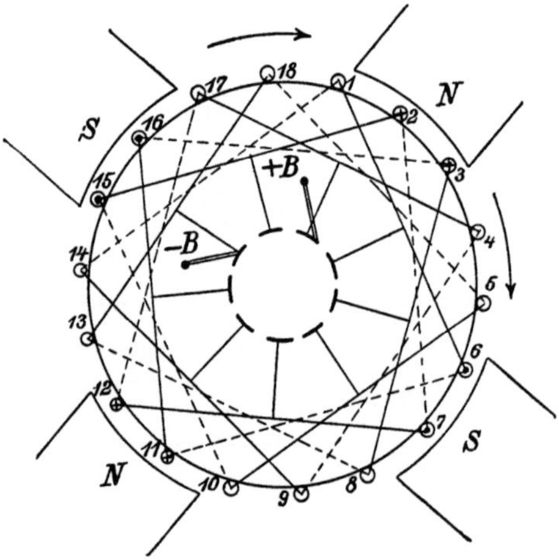

Fig. 55.

Bürste gleich Null gesetzt wird. Um die Richtung der elektromotorischen Kräfte in den einzelnen Drähten zu finden, müssen wir aus der Zeichnung des Feldes die Breite der Polschuhe entnehmen. Wir wollen annehmen, daß diese je 21 Drähte bedecken, sodaß etwas mehr als vier Drähte für jeden neutralen Raum übrig bleiben. Wir brauchen den Anker nicht zu zeichnen, da wir die Lage der Mitte jedes Polschuhes einfach auf einen Kreis auftragen können. Fällt hierbei die Mitte des einen Pols mit dem Draht 202 zusammen, so liegt die Mitte des nächsten Pols bei $25^1/_4$, und die andern bei $50^1/_2$, $75^3/_4$, 101, $126^1/_4$, $151^1/_2$ und $176^3/_4$. Fügen wir auf jeder Seite 10 wirksame Drähte hinzu und runden die Brüche ab, so erhalten wir folgendes Ergebnis:

E.M.K. nach unten gerichtet	192 bis 10		E.M.K. = 0	11 bis 14
	40 - 60			36 - 39
	91 - 111			61 - 65
	141 - 161			87 - 90
E.M.K. nach oben gerichtet	15 bis 35			112 - 115
	66 - 86			137 - 140
	116 - 136			162 - 166
	167 - 187			188 - 191

Mit Hilfe dieser Zusammenstellung lassen sich die Potentialwerte in die Kolumnen V und H leicht einsetzen, wie es in der Wicklungstabelle (S. 156) geschehen ist.

Man sieht, daß das Potential in nicht weniger als 9 auf der vordern Stirnfläche befindlichen Verbindungen Null ist und in 9 andern, die auch auf der Vorderfläche liegen, 84 Volt beträgt. Wir könnten daher die negative Bürste an einer der ersten und die positive an einer der letztern Verbindungen anbringen. Wählen wir jedoch in diesem Falle die Verbindung, die auf beiden Seiten gleich weit von wirksamen Drähten absteht, so kommt die negative Bürste auf jenes Kommutatorsegment zu liegen, das an der Verbindung 139 bis 164 anliegt, und die positive auf das Segment, das der Verbindung 63—88 entspricht. Die beiden Bürsten stehen alsdann um 135° voneinander ab. Es würde jedoch ebenso richtig sein, die positive Bürste an die Verbindung 115—140 zu legen, sodaß die beiden Bürsten einen Winkel von 45° einschließen. Wenn die Breite der Pole so klein ist, daß eine große Anzahl der Drähte stromlos bleibt, könnte man auch vier positive und ebensoviele negative Bürsten anbringen, die je um 45° voneinander entfernt wären. Diese Anordnung empfiehlt sich, wenn man die Länge des Kommutators reduzieren muß, ohne die Auflagefläche der Bürsten verkleinern zu dürfen. Die Zahl der Kommutatorsegmente beträgt 101 oder ist halb so groß, wie die Zahl der Leiter.

Um die Verschiebung der Kommutatorsegmente gegen die Bürsten kennen zu lernen, müssen wir die erste und dritte Kolumne V verfolgen. Betrachten wir z. B. die positve Bürste, so können wir annehmen, daß sie in dem Augenblick, auf den sich die Tabelle bezieht, gerade das Segment verlassen hat, das der Verbindung 65—90 entspricht und 63—88 berührt, was durch den Doppelstrich an dieser Stelle der Tabelle angedeutet ist. Einen Augenblick später berührt sie 61—86 und verläßt 63—88. Um ein Bild von den Vorgängen im Anker zu gewinnen, brauchen wir uns nur zu denken, daß sich,

V		H		V		H		V		H		V		H		V
41	202	42	25	43	50	44	75	45	100	46	125	47	150	48	175	49
49	200	50	23	51	48	52	73	53	98	54	123	55	148	56	173	57
57	198	58	21	59	46	60	71	61	96	62	121	63	146	64	171	65
65	196	66	19	67	44	68	69	69	94	70	119	71	144	72	169	73
73	194	74	17	75	42	76	67	77	92	78	117	79	142	80	167	81
81	192	82	15	83	40	84	65	84	90	84	115	84	140	84	165	84
84	190	84	13	84	38	84	63	84	88	84	113	84	138	84	163	84
84	188	84	11	84	36	84	61	84	86	83	111	82	136	81	161	80
80	186	79	9	78	34	77	59	76	84	75	109	74	134	73	159	72
72	184	71	7	70	32	69	57	68	82	67	107	66	132	65	157	64
64	182	63	5	62	30	61	55	60	80	59	105	58	130	57	155	56
56	180	55	3	54	28	53	53	52	78	51	103	50	128	49	153	48
48	178	47	1	46	26	45	51	44	76	43	101	42	126	41	151	40
40	176	39	201	38	24	37	49	36	74	35	99	34	124	33	149	32
32	174	31	199	30	22	29	47	28	72	27	97	26	122	25	147	24
24	172	23	197	22	20	21	45	20	70	19	95	18	120	17	145	16
16	170	15	195	14	18	13	43	12	68	11	93	10	118	9	143	8
8	168	7	193	6	16	5	41	4	66	3	91	2	116	1	141	0
0	166	0	191	0	14	0	39	0	64	0	89	0	114	0	139	0
0	164	0	189	0	12	0	37	0	62	0	87	0	112	0	137	0
0	162	0	187	1	10	2	35	3	60	4	85	5	110	6	135	7
7	160	8	185	9	8	10	33	11	58	12	83	13	108	14	133	15
15	158	16	183	17	6	18	31	19	56	20	81	21	106	22	131	23
23	156	24	181	25	4	26	29	27	54	28	79	29	104	30	129	31
31	154	32	179	33	2	24	27	35	52	36	77	37	102	38	127	39
39	152	40	177	41	202	42										

die Zahlen in der Wicklungstabelle nach oben bewegen oder, was dasselbe ist, daß die Zahlen fest und die Bürsten beweglich sind. Man sieht, daß die Stromrichtung gleichzeitig in 8 Drähten kommutiert werden muß, wozu aber auch acht Magnetpole vorhanden sind.

Benachbarte Leiter dieser Wicklung müssen sorgfältig von einander isoliert werden. Denn aus dem, was wir oben über die parallelgeschaltete Wicklung gesagt haben, geht hervor, daß der größte Spannungsunterschied zwischen benachbarten Leitern bei parallelgeschalteter Wicklung unseres Ankers 21 Volt betragen würde. Im vorliegenden Falle ist er aber gleich 84 Volt, also viermal so groß. Weil die Isolation zwischen benachbarten Drähten die ganze Spannung der Maschine aushalten muß, wendet man die soeben beschriebene Wicklung nur bei mäßigen Spannungen an. Für gewöhnliche Centralstationen, die ein Dreileitersystem speisen, wo die maximale Spannung ungefähr 250—500 Volt beträgt, ist die Wicklung ohne Gefahr anzuwenden; auch wird sie mit Erfolg bei Kraftübertragungen, Bahnanlagen und Beleuchtungsanlagen mit Bogenlampen bis etwa 1000 Volt benutzt. Über diese Grenze hinaus ist jedoch der Ringanker mit Serienschaltung vorzuziehen.

Bei der mehrpoligen Wicklung mit Parallelschaltung verursacht eine Ungleichmäßigkeit der Feldstärke, wie wir sahen, innere Ströme und infolgedessen große Verluste. Dieser Übelstand fällt bei der mehrpoligen Wicklung mit Serienschaltung vollständig weg. Aus der Wicklungstabelle geht hervor, daß eine solche Ungleichmäßigkeit notwendigerweise beide Stromzweige des Ankers in demselben Maße beeinflußt, sodaß das Gleichgewicht zwischen ihnen nicht gestört wird und keine schädlichen Ströme entstehen können. Es ist dies ein Vorzug aller Serienschaltungen.

Es wurde früher erwähnt, daß man den Schritt auf der Frontseite um 2 kleiner oder größer machen kann als auf der Rückseite, und daß man durch diese Anwendung eine etwas größere Wahl in Bezug auf die Anzahl der Drähte bekommt. Man kann jedoch in dieser Richtung noch etwas weiter gehen und einen beträchtlichen Unterschied zwischen den beiden Schritten machen. Bezeichnet y_F den Schritt auf der Frontseite und y_R jenen auf der Rückseite, so erhält man offenbar eine richtig geschlossene Wicklung, wenn die Anzahl der Drähte der Gleichung genügt

$$z = p(y_F + y_R) \pm 2.$$

Daß ein so gewickelter Anker auch elektrisch richtig ist, mag an einem Beispiel gezeigt werden. Es sei eine vierpolige Trommel mit $z = 118$ zu wickeln. Bei gleichem Schritt auf der Front- und Rückseite würde dieser 29 betragen, also

$$118 = 2 \times 2 \times 29 + 2.$$

Nun können wir den Schritt auf der Rückseite um 8 vermindern und jenen auf der Frontseite um ebensoviel vermehren. Wir erhalten dann

$$y_R = 21, \qquad y_F = 37.$$

Nehmen wir an, es sei die Breite der Pole derart, daß unter jedem etwa 18 Drähte liegen, dann ist auch der kleinere Schritt $y_R = 21$ noch lang genug, um mehr als den Pol zu umspannen. Es kann also nicht vorkommen, daß zwei zu derselben Endverbindung gehörige Leiter gleichzeitig unter einem Pol liegen und gegeneinander wirken. Die E.M.K. eines derart gewickelten Ankers ist mithin genau gleich derjenigen eines Ankers mit demselben Schritt auf der Front- und Rückseite. Die große Verschiedenheit der Schritte hat aber den Vorteil, daß in dem Raum zwischen den Polen die Leiter abwechselnd auf- und absteigende Ströme führen, sodaß die Gegenwindungen des Ankers (vergleiche Kapitel 11) erheblich geringer ausfallen.

In diesem Anker ist die

E.M.K. nach unten gerichtet in den Drähten	35 bis 52 94 bis 111
E.M.K. nach oben gerichtet in den Drähten	7 bis 23 65 bis 82.

Nehmen wir an, daß in jedem wirksamen Draht eine E.M.K. von 1 Volt induziert wird, und setzen wir voraus, daß wir die Spannung von der negativen Bürste aus rechnen, so erhalten wir für die in den Endverbindungen herrschende Spannung die in den Spalten y_R und y_F der Wicklungstabelle eingeschriebenen Werte. Die negative Bürste liegt an dem Segment des Kommutators, welches mit der Endverbindung 85—4 verbunden ist; die positive an der Verbindung 115—34. Der Winkelabstand zwischen beiden Bürsten beträgt 90°. Die Stelle der negativen Bürste ist in der Tabelle durch einen einfachen, jene der positiven Bürste durch einen doppelten Strich gekennzeichnet. Die Stromrichtung in jedem Drahte ist durch Kreuze beziehungsweise Punkte vor und hinter der Ordnungszahl angegeben.

Verfolgt man nun nach dieser Tabelle die Stromrichtung in benachbarten Drähten zwischen den Polen, so findet man, daß sie abwechselt. So steigt z. B. in der Gegend zwischen Draht 84 bis Draht 93 der Strom auf in den Drähten 84, 86, 88, 90, 92 und ab in den Drähten 85, 87, 89, 91, 93. Die magnetisierende Wirkung

Wicklungstabelle für eine vierpolige Trommel mit Serienschaltung und Sehnenwicklung.

$z = 118.$

y_F 37	Ordnungszahl	y_R 21	Ordnungszahl	y_F 37	Ordnungszahl	y_R 21	Ordnungszahl	y_F 37
2	× 118 ×	2	· 21 ·	3	× 58 ×	3	· 79 ·	4
4	× 116 ×	4	· 19 ·	5	× 56 ×	5	· 77 ·	6
6	× 114 ×	6	· 17 ·	7	× 54 ×	7	· 75 ·	8
8	× 112 ×	8	· 15 ·	9	× 52 ×	10	· 73 ·	11
11	× 110 ×	12	· 13 ·	13	× 50 ×	14	· 71 ·	15
15	× 108 ×	16	· 11 ·	17	× 48 ×	18	· 69 ·	19
19	× 106 ×	20	· 9 ·	21	× 46 ×	22	· 67 ·	23
23	× 104 ×	24	· 7 ·	25	× 44 ×	26	· 65 ·	27
27	× 102 ×	28	· 5 ·	28	× 42 ×	29	· 63 ·	29
29	× 100 ×	30	· 3 ·	30	× 40 ×	31	· 61 ·	31
31	× 98 ×	32	· 1 ·	32	× 38 ×	33	· 59 ·	33
33	× 96 ×	34	· 117 ·	34	× 36 ×	35	· 57 ·	35
35	× 94 ×	36	· 115 ·	36	× 34 ×	36	· 55 ·	36
36	· 92 ·	36	× 113 ×	36	· 32 ·	36	× 53 ×	36
36	· 90 ·	36	× 111 ×	35	· 30 ·	30	× 51 ×	34
34	· 88 ·	34	× 109 ×	33	· 28 ·	33	× 49 ×	32
32	· 86 ·	32	× 107 ×	31	· 26 ·	31	× 47 ×	30
30	· 84 ·	30	× 105 ×	29	· 24 ·	29	× 45 ×	28
28	· 82 ·	27	× 103 ×	26	· 22 ·	25	× 43 ×	24
24	· 80 ·	23	× 101 ×	22	· 20 ·	21	× 41 ×	20
20	· 78 ·	19	× 99 ×	18	· 18 ·	17	× 39 ×	16
16	· 76 ·	15	× 97 ×	14	· 16 ·	13	× 37 ×	12
12	· 74 ·	11	× 95 ×	10	· 14 ·	9	× 35 ×	8
8	· 72 ·	7	× 93 ×	7	· 12 ·	6	× 33 ×	6
6	· 70 ·	5	× 91 ×	5	· 10 ·	4	× 31 ×	4
4	· 68 ·	3	× 89 ×	3	· 8 ·	2	× 29 ×	2
2	· 66 ·	1	× 87 ×	1	· 6 ·	0	× 27 ×	0
0	· 64 ·	0	× 85 ×	0	× 4 ×	0	· 25 ·	0
0	× 62 ×	0	· 83 ·	0	× 2 ×	0	· 23 ·	1
1	× 60 ×	1	· 81 ·	2	× 118 ×	2		

dieser Drähte auf das Feld verschwindet also. Dieselbe Anordnung kann auf zweipolige Maschinen angewendet werden. Front- und Rückverbindung unterscheiden sich dann um 2 und sind erheblich kürzer als bei diametraler Stellung der verbundenen Punkte. Die Verbindung umspannt den Anker nicht über den Durchmesser, sondern nur über eine Sehne, daher der Name Sehnenwicklung. Es ist ohne weiteres klar, daß auch bei Parallelschaltung mehrpoliger Trommeln die Sehnenwicklung angewendet werden kann, und zwar auch in diesem Falle mit dem Vorteil, daß die Gegenwindungen des Ankers erheblich vermindert werden. Die Sehne so kurz zu machen, daß die Gegenwindungen ganz verschwinden, ist nicht ratsam, weil einerseits Gefahr vorliegt, daß man nicht alle Kraftlinien des Feldes ausnutzt, andererseits die Kommutierungszone zu schmal wird.

Wir wollen jetzt die mehrpolige Ringwicklung mit Serienschaltung behandeln. Man kann leicht von der Trommel zum Ringanker übergehen, indem man jeden Draht durch eine Spule ersetzt, die man in der gewöhnlichen Grammeschen Weise um den Ring wickelt. Damit jedoch die Verbindungsstücke an ihren Plätzen bleiben, müssen wir die Spulen abwechselnd in verschiedener Richtung wickeln. So würden wir bei dem vierpoligen Anker in Fig. 55 die Spule, die dem Stabe 18 entspricht, z. B. an der Außenseite nach unten und an der Innenseite des Ringes nach oben wickeln, ebenso auch die Spulen 2, 4, 6 u. s. w. Dagegen verliefen die Drähte der Spulen 1, 3, 5 u. s. w. an der Außenseite nach oben und an der Innenseite nach unten. Eine solche Wicklung ist in Fig. 56 dargestellt, wo jedoch die Zahl der Spulen, um ihr Übereinandergreifen zu vermeiden, 22 statt 18 beträgt. Wir beginnen die Wicklung mit Spule 22, winden sie an der Außenseite nach unten und hören an der hintern Außenseite auf. Spule 5 wickeln wir auf der Außenseite nach oben, auf der Innenseite nach unten und hören an der vordern Außenseite auf.

Man wickelt die Spulen deshalb abwechselnd nach oben und unten, weil die Verbindungsstücke alle dieselbe Länge haben sollen. Wird dies nicht verlangt, so kann man auch alle Spulen in derselben Weise wickeln, indem man auf der Außenseite sowohl anfängt, als aufhört. In beiden Fällen ist das hintere Ende von 22 mit dem hintern von 5, das vordere Ende von 5 mit dem vordern von 10, das hintere Ende von 10 mit dem hintern von 15 u. s. w. zu verbinden.

Diese Art der Wicklung, bei der der Strom die Spulen abwechselnd in entgegengesetzter Richtung durchfließt, hat jedoch denselben Nachteil wie die Trommelwicklung, daß der Spannungsunterschied zwischen benachbarten Spulen die volle Spannung der Maschine erreicht; die Wicklung ist daher, soweit es dem Verfasser bekannt ist, noch nirgends in der Praxis angewandt worden.

Dieser Übelstand kann aber leicht beseitigt werden und wir kommen damit zu einer Wicklung, die (zuerst von Ayrton und Perry angegeben und nachher von Andrews benutzt) jetzt in ausgedehnter Weise bei Ringanker für hohe Spannungen Anwendung

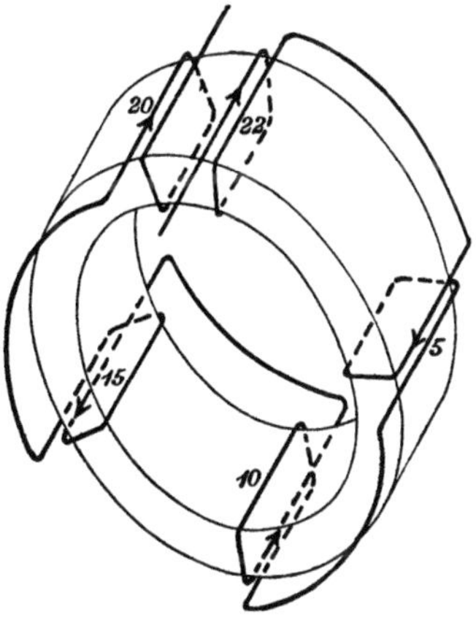

Fig. 56.

findet. Der Spannungsunterschied zwischen Spule 4 und 5 ist groß, ebenso zwischen 5 und 6, dagegen ist er zwischen 4 und 6, 6 und 8, 8 und 10 u. s. w. klein. Lassen wir deshalb alle ungeraden Spulen 1, 3, 5 u. s. w. weg, so erhalten wir eine Wicklung, bei der nirgends ein großer Spannungsunterschied zwischen benachbarten Spulen auftritt; sie kann deshalb für jede Spannung benutzt werden, für welche die gewöhnliche zweipolige Ringwicklung brauchbar ist. Wollen wir nun Spule 5 weglassen, so müssen wir dafür eine Verbindung zwischen 22 und 10 herstellen. Wir hätten deshalb das Ende von 22 auf der hintern Außenseite mit dem Anfang von 10 auf der vordern Außenseite zu verbinden. Die Verbindung verliefe alsdann von hinten nach vorn durch das Innere des Ankers zum entgegengesetzten

Ende des Durchmessers. Um dies zu vermeiden, brauchen wir nur Spule 22 um eine halbe Windung zu vermehren, indem wir den Draht noch weiter an der Innenseite nach vorne führen. Dadurch hört die Spule an der innern Vorderfläche auf. Die Verbindung kommt alsdann vollständig auf die vordere Fläche des Ankers zu liegen, wie es Fig. 57 zeigt. In derselben Weise können wir eine halbe Windung auf der innern Seite der Spule 10 zugeben und diese auch auf der Vorderseite endigen lassen. Die Verbindung 10 — 20 liegt dann ebenfalls auf der Vorderseite. Es ist bequem, diese Verbindungen nicht am Anker selbst, sondern im Kommutator zu machen. Letzterer erhält dann zweimal soviel Segmente

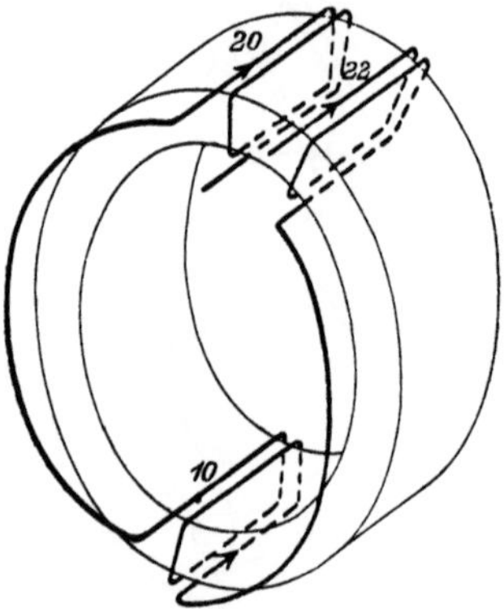

Fig. 57.

als Spulen, sodaß jedes Drahtende zu einem Segmente geführt wird. Diese Konstruktion ist als die Arnoldsche Ringwicklung bekannt und bei Straßenbahnmotoren verwendet.

Behandeln wir alle Spulen mit gerader Ordnungszahl in derselben Weise, so kommen alle Verbindungen auf die Vorderseite, und wir erhalten eine vollkommen symmetrische Wicklung. Diese umfaßt jedoch nur die geraden Spulen in sich und schließt die ungeraden aus. Anstatt einer Trommel mit 22 Drähten erhalten wir also einen Ring mit nur 11 Spulen; wickeln wir aber auf jede Spule zwei Windungen, so haben wir im ganzen auch 22 äußere Leiter, also dieselbe elektromotorische Kraft wie früher. Numerieren wir jedoch die Spulen und nicht die einzelnen Leiter, so können wir die Wicklung folgendermaßen beschreiben: Das innere Ende von 11 ist mit dem äußern von 5, das innere von 5 mit dem äußern von 10, das innere von 10 mit dem äußern von 4 u. s. w. verbunden. Der Wicklungsschritt beträgt in diesem Falle 5, d. h. die Hälfte von der Summe der Schritte, mit denen eine äquivalente Trommelwicklung auf der vordern und hintern Stirnfläche fortschreitet. In dem vorliegenden Beispiel sind beide gleich, doch können sie sich auch um 2 unterscheiden; alsdann ist der Wicklungsschritt des Ringankers eine gerade Zahl. Bezeichnen wir mit y_F und y_R die Schritte auf der vordern und hintern Stirnfläche der Trommel, so wird die gesamte Anzahl der Drähte durch die Formel

$$z = p(y_F + y_R) \pm 2$$

dargestellt.

Die äquivalente Ringwicklung hat halb so viel Spulen, und bezeichnen wir mit y ihren Wicklungsschritt, so haben wir

$$y = \frac{y_F + y_R}{2}$$

und für die Anzahl der Spulen auf dem Ringe erhalten wir

$$s = p\,y \pm 1.$$

Wir haben gesehen, daß der Wicklungsschritt des Trommelankers immer eine ungerade Zahl sein muß. Bei dem Ringanker kann er dagegen gerade oder ungerade sein. Er ist ungerade, wenn die Wicklungsschritte auf den beiden Stirnflächen der äquivalenten Trommel (aus der wir uns den Ring entstanden denken können) gleich sind, und gerade, wenn der Wicklungsschritt auf der Vorderseite der Trommel entweder um 2 größer oder kleiner als auf der Hinterseite ist. Die folgende Tabelle stellt die Zahl der Spulen für eine verschiedene Anzahl der Pole dar:

Anzahl der Pole	4	6	8	10	12	14
Anzahl der Spulen	$2y \pm 1$	$3y \pm 1$	$4y \pm 1$	$5y \pm 1$	$6y \pm 1$	$7y \pm 1$

y kann hier gerade oder ungerade sein. In beiden Fällen haben die Maschinen mit 4, 8 oder 12 Polen eine ungerade Anzahl von Spulen. Ferner ist die Zahl ungerade bei Maschinen mit 6, 10 und 14 Polen, wenn y gerade ist, aber gerade, wenn y ungerade ist.

Wir kennen jetzt das Gesetz, das die Anzahl der Spulen für einen mehrpoligen Ringanker mit Serienschaltung bestimmt, und wollen diese Wicklung in einer ähnlichen Tabelle darstellen, wie wir sie für den Trommelanker aufgestellt haben. Zu diesem Zweck müssen wir zunächst eine Methode angeben, nach der die äußern und innern Enden der Spulen zu unterscheiden sind. Wir können z. B. die Übereinkunft treffen, daß das äußere Ende einer Spule links und das innere rechts von der Zahl steht, die die Ordnungsnummer der Spule in der Wicklungstabelle bezeichnet. Schreiben wir also 31—62—30, so bedeutet dies, daß das äußere Ende von 30 mit dem innern von 62 und das äußere von 62 mit dem innern von 31 verbunden ist. Die folgende Wicklungstabelle gilt für einen vierpoligen Ringanker, der 63 Spulen ($63 = 2 \times 31 + 1$) besitzt.

Spannung	Spule	Spannung	Spule	Spannung	Spule	Spannung	Spule	Spannung	Spule	Spannung	Spule	Spannung	Spule	Spannung	Spule	Spannung	Spule	Spannung	Spule	Spannung
0	63	*0*	31	*0*	62	*0*	30	*0*	61	*0*	29	*5*	60	*10*	28	*15*	59	*20*	27	*25*
25	58	*30*	26	*35*	57	*40*	25	*45*	56	*50*	24	*55*	55	*60*	23	*65*	54	*70*	22	*75*
75	53	*80*	21	*85*	52	*90*	20	*95*	51	*100*	19	*105*	50	*105*	18	*105*	49	*105*	17	*105*
105	48	*105*	16	*105*	47	*105*	15	*105*	46	*105*	14	*105*	45	*105*	13	*100*	44	*95*	12	*90*
90	43	*85*	11	*80*	42	*75*	10	*70*	41	*65*	9	*60*	40	*55*	8	*50*	39	*45*	7	*40*
40	38	*35*	6	*30*	37	*25*	5	*20*	36	*15*	4	*11*	35	*5*	3	*0*	34	*0*	2	*0*
0	33	*0*	1	*0*	32	*0*														

$$\text{E.M.K. ist gerichtet} \left\{ \begin{array}{l} \text{innen abwärts} \\ \text{außen aufwärts} \end{array} \right\} \begin{array}{l} 3\text{—}13 \\ 35\text{—}44 \end{array}$$

$$\text{E.M.K. ist gerichtet} \left\{ \begin{array}{l} \text{außen abwärts} \\ \text{innen aufwärts} \end{array} \right\} \begin{array}{l} 19\text{—}29 \\ 51\text{—}60 \end{array}$$

$$\text{E.M.K.} = 0 \left\{ \begin{array}{l} 61\text{—}\ 2 \\ 14\text{—}18 \\ 30\text{—}34 \\ 45\text{—}50. \end{array} \right.$$

Wir setzen dabei voraus, daß in jedem Draht auf der Außenseite des Ankers eine Spannung von 1 Volt hervorgebracht wird und daß jede Spule fünf Windungen hat, sodaß in jeder eine elektromotorische Kraft von 5 Einheiten entsteht. Jedes Verbindungsstück muß offenbar an ein Kommutatorsegment angeschlossen werden, und da wir soviel Verbindungen als Spulen haben, so müssen auch ebensoviel Segmente vorhanden sein. Wir können diese also in derselben Weise numerieren wie die Spulen. Die Segmente müssen jedoch entweder alle mit den innern Drähten oder alle mit den äußern Drähten der Spulen verbunden werden.

Aus der Wicklungstabelle geht hervor, daß der Spannungsunterschied zwischen zwei benachbarten Spulen an keiner Stelle der Wicklung mehr als 5 Einheiten, z. B. Volt, beträgt. Die negative Bürste kann auf einem Segment zwischen 30 und 33 auf der einen Seite und zwischen 62 und 2 auf der andern angebracht werden, die positive zwischen 14 und 17 oder 46 und 49. Es sind im ganzen nur zwei Bürsten notwendig, die um 90^0 voneinander abstehen; es können aber auch vier benutzt werden, wenn ihre Auflagefläche vergrößert werden soll. In dieser Beziehung verhalten sich Ring und Trommel bei Serienschaltung gleich, wenn beim Ringanker eine Vermehrung der Bürstenzahl auch nicht so oft vorzunehmen ist. Denn wir haben hier meistens hohe Spannung und niedrige Stromstärke, sodaß die Auflagefläche der Bürsten nicht sehr groß zu sein braucht.

Von großer praktischer Bedeutung ist es, welchen Abstand man zwischen den positiven und negativen Bürsten läßt. Wenn es nur auf Zugänglichkeit und leichte Überwachung, sowie auf Einfachheit in der Konstruktion ankommt, so würde man natürlich die Bürsten so nahe zusammenstellen, wie die Wicklung es nur irgend erlaubt; in elektrischer Beziehung wäre diese Anordnung jedoch nicht zweckmäßig. Einmal läuft man Gefahr, daß zwischen beiden Bürsten zufällig oder durch Unachtsamkeit Kurzschluß gemacht wird, und sodann schlagen die Funken leicht von einer Bürste zur andern über. Aus diesem Grunde geht man sicherer, wenn die Bürsten soweit voneinander entfernt werden, als es die Wicklung erlaubt.

Die relative Lage der Bürsten wird durch ein sehr einfaches Gesetz bestimmt. Wir haben gesehen, daß es für die negative Bürste halb so viele voneinander gleich weit entfernte Lagen gibt, als Pole vorhanden sind; dazwischen können ebensoviele positive Bürsten angebracht werden. Wir wollen nun an allen diesen Stellen Bürsten anbringen und alsdann untersuchen, welche wir davon weglassen können. Behalten wir z. B. nur zwei benachbarte bei, so haben wir die kleinste Entfernung zwischen der positiven und negativen Bürste, und diese ist offenbar gleich dem Winkelabstand zwischen zwei benachbarten Polen, der bei einer vierpoligen Maschine 90°, bei einer sechspoligen 60°, bei einer achtpoligen 45° u. s. w. beträgt. Wollen wir den Abstand vergrößern, so können wir die eine Bürste um einen Winkel vorwärts schieben, der zweimal, viermal, sechsmal so groß ist, wie die Breite eines Polschuhs. Würden wir die Bürste nur um die einfache, dreifache oder fünffache Polbreite verschieben, so kämen wir zu Stellen, deren Potential gleich dem der unbewegten Bürste wäre. Man wird diese Verschiebung natürlich nur dann vornehmen, wenn dadurch der Abstand zwischen den beiden Bürsten größer wird. So wäre bei einer vierpoligen Maschine die Verschiebung um die doppelte Polbreite nutzlos, weil die bewegliche Bürste dadurch nur auf die andere Seite der festen zu liegen käme, der Abstand zwischen beiden aber wieder 90° betrüge. Aus demselben Grunde verschiebt man die Bürste einer sechspoligen Maschine nur um die doppelte, aber nicht um die vierfache Polbreite u. s. w. Der Abstand beider Bürsten muß also ein ungerades Vielfaches der Polbreite betragen. Der Übersicht halber lassen wir die nächste Tabelle folgen.

Zahl der Pole	Abstand der Bürsten				
2	180°	—	—	—	—
4	90°	—	—	—	—
6	60°	180°	—	—	—
8	45°	135°	—	—	—
10	—	108°	180°	—	—
12	—	90°	150°	—	—
14	—	77°	128°	180°	—
16	—	—	112°	158°	—
18	—	—	100°	140°	180°
20	—	—	90°	126°	162°

47. Mehrpolige gemischte Wicklung.

Die Serien- und Parallelschaltung lassen sich auch bei demselben Anker vereinigen. So können wir z. B. einen 12 poligen Trommelanker mit drei voneinander unabhängigen Stromkreisen wickeln, deren Ausgangspunkte um 60° oder 120° voneinander abstehen und von denen jede eine vierpolige Serienwicklung darstellt, und die Punkte gleichen Potentials dieser Kreise durch innere Verbindungen vereinigen. Eine solche Anordnung hat den Nachteil, daß die Verbindungen auf der hintern und vordern Stirnfläche dreimal länger sind als bei der gewöhnlichen 12 poligen Serienwicklung (da 90° statt 30° überspannt werden), wozu noch die innern Querverbindungen kommen, wenn wir nicht 12 Bürsten anwenden wollen. Besser verfährt man, die unabhängigen Stromkreise nebeneinander und jeden in der gewöhnlichen Weise als 12 polige Serienwicklung zu wickeln. Alsdann bleiben die Verbindungen auf den Stirnflächen kurz. Die innern Verbindungen fallen fort, vorausgesetzt, daß wir die Bürsten so breit machen, daß sie wenigstens ebenso viele Segmente berühren, als unabhängige Stromkreise vorhanden sind. Bei dieser Anordnung steht es auch in unserm Belieben, die Zahl der unabhängigen Stromkreise nach Bedarf zu vermehren.

Den gleichen Zweck erreichen wir durch gemischte Wicklungen, bei denen sämtliche Drähte eine einzige in sich geschlossene Spule bilden, deren einzelne Abschnitte aber teilweise parallel und teilweise in Serien geschaltet sind. Es würde hier zu weit führen, die Theorien dieser Wicklungen zu erläutern. Dieselbe findet sich ausführlich in dem oben erwähnten Arnoldschen Werke. Für unseren Zweck mag es genügen, das Gesetz anzugeben, nach welchem sich Drahtzahl und Schritt dieser Wicklungen bestimmen lassen. Bedeutet a die halbe Anzahl paralleler Ankerstromkreise (in einem zweipoligen Anker und bei mehrpoligen Ankern mit reiner Serienwicklung ist $a = 1$), so ist unter Beibehaltung der früheren Bezeichnungen

$$z = p\,(y_F + y_R) \pm 2\,a,$$

dabei sind y_F und y_R die Schritte auf der Front- und Rückseite des Ankers, also ungerade Zahlen. Bezeichnen wir den Mittelwert der Schritte mit y, machen also $2\,y = y_F + y_R$, so kann man die Wicklungsformel für Serienparallelschaltung auch wie folgt schreiben

$$z = 2\,p\,y \pm 2\,a.$$

Es ist klar, daß die Wicklung sich nur schließen kann, nachdem wir eine gerade Anzahl von Schritten gemacht haben; es muß also die halbe Anzahl von Schritten, die wir mit n bezeichnen wollen, eine ganze Zahl sein. Zählen wir die Drähte, von z anfangend, mit 1, 2, 3 u. s. w. bis z und dann $z + 1$, $z + 2$, $z + 3$ bis $2\,z$ und dann $2z+1$, $2z+2$, $2z+3$ u. s. w., so kommen wir endlich zur Stabzahl mz, bei der sich die Wicklung schließt. Es ist dann

$$2ny = mz, \quad \text{oder} \quad ny = m\frac{z}{2}\,.$$

Ist beispielsweise $z=28$ und $2y=12$, so würde sich die Wicklung schließen, nachdem wir 14 Schritte gemacht haben, denn es ist in diesem Falle

$$n = \frac{14}{2}$$

$$2ny = 84$$

und mz ist ebenfalls 84, woraus $m=3$ folgt. Die Wicklung schließt sich also, nachdem wir 14, d. h. $\frac{z}{2}$ Schritte gemacht haben und 3mal um den Anker gekommen sind. Soll die Wicklung aber einfach geschlossen sein, so müssen z Schritte nötig sein, um wieder den Draht z zu treffen, denn nur dann wird jeder der z Drähte getroffen. Im vorliegenden Falle ist diese Bedingung nicht erfüllt, denn es waren nur $\frac{z}{2}$ Schritte nötig, um wieder zum Anfangspunkt zurückzukehren. Die Hälfte der Drähte ist also garnicht berührt worden. Um diese Hälfte auch in Wirksamkeit zu bringen, müssen wir, bei einem der noch freien Drähte anfangend, noch einmal 14 Schritte machen. Wir erhalten so zwei voneinander unabhängige Wicklungen, jede von 14 Drähten, nicht aber eine einfach geschlossene Wicklung von 28 Drähten.

Die Bedingung, daß die Wicklung einfach geschlossen sei, läßt sich offenbar so ausdrücken: Die zum Schluß der Wicklung ausreichende Anzahl Schritte muß gleich sein der Drahtzahl z, oder

$$n = \frac{z}{2} \quad \text{und} \quad m = y.$$

Diese Bedingung wird nur erfüllt, wenn in der obigen Formel

$$ny = m\frac{z}{2}$$

y und $\frac{z}{2}$ teilerfremd sind. Denn hätten diese beiden Zahlen einen gemeinschaftlichen Teiler t, sodaß

$$t\,y' = y \quad \text{und} \quad t\,\frac{z'}{2} = \frac{z}{2},$$

so würde die Bedingungsgleichung für die einfach geschlossene Wicklung auch in der Form

$$n\,y' = m\,\frac{z'}{2}$$

geschrieben werden können und die Wicklung würde sich nach $2\,n = z'$ Schritten schließen, also nur $\frac{z}{t}$ Drähte enthalten. Die Gesamtzahl z der Drähte würde also in t voneinander unabhängigen Wicklungen enthalten sein. Diese sind einfache Serienwicklungen, wenn der gemeinschaftliche Teiler t gleich ist der halben Anzahl der Ankerstromkreise und Serienparallelwicklungen, wenn die Zahl der Ankerstromkreise ein Vielfaches vom gemeinschaftlichen Teiler ist. Denn wir haben

$$\frac{z}{2} = p\,y \pm a$$

$$\frac{z'}{2} = p\,y' \pm \frac{a}{t}$$

Ist $\frac{a}{t} = 1$, so ist jede einzelne Wicklung eine einfache Serienwicklung. Ist $a = 2\,t$, $a = 3\,t$ u. s. w., so ist jede einzelne Wicklung eine Serienparallelwicklung mit 4, 6 u. s. w. Ankerstromkreisen. Ist a nicht ein ganzes Vielfaches von t, so ist die Wicklung überhaupt unausführbar.

Aus den obigen Überlegungen ergibt sich als Bedingung für die einfach geschlossene Serienparallelwicklung, daß die halbe Drahtzahl und der mittlere Wicklungsschritt teilerfremd sein müssen. Bei Berechnung der E.M.K. ist zu beachten, daß in dem Maße, als die Zahl der Ankerstromkreise steigt, die Zahl der hintereinander geschalteten Leiter abnimmt. Es ist also in der Formel (33) der E.M.K. nicht z, sondern $\frac{z}{a}$ einzusetzen.

$$e = p\,N\,\frac{z}{a}\,\frac{u}{60}\,10^{-8} \quad \text{. . . . . . .} \quad (33\text{a})$$

Die gemischte Wicklung wird vielfach angewandt, um den Querschnitt der Drähte auf ein passendes Maß zu bringen. Haben wir z. B. eine vierzehnpolige Maschine für 1000 Ampere zu konstruieren und wenden wir Serienschaltung an, so muß jede Windung so dick sein, daß 500 Ampere hindurchfließen können. Wie im elften Kapitel gezeigt wird, ist die funkenlose Kommutierung desto schwieriger, je größer die Stromstärke in einem Stabe ist. Auch lassen sich die Verbindungen solcher dicker Stäbe schwer herstellen. Schalten wir jedoch den Anker parallel, so müssen wir siebenmal so viele Drähte anwenden (jeder mit $^1/_7$ Querschnitt) und folglich siebenmal so viele Verbindungen herstellen. Der von der Isolation beanspruchte Raum wird dadurch größer und der Anker teurer. Ferner treten, wie wir früher gezeigt haben, innere Ströme und Energieverluste auf. In diesem Falle ist also keine der beiden Wicklungsmethoden für sich allein zweckmäßig, wohl aber die gemischte Wicklung. Um die erforderliche elektromotorische Kraft zu erzeugen, mögen bei reiner Serienschaltung z. B. 150 Drähte auf dem Anker nötig sein. Wir würden alsdann natürlich 152, also $19 \times 11 - 2$, verwenden; da aber 500 Ampere zu viel für einen Stab ist, so verdreifachen wir die Zahl der Stäbe und haben dann nur Ströme von 167 Ampere zu kommutieren. Wir erhalten so 456 Stäbe und ordnen diese in drei Serienwicklungen, wie folgt, an:

$$\begin{array}{r} 456 - 33 - 66 - 99 \; \ldots \\ 1 - 34 - 67 - 100 \; \ldots \\ 2 - 35 - 68 - 101 \; \ldots \end{array}$$

Die Bürsten müssen alsdann so breit sein, daß sie wenigstens drei Kommutatorsegmente bedecken.

Wollten wir jedoch nur eine gemischte einfach geschlossene Wicklung verwenden, so müssen wir nicht $z = 152$, sondern $z = 484$ und den Schritt vorn und hinten 35 machen, da

$$484 = 7\,(35 + 35) - 6.$$

Auch bei dieser Wicklung sind nur zwei Bürsten nötig, es können aber mehr verwendet werden.

48. Unterbringung der Wicklung in Nuten.

In den bisherigen Betrachtungen haben wir angenommen, daß die Anzahl wirksamer Stäbe lediglich mit Rücksicht auf das Wicklungsgesetz bestimmt zu werden braucht, daß also diese Zahl keiner anderen Bedingung als der durch dieses Gesetz gegebenen zu entsprechen braucht. Das ist tatsächlich der Fall bei glatten Ankern und bei Nutenankern, wenn jede Nute einen oder zwei, nicht aber mehr Drähte enthält. Mit dem Wort Draht ist hier nicht nur der einzelne Ankerstab gemeint, sondern auch bei gewickelten Spulen die Gesamtheit der Drähte in einer Spulenseite. In diesem Sinne aufgefaßt kann eine Nute einen Draht enthalten oder zwei, drei, vier, sechs oder acht, selten mehr. Den Fall, daß die Nute nur einen Draht enthält, brauchen wir nicht weiter zu beachten, denn diese Anordnung kommt einem glatten Anker gleich. Sie ist übrigens nicht gebräuchlich. Der Fall, daß jede Nute 3 Drähte enthält, kann eintreten, aber 5 oder 7 Drähte pro Nute wird man vermeiden, weil die Nute dann entweder zu tief oder zu flach wird, je nachdem die Drähte übereinander oder nebeneinander gelegt werden. Will man mehr als 3 Drähte in einer Nute unterbringen, so wählt man eine gerade Zahl, weil man dadurch die Möglichkeit erreicht, die Drähte sowohl nebeneinander als auch übereinander zu gruppieren, also eine freiere Wahl in Bezug auf die Dimensionierung der Nute hat.

Bei Nuten mit je 3 Drähten empfiehlt es sich, diese neben-, nicht übereinander zu legen und die Endverbindungen als sogenannten *Gabelkopf* auszuführen. Bei einer geraden Anzahl von Drähten ist es zweckmäßig, nicht mehr als 2 Drähte übereinander zu legen. Die Endverbindung kann dann nach Belieben als Gabelkopf oder Gitterkopf ausgeführt werden. Die Anordnung von 3 oder mehr Drähten übereinander würde die Endverbindung sehr erschweren. Man wird also die Drähte in nur zwei Lagen anordnen und da man naturgemäß den ganzen Nutenraum ausnützen will, kommt man auf gerade Drahtzahlen, also 4, 6, 8, nicht aber 5, 7 oder 9.

Will man jede Unsymmetrie vermeiden, so muß jede Nute dieselbe Anzahl Drähte enthalten; es muß also die Gesamtzahl der wirksamen Drähte ein Vielfaches der Nutenzahl sein. Nun ist die Anzahl wirksamer Drähte auch durch die Wicklungsformel bedingt, und es folgt hieraus, daß diese Zahl mit Rücksicht auf diese beiden Bedingungen zu wählen ist. Bedeutet n die Anzahl Nuten, d die Anzahl Drähte in einer Nute und z die Gesamtzahl der Ankerdrähte, so ist

$$z = n\,d.$$

Gleichzeitig muß z auch der Wicklungsformel genügen. Bei Parallelschaltung kann z für jede Polzahl eine beliebige gerade Zahl sein. Es ist also in Bezug auf die Unterbringung der Drähte in den Nuten nur die Bedingung zu erfüllen, daß $n\,d$ eine gerade Zahl ist. Diese Bedingung ist für eine gerade Drahtzahl pro Nute (also $d = 2$, 4, 6 oder 8) für jede beliebige Nutenzahl erfüllt, bei 3 Drähten pro Nute jedoch nur für gerade Nutenzahlen.

Bei Serienwicklung ist die Beziehung nicht so einfach. Wir haben nach der Wicklungsformel für einfache Serienwicklung

$$z = p\,(y_F + y_R) \pm 2.$$

Setzen wir der Kürze halber

$$\frac{y_F + y_R}{2} = y,$$

wobei y jede beliebige gerade oder ungerade Zahl sein kann, so können wir schreiben

$$n\,d = 2\,p\,y \pm 2.$$

Die bei einfacher Serienwicklung möglichen Nutenzahlen ergeben sich dann aus der Formel

$$n = \frac{2\,p}{d}\,y \pm \frac{2}{d}$$

$$n = \frac{p}{\frac{d}{2}}\,y \pm \frac{1}{\frac{d}{2}}$$

Nun ist $\frac{2}{d} = \frac{1}{\frac{d}{2}}$, eine Zahl gleich oder kleiner als 1, nämlich für 2, 3, 4, 6, 8 Drähte pro Nute, bezw. 1, $\frac{1}{1{,}5}$, $\frac{1}{2}$, $\frac{1}{3}$, $\frac{1}{4}$. Da n eine ganze Zahl sein muß, so darf das erste Glied auf der rechten Seite nur im Falle, daß $d = 2$, eine ganze Zahl sein; in allen andern Fällen muß es aus einer ganzen Zahl und einem Bruch bestehen, und zwar muß der Bruch die folgenden Werte haben:

Bei 3 Drähten in der Nute . . .	$\frac{2}{3}$	oder	$\frac{1}{3}$
„ 4 „ „ „ „ . . .	$\frac{1}{2}$		
„ 6 „ „ „ „ . . .	$\frac{2}{3}$	„	$\frac{1}{3}$
„ 8 „ „ „ „ . . .	$\frac{1}{4}$	„	$\frac{3}{4}$

Haben nun p und $\frac{d}{2}$ einen gemeinschaftlichen Teiler, so kann diese Bedingung nicht erfüllt werden. Es ist also die einfache Serienwicklung bei Nutenankern nur dann möglich, wenn die Zahl der Polpaare und die halbe Zahl der Drähte in einer Nute teilerfremd sind. Auch wenn diese Bedingung erfüllt ist, kann der mittlere Wicklungsschritt y nicht beliebig gewählt werden, sondern ist mit Rücksicht auf Polzahl und Drahtzahl pro Nute zu bestimmen, wie folgende Tabelle zeigt. Die Striche — in der Tabelle bedeuten, daß die Wicklung unmöglich ist.

Mittlerer Wicklungsschritt y bei einfacher Serienwicklung auf Nutenankern.

	Polzahl	2	4	6	8	10
	p	1	2	3	4	5
Drähte pro Nute	2	$n \mp 1$	$\frac{n \mp 1}{2}$	$\frac{n \mp 1}{3}$	$\frac{n \mp 1}{4}$	$\frac{n \mp 1}{5}$
	3	$\frac{3n \mp 2}{2}$	$\frac{3n \mp 2}{4}$	—	$\frac{3n \mp 2}{8}$	$\frac{3n \mp 2}{10}$
	4	$2n \mp 1$	—	$\frac{2n \mp 1}{3}$	—	$\frac{2n \mp 1}{5}$
	6	$3n \mp 1$	$\frac{3n \mp 1}{2}$	—	$\frac{3n \mp 1}{4}$	$\frac{3n \mp 1}{5}$
	8	$4n \mp 1$	—	$\frac{4n \mp 1}{3}$	—	$\frac{4n \mp 1}{5}$

	Polzahl	12	14	16	18	20
	p	6	7	8	9	10
Drähte pro Nute	2	$\frac{n \mp 1}{6}$	$\frac{n \mp 1}{7}$	$\frac{n \mp 1}{8}$	$\frac{n \mp 1}{9}$	$\frac{n \mp 1}{10}$
	3	—	$\frac{3n \mp 2}{14}$	$\frac{3n \mp 2}{16}$	—	$\frac{3n \mp 2}{20}$
	4	—	$\frac{2n \mp 1}{7}$	—	$\frac{2n \mp 1}{9}$	—
	6	—	$\frac{3n \mp 1}{7}$	$\frac{3n \mp 1}{8}$	—	$\frac{3n \mp 1}{10}$
	8	—	$\frac{4n \mp 1}{7}$	—	$\frac{4n \mp 1}{9}$	—

Wie man aus der Tabelle sieht, können 12 polige Maschinen mit einfacher Serienwicklung überhaupt nicht mit mehr als 2 Drähten pro Nute ausgeführt werden. Maschinen mit 2, 10 oder 14 Polen lassen sich in jeder beliebigen Weise wickeln, während bei den übrigen in der Tabelle angeführten Polzahlen die Wahl der Wicklung mehr oder weniger beschränkt ist. Straßenbahnmotoren werden in der Regel vierpolig gebaut. Wie die Tabelle zeigt, können sie nur mit 2, 3 oder 6 Spulenseiten pro Nute gewickelt werden. Es wird auch meist die Wicklung mit 6 Spulenseiten pro Nute ausgeführt.

In ähnlicher Weise, wie hier für die einfache Serienwicklung gezeigt wurde, kann man bei Serienparallelwicklungen den mittleren Wicklungsschritt mit Rücksicht auf die Polzahl und die Zahl der in eine Nute zu legenden Drähte bestimmen. Dabei ist aber auch noch die Anzahl der parallel geschalteten Ankerstromkreise $2a$ in die Rechnung einzuführen und die Bedingung zu beachten, daß die Drahtzahl nicht nur ein Vielfaches der Nutenzahl sein muß, sondern auch die im 47. Abschnitt abgeleitete Bedingung, daß der mittlere Schritt und die halbe Drahtzahl teilerfremd sein müssen. Aus diesem Grunde ist das Anwendungsgebiet der Serienparallelwicklung mehr eingeschränkt als jenes der einfachen Serienwicklung, d. h. die Fälle, in denen die Wicklung überhaupt unausführbar wird, sind häufiger.

Wir haben bei Serienparallelwicklung

$$d\,n = 2\,p\,y \pm 2\,a.$$

Dabei muß n eine ganze Zahl sein, und außerdem müssen $\frac{d\,n}{2}$ und y teilerfremd sein. Unter Berücksichtigung dieser Bedingungen kann man für jede Kombination von d, p und a bestimmen, ob die Wicklung ausführbar ist oder nicht. Die Rechnung braucht im einzelnen hier nicht durchgeführt zu werden; ihr Gang ist analog wie eben erklärt. Das Ergebnis ist in den folgenden Tabellen zusammengestellt.

Mittlerer Wicklungsschritt y bei Serienparallelwicklung auf Nutenankern mit 4 Stromkreisen.

Polzahl		2	4	6	8	10
p		1	2	3	4	5
Drähte pro Nute	2	$n \mp 2$	$\frac{n \mp 2}{2}$	$\frac{n \mp 2}{3}$	$\frac{n \mp 2}{4}$	$\frac{n \mp 2}{5}$
	3	$\frac{3n \mp 4}{2}$	$\frac{3n \mp 4}{4}$	—	$\frac{3n \mp 4}{8}$	$\frac{3n \mp 4}{10}$
	4	—	$n \mp 1$	—	$\frac{n \mp 1}{2}$	—
	6	$3n \mp 2$	—	—	$\frac{3n \mp 2}{4}$	—
	8	—	—	—	—	—

Polzahl		12	14	16	18	20
p		6	7	8	9	10
Drähte pro Nute	2	$\frac{n \mp 2}{6}$	$\frac{n \mp 2}{7}$	$\frac{n \mp 2}{8}$	$\frac{n \mp 2}{9}$	$\frac{n \mp 2}{10}$
	3	—	$\frac{3n \mp 4}{14}$	$\frac{3n \mp 4}{16}$	—	$\frac{3n \mp 4}{20}$
	4	$\frac{n \mp 1}{3}$	—	$\frac{n \mp 1}{4}$	—	$\frac{n \mp 1}{5}$
	6	—	—	$\frac{3n \mp 2}{8}$	—	—
	8	$\frac{2n \mp 1}{3}$	—	—	—	$\frac{2n \mp 1}{5}$

Wie man aus der Tabelle sieht, sind für Serienparallelwicklung bei $a = 2$, (also 4 Stromkreisen) Maschinen mit 6 und 18 Polen nur mit 2 Drähten pro Nute ausführbar. 8 Drähte pro Nute sind nur bei Maschinen mit 12 und 20 Polen möglich, während 4 Drähte pro Nute gewickelt werden können, wenn p (die Anzahl Polpaare) eine gerade Zahl ist.

Bei Wicklungen mit 6 parallelen Stromkreisen ist die Zahl der möglichen Fälle noch kleiner, wie ein Blick auf die nachstehende Tabelle zeigt.

Mittlerer Wicklungsschritt bei Serienparallelwicklung auf Nutenankern mit 6 Stromkreisen.

	Polzahl	2	4	6	8	10
	p	1	2	3	4	5
Drähte pro Nute	2	$n \mp 3$	$\frac{n \mp 3}{2}$	$\frac{n \mp 3}{3}$	$\frac{n \mp 3}{4}$	$\frac{n \mp 3}{5}$
	3	—	—	$\frac{n \mp 2}{2}$	—	—
	4	$2n \mp 3$	—	$\frac{2n \mp 3}{3}$	—	—
	6	—	—	$n \mp 1$	—	—
	8	$4n \mp 3$	—	$\frac{4n \mp 3}{3}$	—	$\frac{4n \mp 3}{5}$

	Polzahl	12	14	16	18	20
	p	6	7	8	9	10
Drähte pro Nute	2	$\frac{n \mp 3}{6}$	$\frac{n \mp 3}{7}$	$\frac{n \mp 3}{8}$	$\frac{n \mp 3}{9}$	$\frac{n \mp 3}{10}$
	3	$\frac{n \mp 2}{4}$	—	—	—	—
	4	—	$\frac{2n \mp 3}{7}$	—	—	—
	6	$\frac{n \mp 1}{2}$	—	—	—	—
	8	—	—	—	$\frac{4n \mp 3}{9}$	—

Bei 6 Polen ist jede Drahtzahl möglich, bei 18 Polen sind nur 2 und 8 Drähte pro Nute möglich und bei 20 Polen sogar nur 2 Drähte.

Im übrigen ist bei Gebrauch dieser Tabellen zu beachten, daß für n nicht beliebige Werte gewählt werden können, sondern nur solche, bei denen y eine ganze Zahl wird. So kann man z. B. bei einer 14 poligen Maschine mit 6 Drähten pro Nute $n = 295$ wählen. Denn das gibt $y = 199$. Man kann aber nicht $n = 300$ wählen, denn das gäbe $y = 197^2/_3$ oder $202^1/_3$, also unmögliche Werte.

Neuntes Kapitel.

Offene Ankerwicklungen: 49. Der Siemenssche Doppel-T-Induktor. — 50. Die Brushsche Wicklung. — 51. Die Thomson-Houstonsche Wicklung.

Offene Ankerwicklungen.

49. Der Siemenssche Doppel-T-Induktor.

Das einfachste Beispiel einer offenen Ankerwicklung bildet der von Siemens im Jahre 1857 angegebene Doppel-T-Induktor, der in Fig. 58 dargestellt ist. Dieser Anker besteht aus einem cylindrischen Eisenkern, dessen Mantelfläche zwei Vertiefungen zur Aufnahme der Windungen besitzt. Die Enden der Wicklung sind an den beiden

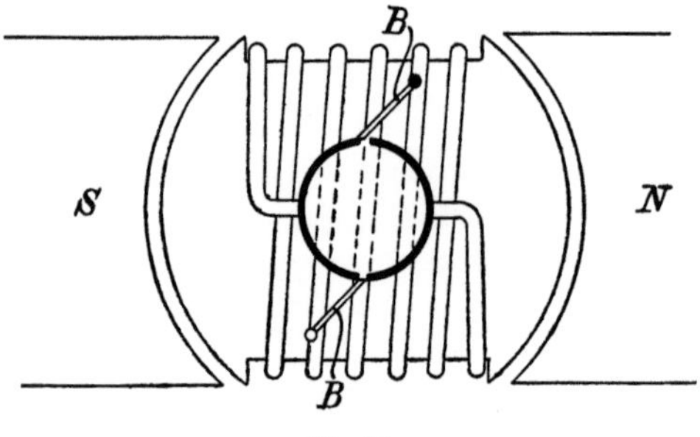

Fig. 58.

halbkreisförmigen Segmenten des Kommutators befestigt. In der Figur verlaufen die Drähte hinter dem Kommutator, in Wirklichkeit befinden sie sich natürlich rechts und links von ihm, da ja für die Nabe des Kommutators und die Ankerachse Platz geschaffen werden muß. In der dargestellten Stellung des Ankers, wo das Maximum der Kraftlinienzahl durch die Windungen läuft, ist die elektromotorische Kraft Null, und die Bürsten schließen die beiden Kommutatorsegmente kurz. Dreht sich der Anker um 90°, so nimmt die

Kraftlinienzahl in der Spule bis auf Null ab. Die elektromotorische Kraft hat alsdann ihren maximalen Wert erreicht. Bei der weitern Drehung nimmt die Kraftlinienzahl wieder bis zum Maximum zu, während die elektromotorische Kraft auf Null zurückgeht. Durch den Kommutator wird die Verbindung zwischen dem äußern Stromkreise und der Wicklung jedesmal umgekehrt, wenn die elektromotorische Kraft in der letztern ihre Richtung ändert. Die Stromrichtung bleibt somit im äußern Kreise unverändert, wenn sich auch die elektromotorische Kraft ändert und zwischen Null und ihrem Maximum pulsiert. Stellen wir die elektromotorische Kraft als Funktion der Zeit oder der Winkelstellung des Ankers dar, so erhalten wir die

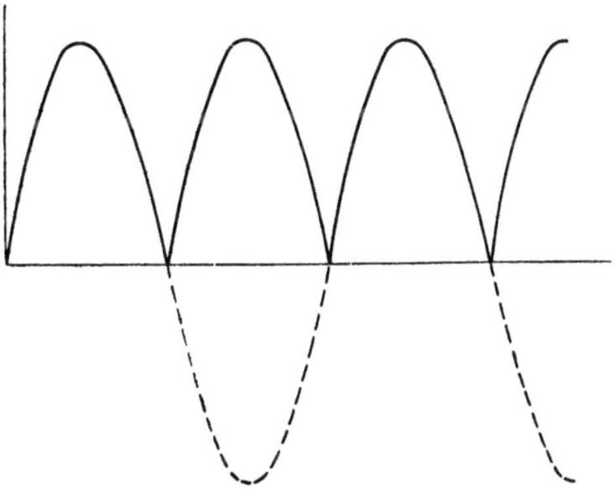

Fig. 59.

ausgezogene Kurve der Fig. 59. Wäre der Anker mit zwei Kontaktringen anstatt mit einem zweiteiligen Kommutator versehen gewesen, so würde die elektromotorische Kraft an den Bürsten, die die Enden des äußern Stromkreises bilden, und somit auch der äußere Strom fortwährend ihre Richtung gewechselt haben, wie es die punktierte Linie in Fig. 59 zeigt. Der über der Abszissenachse liegende Teil dieser Kurve ist derselbe wie vorher, aber die Stromimpulse haben abwechselnd entgegengesetzte Richtung. Bei Anwendung eines Kommutators sind die Impulse sämtlich gleich gerichtet; dies hat auch für andere Wicklungsarten als die des Doppel-T-Induktors Gültigkeit.

Wir könnten z. B. die Spule über einen Teil eines ringförmigen Kerns wickeln, wie ihn Fig. 60 darstellt. Aber in diesem Falle würde nur eine Seite des Ringes wirksam sein, und es wäre augenscheinlich eine Verbesserung, auch auf der andern Seite des Ringes eine Spule anzubringen, wie es Fig. 61 zeigt. Die beiden Spulen müssen natürlich hintereinander geschaltet werden; ihre innern Enden werden übers Kreuz verbunden, während je eins der äußern Enden an einem Kommutatorsegment anliegt. Dieser Anker ist in elektrischer Hinsicht gleichbedeutend mit dem Doppel-T-Induktor,

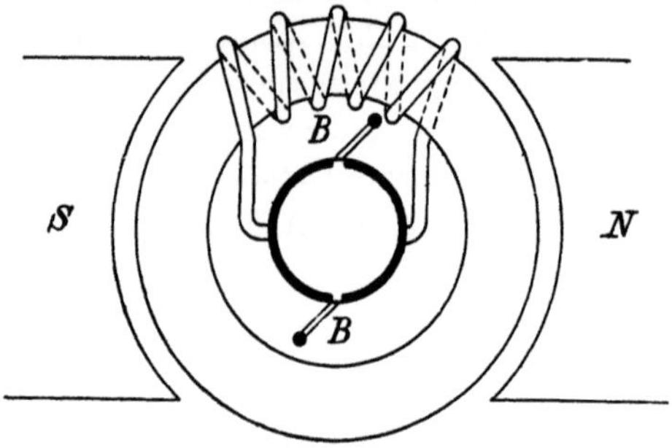

Fig. 60.

ist jedoch in mechanischer Beziehung eine Verbesserung, da die Anbringung der Windungen und ihre Isolation leichter zu bewerkstelligen und der Anker besser ventiliert ist. Der Strom würde indessen ebenso, wie beim Doppel-T-Induktor, pulsieren, und bei so schwankender Stärke, wie sie Fig. 59 darstellt, als Gleichstrom

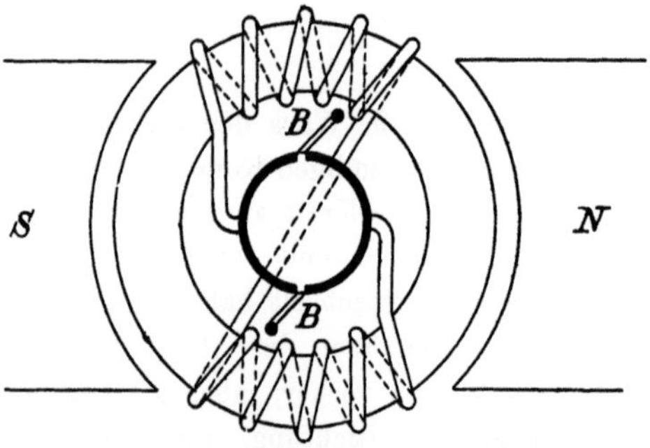

Fig. 61.

kaum brauchbar sein; auch würde unter diesen Umständen die Isolation durch die Selbstinduktion der verschiedenen Stromteile sehr beansprucht werden.

Es drängt sich deshalb die Frage auf, wie es sich vermeiden läßt, daß die elektromotorische Kraft in so weiten Grenzen schwankt.

Gehen wir von der durch Fig. 61 dargestellten Lage des Ankers aus und bezeichnen sie in dem Diagramm der Fig. 62 mit *O*, so erhalten wir nach einer Drehung des Ankers um 90° das erste Maximum der elektromotorischen Kraft, bei 180° wird sie wieder Null, nimmt bei 270° zum zweiten Male ihren maximalen Wert an u. s. w. Die beste Wirkung wird demnach zwischen 45 und 135° und zwischen 225 und 315° liegen, was in Fig. 62 durch die stärker gehaltenen Linien angedeutet ist. Um also größere Schwankungen in der elektromotorischen Kraft auszuschließen, hätten wir nur den Teil davon, der in Fig. 62 über der Linie *yy* liegt, auszunutzen, was sich durch Verkürzung der Kommutatorsegmente von 180° auf 90° erreichen ließe. Doch entsteht hierbei eine neue Schwierigkeit.

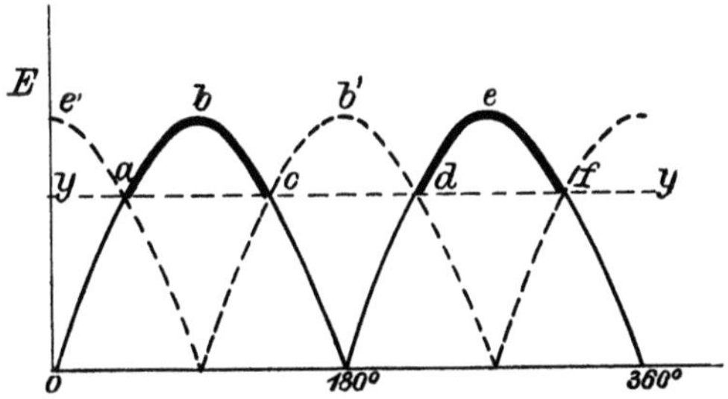

Fig. 62.

Die elektromotorische Kraft ändert zwar während der Zeit, wo die Bürsten mit den Kommutatorsegmenten in Kontakt stehen, ihren Wert nicht mehr so stark als früher, aber der Stromkreis wird jetzt während jeder Umdrehung zweimal ganz unterbrochen. Die Verhältnisse liegen also, was die Kontinuität des Stromes anbetrifft, schlechter als vorhin; dies läßt sich jedoch leicht verbessern. Wir brauchen nur ein zweites Spulenpaar rechtwinklig zu dem ersten auf dem Ringe anzubringen und neben den ersten Kommutator einen zweiten zu setzen. Geben wir alsdann den Bürsten eine solche Breite, daß sie beide Kommutatoren bedecken, so kann der Strom nie unterbrochen werden, da ein Teil des einen Kommutators in Kontakt mit den Bürsten tritt, wenn diese den entsprechenden Teil des andern Kommutators verlassen. Das zweite Spulenpaar dient demnach dazu, die Unterbrechungsstelle zwischen *f* und *a* und zwischen *c* und *d* (Fig. 62) zu überbrücken.

Diese Wicklung ist zuerst von Brush angewendet worden und

durch Fig. 63 dargestellt, wo, der bessern Übersicht wegen, die Segmente der beiden Kommutatoren als konzentrische Kreise gezeichnet sind. Die elektromotorische Kraft der mit 1 1 bezeich-

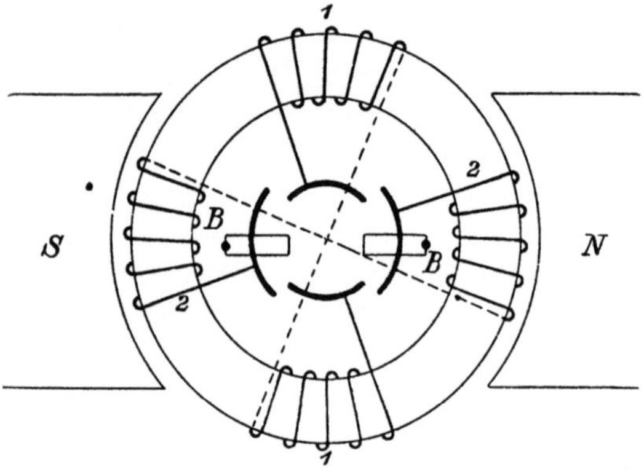

Fig. 63.

neten Spulen ist in Fig. 62 durch die ausgezogenen Linien dargestellt, während die punktierte Linie die elektromotorische Kraft des andern Spulenpaares 2 2 bezeichnet. Die resultierende elektromotorische Kraft wird demnach durch die Linie *e' a b c b' d e f* dargestellt.

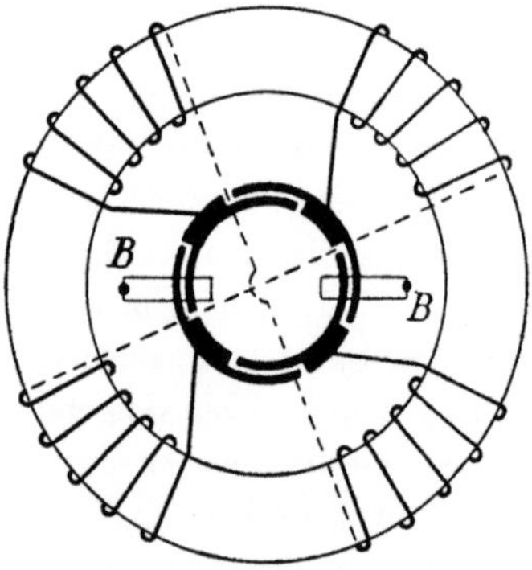

Fig. 64.

Es läßt sich noch leicht eine weitere Verbesserung einführen. Wir nahmen an, daß jedes Kommutatorsegment einen Bogen von 90⁰ oder etwas mehr als 90⁰ einschließt, um eine ununterbrochene Stromabgabe zu ermöglichen. Die Bürsten müßten daher abwechselnd über isolierendes Material und über Metall gleiten. Dies würde aber eine ungleiche Beanspruchung und ein Springen der Bürsten mit sich bringen. Um dies zu vermeiden, können wir jedes Kommutatorsegment mit einem Vorsprung versehen, der zwischen die beiden benachbarten Teile ragt, um so die Breite der Isolationsmittel soweit zu verringern, daß die Bürsten nur auf Metall schleifen. Diese Anordnung ist in Fig. 64 schematisch dargestellt.

50. Die Brushsche Wicklung.

Die Wicklung, zu der wir auf diese Weise gekommen sind, ist die bekannte Brushsche. Man kann natürlich die Zahl der Spulen verdoppeln oder verdreifachen und erhält so einen Anker mit 8 oder mit 12 Spulen. Die verschiedenen Sätze von je 4 Spulen sind in diesem Falle durch geeignete Verbindungen zwischen den Bürsten

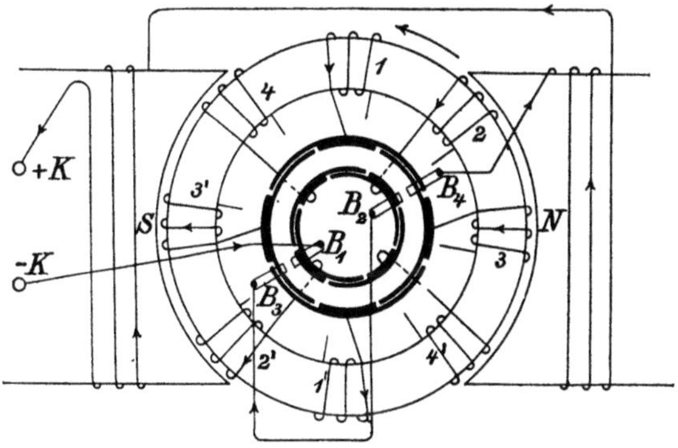

Fig. 65.

hintereinander geschaltet, sodaß die elektromotorische Kraft noch weniger schwankt. Fig. 65 zeigt die Wicklung und Verbindung eines Brushschen Ankers mit 8 Spulen.

Die beiden Sätze von Spulen sind mit 1 1′, 3 3′ und 2 2′, 4 4′ bezeichnet, und die Querverbindungen sind, um die Zeichnung nicht unnötig zu komplizieren, weggelassen. Die Kommutatoren erscheinen, wie oben, als konzentrische Kreise, obgleich sie in Wirklichkeit nebeneinander liegen. Wenn der Strom in den Ankerspulen keinen magnetischen Einfluß auf den Ankerkern ausübte, so lägen die Berührungspunkte der Bürsten auf dem horizontalen Durchmesser, und es würde bei dem durch Fig. 65 dargestellten Zustande in den

Spulen 1 1′ die maximale Kraftlinienzahl verlaufen. Aber der Strom in den Ankerspulen erzeugt noch ein Feld für sich, welches das von den Feldmagneten gebildete überlagert. Verfolgt man die Richtung der erzeugten Ströme, so sieht man leicht, daß das Maximum des resultierenden Kraftflusses im Anker etwas links von Spule 1 und etwas rechts von Spule 1′ fallen muß. Die Verbindungslinie der Punkte, in denen die Bürsten aufliegen, wird daher nicht horizontal, sondern etwas im Sinne der Ankerdrehung geneigt sein. Es ist die elektromotorische Kraft in den Spulen 4 4′ entweder Null oder doch sehr schwach, während sie in den Spulen 2 2′ den maximalen Wert und in den übrigen Spulen einen mittlern Wert besitzt. Der Strom tritt an der mit B_1 bezeichneten Bürste ein, welche in diesem Falle nur den mittlern Teil des Kommutatorsegmentes berührt, das zu Spule 2′ gehört. Dem Strome steht daher nur ein Weg offen, nämlich durch Spule 2′ und 2 zu der Bürste B_2. Von hier fließt er durch einen außerhalb des Ankers verlaufenden Draht zur Bürste B_3, die gleichzeitig zwei Kommutatorsegmente berührt, nämlich die, welche an den Spulen 3′ und 1′ anliegen. Hier teilt sich der Strom, und seine beiden Zweige gehen getrennt durch die Spulen 3′ 3 und 1′ 1, vereinigen sich darauf wieder und verlassen den Anker bei der Bürste B_4. Von hier wird der Strom um die Feldmagnete geleitet und sodann durch die Klemme $+K$ in den äußern Stromkreis. Bei dieser Anordnung sind die Spulen von schwächster Wirkung ganz ausgeschaltet, die von mittlerer Wirkung sind parallel geschaltet und die von stärkster Wirkung liegen jede für sich im Stromkreise. Jede Spule wird während einer Umdrehung zweimal in folgender Weise ein- und ausgeschaltet:

Eingeschaltet:		Ausgeschaltet:
$2'-2$	$<\begin{smallmatrix}3'-3\\1'-1\end{smallmatrix}>$	4 und 4′
$<\begin{smallmatrix}2'-2\\4-4'\end{smallmatrix}>$	$3'-3$	1 und 1′
$4-4'$	$<\begin{smallmatrix}1-1'\\3-3'\end{smallmatrix}>$	2 und 2′
$<\begin{smallmatrix}4-4'\\2-2'\end{smallmatrix}>$	$1-1'$	3 und 3′
$2-2'$	$<\begin{smallmatrix}1-1'\\3'-3\end{smallmatrix}>$	4 und 4′

Der Einfachheit halber sind die Magnete in Fig. 65 mit cylindrischen Polflächen gezeichnet; in Wirklichkeit liegen sie, da die Maschine einen Flachringanker besitzt, auf beiden Seiten des Ankers, dessen Achse den Magnetschenkeln parallel ist.

51. Die Thomson-Houstonsche Wicklung.

Fig. 66 zeigt eine andere Anordnung für offene Ankerspulen, welche von Prof. Thomson für Bogenlichtmaschinen erfunden wurde. Tatsächlich besitzt die Maschine einen Trommelanker von kugelförmiger Gestalt, der Deutlichkeit halber ist er jedoch in dem Diagramm der Fig. 66 als Ringanker gezeichnet. Wir haben hier nur drei Spulen, deren innere Enden im Punkte *O* miteinander verbunden sind, während jedes der äußeren Enden zu dem entsprechenden Segment eines dreiteiligen Kommutators geführt ist. In der abgebildeten Stellung des Ankers hat die elektromotorische Kraft in

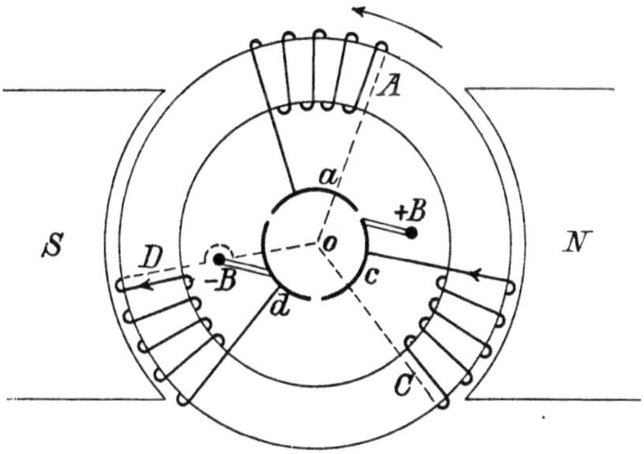

Fig. 66.

Spule *D* ihren höchsten Wert angenommen, in Spule *C* ist sie geringer und in Spule *A* sehr klein oder Null. Könnte der Strom in dieser Lage des Ankers durch letztere Spule fließen, so würde die elektromotorische Kraft keine Erhöhung, sondern eine Schwächung erfahren. Die Bürsten sind daher so gestellt, daß die Spule mit der schwächsten Wirkung stets ausgeschaltet ist, und daß der Strom die beiden andern Spulen hintereinander durchfließt. In der durch Fig. 66 dargestellten Stellung des Ankers hat die positive Bürste gerade das Kommutatorsegment *a* verlassen. Einen Augenblick früher waren die Spulen *A* und *C* parallel geschaltet. Jetzt wird die Spule *A* während des sechsten Teiles einer Umdrehung außerhalb des Stromkreises bleiben, und dann wird sie mit *D* parallel geschaltet, jedoch nur während des Augenblickes, in welchem die negative Bürste die Kommutatorsegmente *a* und *d* verbindet. Dann wird die Spule *D* ausgeschaltet und die Spule *A* kommt in die Stellung der stärksten Wirkung, während auf der andern Seite die Spule *C* diese Stellung verläßt, u. s. w. Während einer Umdrehung ist demnach jede Spule zweimal während eines Drittels der Umdrehung eingeschaltet und zweimal während eines Sechstels der Umdrehung ausgeschaltet.

Wären die Bürsten nun gerade so dick, daß sie zwei Kommutatorsegmente verbänden, so wäre die Zeit, während der die Spulen parallel geschaltet sind, unendlich kurz. Dies ist jedoch augenscheinlich nicht zulässig, da die Stromstärke dann plötzlich ihren Wert ändern müßte und starke Funken am Kommutator auftreten würden. Jede Spule muß daher allmählich für die Ausschaltung aus dem Stromkreise vorbereitet werden, indem sie eine merkliche Zeit lang mit einer andern wirksamen Spule parallel geschaltet bleibt. Die Spule *A* muß daher, bevor sie die angegebene Stellung einnimmt, eine Zeit lang mit Spule *C* parallel geschaltet bleiben. Die elektromotorische Kraft in Spule *A* ist dann nach dem Kommutatorsegment *a* gerichtet und nimmt ab; die elektromotorische Kraft in Spule *C* ist nach dem Teile *c*, der parallel zu *a* liegt, gerichtet, nimmt aber zu. Der Strom in *A* gewinnt daher das Übergewicht über den in *C* und bringt ihn zum Verschwinden, wenn das Kommutatorsegment *a* allein unter der Bürste zu liegen kommt. Man erreicht die Rückwirkung einer Spule auf die andere dadurch, daß man die Zeit, während der die Spulen einander parallel geschaltet sind, verlängert, und wendet deshalb statt einzelner je zwei untereinander verbundene Bürsten an, von denen die eine um einen bestimmten Winkel gegen die andere versetzt ist. Vergrößert man diesen Winkel dadurch, daß man die Hauptbürste nach vorn und die Hilfsbürste nach hinten verschiebt, so verlängert man die Zeit, während welcher die Spule von schwacher Wirkung mit derjenigen von stärkerer Wirkung parallel geschaltet bleibt, und verringert dadurch die aus der Wirkung beider Spulen resultierende elektromotorische Kraft. Die E.M.K. der Maschine läßt sich daher in weiten Grenzen durch eine passende Verstellung der Bürsten regulieren. Die dabei auftretenden Funken werden durch ein Gebläse gelöscht.

Zehntes Kapitel.

52. Feldmagnete. — 53. Zweipolige Magnetsysteme. — 54. Mehrpolige Magnetsysteme. — 55. Gewicht der Magnetsysteme. — 56. Bestimmung der erregenden Kraft. — 57. Vorausbestimmung der Charakteristik.

52. Feldmagnete.

Das magnetische Feld, in dem sich der Anker dreht, kann entweder durch permanente Stahlmagnete oder durch Elektromagnete erzeugt werden. Die erstern sind nicht so wirksam wie die letztern und werden nur ausnahmsweise benutzt. Man findet sie bei den ältern Maschinenformen für Leuchttürme und bei kleinen Dynamomaschinen, wo Einfachheit der Konstruktion von größerer Wichtigkeit ist als geringes Gewicht; so z. B. bei Minenzündern, Signalapparaten und Maschinen für Ärzte und für Laboratoriumszwecke. Ferner spricht noch ein anderer Grund dafür, daß man bei kleinen Maschinen permanente Magnete verwendet; es wird nämlich die für die Erregung der Magnete erforderliche Arbeit verhältnismäßig groß, wenn die Größe der Maschine unter einer bestimmten Grenze bleibt. Maschinen mit permanenten Magneten werden gewöhnlich *magnetelektrische* genannt, während als *Dynamomaschinen* meistens solche bezeichnet werden, deren Feld durch Elektromagnete erzeugt wird. Da die magnetelektrischen Maschinen nur eine sehr beschränkte Anwendung finden, gehen wir sogleich zu den Feldmagneten der Dynamomaschinen über.

Die Zahl der verschiedenen Formen von Feldmagneten, die für Dynamomaschinen benutzt werden oder vorgeschlagen worden sind, ist außerordentlich groß; zwischen manchen ist jedoch ein Unterschied in Wirklichkeit kaum vorhanden. Es wird daher am besten sein, von einer Aufzählung der verschiedenen Konstruktionen von Magneten abzusehen und nur zum Zwecke der Vergleichung einige besonders charakteristische Formen auszuwählen.

Bei allen Elektromagneten haben wir zwei Stromkreise zu unterscheiden, den elektrischen und den magnetischen. Diese beiden müssen so miteinander verkettet sein, daß der Strom im elektrischen Kreise einen Kraftlinienstrom im magnetischen Kreise erzeugen kann. Der Unterschied in der Form der Feldmagnete von Dynamomaschinen liegt darin, daß diese beiden Kreise in verschiedener, mehr oder weniger zweckmäßiger Verbindung miteinander stehen.

53. Zweipolige Magnetsysteme.

Die einfachste Anordnung ist in Fig. 25 auf Seite 74 abgebildet. Hier haben wir eine Drahtspule *W*, die mit einem bei *Z* aufgeschnittenen Eisenring *R* verkettet ist. Geben wir dem Zwischenraum *Z* die Form eines Cylinders oder einer Höhlung, so kann darin ein cylindrischer Anker Platz finden. Wir können daher die durch Fig. 25 gegebene Anordnung als das Magnetsystem einer Dynamomaschine auffassen; doch ist diese Form keineswegs vollkommen. Einmal ist die Drahtlänge der Spule unnötig groß, und man kann sie verkürzen, indem man den Draht enger um den Eisenring herumwickelt und über einen größern Teil desselben verteilt. Ferner ist die gekrümmte Form des Feldmagneten, vom praktischen Standpunkt aus betrachtet, schlecht; ein solches Stück läßt sich nämlich schwer schmieden und mit den übrigen Teilen der Maschine verbinden; auch kann man die Wicklung nicht auf der Drehbank ausführen. Im fünften Kapitel wurde gezeigt, daß weder die Gestalt der Magnetkerne, noch die Anordnung ihrer Wicklung einen direkten Einfluß auf die Zahl der Kraftlinien ausübt, die durch eine gegebene erregende Kraft erzeugt wird. Wir können daher den magnetischen und den elektrischen Stromkreis so anordnen, wie es uns für die Herstellung am passendsten erscheint. An Stelle eines Drahtbündels können wir eine cylindrische Spule verwenden, die auf der Drehbank gewickelt wird, und statt des gekrümmten Eisenkerns benutzen wir ein aus verschiedenen geraden Stücken gebildetes Gestell, das leichter bearbeitet und zusammengesetzt werden kann. Ferner werden die Polschuhe der Bequemlichkeit wegen so angeordnet, daß sie von dem eigentlichen Kern abzunehmen sind. Wir haben jedoch zu bedenken, daß die einzelnen Teile des magnetischen Stromkreises aufs innigste miteinander verbunden sein müssen, damit die Kraftlinien kein Hindernis zu überwinden haben, wenn sie von einem Teile in den andern übergehen. Auf diese Weise gelangen wir zu einer Anordnung, wie sie Fig. 67 darstellt. *M* ist hier ein gerader, cylindrischer Magnetkern aus Schmiedeeisen, an dessen

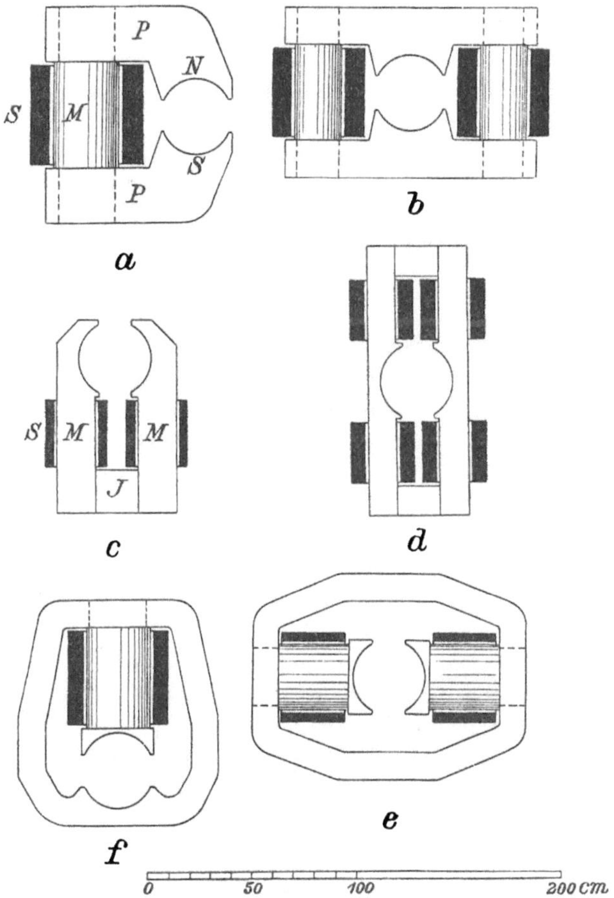

Fig. 67.

Enden sich die beiden Polschuhe *P P* aus Gußeisen anschließen; *S* stellt die erregende Spule dar.

Man sieht auf den ersten Blick, daß diese Anordnung in elektrischer und magnetischer Hinsicht der in Fig. 25 dargestellten äquivalent ist, aber in konstruktiver Beziehung bildet sie eine wesentliche Vervollkommnung. Denn die Eisenkonstruktion läßt sich einfach und sicher mittelst der Drehbank und der Bohrmaschine ausführen, und die Spule kann für sich gewickelt und auf den Kern geschoben werden, wenn die Maschine zusammengesetzt wird. Dies ist nicht nur deshalb wichtig, weil etwaige Reparaturen leichter vorzunehmen sind, sondern weil dann auch die elektrischen und mechanischen Teile der Arbeit in verschiedenen Räumen ausgeführt werden können. Wenn die Spule direkt auf den Kern gewickelt werden müßte, hätte man einerseits ein größeres Gewicht zu hantieren und liefe anderseits Gefahr, daß die Isolation durch Metallspäne verletzt würde, die sich in einem Raume mit Metallbearbeitungsmaschinen nicht vermeiden lassen. Deshalb ist es besser, die Wicklung der Spulen und die übrigen elektrischen Arbeiten in einer besonderen Werkstätte auszuführen.

Die Magnetform von Fig. 67a ist jedoch noch nach zwei Seiten hin verbesserungsfähig. Einmal wird das Feld leicht unsymmetrisch, da der Magnet nur an einer Seite des Ankers liegt, sodann ist eine Maschine mit solchem Magnetsystem sehr schwer. Beiden Mängeln kann dadurch abgeholfen werden, daß man den magnetischen Stromkreis verdoppelt, wie es Fig. 67b zeigt. Wir haben allerdings mehr Draht für die erregenden Spulen nötig, erhalten jedoch eine Maschine von geringerm Gesamtgewicht und mit völlig symmetrischem Felde.

Das Magnetsystem in Fig. 67a ist ferner deshalb mangelhaft, weil die Spule wegen ihrer geringen Länge nur eine kleine Oberfläche besitzt und deshalb die beim Stromdurchgang in ihr erzeugte Wärme an die umgebende Luft nur mit großer Temperaturerhöhung abzugeben vermag. Die Erfahrung hat gezeigt, daß für jedes Watt, welches vom Widerstand der Spule verzehrt wird, eine bestimmte Abkühlungsoberfläche vorgesehen werden muß, wenn die Temperatur der Spule unter einer bestimmten Grenze gehalten werden soll. Die Ansichten über die Größe dieser Fläche sind jedoch verschieden, und es ist unmöglich, eine bestimmte Regel hierfür anzugeben, da die Verhältnisse, unter denen die Maschine arbeitet, sowie die ventilierende Wirkung des Ankers und der Aufstellungsort der Maschine hierbei natürlich zu berücksichtigen sind.

Angenähert läßt sich die Temperaturzunahme t der Feldmagnete in Grad Celsius aus der Formel

$$t = \frac{320}{o}$$

herleiten, wo o den Quotienten aus der äußern Oberfläche der Feldmagnetspulen in Quadratcentimeter durch die in ihnen verbrauchte elektrische Leistung in Watt darstellt. Sind die Spulenhülsen rund und die Feldmagnete eckig, sodaß zwischen beiden Luftkanäle entstehen, so ist in obiger Formel 280 statt 320 zu setzen. Die Temperaturzunahme der Spulen sollte 40^0 nicht übersteigen.

Es mag hier gleich eingeschoben werden, daß sich die Temperaturzunahme des Ankers aus der Formel

$$t = \frac{1}{o} \cdot \frac{550}{1 + 0{,}1\, v}$$

ableiten läßt, wo v seine Umfangsgeschwindigkeit in Meter für die Sekunde bezeichnet und zur Bestimmung von o die der Luft zugänglichen Flächen des Ankers einzuführen sind. Radiale Ventilationsflächen im Innern des Ankerkernes sind zweckmäßig mit $^1/_2$ bis $^1/_3$ ihrer wirklichen Oberfläche in Rechnung zu setzen.

Kehren wir zu den Feldspulen zurück, so müssen wir, damit die Spule in Fig 67a nicht zu heiß wird, daher entweder ihre Oberfläche vergrößern, indem wir sie länger und schmäler machen, oder wir müssen den Energieverbrauch durch Vermehrung des Kupfers verringern. Die erste Möglichkeit liefert nur einen zweifelhaften Gewinn, da auf diese Weise das Gewicht der Maschine zu groß wird, die zweite verursacht höhere Kosten. Wir können jedoch die ganze Konstruktion verändern und erhalten so eine genügende Abkühlungsfläche, ohne das Gewicht des Magnetgestells zu verändern. Zu diesem Zwecke brauchen wir nur den Teil M (Fig. 67a) zum Joch zu machen und die Spulen auf den Schenkeln PP anzubringen. Auf diese Weise gelangen wir zu der in Fig. 67c gegebenen Anordnung, die sehr beliebt ist. Es ist hier nicht nur die Abkühlungsfläche größer, sondern auch das Gewicht der Maschine wesentlich kleiner.

Drehen wir das ganze Magnetsystem um, sodaß der Anker nach unten und das Joch nach oben kommt, so erhalten wir eine neue Anordnung, die auch vielfach im Gebrauch und besonders für kleine, direkt angetriebene Maschinen von Vorteil ist, wo wegen der tiefen Lage der Dampfmaschinenachse auch die der Dynamomaschine niedrig liegen muß. In diesem Falle ist die Maschine an den Polschuhen mittels Träger oder Klammern befestigt, die aus unmagnetischem Material bestehen. Liegt der Anker oben, so sind diese Teile nicht nötig; das Joch kann alsdann entweder direkt auf die Grundplatte geschraubt oder mit ihr aus einem Stück gegossen werden.

Dieses Magnetsystem ist allerdings leichter als die oben beschriebenen, immerhin aber noch reichlich schwer, wenn der Durchmesser des Ankers im Verhältnis zu seiner Länge groß ist. Will man bei einem solchen Anker ein geringes Gewicht der Maschine erzielen, so verdoppelt man das Magnetsystem und erhält dann die in Fig. 67d gegebene Anordnung. Sie enthält weniger Eisen, aber mehr Kupfer als die Form c und ist trotz des viel kleinern Gewichts doch teurer.

Die Magnetgestelle e und f (Fig. 67) sind dadurch gekennzeichnet, daß ihr Joch die Feldmagnete völlig umgibt. Die Form e ist sehr schwer, erfordert jedoch wenig Kupfer zur Bewicklung, f ist nicht ganz so schwer, hat jedoch mehr Kupfer nötig.

Um dem Leser ungefähr eine Vorstellung von der Kupfermenge zu geben, die für jedes der angeführten Magnetsysteme erforderlich ist, sind die verschiedenen Wicklungsräume in der Figur schwarz gezeichnet. Dabei ist angenommen, daß alle Maschinen mit dem gleichen Anker ausgerüstet werden sollen, nämlich mit einem Trommelanker von 30 cm Durchmesser und 38 cm Länge.

54. Mehrpolige Magnetsysteme.

Ein Beispiel eines mehrpoligen Magnetsystems zeigt schon Fig. 2 (S. 7). Der Anker ist ein Ring, dessen Durchmesser im Verhältnis zu seiner Länge groß ist, und die Magnetpole stehen auf beiden Seiten den Stirnflächen des Ringes gegenüber. Es sind deshalb im ganzen acht, an jeder Seite vier, Magnetkerne erforderlich, deren Längsrichtung der Maschinenachse parallel ist. Die vom Anker abgewandten Enden der Magnetkerne sind durch zwei massive Joche aus Gußeisen verbunden. Feldmagnete dieser Form werden auch bei Wechselstrommaschinen benutzt.

Bei den Maschinen mit cylindrischem Anker, mögen sie nun Gleich- oder Wechselstrom erzeugen, sind die dem Anker zugekehrten Seiten der Polschuhe notwendig Teile einer Cylinderoberfläche, und die Längsrichtung der Magnetkerne steht gewöhnlich senkrecht auf der Maschinenachse. Jedes mehrpolige Magnetsystem kann als Kombination von zweipoligen Systemen betrachtet werden. So erzeugen wir durch Verbindung zweier Systeme vom Typus der Fig. 67c ein vierpoliges Feld, wie es Fig. 68 zeigt. In ähnlicher Weise kann man Fig. 69 aus Fig. 67e entstanden denken; wir brauchen nur die Krümmung des Joches so zu vergrößern, daß ein zweites Paar von Feldmagneten Platz findet. Die Verbindung der

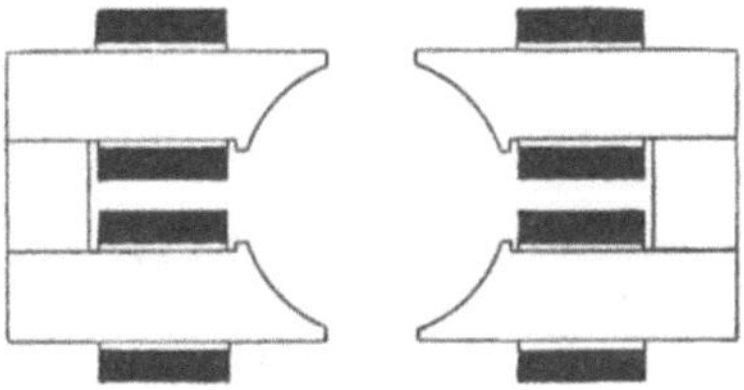

Fig. 68.

Spulen muß in diesem Falle umgekehrt werden, sodaß die einander gegenüberliegenden Pole dieselbe und benachbarte die entgegengesetzte Polarität erhalten. Durch Verdoppelung von Fig. 67f erhalten wir das in Fig. 70 dargestellte Magnetsystem. Hier werden vier Pole erzeugt, obwohl nur zwei Spulen zur Anwendung kommen.

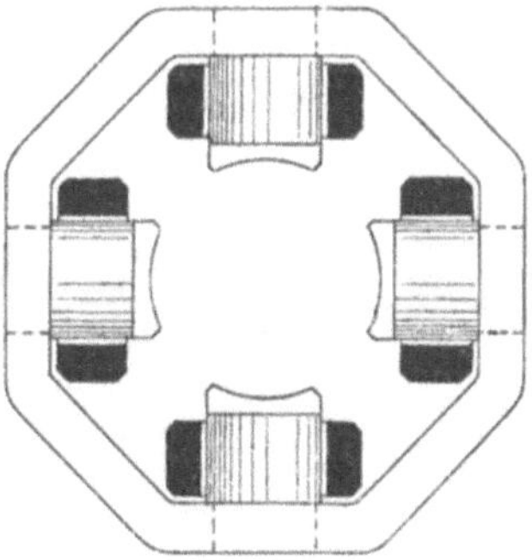

Fig. 69.

Ferner kann man sich Fig. 71 durch Vereinigung von vier Magnetsystemen der Fig. 67a entstanden denken.

Ist ein Feld von mehr als vier Polen erforderlich, so können wir es durch Verbindung von drei oder mehreren Systemen, wie sie Fig. 67c zeigt, bilden. Bei der Ausführung macht jedoch die Befestigung der Feldmagnete namhafte Schwierigkeiten; es ist daher aus diesem und auch aus andern Gründen weniger vorteilhaft als eine Erweiterung der durch Fig. 69 dargestellten Anordnung, welche das in Fig. 72 abgebildete zehnpolige System bildet. Fig. 71 kann auch zu einem System mit 6, 8 oder mehr Polen ausgebildet werden und hat vielfach Anwendung gefunden. Eine Umkehrung von Fig. 69

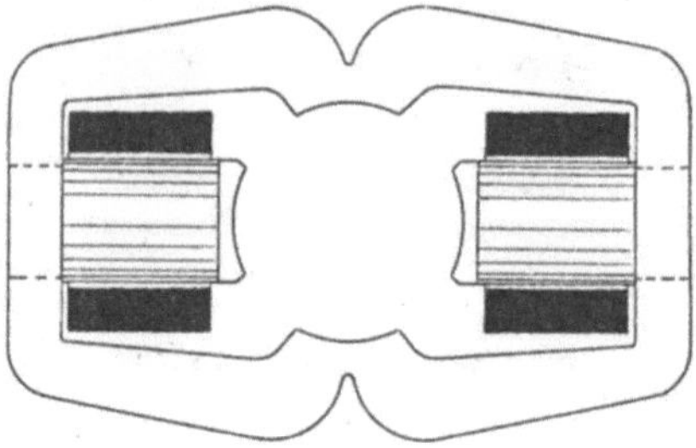

Fig. 70.

führt zu den sogenannten Innenpolmaschinen, bei denen ein Ringanker die Magnetpole einschließt. Fig. 73 zeigt eine zehnpolige Maschine dieser Art.

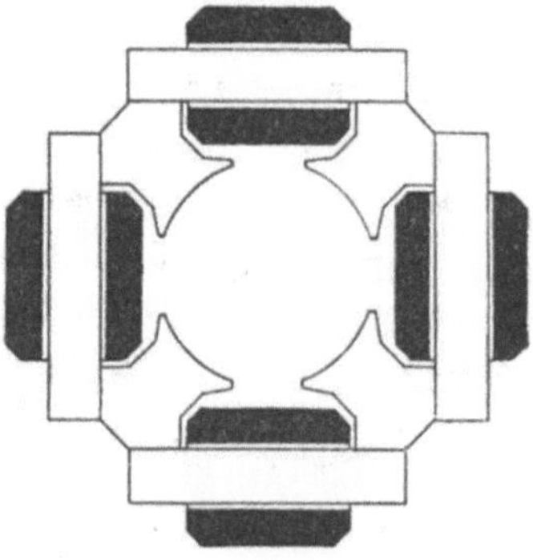

Fig. 71.

Um dem Leser ungefähr eine Vorstellung von dem Gewicht der Maschinen in Fig. 72 und 73 zu geben, sind in den Zeichnungen in beiden Fällen die Begrenzungslinien für Maschinen angegeben, die gleiche Leistung und gleiche Geschwindigkeit haben. Das Magnetsystem in Fig. 73 hat ungefähr das halbe Gewicht von dem in Fig. 72; dieser Vorteil wird jedoch durch die Schwierigkeiten

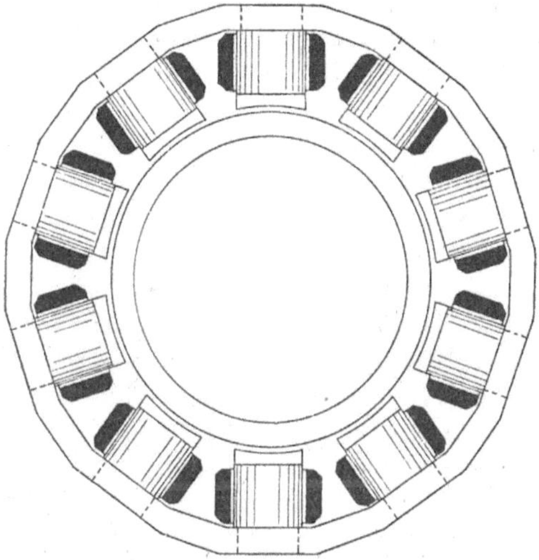

Fig. 72.

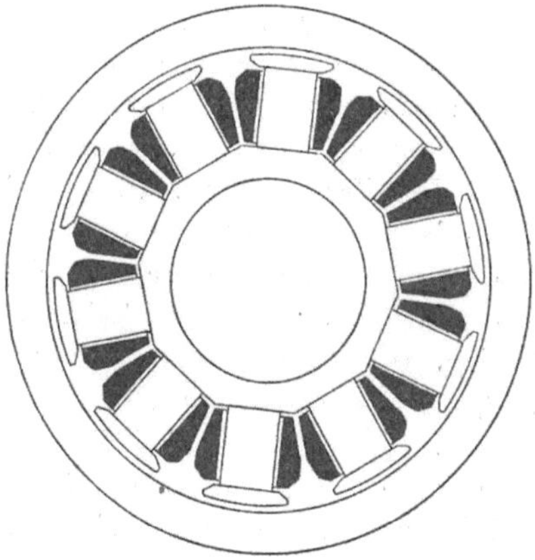

Fig. 73.

wieder aufgewogen, welche die Befestigung des Ankerkerns und die sichere Anbringung der Drähte verursachen.

Die Güte dieser einzelnen Magnetsysteme läßt sich nach keiner bestimmten Regel beurteilen. Die Spannung, die Größe und die Geschwindigkeit der Maschine, die größere oder geringere Bedeutung eines kleinen Gewichtes, die Magnetisierbarkeit des Eisens, der Preis des Kupfers und des Eisens, der für die Erregung der Magnete angesetzte Energieverbrauch, die zulässige Erwärmung der Spulen und schließlich die Geschicklichkeit des Konstrukteurs, alles dies sind Momente, welche für die Wahl der einen oder andern Anordnung maßgebend sind. Die in Fig. 72 abgebildete Type hat jedoch für größere Maschinen die meiste Anwendung gefunden.

Wenn bei der in Fig. 68 dargestellten Anordnung Polschuhe verwandt werden, wobei sich der Querschnitt der Schenkel nahezu quadratisch wählen läßt, oder wenn der Anker ziemlich kurz ist, was von selbst den Querschnitt der Schenkel quadratisch macht, so ist für die Wicklung der Schenkel wenig Draht erforderlich, und das Gesamtgewicht der Maschine wird folglich nicht groß. Wegen des geringen Verbrauchs an Eisen und Kupfer ist diese Anordnung deshalb ziemlich billig. Die Befestigung der Magnete fällt dagegen ziemlich teuer aus, da sie ganz aus Bronze hergestellt werden muß. Ein weiterer Mangel liegt darin, daß die Ventilation des Ankers und noch mehr die der Magnetspulen auf ihrer Innenseite sehr zu wünschen übrig läßt; die Maschine wird daher heißer werden als andere von weniger gedrungener Gestalt.

Fig. 69 erfordert dieselbe Drahtmenge für die Magnetspulen oder vielleicht sogar noch etwas weniger als Fig. 68, aber das ganze Magnetgestell wird bedeutend schwerer, wenn für das Joch Gußeisen gewählt wird. Bei Verwendung von Stahlguß kann man mit dem Querschnitt des Joches auf die Hälfte oder ein Drittel heruntergehen, sodaß alsdann die Form von Fig. 69 leichter als die von Fig. 68 wird. Ein weiterer Vorteil liegt darin, daß keine Träger aus Bronze nötig sind. Die ganze Anordnung ist weniger gedrungen, als die von Fig. 68, und vorteilhaft für die Ventilation des Ankers und der Magnetspulen. Ein weiterer Vorteil dieser Magnetform liegt darin, daß beinahe keine Kraftlinien nach außen gestreut werden, was besonders bei Maschinen, die auf Schiffen verwendet werden, wichtig ist.

Fig. 70 zeigt eine sehr einfache Anordnung und erfordert etwa dieselbe Kupfermenge, wie die Formen in Fig. 68 und 69, sie ist indessen sehr schwer, wenn Gußeisen für das Joch benutzt wird. Bei Verwendung von Stahlguß kann die Maschine leichter als alle frühern Systeme gehalten werden; besonders gilt dies für kleine Modelle. Da der Anker und die Feldmagnete durch das sie umgebende Joch geschützt sind, so ist diese Konstruktion besonders für Maschinen geeignet, die, wie z. B. Straßenbahnmotoren, leicht Beschädigungen ausgesetzt sind. Ferner ist ebenso wie bei der Type Fig. 69 der Vorteil äußerst geringer magnetischer Streuung nach außen erreicht.

Das in Fig. 71 abgebildete System ist schwer und teuer. Es erfordert eine Befestigung aus Bronze und beträchtlich mehr Draht als die Form in Fig. 68, aber die Abkühlungsoberfläche der Spulen ist groß und die Ventilation sehr gut. Dieser Typus fand bei mehrpoligen Maschinen für Centralstationen früher Anwendung. Jetzt wird auch in ausländischen Centralen die ursprünglich in Deutschland eingeführte Type Fig. 72 verwendet.

55. Gewicht der Magnetsysteme.

Über das Gewicht der verschiedenen Magnetsysteme sind bereits oben einige allgemeine Bemerkungen gemacht; es mögen hier noch genaue Angaben an der Hand von verschiedenen berechneten Beispielen folgen. Die Zahlen beziehen sich freilich nur auf speziell ausgewählte Fälle, und ihre Verhältnisse würden sich ändern, wenn wir die Leistung, die Geschwindigkeit oder die Ankerform abänderten. Wir wollen zwei- und vierpolige Maschinen vergleichen.

Für die zweipoligen Maschinen ist eine Leistung von 25 Kilowatt bei 550 Umdrehungen in der Minute angenommen. Die Anker haben 30 cm Durchmesser und 38 cm Länge, ihre Umfangsgeschwindigkeit beträgt daher etwa 8,8 m in der Sekunde. In zwei Fällen besitzt jedoch der Anker einen Durchmesser von 38 cm und hat demnach eine Umfangsgeschwindigkeit von 10,9 m in der Sekunde. Für die vierpoligen Maschinen ist eine Leistung von 80 Kilowatt bei 380 Umdrehungen in der Minute gewählt. Die Anker sollen in jedem Falle einen Durchmesser von 60 cm und eine Länge von 50 cm haben; sie besitzen demnach eine Umfangsgeschwindigkeit von 12,1 m in der Sekunde.

Die Berechnung der Magnetsysteme ist nach den Formeln ausgeführt, die in der zweiten Hälfte dieses und im nächsten Kapitel für den Wert der erregenden Kraft mitgeteilt werden. Hierbei sind die Rückwirkung des Ankers (siehe 11. Kapitel), die zulässige Grenze für die Erwärmung der Spulen und der für die Erregung übliche Betrag der Gesamtleistung berücksichtigt. Wo es ratsam erschien, sind Polschuhe angewandt, um die erregende Kraft und das Gewicht der Magnetwicklung herabzudrücken. In zwei Fällen, die in Fig. 74 und 75 dargestellt sind, wurden die Polflächen durchgeschnitten, sodaß sich die Rückwirkung des Ankers verringerte, die Feldmagnete also leichter gehalten werden konnten. Der Anker erhielt in diesen beiden Fällen einen Durchmesser von 38 cm und ist deshalb schwerer und teurer als ein solcher von 30 cm Durchmesser, der bei allen übrigen zweipoligen Maschinen benutzt wurde.

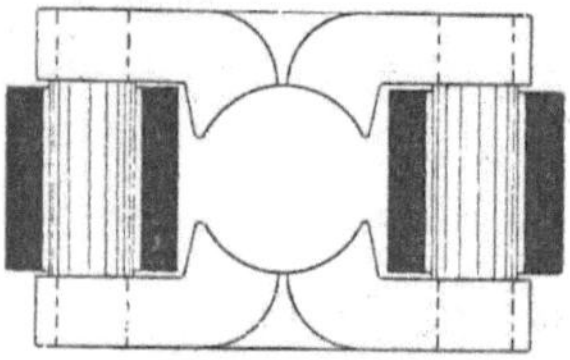

Fig. 74.

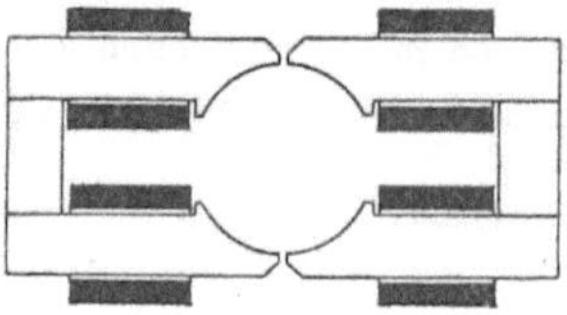

Fig. 75.

Für den Spannungsverlust in der Ankerwicklung der zweipoligen Maschinen sind 3,75 % angesetzt. Bei allen vierpoligen Maschinen ist derselbe Anker verwandt und für einen Spannungsverlust von 2,5 % berechnet.

Magnetsysteme von zweipoligen Maschinen

bei einer Leistung von 25 Kilowatt und bei einer Umdrehungszahl von 550.

Form des Magnetsystems von Fig.	67a	67b	67c	67d	67e	67f	74	75
Gesamtgewicht des Magnetsystems in kg . . .	2290	2100	1360	1260	3040	2280	1650	1080
Eisengewicht in kg . . .	2070	1620	1170	810	2880	2070	1350	790
Kupfergewicht in kg . .	220	480	190	450	160	210	300	290
Zur Erregung erforderliche Leistung in Prozenten der Gesamtleistung . .	3	3,5	3,5	3,5	3,25	2,8	3,5	3,5
Temperaturerhöhung . .	33°	25°	33°	20°	33°	33°	28°	22°
Gewicht des Magnetsystems in kg für ein Kilowatt Leistung bei einer Umfangsgeschwindigkeit des Ankers von 10 m in der Sekunde	79	72	47	43	103	79	70	47

Magnetsysteme von vierpoligen Maschinen

bei einer Leistung von 80 Kilowatt und bei einer Umdrehungszahl von 380.

Form des Magnetsystems von Fig.	68	69	70	71
Gesamtgewicht des Magnetsystems in kg .	2730	4440	4940	3280
Eisengewicht in kg	1980	3910	4320	2110
Kupfergewicht in kg	750	530	620	1170
Zur Erregung erforderliche Leistung in Prozenten der Gesamtleistung	2	2	2	3
Temperaturerhöhung	30°	36°	33°	25°
Gewicht des Magnetsystems in kg für ein Kilowatt Leistung bei einer Umfangsgeschwindigkeit des Ankers von 10 m in der Sekunde	40	67	73	49

Der Effektverlust in der Wicklung der Feldmagnete ist bei den zweipoligen Maschinen zu 3,5 % und bei den vierpoligen zu 2 % der Gesamtleistung angenommen; hiervon ausgenommen sind die Fälle, wo die zu hohe Erwärmung der Magnetspulen einen geringern Aufwand von Energie erforderlich machte. Die Temperaturerhöhung wurde in jedem einzelnen Falle bestimmt und ist in den Tabellen mitgeteilt. Die angegebenen Gewichte beziehen sich nur auf das Eisen des magnetischen Kreises und auf den Kupferdraht; das Gewicht der Spulenhalter, der Klemmen und der Befestigung für die Magnete ist nicht berücksichtigt. Um die Vergleichung zu erleichtern, ist das Gewicht der Magnete für eine Leistung von 1 Kilowatt berechnet; hierbei wurde die Annahme gemacht, daß die Umfangsgeschwindigkeit des Ankers in allen Fällen 10 m in der Sekunde beträgt. Die Magnetkerne bestehen überall aus Schmiedeeisen; bei 67a, 67b und 74 sind die Polschuhe und bei 67c, 67e, 67f, 69 und 70 die Joche aus Gußeisen angefertigt.

56. Bestimmung der erregenden Kraft.

Im fünften Kapitel ist das Gesetz abgeleitet, das die Kraftlinienzahl bestimmt, die bei einer gegebenen erregenden Kraft erzeugt wird. Es gibt in jedem einzelnen Falle, wo eine bestimmte Kraftlinienzahl in einer Dynamomaschine erzeugt werden soll, den dazu erforderlichen Wert der gesamten erregenden Kraft in Amperewindungen an. Im folgenden wollen wir stets den gesamten Kraftlinienstrom in C.G.S.-Einheiten mit N und die erregende Kraft in Amperewindungen mit X bezeichnen, sodaß die allgemeine Gleichung (22) auch in der Form

$$X = NR \quad \ldots\ldots\ldots \quad (34)$$

geschrieben werden kann, wo R den magnetischen Widerstand bedeutet und durch die Formel

$$\left.\begin{aligned} R &= \frac{1}{1{,}256} \sum \frac{L}{Q} \frac{1}{\mu} \\ &= 0{,}8 \sum \frac{L}{Q} \frac{1}{\mu} \end{aligned}\right\} \quad \ldots\ldots \quad (23)$$

bestimmt ist. L und Q sind hier in Centimeter und Quadratcentimeter anzugeben, und der Koeffizient μ wird gleich 1, wenn der betrachtete magnetische Stromkreis nur Luft oder andere unmagnetische Stoffe enthält; man hat alsdann

$$R = 0{,}8 \frac{L}{Q}.$$

Da nun $N = BQ$ ist, so ergibt sich für die Zahl der Amperewindungen, die erforderlich ist, um die Kraftlinienzahl N in Luft zu erzeugen,

$$X = B\,Q \times 0{,}8 \frac{L}{Q} = 0{,}8\,B\,L \quad \ldots\ldots \quad (35)$$

Es ist im allgemeinen bequem, die erregende Kraft für jeden Teil des magnetischen Kreises getrennt zu berechnen, da die Kraftlinienzahl nicht in allen Teilen gleich ist. Bei einer Dynamomaschine durchlaufen die Kraftlinien den Anker und den Luftzwischenraum, und zwar beide in gleicher Zahl, die Polschuhe, die Magnetkerne und das Joch nicht in gleicher Zahl. In dem letzten Teil ist ihre Zahl größer als im Anker, da ein bestimmter Bruchteil der innerhalb der Magnetspulen erzeugten Linien nicht durch den Anker läuft, sondern in den die Spulen umgebenden Luftraum übertritt und die sogenannte *magnetische Streuung* oder das *Streufeld* bildet, das, wie jeder andere Kraftlinienstrom, von der Ausdehnung der Flächen, die verschiedenes magnetisches Potential haben, von deren Abstande und von der Größe der magnetischen Potentialdifferenz oder magnetomotorischen Kraft abhängt. Im allgemeinen wird die Streuung um so beträchtlicher sein, je größer die erregende Kraft, je ausgedehnter die äußere Oberfläche der Polschuhe und je geringer die Entfernung zwischen den ungleichnamigen Polen oder zwischen den Polschuhen und den Jochen ist.

Der magnetische Widerstand an den Berührungsflächen zweier benachbarter Eisenteile des magnetischen Stromkreises ist in der Regel zu vernachlässigen. Er ist in der Tat bei guten Maschinen, wo diese Flächen wirkliche Ebenen bilden und fest aufeinander gepreßt sind, gegen den Widerstand der übrigen Teile des Kreises bedeutungslos. Ewing hat den magnetischen Widerstand von Berührungsflächen experimentell untersucht, indem er die Abnahme bestimmte, welche die Induktion in einem Eisenring erfährt, wenn dieser bei der gleichen magnetisierenden Kraft in zwei, vier oder acht Stücke geteilt wird. Er fand, daß sich der Widerstand der Berührungsflächen bei Anwendung von mechanischem Drucke verringerte. Da bei guten Maschinen die zu verbindenden Teile fest miteinander verschraubt oder ineinander getrieben sind, so ist anzunehmen, daß hier der mechanische Druck zur Herstellung eines guten magnetischen Schlusses genügt. Ewing berechnet die Dicke der Luftschicht, deren magnetischer Widerstand gleich dem der Berührungsfläche ist, und findet hierfür rund 0,03 mm.

Daraus berechnet sich die magnetisierende Kraft für eine Stoßfuge zu

$$X = 0{,}8 \cdot 0{,}003 \cdot B.$$

Für den Durchschnittswert $B = 15000$ wird $X = 36$. Das ist ein so geringer Wert, daß auch seine gänzliche Vernachlässigung keinen erheblichen Fehler verursacht.

Es bleiben jetzt noch drei Teile des magnetischen Stromkreises übrig, die wir getrennt zu berechnen haben, nämlich der Anker, die Luftzwischenräume und die Magnete mit Einschluß der Polschuhe und des Joches. Für alle diese Teile bestimmen wir einzeln die erregenden Kräfte, die erforderlich sind, um die Kraftlinien hindurchzutreiben; für den Ankerkern bezeichnen wir diese Kraft mit X_a, für die Ankerzähne mit X_z, für den Luftzwischenraum mit X_α, für die Magnetkerne und Polschuhe mit X_m und für das Joch mit X_j. In ähnlicher Weise sollen die Indices a, z, α, m und j, wenn sie an die Buchstaben N und B gehängt werden, die Kraftlinienzahl oder die Induktion in den verschiedenen Abschnitten des magnetischen Kreises bedeuten. Ferner bezeichnen wir mit L_a, L_z, L_m und L_j die mittlere Länge des Weges, den die Kraftlinien im Ankerkern, in den Ankerzähnen, in den Feldmagneten und im Joch zurücklegen, mit δ die Breite des Luftzwischenraums zwischen Anker und Pol, und mit Q_a, Q_z, Q_a, Q_m und Q_j den Querschnitt des Ankerkerns, der Ankerzähne, des Luftzwischenraums, der Magnetkerne und des Joches.

Die erregende Kraft, welche zur Erzeugung einer Induktion oder Kraftliniendichte B_a im Ankerkern erforderlich ist, beträgt

$$H_a = \frac{B_a}{\mu},$$

wo

$$H_a = \frac{0{,}4\,\pi\,X_a}{L_a},$$

mithin

$$B_a = \mu\,\frac{0{,}4\,\pi\,X_a}{L_a}$$

ist.

Um die Amperewindungen X_a aus dieser Formel zu berechnen, die für die Magnetisierung des Ankerkerns erforderlich sind, muß zunächst der Wert der Permeabilität bekannt sein, der zu der betreffenden Induktion gehört, oder es muß der Wert von H für jeden Wert von B bekannt sein. Diese Beziehungen sind gegeben durch eine Magnetisierungskurve, wie z. B. Fig. 31, welche B als Funktion von H darstellt. Wir kennen die Gesamtkraftlinienzahl, die zur Erzeugung der gewünschten elektromotorischen Kraft den Anker durchfließen n uß; teilen wir sie durch den Querschnitt des Ankereisens, so erhalten wir B_a. Aus der Magnetisierungskurve ergibt sich sodann der entsprechende Wert für H_a und hieraus weiter

$$X_a = \frac{H_a}{0{,}4\,\pi}\,L_a = 0{,}8\,H_a\,L_a.$$

Um den Faktor 0,8 zu vermeiden, zeichnet man zweckmäßig an der Hand der Magnetisierungskurve eine Kurve, welche die zusammengehörigen Werte von 0,8 H_a und B_a darstellt. Wir können dann aus dieser Kurventafel einfach diejenige Zahl entnehmen, mit welcher die mittlere Weglänge der Kraftlinien im Anker multipliziert werden muß, um X_a zu erhalten. Die Abszissen der Kurventafel geben also die Amperewindungen an, die zur Erzeugung der gewünschten Induktion für jedes Centimeter des Kraftlinienweges erforderlich sind.

Fig. 76 stellt die Kurven für die verschiedenen Eisensorten dar, die bei den Dynamomaschinen in Frage kommen. Die eingetragenen Zahlen sind von dem Verfasser als Mittelwerte für die gebräuchlichsten Sorten von Ankerblech, Flußeisen, Schmiedeeisen und Gußeisen neu bestimmt. Außerdem enthält die Tafel noch die Werte für denselben Stahlguß, dessen Magnetisierungskurve in Fig. 33 dargestellt ist. Für jede Eisensorte sind zwei Kurven gezeichnet; die Abszissen für die untere Kurve sind am untern, die für die obere Kurve am obern Rande vermerkt.

Die Anwendung dieser Kurventafel wird am besten an einem Beispiel erläutert werden. Angenommen, die mittlere Länge des Kraftlinienweges im Ankerkern sei gleich 30 cm und die gewünschte Induktion betrage 16000. Aus der Kurve für Ankerblech ergibt sich, daß zur Erzeugung dieser Induktion für jedes Centimeter des Kraftlinienweges 36 Amperewindungen nötig sind. Von der gesamten erregenden Kraft, welche auf die Feldmagnete wirkt, wären also $36 \times 30 = 1080$ Amperewindungen erforderlich, um die Kraftlinien durch den Anker zu treiben.

Um den Teil der erregenden Kraft zu bestimmen, der erforderlich ist, um die Kraftlinien durch den Luftzwischenraum zu treiben, benutzen wir Formel (35). Die Abmessungen der Oberfläche der Polschuhe entnehmen wir aus der Zeichnung der Maschine. Es ist jedoch zu bedenken, daß bei einem glatten Anker der mittlere Querschnitt, den die Kraftlinien einnehmen, etwas größer als die Oberfläche der Polschuhe ist, da sich die Kraftlinien an den Ecken der Polschuhe ausbreiten, wie es Fig. 77 zeigt. Man nimmt gewöhnlich an, daß die mittlere Bogenlänge des Luftzwischenraums um den Abstand zwischen Anker und Polfläche größer ist als die Bogenlänge der Polfläche. Bezeichnen wir diese mit λ und die Länge des Ankers mit l, so haben wir für den Querschnitt des Luftzwischenraums demnach

$$Q_a = l\,(\lambda + \delta).$$

Die mittlere Kraftliniendichte beträgt hier

$$B_a = \frac{N}{Q_a},$$

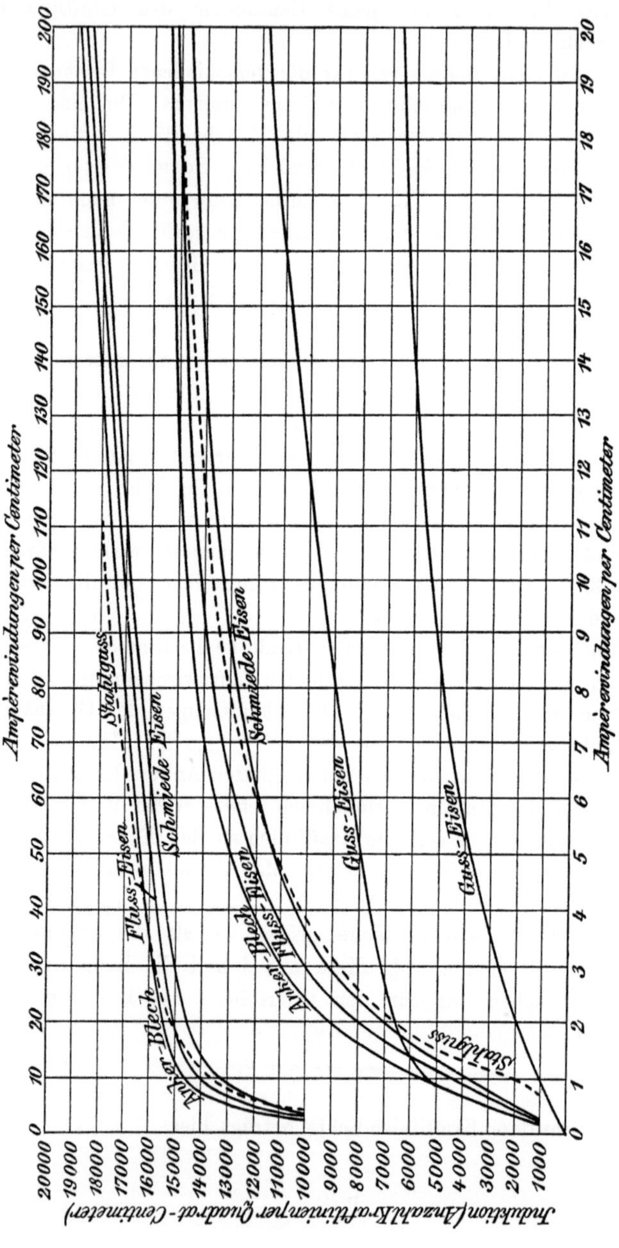
Ampèrewindungen per Centimeter
0
10
20
30
40
50
60
70
80
90
100
110
120
130
140
150
160
170
180
190
200
1
2
3
4
5
6
7
8
9
10
11
12
13
14
15
16
17
18
19
20
Induktion (Anzahl Kraftlinien per Quadrat-Centimeter)
20000
19000
18000
17000
16000
15000
14000
13000
12000
11000
10000
9000
8000
7000
6000
5000
4000
3000
2000
1000
Stahlguss
Fluss-Eisen
Schmiede-Eisen
Anker-Blech
Guss-Eisen
Anker-Blech
Fluss-Eisen
Schmiede-Eisen
Guss-Eisen
Stahlguss

Fig. 76.

und die für den Luftzwischenraum erforderliche erregende Kraft ist daher

$$X_a = 1{,}6\, B_a\, \delta. \quad . \quad . \quad . \quad . \quad . \quad . \quad . \quad . \quad (36)$$

Bei Zahnankern ist Q_a das Mittel aus der Fläche der Zahnköpfe und des Poles. Als rohe Annäherung kann Q_a gleich $^3/_4$ der Polfläche angenommen werden.

Es erübrigt noch, die erregende Kraft für die Feldmagnete, einschließlich der Polschuhe und des Joches, zu bestimmen. Hier

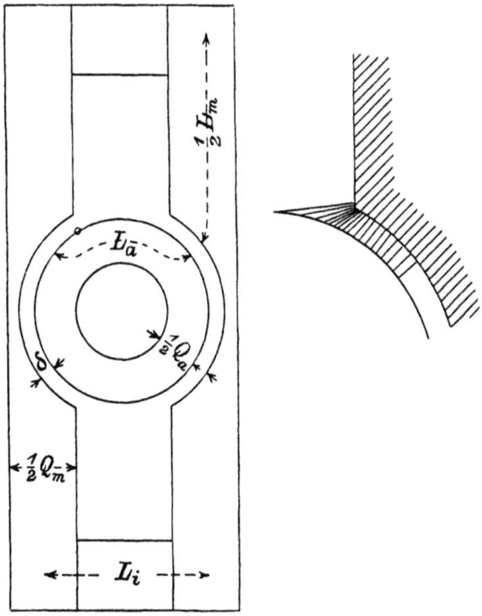

Fig. 77.

stoßen wir auf die Schwierigkeit, daß die Kraftlinienzahl infolge der magnetischen Streuung in den verschiedenen Teilen des Stromkreises nicht dieselbe ist, und daß das Gesetz, nach dem sie sich verändert, nicht genau bekannt ist. In Fig. 78 ist die Streuung einer zweipoligen Maschine durch punktierte Linien angedeutet; sie stellen jedoch nur die Kraftlinien dar, die in der Ebene des Papiers verlaufen. Es treten außerdem Kraftlinien an den Seitenflächen der Polschuhe in den Luftraum über, die teils von einem Polschuh zum andern, teils zum Joch verlaufen; sie breiten sich nach den verschiedensten Richtungen rings um die ganze Maschine her aus. Forbes[1]) hat unter Annahme, daß die Kraftlinien bestimmte Wege von einfacher Gestalt einschlagen, diesen Verlust zu ermitteln versucht; hierbei bleibt jedoch so viel dem persönlichen Ermessen des Rechners überlassen, daß es im allgemeinen besser ist, die Streuung einer neuen Maschine aus den Ergebnissen von Versuchen abzuleiten, die man an ähnlich gebauten Maschinen von andern Größenverhältnissen anstellt.

Ein solcher Versuch ist leicht zu machen. Wir können mit ziemlicher Gewißheit annehmen, daß die Kraftlinienzahl bei M

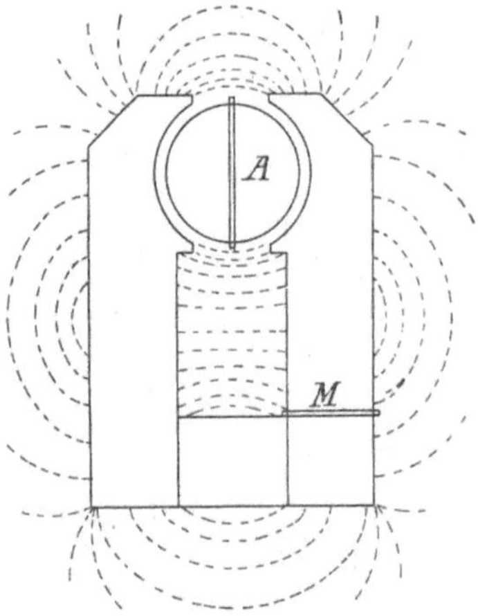

Fig. 78.

(Fig. 78) ihr Maximum erreicht, da hier ungefähr die Mitte des durch die Windungen erregten Teiles des magnetischen Kreises liegt, dieses Maximum sei N_m. Das Minimum der Kraftlinienzahl, das wir mit N bezeichnen, verläuft offenbar bei A durch den Anker. Wir brauchen daher nur an diesen beiden Stellen um das Eisen zwei Spulen zu legen, die mit einem ballistischen Galvanometer verbunden sind, und für jede Spule die Ausschläge am Galvanometer beim Schließen und Öffnen des Stromkreises der erregenden Windungen zu bestimmen; auf diese Weise erhalten wir die gesamte Kraftlinienzahl an diesen beiden Punkten und das Verhältnis der beiden

---

[1]) Journ. of the Soc. of Telegr. Eng. *15*, 551, 1886.

Zahlen. Auch kann man den Versuch auf die Art anstellen, daß man die beiden Spulen einmal hintereinander und dann gegeneinander schaltet und so $N_m + N$ und $N_m - N$ bestimmt.

Wenn es sich nur um Ermittelung des Streuungskoeffizienten, d. h. des Verhältnisses zwischen den durch Streuung verlorenen und den nützlichen Linien N handelt, so braucht das ballistische Galvanometer nicht einmal geeicht zu sein. Es sei bei der Schaltung der Prüfspulen, die der Summe der Felder entspricht, der Ausschlag a und bei der Gegenschaltung der Spulen sei der Ausschlag b. Es sei ferner die unbekannte Eichkonstante des Galvanometers c, so ist

$$N_m + N = c\,a$$

$$N_m - N = c\,b.$$

Daraus

$$2\,N = c\,(a - b)$$

und

$$2\,N_m = c\,(a + b).$$

Das Verhältnis dieser beiden Ausdrücke ist

$$\frac{N}{N_m} = \frac{a-b}{a+b}.$$

Bezeichnen wir mit N_s das Streufeld, so ist

$$N_s = N_m - N$$

und der Streuungskoeffizient ist

$$\frac{N_s}{N} = \frac{a+b}{a-b} - 1.$$

$$\frac{N_s}{N} = \frac{2\,b}{a-b}.$$

Dieser Wert variiert je nach der Größe und Bauart der Maschine zwischen 0,15 und 0,8. Der Streuungskoeffizient ist übrigens für eine gegebene Maschine nicht absolut konstant, sondern hängt von der Erregung ab, wie folgende Überlegung zeigt. Nehmen wir an, wir hätten einen bestimmten Koeffizienten für die Streuung gefunden, während wir die Maschine bei schwacher Erregung prüften, so kann dieser unmöglich denselben Wert behalten, wenn die Maschine stärker erregt wird. Die Kraftlinienzahl im Anker sei im zweiten Fall um 30 % größer als im ersten. Die für den Luftraum erforderlichen Amperewindungen haben dann eine Zunahme von 30 % erfahren, während die für den Anker erforderlichen um mehr als 30% gewachsen sind. Der gesamte magnetische Druck, der die Kraftlinien aus den Polschuhen in den Luftraum treibt, hat daher mehr als die Kraftlinienzahl zugenommen, und deshalb muß jetzt auch der Streuungskoeffizient größer geworden sein. Es ist daher zweckmäßig, die Streuung nicht als einen Bruchteil der nützlichen Feldstärke zu betrachten, sondern als Funktion der erregenden Kraft X_{aza}, die tatsächlich auf den Anker wirkt. Da die Streuung durch die Luft stattfindet, deren Permeabilität $\mu = 1$ ist, so ist der magnetische Widerstand, den die gestreuten Kraftlinien finden, konstant, und wir können die gesamte für die Wirkung der Maschine verlorene Kraftlinienzahl

$$N_s = N_m - N$$

dadurch finden, daß wir die für den Anker erforderliche erregende Kraft X_{aza} durch den magnetischen Widerstand ρ des magnetischen Nebenschlusses dividieren. Wir schreiben daher

$$N_s = \frac{X_{aza}}{\varrho} \quad . \; . \; . \; . \; . \; . \; . \; . \; . \quad (37)$$

wobei

$$X_{aza} = X_a + X_z + X_a.$$

Der Koeffizient ρ hängt natürlich von der Größe und der Gestalt der Maschine ab. Bei Maschinen mit großen Polflächen wird ρ kleiner sein als bei solchen, deren Polflächen nur geringe Ausdehnung besitzen. So nimmt die Streuung in folgender Reihe bei den Magnetsystemen ab: Fig. 58b, 58d, 58c und 60. Wenn wir ferner Fig. 58c umdrehen, sodaß die Pole in die Nähe der Grundplatte kommen, so wird die Streuung größer.

Wir haben jetzt zu ermitteln, welchen Einfluß die Dimensionen der Maschine auf den Widerstand ρ des magnetischen Nebenschlusses ausüben. Verdoppeln wir die linearen Abmessungen der Maschine, so vervierfachen wir die Ausdehnung der Oberflächen, von welchen sich die Streuung ausbreitet. Aber gleichzeitig verdoppeln wir die mittlere Länge des Weges, den die streuenden Kraftlinien durchlaufen, sodaß der Widerstand des Nebenschlusses auf die Hälfte gegen früher sinkt. Für zwei Maschinen derselben Art wird daher die Größe ρ den linearen Abmessungen umgekehrt proportional sein. Auf bequeme Weise kann man ρ durch die Größe des Ankers ausdrücken, und zwar wählt man hierfür, um kleine Abänderungen im Verhältnis zwischen Länge und Durchmesser des Ankers zulassen zu können, die Quadratwurzel aus dem Produkt der Länge und des Durchmessers. Dabei ist allerdings vorausgesetzt, daß bei zweipoligen Maschinen Länge und Durchmesser nicht sehr verschieden sind. Der Widerstand des magnetischen Nebenschlusses wird demnach durch die Formel

$$\varrho = \frac{K}{\sqrt{l\,d}} \quad \ldots\ldots\ldots\ldots \quad (38)$$

dargestellt, wo l und d die Länge und den Durchmesser des Ankerkerns bezeichnet und K einen Koeffizienten bedeutet, der von der Gestalt, aber nicht von der Größe der Maschine abhängt. Bei den Maschinen, deren Magnetgestell ein einfaches Hufeisen bildet, kann, wenn der Anker oben liegt, $K = 0{,}29$, und liegt er unten, $K = 0{,}21$ gesetzt werden. Zur oberflächlichen Berechnung des Streufeldes von mehrpoligen Maschinen kann diese Formel auch angewandt werden. Für Außenpolmaschinen ist $K = 0{,}35$ bis $0{,}55$ anzunehmen, und für d der Durchmesser dividiert durch die Zahl der Polpaare einzuführen.

Die Formel für den Widerstand des Streufeldes lautet also allgemein

$$\varrho = \frac{K\sqrt{p}}{\sqrt{l\,d}}\,.$$

Es ist hier zu beachten, daß diese Formel nur für die Verhältnisse gilt, unter denen sie abgeleitet wurde, d. h. wenn die Form und die Abmessungen der mehrpoligen Maschine solche sind, daß sie als ein Zusammenbau von p zweipoligen Maschinen betrachtet werden kann, bei denen Durchmesser und Länge des Ankers nicht sehr verschieden sind. Es muß also die Polbreite in beiden Maschinen die gleiche sein, ebenso die Länge der Magnetkerne und ihre Breite, und schließlich muß der Abstand von Polkante zu Polkante in beiden Maschinen gleich sein, während der Ankerdurchmesser in der mehrpoligen Maschine p mal so groß sein muß als in der zweipoligen. Daß die Formel für ρ nur unter diesen Bedingungen, nicht aber für jede beliebige Type von mehrpoligen Feldern gilt, kann man leicht aus folgender Überlegung sehen. Nehmen wir an, wir hätten eine achtpolige Maschine ($p = 4$) mit 50 cm Ankerlänge, 200 cm Ankerdurchmesser und 280 cm lichtem Durchmesser des Jochringes. Werden keine Polschuhe verwendet, so würden die radiale Höhe der Magnetkerne rund 35 cm, ihre Breite 50 cm und ihre Länge 50 cm betragen. Man kann sich diese Maschine durch Zusammenbau von 4 Maschinen der Type 67 e entstanden denken, wobei die Anker 50 cm Durchmesser und 50 cm Länge haben müßten. Das Zusammenbauen muß man sich so vorstellen, daß man jeden der vier kleinen Anker aufschneidet und in einen Viertelkreis streckt. Durch Aneinanderlegen der Viertelkreise erhält man den ganzen Kreis von 200 cm Durchmesser. Mit dem Joch verfährt man ebenso. Dabei ist zu bemerken, daß die Länge des gemeinsamen Joches kleiner ist, als die achtfache Länge jeder Jochhälfte der Fig. 67 e; daß also die Streufläche des Joches verringert, ihre Entfernung von den Polen vergrößert worden ist. Deshalb ist der Koeffizient K bei der zusammengebauten Maschine etwas größer als bei den Einzelmaschinen, für welche $K = 0{,}30$ als brauchbarer Durchschnittswert angesehen werden kann. Auf einer achtpoligen Maschine mit den oben angegebenen Verhältnissen ist also die Formel

$$\varrho = \frac{K\sqrt{p}}{\sqrt{l\,d}}$$

ganz gut anwendbar. Sie ist aber nicht mehr anwendbar, wenn wir bei gleichbleibender Länge und Durchmesser des Ankers und Joches der Maschine 16 Pole geben. Denn dann würde die Entfernung zwischen den Polkanten auf die Hälfte reduziert und mithin bei gleicher Erregung die Induktion des Streuflusses zwischen diesen Teilen verdoppelt werden. Da die Ausdehnung der streuenden Flächen die gleiche geblieben ist, würde der ganze Streufluß zwischen den Magneten verdoppelt werden, während jener zwischen Magnet und Joch der gleiche bleiben würde. Es würde also in Wirklichkeit das neue ρ nur 70 bis 80 % von dem früheren Werte betragen, während aus der Formel berechnet der Wert des neuen ρ um 40 % größer ist. Der Widerspruch erklärt sich einfach daraus, daß wir die Formel

$$\varrho = \frac{K\sqrt{p}}{\sqrt{l\,d}}$$

auf einen Fall angewendet haben, für den sie nicht bestimmt ist. Wollen wir die Formel auf eine 16polige Maschine anwenden, so muß diese Maschine eben solche Verhältnisse haben, daß sie als der Zusammenbau von 8 zweipoligen Maschinen mit Ankern von 25 cm Durchmesser und annähernd derselben Länge aufgefaßt werden kann. Die radiale Höhe der Magnete dürfte dann nur etwa 18 bis 20 cm, und der lichte Jochdurchmesser nur 240 cm betragen. Die Streuflächen der Magnete würden auf ein Viertel, jene des Joches auf etwas weniger als die Hälfte reduziert werden, während die Länge der Streupfade nur etwa halb so groß sein würde als früher. Der Widerstand des Streufeldes zwischen Magnet und Joch würde also etwas größer, und jener des Streufeldes zwischen zwei Magneten rund doppelt so groß als früher ausfallen, sodaß der Widerstand des gesamten Streufeldes recht gut das $\sqrt{2}$fache des frühern Wertes erreichen kann, wie es der Formel entspricht.

Wo die konstruktiven Verhältnisse der mehrpoligen Maschine entsprechende sind $\left(\frac{d}{p}\right.$ nicht sehr verschieden von der Länge des Ankers, und radiale Höhe der Magnete nicht sehr verschieden von $\left.0{,}7\,\frac{d}{p}\right)$ können wir also die Formel

$$\varrho = \frac{K\sqrt{p}}{\sqrt{l\,d}}$$

ohne Bedenken anwenden. K liegt zwischen 0,35 und 0,55; seine Einschätzung auf einen bestimmten zwischen diesen Grenzen liegenden Wert muß dem mechanischen Instinkt und der Erfahrung des Konstrukteurs überlassen werden.

Nun dürfen wir aber nicht einer Formel zu Liebe die geometrischen Verhältnisse einer Maschine festsetzen oder abändern, und wo die aus andern Überlegungen festgesetzten Verhältnisse für die Formel nicht passen, müssen wir letztere bei Seite legen und die Streuung auf andere Weise berechnen.

Diese Rechnung kann unter Berücksichtigung der Größe und Lage der streuenden Flächen und der mittleren Länge des Streupfades, allerdings nur in grober Annäherung, unter Benutzung der Formel

$$B = \frac{1{,}25\,X}{l}$$

ausgeführt werden. Dabei ist B die Induktion im Streupfade, l seine Länge und X die Anzahl Amperewindungen, welche zwischen den Streuflächen wirken. Die Unsicherheit der Rechnung liegt darin, daß wir weder die Länge noch den Querschnitt des Streupfades genau angeben können.

Als Beispiel möge die Berechnung des Streuflusses einer Innenpolmaschine dienen, wobei wir eine ziemlich große Anzahl von Polen annehmen, sodaß die zugekehrten Flanken der Magnete keinen allzu großen Winkel einschließen. Wir können den Streufluß als das Produkt von Amperewindungen und magnetischer Leitfähigkeit auffassen. Dabei ist die magnetische Leitfähigkeit eines homogenen Streufeldes durch den Ausdruck

$$1{,}25 \frac{Q}{l}$$

gegeben. Q ist der Querschnitt und l die Länge des Streupfades. Es würde also in Fig. 79 das Streufeld zwischen den Polkanten durch die Formel

$$N_s = 2 \times 1{,}25\, X \frac{h\, L}{a_0}$$

gegeben sein. Der Faktor 2 ist einzusetzen, weil die Streuung nach rechts und links an beiden Polkanten stattfindet. Um die Streuung zwischen den Magnetflanken zu finden, können wir die gleiche Formel anwenden, wenn wir die ganze Höhe H in kleine Teile zerlegen und für a jedesmal den entsprechenden Wert einsetzen. Auch ist zu bedenken, daß X von unten nach oben stetig wächst, also immer nur jener Wert für X eingesetzt werden darf, welcher der Lage des betreffenden Teils entspricht. Das ist jedoch eine umständliche Rechnung, die man durch ein Näherungsverfahren umgehen kann. Wenn wir uns die divergierenden Magnetkerne durch solche ersetzt denken, die in dem mittleren Flankenabstand a parallel verlaufen, so begehen wir insofern einen kleinen Fehler, als wir die Streuung oberhalb des Pfeiles a im Verhältnis der Divergenz zur mittleren Entfernung überschätzen und die Streuung unterhalb des Pfeiles im gleichen Verhältnis unterschätzen. Da die Streuung wegen wachsendem X nach obenhin zunimmt, gleichen sich diese beiden Fehler nicht vollkommen aus, sondern es bleibt ein positiver Überschuß, d. h. wir schätzen die Gesamtstreuung etwas zu groß. Dieser Fehler ist jedoch bei kleiner Divergenz der Magnetflanken unbedeutend und wird im übrigen noch teilweise dadurch kompensiert, daß wir die Streulinien als parallele Gerade ansehen, während sie in Wirklichkeit in der Mitte etwas nach unten ausgebaucht sind. Es wird also der Querschnitt der Streupfade oberhalb des Pfeiles a etwas größer und unterhalb desselben etwas kleiner sein, als wir annahmen. Der dadurch entstehende Fehler ist aber negativ und gleicht den früher erwähnten positiven Fehler einigermaßen aus.

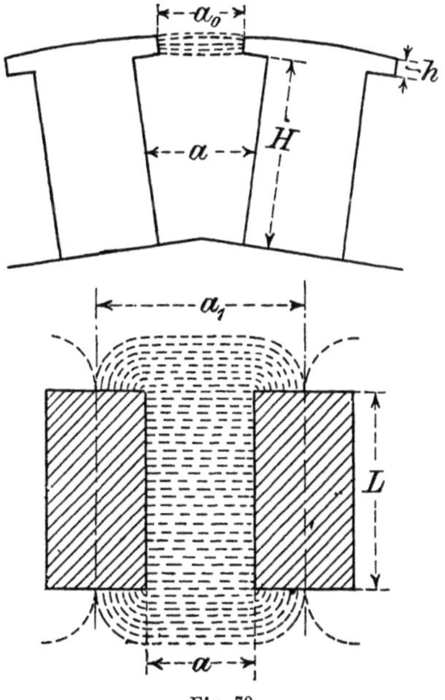

Fig. 79.

Auf einen Elementarstreifen des Streufeldes von dem Querschnitt $L\,dh$, der um h cm über dem Joch liegt, wirken $X\frac{h}{H}$ Amperewindungen. Das Streufeld ist

$$dN_s = 1{,}25\,X\frac{h}{H}\cdot\frac{dh}{a}\,L.$$

Das gesamte Streufeld finden wir durch Integration zwischen den Grenzen $h = o$ und $h = H$. Es ist

$$N_s = \frac{1}{2}\,1{,}25\,X\frac{HL}{a}.$$

Nun fließen aber Streulinien nach rechts und nach links aus beiden Flanken des Magneten aus. Die Flankenstreuung ist also doppelt so groß, nämlich

$$N_s = 1{,}25\, X \frac{H\, L}{a}.$$

Außer der Flankenstreuung müssen wir noch die Endstreuung berücksichtigen. Wenn wir annehmen, daß die Streulinien an jeder Endfläche, wie in Fig. 79 angedeutet, Viertelkreise bilden, so haben wir jedenfalls diese Streuung nicht überschätzt. In Wirklichkeit bauchen sich die Streulinien mehr aus und der Widerstand des Streufeldes wird dadurch etwas geringer. Da aber eine andere als die in der Figur gezeichnete Annahme über den Verlauf der Streulinien die Rechnung zu sehr erschweren würde, wollen wir bei der einfachen Annahme bleiben und den dadurch entstandenen Fehler durch einen kleinen Zuschlag am Ende der Rechnung ausgleichen. Eine Streulinie, die in der Entfernung y von der Ecke des Schenkels ausgeht, beschreibt zwei Viertelkreise von dem Radius y und das gerade Stück a. Ihre Länge ist somit

$$a + \pi\, y.$$

Wir wollen zunächst annehmen, daß der betrachtete Streifen 1 cm hoch ist und daß wir eine Kraftröhre von $1 \times d\,y$ cm Querschnitt betrachten, welche unter dem Einfluß von

$$x = \frac{h}{H} X$$

Amperewindungen gebildet wird.

$$d\,N_s = \frac{1{,}25\, x\, d\,y}{a + \pi\, y}.$$

Integrieren wir nun von der Ecke bis zur Mitte des Schenkels, d. h. von $y = o$ bis $y = \frac{a_1 - a}{2}$, so erhalten wir den Streufluß in dem ganzen Streifen von 1 cm Höhe

$$N_s = \frac{1{,}25\, x}{\pi} \log \text{nat} \left(1 + \frac{\pi}{2}\left(\frac{a_1 - a}{a}\right)\right)$$

oder mit Anwendung des gemeinen Logarithmus

$$N_s = 0{,}92\, x \log \left(1 + \frac{\pi}{2}\left(\frac{a_1 - a}{a}\right)\right).$$ [1]

Anstatt den Streufluß für jeden Streifen von 1 cm Höhe besonders zu bestimmen, können wir, wie früher, vom Joch bis zum Polschuh integrieren und erhalten

$$N_s = 0{,}92\, \frac{XH}{2} \log \left(1 + \frac{\pi}{2}\left(\frac{a_1 - a}{a}\right)\right).$$

Nun ist zu bedenken, daß dieser Streufluß in jedem Magnetschenkel viermal vorkommt und daß wir, wie oben erwähnt, einen kleinen Zuschlag wegen der zu geringen Schätzung der Leitfähigkeit des Streufeldes machen müssen. Wir schreiben deshalb nicht $4 \times \frac{0{,}92}{2}$, sondern 2 als Koeffizienten und erhalten

$$N_s = 2\, XH \log \left(1 + \frac{\pi}{2}\left(\frac{a_1 - a}{a}\right)\right).$$

In ähnlicher Weise finden wir für die Polenden

$$N_s = 4\, Xh \log \left(1 + \frac{\pi}{2}\left(\frac{a_1 - a_0}{a_0}\right)\right).$$

Der Koeffizient ist jetzt 4 und nicht 2, weil die ganze Fläche $h(a_1 - a_0)$ auf jeder Seite dem der Erregung X entsprechenden magnetischen Druck steht.

Schließlich wären noch die Streuungen vom oberen zum unteren Teil jedes Magnetes und von Magnet zu Joch zu behandeln. Diese sind gering und ihre Berechnung würde für den Praktiker kaum lohnen. Wir vernachlässigen sie deshalb, und um den dadurch begangenen Fehler einigermaßen auszugleichen, nehmen wir an, daß der Magnet auf seiner ganzen Länge den Kraftfluß $N + \Sigma N_s$ führt. Dadurch werden die zur Erregung nötigen Amperewindungen etwas überschätzt, während sie durch die Vernachlässigung der beiden oben erwähnten Streuflüsse etwas unterschätzt werden. Die Fehler gleichen sich also einigermaßen aus und ihre Differenz, die höchstens

---

[1]) Diese Formel ist zuerst von Forbes (Journal of the Society of Tel. Engin. and Electr. Vol. XV, p. 556) angegeben worden, jedoch in etwas anderer Gestalt. In der obigen Form gibt sie Thompson in seinem Buch: Der Elektromagnet (deutsche Übersetzung von Grawinkel), S. 390.

von der Größenordnung einige Hundert Amperewindungen sein kann, ist gegenüber der gesamten Erregung unbedeutend.

Um dem Leser einen Begriff von der Größenordnung der verschiedenen Streuflüsse zu geben, mögen hier die für ein praktisches Beispiel berechneten Werte angeführt werden.

Durchmesser des Ankers 210 cm, Länge 22 cm, 32 Pole.

$$a_0 = 7 \quad a = 8 \quad a_1 = 18 \quad X = 8000 \quad h = 1{,}5 \quad H = 21{,}5 \quad L = 22$$

Es ist nicht nötig, die Rechnung hier im einzelnen durchzuführen. Das Ergebnis ist

Streuung zwischen

Polenden $N_s = 4\,X h \log\left(1 + \frac{\pi}{2}\left(\frac{a_1 - a_0}{a_0}\right)\right)$ . . $0{,}026 \times 10^{-6}$

Polkanten $N_s = 2{,}5\,X L \frac{h}{a_0}$ . . . . $0{,}094 \times 10^{-6}$

Magnetenden $N_s = 2\,X H \log\left(1 + \frac{\pi}{2}\left(\frac{a_1 - a}{a}\right)\right)$ . . $0{,}162 \times 10^{-6}$

Magnetflanken $N_s = 1{,}25\,\frac{X H L}{a}$ . . . . $0{,}590 \times 10^{-6}$

Insgesamt . . . . $0{,}872 \times 10^{-6}$

Das nützliche Feld dieser Maschine ist . . . . . $N = 1{,}850 \times 10^{-6}$

Folglich führt jeder Magnet einen Kraftfluß von . $N_m = 2{,}722 \times 10^{-6}$
und die Streuung beträgt 47 %.

Sind die Magnetkerne cylindrisch, so kann man sie sich durch quadratische Kerne gleichen Querschnittes ersetzt denken und für diese die Streuung berechnen.

Wenn wir auf die eine oder andere Art den Streufluß gefunden, zum nützlichen Ankerfluß addiert und so den Kraftfluß durch die Magnete bestimmt haben, so können wir die für das Feld nötige Erregung finden. Dabei verfahren wir in derselben Weise wie beim Anker und benutzen die Kurventafel (Fig. 76). Es ist jedoch hierbei zu bedenken, daß ein Fehler, den man bei der Bestimmung der Permeabilität des Ankerkerns begeht, von keiner großen Bedeutung ist, da die für den Anker erforderliche erregende Kraft in der Regel verhältnismäßig klein ist; dagegen kann ein solcher Fehler bei den Feldmagneten das Resultat sehr entstellen, da er in größerem Maße in die gesamte erregende Kraft eingeht. Nun ist der Unterschied in der Permeabilität zwischen verschiedenen Eisensorten im allgemeinen für hohe Kraftliniendichten größer als für niedrige, so daß es, wenn man aus konstruktiven Rücksichten mit hohen Dichten arbeiten muß, sehr wichtig ist, die magnetischen Eigenschaften der betreffenden Eisensorte genau zu kennen. Auf der andern Seite ist ein Fehler weniger zu befürchten, wenn man geringe Dichten anwendet, was, wenn irgend möglich, auch schon deshalb ratsam ist, weil man dabei an Draht für die erregenden Windungen spart. In solchen Fällen ist die erregende Kraft kleiner und deshalb ein Fehler bei ihrer Bestimmung weniger merklich, ganz abgesehen davon, daß sich die erregende Kraft mit größerer Genauigkeit ermitteln läßt. Für gewöhnlich können wir daher von einer Untersuchung des Eisenmaterials in jedem einzelnen Falle absehen und für die Beziehungen zwischen B und $\frac{X}{L}$ eine Kurventafel benutzen, welche, wie die obige, ein für allemal aus Versuchen abgeleitet ist, die an Eisen von mittlerer Qualität angestellt sind.

Für Feldmagnete benutzt man gewöhnlich Schmiedeeisen, Flußeisen oder Stahlguß. Gußeisen sollte eigentlich nur in den Teilen des magnetischen Stromkreises Verwendung finden, die nicht von erregenden Windungen umgeben sind, also am Joch und an den Polschuhen, da sonst die Kosten des Kupfers in Anbetracht des größern, vom Draht zu umgebenden Querschnittes zu hoch werden. Eine Ausnahme ist bei kleinern Maschinen zulässig, weil dabei gute Ausnutzung des Materials weniger ins Gewicht fällt als Einfachheit der Konstruktion und Ersparnis an Arbeitslohn. Schmiedeeisen wird heutzutage weniger benutzt als Flußeisen oder Stahlguß. Diese Materialien werden in der Regel für die eigentlichen Magnetkerne benutzt und sind in magnetischer Beziehung ziemlich gleichwertig. Von dreizehn Proben Stahlguß, welche der Verfasser mit seinem Eisenprüfer untersuchte, besaßen nur drei eine merklich niedrigere Permeabilität als gewöhnliches Schmiedeeisen, während die übrigen sich gleich oder ein wenig besser als dieses verhielten. In neuerer Zeit werden zuweilen auch Magnetkerne aus Blech verwendet und zwar nicht so sehr wegen etwaiger magnetischer Vorzüge des Bleches, als um die Lieferzeit der Stahlgußstücke zu sparen.

57. Vorausbestimmung der Charakteristik.

Im allgemeinen bezeichnet man mit *Charakteristik* einer Dynamomaschine eine Kurve, welche die Beziehung zwischen zwei Variabeln veranschaulicht, wie z. B. zwischen Stromstärke und Klemmenspannung bei konstanter Umdrehungszahl, zwischen Umdrehungszahl und Stromstärke bei konstantem äußern Widerstande, zwischen Stromstärke und äußerm Widerstande bei konstanter Umdrehungszahl u. s. w. Unter diesen Beziehungen ist die zwischen der erregenden Kraft und der gesamten Kraftlinienzahl im Anker eine der wichtigsten. Sie kann durch eine Charakteristik dargestellt werden, die gewöhnlich die Magnetisierungskurve der Maschine genannt wird. Die erregenden Kräfte werden hierbei als Abszissen, die Kraftlinienzahlen im Anker als Ordinaten aufgetragen. Diese Kurve ist deshalb so wichtig, weil wir mit ihrer Hilfe die Magnetwicklung nicht nur für eine bestimmte Wirkungsweise der Maschine ermitteln können, sondern für jede beliebige Art des Betriebes, so für Compound-Maschinen, für Eisen- und Straßenbahnmotoren und allgemein für alle Aufgaben der elektrischen Kraftübertragung.

Wir wollen uns jetzt damit beschäftigen, aus der Zeichnung der Maschine verschiedene Punkte ihrer Magnetisierungskurve zu ermitteln. Diese Aufgabe ist eigentlich schon oben gelöst, wo wir für die verschiedenen Teile des magnetischen Kreises die erregende Kraft berechneten. Wir wollen jedoch den Gegenstand nochmals an der Hand eines Beispiels besprechen.

Die Maschine besitze einen zahnlosen Ringanker von 45 cm Durchmesser und 35 cm Länge; die Ankerscheiben sollen eine radiale Tiefe von 9 cm haben und 80 % der gesamten Länge des Ankers ausfüllen. Die Leistung der Maschine betrage 40 A und 1000 V bei 500 Umdrehungen in der Minute. Der Widerstand der Ankerwicklung sei 0,95 Ohm und bedinge dementsprechend einen Spannungsverlust von 3,8 % der Gesamtspannung. Aus Gründen, die im nächsten Kapitel entwickelt werden sollen, ist für einen derartigen Anker ein doppelhufeisenförmiges Magnetsystem von der in Fig. 75 dargestellten Gestalt zweckmäßig. Der Querschnitt des Ankereisens beträgt unter diesen Umständen $2 \times 35 \times 9 \times 0{,}80$ qcm $= 500$ qcm, und die nutzbare Kraftlinienzahl ist demnach 500 mal so groß als die Induktion. Aus der Zeichnung der Maschine mögen sich noch folgende Zahlen ergeben:

Bogenlänge der Polschuhe: $\lambda = 60$ cm,
Breite des Luftzwischenraums: $\delta = 2{,}3$ cm,
Querschnitt der Magnetschenkel und des Joches: $Q_m = 2 \times 450$ qcm,
Weglänge der Kraftlinien im Anker: $L_a = 40$ cm,
" " " in den Schenkeln und im Joch: $L_m = 170$ cm.

Wir nehmen an, die Schenkel und das Joch seien beide aus Schmiedeeisen hergestellt, sodaß wir sie nicht einzeln zu betrachten brauchen. Der Index m bezieht sich daher im folgenden auch auf das Joch.

Nach der auf Seite 203 angegebenen Formel ist der Querschnitt des Luftzwischenraums, den wir in Rechnung zu setzen haben,

$$Q_a = (\lambda + \delta)\, l,$$

also in diesem Falle

$$Q_a = (60 + 2{,}3)\, 35 \text{ qcm} = 2180 \text{ qcm}.$$

Der Anker soll an der Außenseite mit 1440 Leitern versehen sein, sodaß der vollen Leistung der Maschine etwa 9 000 000 Kraftlinien im Anker entsprechen. Um die Charakteristik zu finden, haben wir deshalb Punkte für $N = 0$ bis $N = 9\,000\,000$ zu bestimmen und besonders solche, für welche N einen etwas kleinern und einen etwas größern Wert als die letzte Zahl hat, da diese für das Verhalten der Maschine im gewöhnlichen Arbeitsgebiet maßgebend sind.

Wir nehmen zu diesem Zwecke zunächst eine bestimmte Kraftlinienzahl im Anker an, ermitteln die für ihre Erzeugung erforderliche erregende Kraft und tragen den entsprechenden Punkt ein. Alsdann führen wir dieselbe Berechnung für eine andere Kraftlinienzahl im Anker aus und fahren so fort, bis wir genügend Punkte haben, um die Kurve sicher zeichnen zu können.

Zunächst wollen wir den Punkt der Charakteristik für eine Kraftlinienzahl von 3000000 im Anker bestimmen; die entsprechende Induktion ist dann

$$B_a = \frac{N}{Q_a} = \frac{3\,000\,000}{500} = 6000.$$

Aus der Kurventafel (Fig. 76) ergibt sich für diesen Wert von B_a

$$\frac{X_a}{L_a} = 1{,}1.$$

Da die mittlere Länge des Kraftlinienweges im Anker $L_a =$ 40 cm ist, so wird

$$X_a = 1{,}1 \times 40 = 44 \text{ Amperewindungen.}$$

Da es auf große Genauigkeit nicht ankommt, sagen wir 50 Amperewindungen.

Als erregende Kraft für den Luftzwischenraum, in welchem die Induktion

$$B_a = \frac{F_l}{Q_l} = \frac{3\,000\,000}{2180} = 1380$$

beträgt, finden wir nach Formel (36)

$$X_a = 1{,}6 \times 1380 \times 2{,}3 = 5070 \text{ Amperewindungen.}$$

Die gesamte, für den Anker und Luftzwischenraum erforderliche erregende Kraft ist daher

$$50 + 5070 = 5120 \text{ Amperewindungen.}$$

Diese erregende Kraft treibt auch die Kraftlinien, welche den magnetischen Nebenschluß bilden, durch die Luft in die Umgebung der Maschine.

Wir haben zunächst die Streuung zu bestimmen und müssen zu diesem Zweck den Wert von ρ ermitteln. Dieser ergibt sich aus Formel (38), wenn der Wert von K für die vorliegende Maschinenart bekannt ist. Wir setzen für Maschinen von der in Fig. 75 dargestellten Form $K = 0{,}22$ und finden

$$\varrho = \frac{0{,}22}{\sqrt{l\,d}} = \frac{0{,}22}{\sqrt{45 \times 35}} = 0{,}0055.$$

Die Anzahl der Streulinien beträgt somit

$$N_s = \frac{X_{aa}}{\varrho} = \frac{5120}{0{,}0055} = 930\,000.$$

Die Feldmagnete haben daher nicht nur die 3 000 000 Kraftlinien zu erzeugen, welche im Anker ausgenutzt werden, sondern noch weitere 930 000, welche sich in der Umgebung der Maschine in den Luftraum zerstreuen. Der Berechnung der Induktion in den Magneten müssen demnach 3 930 000 Kraftlinien zu Grunde gelegt werden, welche sich auf einen Querschnitt von 900 qcm (450 qcm für jeden Hufeisenmagneten) verteilen. Es ist demnach

$$B_m = \frac{N_m}{Q_m} = \frac{3\,930\,000}{900} = 4370.$$

Aus der Kurventafel (Fig. 76) ergibt sich aus der Kurve für Schmiedeeisen für diesen Wert von B_m

$$\frac{X_m}{L_m} = 1{,}2.$$

Mithin wird

$$X_m = 1{,}2 \times 170 = 204 \text{ oder rund 210 Amperewindungen.}$$

$Q_a = 500$ qcm; $Q_a = 2180$ qcm; $Q_m = 900$ qcm; $\varrho = 0{,}0055$;
$L_a = 40$ cm; $\delta = 2{,}3$ cm; $L_m = 170$ cm.

N N_s N_m	B_a B_l B_m	X_a X_a —	— $X_a + X_a$ X_m	— — X
3 000 000 930 000 3 930 000	6 000 1 380 4 400	50 5 070 —	— 5 120 210	— — 5 400
5 000 000 1 550 000 6 550 000	10 000 2 300 7 300	100 8 460 —	— 8 560 360	— — 9 000
6 000 000 1 870 000 7 870 000	12 000 2 750 8 700	150 10 100 —	— 10 250 470	— — 10 600
6 500 000 2 040 000 8 540 000	13 000 2 980 9 500	200 11 000 —	— 11 200 560	— — 11 800
7 000 000 2 200 000 9 200 000	14 000 3 210 10 200	290 11 800 —	— 12 090 650	— — 12 800
7 500 000 2 400 000 9 900 000	15 000 3 440 11 000	500 12 700 —	— 13 200 790	— — 14 000
8 000 000 2 700 000 10 700 000	16 000 3 670 11 900	1 400 13 500 —	— 14 900 1 000	— — 15 900
8 500 000 3 200 000 11 700 000	17 000 3 900 13 000	3 200 14 400 —	— 17 600 1 500	— — 19 100
9 000 000 3 760 000 12 760 000	18 000 4 130 14 200	5 480 15 200 —	— 20 680 2 700	— — 23 400
9 500 000 4 460 000 13 960 000	19 000 4 360 15 500	8 400 16 100 —	— 24 500 7 500	— — 32 000

Die gesamte erregende Kraft findet man durch Summierung der einzelnen Teile. Es sind erforderlich

für den Anker	50	Amperewindungen
für den Luftzwischenraum	5070	-
für die Magnetschenkel	210	-
im ganzen	5330	Amperewindungen.

Die Berechnung ergibt noch nebenbei den Streuungskoeffizienten, jedoch nur für die angenommene Kraftlinienzahl von 3 000 000. Wir fanden, daß 930 000 Kraftlinien für die Wirkung der Maschine verloren gehen, während 3 000 000 im Anker ausgenutzt werden. Der Verlust beträgt somit 31 %, d. h. der Streuungskoeffizient ist gleich 0,31.

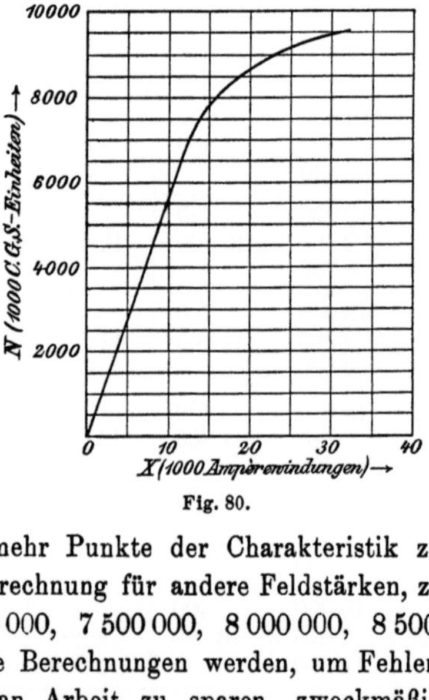

Fig. 80.

Um noch mehr Punkte der Charakteristik zu finden, wiederholen wir die Berechnung für andere Feldstärken, z. B. für 5000000, 6 000 000, 7 000 000, 7 500 000, 8 000 000, 8 500 000, 9 000 000, 9 500 000. Diese Berechnungen werden, um Fehler leichter zu entdecken und um an Arbeit zu sparen, zweckmäßig so ausgeführt, daß man, beim Anker beginnend, die für ihn erforderliche erregende Kraft zunächst für alle Feldstärken bestimmt, dann mit den gewonnenen Zahlen weiter die erregende Kraft für den Luftzwischenraum ermittelt u. s. w. Die Ergebnisse der Berechnung finden sich in der vorstehenden Tabelle, an deren Kopf die Abmessungen der Maschine wiederholt sind. Die Gesamterregung X ist in nach oben abgerundeten Zahlen gegeben.

Bestimmen wir nach dieser Tabelle den Streuungskoeffizienten für die normale Magnetisierung des Ankers, wenn ihn 9000000 Kraftlinien durchsetzen, so erhalten wir 0,42; für 9 500 000 Kraftlinien beträgt er sogar 0,47, dagegen für 3 000 000 Kraftlinien nur 0,31. Aus dem Werte des Streuungskoeffizienten kann daher nur ein angenäherter Wert für das Streufeld abgeleitet werden; genauere Werte müssen für jeden Fall besonders berechnet werden.

Fig. 80 zeigt die Charakteristik der Maschine, wie sie sich aus obiger Tabelle ergibt. Als Ordinaten sind die Kraftlinienzahlen N für den Anker und als Abszissen die zugehörigen Werte X der Amperewindungen aufgetragen. Wir können aus ihr sofort die erregende Kraft ablesen, die zur Erzeugung eines bestimmten Kraftflusses im Anker erforderlich ist. Da die elektromotorische Kraft der Maschine dem Kraftflusse im Anker und der Geschwindigkeit proportional ist, so kann diese Kurve nach entsprechender Veränderung der Ordinaten auch dazu benutzt werden, den Verlauf der elektromotorischen Kraft bei offenem Ankerstromkreis und bei konstanter Geschwindigkeit als Funktion der erregenden Kraft darzustellen. Es ist jedoch zu beachten, daß dies nur Gültigkeit hat, wenn der Anker keinen Strom führt. Fließt ein Strom durch die Ankerwicklung, so übt er eine bestimmte Rückwirkung auf das magnetische Feld aus, die nach den Angaben des nächsten Kapitels in Rechnung zu setzen ist.

Elftes Kapitel.

58. Statische und dynamische elektromotorische Kraft. — 59. Kommutieren des Stroms. — 60. Gegenwindungen des Ankers. — 61. Dynamische Charakteristik. — 62. Äußere Charakteristik. — 63. Querwindungen des Ankers. — 64. Funkenfreier Kommutator. — 65. Kompensationsmagnet von Fischer Hinnen. — 66. Ankerwicklung von Sayers. — 67. Kommutierung durch den Bürstenwiderstand. — 68. Berechnung der Reaktanzspannung. — 69. Bürsten.

58. Statische und dynamische elektromotorische Kraft.

Nach der in den frühern Kapiteln erläuterten Methode läßt sich die elektromotorische Kraft des Ankers bestimmen, wenn die konstruktiven Daten der Maschine gegeben sind. Man mißt dabei die elektromotorische Kraft an den Bürsten, wenn der äußere Stromkreis offen ist, d. h. wenn kein Strom durch den Anker fließt. Unter dieser Bedingung bringt die Maschine nur eine statische elektrische Spannung hervor, die sich mit dem Druck vergleichen läßt, den die Wassermenge eines Sammelbeckens auf das geschlossene Ventil der Leitung ausübt. Sobald dieses aber geöffnet wird und das Wasser ausfließt, wird der Druck in der Leitung kleiner. Ebenso fällt die Spannung an den Bürsten einer Dynamomaschine, sobald der äußere Stromkreis geschlossen wird und infolgedessen ein Strom durch den Anker fließt. Wir unterscheiden deshalb die *statische elektromotorische Kraft* des Ankers, welche ohne weiteres an den Bürsten zu messen ist, wenn die Maschine bei offenem Stromkreis läuft, und die *dynamische elektromotorische Kraft* des Ankers, welche die Maschine bei geschlossenem äußern Stromkreise liefert. Die letztere kann man nicht direkt an den Bürsten messen, sondern sie ergibt sich, wenn man zu der elektromotorischen Kraft an den Bürsten den Spannungsverlust im Anker addiert, der bekanntlich gleich dem Produkt aus Ankerwiderstand und Stromstärke ist. Die statische elektromotorische Kraft hängt bei einer bestimmten Maschine nur von der Feldstärke und der Geschwindigkeit ab, während die dynamische elektromotorische Kraft außerdem noch durch die Stromstärke beeinflußt wird, d. h. kleiner wird, wenn diese wächst.

59. Kommutieren des Stromes.

Die Abnahme der elektromotorischen Kraft mit wachsender Stromstärke rührt von einer Reihe sekundärer Wirkungen her, die man gewöhnlich als *Rückwirkung des Ankers* zusammenfaßt. Hierher gehört unter anderem das Kommutieren des Stroms in den Ankerwindungen, die an den Bürsten vorbeigehen. Man kann diese Erscheinung am besten auf experimentellem Wege untersuchen. Befestigt man nämlich den Anker auf einer Drehbank und legt Kupferbürsten an, sodaß ein Strom durch den Anker fließen kann, so treten, wenn die Bank in Gang gesetzt wird, Funken an den Bürsten auf, trotzdem dabei nur die geringe Arbeit geleistet wird, die zur Überwindung des Ankerwiderstandes nötig ist. Bei Anwendung von Kohlenbürsten, die einen bedeutend größeren Übergangswiderstand haben, ist die Funkenbildung erheblich geringer und kann unter Umständen auch ganz verschwinden. Läßt man jedoch denselben Anker zwischen den zugehörigen Feldmagneten laufen, so machen sich selbst bei Kupferbürsten, sofern diese richtig eingestellt sind, diese Funken nicht bemerkbar, wenn er auch die volle Arbeit leistet. Im ersten Falle wirkt auf den Anker keine magnetische Kraft (das schwache Feld der Erde kommt hier nicht in Betracht), im andern Falle läuft er in einem starken Felde, dessen Richtung bei der Einstellung der Bürsten berücksichtigt ist. Sollen also bei der Drehung des Ankers (insbesondere wenn Kupferbürsten verwendet werden) keine Funken auftreten, so muß er sich in einem magnetischen Felde befinden. Diese durch den Versuch erwiesene Tatsache bildet den Ausgangspunkt für unsere weitern Überlegungen.

Fig. 81 stellt einen Teil eines Ringankers mit der positiven Bürste dar, die zwei Kommutatorsegmente vollständig bedeckt und ein drittes gerade verläßt. Haben die Feldmagnete die angegebene Polarität und dreht sich der Anker im umgekehrten Sinne wie der Uhrzeiger, so ist die induzierte elektromotorische Kraft in allen Windungen rechts von der durch den sechsten Draht gelegten vertikalen Mittellinie nach oben und in allen auf der linken Seite befindlichen nach unten gerichtet. Die Richtung des Stromes in jedem an der Außenseite des Ankers gelegenen Drahte hängt von der Stellung der Bürste $+B$ ab. Da der Strom von dieser Bürste wegfließt, so muß er offenbar in allen äußern Drähten, die links von ihr liegen, nach unten und in allen rechts gelegenen nach oben fließen. In welcher Richtung der Strom in den Drähten fließt, die in dem Augenblick durch die Bürste kurz geschlossen sind, ist jedoch nicht von vornherein klar. Wir wissen, daß der Strom im Drahte 2 abwärts fließen muß: dieselbe Richtung nimmt er in dem durch die Figur dargestellten Augenblicke in 3 an; wie er in 4 und 5 fließt, ist ungewiß; in 6 ist er jedoch aufwärts gerichtet. Die Stromstärke

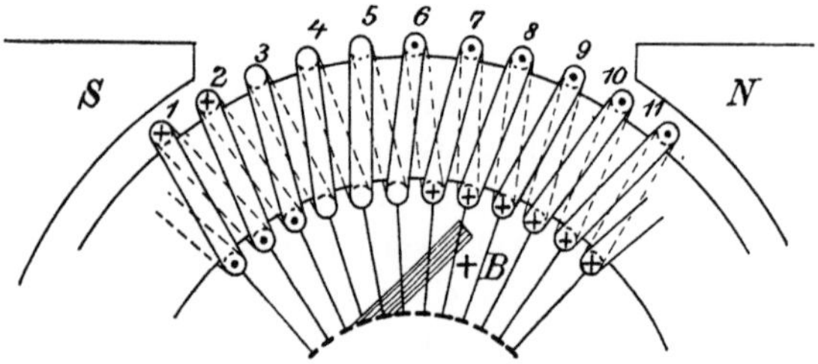

Fig. 81.

sinkt also zwischen 6 und 2 auf Null, kehrt ihre Richtung um und wächst während der Zeit, bis der Draht die Lage 2 erreicht, wieder zu ihrem ursprünglichen Werte an.

Dieser Vorgang findet in jedem Drahte beim Passieren der Bürste statt, einerlei ob der Anker in seinem Felde oder frei in der Luft läuft. Im letztern Falle treten jedoch Funken auf, welche davon herrühren, daß der Strom oder wenigstens ein Teil desselben nicht die Drähte 2 und 3 durchfließt, sondern einfach die entsprechenden Kommutatorsegmente überspringt, um zum Rande der Bürste zu gelangen. Er findet also in den Drähten 2 und 3 ein Hindernis, das offenbar nur in einer elektromotorischen Kraft bestehen kann, deren Auftreten auch leicht zu erklären ist, wenn der Anker frei in der Luft läuft. Fließt nämlich der Strom in der durch die Kreuze und Punkte bezeichneten Richtung, so wird der Teil des Ankers zwischen 2 und 6 ein Südpol, d. h. es treten hier Kraftlinien ein. Diese Zone ist allerdings durch die Drähte 2 und 6 nicht genau begrenzt, jedoch können wir hiervon vorläufig absehen. Die hier auftretenden Kraftlinien werden natürlich von den Drähten 2, 3, 4 und 5 geschnitten und erzeugen in ihnen eine nach oben gerichtete elektromotorische Kraft. Ohne diese würde, sobald das Kommutatorsegment des Drahtes 3 von der Bürste frei wird, ein nach unten gerichteter Strom in ihm fließen. Da jedoch in ihm selbst eine elektromotorische Kraft wirkt, so findet der Strom hierdurch einen Widerstand und wird an dem Kommutatorsegment gewissermaßen herausgepreßt, sodaß er unter Bildung eines Funkens durch die Luft zur Bürste überspringen muß.

In gleicher Weise, wie das durch die Kommutatorwirkung hervorgerufene Feld, wirken die magnetischen Kraftlinien, die in der Umgebung jedes stromdurchflossenen Drahtes entstehen; auch sie rufen Funken hervor, wenn der Stromkreis plötzlich unterbrochen wird. Man bezeichnet diese Erscheinung, die einer plötzlichen Änderung der Richtung oder der Stärke des Stromes entgegenwirkt, als *Selbstinduktion*. Das einzige Hilfsmittel, um die Funken zu vermeiden, besteht darin, diese Änderungen allmählich vor sich gehen zu lassen und den Draht schon unter der Bürste gleichsam für den Strom vorzubereiten, der in ihm fließt, nachdem er die Bürste verlassen hat. Zu diesem Zweck ist es am einfachsten, auf den kurz geschlossenen Draht eine nach unten gerichtete elektromotorische Kraft wirken zu lassen. Fließt alsdann in dem Zeitpunkt, auf den sich Fig. 81 bezieht, in dem Drahte 3 der Strom in derselben Richtung wie in dem Drahte 2, so wirkt in dem Augenblicke der Trennung keine elektromotorische Kraft zwischen der Bürste und dem Kommutatorsegment des Drahtes 3; infolgedessen entsteht kein Funke. Die aufwärts gerichtete elektromotorische Kraft wird von Kraftlinien hervorgebracht, die aus dem Anker austreten und hier einen Südpol bilden. Um die Funken zu vermeiden, brauchen wir also nur die Bürste im Sinne der Drehung des Ankers so weit vorwärts zu schieben, daß die kurz geschlossenen Drähte hinreichend weit in den Wirkungsbereich des Südpols kommen.

Wir sind auf diese Weise zu folgendem Resultat gekommen, das sich leicht experimentell beweisen läßt. Stehen die Bürsten genau in der Mitte zwischen beiden Polschuhen, so findet die Umkehrung der Stromrichtung unter ähnlichen, wenn auch nicht ganz so ungünstigen Bedingungen statt, als wenn sich der Anker in einem Felde von verschwindender Stärke dreht; es treten also mehr oder weniger starke Funken auf. Verschieben wir aber die Bürsten auf dem Anker, so läßt sich eine Stellung finden, in der die Funken verschwinden. Es ist allerdings, wie wir später sehen werden, hierfür notwendig, daß das Feld der Magnete im Verhältnis zu dem vom Ankerstrom erzeugten hinreichend stark sei. Ist dieses gegen jenes zu vernachlässigen, so würde überhaupt keine Verschiebung der Bürsten nötig sein. Ist das Magnetfeld sehr stark, so kann die Verschiebung kleiner als die Bürstenbreite ausfallen. In diesem Falle ist also eine Verschiebung der Bürsten selbst ebenfalls nicht nötig.

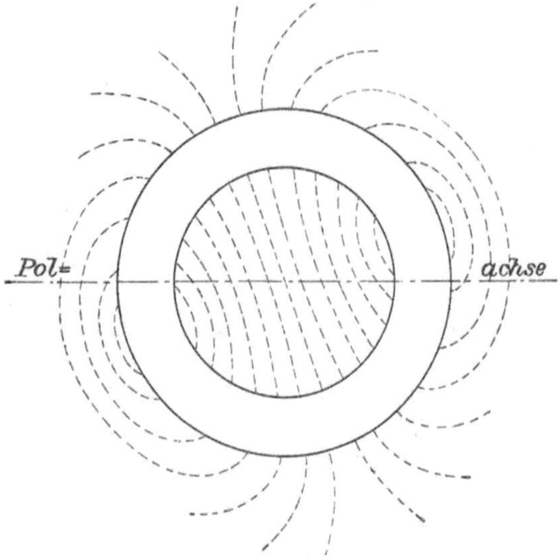

Fig. 82.

Bei einem Generator müssen die Bürsten im Sinne der Umdrehungsrichtung vorwärts geschoben werden, und zwar wächst die Größe dieser Verschiebung, wie aus obigen Betrachtungen hervorgeht, mit der Stromstärke. Ferner hängt die Verschiebung von dem Verhältnis der Feldstärke des Ankers zu der der Magnete, von der Form der Polschuhe, vom Material und der Breite der Bürsten, von der Zahl der Ankerwindungen, die auf ein Kommutatorsegment kommen, von der Zahnsättigung und von der Wicklungsart des Ankers ab. Bei einem Motor fließt der Strom in umgekehrter Richtung wie beim Generator durch den Anker, und man muß daher hier die Bürsten nach rückwärts verschieben, um einen funkenfreien Gang zu erzielen.

Bisher haben wir keine Rücksicht auf die innern Drähte des Ringankers genommen. Wir haben nur von dem beim Kommutieren entstehenden Felde gesprochen, soweit es von der außen gelegenen Ankerwicklung und von den magnetischen Kraftlinien jedes einzelnen Leiters erzeugt wird. Bei einem Trommelanker ist dies auch hinreichend, weil es hier nur äußere Ankerdrähte gibt; bei einem Ringanker haben wir jedoch ein inneres und äußeres Feld (Fig. 82) und die Selbstinduktion in den innern und in den äußern Drähten zu berücksichtigen. Hier tritt daher leicht eine noch stärkere Funkenbildung als bei dem Trommelanker auf. Dementsprechend hat man auch beim Ringanker die Bürsten um einen größeren Winkel zu verschieben, um die Funken zu vermeiden.

Die Art der Wicklung hat ebenfalls einen Einfluß auf die Funkenbildung und folglich auch auf die Verschiebung der Bürsten. Entspricht jedem Kommutatorsegment nicht eine einzige Windung, sondern eine Spule mit vielen Windungen, so ist die Selbstinduktion größer und deshalb die Kommutierung schwieriger. Neuerdings sucht man daher die Windungszahl, die auf ein Kommutatorsegment kommt, möglichst zu beschränken und wendet lieber eine größere Zahl von Segmenten an.

Der Einfluß dieser Punkte ist im Abschnitt 64 näher erläutert. Für jetzt wollen wir nur noch untersuchen, welche Rolle die Zeit bei dem Vorgang des Kommutierens spielt. Wir haben gesehen, daß der Strom in jedem Draht auf Null gebracht und umgekehrt werden muß, während sich der Draht aus der Lage 6 nach der Lage 2 (Fig. 81) bewegt. Der ganze Vorgang des Kommutierens muß also in dem Zeitraum beendigt sein, in dem der Draht von der einen in die andere Lage übergeht. Da diese Zeit um so kürzer ist, je größer die Geschwindigkeit des Ankers gewählt wird, so könnte es auf den ersten Blick scheinen, als ob ein funkenfreier Gang bei großer Geschwindigkeit schwieriger herzustellen wäre als bei geringer. Die Bürsten müßten also bei größerer Geschwindigkeit weiter verschoben werden. Dies ist jedoch nicht der Fall. Die elektromotorische Kraft, die der Änderung des Stromes in jedem Drahte entgegenwirkt, wird freilich um so größer sein, je kürzer der Zeitraum ist, der hierfür zur Verfügung steht. Denn wir müssen bedenken, daß diese elektromotorische Kraft dadurch entsteht, daß

Kraftlinien geschnitten werden; sie ist deshalb dem Produkt aus Geschwindigkeit und Dichte der Kraftlinien in dem Teile zwischen 2 und 6 direkt proportional. Je größer die Geschwindigkeit, um so höher ist jedoch auch die elektromotorische Kraft, welche die Stromumkehrung unterstützt. Das Auftreten der Funken hängt daher nicht direkt von der Geschwindigkeit ab. Indirekt hat die Geschwindigkeit jedoch auf die Kommutierung einen Einfluß.

Lassen wir nämlich die Stärke des Magnetfeldes konstant und verändern wir den Widerstand des äußern Stromkreises so, daß die Stromstärke bei verschiedener Geschwindigkeit konstant bleibt, so können wir entweder mit geringer Geschwindigkeit (also kleiner elektromotorischer Kraft) oder mit hoher Geschwindigkeit (also auch großer elektromotorischer Kraft) arbeiten, ohne daß in dem einen Fall Funken auftreten, wenn sie im andern nicht vorhanden waren. Haben wir aber die Maschine für geringe Geschwindigkeit und kleine elektromotorische Kraft eingestellt und wollen wir nun mit großer Geschwindigkeit, aber unveränderter elektromotorischer Kraft arbeiten, so müssen wir das Magnetfeld schwächen. In diesem Falle können Funken auftreten; es rührt dies indessen keineswegs von der großen Geschwindigkeit selbst her, sondern davon, daß bei der großen Geschwindigkeit zur Erzeugung derselben elektromotorischen Kraft ein schwächeres Feld genügt, das zum funkenfreien Kommutieren nicht ausreicht.

Wir haben bei dieser Überlegung allerdings nur den dynamischen Vorgang beim Kommutieren betrachtet. Es wird aber die Kommutierung auch durch den Ohmschen Widerstand am Bürstenkontakt beeinflußt, und zwar, wie später gezeigt wird, derart, daß durch Steigerung dieses Widerstandes die Tendenz zur Funkenbildung vermindert wird. Der Widerstand ist aber von der Geschwindigkeit wenig abhängig, während die Schwierigkeit der Kommutierung mit der Geschwindigkeit zunimmt. Ist die Umfangsgeschwindigkeit des Kommutators sehr groß, so kann es vorkommen, daß die Bürsten etwas springen, und schließlich ist Gefahr vorhanden, daß bei großer Geschwindigkeit Metallteilchen abgeschliffen werden und zur Funkenbildung Veranlassung geben. Alles das sind Erscheinungen, welche mit dem dynamischen Vorgang bei der Kommutierung nur indirekt zusammenhängen, aber dennoch den Gang der Maschine, was Funken anbetrifft, beeinflussen. Aus diesen sekundären Einwirkungen erklärt sich auch die vielfach in der

Praxis beobachtete Tatsache, daß ein funkenloser Gang bei kleiner Umfangsgeschwindigkeit des Kommutators leichter zu erzielen ist als bei großer.

60. Gegenwindungen des Ankers.

Wir haben gesehen, daß ein gewisser Teil des Magnetfeldes, nämlich der durch den vordern Polschuhrand gebildete, für die Umkehrung der Stromrichtung benutzt werden muß. Dieses Stück des Feldes liefert also keinen Beitrag zu der gesamten elektromotorischen Kraft des Ankers und geht deshalb für die nutzbare Arbeit der Maschine verloren. Hieraus erklärt sich zum Teil der Unterschied in der E.M.K. der Maschine, je nachdem sie belastet oder unbelastet läuft. In dem letzten Falle befinden sich die Bürsten mitten zwischen den Polen, und alle Kraftlinien werden für die Erzeugung der elektromotorischen Kraft benutzt. Wird die Maschine aber belastet, so müssen wir die Bürsten nach vorwärts verschieben und verlieren dadurch einen Teil der Kraftlinien, bei guten, modernen Maschinen allerdings nur einen sehr kleinen Teil; die elektromotorische Kraft wird also kleiner. Die statische elektromotorische Kraft ist also immer größer als die dynamische. Zu diesem Unterschied kommt noch der Spannungsverlust im Anker, sodaß die an den Bürsten gemessene Spannung merklich kleiner ist, wenn die Maschine Arbeit leistet, als wenn sie bei offenem Stromkreise läuft.

Der Spannungsverlust, der von der Rückwirkung des Ankers herrührt, hängt aber außerdem noch von den Gegenwindungen des Ankers ab, wie man leicht durch die folgende Darstellung erkennt. Fig. 83 gibt die Stromrichtung in den verschiedenen Ankerdrähten und die Lage der Bürsten an, die der Einfachheit halber direkt auf den Windungen schleifen sollen; der Kommutator ist deshalb weggelassen. Um das Auftreten von Funken zu vermeiden, müssen die Bürsten nach dem Vorigen so weit verschoben werden, daß die kurz geschlossenen Drähte in den Wirkungsbereich der vordern Ränder der Polschuhe kommen. Ob die so definierte Stellung genau unter diese Ränder fällt oder in geringe Entfernung davon, hängt von mannigfachen Umständen ab, von denen wir augenblicklich absehen wollen. Es mag die Bemerkung genügen, daß in der Praxis im allgemeinen ein funkenfreier Gang bei voller Belastung erzielt wird, wenn die Bürsten den Polrändern genähert werden, und zwar umsomehr, je schwächer das Feld ist. Wenn auch bei guten Maschinen die Verschiebung nicht so groß zu sein braucht, daß die Bürsten ganz unter die Polkanten zu liegen kommen, so wollen wir doch vorläufig den Winkel α zwischen den Vertikalen und dem Polrande als erste Annäherung für den Verschiebungswinkel gelten lassen. Da ferner die Stromumkehrung auf dem Durchmesser AA stattfindet, so fließt der Strom in allen Drähten auf der rechten Seite

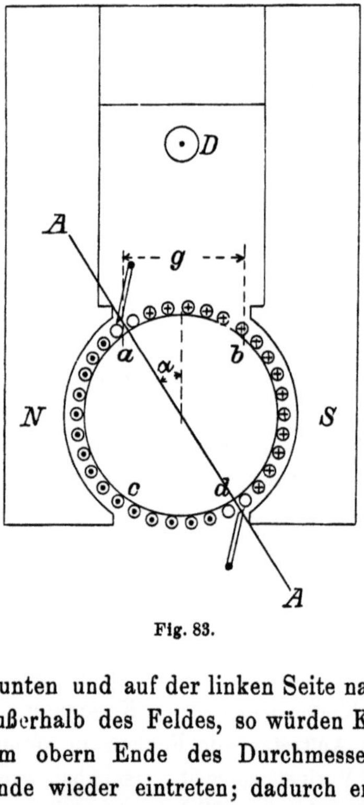

Fig. 83.

dieser Linie nach unten und auf der linken Seite nach oben. Befände sich der Anker außerhalb des Feldes, so würden Kraftlinien aus dem Ankerkern an dem obern Ende des Durchmessers AA austreten und am untern Ende wieder eintreten; dadurch entstände in diesen beiden Teilen eine nördliche bezw. eine südliche Polarität (vergl. auch Fig. 82). Da sich jedoch der Anker zwischen den Feldmagneten befindet, so können sich diese Polaritäten nicht in derselben Weise entwickeln, obgleich die Tendenz dazu bestehen bleibt. Der wirklich entstehende Kraftfluß bildet vielmehr die Resultante der Wirkungen, die Magnete und Anker beide für sich ausüben.

Nun können wir uns nach Essons Vorgang die magnetisierende

Wirkung der Ankerdrähte von zwei Gruppen von Spulen herrührend denken, die rechtwinklig zueinander stehen: nämlich einer vertikalen Spule, die die Windungen von a bis b und von c bis d umfaßt, und einer horizontalen, zu der die Windungen zwischen a und c und zwischen b und d gehören. Die erste Spule induziert Kraftlinien, die die entgegengesetzte Richtung haben, wie die von den Feldmagneten hervorgerufenen; die andere erzeugt dazu senkrecht gerichtete Linien. Esson nennt diese Wirkung der Ankerdrähte *Gegenwindungen* und *Querwindungen* des Ankers.

Die Kraftlinien, die von den Feldmagneten herrühren, kann man sich durch eine erregende Kraft X entstanden denken, die durch einen Strom in einem einzigen Draht D zwischen den Magnetschenkeln erzeugt wird (vergl. Fig. 24). Wir haben im fünften Kapitel gezeigt, daß ein solcher Draht dieselbe Wirkung ausübt, wie die Spulen der Feldmagnete, und daß diese Wirkung ziemlich unabhängig von der Lage des Drahtes ist. Es ist nun klar, daß sich alle Windungen zwischen a und b in magnetischer Beziehung ebenso verhalten wie der Draht D, da sie ebenfalls in dem Raum zwischen Anker und Joch liegen. Da die Stromrichtung in diesen Windungen der im Drahte D entgegengesetzt ist, so wird die gesamte auf die Magnete wirkende Kraft gleich X, vermindert um das Produkt aus Stromstärke und Anzahl der Gegenwindungen. Führen wir für dies Produkt das Zeichen X_g ein, so wird unter Beibehaltung der frühern Bezeichnungen:

$$X_g = z\,i\,\frac{\alpha}{\pi},$$

wo i die Stromstärke in einem Ankerdrahte bedeutet. Diese Formel ist sowohl für zweipolige als mehrpolige Maschinen anwendbar, sofern α nicht in elektrischen, sondern in geometrischen Graden eingesetzt wird. Sie kann aber noch zweckmäßiger gestaltet werden, wenn wir den Verschiebungswinkel α der Bürsten durch den Zwischenraum g zwischen den gegenüberliegenden Polrändern ersetzen. Bezeichnet man den Durchmesser des Ankers mit d und die Länge des Luftzwischenraums zwischen Anker und Polschuhen mit δ, so wird

$$X_g = z\,i\,\frac{g}{\pi(d+2\delta)}. \quad \ldots\ldots\ldots \quad (39)$$

Bei Ableitung dieser Formel haben wir zwei Voraussetzungen

gemacht; erstens, daß die Bürsten unter den Polkanten liegen, und zweitens, daß der Abstand zusammengehöriger Drähte einer Windung gleich dem Polmittelabstand ist. Hat die Maschine ein starkes Feld, so trifft die erste Voraussetzung nicht zu; die Strecke g ist kleiner als der Abstand der Polkanten. In Abschnitt 63 ist gezeigt, wie die Induktion unter der Polkante berechnet werden kann. Ein gewisser, von der Konstruktion des Ankers abhängiger Minimalwert ist zur funkenlosen Kommutierung notwendig, und da dieser sich rechnerisch nur annähernd feststellen läßt, so tut man gut, das Feld so anzuordnen, daß die Induktion unter der Polkante noch erheblich größer ist, als dieser notwendigerweise nur ungenau berechenbare Minimalwert. Da aber ein zu starkes Kommutierungsfeld in Bezug auf Funken ebenso schädlich ist wie ein zu schwaches, so folgt, daß man im allgemeinen die Bürsten nicht ganz bis unter die Polkanten wird verschieben dürfen. Die Gleichung (39) gibt also im allgemeinen für die Gegenwindungen einen etwas zu großen Wert an.

Die zweite, oben erwähnte Voraussetzung trifft meistens zu. Bei zweipoligen Maschinen liegen zusammengehörige Drähte einer Windung diametral, bei vierpoligen liegen sie um 90°, bei sechspoligen um 60° auseinander u. s. w. Nun können wir die Gegenwindungen des Ankers, wie auf Seite 160 erwähnt, dadurch vermindern, daß wir Sehnenwicklung verwenden. Eine Wicklungstabelle für Sehnenwicklung ist auf Seite 159 gegeben. Da in diesem Falle der Anker Serienwicklung hat, so muß die eine Sehne kürzer, die andere länger als jene eines Bogens von 90° sein. Wir hatten $y_R = 21$ (kurze Sehne) und $y_F = 37$ (lange Sehne). In Fig. 84 ist bei $-B$ die negative, bei $+B$ die positive Bürste anzunehmen. Verfolgt man den Stromlauf an Hand der Wicklungstabelle Seite 159, so findet man, daß dieser, wie in der Figur angezeigt, stattfindet. Die starken, schwarzen Linien bedeuten Teile des Ankers, in denen jeder Draht einen abwärts fließenden Strom führt; in den weiß gelassenen Teilen fließen die Ströme nur aufwärts, während sie in den schraffierten Teilen abwechselnd aufwärts und abwärts fließen. Diese Teile üben also keine entmagnetisierende Wirkung auf das Feld aus. Ist die relative Lage zwischen Bürsten und Feld, wie in der Figur angedeutet, so rühren die Gegenwindungen nur von den zwischen den Punkten a und b und ähnlich liegenden Drähten her, während sie bei einem Anker mit gewöhnlicher Wicklung der

Strecke *a c* proportional wären. Es sind also die Gegenwindungen auf ungefähr ein Drittel des durch Formel (39) gegebenen Wertes vermindert worden. Die Verminderung könnte allerdings noch weiter getrieben werden, wenn man die Pole breiter machen würde, sodaß die Strecke *a b* verkleinert würde. Das ist jedoch nicht rätlich, denn dann würde die Maschine in Bezug auf Bürsteneinstellung zu empfindlich werden. Man erkennt das sofort, wenn man bedenkt, daß eine Bürstenverschiebung gleich der halben Strecke *a b*

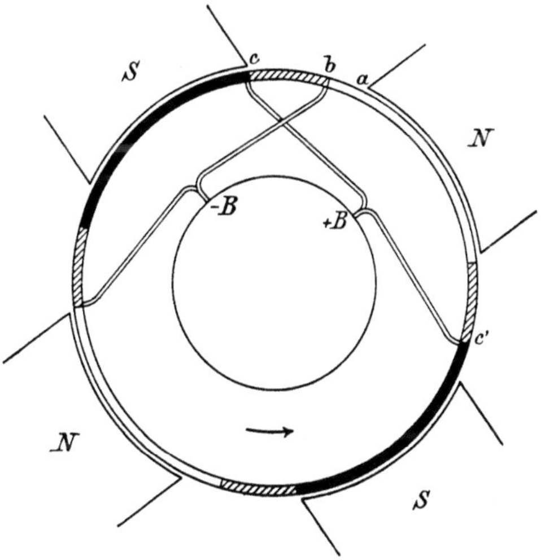

Fig. 84.

die Drähte *c c'* in Bezug auf Ein- und Austrittskanten der Pole in symmetrische Lage bringt, in welcher natürlich keine E.M.K. für Kommutierung wirken kann. In Bezug auf den für Bürstenverschiebung möglichen Spielraum ist diese Maschine also gleichwertig mit einer Maschine, deren Anker gewöhnliche Wicklung hat und deren Pole um die Strecke *b c* breiter sind. Auch ist zu beachten, daß die E.M.K. für Kommutierung bei einem Anker mit Sehnenwicklung nur in je einem Draht einer Windung (bei *c*, nicht auch bei *c'*) wirken kann, während sie bei gewöhnlicher Wicklung in beiden Drähten einer Windung wirkt. Die Sehnenwicklung bedingt also ein etwas stärkeres Kommutierungsfeld oder höheren Bürstenwiderstand. Bei vielpoligen Maschinen ergibt sich schon aus konstruktiven Rücksichten ein verhältnismäßig kleiner Abstand zwischen den Kanten benachbarter Pole (Strecke *a c*), und da mit Rücksicht auf eine bequeme Bürsteneinstellung die Strecke *a b* nicht zu klein gemacht werden darf, so bleibt für *b c* nicht viel übrig; d. h. die Sehne darf von dem $2p$ten Teil des Umfanges nicht sehr verschieden sein. Es ist dann kaum der Mühe wert, Sehnenwicklung anzuwenden. Bei Maschinen mit wenig Polen (2 oder 4) liegen die Verhältnisse anders. Man wird mit Rücksicht auf funkenlosen Gang die Pole gern möglichst schmal halten, d. h. den Raum *a c* verhältnismäßig groß machen. Das bedingt aber viel Gegenwindungen, und dann ist es günstig, wenn man diese durch Anwendung von Sehnenwicklung auf etwa ein Drittel oder ein Viertel ihres normalen Wertes vermindern kann [1]).

61. Dynamische Charakteristik.

Das wirklich erzeugte Feld rührt also nicht von X allein her, sondern von $X - X_g$. Diese Korrektion ist zu berücksichtigen, wenn man die dynamische Charakteristik der Magnetisierung bestimmt, welche offenbar nur für eine bestimmte Stromstärke des Ankers gezeichnet werden kann. Ferner ist zu bemerken, daß die Formel (39) leicht einen zu großen Wert für die Induktion der Gegenwindungen (und folglich einen zu kleinen für die Charakteristik) liefert, besonders wenn die Stromstärke gering ist. Der Grund hierfür liegt darin, daß, wie schon erwähnt, der Durchmesser, auf dem die Umkehrung des Stromes stattfindet, bei guten Maschinen selbst bei voller Stromstärke nicht genau mit den Polrändern abschneidet und daß deshalb die Verschiebung der Bürsten besonders bei geringen Stromstärken noch weiter verringert werden muß. Dieser Fehler kann dadurch aufgehoben werden, daß man für g einen kleineren Wert annimmt, als die Zeichnung angibt; doch muß dies dem Gutdünken des Konstrukteurs überlassen bleiben.

Die Vorherbestimmung der dynamischen Charakteristik ist also nicht mit derselben Genauigkeit wie die der statischen möglich, jedoch immer noch mit genügender Annäherung. Die Wirkung der Gegenwindungen des Ankers beträgt bei maximaler Stromstärke im

---

[1]) Vergleiche Mordey, Über Dynamomaschinen (E.T.Z. 1897, Heft 28, S. 412).

allgemeinen $^1/_{10}$ bis $^1/_5$ der erregenden Kraft des Feldes und für die Hälfte der maximalen Stromstärke $^1/_{20}$ bis $^1/_{10}$ oder im Mittel 8 %. Begehen wir also bei der Schätzung von g selbst einen Fehler von 50 %, so würde dieser bei der Bestimmung der erregenden Kraft nur einen Fehler von 4 % und wegen der Gestalt der Magnetisierungskurve eine noch kleinere Abweichung bei der Bestimmung des wirksamen Feldes und der elektromotorischen Kraft des Ankers verursachen. Für praktische Zwecke ist also diese Art der Berechnung, die Esson und Swinburne unabhängig voneinander angegeben haben, genau genug.

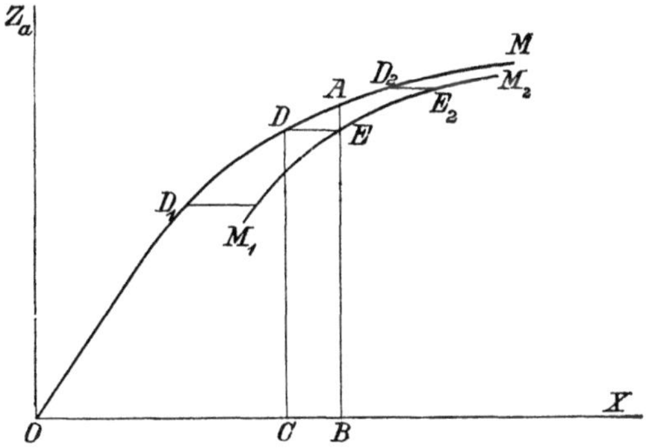

Fig. 85.

Die Ableitung der dynamischen Charakteristik aus der statischen ist sehr einfach. Es möge OM (Fig. 85) die statische Charakteristik darstellen. Alsdann gibt $OB = X$ die erregende Kraft an, die der Kraftlinienzahl BA entspricht. Machen wir nun $BC = X_g$, so stellt $OC = X - X_g$ die wirklich erregende Kraft dar, die die nutzbare Kraftlinienzahl CD hervorbringt. E ist also ein Punkt der dynamischen Charakteristik. Wir können solche Punkte in beliebiger Anzahl erhalten, wenn wir durch die statische Charakteristik horizontale Gerade legen und auf diesen eine Strecke abtragen, die gleich X_g ist. Auf diese Weise ist die Kurve $M_1 M_2$ entstanden.

Doch ist hieran noch eine kleine Korrektion anzubringen. Wir haben schon erwähnt, daß die Größe g in Formel (39) genau genommen nicht konstant ist, sondern von der Stromstärke abhängt. Sie ändert sich jedoch auch bei konstanter Stromstärke mit der Feldstärke. Die Umkehrung der Stromrichtung findet nämlich, wie wir gesehen haben, im allgemeinen an dem Rande des Feldes statt, wo es genügende Stärke besitzt, um der Selbstinduktion der Windungen entgegenzuwirken. Wird nun aus irgend einem Grunde das ganze Feld geschwächt, so müssen wir die Bürsten weiter verschieben, um eine für die Stromwendung hinreichende Feldstärke zu erhalten. Hierdurch wird aber die Induktion der Gegenwindungen vergrößert und das Feld noch mehr geschwächt, was wiederum eine weitere Verschiebung der Bürsten nötig macht. Dies kann sich so lange fortsetzen, bis die Bürsten unter die Ränder der Polschuhe zu liegen kommen. Dann kann jedoch eine weitere Verschiebung der Bürsten die Induktion der Gegenwindungen nicht mehr vermehren, da die Polschuhe die Magnetschenkel vor der Wirkung der Ankerwindungen schützen. Die Umkehrung der Stromrichtung findet alsdann nicht mehr an der Grenze des Feldes, sondern im Felde selbst statt. Sind dann die Magnete und Polschuhe so gestaltet, daß die Induktion in dem gesamten von den Polen eingeschlossenen Raume konstant ist, so wird der Strom an allen Punkten zwischen dem Rande und der Mitte der Polschuhe ohne erhebliche Funken kommutiert. Diesen Umstand benutzt man bei der Konstruktion von Bogenlichtmaschinen für konstanten Strom und veränderliche Spannung. Die Veränderung der Spannung wird durch eine automatische Vorrichtung bewirkt, welche die Bürsten bei einer geringen Zunahme der Stromstärke nach vorwärts und bei einer geringen Abnahme derselben nach rückwärts verschiebt. Eine wirklich funkenlose Kommutierung kann man bei einer derartigen Maschine wohl nicht erwarten. Da aber die Stromstärke für Bogenlicht nur etwa 10 Ampere beträgt, so sind die Funken nicht besonders schädlich.

Wir haben gesehen, daß der entmagnetisierende Einfluß der Gegenwindungen um so größer wird, je näher der neutrale Durchmesser an die Polränder rückt. Da wir die Bürsten weiter verschieben müssen, wenn die Feldstärke abnimmt, so folgt, daß man bei der Herleitung der dynamischen Charakteristik aus der statischen die Strecke DE für den untern Teil der Kurve vergrößern, dagegen für den obern Teil verkleinern muß, sodaß

$$DE > D_2 E_2.$$

Doch bleibt auch diese Korrektion dem Gutdünken des Rechners überlassen. Bei Maschinen mit konstanter Spannung, wo es aus ökonomischen Gründen ratsam ist, im obern Teile der Charakteristik zu arbeiten, kommen die beiden Kurven einander so nahe, daß ein Fehler, der bei der Abschätzung der verschiedenen Länge von DE begangen wird, nur einen geringen Einfluß auf das endgültige Resultat ausübt. Außerdem muß man bedenken, daß die Formel (39) den maximalen Wert für die Wirkung der Gegenwindungen angibt, wenn wir die sich aus der Zeichnung ergebende Entfernung der Polränder einführen. Die Spannung der Maschine fällt daher stets nur wenig zu groß aus, wenn man die Korrektion ganz vernachlässigt. Ein solcher Fehler kann natürlich noch sehr leicht an der fertigen

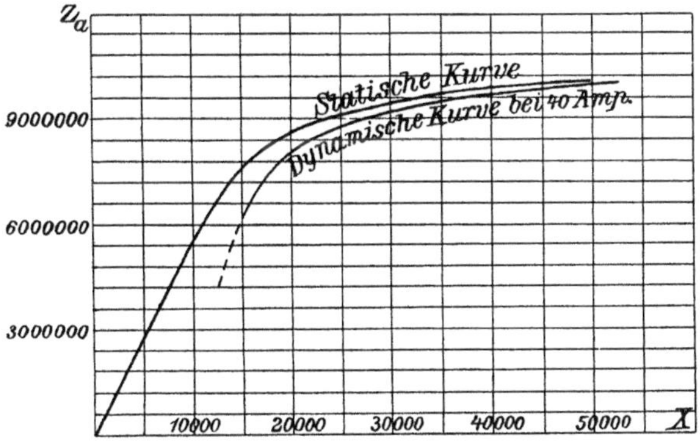

Fig. 86.

Maschine durch entsprechende Einregulierung der Erregung ausgeglichen werden.

Fig. 86 stellt die statische und dynamische Kurve für die Maschine dar, deren Charakteristik durch Fig. 80 dargestellt ist; die dynamische Kurve beginnt bei dem niedrigsten Punkte, für welchen ein funkenfreies Kommutieren des Stromes möglich wird, wo also der neutrale Durchmesser mit den Polrändern zusammenfällt, und endigt in dem Punkte, wo die Hälfte der maximalen Verschiebung für eine funkenfreie Stromabgabe erforderlich ist.

62. Äußere Charakteristik.

Einen interessanten Fall bildet die Hauptstrommaschine, bei welcher der Ankerstrom die Wicklung der Feldmagnete durchfließt, sodaß die erregende Kraft der Stromstärke genau proportional ist. Die gesamte Feldstärke und folglich auch die Stärke an dem Rande, wo die Umkehrung des Stromes stattfindet, wächst hier proportional mit der Wirkung der Gegenwindungen des Ankers; die Maschine läßt sich daher so konstruieren, daß die Stellung der Bürsten für eine ziemlich veränderliche Leistung konstant gehalten werden kann. In diesem Falle ist die erregende Kraft der Hauptstromstärke proportional und kann daher durch die Charakteristik die Beziehung zwischen Stromstärke und Feldstärke oder bei konstanter Geschwindigkeit auch die Beziehung zwischen Stromstärke und elektro-

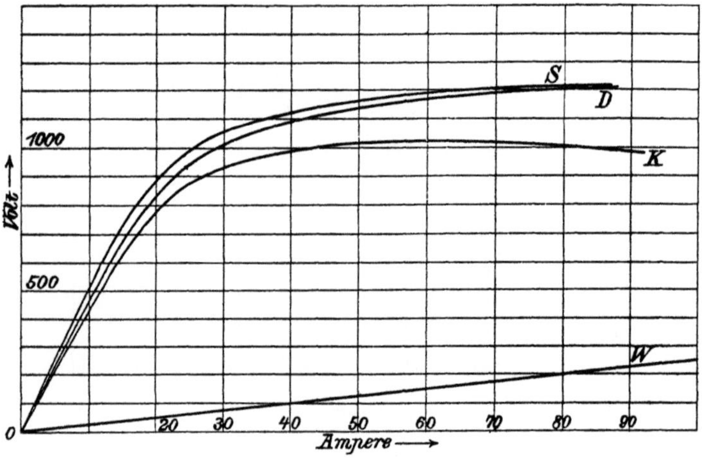

Fig. 87.

motorischer Kraft des Ankers darstellen. Beim Zeichnen der dynamischen Charakteristik dürfen wir daher die Länge DE (Fig. 85) nicht konstant setzen, sondern müssen sie proportional OB annehmen. Hieraus folgt, daß die dynamische Charakteristik jetzt durch den Koordinatenanfangspunkt O geht. Fig. 87 stellt diese Charakteristik für eine Maschine dar, auf die sich die Magnetisierungskurve in Fig. 80 bezieht. OS ist für konstante Geschwindigkeit die Kurve der statischen elektromotorischen Kraft, die man als Spannung an den Bürsten mißt, wenn die Magnete besonders erregt werden; OD bedeutet die dynamische Charakteristik.

Die Klemmenspannung der Maschine ist die dynamische elektromotorische Kraft, vermindert um den Spannungsverlust in dem Anker und in der Wicklung der Feldmagnete. Dieser Verlust ist natürlich der Stromstärke proportional und wird durch die Gerade OW dargestellt. Die Länge der Ordinaten zwischen OW und OD gibt also die Klemmenspannung an. Ziehen wir die Werte W von der dynamischen Charakteristik ab, so erhalten wir die Kurve OK, die die Klemmenspannung als Funktion der Stromstärke darstellt und *äußere Charakteristik* genannt wird. Es ist zu beachten, daß sie bei steigender Stromstärke zuerst steigt und dann fällt, und zwar beträchtlich, wenn die Stromstärke einen solchen Wert angenommen hat, daß die Rückwirkung des Ankers und der Ohmsche Spannungsabfall im Anker groß werden.

Dieser Abfall der Klemmenspannung tritt besonders bei Maschinen älterer Konstruktion hervor, bei denen sowohl der Widerstand als die Rückwirkung des Ankers groß sind. Da die neuern Maschinen verhältnismäßig starke Felder und schwache Anker haben, so ist auch die Rückwirkung des Ankers schwach und der Spannungsverlust in ihm gering. Bei solchen Maschinen fällt die Charakteristik am Ende nicht ab, wenn sie nicht übermäßig belastet sind. Eine Ausnahme von dieser Regel machen jedoch die verschiedenartigen Maschinen mit offener Ankerwicklung, die für Bogenlichtbeleuchtung benutzt werden. Hier ist die Rückwirkung des Ankers sehr groß und dementsprechend auch der Abfall der Charakteristik. Es ist dies jedoch ein Vorteil, da die Maschinen alsdann bei starker Belastung oder bei einem Kurzschluß vor Beschädigung bewahrt bleiben. Auch ist eine fallende Charakteristik für Bogenlampen in Reihenschaltung vorzuziehen.

63. Querwindungen des Ankers.

Wir wollen nun sehen, welche Rolle die Querwindungen des Ankers, nämlich die zwischen a und c und zwischen b und d (Fig. 83), bei der Wirkungsweise der Maschine spielen. Sowohl die rechts, wie die links gelegene Gruppe der Windungen ist offenbar einer Stromschicht äquivalent, die zwischen zwei parallelen Eisenflächen fließt, deren Länge gleich der linearen Bogenlänge λ der Polschuhe und deren Abstand gleich der Breite δ des Zwischenraums zwischen Anker und Polschuhen ist. Die gesamte Stromstärke in jener Schicht ist gleich $i z \frac{\lambda}{\pi d}$ zu setzen, während die lineare Stromdichte

$$\Delta = \frac{i z}{\pi d}$$

ist.

Um die Wirkung zu bestimmen, die diese Stromschicht auf die Induktion zwischen den beiden Flächen ausübt, nehmen wir an, daß diese in eine Ebene ausgebreitet werden (Fig. 88), wo $A A$ die Oberfläche des Ankers, $P P$ die des Pols und $C C$ die Stromschicht bedeuten soll, in der die einzelnen Stromfäden senkrecht zur Ebene des Papiers verlaufen. Die Induktion in der Luft für einen beliebigen Punkt p, der auf der Oberfläche des Pols liegt und von der

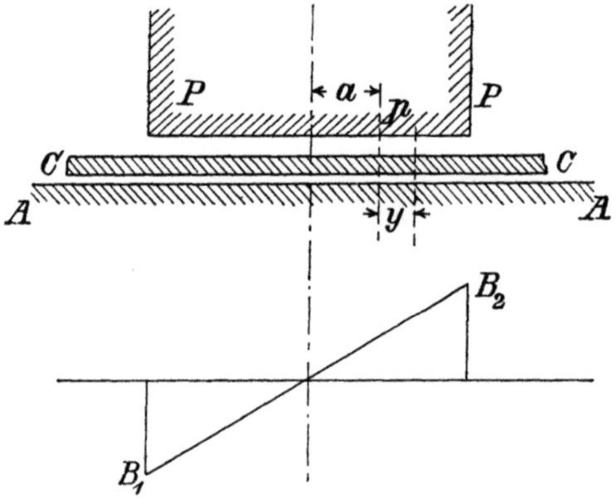

Fig. 88.

Mittellinie die Entfernung a hat, rührt von der Wirkung aller Stromfäden her, die rechts und links von diesem Punkte liegen, wobei die Integration bis zu den Rändern der Polfläche auszudehnen ist. Ein Stromfaden, der den Strom $\Delta\, dy$ führt und von p um die Strecke y entfernt ist, erzeugt nach Formel (14) eine Induktion

$$d B = \frac{0{,}4\, \pi\, \Delta\, dy}{2\, \delta},$$

wobei der verhältnismäßig sehr kleine magnetische Widerstand des Eisens vernachlässigt ist. Integrieren wir diesen Ausdruck über alle Elemente rechts von p, so erhalten wir den Teil der Induktion in p, den der rechts gelegene Teil der Stromschicht hervorbringt, und zwar wird

$$B_r = -\frac{0{,}4\, \pi\, \Delta}{2\, \delta} \left(\frac{1}{2} \lambda - a \right).$$

Auf ähnliche Weise finden wir für die Induktion, die von dem links gelegenen Teil der Stromschicht herrührt,

$$B_l = + \frac{0,4\,\pi\,\Delta}{2\,\delta}\left(\frac{1}{2}\,\lambda + a\right).$$

Die gesamte Induktion ist also

$$\mathrm{B} = \frac{0,4\,\pi\,\Delta}{\delta}\,a.$$

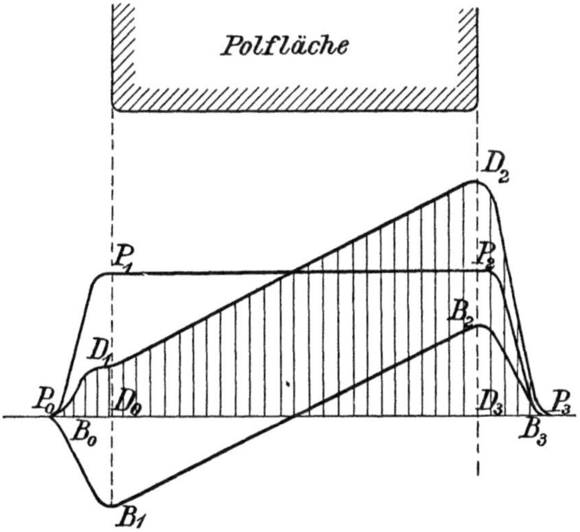

Fig. 89.

Für $a = 0$, d. h. für die Mitte des Polschuhs, ist die Induktion Null und für $a = {}^1/_2\,\lambda$, d. h. für die Ränder des Polschuhs, erreicht sie ihren höchsten Wert, und zwar einen positiven für den einen Rand und einen negativen für den andern, wie die Linie $B_1\,B_2$ angibt. Der absolute Betrag des Maximums ist

$$B = \frac{1,256\,\Delta\,\lambda}{2\,\delta} = \frac{1,256}{2\,\delta}\,i\,z\,\frac{\lambda}{\pi\,d}.$$

Zu dieser von den Querwindungen herrührenden Induktion kommt nun die von den erregenden Spulen der Feldmagnete ausgeübte. In Fig. 89 ist die gerade Linie $B_1\,B_2$ wieder gezeichnet, doch sind ihre Endpunkte in der Abszissenachse durch die Bogen

$B_0 B_1$ und $B_2 B_3$ verbunden, da die Induktion offenbar nicht plötzlich an den Polrändern von Null auf das Maximum steigen kann. Die von den Feldmagneten herrührende Induktion ist natürlich längs der ganzen Polfläche konstant und wird in Fig. 89 durch die Gerade $P_1 P_2$ dargestellt, während $P_0 P_1$ und $P_3 P_2$ das allmähliche Ansteigen an den Rändern wiedergeben. Die wirkliche Induktion ergibt sich durch Addition dieser beiden Kurven, wodurch die Linie $P_0 D_1 D_2 P_3$ entsteht.

Diese Kurve läßt sich experimentell bestimmen und wurde zuerst von S. P. Thompson mit Hilfe eines Spannungsmessers ermittelt.

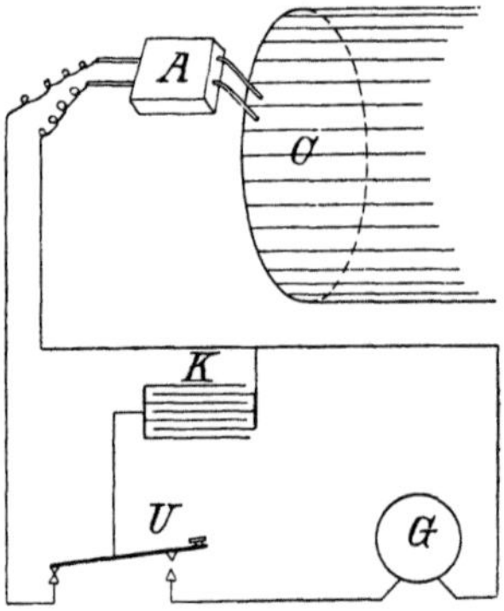

Fig. 90.

Es möge in Fig. 90 C den Kommutator einer Dynamomaschine und A ein Stück Fiber bezeichnen, das zwei voneinander isolierte Drähte trägt. Ihre zugespitzten Enden haben dieselbe Entfernung voneinander, wie zwei benachbarte Segmente des Kommutators, die sie berühren, und müssen stets so scharf erhalten werden, daß keine der Spitzen breiter ist als die Isolation zwischen den einzelnen Segmenten, da sonst von einem Segment zum andern Funken überspringen würden. Das hintere Ende der Drähte ist mit einem empfindlichen Spannungsmesser verbunden oder noch besser mit einem Kondensator K, der mittels des Umschalters U durch ein ballistisches Galvanometer G entladen werden kann. Das Stück Fiber ist auf einer Achse befestigt und auf einem geteilten Kreise (der in der Figur weggelassen ist) in jede gewünschte Stellung zu bringen, sodaß der Kontakt der Reihe nach die verschiedenen Kommutatorsegmente verbinden kann. Hat der Umschalter die in der

Figur angegebene Stellung, so empfängt der Kondensator eine Ladung, die der Induktion an dieser Stelle p des Feldes proportional ist. Wird der Umschalter U alsdann niedergedrückt, so entladen wir den Kondensator durch das Galvanometer, dessen Ausschlag gleichfalls der Induktion proportional wird. Um die Ergebnisse übersichtlich zusammenzustellen, tragen wir die Positionswinkel von A, die an dem geteilten Kreise abgelesen werden können, als Abszissen und die zugehörigen Galvanometerausschläge als Ordinaten auf und erhalten so die Kurve $P_0 D_1 D_2 P_3$.

Derselbe Apparat kann nach dem Vorgange von W. Mordey auch dazu benutzt werden, um die Änderung der elektromotorischen

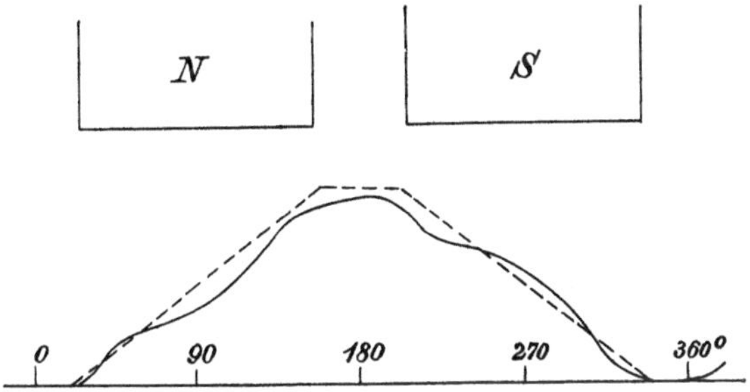

Fig. 91.

Kraft rund um den Kommutator herum zu messen. Hierzu ist nur ein Kontaktdraht, z. B. der mit dem Kondensator verbundene nötig; der zweite an dem Umschalter U liegende wird dann direkt an eine der Bürsten angelegt. Die Kurve für die elektromotorische Kraft hat im allgemeinen die in Fig. 91 dargestellte Form. Wäre keine Rückwirkung des Ankers vorhanden, d. h. stellte man die Beobachtungen an, während der Anker stromlos ist, so erhielte man eine Kurve, deren Gestalt die punktierte Linie angibt.

Ein Anker, der eine Kurve von der in Fig. 89 dargestellten Gestalt liefert, läuft ohne Funkenbildung, wenn die Bürsten an einer Stelle zwischen P_0 und D_0 aufliegen. Ihre genaue Lage hängt von der Größe der Induktion ab, die erforderlich ist, um der Selbstinduktion der Ankerwindungen das Gleichgewicht zu halten. Jedenfalls würde das Feld stark genug sein, um eine funkenlose Umkehrung des Stromes zu bewirken, d. h. die Induktion der Querwindungen ist klein im Verhältnis zu der durch die Wicklung der Feldmagnete erzeugten.

Wir haben nun noch den Fall zu untersuchen, wo die Induktion der Querwindungen des Ankers verhältnismäßig groß wird. Wir machen deshalb die Annahme, daß $D_0 B_1 > D_0 P_1$; dann fällt der Punkt D_1 (Fig. 92) unter die Abszissenachse, und das Feld, unter dessen Einfluß die Umkehrung des Stromes vor sich geht, ändert seine Richtung. Es ist zweifelhaft und hängt von der Beschaffenheit der Polränder ab, ob der kleine Buckel oberhalb der Achse bei P_0 existiert oder nicht. Man könnte daher möglicherweise einen

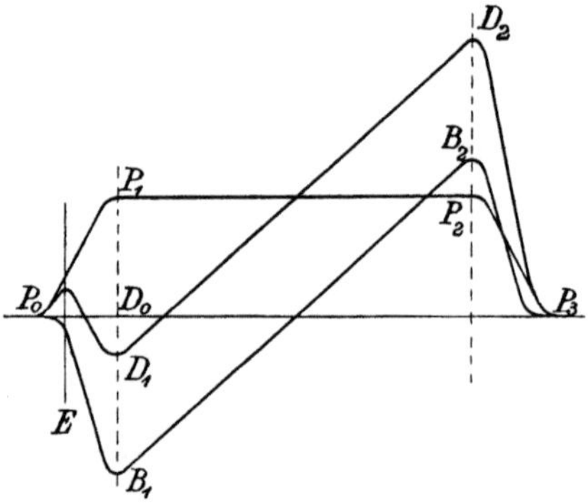

Fig. 92.

funkenfreien Gang erzielen, wenn man die Bürste in die Linie E brächte; dies wäre jedoch ein reiner Zufall, mit dem ein vorsichtiger Konstrukteur nicht rechnen darf. Wir erwähnen diese Möglichkeit auch nur, um die wenigen Fälle zu erklären, wo mit Kupferbürsten ein funkenfreier Gang bei Maschinen erzielt wurde, bei denen die Induktion der Querwindungen die der Feldmagnete übertraf. Als allgemeine Regel ist jedoch anzunehmen, daß unter solchen Bedingungen stets Funken am Kommutator auftreten.

Um einen funkenfreien Gang zu erhalten, muß der Punkt D_1 offenbar oberhalb der Achse liegen, und folglich $D_0 B_1 < D_0 P_1$ sein. Diese Bedingung wird erfüllt, wenn die Amperewindungen der Feldmagnete, die für den Anker erforderlich sind, die Induktion der Querwindungen des Ankers übertreffen. Bezeichnen wir die letzteren mit X_q, so haben wir

$$X_{aza} > X_q,$$

wobei

$$X_q = i z \frac{\lambda}{\pi d} \cdot$$

Setzen wir der bequemeren Schreibweise wegen für $X_{a z a}$ den Ausdruck X_A, so ist die Induktion an dem vordern Polrande (vorn im Sinne der Ankerdrehung)

$$B_a' = \frac{1{,}256\,(X_A - X_q)}{2\,\delta}$$

und an dem hintern Rande

$$B_a' = \frac{1{,}256\,(X_A + X_q)}{2\,\delta} \cdot$$

Für praktische Zwecke ist es vorteilhaft, die Induktion am vordern und hintern Rande als Funktion der mittleren Induktion auszudrücken, da letztere jedesmal zu bestimmen ist, wenn man die Charakteristik der Magnetisierung sucht. Wir haben dann

$$B_a' = B_a \left(\frac{X_A - X_q}{X_A} \right)$$

als Minimum der Induktion am vordern Rande und

$$B_a'' = B_a \left(\frac{X_A + X_q}{X_A} \right)$$

als Maximum der Induktion am hintern Rande.

64. Funkenfreier Kommutator.

Damit die Maschine funkenfrei läuft, muß die Induktion B_a' einen gewissen Grenzwert besitzen, über dessen Größe jedoch die Meinungen auseinandergehen. Ein allgemein gültiger Wert läßt sich hierfür auch nicht angeben. So ist für einen Trommelanker ein kleinerer Wert von B_a' zulässig als für einen Ringanker, da die größere Selbstinduktion in den Spulen des letztern natürlich auch ein stärkeres Feld für das Kommutieren des Stromes erfordert. Ferner kann B_a' kleiner sein bei einer Maschine, wo zu jedem Kommutatorsegment nur eine Windung gehört, als bei einer solchen, wo eine Spule mit vielen Windungen an einem Kommutatorsegment anliegt. Die Form der Polschuhe, besonders die der vordern Ränder, hat ebenfalls einen Einfluß auf den Wert von B_a'. Ferner sind noch andere Bedingungen zu berücksichtigen, wie z. B. der Übergangswiderstand der Bürsten, die Wicklungsart der Feldmagnete (ob Nebenschluß-, Serien- oder Compoundwicklung), die Verwendung der Maschine als Generator oder als Motor, die Sorgfalt, die während des Betriebs auf die Wartung der Maschine verwandt wird u. a. Da so viele Punkte, und besonders vorher ganz unbekannte, bei der Konstruktion zu berücksichtigen sind, tut man offenbar gut, das Feld für die Umkehrung des Stromes nicht zu klein anzunehmen, obgleich man bei Verwendung eines verhältnismäßig starken Ankers in einem schwachen Felde eine Maschine erhält, die im Verhältnis zu ihrem Gewicht eine große Leistung aufweist. Gegen eine solche Konstruktion spricht übrigens noch ein anderer Grund. Ist das Feld nämlich am hintern Rande, dem schwachen Felde am vordern Rande entsprechend, sehr stark, so treten Energieverluste auf, die wir später im 13. Kapitel besprechen werden.

Eine ziemlich allgemein verwendete Faustregel für die Induktion an den Eintrittskanten ist:

Bei Trommelankern $B_a' > 1500$

Bei Ringankern $B_a' > 2500$.

Es ist selbstverständlich, daß eine solche Regel nicht für jeden Fall passen kann, denn sie nimmt auf einige sehr wesentliche Momente für die funkenlose Kommutierung keine Rücksicht. Es möge daher in folgendem der Versuch gemacht werden, diese Regel auf eine etwas mehr wissenschaftliche Grundlage zu stellen.

Es bezeichnen:

S die Anzahl Lamellen im Kommutator,

s die Anzahl Lamellen pro Pol,

$S = 2\,p\,s$,

β die Breite einer Lamelle, bezogen auf den Ankerdurchmesser,

n die Anzahl von einer Bürste bedeckter Lamellen, d. h. das Verhältnis $\dfrac{\text{Bürstenbreite}}{\text{Lamellenbreite}}$,

q die Anzahl Leiter per Kommutatorlamelle (bei Trommelankern kann q nicht kleiner sein als 2),

$z = 2\,p\,s\,q$,

L die Länge, D der Durchmesser des Ankers.

Das durch die zu einer Lamelle gehörigen Drähte induzierte Feld hängt ab von dem Stromvolumen zusammenliegender Drähte, von der Ankerlänge und von der Anordnung der Drähte auf glattem, Nuten- oder Lochanker.

Durch den in einer Spulenseite (enthaltend q Drähte bei Ringankern und $\frac{q}{2}$ Drähte bei Trommelankern) fließenden Strom wird ein Feld selbst induziert, dessen Stärke dem Produkt $q\,i\,L$ proportional ist. Die in den zu einer Lamelle gehörigen Spulenseiten aufgespeicherte Arbeit ist proportional $q^2\,i^2\,L$. Bezeichnet T die ganze zur Kommutierung nötige Zeit, so muß während einer Zeit, die man annähernd gleich $\frac{T}{2}$ setzen kann, diese Arbeit der Spule entnommen und in mechanische Arbeit umgesetzt werden, während gleich darauf ein ebenso großer Betrag von Arbeit wieder in der Spule aufgespeichert werden muß. Die Spule wirkt also während der ersten Hälfte der Kommutierungszeit treibend, während der zweiten bremsend. Der Austausch von Arbeit zwischen der Antriebmaschine und der Spule kann aber nur durch elektromagnetische Induktion erfolgen, d. h. durch die Wirkung des Kommutierungsfeldes, dessen Kraftliniendichte wir mit B bezeichnen wollen. Die zu- oder abgeführte Arbeit ist dann dem Ausdruck

$$\int_0^{\frac{T}{2}} q\,B\,v\,L\,i\,dt$$

proportional, wobei sowohl B als i Funktionen der Zeit sind und v die lineare Geschwindigkeit der Ankerdrähte bezeichnet. Über die Natur dieser Funktionen lassen sich genaue Angaben nicht machen. Wir wissen nur, daß B mit der Zeit wächst und daß i mit der Zeit zuerst auf 0 abnimmt und dann auch mit der Zeit, aber in umgekehrter Richtung, wieder anwächst. Beschränken wir uns auf die zweite Hälfte der Kommutierungsperiode und zählen wir die Zeit von dem Augenblicke, wenn $i = 0$ ist, so können wir sagen, daß sowohl B als i mit der Zeit anwachsen, ersteres von einem bestimmten Werte, letzteres von 0 an. Ist nun die zugeführte Arbeit kleiner als jene, welche in der Spule aufgespeichert werden sollte, so wird der Strom beim Hervortreten der Spule unter der Bürste noch nicht seinen vollen Wert i erreicht haben, d. h. die Spule ist für die neue Stromrichtung und Stromstärke noch nicht genügend vorbereitet, und es entsteht ein Funke. Ist die zugeführte Arbeit größer als jene, welche bei dem Strom i aufgespeichert wird, so muß der Strom den entsprechend größern Wert annehmen, und dieser wird beim Hervortreten der Spule unter der Bürste plötzlich auf seinen normalen Wert reduziert und es entsteht auch in diesem Fall ein Funke. Die funkenlose Kommutierung bedingt also Gleichheit der zugeführten und aufgespeicherten Arbeit. Streng genommen, sollte noch die Stromwärme mit in Betracht gezogen werden, sie ist jedoch so gering, daß wir sie vernachlässigen wollen.

Wenn wir auch nicht im stande sind, die Funktionen, nach denen B und i mit der Zeit wachsen, anzugeben, so können wir doch als sicher annehmen, daß die zugeführte Arbeit dem Ausdruck

$$q\,i\,L\,B\,v\,\frac{T}{2}$$

proportional ist. Dabei bedeutet B einen mittleren Wert der innerhalb des Kommutierungsbereiches herrschenden Induktion, der natürlich kleiner als B_a' sein muß. Je nach dem Gesetz, nach welchem der Strom mit der Zeit anwächst, ist die Arbeit verschieden. So würde z. B. bei Annahme, daß der Strom der Zeit einfach proportional ist, die Arbeit kleiner ausfallen als unter der Annahme, daß er eine Sinusfunktion der Zeit ist, und zwar in dem Verhältnis von $\frac{1}{2}$ zu $\frac{2}{\pi}$. Es ist aber nicht nötig, daß wir über diesen Punkt irgend eine Annahme machen, denn bei Aufstellung der Gleichung zwischen zugeführter und aufgespeicherter Arbeit müssen wir doch einen Koeffizienten einführen, der nur durch Versuche an ausgeführten Maschinen bestimmt werden kann. Bezeichnen wir diesen Koeffizienten mit C, so ist

$$q^2\,i^2\,L = C\,q\,i\,L\,B\,v\,\frac{T}{2},$$

$$q\,i = C\,B\,v\,\frac{T}{2}.$$

Nun ist $v\,\frac{T}{2}$ der Weg, den die Spulenmitte während der halben Kommutationsperiode zurücklegt, also

$$v\,\frac{T}{2} = \frac{n\,\beta}{2}.$$

Ferner ist

$$\pi D = S\beta = 2ps\beta = 2ps\frac{q}{q}\beta = \frac{z}{q}\beta,$$

somit

$$\frac{q}{\beta} = \frac{z}{\pi D},$$

$$q i = C B \frac{n\beta}{2},$$

$$\frac{q}{\beta} i = C B \frac{n}{2},$$

$$\frac{z i}{\pi D} = C B \frac{n}{2}.$$

Wie man leicht einsieht, ist $\frac{z i}{\pi D}$ nichts anderes als die lineare Stromdichte am Ankerumfang. Bezeichnen wir diese mit Δ, so erhalten wir

$$\Delta = \frac{C}{2} B n.$$

Setzen wir endlich für $\frac{2}{C}$ die Konstante C_0, so erhalten wir für die mittlere Induktion in der Kommutierungszone den Ausdruck

$$B = C_0 \frac{\Delta}{n} \qquad (40)$$

Die Konstante C_0 ist je nach der Type des Ankers (ob Trommel oder Ring, ob glatte Wicklung, Nutenwicklung oder Lochwicklung) verschieden. Sie ist aber von der Größe der Maschine unabhängig. Da $B < B_a'$ sein muß, so können wir die obige Formel auch wie folgt schreiben:

$$B_a' > C_0 \frac{\Delta}{n} \qquad (41)$$

Je größer der Unterschied zwischen der linken und rechten Seite dieses Ausdruckes ist, desto weiter ist die Maschine von der Funkengrenze entfernt. Bevor wir die Formel (40) endgültig annehmen, empfiehlt es sich, zu untersuchen, ob sie auch ihrem Wesen nach richtig ist, d. h. ob sie nicht mit dem absoluten Maßsystem in Widerspruch steht. Ein solcher Widerspruch würde bestehen, wenn wir fänden, daß C_0 keine unbestimmte Zahl, sondern eine Massen-, Zeit- oder Längeneinheit darstellte. Um das zu prüfen, brauchen wir für B und Δ nur jene Werte einzusetzen, welche ihnen im absoluten Maßsystem zukommen. Bezeichnen wir die Einheiten der Masse, Länge und Zeit beziehungsweise mit M, L und T, so haben wir folgende Dimensionsformeln:

$$B = M^{\frac{1}{2}} L^{-\frac{1}{2}} T^{-1}$$

$$i = M^{\frac{1}{2}} L^{\frac{1}{2}} T^{-1}$$

$$\Delta = M^{\frac{1}{2}} L^{-\frac{1}{2}} T^{-1}.$$

Die erste und dritte sind identisch. Es kann also das Verhältnis zwischen B und Δ nur eine unbestimmte, d. h. dimensionslose Zahl sein. Formel (40) und mithin auch Formel (41) stehen also im Einklang mit dem absoluten Maßsystem. Das gleiche gilt jedoch nicht von der alten, eingangs dieses Abschnittes erwähnten Faustregel, und daraus erklärt es sich, daß diese in gewissen Fällen versagen muß.

Wenn wir den Ausdruck (41) in dem Sinne schreiben

$$B_a' = C_0 \frac{\Delta}{n}, \quad \ldots \ldots \ldots \quad (42)$$

so ist C_0 nicht mehr eine Konstante, sondern gewissermaßen ein elastischer Koeffizient, der jedoch einen gewissen, durch die Erfahrung gegebenen Minimalwert nicht unterschreiten darf und dessen Größe eine Gewähr für den funkenlosen Gang bietet. Mit anderen Worten: je größer sich C_0 bei normaler Belastung ergibt, desto weiter ist die Funkengrenze bei Überlastung hinausgerückt und desto kleiner ist bei normaler Belastung die Bürstenverschiebung. Die Kenntnis des Koeffizienten C_0 in Formel (42) genügt aber allein noch nicht, um die Maschine in Bezug auf Funkenbildung beurteilen zu können. Diese Formel drückt die notwendige, aber nicht die einzig notwendige Bedingung für funkenlosen Gang aus, wie man sofort aus folgender Überlegung sieht. Denken wir uns, wir hätten eine Trommelmaschine gebaut, bei welcher auf 300 Stäbe 150 Lamellen kommen, und wir finden, daß dabei C_0 in Formel (42) einen genügend hohen Wert annimmt. Wir erwarten also funkenlosen Gang, und diese Erwartung werde auch durch den Versuch erfüllt. Nun bauen wir eine zweite Maschine, die, ausgenommen in Bezug auf Lamellenzahl, mit der ersten identisch ist. Geben wir dieser Maschine 75 Lamellen (eine Lamelle auf je 4 Stäbe), so wird die Maschine möglicherweise noch nicht funken; geben wir ihr jedoch nur 50 Lamellen (eine Lamelle auf je 6 Stäbe), so kann, wie jeder Praktiker weiß, ein beträchtliches Funken mit ziemlicher Sicherheit erwartet werden. Und doch ist die in Formel (42) enthaltene Bedingung auch in diesem Falle erfüllt. Dieser scheinbare Widerspruch löst sich sofort, wenn wir bedenken, unter welchen Voraussetzungen wir Formel (42) abgeleitet haben. Eine dieser Voraussetzungen war, daß das Kommutierungsfeld, dessen mittlere Induktion wir mit B bezeichnet haben, tatsächlich existiert und nicht durch das von der Spulenseite ausgehende selbstinduzierte Feld erheblich verzerrt wird. Eine kleine Verzerrung ist natürlich immer zu erwarten, sie muß aber tatsächlich klein bleiben, und das ist die Bedingung, unter welcher Formel (42) gilt. Wenn wir nun untersuchen, was die Verzerrung veranlaßt, so finden wir, daß sie zwei Ursachen hat; nämlich das Stromvolumen im Anker und die räumliche Schwankung des induzierten Feldes einer Spulenseite im Bereich der Kommutierungszone in der Richtung des Umfanges. Die erstgenannte Ursache ist in Formel (42) schon berücksichtigt worden; die letztgenannte müssen wir nun untersuchen. Offenbar hängt sie ab von der Breite der Lamellen und von der Anzahl Lamellen, welche die Bürste gleichzeitig berührt. Damit sich nun die Schwankung ganz innerhalb des vom Kommutierungsfeld bestrichenen Raumes abspielen kann, muß letzterer breit sein im Verhältnis zur linearen Ausdehnung des Bereichs der Schwankung, d. h. das Kommutierungsfeld muß möglichst flach abschattiert sein. Diese Tatsache ist Praktikern schon längst bekannt. Sie wissen, daß man Funken vermeiden kann, wenn man die Polfläche unter der Eintrittskante etwas abhobelt, sodaß an dieser Stelle δ größer wird, oder die Polkanten selbst schräg stellt. In beiden Fällen erzielt man eine mehr allmähliche Abschattierung des Kommutierungsfeldes. Die Ausdehnung dieses Feldes in der Richtung des Umfanges ist aber nahezu dem Luftraum proportional, sodaß wir sagen können:

Die räumliche Schwankung des selbstinduzierten Feldes jener

Spulenseiten, die unter der Bürste liegen, muß im Vergleich mit dem Luftraum klein sein.

Da die Bürste n Lamellen bedeckt, so kann die größte Breite des selbstinduzierten Feldes, wenn es im Raum stillstehen würde, nicht größer als $n\beta$ sein. Nun springt aber dieses Feld vorwärts und rückwärts, weil immerwährend Lamellen auf der einen Seite unter die Bürste kommen und auf der andern Seite austreten. Der Bereich, innerhalb welchen das selbstinduzierte Feld auf das Kommutierungsfeld störend einwirken kann, ist also $\beta(1+n)$ proportional; und zwar wird der Bereich umso kleiner sein, je stärker das Kommutierungsfeld ist, d. h. je größer C_0 in Formel (42) ist. Wir können demnach mit Weglassung einer Konstanten schreiben

$$\delta > \beta(1+n).$$

Da nun

$$S\beta = \pi D,$$

so ist auch

$$\delta > \frac{\pi D}{S}(1+n).$$

Dieser Ausdruck gilt für Trommel- und Ringanker in gleicher Weise. Wenn wir π fortlassen und statt des Ankerdurchmessers D den Ankerradius R einführen, so erhalten wir

$$C_1 \frac{\delta}{R} \frac{S}{1+n} > 1$$

wobei C_1 eine Konstante bedeutet. Je größer die Ungleichheit ist, desto besser ist die Maschine in Bezug auf Funken. Betrachten wir C_1 in ähnlicher Weise wie früher C_0 als einen elastischen Koeffizienten, so können wir die Ungleichheit durch eine Gleichung ersetzen

$$1 = C_1 \frac{\delta}{R} \frac{S}{1+n} \quad . \; . \; . \; . \; . \; . \; . \quad (43)$$

und sagen: je kleiner C_1, desto besser ist die Maschine in Bezug auf Funken, desto kleiner ist die Bürstenverschiebung und desto mehr kann die Maschine überlastet werden. Man wird also, um eine Maschine in Bezug auf funkenfreien Gang beurteilen zu können, die Koeffizienten C_0 und C_1 berechnen. C_0 soll groß und C_1 klein ausfallen. Wie schon früher erwähnt, muß man diese Werte gewissermaßen als elastische Koeffizienten auffassen, die sich auch gegenseitig beeinflussen. Hat man z. B. durch den Versuch gefunden, daß bei einer Trommelmaschine mit Nutenanker bei $C_0 = 15$ und $C_1 = 0{,}4$ absolut kein Funken auftritt, und findet man, daß die Wicklung einer ähnlichen Maschine so angeordnet werden kann, daß $C_1 = 0{,}25$, so kann man auch C_0 etwas kleiner als 15 nehmen, wenn das aus andern Rücksichten (wie Erhöhung der Leistung oder Ersparnis an Erregerkupfer etc.) vorteilhaft erscheint. Andererseits kann es kommen, daß in der neu zu entwerfenden Maschine C_0 einen weit größeren Wert bekommt als 15; dann kann man C_1 auch etwas größer annehmen als 0,4, wenn das aus anderen Rücksichten (wie Verminderung der Lamellenzahl, Verbreiterung der Bürsten, Serien- statt Parallelwicklung etc.) vorteilhaft erscheint. Es ist eine bekannte Tatsache, daß mehrpolige Maschinen für starke Ströme sehr schwer funkenfrei zu machen sind, wenn die Anker Serienwicklung haben. Das geht auch aus Formel (43) deutlich hervor. Denken wir uns eine sechspolige Maschine einmal mit einer Trommel mit Serienwicklung und das zweite Mal mit einer Trommel mit Parallelwicklung versehen. Stromdichte, Felderregung und Querwindungen mögen in beiden Fällen dieselben sein, sodaß Formel (42) für beide Maschinen denselben Wert für C_0 ergibt. Trotzdem kann es vorkommen, daß die Maschine, deren Anker Serienwicklung hat, stark funkt und die andere Maschine tadellos läuft. In dieser Maschine hat aber S den dreifachen Wert wie in der Maschine mit Serienwicklung. Es nimmt also C_1 in der Serienmaschine einen dreimal so großen Wert an als in der andern Maschine, deren Anker Parallelwicklung hat. Da nun die Funkengrenze desto eher erreicht wird, je größer C_1 ist, so begreift man leicht, warum Anker mit Serienwicklung nur für verhältnismäßig kleine Stromstärken zu brauchen sind, während man bei Maschinen für hohe Stromstärken gezwungen ist, für den Anker gemischte Wicklung oder reine Parallelwicklung zu verwenden.

Einen nicht unwesentlichen Einfluß auf den funkenlosen Gang hat auch das Material der Bürsten, ihre Auflagefläche und ihre Breite. Bekanntlich ist das Funken bei Kohlenbürsten geringer als bei Metallbürsten. Der Grund hierfür liegt darin, daß der Übergangswiderstand an der Berührungsfläche bei Kohle viel größer ist, als bei Metall. Wie in Abschnitt 67 gezeigt wird, kann der Übergangswiderstand an und für sich, sofern er nur groß genug und die Wicklung genügend unterteilt ist, die Kommutierung bewirken; aber selbst wenn diese Bedingungen nicht zutreffen, spielt der Übergangswiderstand eine gewisse Rolle in der Kommutierung und diese äußert sich dadurch, daß je nach dem Material der Bürste die durch Nachrechnung ausgeführter Maschinen ermittelten Koeffizienten C_0 und C_1 verschiedene Werte annehmen. Beobachtungen dieser Art sind jedoch immer sehr unsicher. Wenn eine Maschine funkt, so kann das ebensogut infolge fehlerhafter Konstruktion als schlechter Wartung sein. Wenn die Maschine nicht funkt, so muß ihre Konstruktion richtig sein, man weiß aber doch noch nicht, wieviel mehr Strom die Maschine vertragen würde, bis sie anfängt zu funken. Um also durch Versuche die Grenzwerte für C_0 und C_1 festzustellen, wäre es nötig, jede Maschine bei sorgfältiger Wartung so weit zu belasten, bis sie gerade anfängt zu funken. Solche Versuche sind aber besonders bei großen Maschinen schwer durchzuführen. Die folgenden Werte für C_0 und C_1 habe ich abgeleitet aus Beobachtungen meiner eigenen Maschinen und auf Grund von Daten, die mir die Konstrukteure anderer Maschinen mitgeteilt haben. Aus den oben angeführten Gründen können diese Werte jedoch nur als rohe Annäherungen betrachtet werden.

Für Trommel- und Ringanker mit glatter oder Nutenwicklung soll sein

$$C_1 \leqq 0{,}4 \text{ bei Metallbürsten}$$

$$C_1 \leqq 0{,}8 \text{ bei Kohlenbürsten.}$$

Ferner soll sein bei

Ringanker mit glatter Wicklung	$C_0 \geqq 12$
Ringanker mit Nutenwicklung	$C_0 \geqq 24$
Trommelanker mit glatter Wicklung	$C_0 \geqq 9$
Trommelanker mit Nutenwicklung	$C_0 \geqq 15.$

Bei Befolgung dieser Regeln wird man zu Konstruktionen geführt, bei denen der Anker als Magnet betrachtet schwach ist im Vergleich mit dem Feldsystem. Man kann jedoch in gewissen Fällen gezwungen sein, von diesem Grundsatz abweichen zu müssen, d. h. eine Konstruktion annehmen zu müssen, bei der der Anker ziemlich viel Querwindungen hat, und es entsteht deshalb die Frage, wie trotzdem dem Felde hinreichende Stärke für die Umkehrung des Stromes gegeben werden kann. Wir wollen den in Fig. 92 dargestellten Fall betrachten, der sich auf eine Maschine bezieht, wo sicher bei voller Belastung Funken auftreten. Bei der Bestimmung der Induktion der Querwindungen an den Polrändern zu

$$\frac{1{,}256}{2\,\delta}\,i\,z\,\frac{\lambda}{\pi\,d}$$

haben wir die Annahme gemacht, daß der magnetische Widerstand der Eisenteile, die von den durch die Querwindungen erzeugten Kraftlinien geschnitten werden, zu vernachlässigen ist. Dies trifft in Wirklichkeit bei den in Fig. 67 a, b, c oder 69 dargestellten Maschinentypen auch zu, wo überall in der auf den Polflächen senkrechten Richtung so viel Eisen vorgesehen ist, daß praktisch keine magnetisierende Kraft erforderlich ist, um die Kraftlinien von dem einen Polrande nach dem andern zu treiben. Handelt es sich jedoch um eine Maschine von dem Typus der Fig. 67 d, so ist diese Annahme nicht mehr ganz richtig. Der Weg, den hier die Kraftlinien der Querwindungen im Eisen zurückzulegen haben, ist nicht so frei. Die Kraftlinien werden vielmehr in dem engen Querschnitt in der Mitte angehäuft und zusammengedrängt, wodurch die Induktion der Querwindungen merklich verringert werden kann. In dieser Beziehung ist also das Feld in Fig. 67 d besser als jedes der andern hier erwähnten Maschinentypen.

Wir können aber noch einen Schritt weiter gehen und die Polschuhe vollständig in der Richtung des polaren Durchmessers durchschneiden, sodaß ein Luftzwischenraum entsteht, wie ihn Fig. 74 und 75 aufweisen. Die Kraftlinien können dann nicht längs des ganzen Polschuhes von einem Rande zum andern verlaufen, sondern bilden in jeder Hälfte einen geschlossenen Kreis. Infolgedessen wird die Induktion der Querwindungen am Rande der Polschuhe auf die Hälfte ihres frühern Betrages verringert, und die Gesamtinduktion am vordern Rand übersteigt daher den für einen funkenlosen Gang der Maschine erforderlichen Grenzwert.

Ein Blick auf Fig. 93 macht dies noch deutlicher. Dies Diagramm bezieht sich auf dieselbe Maschine wie Fig. 92, nur sind die Polschuhe in der Mitte durch einen Schlitz von solcher Breite geteilt, daß ihn nur wenig Kraftlinien durchsetzen können. Die Linie $P_1 P_2$, die die Resultante der Induktion der Magnetwindungen darstellt, hat in der Mitte eine Vertiefung, die von dem Schlitz der Polschuhe herrührt, an ihren Endpunkten behält sie natürlich dieselbe Form. Die Linie, welche die Resultante der Querwindungen darstellt, ist $P_0 B_1 B_2 P_3$. Die Resultante beider, die von der Kurve $P_0 D_1 D_2 P_3$ dargestellt wird, ist nun überall positiv, sodaß keine Funken am Kommutator auftreten, wenn die Bürste zwischen P_0 und D_0 angebracht wird.

Es sind noch verschiedene andere Methoden vorgeschlagen worden, um die Rückwirkung des Ankers zu verringern oder auszugleichen. So wäre hier z. B. der Mathersche Kompensationsmagnet zu erwähnen, der zwischen den beiden eigentlichen Feldmagneten angebracht ist und von dem Ankerstrom erregt wird. Die Wicklung dieses Kompensationsmagnets ist so geschaltet, daß sie den Kraftlinien entgegenwirkt, die sonst in dem Anker selbst

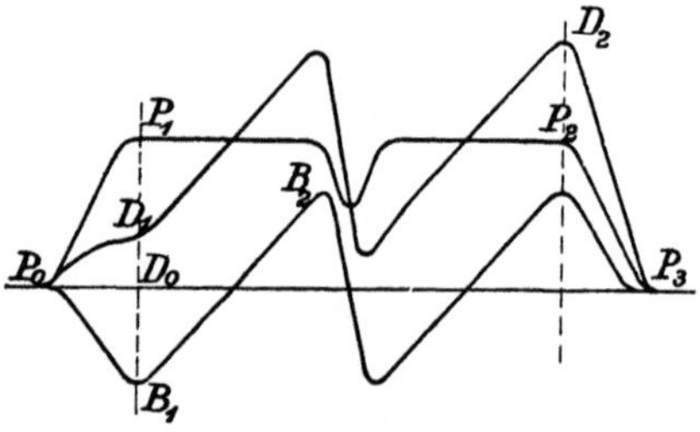

Fig. 93.

erzeugt würden. Infolgedessen wird der Strom genau in der Mitte zwischen den Polen kommutiert. Man erreicht hierdurch, daß die Breite des Streifens g (Fig. 83) auf Null reduziert wird und daß folglich die dynamische elektromotorische Kraft für alle Stromstärken denselben Wert hat, wie die statische.

Swinburne hat vorgeschlagen, einen Hilfspol für die Stromumkehrung in der Weise anzuwenden, daß man in den Polschuhen der Feldmagnete hinter dem vordern Rande eine Vertiefung anbringt und auf dem dadurch getrennten Teil eine erregende Spule befestigt, die hinter den Anker geschaltet wird. Diese Anordnung verringert natürlich die Breite des Streifens der Gegenwindungen nicht in der Weise wie der Mathersche Kompensationsmagnet, bewirkt aber, daß die Stellung der Bürsten für alle Belastungen konstant bleibt.

Endlich kann man nach H. J. Ryans[1]) Vorgang zur Aufhebung der Induktion der Querwindungen die Polschuhe mit Durch-

[1]) Electrical World, *20*, 1892.

bohrungen versehen, die der Achse des Ankers parallel sind, und durch diese Windungen ziehen, die die Querwindungen des Ankers kompensieren.

65. Kompensationsmagnet von Fischer Hinnen.

In sehr einfacher Weise bewirkt Fischer Hinnen[1]) die Erregung der Kompensationsmagnete. Fig. 94 zeigt diese Anordnung für ein Feldsystem nach Fig. 67 b (auch Manchester-Type genannt).

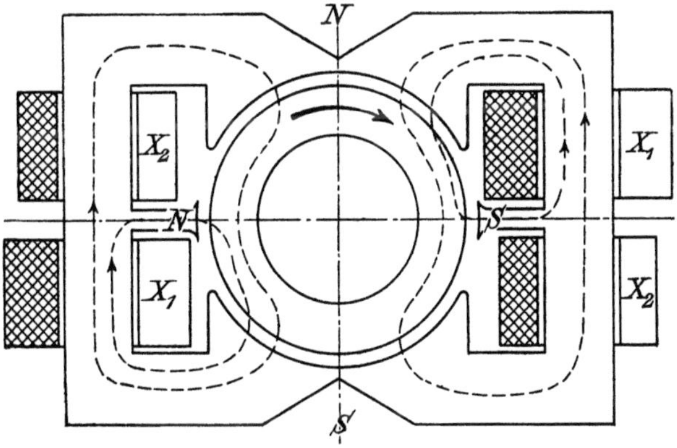

Fig. 94.

Werden die Bürsten genau auf einen horizontalen Durchmesser eingestellt, so würde bei der gewöhnlichen Anordnung Feuern der Bürsten eintreten. Anstatt nun zur Vermeidung des Feuerns die Bürsten gegen die Polkanten vorzuschieben, läßt Fischer Hinnen die Bürsten symmetrisch stehen und schiebt gewissermaßen Stücke der Polkanten zurück in die Bürstenlinie. Die zwei kleineren horizontalen Ansätze in der Mitte der Magnetschenkel können als diese Stücke oder Verlängerungen der Polkanten aufgefaßt werden und bilden die Kompensationspole. Wenn nun diese kleinen Pole derart erregt werden, daß ihr Vorzeichen das gleiche ist wie jenes der in der Drehrichtung liegenden nächsten Polkante, so kann bei richtiger Wahl der Verhältnisse das Funken am Kommutator vollständig

[1]) E.T.Z. 1897, Heft 52, S. 786.

unterdrückt werden, und zwar bei fester Bürstenstellung. Die Erregung der Kompensationspole bewirkt Fischer Hinnen einfach dadurch, daß er die Erregerspule auf jeder Seite des Ankers in zwei ungleichen Teilen anordnet.

Ist X_f die Erregung, welche auf jedem Kompensationsmagnet zur Abtötung der Funken notwendig ist, und bezeichnen wir mit X_1 und X_2 die zwei Teile der Felderregung, sodaß

$$X = X_1 + X_2,$$

so ist

$$X_f = X_1 - X_2.$$

Mit Rücksicht auf Symmetrie und beste Ausnutzung des Wicklungsraumes wird man die Unterteilung der Spulen so einrichten, daß

$$\frac{X}{2} + X_f = X_1$$

$$\frac{X}{2} - X_f = X_2.$$

Natürlich muß X_f der Ankerstromstärke proportional sein, also es müssen die Erregerspulen den Hauptstrom führen. In der Figur sind jene Querschnitte der Spulen, die aufsteigenden Strom führen, kreuzweise schraffiert, jene, die absteigenden Strom führen, weiß gelassen. In der zitierten Abhandlung gibt Fischer Hinnen an, daß es ihm gelungen ist, eine für 400 A gebaute Maschine bis zu 1200 A zu belasten, ohne daß das mindeste Funken am Kommutator zu bemerken war.

66. Ankerwicklung von Sayers.

Schließlich möge noch die von Sayers erdachte Ankerwicklung hier Erwähnung finden. Der Grundgedanke dieser Anordnung besteht darin, daß in jede Verbindungsleitung zwischen Ankerwicklung und Kommutator eine Spule einer Hilfswicklung eingeschaltet wird. Diese Hilfsspulen sind nun gegenüber den Hauptspulen ungefähr um die Entfernung benachbarter Polkanten verschoben, sodaß, wenn in einem Generator die Bürsten gegen die Austrittskante zurückgeschoben werden, die Hilfsspulen sich in einem starken Felde unter den Polen entgegengesetzten Vorzeichens befinden. Die für die

Kommutierung erforderliche EMK. wird durch die Hilfsspulen geliefert, in denen der Strom übrigens nur während der Kommutierungsperiode fließt. Man kann also, ohne den Ankerwiderstand dadurch wesentlich zu erhöhen, für die Hilfsspulen dünneren Draht verwenden als für die Hauptspulen. Da bei der Sayersschen Wicklung die Bürsten in einem Generator zurück und in einem Motor vorwärts geschoben werden, so wirken die Ankerwindungen zwischen den Polen im gleichen Sinne wie die Feldwindungen, d. h. sie helfen das Feld erregen. Man kann also ein verhältnismäßig schwaches Feld und einen starken Anker verwenden und sogar bei geschickter Wahl der Verhältnisse es dahin bringen, daß eine mit reinem Nebenschluß erregte Maschine infolge der Ankervorwirkung sich verhält wie eine übercompoundierte Maschine.

67. Kommutierung durch den Bürstenwiderstand.

In manchen Fällen ist es nicht möglich, die Kommutierung unter dem Einflusse eines von den Polkanten ausgehenden Feldes vorzunehmen. Bei Bahngeneratoren mit Nebenschlußerregung können die Bürsten zwar so eingestellt werden, daß ein der mittleren Belastung entsprechendes Kommutierungsfeld wirksam ist. Dieses Feld paßt aber nicht für alle Belastungen, und der Unterschied, also die bei größerer Belastung zu geringe und bei kleinerer Belastung zu starke Kommutierung muß durch den Bürstenwiderstand ausgeglichen werden. Dasselbe gilt von den zum Laden von Akkumulatoren verwendeten Zusatzmaschinen. Diese müssen in der Spannung in weiten Grenzen regulierbar sein. Es muß also die gesamte Feldstärke — und mithin auch der in die Kommutierungszone fallende Teil derselben —, je nach der verlangten Spannung, verschieden sein. Wenn auch bei diesen Maschinen ein Nachstellen der Bürsten und mithin ein gewisser Ausgleich möglich ist, so kann dieser doch nicht vollkommen sein, und bei Bahngeneratoren ist wegen der raschen Änderungen der Belastung ein Nachstellen der Bürsten überhaupt ausgeschlossen. Bei Bahnmotoren ist es ebenfalls unmöglich, die Bürsten der Belastung entsprechend einzustellen. Diese Motoren müssen sowohl vor- als auch rückwärts laufen und deshalb stellt man die Bürsten genau in die neutrale Zone ein. In allen diesen Fällen geht die Kommutierung hauptsächlich unter dem Einflusse des Bürstenwiderstandes vor sich.

Um uns zunächst über das Prinzip der Funkenlöschung durch einen Ohmschen Widerstand Aufklärung zu verschaffen, machen wir folgende Überlegung.

In Fig. 95 sei L eine Spule, die von beiden Seiten Strom erhält. Die Enden der Spule, $a\,b$, sind mit zwei Kontaktstücken verbunden und von diesen wird der Strom durch eine bewegliche Bürste B abgenommen. Steht die Bürste auf dem linken Kontakt, so fließt der von links kommende Strom i unmittelbar durch die Leitung a in das entsprechende Kontaktstück und von diesem in die Bürste. Der von rechts kommende Strom geht zunächst durch

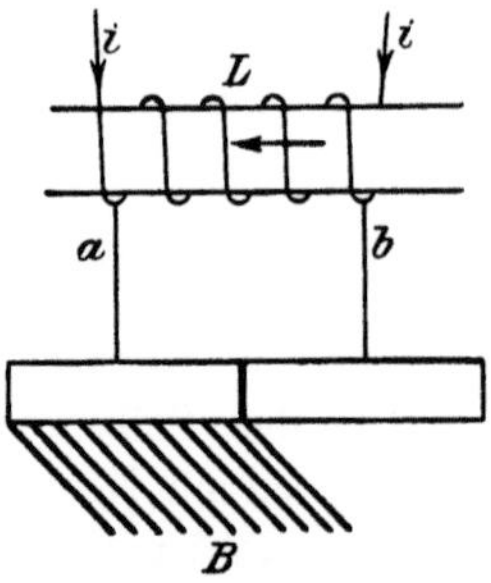

Fig. 95.

die Spule und dann auch durch die Leitung a und das angeschlossene Kontaktstück zur Bürste. Der Strom in a ist also $2\,i$. Die in der Spule elektrodynamisch aufgespeicherte Arbeit ist $L\frac{i^2}{2}$ Joule, wenn wir mit L nicht nur die Spule selbst, sondern auch ihren Selbstinduktionskoeffizienten in Henry bezeichnen. Bewegen wir nun die Bürste langsam nach rechts, bis sie das linke Segment ganz verlassen hat, so geht durch die Leitung a kein Strom und durch die Leitung b der Strom $2\,i$, während die Stromrichtung in L dem Pfeil entgegengesetzt ist. Um die Umkehrung des Stromes in der Spule L zu bewirken, muß in der Richtung $a\,b$ eine E.M.K. wirken, die zuerst den Strom i zum Absterben bringt und ihn dann in umgekehrter Richtung wieder ins Leben ruft. Diese E.M.K. wird der Spule durch den von links kommenden Strom aufgedrückt, sofern der Übergangswiderstand zwischen dem linken Segment und der Bürste durch die Abnahme der Berührungsfläche genügend groß geworden ist. Ein Funke zwischen dem linken Segment und der

Bürste wird vermieden, wenn der Strom in der Spule seinen vollen Wert i erreicht hat, bevor die Bürste das Segment verläßt. Dieser Zustand wird offenbar umso sicherer zu erreichen sein, je langsamer die Bürste bewegt wird und je größer der Übergangswiderstand zwischen Segment und Bürste ist. Es ist nämlich

$$L\frac{i^2}{2} = \int_0^{T_1} e\,i'\,dt$$

die Bedingungsgleichung für das Absterben des Stromes i' in der Spule von dem Anfangswerte i bis zum Endwerte Null in der Zeit T_1. Ebenso gilt für das Anwachsen des neuen Stromes von Null bis i die Bedingungsgleichung

$$\frac{L\,i^2}{2} = \int_{T_1}^{T} e\,i'\,dt$$

wobei vorausgesetzt ist, daß der Strom zur Zeit T seinen Endwert erreicht hat. Wir können offenbar auch schreiben

$$L\,i^2 = \int_0^{T} e\,i'\,dt,$$

wobei i' unbeschadet seiner Richtung immer als positiv aufzufassen ist und den Maximalwert i hat. Sowohl e als i sind Funktionen der Zeit und der Übergangswiderstände zwischen Bürste und Segmenten. Diese ändern sich mit der Stellung der Bürste, also auch mit der Zeit, aber nicht nach einem einfachen Gesetz. Wie im nächsten Abschnitt gezeigt wird, ist der Übergangswiderstand zwischen Bürste und Segment nicht nur von der Größe der Kontaktfläche, sondern auch von der Stromdichte abhängig. Die Verhältnisse sind so verwickelt, daß eine rechnerische Auswertung der obigen Gleichung kaum möglich ist und überdies auch keine Lösung der Aufgabe darstellen würde, denn die Rechnung kann uns nur zeigen, welchen größten Wert e annehmen kann, nicht aber, ob dieser Wert funkenlose Umschaltung gewährleistet. Das ist lediglich Sache der Erfahrung. Wenn aber die Erfahrung doch herangezogen werden muß, so kann dies auch mit Bezugnahme auf eine einfachere Formel geschehen, sofern diese nur den Grundsatz, auf den wir unsere obige Überlegung aufbauten, richtig wiedergibt. Dieser Grundsatz war, daß die in der Spule umgesetzte Arbeit nicht größer sein darf als das Produkt von Strom i, Spannung zwischen Bürste und Segment e und Kommutierungszeit T. In seiner einfachsten Form wird dieser Grundsatz dargestellt durch den Ausdruck

$$L i^2 \leqq e i T$$

oder

$$e \geqq \frac{L i}{T}.$$

Es darf also für funkenfreie Kommutierung $\frac{L i}{T}$ einen gewissen, durch die Erfahrung gegebenen Wert nicht übersteigen. Dieser Wert wird umso kleiner sein, je geringer der Übergangswiderstand zwischen Kommutator und Bürste ist. Man wird also bei Kupferbürsten auf diese Art von Kommutierung überhaupt verzichten müssen und sie bei Kohlenbürsten umso sicherer erreichen, je mehr Übergangswiderstand die betreffende Kohlensorte hat.

Der Ausdruck $\frac{L i}{T}$ hat die Dimensionen einer E.M.K. Da i in Bezug auf die Spule ein Wechselstrom ist, können wir diese E.M.K. auch in der für Wechselströme gebräuchlichen Form

$$e = \omega L i$$

ausdrücken, wobei $\omega = 2 \pi \nu$ und ν die Periodenzahl ist. Da in der Zeit T der Strom von $+i$ durch Null auf $-i$ geht, also eine halbe Periode durchläuft, ist T die Zeit einer halben Periode, also

$$\nu = \frac{1}{2 T}.$$

Bei Erläuterung des Grundsatzes, auf dem die Kommutierung durch Bürstenwiderstand beruht, haben wir der Einfachheit halber angenommen, die Bürste sei genau so breit, wie das Segment. Die Erklärung würde dieselbe gewesen sein, wenn wir eine breitere Bürste angenommen hätten. Es wäre eben nur die Kommutierungszeit T entsprechend größer geworden. Bezeichnet, wie früher, β die Breite eines Segmentes, b die Breite der Bürste und n die Anzahl von der Bürste gleichzeitig bedeckter Segmente; ist also

$$n = \frac{b}{\beta},$$

so ist bei U Umdrehungen pro Minute für einen Kommutator von S Segmenten

$$T = \frac{n}{\frac{U}{60} S}$$

und daraus finden wir die Periodenzahl oder Frequenz des Stromes in der kommutierenden Spule

$$\nu = \frac{1}{2} \frac{S}{n} \frac{U}{60}.$$

Den Wert

$$e = 2 \pi \nu L i$$

nennt Hobart[1]) die Reaktanzspannung und gibt als obere Grenze 2,5 bis 3 V an, wobei er allerdings selbst bemerkt, daß Fälle bekannt sind, wo Maschinen bis zu 5 V Reaktanzspannung haben und doch funkenlos kommutieren. Auf das Funken hat aber, wie schon bemerkt, nicht nur die Reaktanzspannung, sondern auch das Material der Bürste einen Einfluß. Ferner ist zu bedenken, daß in vielen Fällen die Kommutierung nicht ausschließlich durch Bürstenwiderstand erfolgt, sondern nebenbei noch durch ein Kommutierungsfeld mehr oder weniger unterstützt wird. Es ist also aus diesen verschiedenen Gründen nicht möglich, eine obere Grenze für die Reaktanzspannung anzugeben, die für alle Fälle gilt; man wird vielmehr je nach dem größern oder kleinern Übergangswiderstand der verwendeten Kohlensorte und größern oder geringern Einflusses des Magnetfeldes auf die Kommutierung die Grenze der Reaktanzspannung höher oder niedriger annehmen.

68. Berechnung der Reaktanzspannung.

Die Beurteilung der Kommutierung kann also nur geschehen, wenn wir im stande sind, jene E.M.K. zu berechnen, welche im Ankerleiter selbstinduziert wird. Um diese Rechnung durchzuführen, müssen wir den Koeffizienten der Selbstinduktion für jenen Teil der Ankerwicklung kennen, der zwischen zwei im Wicklungsschema aufeinanderfolgenden Segmenten des Kommutators liegt. Bei Ringwicklung enthält dieser Teil eine äußere und eine innere Spulen-

[1]) Proceedings, Institution of Electrical Engineers 1901, Vol. 31.

seite, also $2q$ Einzeldrähte, wenn wir, wie früher, mit q die Anzahl Drähte pro Spulenseite bezeichnen. Bei Trommelwicklung ist für reine Parallelschaltung die Anzahl der Einzeldrähte auch $2q$ und für reine Serienschaltung pq, wenn nur zwei Bürstenstifte verwendet werden. Werden jedoch so viele Bürstenstifte verwendet, als Pole vorhanden sind, so vermindert sich die Anzahl der Spulenseiten zwischen zwei aufeinanderfolgenden Segmenten ebenfalls auf 2 und wir haben $2q$ Einzeldrähte in jedem Element, dessen E.M.K. der Selbstinduktion zu bestimmen ist. Bei gemischter Schaltung ist die Anzahl Einzeldrähte $\frac{pq}{a}$ bei 2 Bürstenstiften und $\frac{2q}{a}$ bei $2p$ Bürstenstiften, wobei $2a$ die Anzahl der parallel geschalteten Ankerstromkreise bedeutet. Der geringste Wert, den q annehmen kann, ist 1; wir haben dann die E.M.K. der Selbstinduktion zu bestimmen von einem Stromkreis, der enthält:

Bei Ringankern einen äußern und einen innern an Eisen liegenden bezw. in Eisen gebetteten Draht und zwei radiale, auch nahe an Eisen liegende Verbindungsdrähte.

Bei Trommelankern mit reiner Parallelwicklung zwei in Eisen gebettete Drähte und zwei frei, d. h. nicht an Eisen liegende Endverbindungen.

Bei Trommelankern mit reiner Serienschaltung je nach der Anzahl der Bürstenstifte: 2 oder $2p$ in Eisen gebettete Drähte und 2 oder $2p$ freie, d. h. nicht an Eisen liegende Endverbindungen.

In allen Fällen ist der zu kommutierende Strom

$$i = \frac{J}{a},$$

wobei für reine Parallelschaltung $a = p$ und für reine Serienschaltung $a = 2$ zu setzen ist. Werden ebensoviele Bürstenstifte verwendet als Pole vorhanden sind, so nimmt allerdings jeder Bürstenstift nur den Strom

$$2\,i_b = \frac{J}{p}$$

ab und es könnte auf den ersten Blick scheinen, als ob die Reaktanzspannung aus der Formel

$$e = 2\pi\nu L i$$

nicht mit Rücksicht auf i, sondern auf i_b zu berechnen wäre. Dies wäre jedoch ein Irrtum, denn tatsächlich führt jeder Leiter den Strom i, wenn er in die Kommutierungszone eintritt, und den Strom $-i$, wenn er aus dieser Zone austritt. Der Vorteil einer vergrößerten Anzahl von Bürstenstiften besteht also nicht in einer Verringerung des zu kommutierenden Stromes, sondern lediglich darin, daß dadurch die Länge der Schleife, in der sich der Kommutierungsvorgang abspielt, verkleinert wird, was eine entsprechende Verminderung der Reaktanzspannung zur Folge hat.

Wie man aus den obigen Ausführungen sieht, läuft das Studieren des Kommutierungsvorganges darauf hinaus, für die kurzgeschlossene Stromschleife den Koeffizienten der Selbstinduktion zu bestimmen, d. i. das Produkt der vom Strom 1 erzeugten Anzahl Kraftlinien N_s mit jener Zahl, welche angibt, wie oft diese Kraftlinien mit der Stromschleife verschlungen sind. Wenn 1 Ampere N_s Kraftlinien induziert und q die Anzahl Windungen bedeutet, so haben wir

$$L = q\, N_s\, 10^{-8} \text{ Henry}.$$

Es ist ohne weiteres klar, daß nicht nur die Länge der Stromschleife, sondern auch das Material, von dem sie umgeben ist, das selbstinduzierte Feld N_s beeinflußt. Ein Stück der Stromschleife von 1 cm Länge, wenn in Eisen gebettet, wird natürlich mehr Kraftlinien erzeugen, als ein ebenfalls 1 cm langes Stück, das frei in der Luft liegt. Auch kann es nicht gleichgültig sein, wie die Einbettung in Eisen erfolgt. Es ist anzunehmen, daß die Form der Nuten und die Lage des Drahtes in der Nute einen gewissen Einfluß auf die Anzahl der durch ein Amperecentimeter erzeugten Kraftlinien haben werden. Dieser Einfluß ist auch von Hobart experimentell untersucht worden; er fand aber in der oben zitierten Arbeit, daß er nicht so groß ist, als man auf den ersten Blick anzunehmen geneigt sein könnte, und daß es für praktische Zwecke genügt, wenn man ohne Rücksicht auf die Art der Einbettung einen Durchschnittswert für die durch 1 Amperecentimeter erzeugten Kraftlinien annimmt. Er nimmt als Durchschnittswert für den eingebetteten Teil der Spule 4 und für den frei in Luft liegenden Teil 0,8 Kraftlinien auf jedes Amperecentimeter an.

In modernen Maschinen findet man häufig mehrere Spulenseiten in einer Nut untergebracht. Bei dieser Anordnung wird an Raum für Isolierung gespart und der Ankerdurchmesser kann daher kleiner gewählt werden, wodurch die Maschine billiger wird. Bei Bahnmotoren ist eine derartige Anordnung geradezu geboten, weil man sonst überhaupt die Wicklung nicht unterbringen könnte. Wenn nun, wie das meist der Fall ist, die Bürste mehrere Segmente bedeckt, also gleichzeitig mehrere in denselben Nuten liegende Spulen kurzschließt, so ist nicht nur die Selbstinduktion jeder Spule, sondern auch die gegenseitige Induktion in Bezug auf die anderen Spulen zu berücksichtigen. Nehmen wir an, es sei eine Stabwicklung (also $q = 1$) so in Nuten gelegt, daß in jeder Nute 3 Stäbe unten und 3 oben zu liegen kommen. Der Einfachheit halber wollen wir die Maschine als zweipolig voraussetzen und annehmen, der Wicklungsschritt sei 73 und 75. Dann würde der Anker für 150 Stäbe 25 Nuten erhalten und seine Wicklungstabelle wäre wie folgt:

5	78	3
3	76	1
1	74	149
. . . . . .		
79	2	77
77	150	75
75	148	73

Die ungerade numerierten Stäbe mögen in den Nuten oben, die gerade numerierten unten liegen. Die Stäbe 1, 3, 5 und 148, 2, 4 mögen in einer Nute liegen.

Wenn wir die Kommutatorsegmente mit den Reihennummern der oberen Stäbe bezeichnen und annehmen, die Bürsten liegen auf den Segmenten 1, 3, 5 und 75, 77, 79, so ist zunächst klar, daß, abgesehen von dem Einfluß des Widerstandes, eine Änderung der Stromstärke in der Schleife 5—78—3 ohne Reaktanz vor sich gehen kann, weil die gleichzeitig kurzgeschlossene Schleife 3—76—1 als Dämpfer wirkt. Verläßt das Segment 5 die Bürste, so ist der Strom in der entsprechenden Spule schon umgekehrt. Unter der oben gemachten Voraussetzung, daß der Ohmsche Widerstand verschwindend klein ist, kann die Umkehrung erfolgen ohne Änderung des mit der Spule verschlungenen Feldes, weil die zweite Spule 3—76—1—3 mit demselben Feld verschlungen ist. Wenn also in der ersten Spule der Strom $+i$ verschwindet, so wird dadurch der in der zweiten Spule fließende Strom verdoppelt. Während der Strom in der ersten Spule von Null auf $-i$ anwächst, wird noch ein zusätzlicher Strom $+i$ in der zweiten Spule induziert. Sie müßte also, wenn der hier geschilderte Vorgang nicht durch den Eigenwiderstand der Spulen und den Übergangswiderstand der Bürsten beeinflußt wäre, den dreifachen Strom kommutieren. Nun ist aber der Einfluß der Widerstände sehr erheblich und infolgedessen die Übertragung des Stromes durch Induktion von einer Spule auf die andere sehr unvollkommen, sodaß die Schwierigkeit der Kommutierung bei Spulen, die in derselben Nute liegen, mit der Anzahl der gleichzeitig kurzgeschlossenen Spulen lange nicht so rapide ansteigt, als es diese theoretische Betrachtung erwarten läßt. Eine genaue Berechnung des Vorgangs ist, wie schon oben angedeutet, kaum durchführbar. Annähernd können wir jedoch dem Einfluß gleichzeitig kurzgeschlossener Spulen aufeinander dadurch Rechnung tragen, daß wir den Selbstinduktionskoeffizienten einer Spule bestimmen nicht mit Rücksicht auf das von ihr allein erzeugte Streufeld, sondern mit Rücksicht auf das Streufeld, welches von dieser Spule und ihren in denselben Nuten liegenden und gleichzeitig kurzgeschlossenen Nachbarspulen erzeugt wird. Es würde also beispielsweise bei 3 gleichzeitig kurzgeschlossenen Spulen und 6 Stäben pro Nute, deren jeder den Strom i führt, das Nutenstreufeld als durch den Strom $6\,i$ erzeugt anzusehen sein; verdreifachen wir aber die Anzahl der Nuten, sodaß nur 2 Stäbe in eine Nute zu liegen kommen, so wäre das Nutenstreufeld als durch den Strom $2\,i$ erzeugt anzusehen. Da in diesem Falle die Nuten schmal werden, so wird das Streufeld jedoch nicht in demselben Verhältnis wie der es erregende Strom abnehmen, und der Vorteil einer feinen Nutenteilung ist nicht so groß, als es auf den ersten Blick erscheinen könnte. In der von Hobart angegebenen Methode zur Berechnung der Reaktanzspannung wird deshalb nur die Anzahl gleichzeitig kurzgeschlossener Spulen berücksichtigt, nicht aber ihre geometrische Anwendung in den Nuten. Diese Vereinfachung kann teilweise auch durch den Umstand begründet werden, daß nicht nur die in Eisen gebetteten Teile der Spulen Streufeld erzeugen, sondern auch die in Luft liegenden, die sogenannten „freien Längen“. Das durch die freien Längen erzeugte Streufeld ist aber bei modernen Maschinen mit kurzen Ankern ein ziemlich beträchtlicher Teil des Streufeldes und deshalb hat ein Fehler in der Schätzung des Nutenstreufeldes weniger Einfluß auf das Endresultat. Hobart hat aus Versuchen mit besonders für diesen Zweck gewickelten Spulen folgende Mittelwerte für das von 1 Amperecentimeter-Draht selbstinduzierte Feld gefunden:

Eingebetteter Draht	4	Kraftlinien,
In Luft frei liegender Draht	0,8	

Die Berechnung der Reaktanzspannung nach Hobart ist nun wie folgt:

Es bedeute q die Anzahl Drähte pro Spulenseite, n die Anzahl gleichzeitig von der Bürste bedeckter Segmente, also auch die Anzahl gleichzeitig kurzgeschlossener Spulen, l_f die freie und l_e die eingebettete Länge der Spulenseiten, die zwischen zwei benachbarten und durch die Bürsten kurzgeschlossenen Segmenten liegen, S die Anzahl Segmente und U die Umdrehungszahl pro Minute, so ist die Frequenz der Kommutierung, wie schon früher gezeigt,

$$\nu = \frac{1}{2} \frac{S}{n} \frac{U}{60}.$$

Wenn durch die positive Bürste n Spulenseiten kurzgeschlossen werden, so werden durch die negative Bürste auch n Spulenseiten kurzgeschlossen und diese liegen den ersteren geometrisch so nahe[1]), daß man annehmen kann, das Nutenstreufeld wird durch $2\,n$ Spulenseiten, also $2\,n\,q$ Drähte erzeugt. An den Ankerköpfen kreuzen sich jedoch die zwei Gruppen von Spulenseiten und daher muß man das Luftstreufeld als durch n Spulenseiten, also $q\,n$ Drähte hervorgebracht, annehmen. Für 1 Ampere haben wir also

Nutenstreufeld	$4 \times 2\,n\,q \times l_e$
Luftstreufeld	$0{,}8 \times n\,q \times l_f$.

Die Summe beider ist die Anzahl Kraftlinien N_s, die durch 1 Ampere erzeugt werden. Diese sind q mal mit dem zwischen zwei Segmenten liegenden Stromkreis verschlungen. Wir haben also

$$L = q\,N_s\,10^{-8} \text{ Henry}.$$

---

[1]) Bei Sehnenwicklung liegen die zwei Gruppen von n Spulenseiten allerdings nicht ganz beisammen und das selbstinduzierte Feld ist deshalb kleiner. Die Kommutierung sollte bei Sehnenwicklung leichter sein. Ob das tatsächlich der Fall ist, konnte ich bisher nicht beobachten. Sehnenwicklung wird sehr selten angewandt.

Die Reaktanz ist

$$R = 2\pi\nu L \text{ Ohm}$$

und die Reaktanzspannung ist

$$\varepsilon = R\,i \text{ Volt},$$

wobei i der Strom in jedem der q Drähte einer Spulenseite ist. Die Reaktanzspannung soll von der Größenordnung einiger Volt sein; je kleiner sie ist, umso sicherer wird funkenlose Kommutierung erreicht.

69. Bürsten.

Durch die Bürsten geht Leistung verloren und zwar erstens infolge mechanischer Reibung und zweitens infolge des Ohmschen Widerstandes in der Berührungsfläche von Bürste und Kommutator. Der Übergangswiderstand läßt sich durch festeres Anpressen der Bürste gegen den Kommutator etwas vermindern, jedoch erreicht man bald eine Grenze, bei der die vergrößerte Reibung lästiger ist als das Übel, das man zu verringern suchte. Man begnügt sich deshalb in der Praxis mit einem mäßigen Auflagedruck, der etwa beträgt[1])

bei Kohlenbürsten	150 g per qcm
bei Kupferbürsten	160 g per qcm.

Ein weiteres Mittel, den Spannungsverlust zwischen Bürste und Kommutator zu verkleinern, bietet die Vergrößerung der Kontaktfläche. Nun wird aber gleichzeitig dadurch die Kraft, mit der die Bürste angepreßt werden muß, also auch der in tangentialer Richtung auftretende Reibungswiderstand vergrößert und mithin die durch Reibung verlorene Leistung vermehrt. Es bedeutet deshalb geringe Stromdichte in der Auflagefläche der Bürsten zwar einen verminderten elektrischen Verlust, dafür aber einen größeren mechanischen Verlust und umgekehrt. Bei gegebenem spezifischen Druck ist der mechanische Verlust dem Produkt von Auflagefläche und Kommu-

---

[1]) Ein noch geringerer Druck wäre besonders bei Kupferbürsten erwünscht, läßt sich aber nur einhalten, wenn der Kommutator absolut rundläuft. Das ist in Wirklichkeit kaum erreichbar und um das „Schlagen“ unschädlich zu machen, muß der Druck entsprechend groß genommen werden.

tatorgeschwindigkeit direkt proportional. Der elektrische Verlust ist von der Geschwindigkeit beinahe unabhängig, nimmt aber mit wachsender Auflagefläche (wenn auch nicht direkt proportional) ab. Nun ist es offenbar zweckmäßig, die Bürsten so zu dimensionieren, daß die Summe der Verluste ein Minimum wird. Ein solches Minimum muß es in jedem Falle geben, denn der eine Summand (der mechanische Verlust) nimmt ab mit wachsender Stromdichte, während der andere Summand (der elektrische Verlust) dabei zunimmt. Da die Geschwindigkeit des Kommutators nur den mechanischen Verlust beeinflußt, so ist von vornherein klar, daß unter sonst gleichen Umständen und genügende Kühlung vorausgesetzt die günstigste Stromdichte mit steigender Geschwindigkeit zunehmen muß.

Für die üblichen Geschwindigkeiten von 5 bis 9 m/Sek. soll nach einer bekannten Faustregel die Stromdichte betragen:

Bei Kupfergazebürsten	23—27	Ampere pro qcm
Bei Messinggazebürsten	15—20	- - -
Bei Kohlenbürsten	4— 7	- - -

Dettmar[1]) hat den spezifischen Übergangswiderstand ω bei verschiedenen Stromdichten $\varDelta$ bestimmt und gefunden, daß er sich durch die Formeln

$$\omega = \frac{\alpha}{\sqrt{\varDelta}} + \beta$$

ausdrücken läßt.

Es ist

Für weiche Kohle (le Carbone) . . $\omega = \dfrac{0{,}460}{\sqrt{\varDelta}} - 0{,}035$

Für Kupfer . . . . $\omega = \dfrac{0{,}062}{\sqrt{\varDelta}} - 0{,}0013.$

Für den Reibungskoeffizienten μ fand er bei den oben angegebenen spezifischen Auflagedrucken

0,2 für Kohle

0,3 für Kupfer.

Ist v die Umfangsgeschwindigkeit in m pro Sekunde, i die Stromstärke, a die Berührungsfläche und p der spezifische Druck in Gramm pro qcm, so ist der Verlust durch Reibung

[1]) E.T.Z. 1900, Heft 22.

$$\frac{9{,}81}{1000} \cdot p\, a\, v\, \mu = \frac{9{,}81}{1000}\, p\, \frac{i}{\Delta}\, v\, \mu \text{ Watt,}$$

während der elektrische Verlust ist

$$\omega\, \Delta\, i \text{ Watt.}$$

Eine einfache Rechnung, die hier nicht wiederholt zu werden braucht, zeigt, daß die Summe der Verluste ein Minimum wird, wenn

$$v = \left(\frac{\alpha}{2} \sqrt{\Delta^3} + \beta\, \Delta^2\right) \frac{1000}{9{,}81} \frac{1}{p\, \mu}.$$

Setzt man in diese Formel die für α und β oben gegebenen Werte, so findet man, daß sich die Beziehung zwischen v und Δ bei Kohlenbürsten innerhalb der Grenzen von 3 und 8 Ampere für die Stromdichte mit genügender Genauigkeit durch den einfacheren Ausdruck

$$\Delta = 1 + 0{,}7\, v$$

darstellen läßt. Ebenso kann für Kupferbürsten bei Werten von Δ, die zwischen 14 und 35 Ampere liegen, die Näherungsformel

$$\Delta = 3 + 3\, v$$

verwendet werden. Unter Anwendung dieser Formeln erhalten wir für die Beziehung zwischen Kommutatorgeschwindigkeit und Stromdichte folgende Tabelle:

Geschwindigkeit	3	5	7	10	m per Sekunde
Stromdichte bei Kohle	3	4,5	6	8	A per qcm
Stromdichte bei Kupfer	12	18	24	33	- - -

Man sieht sofort, daß man für Kupferbürsten selbst bei mäßiger Geschwindigkeit schon sehr hohe Stromdichten erhält. Obwohl bei Befolgung dieser Formel bei größeren Werten von v der Gesamtverlust ein Minimum wird, so wird der Verlust pro qcm Auflagefläche so groß, daß die Bürste heiß laufen muß. Man wird also diese Formel nur innerhalb der Werte von v, die in der Tabelle enthalten sind, anwenden dürfen; bei größeren Kommutatorgeschwindigkeiten wird man zweckmäßig mit einer geringeren Stromdichte arbeiten, als obiger Formel entspricht.

Bei besonders sorgfältiger Ausführung des Kommutators und Anwendung von Bürstenträgern von sehr geringer Masse ist ein Abspringen der Bürsten infolge von Erschütterungen oder Schlagen des Kommutators weniger zu befürchten. Es kann dann der Auflagedruck etwas geringer genommen werden, als 150 bezw. 160 g pro qcm und dementsprechend kann auch die Stromdichte etwas geringer genommen werden, als in obiger Tabelle angegeben.

Der Spannungsverlust an jeder Bürste ist $\frac{\omega}{a} i = \omega \Delta$. Bei Kohlenbürsten kann man in rohen Überschlagsrechnungen etwa 1 Volt für den Spannungsverlust an jeder Bürste annehmen.

Zwölftes Kapitel.

70. Erregung des Feldes.

Im vorigen Kapitel wurde gezeigt, wie man die Felderregung in Amperewindungen für jeden Kraftfluß aus den konstruktiven Daten der Maschine berechnen kann. Hat die Maschine Nutenanker, so erhält man manchmal eine ziemlich hohe Induktion in den Zähnen, sodaß der hierfür entfallende Betrag der Erregung erheblich werden kann. Durch die Querwindungen wird allerdings die Zahninduktion an der Eintrittskante ermäßigt, an der Austrittskante jedoch verstärkt, da aber die Permeabilität mit wachsender Induktion sinkt, ist die Verstärkung des Feldes an der Austrittskante geringer als seine Schwächung an der Eintrittskante, sodaß der gesamte Kraftfluß durch den Einfluß der Querwindungen etwas vermindert wird. Um diese Verminderung wieder auszugleichen, muß die Erregung entsprechend verstärkt werden[1]).

Eine zweite Korrektion ist wegen der Gegenwindungen des Ankers nötig. Auf diesen Punkt ist schon Seite 237 hingewiesen worden. Hier möge nur erwähnt werden, daß die Gegenwindungen proportional sind dem doppelten Betrag der Bürstenverschiebung. Bezeichnet z_g die Anzahl Leiter zwischen zwei Polkanten und i den Strom in einem Leiter, τ die Polteilung (Polmittenabstand), P die

[1]) Dieser Gegenstand ist mit Bezugnahme auf ausgeführte Maschinen in des Verfassers Werk „Elektromechanische Konstruktionen“ ausführlich behandelt.

Polbreite und a die lineare Verschiebung der Bürsten aus der Mittellage auf den Ankerumfang bezogen, so ist

$$X_g = \frac{2\,a}{\tau - P}\, z_g\, i$$

$$X_g = 2\,a\,\varDelta. \quad . \quad . \quad . \quad . \quad . \quad . \quad . \quad . \quad . \quad . \quad (44)$$

Die letztere Formel ist zur Berechnung bequemer, weil man $\varDelta$, die lineare Stromdichte im Ankerumfang, schon aus der Berechnung für funkenlosen Gang kennt. Der Wert a muß der Schätzung des Konstrukteurs überlassen bleiben. Er kann nicht größer als $\frac{\tau - P}{2}$ sein und wird im allgemeinen umso kleiner einzuschätzen sein, je größer C_0 und je kleiner C_1, also je größer $\frac{C_0}{C_1}$ ist.

Die Betriebsverhältnisse einer Dynamomaschine (Generator oder Motor) sind durch Tourenzahl, Klemmenspannung und Stromstärke gekennzeichnet. Haben wir nun die zur Erreichung der vorgeschriebenen Klemmenspannung nötige Erregung berechnet, so müssen wir zunächst entscheiden, auf welche Weise diese Erregung bewirkt werden soll. Das kann auf viererlei Art geschehen:

1. Fremderregung.
2. Erregung durch den Hauptstrom.
3. Erregung durch Nebenschluß.
4. Erregung durch gemischte Wirkung, d. h. gleichzeitig nach 2. und 3.

Für 1. kann jede fremde Stromquelle, sofern sie die geeignete Spannung und Stromstärke liefert, benutzt werden. Durch einen Rheostaten im Erregerstromkreis, oder durch Änderung der E.M.K. der Stromquelle kann die erzeugte Feldstärke und mithin die E.M.K. der Maschine bei konstanter und auch bei variabler Tourenzahl in sehr weiten Grenzen geändert werden. Ob die Maschine bei sehr schwacher Erregung noch brauchbar bleibt, hängt natürlich von der durch die Stromstärke beeinflußten Funkengrenze ab.

Bei Selbsterregung nach 2., 3. oder 4. ist ein gleich großer Spielraum in den Betriebsbedingungen nicht mehr erreichbar, es sei denn, daß man, wie z. B. bei den Bahnmotoren, besondere Schaltvorrichtungen für die Feldspulen benutzt. Wir wollen jedoch zunächst von solchen speziellen Konstruktionen absehen und annehmen, die Schaltung der Erregerspulen werde nicht geändert. Es fragt sich nun, welche Bedingungen sind zu erfüllen, damit ein Generator sich überhaupt selbst erregen kann. Die gleiche Frage in Bezug auf einen Motor zu stellen, wäre müßig, denn der Motor erhält elektrische Arbeit von außen zugeführt und seine Erregung ist dadurch von vornherein gesichert.

Es bedeute in Fig. 96 OB die Magnetisierungs-Charakteristik eines Hauptstromgenerators. Ist W der gesamte Widerstand (Anker + Feld + äußerer Stromkreis), so kann man unter Vernachlässigung des Einflusses der Quer- und Gegenwindungen schreiben

$$i = \frac{e}{W}, \quad X = n\frac{e}{W} = \frac{np}{a}\,\frac{NzU}{6000\,W},$$

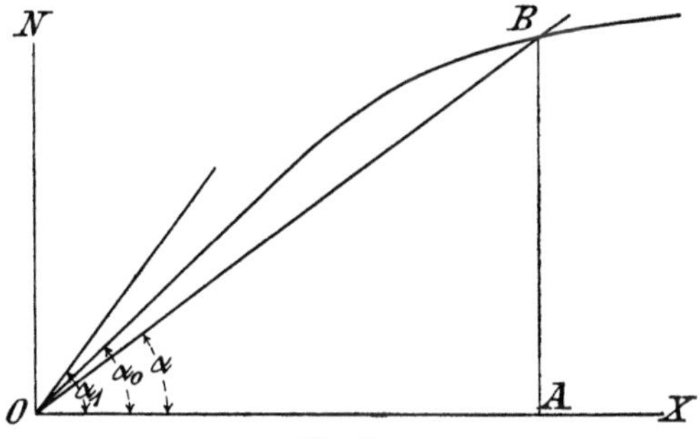

Fig. 96.

wobei a, wie früher, die halbe Anzahl paralleler Stromkreise und n die auf einen Magnetkreis entfallende Anzahl Windungen des Hauptstroms i bedeutet.

$$N = X\frac{6000\,a\,W}{n\,p\,z\,U}.$$

Diese Gleichung stellt die Beziehung dar zwischen Erregung und Kraftfluß. Nun ist diese Beziehung aber auch schon durch die Charakteristik der Maschine bestimmt. Der Arbeitszustand der Maschine muß also jener sein, bei welchem beide Beziehungen gleichzeitig gelten.

Schreibt man

$$\operatorname{tg}\alpha = \frac{6000\,a\,W}{n\,p\,z\,U},$$

so ist

$$N = X\operatorname{tg}\alpha.$$

Gleichzeitig ist

$$N = f(X),$$

wobei die Funktion eben durch die Charakteristik (Fig. 96) graphisch dargestellt ist. Der Arbeitszustand der Maschine ist also gekennzeichnet durch den Schnittpunkt der Geraden $N = X \operatorname{tg} \alpha$ und der Kurve $N = f(X)$. Nahe am Anfangspunkt verläuft diese Kurve geradlinig unter einem Winkel, den wir α_0 nennen wollen. Ist also zufällig $\alpha = \alpha_0$, so ist der Schnittpunkt und mithin der Arbeitszustand auch unbestimmt. Die Maschine ist unstabil. Ist $\alpha < \alpha_0$, so erhalten wir einen scharf definierten Schnittpunkt; die E.M.K. und der Strom haben bestimmte Werte. Ist endlich $\alpha > \alpha_0$, so kann die Maschine sich überhaupt nicht erregen und daher auch keinen Strom liefern. Da nun die oben vernachlässigte Wirkung der Quer- und Gegenwindungen die E.M.K. etwas vermindert, so wird der unstabile Zustand eintreten bei einem Werte von α, der etwas kleiner als α_0 ist. Um diesen Zustand zu vermeiden, wird man also gut tun, die Erregung so einzurichten, daß der Schnittpunkt B etwas oberhalb des Knies der Kurve zu liegen kommt. Der Zustand

$$\operatorname{tg} \alpha_0 = \frac{6000\, a\, W}{n\, p\, z\, U}$$

kann als kritischer Zustand der Maschine bezeichnet werden; a, n, p, z sind konstant. Ist U vorgeschrieben, so kann der aus obiger Gleichung berechnete Widerstand W als der kritische Widerstand bezeichnet werden, bei dem die Maschine sich eben noch nicht erregt; ist W vorgeschrieben, so ist U die kritische Geschwindigkeit.

Eine ähnliche Überlegung gilt für Nebenschlußgeneratoren, nur ist W hier der Widerstand des Nebenschlusses. Da bei diesen Maschinen die Erregung von der Klemmenspannung abhängt, die mit wachsendem äußeren Strom etwas abnimmt, so ist in Bezug auf die Stabilität der Maschine erhöhte Vorsicht geboten. Ist der Luftraum groß, so wird dadurch das Knie weniger scharf ausgeprägt, und man ist manchmal gezwungen, den Widerstand eines Eisenteiles, am besten jenen der Magnetschenkel, absichtlich etwas größer als sonst nötig zu machen, damit man eine stabile Maschine erhält.

Hauptstrommaschinen werden als Motoren sehr viel, als Generatoren jedoch wenig verwendet. Für Kraftübertragung bei konstanter Stromstärke haben sie jedoch als Primärmaschinen den Vorteil, daß sich ihre Tourenzahl innerhalb ziemlich weiter Grenzen automatisch reguliert. Das zum Antrieb nötige Drehmoment ist offenbar dem Produkt Ni proportional; ist also das Drehmoment konstant, wie z. B. bei einer Dampfmaschine ohne Regulator, oder nahezu konstant, wie bei einer Turbine mit fester Schützenstellung, so ist auch i nahezu konstant und die Tourenzahl stellt sich automatisch auf jenen Wert ein, der der Leistung im äußeren Stromkreise entspricht. Eine andere wichtige Anwendung finden Hauptstrommaschinen in der Kraftübertragung mittels Gleichstroms überhaupt. Wie man leicht einsieht, muß bei konstanter Geschwindigkeit des Generators auch der Motor mit konstanter Geschwindigkeit laufen, wenn der vertikale Abstand zwischen ihren Charakteristiken dem Ohmschen Spannungsabfall im ganzen Stromkreise gleich ist.

In den meisten Fällen ist es bequem, der Antriebsmaschine einen Regulator zu geben, der ihre Tourenzahl konstant hält, und da man auch meistens Strom unter konstanter Spannung braucht, so kann man diese Bedingung, allerdings nur angenähert, mit Nebenschlußmaschinen erreichen. Innerhalb der Stabilitätsgrenze kann man übrigens durch einen in den Erregerstromkreis eingeschalteten Rheostaten die Bedingung absolut konstanter Spannung in den Fällen erfüllen, wo die Änderung der Stromstärke so langsam vor sich geht, daß für die Nachregulierung mittels des Rheostaten genügend Zeit bleibt. Das ist jedoch nicht immer der Fall. In kleinen Privatbeleuchtungsanlagen, z. B. auf Schiffen, kommen erhebliche Schwankungen der Stromstärke vor, und wenn auch in diesen Fällen ein Nachregulieren noch tunlich wäre, so wird man es doch in Anbetracht der größeren Betriebskosten für besondere Wartung oder automatische Apparate lieber vermeiden. Bei Bahngeneratoren ist ein Nachregulieren, sowohl von Hand als mittels eines automatischen Apparates, wegen der sehr schnell schwankenden Stromstärke überhaupt ausgeschlossen. In solchen Fällen bietet die Kompoundwicklung, d. h. eine gemischte Erregung mittels Hauptstroms und Nebenschlusses ein sehr einfaches Mittel, bei konstanter Geschwindigkeit und variablem Strombedarf doch konstante Spannung zu halten. Man kann sogar noch einen Schritt weiter gehen und die Erregung so einrichten, daß die Spannung mit der Stromstärke etwas steigt. Diese Anordnung ist besonders bei Bahngeneratoren nützlich, weil dadurch nicht nur der Ohmsche Spannungsverlust in den Speiseleitungen, sondern auch der Tourenabfall der Antriebsmaschine ausgeglichen werden kann.

71. Bestimmung der Kompoundwicklung.

Die Berechnung der gemischten Feldwicklung möge hier kurz an Hand eines Beispiels angedeutet werden. Bei einem Generator für 550 V und 400 A sei die Tourenzahl der Antriebsmaschine 104 U. p. M. bei Leerlauf und 100 bei Vollbelastung. Die Speiseleitungen haben zusammen 0,10 und die Rückleitungen 0,025 Ohm Widerstand. Die Wagen erhalten Strom unter 500 V Spannung.

Wir berechnen zunächst die Feldstärke, welche erforderlich ist, damit die Maschine bei Leerlauf und 104 Touren 500 V gibt, und aus der Magnetisierungskurve den entsprechenden Wert für X. Aus der Bedingung, daß diese Erregung mit einer Spannung von 500 V erreicht werden muß, läßt sich nun die Nebenschlußwicklung ohne weiteres berechnen. Die Rechnung ist so einfach, daß sie hier nicht näher erläutert zu werden braucht. Es mag nur erwähnt werden, daß man gut tut, einen etwas dickeren Draht zu nehmen, als die Rechnung ergibt, und einen Rheostaten einzuschalten, damit man einen gewissen Spielraum hat, etwaige Fehler oder störende Einflüsse (Erwärmung, Abweichung von der angenommenen Tourenzahl etc.) auszugleichen. Um die Hauptwicklung zu bestimmen, berechnen wir unter Berücksichtigung des Widerstandes von Anker und Hauptwicklung (die letztere vorläufig nur geschätzt) die dynamische E.M.K., und aus der Bedingung $U = 100$ den entsprechenden Kraftfluß und die diesem entsprechende Erregung. Zu dieser sind noch die Gegenwindungen zu schlagen. Von der so bestimmten Gesamterregung ist die der Nebenschlußspulen abzuziehen, wobei jedoch zu beachten ist, daß letztere jetzt einen um 10 % größeren als den früher berechneten Wert hat, weil die Bürstenspannung um rund 10 % gestiegen ist. Die Differenz gibt die Erregung durch den Hauptstrom. Die entsprechende Spule kann dann ohne weiteres berechnet werden. Wegen der sanften Krümmung der Charakteristik zwischen den beiden Betriebszuständen (Leerlauf und Vollbelastung) findet man, daß bei halber Belastung die Maschine etwas zu viel Spannung gibt. Die Abweichung ist so gering, daß sie in den meisten Fällen und bei Bahnmaschinen immer mit in den Kauf genommen werden kann. Es gibt jedoch ein sehr einfaches Mittel, diesen Fehler wegzubringen. Wir brauchen bloß der Hauptspule etwas mehr als die berechnete Anzahl Windungen zu geben, und ihre magnetische Wirkung durch Parallelschalten eines Widerstandes auf das richtige Maß abzuschwächen. Dieser Wiederstand muß aus einem Metall bestehen, das einen großen Temperaturkoeffizienten hat, wie z. B. Eisen. Ist der Strom stark, so erwärmt sich dieser Widerstand mehr, und ein größerer Teil des Hauptstromes wird gezwungen, den Weg durch die Feldspule zu nehmen. Dadurch wird das äußere Ende der Spannungslinie gehoben, und man erreicht, daß Anfang, Mitte und Ende derselben beinahe genau in eine Gerade fallen.

72. Kompoundierung nach Sayers.

In sehr sinnreicher Weise erreicht Sayers mit einer einfachen Nebenschlußwicklung die gleiche Wirkung, wie mit Kompoundwicklung. Er wählt für die Nebenschlußwicklung eine Drahtstärke, welche etwa der halben Bürstenspannung entspricht, und schaltet den Nebenschluß ein zwischen einer der Hauptbürsten und einer kleinen Hilfsbürste, die rückwärts von ihr etwa in der Polmitte liegt. Da die Hilfsbürste nur einen sehr geringen Strom abnimmt, so ist trotz ihrer Lage in einem starken Teile des Feldes kein Funken zu befürchten. Nun wird, wie Seite 243 gezeigt wurde, durch die Querwindungen das Feld verzerrt und in der zur Austrittskante gehörigen Polhälfte, d. h. zwischen Hilfsbürste und Hauptbürste, verstärkt. Es wird also die Spannung, welche den Erregerstrom erzeugt, verstärkt, und zwar um so mehr, je mehr Strom die Maschine abgibt. Bei richtiger Wahl der Verhältnisse kann die Maschine dadurch kompoundiert oder sogar überkompoundiert werden.

73. Felderregung nach Sengel.

Verbindet man einen Punkt der Ankerwicklung mit einem Schleifring und legt auf diesen eine Hilfsbürste, so schwankt die Spannung zwischen letzterer und einer der Hauptbürsten zwischen 0 und der vollen Bürstenspannung. Legt man nun zwischen Hauptbürste und Hilfsbürste einen induktionslosen Widerstand, so wird dieser von einem pulsierenden Strom gleicher Richtung durchflossen. Hat dieser Widerstand jedoch Selbstinduktion, so werden in dem Maße, wie diese größer gewählt wird, die Pulsationen kleiner, und wenn die Selbstinduktion gegenüber dem Ohmschen Widerstand sehr groß ist, so verschwinden die Pulsationen beinahe gänzlich und wir erhalten einen einfachen Gleichstrom, dessen Stärke nach dem Ohmschen Gesetz als der Quotient von halber Bürstenspannung, dividiert durch den Widerstand, berechnet werden kann. Nun haben alle Feldspulen eine im Vergleich mit ihrem Widerstand sehr große Selbstinduktion. Wenn also die Enden der Nebenschlußwicklung mit der Hilfsbürste und einer Hauptbürste verbunden werden, so fließt durch diese Wicklung ein Erregerstrom, welcher der halben Spannung zwischen den Hauptbürsten entspricht. Diese zuerst von Sengel[1]) angegebene Anordnung ermöglicht die Erregung des Neben-

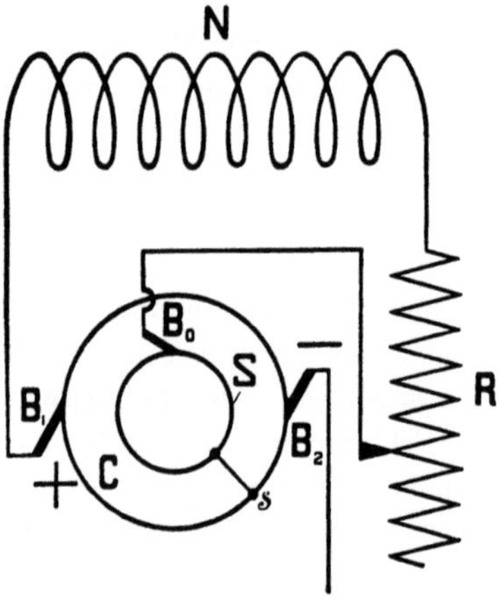

Fig. 97.

schlußfeldes mit der halben Maschinenspannung, sodaß dickerer Draht verwendet werden kann. Die Anordnung ist in Fig. 97 schematisch dargestellt. C bedeutet den Kommutator, S den Schleifring und B_0 die Hilfsbürste. B_2 ist die negative und B_1 die positive Hauptbürste, während N die Nebenschlußwicklung und R den zur genauen Einregulierung der Maschinenspannung dienenden Rheostaten darstellt. Für Motoren, die an eine Stromquelle von konstanter E.M.K. angeschlossen werden, verbindet Sengel mit seiner Einrichtung noch den Anlaßwiderstand für den Anker in der durch Fig. 98 dargestellten Weise. Der Strom wird unter der konstanten Spannung E_0 der Maschine zugeführt und zwar dem Anker unter Einschaltung eines Anlaßwider-

[1]) E.T.Z. 1898, Heft 32, S. 544.

standes W und der Feldspule durch den Anlaßhebel und das Kontaktsegment k direkt. Bevor die Maschine in Gang kommt, erhält sie also nahezu die doppelte Erregung, während der Anker nur den durch den Anlaßwiderstand bedingten Strom erhält. Die Maschine hat also große Anzugskraft und kommt schnell in Gang. Man rückt

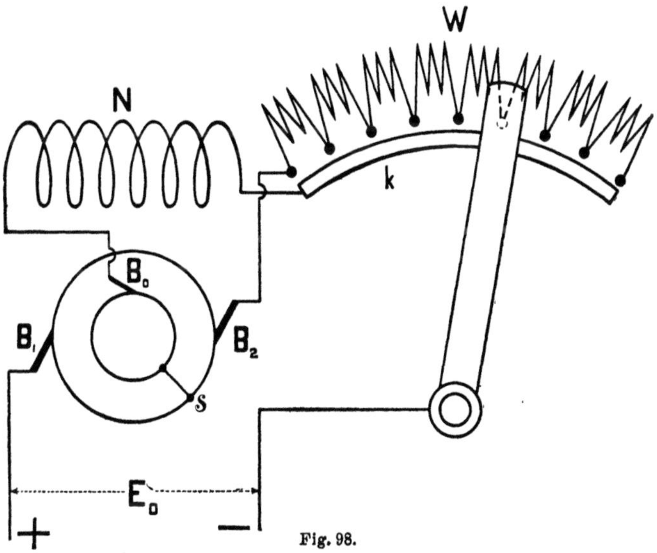

Fig. 98.

dann den Hebel langsam nach links, wodurch der Anlaßwiderstand schrittweise kurzgeschlossen wird, bis der Anker die volle Spannung E_0 bekommt und die normale Tourenzahl erreicht hat. Gleichzeitig tritt durch die im Anker erzeugte E.M.K. die Sengelsche Anordnung in Wirksamkeit, und die Felderregung wird auf ihren normalen, $\frac{E_0}{2}$ entsprechenden Betrag herabgesetzt.

74. Spannungsteiler.

In der oben erwähnten Abhandlung hat Sengel auch gezeigt, wie man die Hilfsbürste zur Spannungsteilung bei einem Dreileitersystem verwenden kann. Diese Anordnung ist in Fig. 99 schematisch dargestellt, wobei der Einfachheit halber die zur Felderregung dienenden Nebenschlußspulen weggelassen sind. Da Glühlampen beinahe keine Selbstinduktion haben, müßte in jeden Außenleiter eine Drosselspule eingefügt werden. Bequemer ist es jedoch, wenn man diese durch eine in den Mittelleiter eingeschaltete Drosselspule

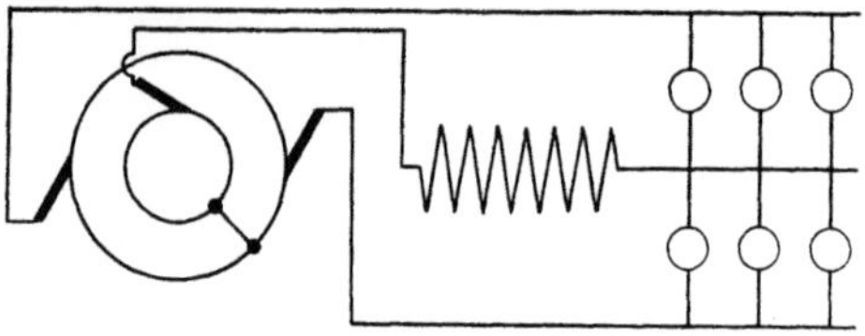

Fig. 99.

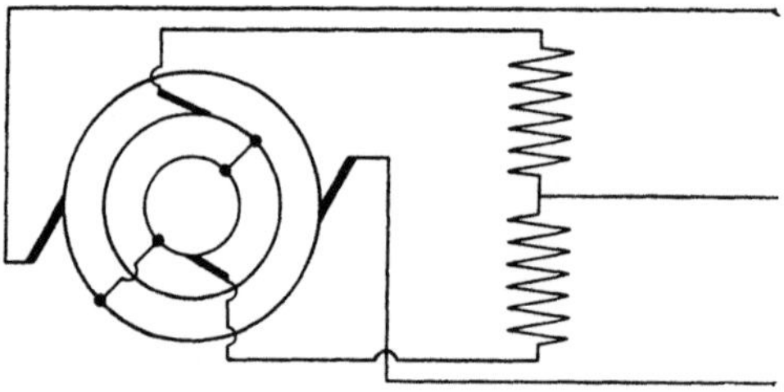

Fig. 100.

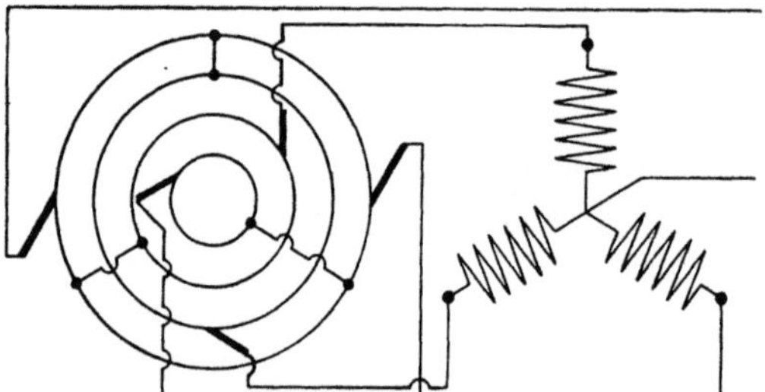

Fig. 101.

ersetzt, wie die Figur zeigt. Eine Erweiterung des Sengelschen Systems führt unmittelbar zu dem von M. v. Dolivo-Dobrowolsky im Jahre 1895[1]) angegebenen Spannungsteiler, wie man ohne weiteres aus Fig. 100 erkennt. Natürlich kann man statt zweier auch drei

---

[1]) E.T.Z. 1895, S. 323.

Schleifringe verwenden, wie Fig. 101 zeigt. Dadurch wird, wie Sengel in der angegebenen Arbeit ausführt, jede Stromschwankung im Mittelleiter aufgehoben.

75. Berechnung der Erregerspulen.

Aus der Zeichnung des Magnetsystems entnehmen wir den für die Drähte der Spulen verfügbaren Raum, wobei natürlich der für etwaige Spulenträger und für die Isolierung nötige Raum entsprechend in Abzug zu bringen ist. Hat man so die Umrisse der eigentlichen Spule festgestellt, so mißt man ihre mittlere Windungslänge π (bei kreisförmigen Spulen ist sie das 3,14 fache des mittleren Spulendurchmessers) und kann nun Drahtlänge, Querschnitt und Widerstand nach dem Ohmschen Gesetz berechnen. Zur Erleichterung der Rechnung können folgende Formeln verwendet werden. Bezeichnet d den Durchmesser des nackten und d_1 jenen des baumwollbesponnenen Drahtes, beides in mm, so ist mit genügender Annäherung für den vorliegenden Zweck zu setzen:

$$d_1 = 0{,}26 + 1{,}12\, d.$$

Bei rechteckigen Drähten ist die Dicke der Isolierung unter Annahme des gleichwertigen Durchmessers zu berechnen. Der Widerstand eines Drahtes von l m Länge, q qmm Querschnitt und Temperatur t in Graden Celsius ist

$$W = 0{,}017\,(1 + 0{,}004\,(t - 15))\,\frac{l}{q},$$

für Überschlagsrechnungen

$$W = 0{,}02\,\frac{l}{q}.$$

Bedeutet e die für einen magnetischen Stromkreis für die Nebenschlußspulen disponible Spannung (es ist also e der $p$te Teil der Gesamtspannung, wenn alle Spulen hintereinander geschaltet werden), so kann man in erster Annäherung den Querschnitt des Drahtes nach

$$q = \frac{20\,\pi}{e}\left(\frac{X}{1000}\right)$$

berechnen, wobei π den mittleren Perimeter der Windungen be deutet. Die zur Erregung nötige Stromstärke ist

$$i = \frac{X}{n}.$$

In dieser Formel ist n die Anzahl der mit einem magnetischen Stromkreis verketteten Erregerwindungen. Wie man sieht, hängt bei Nebenschlußspulen der Drahtquerschnitt nicht von der Windungszahl direkt ab, wohl aber insofern, als bei größerer Windungszahl der mittlere Perimeter wächst. Die Stromstärke ist der Windungszahl umgekehrt proportional.

Das Kupfergewicht in kg ist gegeben durch

$$G = 8{,}9\, q\, l,$$

wobei der Querschnitt q des Drahtes in qmm, die Länge l in km einzusetzen sind.

Für Spulen ist das Kupfergewicht näherungsweise gegeben durch

$$G = \frac{1750}{W}\left(\frac{X}{1000}\right)^2 D^2$$

$$G = \frac{178}{W}\left(\frac{X}{1000}\right)^2 \pi^2.$$

In diesen Formeln sind mittlerer Durchmesser D und mittlerer Perimeter π der Spule in m einzusetzen; W ist der Leistungsverlust in Watt, den man zulassen will.

76. Ähnliche Maschinen gleicher Type.

Vom praktischen Standpunkt aus ist es wichtig, einen Überblick zu gewinnen über die Abhängigkeit der Leistung einer Dynamomaschine von ihren Dimensionen. Es ist selbstverständlich, daß diese Frage auf den Vergleich zwischen Maschinen verschiedener Leistung hinausläuft, und daß dieser Vergleich am leichtesten zwischen Maschinen gleicher Type, also Maschinen, deren entsprechende lineare Dimensionen in einem bestimmten Verhältnis zu einander stehen, gemacht werden kann. Erst nachdem wir das Problem in dieser Form studiert haben, können wir dazu übergehen, es in allgemeiner Form zu behandeln, d. h. Maschinen verschiedener Type zu vergleichen, wobei wir bloß Durchmesser und Länge des Ankers als diejenigen Dimensionen beachten, welche für die Leistung maßgebend sind. Wir betrachten also zunächst den Fall zweier geometrisch ähnlicher Maschinen und nehmen dabei an, daß die Anzahl der wirksamen Drähte in beiden Ankern die gleiche ist; ebenso mögen die Feldspulen gleiche Windungszahlen aufweisen. Diese Annahme ist gerechtfertigt, da wir es nur mit der Leistung, also dem Produkt von Strom und Spannung, nicht aber damit zu tun haben, wie das Produkt zusammengesetzt ist. Denken wir uns nun, wir hätten eine gute Maschine, z. B. die Type Fig. 67c, gebaut und wollen eine zweite Maschine bauen, deren lineare Dimensionen m mal jene der Normalmaschine sind. Ist $m < 1$, so wird die Leistung der neuen Maschine geringer, ist $m > 1$, so wird sie größer als die der Normalmaschine ausfallen. Wir setzen dabei voraus, daß wir die gleiche Umfangsgeschwindigkeit einhalten.

Die Leistung der neuen Maschine ist hauptsächlich durch zwei Bedingungen begrenzt. Erstens darf die Maschine nicht zu heiß werden, und zweitens darf sie nicht funken. Man könnte noch als dritte Bedingung jene eines guten Wirkungsgrades aufstellen. Dies hätte jedoch wenig praktischen Wert, weil einerseits die Bedingung eines guten Wirkungsgrades schon in der Bedingung, daß die Maschine nicht zu heiß werden darf, enthalten ist, und andererseits bei dem im allgemeinen sehr hohen Wirkungsgrade moderner Maschinen kleine Unterschiede in dem Wirkungsgrad die Verwendbarkeit der Maschine nicht beeinflussen. Wir wollen nun zunächst untersuchen, welchen Einfluß die Bedingung, daß die neue Maschine nicht wärmer werden darf als die Normalmaschine, auf die Leistung der ersteren hat. Wenn wir zunächst den Anker betrachten, so sehen wir, daß wegen der konstanten Umfangsgeschwindigkeit die Wärmeentwicklung im Verhältnis zu m^2 stehen muß. Nehmen wir zunächst an, daß die Verteilung der verlorenen Leistung zwischen Eisen und Kupfer die gleiche bleibt, so würden wir die Induktion nahezu konstant halten müssen. Der Hysteresisverlust ist der Frequenz, also m^{-1}, und dem Volumen, also m^3, proportional; er wird also in der neuen Maschine, wenn die Induktion nicht geändert wird, m^2 proportional sein. Da auch die Abkühlungsfläche diesem Werte proportional ist, so wird die Temperaturerhöhung, so weit sie vom Ankereisen herrührt, die gleiche bleiben. Die Anzahl der Ankerstäbe ist dieselbe geblieben. Ihre Länge ist m und ihr Querschnitt m^2 von den entsprechenden Werten der Normalmaschine; der Ankerwiderstand wird also das m^{-1} fache betragen. Da die verlorene Leistung das m^2 fache betragen darf, so ist das Verhältnis der Quadrate der Stromstärken durch m^3 und das Verhältnis der Stromstärken selbst durch $m^{1,5}$ gegeben. Das gesamte Stromvolumen im Anker ist mithin auch $m^{1,5}$ proportional und die Stromdichte ist m^{-1} mal diesem Volumen, also $m^{1/2}$ proportional. In der folgenden Zusammenstellung dieser

Verhältnisse bezieht sich die Größe ohne Index auf die normale Maschine, und die Größe mit dem Index 1 auf die neue Maschine.

$$D_1 = m\,D \qquad L_1 = m\,L \qquad z_1 = z \qquad B_1 = B$$
$$N_1 = m^2\,N \qquad i_1 = m^{1,5}\,i \qquad \varDelta_1 = m^{0,5}\,\varDelta \qquad e_1 = m\,e$$
$$P_1 = m^{2,5}\,P.$$

Aus dieser Überlegung sieht man, daß die Leistung der neuen Maschine nicht genau ihrem Gewicht proportional ist, denn letzteres ändert sich wie m^3, erstere jedoch nur wie $m^{2,5}$. Allerdings ist hier zu bemerken, daß in Wirklichkeit diese theoretischen Verhältnisse etwas anders ausfallen. Ist $m > 1$, so kann der Querschnitt der Ankerdrähte in einem etwas größeren Maße als m^2 wachsen, weil verhältnismäßig weniger Raum durch Isolierung verloren geht. Die Kupferwärme wird also etwas kleiner als berechnet ausfallen, und man kann deshalb etwas mehr Eisenwärme zulassen, d. h. die Induktion erhöhen. Dadurch wird aber e_1 größer, als oben angegeben. Ein zweiter Grund zur Erhöhung der Induktion liegt darin, daß wir in der obigen Betrachtung den Verlust durch Wirbelströme im Eisen (jene im Kupfer können bei Nutenankern vernachlässigt werden) nicht beachtet haben. Der durch Wirbelströme verursachte Verlust ist proportional dem Volumen und dem Quadrat von Induktion und Frequenz. Da letztere m^{-1} proportional ist, so ist der Wirbelstromverlust des Ankereisens nicht m^2, sondern m proportional, während die Abkühlungsfläche m^2 proportional ist. Bei gleichbleibender Induktion wird also die durch Hysteresis und Wirbelströme hervorgebrachte Erwärmung etwas kleiner sein, als oben berechnet, und wir können bei $m > 1$ auch aus diesem Grunde die Induktion etwas erhöhen. Mit Berücksichtigung dieser Korrektionen kann man sagen, daß die Leistung der neuen Maschine einer Potenz von m proportional ist, wobei diese Potenz etwas größer als 2,5 ist, aber 3 kaum erreicht.

Es ist nicht möglich, einen allgemein gültigen Wert für diese Potenz anzugeben, denn bei der Konstruktion einer Maschine kommen sehr viele Fragen in Betracht, die sich überhaupt nicht schablonenmäßig nach ein und denselben Regeln behandeln lassen. Um aber dem Leser doch einen Begriff von der Größenordnung dieser Potenz zu geben, möge hier ein Beispiel behandelt werden.

Wir gehen zu diesem Zwecke von der in Fig. 67c abgebildeten Maschinengattung aus und untersuchen, welche Leistung wir von einer Maschine erwarten können, die in allen Teilen doppelt so groß ist wie die ursprüngliche. Der Anker der kleinen Maschine habe einen Durchmesser von 30 cm und eine Länge von 38 cm. Bei 550 Umdrehungen in der Minute betrage die Leistung 25 Kilowatt, von denen 1200 Watt im Anker verloren gehen. Die große Maschine würde dann einen Anker von 60 cm Durchmesser und 76 cm Länge besitzen; da sie eine viermal so große Abkühlungsoberfläche darbietet, können wir einen Gesamtverlust von 4800 Watt zulassen. Wir brauchen die Rechnung nicht im einzelnen durchzuführen, sondern wollen das Ergebnis nur kurz mitteilen:

	Kleine Maschine	Große Maschine
Ankerwiderstand in Ohm	0,015	0,006
Erregende Kraft in Amperewindungen	23 000	60 000
Gewicht der Eisenbleche des Ankers in kg	130	1170
Gewicht der Feldmagnete in kg . .	1170	9680
Die für die Erregung erforderliche Energie in % der gesamten . . .	3,50	1,95
Umdrehungszahl in der Minute . .	550	275
Leistung	250 Am × 100 V = 25 Kwt.	700 Am × 230 V = 161 Kwt.

Die Potenz ist also in diesem Falle 2,7.

Für die Erwärmung des Ankers und die Funkenbildung am Kommutator sind hierbei für beide Maschinen dieselben Grenzen angenommen.

Nach den oben mitgeteilten Zahlen beträgt das Eisengewicht der kleinen Maschine 1300 kg und das der großen 10850 kg; diese beiden Werte verhalten sich wie 1 : 8,3, während die entsprechenden Leistungen im Verhältnis von 25 : 161 = 1 : 6,44 zu einander stehen. Mit andern Worten, auf die Leistung von einem Kilowatt kommen bei der kleinen Maschine 52 kg und bei der großen 68 kg. In Bezug auf das Gewicht ist deshalb die große Maschine nicht so günstig wie die kleine, und man sieht, daß dieselbe Maschinengattung für verschiedene Größen nicht in gleicher Weise vorteilhaft ist.

Das obige Beispiel zeigt, daß die Leistung nicht ganz so schnell wächst wie das Gewicht der Maschine, d. h. wie das zur Herstellung nötige Material. Da jedoch die Herstellungskosten nicht nur vom Materialaufwand, sondern auch sehr wesentlich vom Arbeitslohn abhängen und dieser langsamer wächst als der Materialaufwand, so wird die große Maschine im Verhältnis zu ihrer Leistung dennoch etwas billiger ausfallen als die kleine.

Ferner ist zu beachten, daß die eingangs erwähnte Bedingung gleicher Umfangsgeschwindigkeit in der Praxis nicht streng eingehalten wird. Man kann bei der großen Maschine recht gut eine höhere Umfangsgeschwindigkeit zulassen als bei der kleinen, und dadurch wird erreicht, daß nicht nur der Preis pro Kwt., sondern auch das Gewicht pro Kwt. bei großen Maschinen geringer ausfällt als bei kleinen.

Immerhin wird man gut tun, in Bezug auf die Vergrößerung oder Verkleinerung der linearen Dimensionen nicht allzu weit zu gehen, sondern, wenn die Leistung der neuen Maschine erheblich größer oder kleiner werden soll als jene der normalen Maschine, lieber eine Änderung der Type ins Auge zu fassen. Dieser Gegenstand wird im 78. Abschnitt noch näher behandelt.

Bei Anführung des Beispiels wurde gesagt, daß beide Maschinen für die gleiche Funkengrenze berechnet worden sind. Dieser Punkt soll nun etwas näher erläutert werden, indem wir untersuchen, welche Bedingungen in Bezug auf Funken zu erfüllen sind, wenn die Leistung der neuen Maschine lediglich mit Rücksicht auf Erwärmung festgesetzt worden ist. Wir haben gesehen, daß zur Erzielung eines funkenlosen Ganges zwei Bedingungen erfüllt werden müssen. Die eine drückt aus die Stärke des Kommutierungsfeldes und die andere die Schwankung des selbstinduzierten Feldes. Mit diesen brauchen wir uns hier nicht zu beschäftigen, da es durch entsprechende Anordnung der Wicklung in mehreren Stromkreisen stets in unserer Macht liegt, die Schwankung beliebig klein zu machen. Die erstere Bedingung muß jedoch besonders untersucht werden. Wir fanden

$$\left(\frac{X_a - X_q}{X_a}\right) B_a = C_0 \frac{\Delta}{n}.$$

Da es sich nur um einen Vergleich handelt, wollen wir annehmen, daß in allen Fällen die Breite der Bürste gleich jener eines Segmentes ist, daß also $n = 1$. Wir haben dann für die neue Maschine

$$\left(\frac{X_{a_1} - X_{q_1}}{X_{a_1}}\right) B_a = C_0 \Delta_1 ;$$

oder unter Einsetzung der früher gefundenen Werte

$$\left(\frac{X_{a_1} - m^{1,5} X_q}{X_{a_1}}\right) B_a = C_0 m^{0,5} \Delta.$$

Durch Division der dritten durch die erste Gleichung erhalten wir

$$\frac{X_a}{X_{a_1}} \frac{X_{a_1} - m^{1,5} X_q}{X_a - X_q} = m^{0,5}.$$

Nehmen wir nun beispielsweise an, daß in der normalen Maschine $X_q = 0,5\, X_a$, so können wir für jeden Wert von m die Erregung X_{a_1} und mithin auch den Luftraum δ_1 im Verhältnis zu den entsprechenden Werten in der normalen Maschine bestimmen. Wir haben zunächst

$$\frac{X_{a_1} - 0,5\, m^{1,5} X_a}{0,5\, X_{a_1}} = m^{0,5}$$

und daraus

$$X_{a_1} = X_a \frac{0,5\, m^{1,5}}{1 - 0,5\, m^{0,5}}$$

$$\delta_1 = \delta \frac{0,5\, m^{1,5}}{1 - 0,5\, m^{0,5}}.$$

Diese Gleichungen zeigen, daß es eine Grenze gibt, über die hinaus eine Vergrößerung der linearen Dimensionen überhaupt nicht möglich ist. Diese Grenze liegt theoretisch bei jenem Werte von m, für welchen die Erregung unendlich groß wird; praktisch natürlich noch viel tiefer. Für den hier behandelten Fall, daß in der normalen Maschine die Querwindungen gleich sind der Hälfte der für den Anker nötigen Amperewindungen, liegt die theoretische Grenze bei $m = 4$. Eine Maschine mit vierfachen Dimensionen kann also für die der Wärmemenge entsprechende Leistung überhaupt nicht funkenfrei hergestellt werden. Für kleinere Werte von m werden Erregung und Luftzwischenraum die in folgender Tabelle gegebenen Werte erhalten müssen:

$m =$	0,5	0,6	0,7	0,8	0,9	1	1,1	1,2	1,3	1,4	1,5
$\frac{X_{a_1}}{X_a} = \frac{\delta_1}{\delta}$	0,27	0,38	0,50	0,65	0,82	1	1,21	1,45	1,72	2,03	2,35

Diese Zahlen würden sich natürlich ändern, wenn wir bei der normalen Maschine ein anderes Verhältnis als 2 : 1 zwischen X_a und X_q angenommen hätten. Immerhin würde jedoch die Tatsache, daß der Luftraum und die Erregung stärker wachsen müssen als die linearen Dimensionen, bestehen bleiben. Die notwendige Folge davon ist, daß der Prozentsatz der Leistung, welche für Erregung aufgewendet werden muß, mit der Größe der Maschine etwas wächst. Die Erregungsleistung ist wegen Abnahme des Feldwiderstandes mit m diesem Werte umgekehrt, gleichzeitig aber dem Quadrat der Amperewindungen direkt proportional. Die Leistung der Maschine ist, wie früher gezeigt wurde, $m^{2,5}$ proportional oder ein wenig größer. Der zur Erregung nötige Bruchteil der Leistung ist mithin $m^{-3,5}$ und $X_{a_1}{}^2$ proportional. Aus diesen Angaben läßt sich dieser Bruchteil für jeden Wert von m bestimmen, wenn jener für $m = 1$ bekannt ist. Die Rechnung ist so einfach, daß sie hier nicht näher ausgeführt zu werden braucht. Es möge genügen zu erwähnen, daß unter der Voraussetzung, die Erregung der normalen Maschine beanspruche 3 % ihrer Leistung, jene der Maschine von halben Dimensionen ($m = 0,5$) 2,6 % und jene der Maschine von anderthalbfachen Dimensionen ($m = 1,5$) rund 4 % betragen würde. Wenn man, wie oben schon angedeutet, die Induktion bei der großen Maschine etwas höher wählt, so kann der Luftraum ein wenig verkleinert und mithin der prozentuale Verlust für Erregung so ziemlich konstant gehalten werden. Wird jedoch die Umfangsgeschwindigkeit vergrößert, so ist die große Maschine auch in Bezug auf den für Erregung nötigen Bruchteil ihrer Leistung ökonomischer.

77. Einfluß der linearen Dimensionen auf die Leistung.

Wir haben bisher angenommen, daß man zur Erlangung einer höheren Leistung die neue Maschine größer, aber im übrigen geometrisch ähnlich der normalen Maschine baut, und dabei gesehen, daß dieses Verfahren nur innerhalb gewisser Grenzen anwendbar ist. Über diese Grenzen hinaus tut man besser, die Type zu ändern; also z. B. statt einer zweipoligen eine vierpolige Maschine zu bauen. Die Vorteile mehrpoliger Typen sind im 78. Abschnitt erläutert; für jetzt sei nur darauf hingewiesen, daß mit der Vermehrung der Polzahl der ganze Bau der Maschine weniger zusammengedrängt ausfällt, sodaß sie mehr Abkühlungsfläche bekommt. Sind wir also nicht mehr an eine bestimmte Type gebunden, so verliert auch die durch gleiche Temperaturerhöhung vorgeschriebene Grenze der Leistung ihre Bedeutung, und wir können diese Grenze lediglich mit Rücksicht auf funkenfreien Gang festsetzen. Nach dem, was im vorigen Kapitel gezeigt wurde, sieht man, daß für funkenlosen Gang eine möglichst hohe Luftinduktion und möglichst wenig Querwindungen vorteilhaft sind. Nun ist man besonders bei den heutzutage fast allgemein angewandten Zahnankern durch die Sättigung der Zähne beschränkt. Machen wir die Zähne selbst zu dick, so bleibt zu wenig Raum für die Drähte. Wir können also den gesamten aus einer gegebenen Polfläche in den Anker tretenden Kraftfluß nicht beliebig steigern. Ist der Zahnquerschnitt ein Drittel des Luftquerschnitts, so können wir die Induktion in letzterem mit höchstens $B_a = 7500$ festsetzen. Ist der Zahnquerschnitt die Hälfte des Luftquerschnittes, so würde die Luftinduktion etwa 11 000 betragen. Innerhalb dieser Grenzen können wir also den Gesamtkraftfluß als proportional der Polfläche annehmen.

Wenn wir nun als Mittelwert der Luftinduktion 9000 annehmen, so kann der Fehler höchstens $\pm 20\,\%$ betragen. Da nun die Polfläche dem Ausdruck $\frac{D}{p} L$ proportional ist, so können wir mit Weglassung einer Konstanten schreiben

$$N = \frac{D}{p} L.$$

Wenn die Maschine normale Verhältnisse hat, d. h. wenn Breite und Länge der Pole nicht allzusehr verschieden sind, so können wir den Widerstand des Streufeldes durch

$$\varrho = \frac{K}{\sqrt{\frac{D}{p} L}}$$

ausdrücken. Es ist dann $d = \sqrt{\frac{D}{p} L}$ eine Größe, welche die linearen Dimensionen der Pole kennzeichnet.

Die Streuung ist

$$N_s = \frac{X}{\varrho},$$

wobei das Zeichen X die Summe aller Amperewindungen bezeichnet, welche für Luft und Anker nötig sind. Nun ist es in Bezug auf die günstige Ausnutzung des Materiales wichtig, daß das Verhältnis zwischen Nutzfeld und Streufeld innerhalb gewisser Grenzen bleibt. Wir können also sagen, daß das Nutzfeld dem Bruch $X : \rho$ annähernd proportional sein muß. Das gibt mit Weglassung der Konstanten

$$N = \frac{X}{\varrho},$$

$$X = \varrho \frac{D}{p} L,$$

$$X = \frac{1}{d} d^2,$$

$$X = d = \sqrt{\frac{D}{p} L}.$$

Die Erregung muß also ungefähr den linearen Dimensionen der Pole proportional sein. Ebenso muß wegen annähernd konstanter Induktion der Luftraum δ diesen Dimensionen so ziemlich proportional sein.

Da $\Delta = z i : \pi D$, so kann die Bedingung für funkenlosen Gang auch in folgender Weise geschrieben werden:

$$\frac{z i}{\pi D} C_0 = B_a \left(1 - \frac{X_q}{X}\right).$$

Offenbar muß X_q mit X wachsen, ob genau in demselben Verhältnis, kann nicht vorher gesagt werden, denn das hängt von den Einzelheiten der Konstruktion ab, die in allgemeiner Form gar nicht behandelt werden können. Da es sich aber nur um eine angenäherte Bestimmung handelt, wollen wir vorläufig annehmen, daß der Klammerausdruck, eine Konstante, kleiner als 1 ist. Das bedeutet aber bei konstantem B_a auch konstante Stromdichte. Tatsächlich ist jedoch die Stromdichte nicht konstant, sondern bei den Maschinen größeren Durchmessers auch größer. Diesem Umstande werden wir am Ende dieser Betrachtung dadurch Rechnung tragen, daß wir der Formel für die Leistung einen Faktor geben, der vom Ankerdurchmesser abhängt und durch Nachrechnung ausgeführter Maschinen bestimmt wurde. Wir schreiben also vorläufig mit Weglassung einer Konstanten

$$i = \frac{D}{z}$$

$$2 p i = \frac{2 p D}{z} \quad \ldots\ldots\ldots \quad (45)$$

Die E.M.K. des Ankers mit Parallelwicklung ist, wieder mit Weglassung aller Konstanten,

$$e = \frac{D\,L}{p} z\,U \quad \ldots \ldots \ldots \quad (46)$$

Durch Multiplikation der Gleichungen (45) und (46) erhalten wir

$$2\,p\,i\,e = C\,D^2 L\,U \quad \ldots \ldots \ldots \quad (47)$$

wobei C ein Faktor ist, der, wie oben erwähnt, von dem Durchmesser abhängt. Hätten wir für den Anker Serienwicklung angenommen, so wäre p nicht in Formel (45), sondern in (46) einzuführen gewesen; das Produkt, welches nichts anderes ist als die Leistung, wäre dasselbe geblieben. Wir können (47) bequemer in folgender Form schreiben

$$P = C\left(\frac{D}{100}\right)^2 L\left(\frac{U}{100}\right) \quad \ldots \ldots \quad (48)$$

Dabei bedeutet P die Leistung in Kwt und C einen Faktor, der je nach der Größe und Type der Maschine zwischen 0,5 für kleine Ringmaschinen und etwa 2,5 für große Trommelmaschinen variiert. Die Nachrechnung ausgeführter Maschinen ergab für die Beziehung zwischen diesem Faktor und dem Ankerdurchmesser folgende Ausdrücke

$$C = 0{,}6 + \frac{D}{200} \text{ für Trommelmaschinen,}$$

$$C = 0{,}4 + \frac{D}{300} \text{ für Ringmaschinen.}$$

Es ist selbstverständlich, daß diese Werte sowie die Formel (48) durchaus keinen Anspruch auf Genauigkeit haben. Die Leistung einer Maschine wird um so größer sein können, je mehr Sorgfalt der Konstrukteur auf jene Einzelheiten verwendet hat, welche den funkenlosen Gang beeinflussen. So wird er z. B. den Anker stärker belasten können, wenn das Feld aus Flußeisen besteht statt aus Gußeisen; er wird ihn auch stärker belasten können, wenn er durch irgend eines der im elften Kapitel angegebenen Mittel die Verzerrung des Feldes durch die Querwindungen oder durch starke Unterteilung der Wicklung die Reaktanzspannung vermindert hat. Aber auch abgesehen von diesen Kunstgriffen, kann durch die bloße Vergrößerung der Induktion im Luftraum eine erhebliche Mehrleistung herbeigeführt werden. Es wurde oben erwähnt, daß die angenommene Induktion von 9000 um $\pm$ 20 % falsch sein kann. Das bedeutet aber einen Fehler von etwa $\pm 40\%$ in der Berechnung der Leistung nach Formel (48). Schließlich ist noch zu beachten, daß auch das Material der Bürsten einen großen Einfluß hat. Da Kohlenbürsten weniger leicht funken wie Metallbürsten, so kann man bei Anwendung von Kohlenbürsten die Maschine auch mehr belasten. Wo so viele Faktoren mitspielen, kann man natürlich nicht erwarten, daß eine Formel, welche diese Faktoren unberücksichtigt läßt, große Genauigkeit haben kann. Der Zweck der Formel ist auch nicht, Leistung oder Dimensionen einer Maschine endgültig zu bestimmen, sondern nur dem Konstrukteur einen Fingerzeig in dieser Richtung zu geben.

78. Vorzüge der mehrpoligen Maschinen.

Bei Untersuchung der Funkengrenze zweipoliger Maschinen wurde gezeigt, daß man behufs größerer Leistung diese Type nicht gut bis über eine gewisse Grenze hinaus vergrößern kann. Es entsteht nun die Frage, wie große Maschinen zu konstruieren sind, damit sie in Hinsicht auf Gewicht und Kosten womöglich besser sind als die kleinen zweipoligen. Die praktische Erfahrung hat hier zu Gunsten der mehrpoligen Maschinen entschieden. Während als Maschinen von kleiner und mäßiger Größe ohne Zweifel die zweipoligen vorzuziehen sind, gibt es eine Grenze, wo vierpolige Maschinen vorteilhafter wirken. Vergrößern wir die Leistung noch weiter, so erreichen wir bald einen Punkt, wo eine sechspolige Maschine günstiger als eine vierpolige wird u. s. w. Es läßt sich indessen keine bestimmte Regel angeben, nach der man die Anzahl der Pole für eine gegebene Leistung bestimmen könnte. Daß jedoch die Güte einer Konstruktion von der geeigneten Wahl des Maschinentypus abhängt, wird der Leser leicht einsehen, wenn er mehrere Konstruktionen für verschiedene Maschinengrößen vergleicht.

Wir wollen hier keine große Reihe von Konstruktionen vorführen, sondern nur an einem Beispiel zeigen, wie eine Vermehrung der Polzahl wirkt. Zu diesem Zwecke wählen wir die Maschine für 25 Kilowatt (250 A und 100 V bei 550 Umdrehungen), die durch Fig. 67 c dargestellt wird, und deren Einzelheiten auf S. 198 mitgeteilt sind. Das Gewicht der Eisenbleche im Anker beträgt 130 kg und das der Feldmagnete 1170 kg. Der Anker hat einen Durchmesser von 30 cm und eine Länge von 38 cm. Wir wollen jetzt eine vierpolige Maschine bauen, die einen Anker vom doppelten

Durchmesser, aber von derselben radialen Tiefe (in diesem Falle 9,50 cm) und von derselben Länge hat. Nehmen wir für die Feldmagnete den in Fig. 68 dargestellten Typus an, so wird das Gewicht etwa das doppelte des von Fig. 67 werden, vorausgesetzt, daß wir mit derselben Kraftliniendichte arbeiten. Die Windungszahl und der Widerstand der Ankerwicklung wird aufs Doppelte steigen, und lassen wir die Maschine mit derselben Umfangsgeschwindigkeit laufen, so wird auch die elektromotorische Kraft verdoppelt, während die Stromstärke unverändert bleibt. Die Leistung der vierpoligen Maschine mit einem Anker von 60 cm Durchmesser und 38 cm Länge hat bei 275 Umdrehungen dieselbe durch den Wirkungsgrad und die Funkenbildung bedingte Grenze, wie die der zweipoligen Maschine mit einem Anker von 30 cm Durchmesser und 38 cm Länge bei 550 Umdrehungen. Die Leistung ist aber im ersten Fall doppelt so groß.

Wir wollen jetzt sehen, um wie viel wir die linearen Abmessungen der zweipoligen Maschine hätten vergrößern müssen, um auf die doppelte Leistung zu kommen. Um die doppelte Leistung zu erhalten, müßte die zweipolige Maschine für 50 Kilowatt einen Anker von 41 cm Durchmesser und 54 cm Länge haben und mit einer Geschwindigkeit von $550/1{,}36 = 405$ Umdrehungen in der Minute laufen. Das Gewicht wäre im Verhältnis von $1 : 1{,}36^3$ größer, aber der Wirkungsgrad wäre nur wenig besser. Das Gewicht der großen Maschine setzt sich, wie folgt, zusammen: der Anker wiegt 320 kg, die Feldmagnete 2340 kg, beide zusammen also 2660 kg; die große Maschine wiegt also 2,05 mal soviel wie die kleine zweipolige. In der folgenden Tabelle sind die verschiedenen Größen angegeben, und zwar sind sie sämtlich auf die kleine zweipolige Maschine bezogen.

	Kleine Maschine mit 2 Polen	Große Maschine	
		mit 2 Polen	mit 4 Polen
Leistung	25 Kilowatt	doppelt so groß	doppelt so groß
Erwärmung	—	gleich groß	etwas kleiner
Funkenbildung	—	keine	keine
Wirkungsgrad	—	etwas höher	gleich hoch
Umdrehungszahl	550	405	275
Gewicht	—	2,5 fach	2,05 fach

Hieraus ergibt sich, daß die vierpolige Maschine nicht nur leichter als die zweipolige ist, sondern auch bedeutend langsamer läuft. Ihr Anker wird wegen seiner freien Lage weniger stark erwärmt, aber ihr Wirkungsgrad ist auch etwas geringer. Abgesehen von diesem Nachteil, dem übrigens leicht durch eine geringe Erhöhung der Umdrehungszahl abgeholfen werden kann, ist deshalb die vierpolige Maschine für den vorliegenden Fall entschieden die bessere Konstruktion.

Die Polzahl hängt jedoch nicht nur von der Leistung ab, sondern auch von der Spannung. Im allgemeinen kann man sagen, daß für Maschinen gleicher Leistung und Tourenzahl die Maschine, welche die größere Stromstärke bei kleinerer Spannung abgeben soll, mehr Pole erhalten soll, als die Maschine von höherer Spannung. Beide Anker können zweckmäßigerweise gleichen Durchmesser haben und die rein mechanischen Konstruktionsteile, wie Grundplatte, Lager und Welle, können gleich sein; die Maschine für höhere Spannung wird aber einen längeren Anker und einen kürzeren Kommutator erhalten als die Maschine für geringere Spannung; sie wird auch weniger, aber schwerere Pole erhalten und ein stärkeres Joch.

Dreizehntes Kapitel.

79. Energieverluste in Dynamomaschinen. — 80. Wirbelströme in den Polschuhen. — 81. Wirbelströme in den äußeren Ankerdrähten. — 82. Wirbelströme im Ankerkern. — 83. Wirbelströme im Innern des Ringankers. — 84. Wirbelströme in Ankerbolzen. — 85. Experimentelle Bestimmung der Verluste.

79. Energieverluste in Dynamomaschinen.

Dem Energieverlust in Dynamomaschinen liegen verschiedene Erscheinungen zu Grunde, von denen einige rein mechanischer, andere elektrischer und magnetischer Natur sind. In den Feldwicklungen der Dynamomaschinen findet ausschließlich ein Verlust elektrischer Leistung statt, der durch das Produkt aus der Stärke des erregenden Stromes und aus der Spannung an den Enden der Magnetwicklung dargestellt wird. Die Bestimmung dieses Verlustes ist so einfach, daß wir sie nicht weiter zu besprechen brauchen. Erwähnung verdient nur, daß wir bei der Berechnung dieses Verlustes die durch Temperatursteigerung bedingte Widerstandserhöhung berücksichtigen müssen.

Die Verluste, die im Anker auftreten, sind verwickelterer Natur und lassen sich nicht so leicht bestimmen. Zunächst gehört hierher die Reibung der Achse in den Lagern und die der Bürsten auf dem Kommutator. Letztere kann zwar zur Erhitzung des Kommutators führen, ist im übrigen jedoch nicht so erheblich, daß sie einen bedeutenden Einfluß auf den Wirkungsgrad ausübt. Erstere ist an der Hand der Formeln, die sich in jedem Lehrbuch über Maschinenelemente finden, leicht zu bestimmen. Man muß natürlich nicht nur das Gewicht des Ankers in Rechnung setzen, sondern auch den Zug des etwa vorhandenen Riemens und die magnetische Anziehung berücksichtigen, wenn diese nicht ganz ausgeglichen sein sollte. Beispiele, die den Einfluß der ungleichmäßigen magnetischen Anziehung erläutern, sind im dritten Kapitel gegeben. Ferner ist ein Energieverlust auf die Überwindung des Luftwiderstandes zurückzuführen. Der Anker wirkt bei seiner schnellen Umdrehung in gewissem Grade wie ein Ventilator, und bei gut konstruierten Maschinen wird diese Wirkung für die Abkühlung des Ankers ausgenutzt, wobei natürlich eine gewisse Energiemenge aufzuwenden ist. Alle diese Verluste sind jedoch in der Regel gering in Vergleich zu den elektrischen und magnetischen Verlusten.

Diese haben ihren Grund in der Hysteresis, den Foucault- oder *Wirbel-Strömen,* sowie im Widerstande des Ankers und der Berührungsstellen der Bürsten. Die in der Ankerwicklung verbrauchte elektrische Leistung läßt sich leicht mit Hilfe des Ohmschen Gesetzes bestimmen und braucht unsere Aufmerksamkeit nicht weiter zu beschäftigen; ebenso lassen sich die elektrischen und mechanischen Verluste an den Bürsten, wie im 69. Abschnitt erläutert, leicht bestimmen; die von Hysteresis und Wirbelströmen herrührenden Leistungsverluste lassen sich jedoch nicht so leicht berechnen. Die Schwierigkeit liegt hauptsächlich darin, daß durch Unregelmäßigkeit in der Verteilung des Kraftflusses eine Vergrößerung dieser Verluste eintritt, die wir nur schätzen, nicht aber genau berechnen können. Wir kennen allerdings die mittlere Induktion und aus der Umdrehungszahl des Ankers und der Zahl der Pole können wir die Zahl der Zyklen in der Sekunde ermitteln und haben somit, da uns auch die gesamte Eisenmenge im Anker bekannt ist, alle Elemente, welche zur Bestimmung des gesamten auf die Hysteresis zurückzuführenden Energieverlustes nötig sind.

Das Resultat ist jedoch, wie bereits gesagt, nur annähernd richtig, und zwar aus folgendem Grunde. Wenn wir nämlich auch die mittlere Induktion kennen, so haben wir doch keine Sicherheit, daß diese auf dem ganzen Querschnitt des Ankerkerns und in den Zähnen gleichförmig ist. Im Gegenteil, es wird die Induktion höchst wahrscheinlich an einigen Stellen größer als an andern sein. Denn einerseits ist die Länge der Kraftlinien verschieden und die kurzen Kraftlinien drängen sich zusammen, während die langen weniger dicht verlaufen, anderseits stört der in der Ankerwicklung verlaufende Strom die gleichmäßige Verteilung der Kraftlinien. Aus der in Fig. 36 dargestellten Kurve folgt, daß die durch Hysteresis bedingten Verluste schneller zunehmen als die Induktion. Das Anwachsen der Hysteresis in den Teilen, wo die Induktion den Mittelwert überschreitet, und ihre Abnahme in den Teilen, wo die Induktion unter dem

Mittelwert bleibt, bewirken, daß die gesamte Hysteresis unter diesen Umständen größer sein wird, als wenn die Kraftlinien gleichmäßig verteilt wären.

Die Verluste, die von Wirbelströmen herrühren, sind sehr verwickelter Natur. Sie können auftreten in den Ankerblechen, in den Polschuhen, in den Ankerwindungen und den dazu gehörigen Verbindungsstücken, in der Achse und in den Ankerträgern. Ein Versuch, sie auf Grund theoretischer Überlegungen zu bestimmen, hat natürlich keinen Zweck. Wir wissen freilich im allgemeinen, wie diese Ströme in den verschiedenen Teilen der Maschine entstehen, und können angenähert ihre Richtung angeben. Aber dies genügt nicht, um die Größe des Energieverlustes zu bestimmen; hier kann unbedingt nur der Versuch entscheiden.

Bevor wir dazu übergehen, einen solchen Versuch zu beschreiben, wollen wir zunächst die allgemeinen Ursachen für die Wirbelströme auseinandersetzen. Wir können uns alsdann ein Bild davon machen, was in den Teilen der Maschine vor sich geht, welche vorzugsweise der Sitz dieser Ströme zu sein pflegen. Nehmen wir als Beispiel die Brushsche Bogenlichtmaschine an, die ausgedehnte Pollappen besitzt und die Erscheinung besonders deutlich zeigt. Eine ganz oberflächliche Untersuchung läßt uns sofort die Tatsache erkennen, daß, wenn die Maschine einige Zeit gelaufen hat, die (in der Drehungsrichtung des Ankers) hintern Kanten der Pollappen heißer sind als die vordern. Man könnte vielleicht meinen, daß dies eine Wirkung der heißen Luft sei, welche beim Rotieren des Ankers nach vorn getrieben wird. Hiergegen spricht jedoch die Tatsache, daß die vordern Kanten der Pollappen heißer als die hintern sind, wenn die Maschine als Motor läuft. Die Wärme in den Polschuhen kann daher nicht durch Luftströme vom Anker übertragen werden, sondern muß in den Polschuhen selbst erzeugt, d. h. eine Wirkung von Wirbelströmen sein. Für diese Ansicht spricht auch die ungleiche Verteilung der Wärme in den Polschuhen. Da Wirbelströme ihren Grund in Veränderungen der Induktion haben, so wird die durch sie bedingte Erwärmung um so stärker auftreten, je höher und je veränderlicher die Induktion ist. Dies finden wir an den Pollappen bei der Brushschen Dynamomaschine bestätigt. Infolge der Rückwirkung des Ankers, welche bei dieser Maschinengattung besonders stark auftritt, werden die Kraftlinien an dem (in der Drehrichtung des Ankers) hintern Teile der Lappen zusammengedrängt;

ihre Dichte besitzt jedoch nicht dauernd den höchsten Wert, sondern pulsiert infolge der Einschnitte im Ankerkern. Diese Schwankungen der Induktion rufen die Wirbelströme hervor. An den vordern Teilen der Pollappen besitzen sie geringere Stärke und erzeugen deshalb nicht so viel Wärme.

80. Wirbelströme in den Polschuhen.

Wie die Wirbelströme in den Polschuhen entstehen, zeigt Fig. 102, in welcher das Rechteck *A B C D* die ausgebreitete Oberfläche eines Polschuhs und die schmalen schraffierten Rechtecke Zähne auf dem Ankerkern darstellen. Wenn diese Zähne der Polfläche sehr nahe kommen, so wird die Induktion unter den schraffierten Flächen erheblich

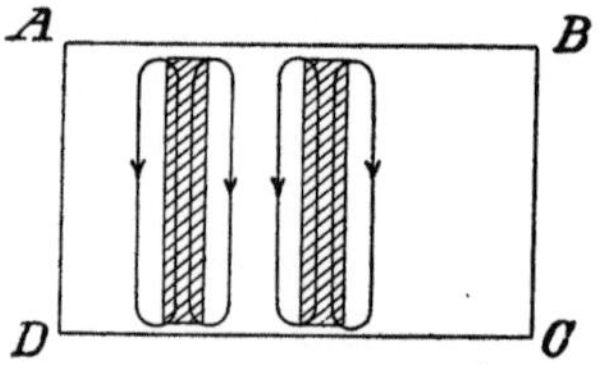

Fig. 102.

verstärkt. Infolge der Ankerdrehung, welche von rechts nach links erfolgen mag, bewegen sich diese Bündel zusammengedrängter Kraftlinien auf der Oberfläche des Polschuhs entlang und erzeugen unter jedem Zahn in dem Eisen des Polschuhs eine elektromotorische Kraft, deren Richtung mit jener der Achse zusammenfällt. In den Zwischenräumen ist diese elektromotorische Kraft viel kleiner, sodaß die Ströme in der durch die Pfeile gekennzeichneten Richtung verlaufen werden. Je kleiner der Luftraum, je größer die Zähne, und je weiter die Zwischenräume zwischen ihnen sind, um so größer wird natürlich die elektromotorische Kraft sein und um so mehr Raum werden die Ströme zu ihrer Ausbreitung zur Verfügung haben. Die Ströme selbst wirken wieder auf die Zähne zurück und erzeugen einen Zug, der sich der Drehung des Ankers entgegensetzt. Die auf diese Weise verzehrte Arbeit erscheint als Wärme wieder, die in den Polschuhen erzeugt wird.

Um den hierdurch entstehenden Verlust möglichst zu verkleinern, müssen wir den Raum, in welchem die Ströme fließen können, verengen, indem wir den Anker mit schmalen Zähnen, die nähe bei einander liegen, versehen. Diese Anordnung hat weiter den Vorteil, daß dadurch die Unterschiede der Induktion gegenüber und zwischen den Zähnen und infolgedessen auch die elektromotorischen Kräfte, welche die Wirbelströme erzeugen, möglichst verkleinert werden. Neuerdings wendet man daher bei gezahnten Ankern schmale und tiefe Nuten an. Die Wirbelströme werden unmerklich, wenn der Luftraum größer als die Nutenbreite ist. Man kann auch die Nuten oben ganz verschließen, also den Draht durch Löcher ziehen, anstatt ihn in Vertiefungen zu legen. Oder man verengt die Nuten oben, sodaß man eben noch den Draht hindurchführen kann, und legt dann eine Reihe von Drähten in den

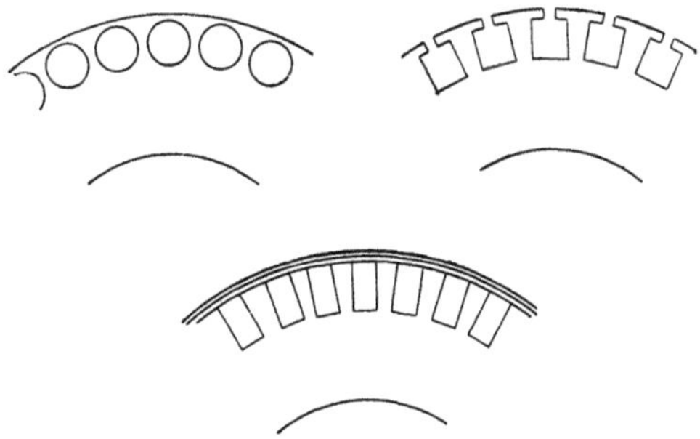

Fig. 103.

erweiterten untern Teil der Nuten. Endlich kann man auch Nuten mit parallelen Wandungen benutzen und sie nach dem Aufwickeln des Drahtes mit einer Lage Eisendraht überdecken. Diese verschiedenen Anordnungen sind in Fig. 103 dargestellt.

81. Wirbelströme in den äußern Ankerdrähten.

Wenn ein massiver Leiter parallel zu sich selbst in einem gleichförmigen magnetischen Felde bewegt wird, so treten überhaupt keine Wirbelströme in ihm auf, da in jedem Teile des Leiters die gleiche elektromotorische Kraft erzeugt wird. Ist jedoch das Feld nicht gleichförmig, so befinden sich gewisse Teile des Leiters in einem gegebenen Augenblicke in einem stärkern Felde als andere; dadurch entsteht eine Differenz in den elektromotorischen Kräften, die Wirbelströme erzeugt. Fig. 104 kann diesen Vorgang klar machen. A ist eine durch den Anker gelegte Schnittfläche, P eine durch den

Polschuh gelegte, und *a b* sind Querschnitte der Ankerdrähte, die aus massiven Stäben bestehen mögen. In der durch die Figur gegebenen Lage befindet sich der Teil *a* des auf der linken Seite gezeichneten Leiters in einem starken Felde, während der Teil b erst eben die Grenze des Feldes überschritten hat. Die elektromotorische Kraft ist daher in *a* größer als in *b*; es entsteht deshalb ein Strom, der an der rechten Seite des Leiters aufwärts und an der linken Seite abwärts fließt. Hat sich der Leiter an der Kante des Polschuhs vorbei bewegt (wie durch das rechts befindliche Rechteck *a b* angedeutet wird), so verlaufen in ihm unter der Voraussetzung, daß das Feld gleichförmig ist, keine Wirbelströme mehr, weil dann die Induktion bei *a* denselben Wert, wie bei *b* hat.

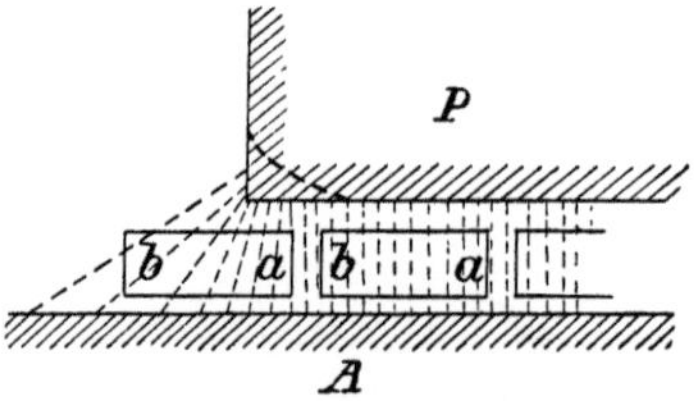

Fig. 104.

Das Feld einer Dynamomaschine kann jedoch nur dann gleichförmig sein, wenn sie bei offenem äußern Stromkreise läuft. Unter dieser Bedingung ist die Induktion im ganzen Bereiche des Polschuhs durch die horizontale Linie $P_1 P_2$ in Fig. 89, Seite 243, gegeben. Wirbelströme können dann nur an den Kanten der Polschuhe entstehen, aber nicht unter den Polschuhen selbst. Arbeitet die Maschine bei geschlossenem äußern Stromkreise, so wird die Induktion unter den Polschuhen nicht mehr durch eine horizontale Linie, sondern durch die Kurve $D_1 D_2$ (Fig. 89) dargestellt. Es entstehen infolgedessen Wirbelströme nicht nur in den Leitern, die sich gerade an den Kanten der Polschuhe befinden, sondern auch in allen dazwischenliegenden Leitern. Überdies hat die Stärke dieser Ströme unter der Austrittskante der Polschuhe infolge der gesteigerten Induktion bedeutend zugenommen. Hieraus folgt, daß die durch Wirbelströme bedingten Energieverluste bei geschlossenem äußern Stromkreis größer sind als bei offenem.

Diese Verluste können durch verschiedene Mittel verringert werden. Am einfachsten gelangt man durch Zerteilung der Leiter zum Ziel. Man kann sie aus schmalen Streifen zusammensetzen, die voneinander isoliert, aber an den Enden verbunden sind, oder statt der massiven Leiter Kabel benutzen, die aus dünnen Leitern bestehen und in die geeignete Form gepreßt sind. In demselben Sinne wirkt eine Abstumpfung der scharfen Polkanten, wie sie in Fig. 104 durch die punktierte Linie angedeutet ist; der Übergang aus der neutralen Zone in das starke Feld verläuft dann allmählicher. Man kann auch die Leiter in Nuten legen; dann schneiden die Kraftlinien die Leiter so schnell und die Induktion in den Nuten ist so gering und so gleichmäßig, daß ein Verlust durch Wirbelströme bei mäßiger Sättigung der Zähne nicht eintritt. Bei sehr hoher Zahnsättigung ist die Einbettung jedoch kein vollkommener Schutz gegen Wirbelströme und man muß dann diesen Schutz durch Unterteilung der Leiter erreichen.

82. Wirbelströme im Ankerkern.

Die Wirbelströme im Ankerkern selbst folgen im großen und ganzen denselben Gesetzen, wie die in den äußern Ankerdrähten. Wenn der Kern auf der Drehbank abgedreht wird, ist Gefahr vorhanden, daß der Stahl die Kanten der Platten zusammenbiegt und sie trotz der Papierisolation in Kontakt bringt. Ist dies der Fall, so besitzt der Anker einen mehr oder weniger gut leitenden Überzug von Metall, in dem die Wirbelströme kreisen können. Hierzu kommt, daß in jeder Platte Wirbelströme verlaufen, die allerdings nur sehr schwach sind, wenn die Platten hinreichend dünn gewählt werden. Bei sorgsamer Herstellung kann man den Kontakt zwischen den äußern Kanten der Platten fast völlig vermeiden, sodaß in der Regel der durch Wirbelströme im Anker bedingte Energieverlust klein ist.

Zur Bestimmung dieses Verlustes können wir die im 37. Abschnitt abgeleitete Formel benutzen, wobei die Frequenz ν mit dem Wert einzusetzen ist, der sich aus der Anzahl Polpaare p und der minutlichen Umdrehungszahl U ergibt.

$$\nu = p \frac{U}{60}.$$

Der Verlust in Watt ist pro kg Ankerblech

$$P_w = 0{,}19 \left(\Delta \frac{\nu}{100} \frac{B}{1000} \right)^2.$$

Für die Berechnung der Gesamtverluste aus Hysteresis und Wirbelströmen sind Ankerzähne und Ankerkern getrennt zu behandeln, weil die Induktion in diesen Teilen meist verschieden ist.

83. Wirbelströme im Innern des Ringankers.

Außer den oben erwähnten Verlusten treten bei den Ringankern noch andere auf, die durch Wirbelströme in den innern Ankerdrähten und in den vom Ringe eingeschlossenen Metallteilen verursacht werden. Wenn der Querschnitt des Ankerkerns genügende Größe hat, bildet sich natürlich bei offenem äußern Stromkreis kein

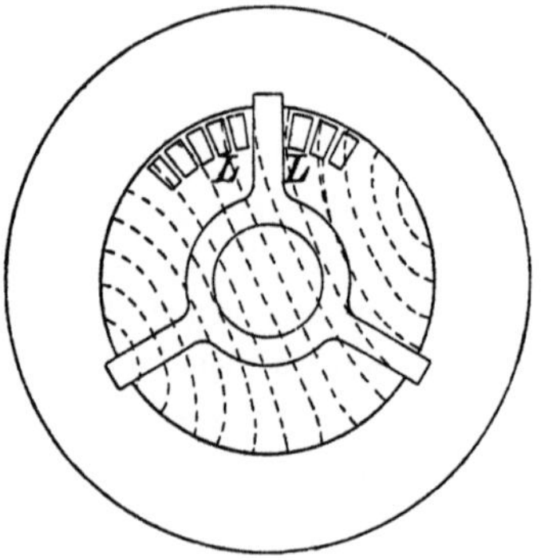

Fig. 105.

Feld im Innern des Kerns. Aber sobald die Maschine Strom liefert, entsteht ein inneres Feld, wie es Fig. 82, Seite 228, zeigt. Da die Kraftlinien dieses Feldes bei der Umdrehung des Ankers ihre Lage im Raum unverändert beibehalten, so müssen sie die innern Leiter, die Achse, die Ankernabe und die Träger des Ankerkerns schneiden (Fig. 105). Wenn die Nabe und die Träger für den Anker aus Eisen hergestellt sind, so ist natürlich das innere Feld stärker und die Verluste werden größer. Aus diesem Grunde werden diese Teile bei Ringmaschinen aus Bronze hergestellt. Ganz vermeiden lassen sich natürlich auch alsdann diese Verluste nicht, die mit der Leistung der Maschine wachsen. Beim Trommelanker haben wir keine innern Leiter und damit auch keine Verluste. Unter sonst gleichen Umständen wird daher eine Trommelmaschine einen höheren Wirkungsgrad haben als eine Ringmaschine.

84. Wirbelströme in Ankerbolzen.

Wird der Ankerkern durch Bolzen b (Fig. 106) zusammengehalten, so empfiehlt es sich, diese zu isolieren, wenn die radiale Tiefe des Ankerkerns zwischen den Bolzen und dem äußern Umfange nicht reichlich bemessen wird. Um den Verlauf der Wirbelströme bei nichtisolierten Bolzen zu studieren, nehmen wir vorläufig an, daß das Feld erregt ist, der Anker jedoch stille steht. Der Verlauf des Kraftflusses innerhalb des Ankers ist dann durch die punktierten Linien angedeutet. Ist N der aus einem Pol strömende Kraftfluß und stehen die Bolzen in der halben radialen Ankertiefe, so schneidet jeder Bolzen beim Übergang aus einer Stellung zwischen

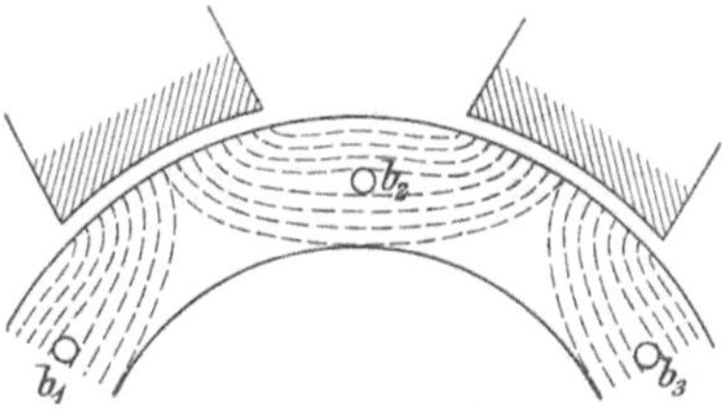

Fig. 106.

den Polen in die nächste (b_1 nach b_2 oder b_2 nach b_3) den Kraftfluß $\frac{N}{2}$. Nehmen wir nun zunächst an, daß ebenso viele Bolzen als Pole vorhanden sind, und daß die Endscheiben eine leitende Verbindung zwischen den einzelnen Bolzen bilden, so können wir die $2p$ Bolzen als die Wicklung eines Wechselstromankers auffassen. Bei Bewegung wird in jedem Bolzen eine Wechsel-E.M.K. induziert, die ihren Maximalwert hat, wenn der Bolzen gerade unter der Polmitte steht. In der gezeichneten Stellung ist diese E.M.K. Null. Da die Bolzen in Eisen gebettet sind, ist ihre Induktanz im Verhältnis zum Widerstand außerordentlich groß und der entstehende Wechselstrom hat eine Phasenverschiebung von nahezu 90^0. Es muß also der in den Bolzen erzeugte Strom in der gezeichneten Stellung ein Maximum und seine Richtung muß derart sein, daß er ein um den Bolzen kreisförmig verlaufendes Feld erzeugt, welches die Kraftlinien des ursprünglichen Feldes nach außen drängt. Auf diese Weise wird die Anzahl mit den Bolzen verschlungener Kraftlinien vermindert, und zwar umsomehr, je kleiner der Ohmsche Widerstand des Bolzens ist, sodaß der resultierende Kraftfluß nicht mehr den in Fig. 106 skizzierten Verlauf nimmt, sondern wie in Fig. 107 gedacht werden muß, wobei natürlich die Induktion im Ankerkern zwischen Bolzen und äußerem Umfang entsprechend zugenommen hat, während der innere Teil des Ankerkerns beinahe keine Kraftlinien führt, also nutzlos geworden ist. Da der Widerstand der Bolzen jedenfalls sehr klein ist, so ist auch nur eine sehr kleine Wechsel-E.M.K. nötig, um einen bedeutenden Strom zu erzeugen; es ist also auch jener Teil des Feldes, welcher noch mit den Bolzen

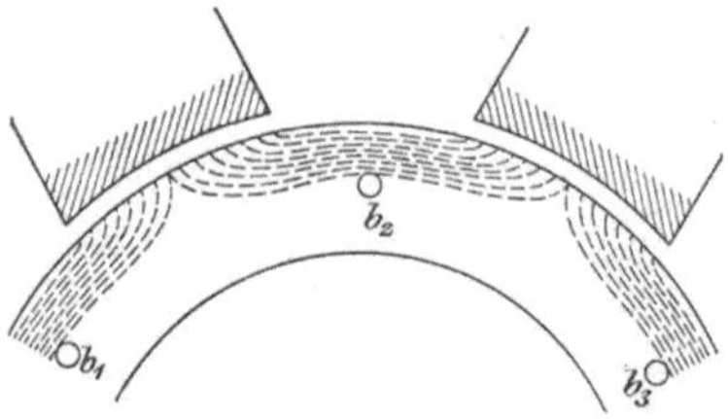

Fig. 107.

verschlungen bleibt, klein und kann ohne großen Fehler gegenüber dem Hauptfelde N vernachlässigt werden. Wir können deshalb annehmen, daß der ganze Kraftfluß N außerhalb der Bolzen durch den Ankerkern strömt und daß somit die Induktion B den doppelten Wert wie bei stillstehendem Anker annimmt. Es ist klar, daß die Verwendung unisolierter Bolzen einen Leistungsverlust[1]) herbeiführt, und zwar aus zwei Gründen. Erstens durch Stromwärme in den Bolzen selbst, und zweitens durch Erhöhung des Hysteresis- und Wirbelstromverlustes im Ankerkern.

Um über die Größenordnung des Verlustes eine Vorstellung zu bekommen, wollen wir ein praktisches Beispiel durchnehmen. Der Anker einer sechspoligen Maschine von 180 Kwt sei 30 cm lang und habe innerhalb der Nuten 120 cm Durchmesser. Seine radiale Tiefe

[1]) Vergleiche Fischer-Hinnen, Sur la Non-Isolation des Boulons traversant le fer des Induits (L'Industrie Électrique 1898, No. 150). In dieser Arbeit zeigt Fischer-Hinnen, daß der Verlust verschwindend klein ist; er hat aber übersehen, daß infolge des Hinausdrängens des Kraftflusses nicht nur der Verlust im Ankereisen steigt, sondern ein weit stärkerer als der von ihm berechnete Strom in den Bolzen erzeugt werden muß.

sei 18 cm. Die Umdrehungsgeschwindigkeit sei 250 T. p. M. Der Anker sei durch 6 Bolzen von 2 cm Durchmesser zusammengehalten, die in der Mitte der Ankertiefe, also 9 cm nach innen von den Nuten entfernt, angeordnet sind. Wären diese Bolzen isoliert, so hätten wir bei 485 qcm Ankerquerschnitt und einem Kraftfluß von 9 Millionen Linien

$$B_a = 9250.$$

Das Gewicht des Ankereisens innerhalb der Nuten ist 1240 kg.

Die Frequenz ist

$$\nu = 3 \times \frac{250}{60} = 12{,}5.$$

Bei einer Induktion von 9250 und $\nu = 12{,}5$ ist der Hysteresis- und Wirbelstromverlust pro kg Eisen 0,86 Watt, also der Verlust für den innerhalb der Nuten liegenden Teil des Ankers 1060 Watt. Den Verlust in den Stegen zwischen den Nuten brauchen wir nicht zu berechnen, da er durch die Verschiebung der Kraftlinien im Kern nicht beeinflußt wird.

Sind nun die Bolzen nicht isoliert, so wächst B_a auf nahezu den doppelten Wert, also etwa auf 18 000, und bei dieser Induktion ist der durch Hysteresis und Wirbelströme bei $\nu = 12{,}5$ verursachte Verlust 2,85 Watt pro kg Eisen. Allerdings ist das Eisengewicht, welches der höhern Induktion ausgesetzt ist, geringer, nämlich nur jener Teil des Ankerkerns, welcher zwischen den Bolzen und Nuten liegt. Das macht rund 660 kg. Der Verlust ist mithin

$$660 \times 2{,}85 = 1880.$$

Er ist, wie man sieht, um 820 Watt gestiegen. Dazu kommt noch der Verlust durch Stromwärme in den Bolzen. Der Widerstand eines Bolzens samt seiner Verbindung kann zu 0,00025 Ohm angenommen werden. Um den Strom im Bolzen zu berechnen, machen wir folgende Überlegung. Da der Strom die Kraftlinien zurückdämmen muß, so kann sein Maximalwert nicht kleiner sein als die Anzahl Amperewindungen, welche zur Überwindung des magnetischen Widerstandes des Ankers bei $B_a = 18000$ nötig ist, nämlich rund 140 pro cm Pfadlänge.

Den ungefähren Verlauf der Kraftlinien kann man durch eine Skizze finden, und auf diese Art bestimmt man schätzungsweise die mittlere Länge des Pfades, auf welchem die Induktion am dichtesten ist, zu 20 cm. Der Maximalwert des Stromes in einem Bolzen ist mithin

$$10 \times 140 = 1400\ A$$

und der effektive Wert ist im Verhältnis $\sqrt{2}:1$ kleiner.

$$i = 1000.$$

Zur Erzeugung dieses Stromes ist eine Wechsel-E.M.K. von 0,25 V effektiv nötig. Dem entspricht ein Feld von 900000 Linien, d. h. es bleiben rund 10 % des Feldes mit den Bolzen verschlungen und 90 % des Feldes werden durch den Strom in den Bolzen hinausgedrängt. Die Stromwärme in jedem Bolzen ist

$$100 \times 0{,}25 = 250\ \text{Watt},$$

in allen 6 Bolzen mithin 1500 Watt.

Vermehrte Verluste im Eisen und Stromwärme in den Bolzen machen somit einen Gesamtverlust von 2,3 Kwt oder 1,28 % der Maschinenleistung. Man sieht, daß, wenn man überhaupt Bolzen verwendet, die durch den Ankerkern gehen, es ratsam ist, diese Bolzen zu isolieren.

85. Experimentelle Bestimmung der Energieverluste.

Die Bestimmung der gesamten Energie, die in einer Dynamomaschine bei offenem äußern Stromkreise verloren geht, läßt sich sehr genau ausführen, wenn man die Maschine als Motor laufen läßt und die ihr zugeführte Energie mißt. Man muß natürlich die Zufuhr so regulieren, daß die Maschine bei der normalen Geschwindigkeit und Klemmenspannung läuft. Wird hierfür Sorge getragen, so ist die Feldstärke und die dazu nötige erregende Kraft ungefähr dieselbe, als wenn die Maschine als Generator arbeitet. Sie kann freilich wegen der Rückwirkung und wegen des Widerstandes des Ankers nicht genau dieselbe sein; da jedoch diese störenden Einflüsse annähernd bekannt sind, so kann man die Erregung leicht so abändern, daß sie den wirklichen Verhältnissen beim Betriebe entspricht. Die dem Anker zugeführte elektrische Energie läßt sich mit großer Genauigkeit messen und ebenso die für die Erregung der Feldmagnete erforderliche. Der Versuch erfordert nur einen Tourenzähler, einen Strom- und einen Spannungsmesser.

Das Ergebnis genügt jedoch nicht für praktische Zwecke. Es ist ja immerhin von Wert, genau zu wissen, wieviel Energie im Anker und wieviel in den Feldmagneten verloren geht; bei der ersten genügt uns jedoch nicht nur die Kenntnis ihres Betrages, sondern wir müssen auch wissen, wie sie sich zusammensetzt. Nur auf diese Weise läßt sich feststellen, wo Verbesserungen anzubringen sind und wie Abänderungen wirken. Nehmen wir z. B. an, wir wollten bestimmen, wie weit bei einem glatten Anker die Drähte zu teilen seien, um Wirbelströme in ihnen auszuschließen. Je mehr wir die Drähte zerteilen, umsomehr Raum ist offenbar für die Isolation erforderlich und um so teurer wird die Maschine, aber auch umso geringer werden die Wirbelströme. Bei der Ausführung der Maschine müssen wir aber sowohl bestrebt sein, sie theoretisch möglichst vollkommen zu machen, als auch die Schwierigkeiten der Herstellung nicht unnötig zu vergrößern. Der Konstrukteur muß also, um zwischen diesen einander widerstreitenden Anforderungen die Mitte zu halten, genau wissen, wie weit die Zerteilung der Leiter von Einfluß ist. Dies läßt sich jedoch nur bestimmen, wenn er den Verlust ermitteln kann, den die ungenügende Teilung eines beliebig gestalteten Leiters mit sich bringt, d. h., wenn er die durch Wirbelströme bedingten Verluste vom gesamten Verluste trennen kann.

Bei der gleichen Feldstärke ist der durch Hysteresis verursachte Verlust proportional der Geschwindigkeit; dasselbe gilt auch für die Reibungsverluste, wenn die Geschwindigkeit nicht zu klein und nicht zu groß wird. Die von Wirbelströmen herrührenden Verluste sind dagegen dem Quadrate der elektromotorischen Kraft proportional und müssen daher für die gleiche Feldstärke auch dem Quadrate der Geschwindigkeit proportional sein. Die beiden Arten von Verlusten befolgen also verschiedene Gesetze. Wir benutzen diese Tatsache, um die Verluste in folgender Weise getrennt zu bestimmen.

Die zu untersuchende Maschine wird durch den konstanten Strom einer unabhängigen Elektrizitätsquelle erregt. Ferner schickt man einen Strom durch den Anker, der dadurch in Bewegung gesetzt wird, und variiert die Spannung, um verschiedene Geschwindigkeiten zu erhalten. Der Strom, der eben genügt, um die Maschine in Gang zu halten, ist so gering, daß man die Rückwirkung und den Widerstand des Ankers vernachlässigen und die Klemmenspannung der elektromotorischen Kraft der Maschine gleichsetzen kann. Wir bestimmen nun die Geschwindigkeit U, die Stromstärke i und die Klemmenspannung e. Lassen wir letztere anwachsen, so steigen auch die beiden andern Größen. Ordnen wir den Versuch für den vorliegenden Fall zweckmäßig an, so können wir sehr schnell eine Reihe solcher Bestimmungen von zusammengehörigen Werten der drei Größen vornehmen, und tragen wir alsdann die Stromstärken als Funktion der Geschwindigkeit auf, so erhalten wir die in Fig. 108 dargestellte Linie AF, die so wenig von einer Geraden abweicht, daß wir sie als Gerade ansehen können.

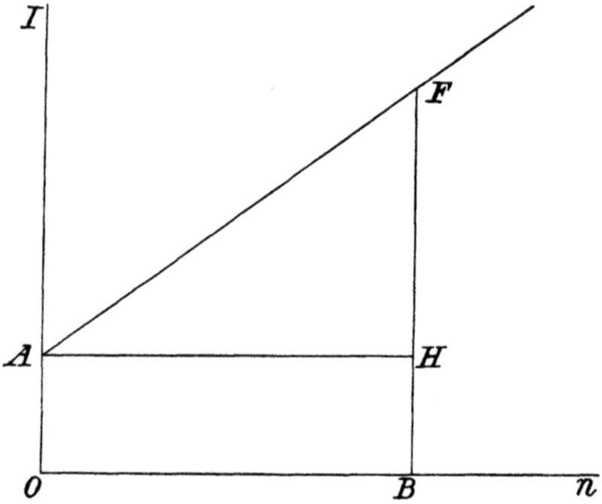

Fig. 108.

Der Punkt A, wo diese Linie die Ordinatenachse schneidet, entspricht der Stromstärke, die eben hinreicht, um den Anker in Bewegung zu setzen, vorausgesetzt, daß keine Erhöhung des Reibungswiderstandes bei sehr langsamer Geschwindigkeit oder beim Stillstande eintritt. Da jedoch die Reibung bei abnehmender Geschwindigkeit zunimmt, so würde eine Messung der Stromstärke im Augenblicke des Angehens ein falsches Ergebnis liefern. Wir finden den richtigen Wert, wenn wir die Stromstärke für eine mäßige Geschwindigkeit bestimmen und die Linie nach rückwärts verlängern. Die Länge $OA = i_0$ bezeichnet dann die anfängliche Stromstärke beim Angehen und die Länge $BF = i$ die maximale Stromstärke bei der normalen Geschwindigkeit $U = OB$. Unter der Annahme, daß der Widerstand, den die Hysteresis und die Reibung der Bewegung entgegensetzen, unabhängig von der Geschwindigkeit ist[1]), können wir uns die maximale Stromstärke i aus zwei Teilen zusammengesetzt denken, von denen der eine $i_0 = BH$ gerade genügt, um der Reibung und Hysteresis das Gleichgewicht zu halten, und der andere $i - i_0 = HF$ erforderlich ist, um den Widerstand, den die Wirbelströme verursachen, zu überwinden. Bezeichnen wir mit P_h den Verlust, den Hysteresis und Reibung mit sich bringen, und mit P_w den von den Wirbelströmen herrührenden Verlust, so bestehen folgende Beziehungen zwischen dem gesamten Verlust P und seinen Komponenten:

$$P = e\,i = P_h + P_w;$$

$$P_h = e\,i_0; \; P_w = e\,(i - i_0).$$

Wir können somit auf sehr einfache Weise den durch Wirbelströme bedingten Verlust bestimmen, müssen jedoch dabei bedenken, daß diese Bestimmung nur Gültigkeit hat, wenn die Maschine keinen Strom in den äußern Kreis liefert. Wie wir oben festgestellt haben, nimmt der von Wirbelströmen herrührende Verlust und auch der Hysteresisverlust zu, wenn die Maschine Arbeit leistet.

Die hier beschriebene Methode läßt sich indessen so abändern, daß sie sich auch für die Messung des Verlustes durch Wirbelströme bei voller Belastung eignet. Wir haben zu diesem Zweck zwei Maschinen von gleicher Größe und Konstruktion nötig, und außerdem eine dritte Maschine von geringerer Leistung, die aber dieselbe Stromstärke liefert. Die beiden zu untersuchenden Maschinen werden starr miteinander verbunden und ihre Ankerwicklungen und die der kleinen Maschine hintereinander geschaltet. Die Feldmagnete sind so geschaltet, daß die eine Maschine als Generator und die andere als Motor läuft, wobei die kleine Maschine die Leistung liefert, um die Kombination in Gang zu halten. Bringen wir die erregende Stromstärke der beiden Maschinen und die elektromotorische Kraft der kleinen Maschine auf den richtigen Betrag, so behält der Strom für sehr verschiedene Werte der Geschwindigkeit annähernd dieselbe Stärke bei, sodaß man eine Reihe von zusammengehörigen Werten erhält, aus denen man die Wirbelstromverluste einerseits und die Hysteresis und Reibungsverluste andererseits getrennt bestimmen kann.

[1]) Einen störenden Einfluß kann allerdings der Luftwiderstand ausüben, da er mit der Geschwindigkeit wächst; es steigt dann die Linie AH etwas an, wie weiter unten gezeigt wird.

Um nun noch eine getrennte Bestimmung der Reibungs- und Hysteresisverluste vorzunehmen, kann man nach Dettmar[1]) wie folgt verfahren. Man läßt die Maschine als Motor laufen und verändert gleichzeitig die Erregung und die dem Anker aufgedrückte Spannung derart, daß die Tourenzahl unverändert bleibt. Wenn

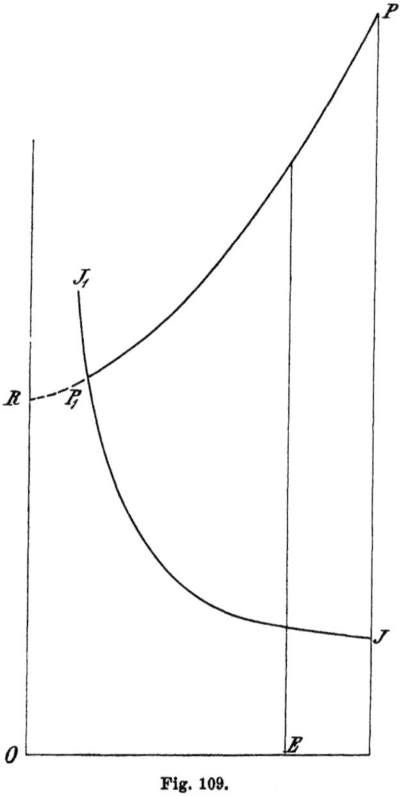

Fig. 109.

man noch den jedem Betriebszustand zugehörigen Ankerstrom mißt, so kann man die dem Anker zugeführte Leistung als Funktion seiner gegenelektromotorischen Kraft OE (aufgedrückte Spannung weniger Ohmscher Verlust) durch eine Kurve PP_1 in Fig. 109 darstellen. Bei dem Versuch ist darauf zu achten, daß die Tourenzahl konstant bleibt, und es ist mit den Ablesungen zu warten, bis

[1]) E.T.Z. 1899, Heft 11.

man sicher ist, daß der Beharrungszustand eingetreten ist. Letzteres ist wichtig, weil selbst bei kleinen Schwankungen der Tourenzahl die vom Anker mechanisch aufgenommene oder abgegebene Leistung im Vergleich mit der zu messenden Leistung beträchtlich sein kann. Auch ist es ratsam, den Versuch erst zu beginnen, nachdem die Maschine einige Stunden gelaufen ist, da es einige Zeit braucht, bis die Lager einen stationären Zustand erreicht haben. Wird das Feld geschwächt, so muß auch die dem Anker aufgedrückte Spannung vermindert werden und der Strom wird größer. Die Stromkurve hat die in Fig. 109 durch JJ_1 angedeutete Form. Da das Produkt ie mit wachsender Spannung wegen der Eisenverluste zunimmt, so ist die Stromkurve nicht eine gleichseitige Hyperbel, sondern ihr unterer Ast liegt höher, als er bei einer gleichseitigen Hyperbel liegen würde. Je kleiner die aufgedrückte Spannung und Erregung, desto mehr nehmen die Eisenverluste ab, und wenn es möglich wäre, die Maschine in gänzlich unerregtem Felde als Motor zu betreiben, so würde nur der durch Luft, Lager und Bürstenreibung verursachte Verlust durch den zugeführten Strom zu decken sein. Da aber dann auch die gegenelektromotorische Kraft Null wäre, so könnte dem Anker durch den Strom überhaupt kein Drehmoment mitgeteilt werden. Es ist also nicht möglich, den Versuch durch Schwächung der Erregung auf Null soweit zu führen, daß die aufgedrückte Leistung bis zu ihrem unteren Grenzwert, nämlich Reibungsverlust plus Ohmschem Verlust, sinkt. Wir können aber diesen Grenzwert OR in Fig. 109 finden, indem wir die Leistungskurve über den tiefsten, noch mit Sicherheit bestimmbaren Punkt P_1 hinaus verlängern. Es ist dann OR diejenige Leistung, welche bei der normalen Umdrehungszahl und bei unerregtem Felde dem Anker zur Überwindung der Luft-, Lager- und Bürstenreibung aufgedrückt werden muß. Unter der allerdings nicht immer zutreffenden Voraussetzung, daß der Anker vollständig symmetrisch gelagert ist, durch die magnetische Anziehung der Pole also kein einseitiger Zug entsteht, der die Belastung der Lager vermehrt, ist

$$OR = P_r$$

auch bei erregter Maschine die durch Reibung verlorene Leistung, und die entsprechende Stromkomponente ist

$$i_r = \frac{P_r}{e}.$$

Durch Wiederholung der Versuche bei anderen Tourenzahlen bekommen wir eine Schar von PP_1R- und JJ_1-Kurven und können so den Reibungsverlust für verschiedene Tourenzahlen finden.

Wenn wir diese Werte bei konstanter Erregung als Funktion der E.M.K. oder der Tourenzahl U auftragen, so erhalten wir eine

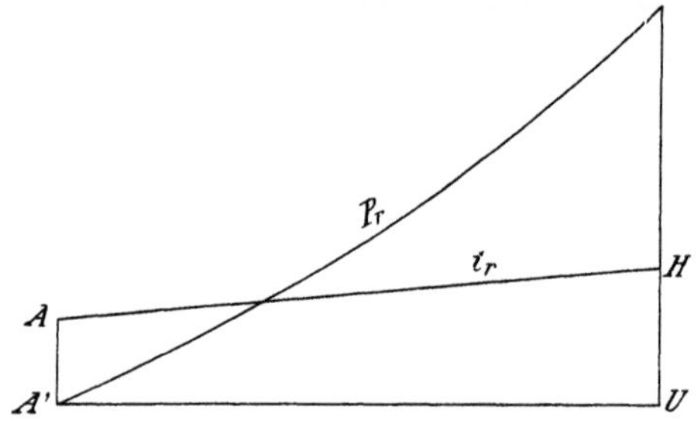

Fig. 110.

Kurve von der in Fig. 110 gezeichneten Form P_r und für die entsprechenden Stromkomponenten bei konstanter Erregung die Linie i_r. Das Ansteigen der Linie i_r ist bedingt durch die Vergrößerung des Luftwiderstandes mit wachsender Tourenzahl. Wir können jetzt

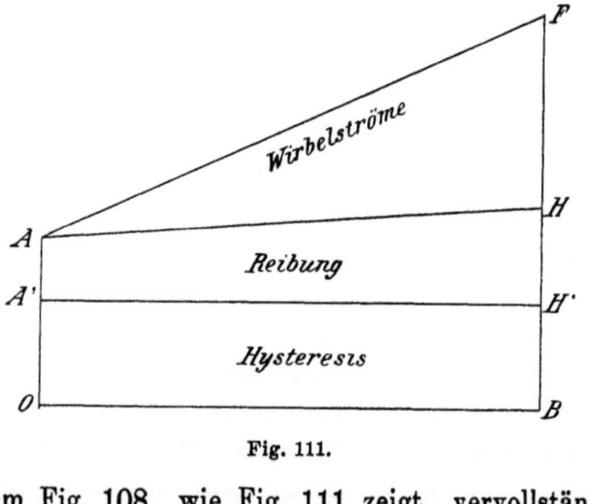

Fig. 111.

das Diagramm Fig. 108, wie Fig. 111 zeigt, vervollständigen. Die Strecke OA besteht aus zwei Teilen, der Hysteresiskomponente $i_h = OA'$ und der Reibungskomponente AA'. Wir bestimmen also in Fig. 111 den Punkt A wie für Fig. 108 angegeben, und tragen von A nach unten die Strecke AA' aus Fig. 110 ab. Dadurch erhalten wir die Hysteresiskomponente

$$i_h = OA'.$$

Diese ist für alle Geschwindigkeiten konstant. Wir können deshalb durch A' eine Horizontale $A'H'$ legen. Über dieser als Basis zeichnen wir die Linie AH aus Fig. 110. Die zwischen $A'H'$ und AH liegenden Ordinaten geben die für Reibungsverluste nötige Stromkomponente i_r, während die Ordinaten zwischen AF und AH die Stromkomponente i_w darstellen, welche zur Deckung der Wirbelstromverluste nötig sind. Wir können also jetzt für jede Tourenzahl die bei konstanter Erregung eintretenden Verluste getrennt bestimmen. Ist die der Tourenzahl U entsprechende Spannung e, so gelten folgende Beziehungen:

Hysteresisverlust	$e\,i_h$
Verlust durch Luft-, Lager- und Bürstenreibung	$e\,i_r$
Wirbelstromverlust	$e\,i_w$

Will man die Bürstenreibung gesondert bestimmen, so wiederholt man den Versuch, nachdem man einige Bürsten abgehoben hat. Es rücken dann die Punkte A, H und F um einen den abgehobenen Bürsten entsprechenden Betrag herab.

Kinzbrunner[1]) hat zur Bestimmung der Reibungsverluste eine einfachere Methode angegeben, die darin besteht, daß man die Feldspulen ganz ausschaltet und die Bürsten soweit verschiebt, daß der Ankerstrom die Felderregung bewirkt. Die Bürstenstellung und aufgedrückte Spannung wird dann derart reguliert, daß die verschiedenen gewünschten Geschwindigkeiten erreicht werden. Die Hysteresis- und Wirbelstromverluste sind wegen der schwachen Erregung sehr klein und werden vernachlässigt; die Ohmschen Verluste in Anker und Bürsten können leicht berücksichtigt werden, sodaß der Versuch die Reibungsverluste ergibt, wenn man Strom und Spannung für jede Geschwindigkeit mißt. Auch bei dieser Methode bleibt der Einfluß einer etwaigen bei erregtem Felde unsymmetrischen magnetischen Anziehung unberücksichtigt.

[1]) E.T.Z. 1903, Heft 24.

Vierzehntes Kapitel.

86. Beispiele von Gleichstrommaschinen. — 87. Hufeisenmaschinen. — 88. Manchestermaschinen. — 89. Außenpolmaschinen. — 90. Innenpolmaschinen.

86. Beispiele von Gleichstrommaschinen.

Eine ausführliche Beschreibung der vielen Arten von Gleichstrommaschinen, die heutzutage im Gebrauche sind, würde den Rahmen dieses Buches überschreiten und ist übrigens auch überflüssig, da in des Verfassers Werk „Elektromechanische Konstruktionen" solche Beschreibungen mit Einschluß der wichtigsten konstruktiven Einzelheiten ziemlich ausführlich enthalten sind. Um aber zu zeigen, wie die in frühern Kapiteln entwickelten Lehren bei dem Bau von Maschinen praktische Anwendung finden, mögen hier einige wenige Beispiele Platz finden, die sich auf einige der gebräuchlichsten Typen beschränken. Das Material zu den folgenden Beschreibungen ist von den Fabrikanten der Maschinen in dankenswerter Weise zu diesem Zweck geliefert worden.

87. Hufeisenmaschinen.

Der Hufeisentypus ist besonders für Maschinen von geringer oder mittlerer Größe beliebt. Jede Fabrik konstruiert natürlich die Einzelheiten der Maschinen nach eignen Ideen; doch kann die in Fig. 67c dargestellte Anordnung des Feldes als die allgemeine Form gelten. Ein Blick auf diese Figur und auf die Tabelle von S. 198 lehrt uns, weshalb dieser Typus von Dynamomaschinen so sehr bevorzugt wird. Einmal ist die Konstruktion in mechanischer Beziehung fest und einfach, sodann ist die Kupfermenge für die erregenden Windungen gering und der Kommutator und die Lager befinden sich in passender Höhe. Hierzu kommt, daß die Grundplatte der Maschine zugleich als Joch dienen kann und daß keine Stützen aus Bronze für die Feldmagnete erforderlich sind.

Die in Fig. 112 und 113 abgebildete Maschine, die vom Verfasser entworfen ist und von Johnson & Phillips gebaut wird, ist für 15 Kilowatt bei 870 Umdrehungen in der Minute bestimmt. Die Klemmenspannung beträgt 140 V. Der Ankerkern ist in gewöhnlicher Weise aus schmiedeeisernen Blechen zusammengesetzt, die voneinander isoliert und an drei Fortsätzen einer Nabe befestigt sind. An den Enden werden die Bleche durch Backen zusammen-

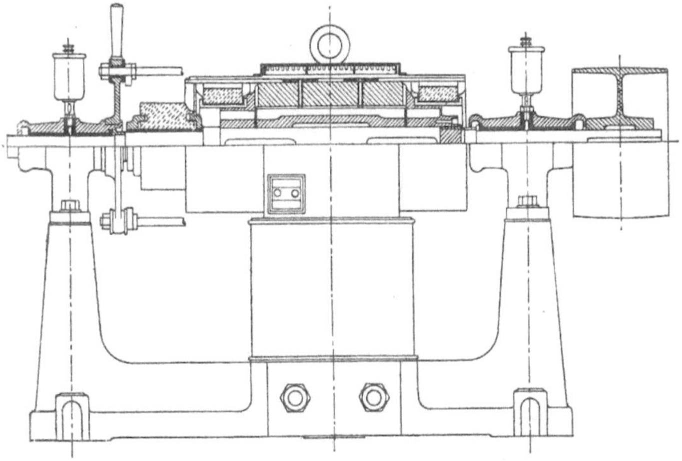

Fig. 112.

gehalten, die ebenfalls aus Speichen und einer Nabe bestehen, sodaß die Luft in den Zwischenräumen der Speichen von einem Ende zum andern frei durch den Anker streichen kann; diese Bewegung der Luft wird durch die ventilierende Wirkung der Verbindungsstücke zwischen dem Kommutator und den Ankerstäben unterstützt. Bei den Ankern, die an ihren Stirnflächen vollständig geschlossen sind, kann die im Kern erzeugte Wärme nur durch die äußere Oberfläche entweichen, d. h. durch die Zähne, Kupferleiter und deren Isolation; ist aber eine Ventilation an den Stirnflächen vorgesehen, so wird eine beträchtliche Wärmemenge, die von Hysteresis und Wirbelströmen in dem Kern herrührt, durch die Luft direkt abgeführt. Infolgedessen wird die Wicklung nicht so stark erwärmt. Ferner ist bei der vorliegenden Maschine noch eine Ventilation in radialer Richtung vorhanden. Zu diesem Zweck sind zwischen den dünnen Eisenblechen paarweise stärkere angebracht, die durch Fiberstücke in einer bestimmten Entfernung voneinander gehalten werden, sodaß Luftkanäle zwischen je zwei der stärkeren Platten entstehen. Nach außen hin tragen die Platten Vorsprünge oder Zähne, die durch die Wicklung hindurchragen, aber von ihr durch Fiber und Glimmer isoliert sind.

Von der Ventilation abgesehen, haben die stärkern Platten aber besonders den Zweck, die Drehung der Achse sicher auf die äußern

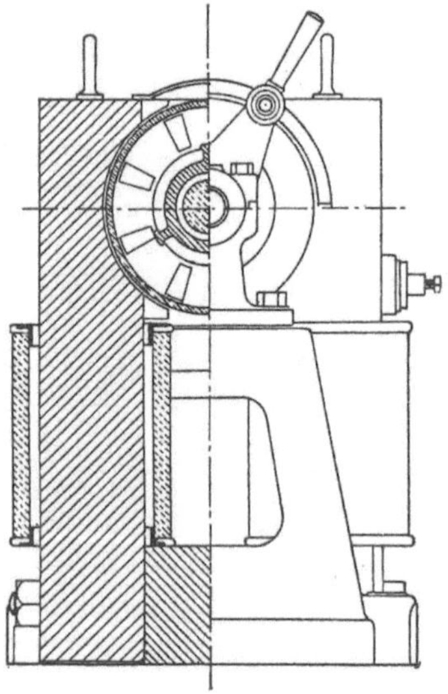

Fig. 113.

Leiter zu übertragen. Im vierten Kapitel wurde gezeigt, welche Kraft nötig ist, um einen Leiter, den ein bestimmter Strom durchfließt, durch ein magnetisches Feld von gegebener Intensität zu bewegen. Es ergab sich, daß in einem Felde von 5000 C.G.S.-Einheiten auf jedes Meter eines Drahtes, durch den 100 A fließen, ein Zug von 5 kg* ausgeübt wird. Für das Feld einer Dynamomaschine mit glattem Anker können wir im Durchschnitt einen Zug von 0,05 kg* für jedes Amperemeter eines Leiters annehmen. So wirkt bei einer zweipoligen Maschine, deren Anker eine Länge von 32 cm hat, auf jeden Leiter unter den Polschuhen (d. h. auf 75 % aller Leiter) ein Zug von 1,6 kg*, wenn der gesamte Ankerstrom 200 A beträgt. Auf einen einzigen Leiter kommt also keine große Kraft; bedenkt man aber, daß die Zahl der Leiter bis auf mehrere Hundert steigen kann, so ist die Summe aller dieser Kräfte ziemlich beträchtlich.

Ferner muß man berücksichtigen, daß eine Dynamomaschine oft einem Kurzschluß oder einer sonstigen Mißhandlung ausgesetzt ist, wodurch die Stromstärke und damit auch die mechanische Beanspruchung der Leiter viel größer wird, als während des gewöhnlichen Betriebs; aus diesem Grunde ist es sehr wichtig, den Anker stark und widerstandsfähig zu bauen.

Der Anker der abgebildeten Maschine ist nicht gezahnt, besitzt aber zwei Paare stärkerer Bleche, von denen jedes Paar vier als Treibstifte dienende Ansätze hat. Die gesamte Kraft, die erforderlich ist, um die Leiter durch das Feld zu treiben, verteilt sich deshalb auf acht Treibstifte. Welche Kraft muß während des regelmäßigen Betriebs jeder davon aushalten? Nehmen wir für die Rechnung, die wir natürlich nur angenähert ausführen können, an, daß die Maschine einen Wirkungsgrad von 90 % hat, so werden von der Achse bei 870 Umdrehungen in der Minute $15:0{,}90=17$ Kilowatt oder 23 PS. übertragen. Ein kleiner Teil dieser Kraft geht in den Lagern und im Ankerkern verloren, gelangt also nicht zu den Leitern. Doch können wir diesen Verlust unberücksichtigt lassen, da wegen festen Einpassens der Drähte schon von Anfang an Druckkräfte auf die Treibstifte wirken, die sich nicht in Rechnung setzen lassen. Es kommen also im Durchschnitt 3 PS. auf jeden Treibstift. Nun hat der Anker einen Durchmesser von 25,4 cm und eine Länge von 30,4 cm, während die Scheiben 5 cm breit sind. Die Geschwindigkeit, bei der die Triebkraft übertragen wird, beträgt deshalb

$$\frac{25{,}4\,\pi}{100}\times 870=694 \text{ m in der Minute}$$

und die gesuchte Kraft ist daher

$$P=\frac{75\times 3\times 60}{694}=19 \text{ kg*}.$$

Das Eisen des Ankerkerns hat einen Querschnitt

$$Q_a=255 \text{ qcm},$$

und es befinden sich 218 Drähte auf dem Anker; die Querverbindungen bestehen aus halbkreisförmigen Kupferblechen mit an den Enden aufgebogenen Lappen. Die Bleche sind alle isoliert und spiralförmig nebeneinander in dem isolierten Hohlraum eines gußeisernen Ringes angeordnet. Die Lappen sind rechtwinklig zu der Fläche der Bleche umgebogen und bilden so an jedem Ende des Ringes eine Reihe von Verbindungsstücken, mit denen die Enden der entsprechenden Stäbe verlötet sind.

Der Widerstand der Ankerwicklung beträgt im warmen Zustande 0,051 Ohm und der des Nebenschlusses (1452 Windungen auf jedem Schenkel) 26,05 Ohm. Die Magnete werden von rechteckigen Schmiedestücken von 28,5 cm Breite und 14 cm Dicke gebildet und haben einen Querschnitt von

$$Q_m = 400 \text{ qcm}.$$

Bei 140 V fließt ein Ankerstrom von 107 A durch den äußern Kreis, hierzu kommen noch 140 : 26,05 = 5,37 A für die Erregung der Magnete, sodaß im ganzen ein Strom von 112,4 A zu stande kommt; der Spannungsverlust im Anker beträgt 5,7 V.

Die gesamte nützliche Feldstärke ergibt sich aus Formel (37)

$$E = N z \frac{U}{60} 10^{-8},$$

$$60 \times 145{,}7 = 216 \times 870 \times 10^{-8} N,$$

$$N = 4\,640\,000 \text{ C.G.S.-Einheiten.}$$

Der elektrische Wirkungsgrad der Maschine ist das Verhältnis der entnommenen Leistung zu der Leistung, die in der Ankerwicklung erzeugt wird, also

$$\eta = \frac{140 \times 107}{145{,}7 \times 112{,}4} = 91{,}5\,\%.$$

Bei dem hier behandelten Beispiele ist der elektrische Wirkungsgrad angegeben, um die Art seiner Berechnung zu erläutern. In der Wirklichkeit ist meistens der mechanische (oder, wie er zuweilen heißt, der kommerzielle) Wirkungsgrad von Bedeutung. Daher wird es zweckmäßig sein, noch ein anderes Beispiel zu betrachten, bei dem der mechanische Wirkungsgrad nach der im letzten Kapitel beschriebenen Methode bestimmt wurde. Es handelt sich hier gleichfalls um eine Dynamomaschine von Johnson & Phillips, die dem in Fig. 112 und 113 dargestellten Typus angehört, aber größer ist. Der Ankerkern hat einen Durchmesser von 35,5 cm und eine Länge von

47,3 cm; die radiale Tiefe des Kerns beträgt 7,6 cm und die Leistung 42 Kilowatt (600 A bei 70 V) bei 470 Umdrehungen in der Minute. Die Magnete haben gemischte Wicklung für konstante Klemmenspannung. Die erregende Kraft der Nebenschlußwicklung ist gleich 20000, die der direkten Windungen gleich 10000 Amperewindungen[1]). Der Spannungsverlust in den Serien-Windungen beträgt 1 V und der Stromverlust im Nebenschluß 13,6 A. Die Ankerwicklung besteht aus 84 geteilten Stäben und der Querschnitt der Querverbindungen ist um 70 % größer als der von den Stäben. Der gesamte Widerstand von Bürste zu Bürste beträgt warm 0,0036 Ohm. Aus diesen Daten ergibt sich

Leistungsverlust	im Nebenschluß	970	Watt
-	in den Serien-Windungen	600	-
-	infolge des Ankerwiderstands	1358	-
	Insgesamt	2928	Watt.

Der elektrische Wirkungsgrad der Maschine ist deshalb

$$\frac{42000}{42000 + 2928} = 93{,}4\ \%.$$

Der mechanische Wirkungsgrad ist natürlich kleiner, weil zu den vom Widerstand der Anker und Magnetwicklung absorbierten 2928 Watt noch der Verlust hinzukommt, der von der magnetischen und mechanischen Reibung, sowie von den Wirbelströmen herrührt. Dieser Verlust wurde in der oben angegebenen Weise bestimmt.

Das Feld der Maschine wurde besonders erregt und ein Strom durch den Anker der Maschine geschickt, sodaß sie eben als Motor lief. Tragen wir nun die Stromstärken als Funktion der Geschwindigkeit auf, so erhalten wir eine gerade Linie, die die Ordinatenachse im Punkte $i = 9{,}2$ A schneidet. Diese Stromstärke ist also bei jener besonderen Erregung erforderlich, um die mechanische und magnetische Reibung zu überwinden. Wurde die Spannung auf 73 V gesteigert, so betrug die Geschwindigkeit 464 Umdrehungen in der Minute und die Stromstärke 17 A. Wir haben deshalb

Gesamter Verlust	$17 \times 73 =$	124	Watt
Verlust durch Hysteresis und Reibung	$9{,}2 \times 73 =$	67,6	-
- - Wirbelströme	$7{,}8 \times 73 =$	56,4	-

[1]) Auch diese Maschine hat einen glatten Anker und deshalb stärkere Erregung, als für eine Maschine mit Zahnanker ausreichen würde.

Diese Verluste beziehen sich natürlich nur auf die Geschwindigkeit von 464 Umdrehungen in der Minute. Es ist jedoch nicht nötig, den Versuch für andere Werte der Geschwindigkeit zu wiederholen, da das Gesetz bekannt ist, nach dem sich der Verlust mit der Geschwindigkeit ändert. Es wurde oben gezeigt, daß sich die Verluste infolge der Hysteresis und Reibung proportional der ersten, und die Verluste infolge von Wirbelströmen proportional der zweiten Potenz der Geschwindigkeit ändern. Wir haben also

$$P_h = h\,U$$

und

$$P_w = f\,U^2,$$

wenn U die Zahl der Umdrehungen in der Minute und h und f noch zu bestimmende Koeffizienten bedeuten. Um große Zahlen zu vermeiden, setzt man besser statt U die Größe $\frac{U}{100}$ und erhält

$$P_h = h\,\frac{U}{100}$$

und

$$P_w = f\left(\frac{U}{100}\right)^2.$$

Die Koeffizienten h und f ergeben sich aus den beobachteten Werten für P_h und P_w, und zwar ist

$$h = 144{,}2 \quad \text{und} \quad f = 26{,}5.$$

Hieraus findet man für 470 Umdrehungen in der Minute

$$P_h = 144{,}2 \times 4{,}70 = 680 \text{ Watt},$$
$$P_w = 26{,}5 \times (4{,}70)^2 = 583 \text{ Watt}$$

oder insgesamt 1263 Watt, wenn die Maschine mit 470 Umdrehungen in der Minute leer läuft. Wenn wir annehmen, daß der Verlust um 30 % zunimmt, sobald die Maschine mit voller Belastung läuft, so gehen 1439 Watt verloren. Fügen wir hierzu noch 2928 Watt, die durch den Widerstand der Feld- und Ankerwicklung verloren gehen, so beläuft sich die Summe aller Verluste auf 4367 Watt. Der mechanische Wirkungsgrad der Maschine ist deshalb bei voller Belastung

$$\eta = \frac{42000}{46367} = 90{,}5\,\%.$$

Ähnlich wie diese Maschine ist die bekannte LH-Maschine von Siemens & Halske eingerichtet, die Fig. 114 und 115 darstellen.

Die Feldmagnete sind mit dem Grundgestell der Maschine aus einem Stück gegossen und tragen Spulen, die nach der Bewicklung aufgeschoben werden. Der Ankerkern ist aus dünnen, mit Papier beklebten Eisenblechen gebildet, die auf die Ankerachse geschoben sind und hier zwischen zwei Scheiben durch Schraubenmuttern zusammengehalten werden. Die Bleche sind gezahnt und so zusammengefügt, daß längs des Cylindermantels Nuten für die Trommelwicklung entstehen. Diese erhält dadurch besondere Festigkeit und

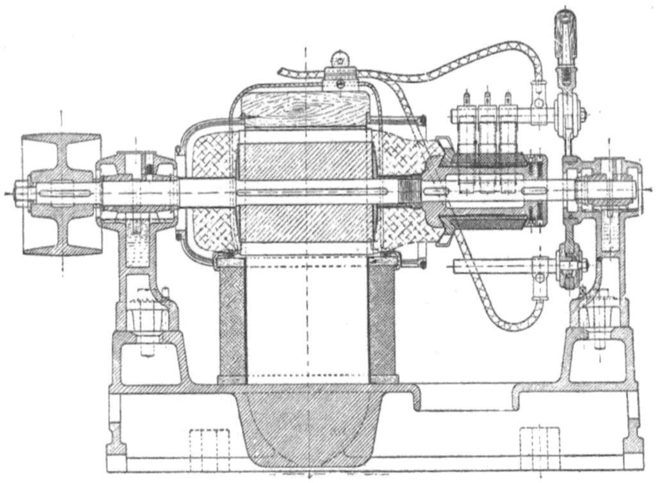

Fig. 114.

mechanischen Schutz. Die Kommutatorsegmente sind in eine auf der Achse verschraubte Metallbüchse isoliert eingelegt und können im Falle einer Reparatur nach dem Loslösen der Ankerdrähte leicht entfernt werden. Je nach Bedarf dienen zur Stromabnahme Kupfer- oder Kohlenbürsten. Letztere haben etwas höhern Widerstand, nutzen aber den Kommutator weniger ab und bewirken eine funkenlose Stromabnahme. Dient die Maschine als Elektromotor und soll sie vor- und rückwärts laufen können, so kommen Kohlenklötze mit abgerundeter Angriffsfläche zur Anwendung, die federnd anliegen. Die Lager der Maschine besitzen selbsttätige Ringschmierung und erfordern daher wenig Wartung.

Die hier abgebildete Maschine besitzt 40 Nuten auf dem Anker und ebensoviele Kommutatorsegmente. In jeder Nute liegen

3 Flachkupferwindungen von 5×10 mm. Die Magnetwicklung besteht aus 3040 Windungen aus Kupferdraht von 1,75 mm Durchmesser. Der Widerstand des Ankers zwischen den Bürsten beträgt 0,0415 Ohm, der der Feldmagnetwicklung 17,75 Ohm bei 15°. Die Maschine leistet normal bei 920 Umdrehungen in der Minute 65 V und 57 A. Bei der höchstzulässigen Steigerung der Umdrehungszahl auf 1320 liefert sie bei gleicher Spannung 85 A mit einem Wirkungsgrad von 78%. Die Maschinenachse hat eine Länge von 95 cm und liegt 40,6 cm über der Grundfläche. Die Breite der Maschine ist 59 cm, ihr Gewicht beträgt 425 kg.

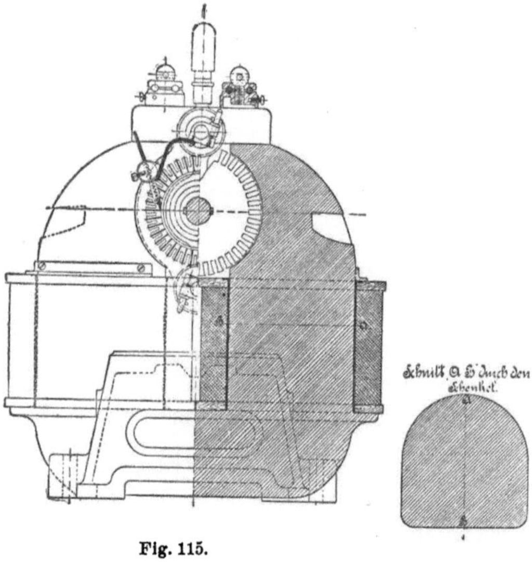

Fig. 115.

Eine interessante Anwendung dieses Typus zeigen die Doppelmaschinen von Siemens & Halske, die als Zusatzaggregate zum Aufladen von Akkumulatoren verwendet werden. Hier sind zwei aufrechte Hufeisenmagnete mit der Grundplatte aus einem Stück gegossen, sodaß die Ausbohrungen der Polschuhe beider auf einem Cylindermantel liegen. Die zugehörigen Anker sitzen auf einer Achse, die in drei Lagern läuft; der eine wirkt als Motor, der andere als Generator.

Auch als Umformer können Doppelmaschinen verwendet werden. Die Anker erhalten dann Wicklungen für verschiedene Spannungen, sodaß mit Hilfe einer solchen Doppelmaschine der hochgespannte

Strom der Fernleitung in den niedriggespannten der Ortsleitung verwandelt werden kann. Auch werden solche Maschinen zur Ausgleichung bei Dreileiteranlagen und, wie schon erwähnt, als Zusatzlademaschinen für Akkumulatoren verwendet.

Dient die Doppelmaschine als Ausgleicher für das Dreileitersystem, so besitzen beide Anker gleiche Wicklung. Die besonders aufgestellte Hauptmaschine speist die äußern Leiter des Netzes. Je einer der beiden Anker der Doppelmaschine liegt zwischen einem äußern und dem mittlern Leiter; die Magnetwicklungen sind ebenso angeordnet, jedoch gegen die Anker vertauscht. Bei gleicher Belastung beider Netzhälften laufen beide Anker als Motoren mit solcher Geschwindigkeit, daß ihre elektromotorische Gegenkraft der Spannung jeder Netzhälfte die Wage hält. Es wird dabei nur soviel Strom verbraucht, wie zur Überwindung der innern Verluste der Maschine notwendig ist. Bei ungleicher Belastung der beiden Hälften entnimmt der eine als Motor weiterlaufende Anker aus der schwächer belasteten Hälfte Strom und bewirkt, daß der andere Anker als Generator die Stromlieferung in die stärker belastete Netzhälfte unterstützt.

Fig. 116.

88. Manchestermaschinen.

Auf Seite 189 sind noch verschiedene andere Typen von zweipoligen Maschinen angegeben. Wir wollen von ihnen hier nur den Manchestertypus durch eine Schuckertsche Maschine anführen.

Fig. 116 zeigt die Gesamtansicht derselben. Die eigentlichen

Feldmagnete und das untere Polstück sind mit der Grundplatte aus einem Stück gegossen. Das obere wird, nachdem die Spulen auf die Feldmagnete geschoben sind, mit dem übrigen Magnetgestell verschraubt. Der Anker ist ein Cylinderring. Die niedrige Lagerung der Achse erlaubt es, die Maschine nötigenfalls direkt mit einer schnelllaufenden Antriebsmaschine zu kuppeln. Die Maschinen werden für Spannungen von 1200 bis 3000 V gebaut und finden in Kraftübertragungsanlagen Verwendung.

89. Außenpolmaschinen.

Wir sahen im 78. Abschnitt, wie für größere Leistungen zweipolige Maschinen unvorteilhaft werden und die mehrpoligen Maschinen an ihre Stelle treten. Den Übergang bilden die vierpoligen Ma-

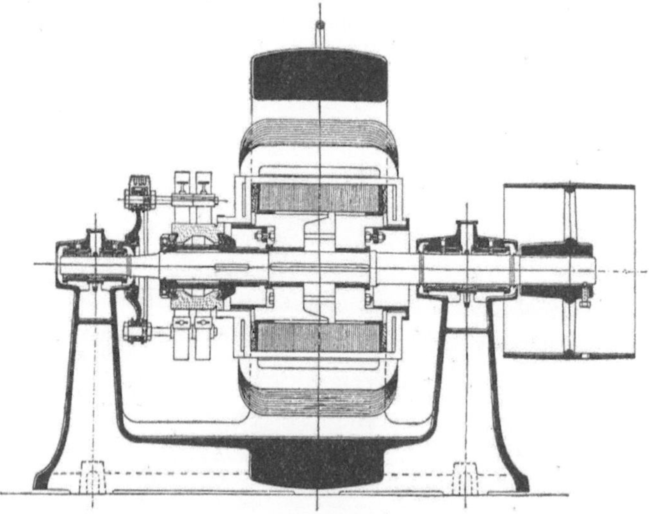

Fig. 117.

schinen, die für mäßige Leistungen sehr in Aufnahme gekommen sind und von allen namhaften Fabriken gebaut werden.

Fig. 117 und 118 stellt eine vierpolige Außenpolmaschine der Oerlikoner Fabrik dar. Das Magnetgestell besteht aus zwei aufeinander geschraubten gußeisernen Halbringen mit je zwei radialen Schenkeln aus Grauguß; der untere Halbring bildet mit der Grundplatte und den Lagerböcken ein Gußstück. Der Anker wird aus Eisenblechen zusammengesetzt, die in üblicher Weise voneinander isoliert und auf der Achse befestigt sind.

Die vorliegende Maschine ist für 125 V und 320 A bei 700 Umdrehungen in der Minute bestimmt. Der äußere Durchmesser des Jochringes beträgt 99 cm. Der Ankerkern hat einen Durchmesser von 42 cm, eine Länge von 32 cm und eine radiale Tiefe von 8,7 cm. Jede der vier Feldspulen besitzt 845 Windungen eines

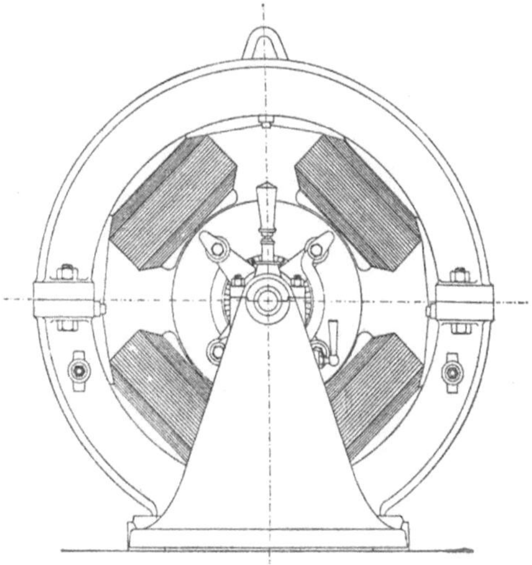

Fig. 118.

Drahtes von 5 q mm Querschnitt; sie haben zusammen einen Widerstand von 15 Ohm. Die Ankerwicklung umfaßt 232 Kupferstäbe von 1,5 $\times$ 18 mm Querschnitt. Entsprechend der Polzahl schleifen auf dem 14,5 cm breiten Kommutator vier Doppelbürsten; die gegenüberliegenden sind durch Kupferbügel parallel geschaltet. Der Ankerwiderstand besträgt 0,008 Ohm.

Ein interessantes Beispiel einer neueren Maschine für größere Leistung bei höherer Spannung und bei langsamem Gang bildet die durch Fig. 119 und 120 dargestellte vierpolige Oerlikoner Maschine.

Es handelt sich hier um den Generator der Kraftübertragungsanlage zu Innsbruck, die ebenfalls von den Oerlikoner Werken gebaut wurde. Die Maschine hat 10 Pole, und ihre Achse steht senkrecht, sodaß sie direkt mit der Turbinenachse gekuppelt werden kann. Die Leistung beträgt 240 Kilowatt bei 1550 V und die Geschwindigkeit 230 Umdrehungen in der Minute. Die Maße können aus den Zeichnungen entnommen werden, wobei als Maßstab für Fig. 119 etwa 1 : 30 und für Fig. 120 etwa 1 : 25 zu nehmen ist; zur Bequemlichkeit des Lesers seien hier jedoch noch einige der hauptsächlichsten Abmessungen besonders angegeben. Das ringförmige Joch mit den Magneten bildet zwei Gußstücke, Polschuhe fehlen. Der äußere Durchmesser des Jochs beträgt 2,565 m, seine

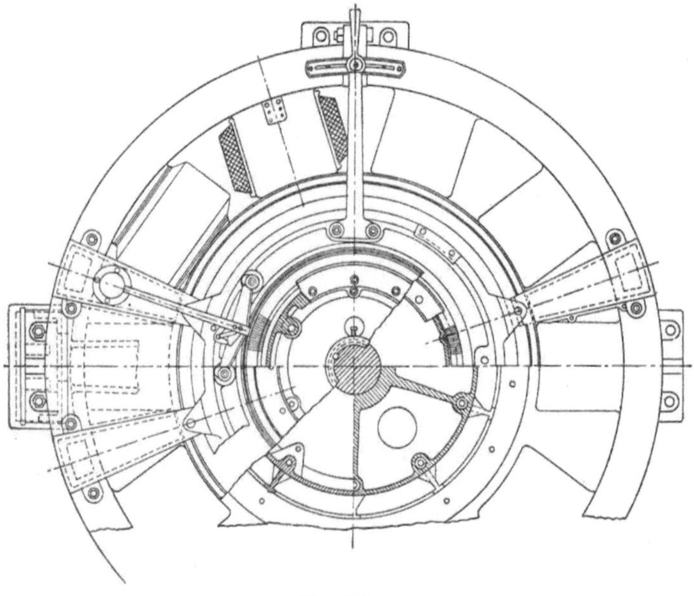

Fig. 119.

Breite 0,609 m und die Dicke 0,162 m. Die Magnete ragen um 0,324 m nach innen, und ihr rechteckiger Querschnitt ist 53 × 32 cm. Der äußere Durchmesser des Ankerkerns beträgt 1,5 m, seine Breite 0,533 m und seine radiale Tiefe 0,14 m. Hieraus ergibt sich eine Umfangsgeschwindigkeit von 18 m in der Sekunde. Der Luftzwischenraum beträgt 20 mm, und der freie Raum zwischen der äußersten Lage des Bindedrahts und den Polen ist nur 3 mm breit. Offenbar muß bei einem so großen Durchmesser und einem so kleinen freien Luftzwischenraum besondere Sorgfalt auf die Genauigkeit der Arbeit verwandt werden.

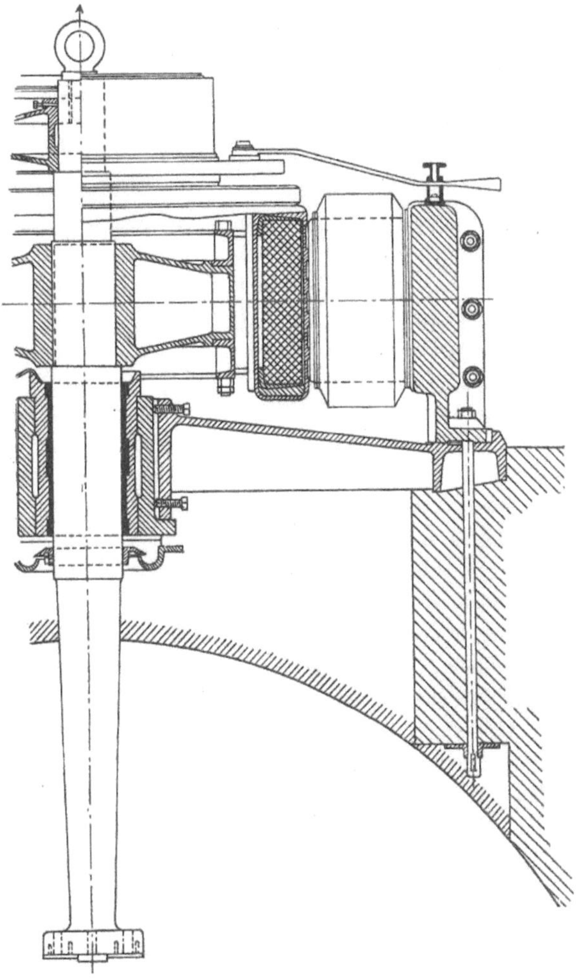

Fig. 120.

Der Anker besitzt eine Ringwicklung mit Serienschaltung, und die Endverbindungen befinden sich unmittelbar über dem Anker. Hieran schließt sich der Kommutator, dessen Durchmesser 0,914 m und dessen Länge 0,254 m ist. Jenseits des Kommutators ist kein Lager mehr vorhanden. Die Bürsten sitzen auf einem Ring, der mittels vier Klammern an dem Joche befestigt ist.

90. Innenpolmaschinen.

Eine andere Lösung des Problems, direkt gekuppelte Maschinen für große Kraftleistungen herzustellen, bieten die Innenpolmaschinen von Siemens & Halske (Fig. 121 und 122).

Das mehrpolige, sternförmig angeordnete Magnetsystem wird hier von dem Ringanker umschlossen. Die Magnetschenkel haben rechteckigen Querschnitt und der Krümmung des Ankers angepaßte Polschuhe. Sie sind durch Bolzen auf der Nabe des Gestells verschraubt und werden durch die aufgeschobenen Spulen so erregt, daß abwechselnd Nord- und Südpole entstehen.

Der Ringanker ist auf einem seitlich angebrachten, sternförmigen Träger befestigt. Die durch Papierstreifen getrennten Eisenbleche des Ankers werden mit versetzten Stößen zwischen zwei Eisenringen durch die Bolzen zusammengehalten, die gleichzeitig den ganzen Anker an seinem Träger befestigen. Bei den größern Maschinen werden die äußern Ankerleiter aus Kupferstäben gebildet; sie sind durch Preßspahn und Glimmer voneinander isoliert und durch eingelötete Kupferbügel zu einer geschlossenen Wicklung verbunden. Nach Fertigstellung der Wicklung wird der Anker abgedreht und ohne weiteres als Kommutator benutzt. Die Bürsten sind an den seitlichen Armen eines sternförmigen Trägers befestigt und lassen sich durch Drehung des letzteren um einen Ansatz des Lagerbocks gleichzeitig verschieben.

Die Maschinen bilden bei größerer Ausführung mit der Antriebsmaschine ein Ganzes. Das Magnetgestell ist an dem einen Lagerbock der letzteren mittels angegossener Flanschen verschraubt. Die vorstehende Welle der Dampfmaschine trägt den auf ihr festgekeilten Ankerstern und ruht mit ihrem Ende in einem besonderen Lagerbock, an dem der Bürstenträger befestigt ist. Nach Entfernung dieses Bockes kann man bei Reparaturen den Anker auf der Welle verschieben und so leicht an alle Teile gelangen.

Die Vorteile dieser Maschinengattung sind kurz die folgenden: Der Abstand der Schenkel ist an den Polen am größten, was in Bezug auf Streuung günstig ist. Die Anbringung des Ankers außerhalb des Magnetgestells ermöglicht die größte Ankerdrahtgeschwindigkeit bei gegebenem Gesamtdurchmesser. Der Kommutator ist in

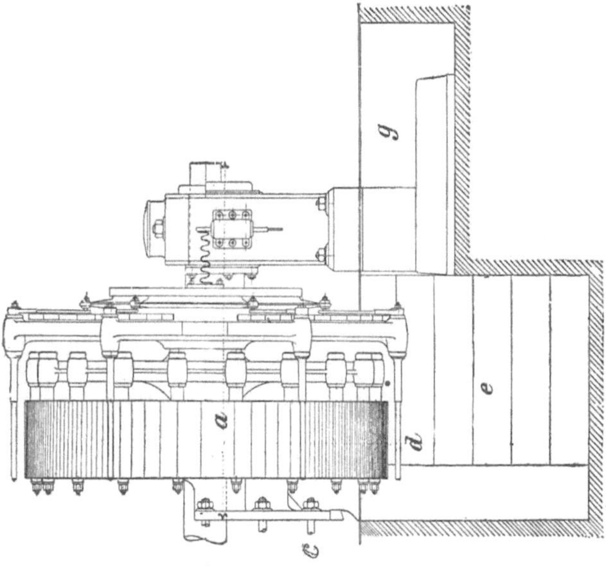

Fig. 122.

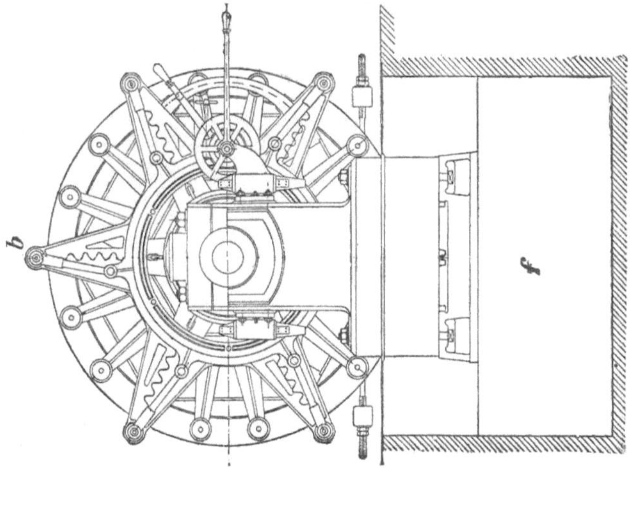

Fig. 121.

vollkommenster Weise geteilt, da jede Ankerwindung ein Segment desselben bildet.

Die obige Figur stellt eine sechspolige Maschine dieser Type dar. Das Magnetgestell hat einen Durchmesser von 142 cm und eine achsiale Breite von 36 cm. Die Maschine leistet bei 200 Umdrehungen in der Minute 110 V und 1600 A. Jeder Magnetschenkel trägt 520 Windungen von 4,7 mm-Draht; die gesamte Magnetwicklung hat einen Widerstand von 4,5 Ohm. Der Anker besitzt 381 Windungen aus Flachkupfer, das an der Außenseite 23 und an der Innenseite des Ringes 12 mm hoch ist.

Eine größere Maschine dieser Art leistet bei 95 Umdrehungen in der Minute 950 Kilowatt. Ihr Magnetstern hat einen Durchmesser von 340 cm und eine achsiale Breite von 52 cm. Das Gewicht ist 32,5 t.

Die Innenpolmaschinen ohne besonderen Kommutator finden hauptsächlich in Lichtanlagen Verwendung und werden meistens für Spannungen von 110 V oder für Dreileiteranlagen von 220 V oder 440 V konstruiert. Es lassen sich jedoch mit ihnen bei geeigneter Ausführung auch Spannungen bis 800 V und mehr erzielen, sodaß sie auch als Bahngeneratoren verwendet werden können. Für beide Zwecke sind derartige Maschinen noch heutzutage vielfach im Betrieb; sie haben jedoch keine so große Verbreitung gefunden als Innenpolmaschinen, die jetzt auch von der Firma Siemens & Halske sowie von allen größeren Firmen gebaut werden.

Fünfzehntes Kapitel.

91. Einfachster Fall einer Wechselstrommaschine. — 92. Effektive elektromotorische Kraft. — 93. Dynamomaschine für Gleich- und Wechselstrom. — 94. Einteilung der Wechselstrommaschine. — 95. Vorteile der Lochanker. — 96. Ein- und Mehrphasenanker. — 97. Ankerwicklungen. — 98. Elektromotorische Kraft der Wechselstrommaschinen.

91. Einfachster Fall einer Wechselstrommaschine.

Dreht sich ein geschlossener Leiter so in einem magnetischen Felde, daß er Kraftlinien schneidet, so wird er der Sitz einer elektromotorischen Kraft von wechselnder Richtung. Eine Maschine, bei der sich ein solcher Vorgang abspielt, ist eine Wechselstrommaschine. Ihre denkbar einfachste Form ist ein metallischer Ring oder eine Drahtspule, welche um ihren vertikalen Durchmesser im Erdfelde rotiert. Wenn die Windungsebene der Spule senkrecht zum Meridian steht, so werden keine Kraftlinien geschnitten, während in dem Augenblicke, wo die Windungsfläche durch den Meridian geht, die Anzahl der geschnittenen Kraftlinien und folglich auch die erzeugte elektromotorische Kraft ein Maximum ist. Die elektromotorische Kraft wechselt ihre Richtung und man kann somit bei passender Verbindung in einem Leiter einen Wechselstrom erzeugen. Wären z. B. die beiden Enden der Spule, wie Fig. 123 zeigt, mit den Klemmen einer Glühlampe verbunden, so würde diese Anordnung eine sehr einfache elektrische Lichtanlage darstellen, wenn es sich ermöglichen ließe, den Apparat mit der nötigen Geschwindigkeit zu betreiben. Daß dies jedoch ganz unausführbar ist, zeigt die folgende Berechnung. Nehmen wir an, die Spule bestehe aus 1000 Windungen und habe einen Durchmesser von 1 m, so müßte sie 100 000 Umdrehungen in der Minute machen, um eine Glühlampe für 100 V zu speisen. Legen wir die Drehungsachse horizontal und rechtwinklig zum magnetischen Meridian, so ließen sich 100 V mit 40000 Umdrehungen in der Minute erzeugen; wir haben hier deshalb eiue geringere Geschwindigkeit nötig, weil die gesamte Intensität des Erdmagnetismus benutzt wird und nicht nur die horizontale Komponente desselben, wie im ersten Falle. Aber dennoch ist das Feld für jeden praktischen Zweck viel zu schwach, und um eine wirklich brauchbare Maschine zu erhalten, müssen wir ein künstliches Feld herstellen.

Nehmen wir daher an, wir hätten auf irgend eine Weise ein gleichförmiges Feld von hinreichender Stärke erzeugt. In dieses Feld bringen wir jetzt den durch Fig. 123 dargestellten Apparat,

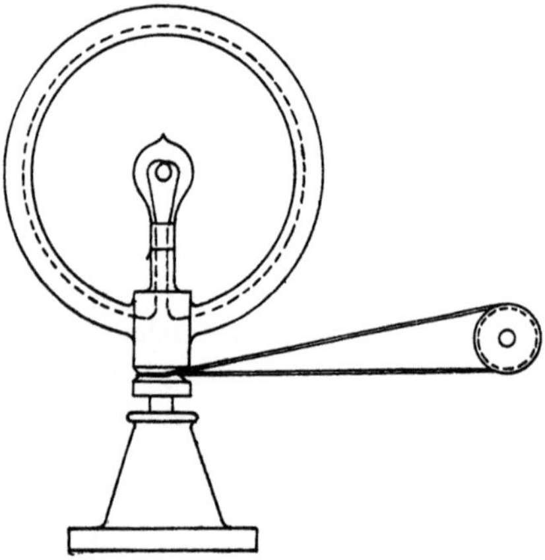

Fig. 123.

ersetzen jedoch die Lampe durch zwei Kontaktringe, an denen der äußere Stromkreis anliegt, sodaß wir den Strom bequem abnehmen und außerdem die erzeugte elektromotorische Kraft messen können. f möge die Windungsfläche der Spule sein, n die Anzahl der Windungen, ω die Winkelgeschwindigkeit bei ν Umdrehungen in der Sekunde und B die Induktion im Felde. Um die Lage der Spule in jedem Augenblicke angeben zu können, müssen wir von einer bestimmten Anfangslage ausgehen und wählen hierfür die Stellung, in der sich die Spule rechtwinklig zur Richtung des Feldes befindet. In dieser Lage hat die Zahl der Kraftlinien, welche durch die Spule verlaufen, ihren höchsten Wert, nämlich $N = Bf$, die elektromotorische Kraft ist dagegen Null. Hat sich die Spule in der Zeit t um den Winkel a gedreht, so ist die Zahl der Kraftlinien, die durch die Spule verlaufen, $N_a = N \cos a$, und die augenblickliche elektromotorische Kraft, die diesem Zeitpunkte entspricht, ist

$$e = n \frac{d N_a}{dt} = - n N \frac{d(\cos a)}{dt}.$$

Da nun $a = \omega t$ und $\omega = 2 \pi \nu$ ist, so wird

$$e = 2 \pi \nu n N \sin a.$$

Dies ist augenscheinlich eine veränderliche Größe, welche für $a = 0$ verschwindet und für $a = \frac{\pi}{2}$ ein Maximum hat, das wir mit

$$E = 2 \pi n \nu N$$

bezeichnen.

Die augenblickliche elektromotorische Kraft e läßt sich nun durch die folgenden Ausdrücke als Sinusfunktion der maximalen elektromotorischen Kraft E darstellen, wenn man mit T die Dauer einer vollen Umdrehung bezeichnet:

$$e = E \sin a;$$
$$e = E \sin(2 \pi \nu t);$$
$$e = E \sin\left(2 \pi \frac{t}{T}\right).$$

Für die Praxis ist indessen nicht die augenblickliche, sondern die *effektive*[1]) *elektromotorische Kraft* von Wichtigkeit. Man setzt die effektive Spannung eines Wechselstroms gleich der konstanten Spannung eines Gleichstroms, wenn beide in einem Leiter von bestimmtem Widerstand dieselbe Wärmemenge erzeugen. Man kann daher ohne weiteres die effektive Spannung eines Wechselstroms mit einem Spannungsmesser bestimmen, dessen Wirkung auf der Wärmeerzeugung des Stromes beruht. Haben wir zwei von einem Wechselstrom durchflossene Leiter, zwischen denen die effektive Spannung von 100 V konstant gehalten wird, so muß eine zwischen diese geschaltete Glühlampe dieselbe Leuchtkraft besitzen, als wenn ein Gleichstrom von 100 V Spannung sie durchflösse.

92. Effektive elektromotorische Kraft.

Wir haben jetzt zu untersuchen, in welcher Beziehung die effektive elektromotorische Kraft zur maximalen steht. Um dieselbe

---

[1]) Die Bezeichnung „effektiv“ für Spannung und Stromstärke wurde 1889 auf dem Pariser Kongreß angenommen.

Helligkeit mit der Glühlampe zu erzeugen, ob sie mit Gleich- oder Wechselstrom gepeist wird, ist natürlich nötig, daß in beiden Fällen dieselbe Energiemenge in der Zeiteinheit verzehrt wird. Der Widerstand des Kohlenfadens hängt von der Temperatur ab und diese wieder von der Stromstärke, sodaß seine Temperatur und sein Widerstand bei Anwendung von Wechselströmen gewissen Schwankungen unterworfen sind. Hat jedoch der Strom eine hohe Periodenzahl (z. B. über 20 in der Sekunde), so ist die Widerstandsveränderung zu vernachlässigen, weil die Zeit zwischen zwei Stromwellen zu kurz ist, als daß sich der Faden abkühlen könnte. Wir dürfen daher den Widerstand als konstant annehmen und ihn dem gleichsetzen, den der Kohlenfaden besitzt, wenn ihm ein Gleichstrom von derselben Leistung zugeführt wird. Der Widerstand des Kohlenfadens sei w, und als Zeiteinheit nehmen wir die Zeitdauer T einer vollen Periode des Wechselstroms an. Die Arbeit, die ein Gleichstrom von der Spannung e in dieser Zeit leistet, ist offenbar

$$A = \frac{e^2}{w} T \text{ Watt-Sekunden.}$$

Die entsprechende Arbeit des Wechselstromes ist

$$A = \int_0^T \frac{E^2}{w} \sin^2\left(2\pi \frac{t}{T}\right) dt = \frac{1}{2} \frac{E^2}{w} T \text{ Watt-Sekunden.}$$

Die Beziehung der effektiven Spannung zur maximalen wird daher durch folgende Formel ausgedrückt:

$$e = \frac{E}{\sqrt{2}} \quad . \; . \; . \; . \; . \; . \; . \; . \; . \quad (49)$$

Ein anderer Beweis für diese Formel, der hier nachfolgen soll, rührt von Blakesley her. Um die Arbeit zu bestimmen, welche die in Fig. 123 dargestellte Spule während einer Umdrehung leistet, denken wir uns die Periode in eine große Anzahl kleiner Teile geteilt und addieren die Arbeitsbeträge, die in den aufeinander folgenden kleinen Zeiträumen geleistet werden. Wenn wir, anstatt jede Stellung der Spule einzeln für sich zu betrachten, sie in Verbindung mit der um 90° vorwärts gelegenen in Rechnung setzen, so erhalten wir den doppelten Betrag der Arbeit. Die Leistung der Spule ist in dem Augenblicke, wo sie sich um den Winkel α gedreht hat, $\frac{E^2}{w} \sin^2\alpha$ und in der konjugierten Stellung, die dem Winkel $\alpha + \frac{\pi}{2}$

entspricht, $\frac{E^2}{w}\cos^2\alpha$. Die Summe dieser beiden Leistungen ist offenbar $\frac{E^2}{w}$, und dies gilt für jede Lage der Spule. Wir finden daher als Ausdruck für die Leistung der Spule

$$\frac{e^2}{w} = \frac{1}{2}\,\frac{E^2}{w},$$

und demnach

$$e = \frac{E}{\sqrt{2}}.$$

Die effektive elektromotorische Kraft unserer Wechselstrommaschine beträgt daher

$$e = \frac{2\pi n \nu}{\sqrt{2}} N 10^{-8} \text{ Volt} \quad . \quad . \quad . \quad . \quad . \quad (50)$$

Es ist zweckmäßig, diese Gleichung auf dieselbe Form zu bringen, wie die für die elektromotorische Kraft einer zweipoligen Gleichstrommaschine. Wir führten als Zahl der Ankerdrähte damals nicht die Zahl der vollen Windungen, sondern die der wirksamen Leiter auf dem Anker ein. Da sich jede Windung aus zwei wirksamen Leitern zusammensetzt, so stellt die Zahl n in obiger Gleichung in Wirklichkeit $2n$ wirksame Drähte dar; oder wenn wir die Zahl der wirksamen Drähte wie bei den Gleichstrommaschinen mit z bezeichnen, so müssen wir $^1/_2\, z$ statt n in obige Gleichung einführen. Ferner ist es zweckmäßig, die Geschwindigkeit nicht durch Umdrehungen in der Sekunde, sondern in der Minute auszudrücken. Die effektive elektromotorische Kraft einer Wechselstrommaschine wird demnach

$$e = \frac{6{,}28}{1{,}41}\cdot\frac{U}{60}\cdot\frac{z}{2} N 10^{-8} \text{ Volt}$$

oder

$$e = 2{,}22\,\frac{U}{60}\, z N 10^{-8} \text{ Volt} \quad . \quad . \quad . \quad . \quad . \quad . \quad (51)$$

Der Anker macht in einer Sekunde $\frac{U}{60}$ Umdrehungen. Innerhalb der Zeit einer Umdrehung durchläuft die E.M.K. alle Phasen von Null bis zum positiven Maximum, dann herab auf Null, dann zum negativen Maximum und schließlich wieder zu Null. Man nennt diesen Zyklus eine volle Periode und die Anzahl voller Perioden pro Sekunde die Frequenz oder Periodenzahl. Führen wir hierfür den Buchstaben ν ein, so können wir schreiben

$$\nu = \frac{U}{60}$$

$$e = 2{,}22\,\nu\,N\,z\,10^{-8} \quad \ldots \ldots \quad (52)$$

Die Feldstärke N ist im absoluten Maß ausgedrückt eine unbequem große Zahl. Deshalb ist es besser, sie in Einheiten von 10^6 auszudrücken. Da die Periodenzahl von der Größenordnung 25 bis etwa 100 ist, so kann man, um für das Produkt der ersten zwei Faktoren in (52) eine nicht zu große Zahl zu erhalten, den Ausdruck für e auch so schreiben

$$e = 2{,}22\,\frac{\nu}{100}\,N\,z \quad \ldots \ldots \quad (53)$$

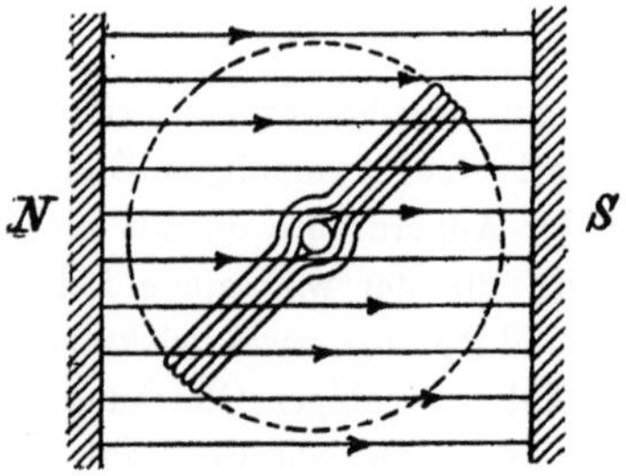

Fig. 124.

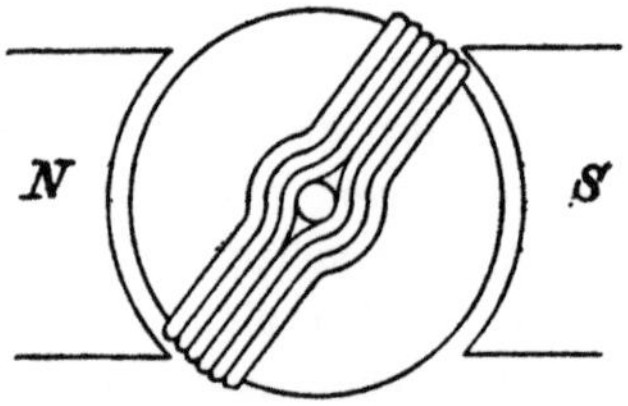

Fig. 125.

Diese Formel gibt die E.M.K. in Volt, wenn der Kraftfluß N in Einheiten von 10^6 eingesetzt wird. Sie gilt zunächst für zweipolige Wechselstrommaschinen, vorausgesetzt, daß das Feld zwischen den Polen gleichförmig ist. Eine derartige Maschine stellt Fig. 124 dar. Diese Anordnung ist indessen noch nicht vollkommen. Um ein gleichförmiges Feld und gleichzeitig Raum für die Spule zu erhalten, muß die Entfernung zwischen den Polflächen N und S notwendiger Weise groß sein. Wenn das Feld daher auch stärker als das der Erde ist, so ist es doch bedeutend schwächer als bei Gleichstrommaschinen.

Um die Maschine in dieser Hinsicht zu verbessern, hat man dieselben Mittel wie bei Gleichstrommaschinen anzuwenden — man muß einen Eisenkern im Anker benutzen und die Polschuhe so gestalten, daß der Weg, den die Kraftlinien in der Luft zurückzulegen haben, möglichst kurz wird. Dies führt zu der in Fig. 125 dargestellten Anordnung.

Es drängt sich jedoch die Frage auf, ob Formel (53) auch den richtigen Wert für die elektromotorische Kraft einer derartigen Maschine liefern würde. Diese Formel beruht auf der Annahme, daß sich die Zahl der Kraftlinien, welche durch die Spule verlaufen, stetig wie eine Sinusfunktion ändert. Dies kann natürlich für eine Maschine von der in Fig. 125 dargestellten Form nicht gelten. Das Feld, das die Drähte der Spule durchschneiden, ist hier auf den Raum zusammengedrängt, der zwischen den Polschuhen liegt. Bewegt sich die Spule völlig innerhalb dieses Feldes, so muß die elektromotorische Kraft nahezu konstant bleiben, befindet sie sich jedoch außerhalb desselben, so muß sie Null sein. Während des Ein- und Austretens wird ein

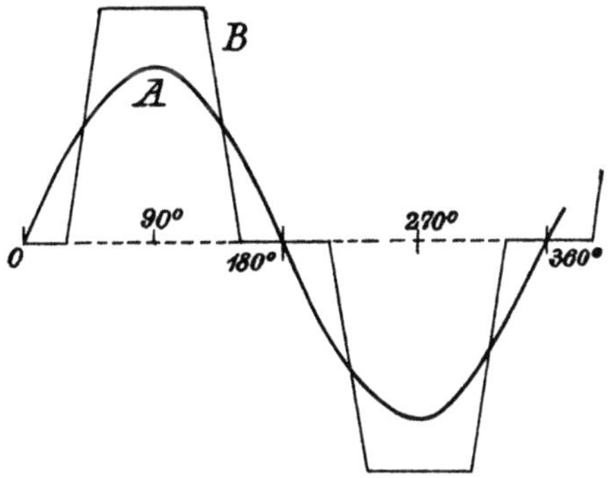

Fig. 126.

rasches Ansteigen und Sinken der elektromotorischen Kraft stattfinden. Die Kurve der elektromotorischen Kraft wird daher nicht so stetig verlaufen wie die Kurve A der Fig. 126, sondern mehr wie die gebrochene Linie B. In dieser Figur sind die Winkelstellungen der Spule als Abszissen und die entsprechenden elektromotorischen Kräfte als Ordinaten aufgetragen; in beiden Fällen gehen wir von der vertikalen Lage der Spule aus, wo die elektromotorische Kraft Null ist.

Die genaue Gestalt der gebrochenen Linie hängt von der Breite der Spule und von der Bogenlänge der Polschuhe und von etwaigen Änderungen in der Dimension des Luftspaltes ab und kann in jedem Falle rechnerisch bestimmt werden. Ist sie gefunden, so erhält man die effektive elektromotorische Kraft, wenn man eine zweite Linie zeichnet, deren Ordinaten die Quadrate der Ordinaten von B darstellen, und die Fläche zwischen dieser Linie und der Abszissenachse mißt. Die Höhe eines Rechteckes von gleichem Inhalt und gleicher Grundlinie stellt dann das Quadrat der effektiven elektromotorischen Kraft dar.

Haben wir die Beziehung der effektiven zur maximalen elektromotorischen Kraft für eine Maschine abgeleitet, bei der die Breite der Spule und die Bogenlänge der Polschuhe in bestimmtem Verhältnis zueinander stehen und der Luftspalt über die ganze Polfläche dieselbe Dicke hat, dann muß dieselbe Beziehung auch für alle ähn-

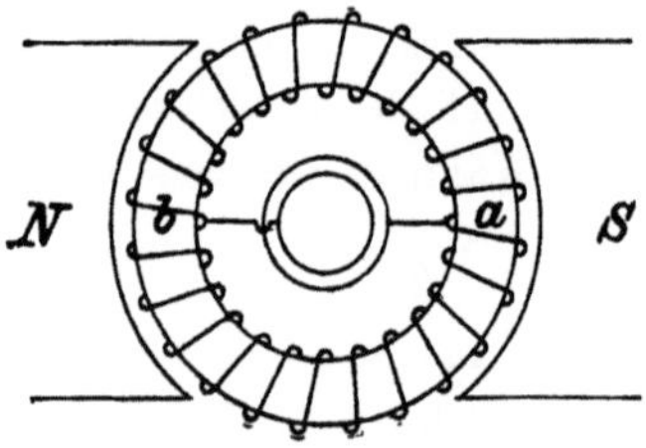

Fig. 127.

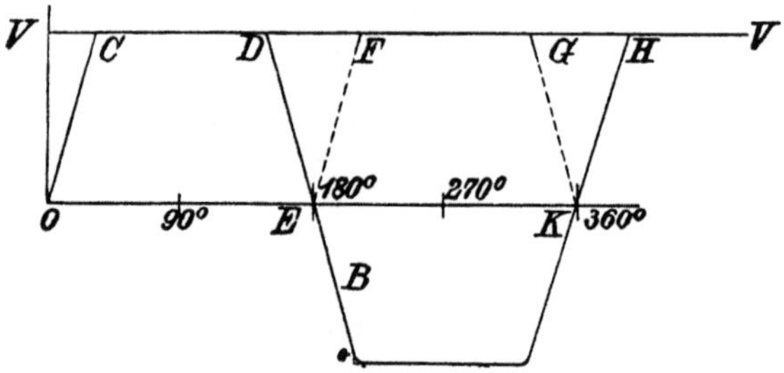

Fig. 128.

lich konstruierten Maschinen Gültigkeit haben. Es genügt daher, einige wenige Typen zu untersuchen, die eine besonders charakteristische Anordnung zeigen. Das soll in einem folgenden Abschnitt geschehen.

Bisher wurde stillschweigend die Annahme gemacht, daß die Wechselstrommaschine einen Trommelanker besitzt. Ein Blick auf Fig. 127 zeigt jedoch, daß sich ein Ringanker ebensogut anwenden läßt. Wir haben nur zwei gegenüberliegende Punkte a und b der Wicklung mit zwei Kontaktringen zu verbinden, um von diesen Wechselströme abnehmen zu können. Befindet sich der Anker in der durch die Figur dargestellten Lage, so ist die elektromotorische Kraft an den Kontaktringen Null. Während sie jedoch in Fig. 125 längere Zeit diesen Wert beibehält, besitzt sie ihn in Fig. 127 nur einen Augenblick. Den Verlauf der elektromotorischen Kraft einer solchen Maschine stellt Fig. 128 dar. Die Linie *B* schneidet hier die Abszissenachse ohne Unterbrechung der Stetigkeit. Die elektromotorische Kraft der Maschine steigt schnell von 0 bis *C*, während sich die Windung *a* der untern Kante des Polschuhes *S* nähert. Sie bleibt dann konstant von *C* bis *D*, bis sich die Windung *a* der untern Kante des Polschuhes *N* gegenüber befindet. Hierauf fällt sie schnell auf Null und erreicht ein Maximum im Negativen, wenn sich die Windung *a* von der obern Kante des Polschuhes *N* nach rechts bewegt u. s. w.

93. Dynamomaschine für Gleich- und Wechselstrom.

Trägt der Anker außer den oben erwähnten Kontaktringen noch einen gewöhnlichen Kommutator, so können wir der Maschine gleichzeitig einen Gleichstrom von derselben Spannung, wie die maximale elektromotorische Kraft, und einen Wechselstrom von einer niedrigern effektiven Spannung entnehmen. Die Spannung des Gleichstroms ist in Fig. 128 durch die Horizontale *V* dargestellt, die des Wechselstroms durch die gebrochene Linie *B*, deren negativer Teil der Bequemlichkeit halber durch eine punktierte Linie oberhalb der Abszissenachse dargestellt ist. Die effektive Spannung des Wechselstroms muß offenbar kleiner als die des Gleichstroms sein; das Verhältnis beider hängt von der Bogenlänge der Polschuhe ab. Beträgt der Winkel, den ein Polschuh einnimmt, 90 Grad, so ist dies Verhältnis 1 : 0,817.

Diese Eigenschaft der Maschine, zwei Ströme verschiedener Spannung zu liefern, haben Fawcus & Cowan in sinnreicher Weise benutzt, um gleichzeitig Lampen zu speisen und Akkumulatoren zu laden. Die einzige Abweichung ihrer Maschine von einer gewöhnlichen Gleichstrommaschine besteht darin, daß zwei gegenüberliegende Lamellen des Kommutators mit zwei koachsialen Kontaktringen verbunden sind. Während die Lampen mit einem Wechselstrom von 100 V effektiver Spannung gespeist werden, kann gleichzeitig eine Akkumulatorenbatterie, die die Beleuchtung übernimmt, wenn die Maschine still steht, mit Gleichstrom von entsprechend höherer Spannung geladen werden. Ferner ist es möglich, auch die Lampen mit Gleichstrom zu betreiben, wenn man durch Einschaltung von Widerstand in den Stromkreis der Feldmagnete das Feld hinreichend schwächt.

Eine andere Anwendung findet das hier erläuterte Prinzip bei den sogenannten Umformern. Das sind Maschinen, deren Anker Wechselstrom oder Drehstrom empfängt und Gleichstrom abgibt. Sie sind im 19. Kapitel behandelt.

94. Einteilung der Wechselstrommaschinen.

Prinzipiell unterscheiden sich Wechselstrom- von Gleichstrommaschinen dadurch, daß die Anker der ersteren keinen Kommutator[1]) haben, sondern entweder Schleifringe oder feste Klemmen. Schleifringe sind zur Stromabnahme nötig, wenn der Anker rotiert; wenn er feststeht, genügen natürlich feste Klemmen. Wir können nun zunächst Wechselstrommaschinen in zwei große Klassen teilen: solche mit rotierendem und solche mit festem Anker. Die letzteren werden in der Regel vorgezogen, und zwar aus zwei Gründen. Erstens weil die Ankerwicklung nicht durch Zentrifugalkraft beansprucht wird, und zweitens, weil wegen des Fortfalls von Schleifringen und Bürsten der ganze Wechselstromkreis ununterbrochen isoliert werden kann, was besonders bei Maschinen für hohe Spannungen die persönliche und die Betriebssicherheit wesentlich erhöht. Natürlich muß bei festem Anker das Feld rotieren.

Einen andern Gesichtspunkt für die Einteilung bildet die Anwesenheit oder Abwesenheit von magnetisch wirksamem Eisen im Anker. In den bisher betrachteten Maschinen haben wir angenommen, daß der Anker cylindrisch ist und innerhalb des ebenfalls cylindrisch ausgebohrten Feldsystems rotiert. Es liegen also die wirksamen Drähte parallel zur Achse. Bei dieser Anordnung ist die Verwendung eines eisernen Ankerkerns kaum zu umgehen. Wir können aber auch die wirksamen Drähte senkrecht zur Achse legen, d. h. einen Scheibenanker machen, der zwischen zur Achse senkrechten Polflächen rotiert. Bei dieser Anordnung kann ein magnetischer Kern entbehrt werden. Die bekannten Maschinen von Ferranti (siehe die Abbildung im 20. Kapitel) sowie die älteren Typen der von Siemens Brothers in London konstruierten Maschinen gehören in diese Klasse. Die Mordey-Maschine (siehe die Abbildung im 20. Kapitel) gehört auch hierher; bei ihr steht jedoch der Anker fest und das Feldsystem rotiert. Das letztere besteht

[1]) Es werden neuerer Zeit allerdings auch Wechselstrommaschinen mit Kommutator gebaut, das sind aber besondere, zur Erregung dienende, Konstruktionen.

aus zwei Polkränzen, die sich gegenüberstehen. Alle Pole auf der einen Seite der Ankerscheibe haben dasselbe Vorzeichen, und alle auf der anderen das entgegengesetzte. Die wirksamen Kraftlinien durchsetzen also den Anker an jedem Polpaar in der gleichen Richtung, und aus diesem Grunde werden Maschinen dieser Type Gleichpolmaschinen genannt, zum Unterschied von den Wechselpolmaschinen, bei denen die von benachbarten Polen ausgehenden Kraftlinien den Anker abwechselnd in der einen und der andern Richtung durchsetzen. Es ist selbstverständlich, daß auch bei Ankern mit Eisen das Feld nach der Gleichpol- oder Wechselpoltype ausgebildet sein kann. Zu bemerken ist, daß bei den Gleichpolmaschinen der Raum zwischen benachbarten Polen nicht vollkommen feldfrei ist, sondern von magnetischen Streulinien durchsetzt wird, die mit den nützlichen Kraftlinien gleichgerichtet sind. Es wird also in jedem Ankerdraht, auch wenn er in dem Raum zwischen den Polen liegt, eine E.M.K. erzeugt, die in demselben Maße geringer ist, als die in jedem Draht unter den Polen erzeugte, als das Streufeld schwächer als das Nutzfeld ist. Um das Gesetz zu finden, nach dem die E.M.K. einer Gleichpolmaschine berechnet werden kann, machen wir folgende Überlegung. In einer Wechselpolmaschine ist die E.M.K. offenbar dem Kraftfluß eines Poles proportional. Bewegt sich eine Spule aus einer centralen Stellung vor einem Nordpol in die centrale Stellung vor dem benachbarten Südpole, so hat der sie durchsetzende Kraftfluß von $+N$ auf $-N$ gewechselt. Da nun N als halbe Differenz von $+N$ und $-N$ aufgefaßt werden kann, so können wir sagen, die E.M.K. ist der halben Differenz des den beiden Stellungen (vor dem Nordpol und vor dem Südpol) entsprechenden Kraftflusses proportional. Nun denken wir uns jeden Südpol entfernt und die magnetischen Kreise auf andere Weise geschlossen, sodaß in dem von den Nordpolen ausgehenden Kraftfluß kein Unterschied eintritt. Der früheren Stellung der Spule vor dem Südpol entspricht jetzt ihre Stellung im Zwischenraum zwischen zwei benachbarten Gleichpolen. In dieser Stellung wird aber die Spule von dem Streufluß $+N_0$ durchsetzt. Wenden wir das eben entwickelte Gesetz auf diesen Fall an, so finden wir, daß die E.M.K. proportional ist der halben Differenz vom Nutzfeld und Streufeld, das heißt dem Ausdrucke

$$N = \frac{N_1 - N_0}{2},$$

wenn wir mit N_1 den Kraftfluß eines Poles der Gleichpolmaschine und mit N jenen eines Poles der in Bezug auf E.M.K. gleichwertigen Wechselpolmaschine bezeichnen. Setzen wir

$$N_0 = \eta N_1$$

wobei $\eta < 1$ den Streuungskoeffizienten oder das Verhältnis von Streufluß zu Hauptfluß bedeutet, so haben wir auch

$$N = N_1 \left(\frac{1-\eta}{2}\right).$$

Der Streuungskoeffizient kann bis zu 0,3 betragen; es ist also klar, daß N_1 mehr als das Doppelte von N betragen muß und

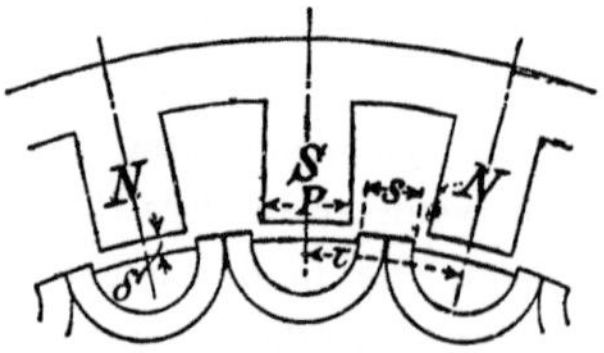

Fig. 129.

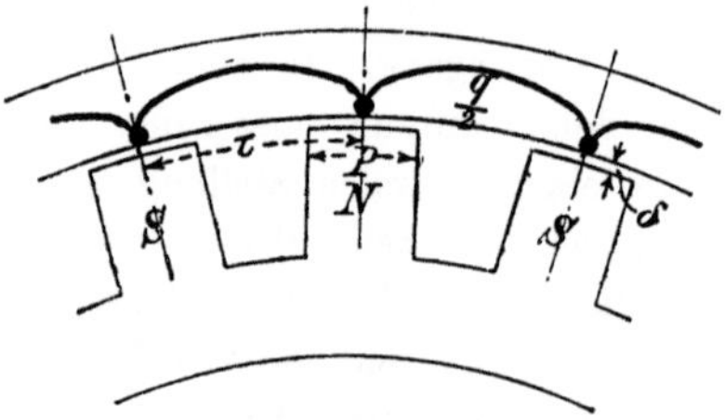

Fig. 130.

nahezu den dreifachen Wert erreichen kann. Nun hat allerdings die Gleichpolmaschine nur halb so viele Pole wie die Wechselpolmaschine, da aber jeder Pol mehr als doppelt so viel Kraftlinien führen muß, so erkennt man leicht, daß Gleichpolmaschinen schwerer sein müssen als Wechselpolmaschinen. Sie haben jedoch den Vorteil, daß nur eine Erregerspule nötig ist und daß man diese feststehend anordnen kann. Im 20. Kapitel ist eine moderne Gleichpolmaschine der Maschinenfabrik Oerlikon abgebildet.

Eine weitere Einteilung der Maschinen kann nach der geometrischen Form der Ankeroberfläche gemacht werden. Wir unterscheiden glatte Anker (Fig. 129), Loch- oder Nutenanker (Fig. 130) und Zackenanker (Fig. 131). In diesen Skizzen bedeutet τ die

Teilung oder den Polmittenabstand, P die Polbreite, S die Breite einer Spulenseite und q die Anzahl wirksamer Drähte pro Pol.

Glatte Anker werden wenig verwendet, weil die Befestigung der Drähte größere mechanische Schwierigkeiten macht. Ihre Vorteile sind eine gute, d. h. sinusähnliche Kurve der E.M.K. und geringe Selbstinduktion. Der erstere Vorteil läßt sich bei Lochankern durch Verwendung mehrerer Löcher pro Spulenseite und entsprechend geformter Pole ebenfalls erreichen. Zackenanker gestatten eine sehr solide Befestigung der Spulen, geben aber eine spitze und besonders

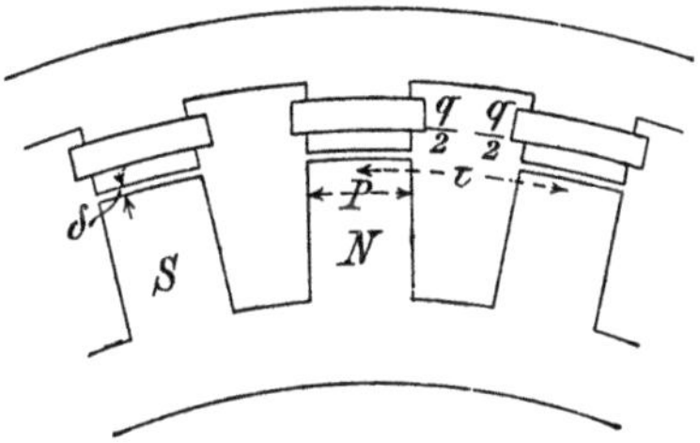

Fig. 131.

bei Belastung sehr unregelmäßige Spannungskurve; auch ist es schwer, einen geräuschlosen Gang zu erzielen, da die Zacken wie gigantische Telephonmagnete und Stimmgabeln wirken. Die Selbstinduktion und mithin der Spannungsabfall bei Belastung sind groß. Eisenlose Anker werden heutzutage nur selten gebaut, da aber in vielen älteren Anlagen Maschinen mit solchen Ankern noch in Betrieb sind, mußten sie hier berücksichtigt werden.

95. Vorteile der Lochanker.

Am beliebtesten sind Loch- oder Nutenanker. Wenn auch die Selbstinduktion, wie später gezeigt wird, nicht so gering ist als bei glatten Ankern, so kann man sie doch in genügend engen Grenzen halten, während die gute mechanische Befestigung der Ankerdrähte und die Möglichkeit, sie vorzüglich zu isolieren, nicht zu unterschätzende Vorteile sind. Auch ist zu bedenken, daß bei Maschinen mit festem Anker eine mechanische Beanspruchung der Drähte, nachdem sie einmal in den Ankerkanälen eingebettet sind, nur in ganz verschwindend kleinem Maße eintritt, die Gefahr eines Durchscheuerns der Isolation also ausgeschlossen ist. Bei glatten Ankern wird jeder Draht mechanisch mit einer Kraft beansprucht, welche der Stromstärke und der Induktion im Luftraum proportional ist. Es muß also das der Maschine zugeführte oder von ihr geleistete Drehmoment von den Ankerdrähten selbst aufgenommen werden. Bei Lochankern liegen die Verhältnisse wesentlich günstiger. Die Induktion im Loch ist nur ein ganz kleiner Bruchteil der Induktion im Luftraum, und die mechanische Beanspruchung wird dadurch im gleichen Verhältnis verringert. Wenn das Loch vollständig feldfrei wäre, würde natürlich gar keine mechanische Beanspruchung eintreten. Auf den ersten Blick könnte es als ein Widerspruch er scheinen, daß ein Draht, der mechanisch nicht beansprucht wird, trotzdem mechanische in elektrische Arbeit umwandeln kann. Der Widerspruch verschwindet jedoch bei näherer Betrachtung des Vorganges. Nehmen wir an, die Stege seien so breit wie die Löcher und in den Stegen sei die Induktion 10 000. Dieser entspricht eine Permeabilität von etwa 3000, d. h. die in den Löchern herrschende Induktion ist nur $\frac{1}{3000}$ von jener im Eisen. Hat nun das Feld im Vergleich zum Anker eine Umfangsgeschwindigkeit von 20 m pro Sekunde, so ist die Geschwindigkeit, mit welcher die Kraftlinien von der Seite eines Loches zur Seite des benachbarten Loches durch den Steg fortschreiten, rund 20 m. Nun muß aber die gleiche Anzahl Kraftlinien, die in der Zeiteinheit den Steg passiert hat, auch das Loch passieren. Im Loch ist aber die Dichte der Kraftlinien 3000 mal geringer. Damit nun trotzdem die gleiche Anzahl Linien traversiere, muß ihre Geschwindigkeit 3000 mal größer sein. Die Geschwindigkeit, mit welcher die Drähte die Kraftlinien des sehr schwachen Feldes im Loche schneiden, ist mithin 20×3000 m, und die Induktion im Loch ist $\frac{10\,000}{3000}$ C.G.S.-Einheiten. Die E.M.K. ist dem Produkt von Geschwindigkeit und Induktion, also $20 \times 10\,000$, proportional, genau wie bei einem glatten Anker. Die mechanische Beanspruchung ist aber dem Produkt von Stromstärke und Induktion proportional, also nur $\frac{1}{3000}$ von dem Werte bei einem glatten Anker. Eine andere Folge der geringen Induktion ist, wie schon im 81. Abschnitt angegeben wurde, daß die Wirbelströme in den Ankerleitern beinahe ganz verschwinden.

96. Ein- und Mehrphasenanker.

Eine weitere Unterscheidung der Maschinen kann nach der Anzahl von Stromkreisen gemacht werden, in welche die Ankerwicklung geteilt ist. Denken wir uns den in Fig. 125 dargestellten Anker mit einer zweiten Spule unter rechtem Winkel auf die erste bewickelt, so können wir der Maschine zwei Wechselströme entnehmen, deren Maximalwerte gleichen Vorzeichens um die Zeit einer Viertelumdrehung auseinanderliegen. Im Winkelmaß ausgedrückt, kann man auch sagen, die E.M.Kräfte haben eine Phasenverschiebung von $\frac{\pi}{2}$. Man nennt eine solche Maschine eine Zweiphasenmaschine. Die beiden Stromkreise können vollständig unabhängig gehalten werden, sodaß also 4 Drähte zur Stromentnahme nötig sind, oder wir können die Stromkreise durch Zusammenlegen zweier Drähte verbinden. In diesem Falle sind drei Drähte zur Stromentnahme nötig. Einer von ihnen ist beiden Stromkreisen gemein und führt die vektorielle Summe der beiden Ströme, d. h. $\sqrt{2}$ mal den Wert eines Stromes. Der gemeinschaftliche Draht muß also bei gleicher Stromdichte 40 % mehr Querschnitt haben als jeder der beiden andern.

Nun können wir den in Fig. 125 gezeichneten Anker auch mit drei gegeneinander um 120° verschobene Spulen bewickeln und drei unabhängige Stromkreise bilden, wozu 6 Drähte nötig sind, oder diese Stromkreise in einer der beiden folgenden Weisen verketten: 1. Wenn wir den Anfang der ersten mit dem Anfang der zweiten und dem Anfang der dritten Spule verbinden, bleiben die drei Enden frei. Diese drei Enden werden mit den drei Leitern der verketteten äußeren Stromkreise verbunden. 2. Wenn wir das Ende der ersten mit dem Anfang der zweiten, das Ende der zweiten mit dem Anfang der dritten und das Ende der dritten mit dem Anfang der ersten Spule verbinden, bleibt kein Ende frei. Die drei Leiter der äußeren Stromkreise werden dann an die Verbindungen der Spulen angeschlossen. Man nennt die erste Schaltung Y oder Sternschaltung, die zweite Δ oder Dreieckschaltung. Maschinen dieser Art nennt man Dreiphasenmaschinen. Schematisch sind diese Schaltungen durch die Fig. 132 und 133 dargestellt.

A B C sind die Leiter der äußeren Stromkreise und *a b c* sind die Spulen des Ankers. Es ist ohne weiteres klar, daß bei der

Sternschaltung (Fig. 132) die Stromstärke in A die gleiche sein muß wie in der Spule a, während die Spannung zwischen A und B die vektorielle Summe der Spannungen in a und b sein muß. Bei der Dreieckschaltung, Fig. 133, ist die Spannung zwischen A

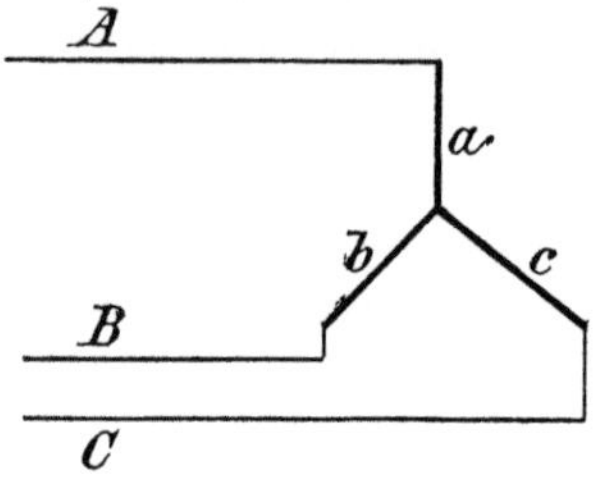

Fig. 132.

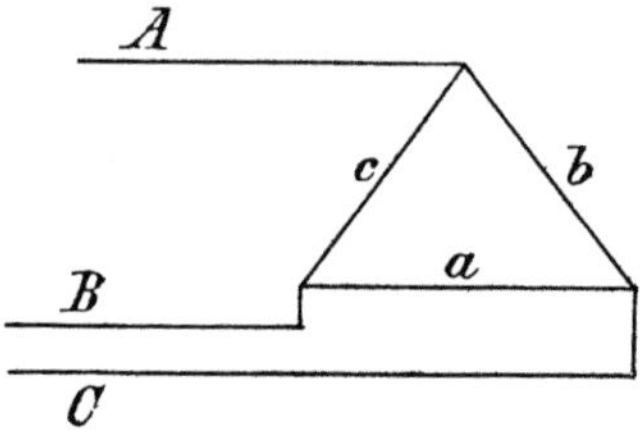

Fig. 133.

und B die gleiche wie in der Spule c, während der Strom in A die vektorielle Summe der Ströme in den Spulen b und c ist. Die Beziehungen dieser Größen werden später gegeben; für jetzt möge es genügen, zu erwähnen, daß Zwei- und Dreiphasenanker auch durch eine kleine Änderung aus Gleichstromankern hergestellt werden

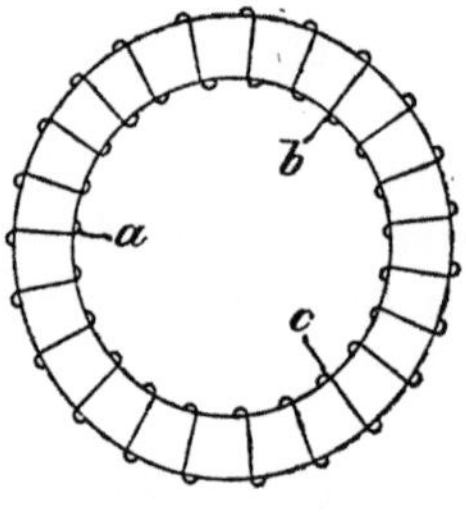

Fig. 134.

können und daß die hier für zweipolige Anker abgeleiteten Wicklungen natürlich auch bei mehrpoligen Ankern anwendbar sind. Wir haben bisher angenommen, daß die Wicklung aus schmalen Spulen besteht. Das ist jedoch nicht notwendig. Ein Gleichstromanker bildet, wie Fig. 134 zeigt, einen Dreiphasenanker mit Dreieckschaltung, wenn man, ohne etwas an der Wicklung zu ändern, drei um 120° entfernte Punkte der Wicklung als Anschlußpunkte für die äußern Stromleiter benutzt. Will man Sternschaltung anwenden, so schneidet man die Wicklung an drei um 120° entfernten Stellen auf und verbindet die 6 Enden, wie Fig. 135 zeigt.

Fig. 136 zeigt einen vierpoligen Trommelanker mit Sternschaltung.

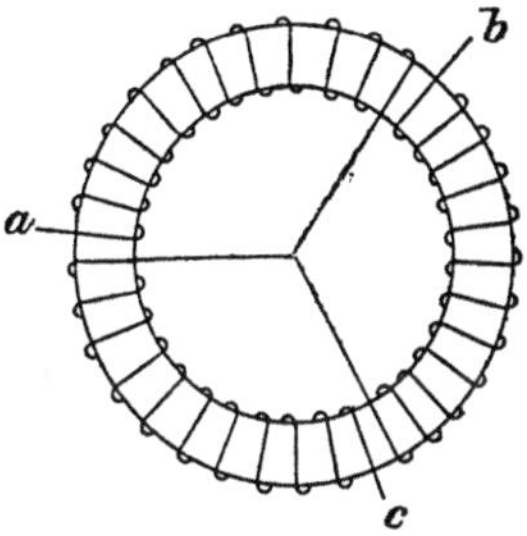

Fig. 135.

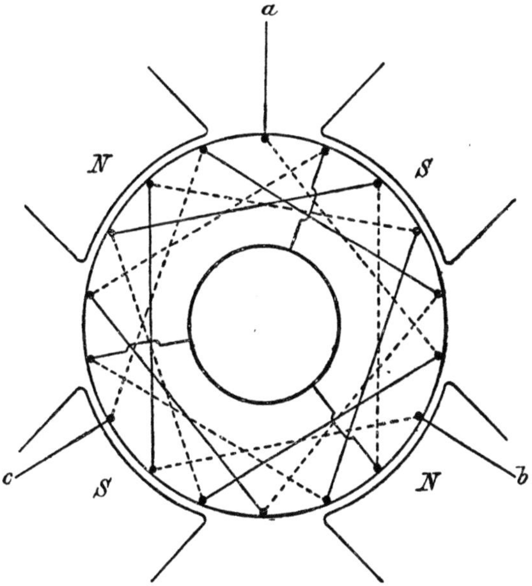

Fig. 136.

Es braucht wohl kaum erwähnt zu werden, daß man einen Anker auch für mehr als drei Phasen wickeln kann. Eine größere Anzahl Phasen hat aber bis jetzt nur bei den Ankern für Umformer (vergleiche das 19. Kapitel) Verwendung gefunden. Für Beleuchtungs- und Kraftanlagen kommt man mit drei Phasen gut aus, sodaß keine Veranlassung vorliegt, die Anlage durch Verwendung von mehr als drei Phasendrähten komplizierter zu gestalten.

97. Ankerwicklungen.

Im vorigen Abschnitt wurde schon erwähnt, daß der Anker entweder Spulen- oder nach Art eines Gleichstromankers fortschreitende Wicklung haben kann. Der Unterschied liegt darin, daß bei Spulenwicklung die Breite S einer Spulenseite klein ist im Vergleich zur Teilung und sich sogar auch nur auf ein Loch beschränken kann, während bei fortschreitender Wicklung von genau abgegrenzten Spulen

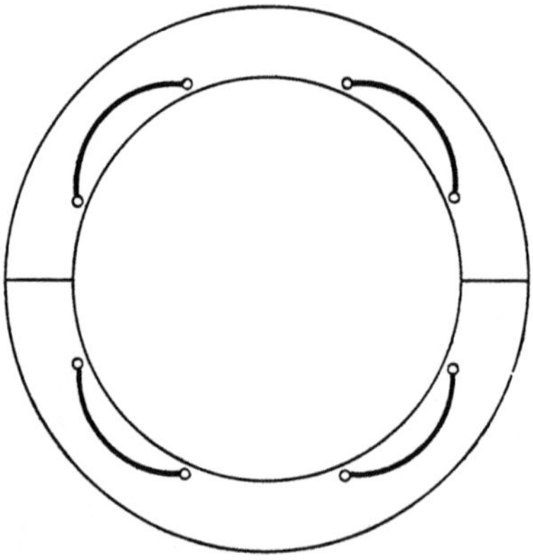

Fig. 137.

in dem obigen Sinne überhaupt nicht die Rede sein kann und jene Teile der Wicklung, welche man als einer Spule etwa gleichwertig ansehen könnte, einen im Verhältnis zur Teilung viel größeren Raum auf dem Ankerumfange einnehmen. Mit andern Worten ausgedrückt: Bei der Spulenwicklung haben wir streng abgegrenzte Wicklungselemente, deren gesamte Seitenzahl in jeder Phase gleich der Polzahl ist; bei der fortschreitenden Wicklung keine getrennten Gruppen sondern eine Kombination einer großen Anzahl von Leitern, die in keinem bestimmten arithmetischen Verhältnis zur Polzahl zu stehen brauchen.

Fig. 137 zeigt eine achtpolige Spulenwicklung eines Einphasenankers. Die dickgezogenen gekrümmten Linien stellen die Spulenköpfe dar und die kleinen Kreise die Löcher, in welchen die Spulenseiten liegen. Da das Feld 8 Pole hat, muß der Anker 8 Spulenseiten haben. Die Verbindungsdrähte zwischen den Spulen, die sogenannten Schaltdrähte, sind in dieser sowie in den folgenden Figuren nicht eingezeichnet; sie dienen dazu, die einzelnen Spulen in der richtigen Weise in Serie zu schalten. In Fig. 137 enthält jede Spule und jede Spulenseite q-Drähte und jedes Loch ebenfalls q-Drähte. Es kommt auf jede Spulenseite nur ein Loch. Fig. 138 ist elektrisch gleichwertig mit Fig. 137; jedoch enthält der Anker doppelt so viel Spulen und jede Spule nur $\frac{q}{2}$ Drähte. Der einzige Vorteil dieser Anordnung ist, daß die Spulenköpfe wegen ihres

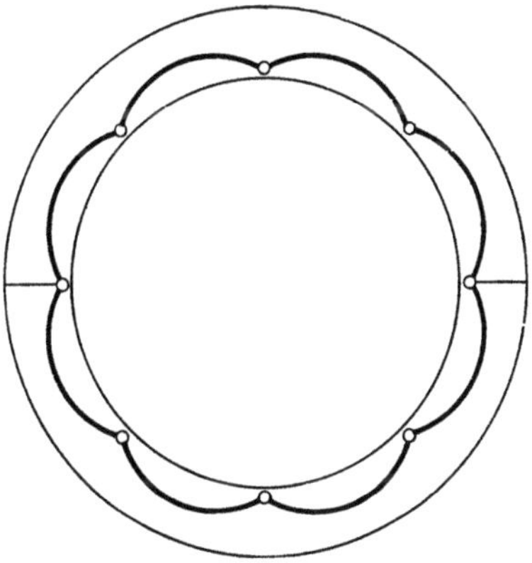

Fig. 138.

verminderten Volumens etwas weniger Draht erfordern. Dagegen hat diese Wicklungsart den Nachteil, daß in einem Loch die volle den z Ankerdrähten entsprechende Spannung zwischen zwei Drähten auftritt, die Isolierung also schwieriger ist als bei Fig. 137, wo die größte zwischen zwei Drähten in einem Loch auftretende Spannungsdifferenz $2p$ mal geringer ist. In beiden Anordnungen kann der Anker horizontal geteilt und die obere Hälfte abgenommen werden, ohne Spulen auswickeln zu müssen. Es ist nur nötig, einen Schaltdraht zu lösen.

Fig. 139 zeigt einen achtpoligen Einphasenanker, bei welchem jede Spulenseite in zwei Löchern untergebracht ist. Der in einem Loch auftretende Spannungsunterschied ist nur halb so groß als in Fig. 137, und die Selbstinduktion ist geringer, wie man aus folgender Überlegung sieht. Das jedes Loch umkreisende selbstinduzierte Feld ist dem Stromvolumen im Loch und der magnetischen Leitfähigkeit seiner Umgebung proportional. Die letztere ist in Fig. 139 geringer als in Fig. 137, weil durch das Auseinanderziehen der Spulenseite in zwei Teile der Querschnitt jedes einzelnen Streupfades verkleinert worden ist. Gleichzeitig ist auch das Stromvolumen halbiert worden. Das selbstinduzierte Feld und mithin auch die selbstinduzierte E.M.K. ist also bei einer Zweilochwicklung erheblich kleiner als bei einer Einlochwicklung. Wie man sieht, läßt sich auch der Anker Fig. 139 horizontal teilen.

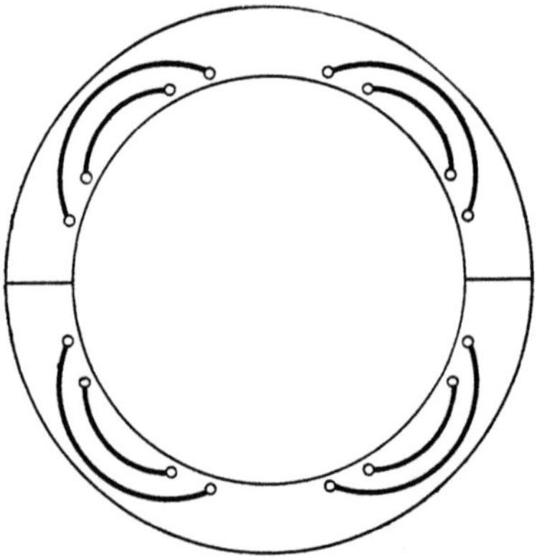

Fig. 139.

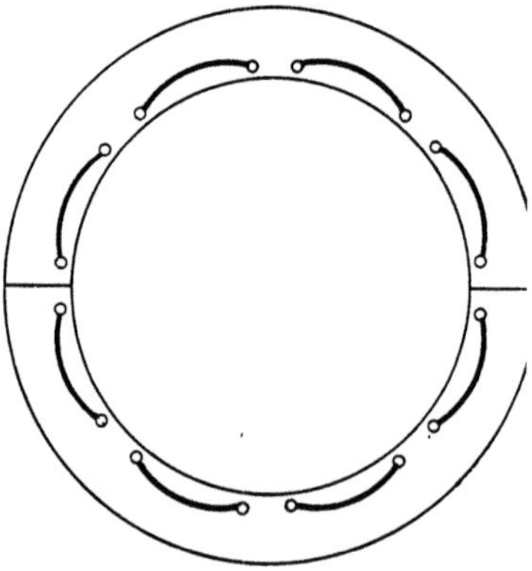

Fig. 140.

Bei dieser Anordnung sind je zwei Spulenköpfe ineinander gelegt und der äußere wird etwas lang. Dieser übrigens nicht bedeutende Übelstand läßt sich durch die in Fig. 140 dargestellte Wicklungsart vermeiden. Elektrisch ist diese Anordnung gleichwertig mit Fig. 139, sie gibt aber durchweg gleich kurze Spulenköpfe.

Bei den hier beschriebenen Wicklungen ist die Länge der Spulen, d. h. die längs des Umfangs gemessene mittlere Entfernung zweier zusammengehöriger Spulenseiten gleich der Polteilung. Das gilt auch für Fig. 140, obwohl die Länge des Spulenkopfes selbst etwas kleiner als die Teilung ist. Nun kann man bei einer Wicklung mit je einem Loch für zwei zusammenstoßende Spulenseiten (vergleiche Fig. 138) die Länge der Spulen auf zwei Drittel der Teilung reduzieren und erhält somit je drei Spulen auf zwei Pole.

Das gibt eine Dreiphasenwicklung mit kurzen Spulen, wie Fig. 141 zeigt.

Hier enthält jede Spule q Drähte und jedes Loch $2q$ Drähte. Der Vorteil dieser Anordnung ist, daß die Spulen nicht übergreifen.

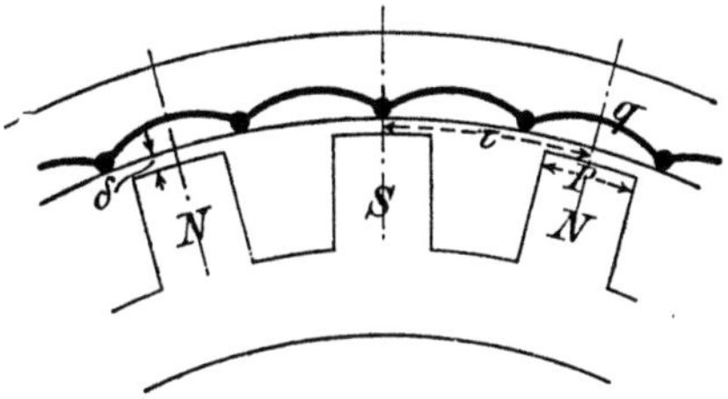

Fig. 141.

Ihre Nachteile sind: große Löcher, also schwankender Kraftfluß, große Selbstinduktion und großer Spannungsunterschied zwischen den in einem Loch liegenden Drähten.

Ist die mittlere Spulenlänge gleich der Teilung, so nennt man diese Anordnung eine Wicklung mit langen Spulen. Es ist ohne

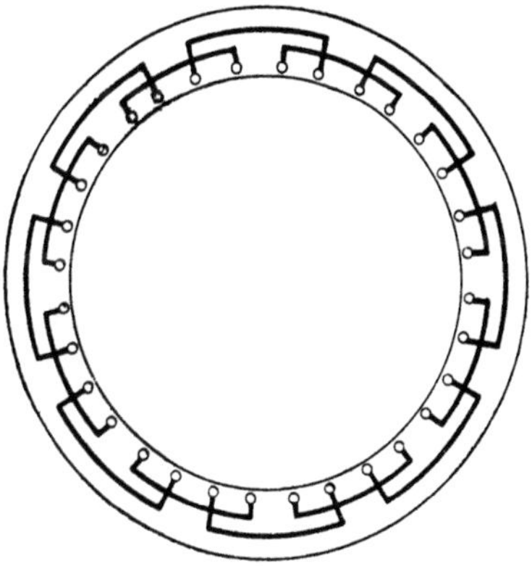

Fig. 142.

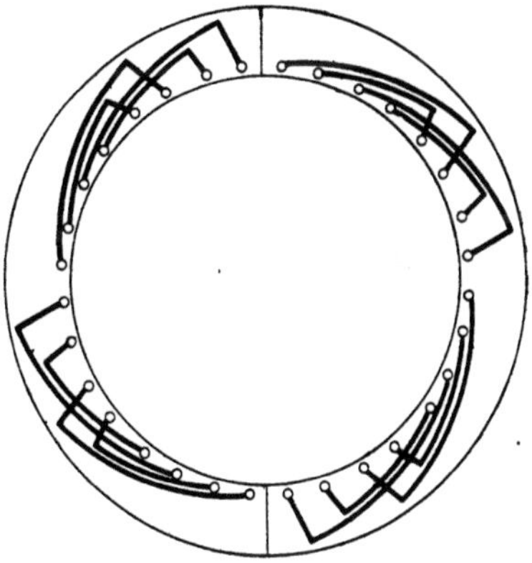

Fig. 143.

weiteres klar, daß eine Mehrphasenwicklung mit langen Spulen nicht ohne Übergreifen der Spulen ausgeführt werden kann. Fig. 142 zeigt eine Zweiphasen-Zweilochwicklung für einen 8poligen Anker. Die mittlere Länge der Spulen ist gleich der Teilung, die Länge der Spulenköpfe ist etwas kleiner als die Teilung, und jeder hat mit seinen Nachbarn nur zwei Kreuzungspunkte. Die Wicklung ist ziemlich einfach, und wegen des geringen Übergreifens brauchen die Spulenköpfe nicht übermäßig viel Draht zu enthalten. Man kann jedoch die obere Ankerhälfte nicht abheben, ohne vorher zwei Spulen auszuwickeln. Will man den Anker so einrichten, daß er horizontal geteilt und seine obere Hälfte ohne weiteres abgehoben werden kann, so muß man die in Fig. 143 skizzierte Wicklung verwenden. Die für die Spulenköpfe nötige Drahtlänge ist etwas größer als in Fig. 142, denn die mittlere Länge der Spulenköpfe ist jetzt der Teilung gleich.

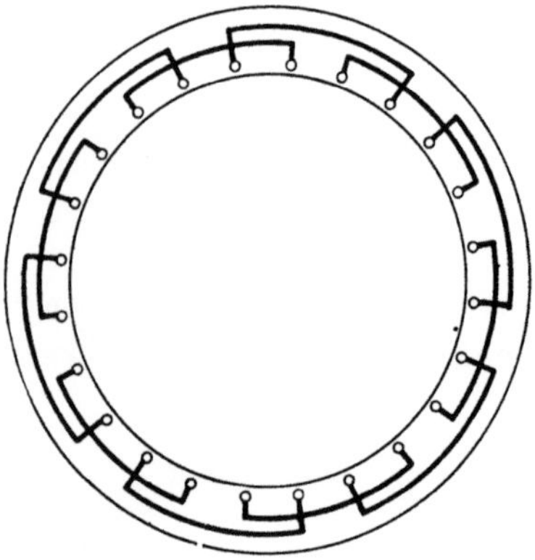

Fig. 144.

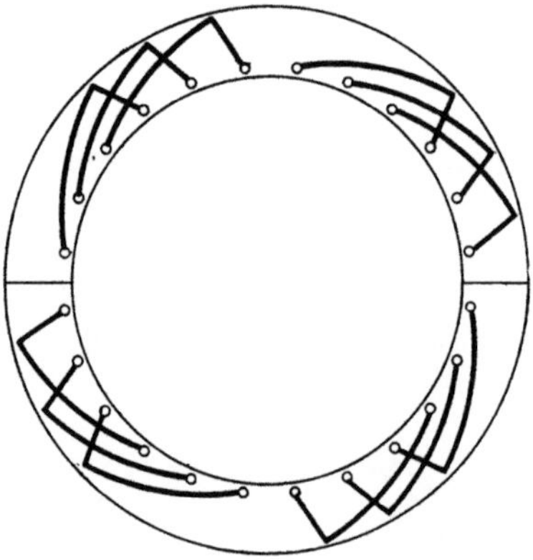

Fig. 145.

Fig. 144 zeigt eine Dreiphasen-Einlochwicklung für einen 8poligen Anker, wie sie gewöhnlich ausgeführt wird. Auch hier ist Abheben einer Ankerhälfte nur nach Auswickeln von zwei Spulen möglich. Man wird also diese Wicklung in der Regel nur dann verwenden, wenn die Konstruktion der Maschine eine horizontale, zur Achse parallele Verschiebung des Ankers relativ zum Feld oder umgekehrt zuläßt. Bei größeren Maschinen wird man jedoch vorziehen, behufs etwaiger Reparatur des Ankers seine obere Hälfte abzuheben, und dann ist die Wicklung nach Fig. 145 auszuführen. Es ist selbstverständlich, daß die in Fig. 144 und 145 dargestellten Wicklungsmethoden auch anwendbar sind, wenn jede Spulenseite in zwei oder mehr Löchern untergebracht wird.

Fig. 146 stellt eine Dreiphasenwicklung mit nicht übergreifenden

Spulen dar, die zuerst von Herrn von Dolivo-Dobrowolsky verwendet worden ist. Sie besteht aus drei aufeinander folgenden Einphasenwicklungen nach Fig. 138, jedoch mit der Eigentümlichkeit, daß die Länge der Spulen nicht genau gleich der Teilung, sondern etwas größer oder kleiner als diese ist. Der Lochabstand τ' ist um so viel größer oder kleiner, als die Teilung τ, daß die Bedingung erfüllt ist:

$$2p\tau = (2p \pm 1)\tau'.$$

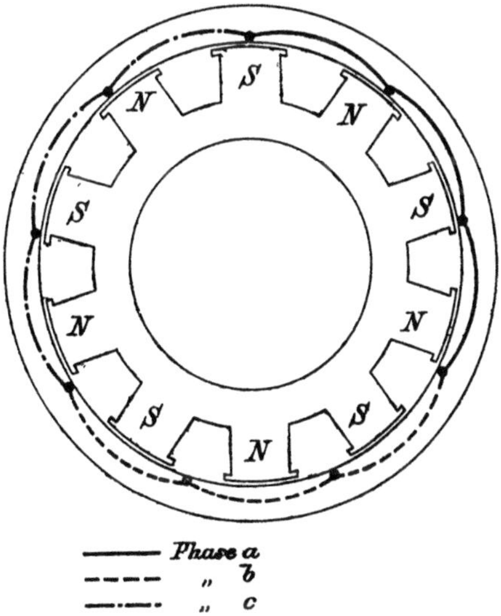

Fig. 146.

Natürlich muß $2p \pm 1$ ein ganzes Vielfaches von 3 sein. Verfolgt man die Lage der Löcher einer Phase relativ zur Lage der Pole, so findet man, daß die Wicklung um den Betrag $\frac{\tau}{3}$ nach vorwärts oder rückwärts schleicht. Man nennt deshalb diese Anordnung eine schleichende Spulenwicklung. Elektrodynamisch ist sie nahezu gleichwertig mit einer glatten Wicklung, deren Spulenbreite $\frac{\tau}{3}$ ist.

Stabwicklungen können schleichend oder symmetrisch sein. Sind sie das letztere, so haben sie den Charakter von Spulenwicklungen, indem Gruppen von Stäben mit ihren Endverbindungen tatsächlich nichts anderes als Spulen darstellen. Eine solche Wicklung für drei Phasen und Sternschaltung bei einem 8poligen Anker ist beispielsweise in Fig. 147 dargestellt.

Da die Wicklung symmetrisch sein soll, so muß in jeder Phase eine ganze Zahl von Stäben s auf einen Pol kommen. Es ist also die Anzahl wirksamer Leiter in einer Phase

$$z = s\,2\,p$$

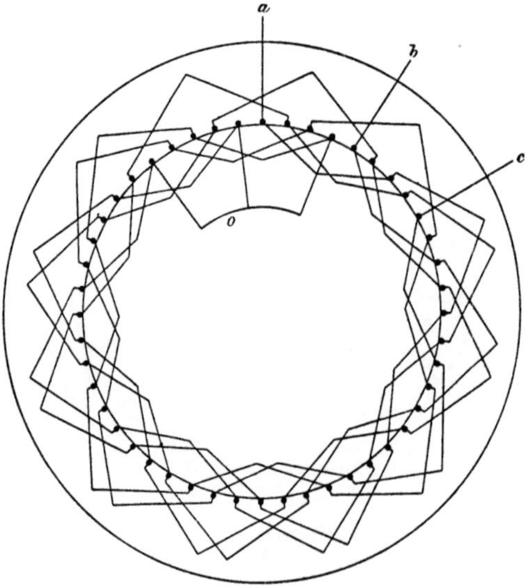

Fig. 147.

und bei einem Dreiphasenanker die Gesamtzahl der Ankerstäbe

$$Z = 3\,z = 6\,s\,p.$$

Hat jeder Stab sein eigenes Loch, so ist der Lochabstand

$$a = \frac{\pi D}{6\,s\,p},$$

und jede Gruppe von s Stäben bildet eine Spule, deren Seite die Breite

$$S = (s - 1)\,a$$

hat. Da nun innerhalb der Teilung drei Spulenseiten liegen, so ist

$$s\,a = \frac{\tau}{3}$$

und mithin S ein wenig kleiner als ein Drittel der Teilung. Elektrodynamisch ist eine symmetrische Dreiphasen-Stabwicklung gleichwertig mit einer Spulenwicklung, bei der die Breite der Spulenseite nahezu ein Drittel der Teilung ist. Bei Zwei- und Vierphasenwicklungen ist diese Dimension nahezu $\frac{\tau}{2}$.

Als Beispiel einer schleichenden Stabwicklung kann Fig. 136 Seite 351 dienen. Hier geht natürlich der spulenartige Charakter der einzelnen Wicklungselemente verloren, weil die Stäbe jedes Elementes über den ganzen Ankerumfang zerstreut sind. Da die Wicklung aus einer gewöhnlichen mehrpoligen Serien-Gleichstrom-Trommelwicklung entstanden ist, so muß bei einem Dreiphasenanker für Dreieck- sowohl als für Sternschaltung die Bedingung erfüllt sein, daß die dreifache Zahl der zu einer Phase gehörigen Stäbe dem Wicklungsgesetz entspricht, wie es für Gleichstromanker im achten Kapitel abgeleitet wurde. In der einfachsten Form lautet dieses Gesetz, auf Dreiphasenanker angewendet,

$$3z = 2py \pm 2.$$

Der Schritt y ist eine ungerade Zahl. Multiplizieren wir diese mit der Entfernung benachbarter Stäbe, so erhalten wir die Länge des Schrittes, und multiplizieren wir die Länge des Schrittes mit der Anzahl zu einer Phase gehöriger Schritte, d. h. mit der Zahl z, so erhalten wir die ganze, längs des Umfangs bei der Wicklung einer Phase zurückgelegte Strecke. Diese ist

$$\tau z \mp \frac{2}{3}\tau.$$

Denken wir uns nun die Lage des ersten Stabes einer Phase relativ zum Pol vermerkt, so kommt der zweite Stab in eine ähnliche, doch nicht genau entsprechende Lage zum zweiten Pol, der dritte Stab in eine ähnliche, aber schon etwas mehr abweichende Lage zum dritten Pol u. s. w. Jeder folgende Stab schleicht relativ zu seinem Pol etwas vorwärts oder rückwärts. Geht man die ganze Wicklung durch, so kommt man, wie obiger Ausdruck für den zurückgelegten Weg zeigt, beim letzten Stab in eine Lage, die um zwei Drittel der Teilung von der Lage des ersten Stabes abweicht. Es ist also diese Wicklung elektrodynamisch gleichwertig mit einer Spulenwicklung, bei der die Breite der Spulenseite gleich zwei Drittel der Teilung ist.

98. Elektromotorische Kraft der Wechselstrommaschinen.

Unter der Annahme, daß die den Anker bildende Spule sich in einem homogenen Felde dreht, haben wir den Ausdruck (53) für die induzierte E.M.K. abgeleitet. Offenbar ist dieser Ausdruck nicht ohne weiteres auf Maschinen anwendbar, wie sie tatsächlich hergestellt werden, denn die Feld- und Wicklungsverhältnisse sind bei diesen wesentlich andere, als bei der theoretischen Maschine. Formel (53) ist zunächst nur für eine einzige Spule, d. h. für eine zweipolige Maschine aufgestellt worden.

Wechselstrommaschinen besitzen jedoch meistens eine große Anzahl von Polen. Auch haben wir eine rotierende Bewegung der Spule angenommen, während bei einer mehrpoligen Maschine die Drehung der Spule bei ihrer Bewegung gegen die gleichzeitig erfolgende lineare Verschiebung gering ist. Da die Pole radial auf einem Kreise angeordnet sind, so können wir die Drehung der Spule überhaupt vernachlässigen und brauchen nur ihre lineare Verschiebung von einem Pol zum andern ins Auge zu fassen. Ferner müssen wir die Gestalt und die Abmessungen der Polschuhe in Rechnung setzen und den Raum, den die Spulen im Verhältnis zu ihnen einnehmen. Von allen diesen Umständen wird die Gestalt der Linie B in Fig. 126 abhängen, aus der sich die effektive elektromotorische Kraft berechnen läßt.

Besteht die Ankerspule in Fig. 125 nur aus einer einzigen Windung, die also in der Richtung der Bewegung nur geringe Ausdehnung besitzt, so wird offenbar die elektromotorische Kraft während der ganzen Zeit, wo sich der Draht im Bereich des Polschuhes befindet, ihren maximalen Wert beibehalten und beim Verlassen dieses Bereiches plötzlich herabsinken. Könnte man die Zeiträume vernachlässigen, wo die elektromotorische Kraft ihre Richtung wechselt und die Stromstärke Null ist, so müßte die effektive elektromotorische Kraft den höchsten erreichbaren Wert haben und gleich der maximalen elektromotorischen Kraft sein. Dies läßt sich natürlich in Wirklichkeit nicht erreichen, da sonst die Pole verschiedenen Zeichens unmittelbar aneinander stoßen müßten.

Am besten entsprechen dieser Forderung noch die Verhältnisse bei Gleichpolmaschinen, in denen Felder von gleicher Richtung mit neutralen Zonen wechseln. In Fig. 148 mögen N und S Pole von rechteckigem Querschnitte sein; a und b bezeichnen zwei Lagen der

Spule, die aus einer einzigen Drahtwindung von gleicher Gestalt wie die Begrenzung der Polfläche bestehen soll. In der Stellung *a* verlaufen die gesamten Kraftlinien des Feldes durch die Windung, und die in ihr erzeugte elektromotorische Kraft ist Null. Einen Augenblick später tritt die linke Seite der Windung in das Feld ein, und die elektromotorische Kraft steigt bis zu ihrem maximalen Werte an, den sie beibehält, bis die linke Seite der Windung aus dem Felde austritt. In diesem Augenblick ist die elektromotorische Kraft wieder Null; unmittelbar darauf tritt jedoch die rechte Seite der Windung in das nächstgelegene Feld ein, und infolge dessen nimmt

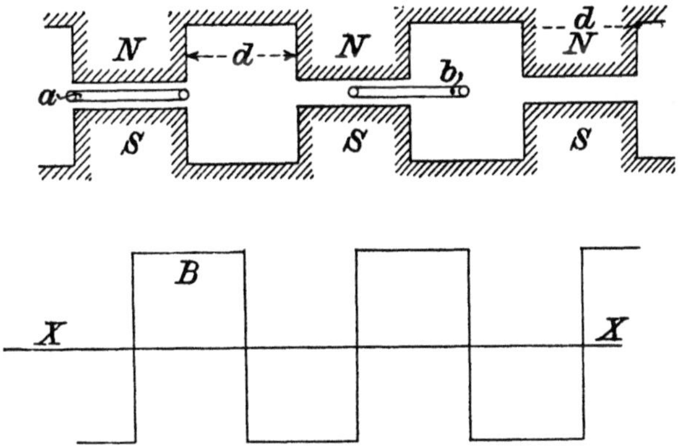

Fig. 148.

die elektromotorische Kraft sofort wieder ihren maximalen Wert an, jedoch mit anderem Vorzeichen. Bei der weiteren Bewegung der Spule wiederholt sich dieser Vorgang; stets ist entweder die rechte oder die linke Seite der Windung in Wirksamkeit, aber nie beide gleichzeitig.

Die effektive elektromotorische Kraft ist somit gleich der maximalen und nach Formel (34) gleich dem Produkt aus der Induktion, aus der Länge der wirksamen Leiter und aus der Geschwindigkeit. Die Maschine möge nun p Pole von trapezförmigem Querschnitt mit Kanten von der mittleren Länge d besitzen; dieselben Abmessungen sollen auch die zwischen je zwei benachbarten Feldern gelegenen neutralen Zonen haben. Bezeichnet N_1 die Anzahl der Kraftlinien, die von jedem Pol zum gegenüberliegenden übertritt, so ist $\frac{N_1}{d^2}$ die Induktion in dem von ihnen gebildeten Felde. Ist der Durchmesser des Ankers D, so ist der Umfang des Ankers $\pi D = 2 p d$, und somit die lineare Geschwindigkeit $\frac{\pi D U}{60} = \frac{2 p d U}{60}$, wenn U die Zahl der Umdrehungen in einer Minute ist. Berücksichtigen wir ferner, daß die Länge des für die Induktion wirksamen Drahtes gleich d ist, so ergibt sich für die durch das Feld N_1 erzeugte elektromotorische Kraft einer Spule

$$e = 2 p d \frac{U}{60} \frac{N_1}{d^2} d \, 10^{-8}$$

$$e = 2 p \frac{U}{60} N_1 \, 10^{-8} \, .$$

Nun ist aber der Raum zwischen den Polen nicht vollkommen feldfrei, sondern wird von dem Streufelde N_0 durchsetzt. Dieses Streufeld erzeugt mithin auch eine E.M.K., und zwar in entgegengesetzter Richtung. Es kommt mithin nur die Differenz der elektromotorischen Kräfte zur Wirkung, welche dem Kraftfluß $N_1 - N_0$ entspricht. Wir haben also

$$e = 2 p \frac{U}{60} (N_1 - N_0) \, 10^{-8} \, .$$

Das ist die tatsächlich in einer aus zwei wirksamen Drähten bestehenden Spule induzierte E.M.K. Nun haben wir p solcher Spulen hintereinander geschaltet. Die E.M.K. des ganzen Ankers ist also p mal so groß. In dem hier gewählten Beispiel hat jede Spule nur eine Windung und die gesamte Anzahl der wirksamen Drähte im Anker ist $2p$. Haben wir in jeder Spule q Windungen, so wird die E.M.K. q mal so groß werden und die gesamte Anzahl der wirksamen Drähte ist

$$z = 2 p q.$$

Die E.M.K. des ganzen Ankers ist dann

$$e = p \, 2 p q \frac{U}{60} (N_1 - N_0) \, 10^{-8}$$

$$e = p z \frac{U}{60} (N_1 - N_0) \, 10^{-8} \, .$$

Nun ist aber die Frequenz

$$\nu = p \frac{U}{60}$$

und wir können die Gleichung für die E.M.K. auch in folgender Form schreiben

$$e = \nu z (N_1 - N_0) 10^{-8}$$

$$e = 2 \nu z \left(\frac{N_1 - N_0}{2} \right) 10^{-8}$$

$$e = 2 \nu z N 10^{-8}$$

wobei wir N für die halbe Differenz der Felder N_1 und N_0 setzen. Wenn wir den Kraftfluß in Einheiten von 10^6 ansetzen, so ist

$$e = 2 \frac{\nu}{100} z N \quad . \; . \; . \; . \; . \; . \; . \; . \quad (54)$$

Es ist interessant, diesen Ausdruck mit (53) zu vergleichen, welche Formel wir abgeleitet haben unter der Annahme, daß die E.M.K. eine Sinusfunktion der Zeit ist. Das ist bei der durch Fig. 148 gekennzeichneten Gleichpolmaschine natürlich nicht der Fall, denn die Linie der E.M.K. besteht aus aneinandergereihten Rechtecken. Wie man sieht, gibt diese Anordnung rund 10 % weniger E.M.K., ist also ungünstiger, ganz abgesehen davon, daß wegen

$$N_1 > 2 N$$

das Gewicht der Feldmagnete größer ist.

Formel (54) wurde unter der Annahme abgeleitet, daß die Breite der Spulen genau gleich der Teilung (halber Abstand der Polmitten) ist, und daß jede Spulenseite durch eine mathematische Linie dargestellt ist. Diese Bedingung ist bei einem eisenlosen Anker annähernd zu erfüllen, wenn jede Spulenseite aus nur einem dünnen Drahte besteht; sie ist nicht erfüllbar, wenn jede Spulenseite mehrere Drähte enthält, weil diese in der Richtung des Umfanges einen gewissen Raum einnehmen müssen. Bei einer Maschine, deren Anker Eisen enthält, ist die Bedingung der Konzentration aller Drähte einer Spulenseite in eine mathematische Linie dadurch praktisch erfüllbar, daß wir die Drähte in ein Loch einziehen. Bei einem glatten Anker oder bei einem eisenlosen Anker, wie ihn Mordey in seiner Gleichpolmaschine verwendet, ist jedoch eine gewisse Ausdehnung der Spulenseiten in der Richtung des Umfanges unvermeidlich und die Folge davon ist, daß die E.M.K. nicht in allen Drähten gleichzeitig wechselt, daß also die Linie der E.M.K. nicht mehr aus einer Aufeinanderfolge von Rechtecken besteht, sondern eine mehr geschweifte Form annimmt und mithin eine kleinere Fläche einschließt. Dadurch wird die effektive E.M.K. verringert, was in der Formel für e dadurch zum Ausdruck kommt, daß der Koeffizient nicht mehr, wie in (54), 2 ist, sondern einen kleineren Wert hat. Um die effektive E.M.K. einer solchen Maschine zu berechnen, müssen wir eine bestimmte Beziehung zwischen der Breite der Pole und jener der Spulenseiten annehmen. Die äußere Breite der ganzen Spule wird man natürlich stets gleich der Polbreite machen, um den Windungsraum möglichst vollständig auszunutzen. Die Breite der Drahtwicklung möge im vorliegenden Falle auf jeder Seite den vierten Teil der Polbreite einnehmen, sodaß für den innern leeren Teil der Spule die halbe Polbreite übrig bleibt und die Spulenbreite auch gleich der halben Polbreite, also gleich der halben Teilung wird. Unter dieser Annahme behält die elektromotorische Kraft während der halben Dauer jeder halben Periode ihren maximalen Wert bei, den die Teile CD und FG der Horizontalen V in Fig. 128 darstellen. Die Änderungen der elektromotorischen Kraft, die den geneigten Teilen B entsprechen, vollziehen sich in der andern Hälfte der halben Periode.

Die effektive elektromotorische Kraft ist nun die Quadratwurzel aus dem Mittel der Quadrate der einzelnen Werte der elektromotorischen Kraft und kann durch Integration leicht gefunden werden. Unter den oben gemachten Annahmen ergibt sich dafür

$$e = 1{,}64 \frac{\nu}{100} z N. \quad . \quad . \quad . \quad . \quad . \quad . \quad (55)$$

Die effektive elektromotorische Kraft einer solchen Wechselstrommaschine ist demnach nur 82 % der elektromotorischen Kraft, die wir bei Verwendung eines Ankers mit eisernem Kern und Einlochwicklung erhalten würden.

Wir gehen jetzt zu dem Falle über, daß Nord- und Südpole einander abwechselnd auf derselben Seite des Ankers folgen, eine Anordnung, die z. B. die Ferrantischen Wechselstrommaschinen aufweisen, die ebenfalls eisenlose Anker haben. Die Polbreite d soll auch hier gleich dem Abstande zwischen zwei benachbarten Polen, die Teilung also $\tau = 2d$ sein. Um in den Ankerspulen bei ihrer Bewegung elektromotorische Kräfte wechselnder Richtung zu erhalten, sind dieselben so auf dem Anker zu verteilen, daß auf jedes Feld und die darauf folgende neutrale Zone eine Spule kommt. Man macht daher, um den verfügbaren Raum auf dem Anker voll auszunutzen, die Breite der ganzen Spule gleich der doppelten Polbreite, d. h. gleich der Teilung. Die Breite des innern unbewickelten Teiles der Spule wird verschieden gewählt; als Mittelwert kann man die Polbreite annehmen, sodaß die Spulenbreite gleich der halben Teilung wird.

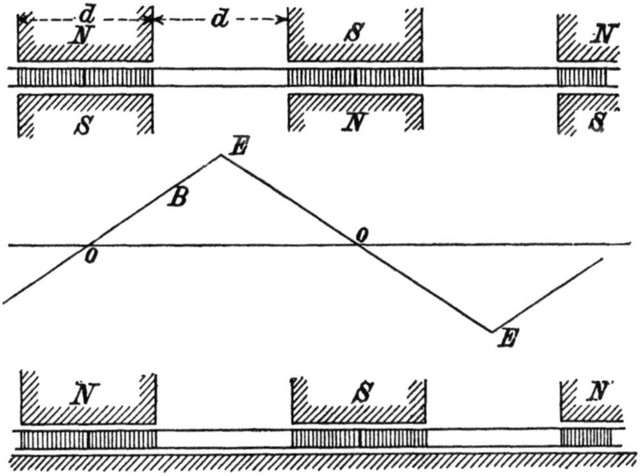

Fig. 149.

Fig. 149 zeigt die Spulen in der Lage, wo sie die maximale E.M.K. liefern. Die gebrochene Linie B stellt den Wert der E.M.K. graphisch dar. Die Abszissen dieser Linie beziehen sich auf die Lage der Spulenmitte relativ zu den Polen. Ist die Spulenmitte gegenüber der Polmitte (Punkt O), so ist die E.M.K. Null; ist die Spulenmitte genau zwischen zwei Polen, wie in der Skizze dargestellt, so hat die E.M.K. ihren größten Wert E. Sie behält ihn jedoch nur einen Augenblick bei, da rechts und links von dieser Stellung Drähte aus dem Feld austreten. Ist $\frac{q}{2}$ die Anzahl Windungen in jeder Spule, so ist die größte Zahl von Drähten, die gleichzeitig unter einem Pol liegen können, q. Die gesamte Anzahl wirksamer Drähte ist also

$$z = 2pq.$$

Die lineare Geschwindigkeit der Drähte ist $\pi D \frac{U}{60}$ oder $2 p \tau \frac{U}{60}$ wenn wir mit τ die Teilung bezeichnen. Ist r die radiale Tiefe der Polflächen, so ist

$$N = r d B$$

$$l = r z \text{ und } \tau = 2 d$$

$$E = 2 p \tau \frac{U}{60} \frac{N}{r d} r z \, 10^{-8}$$

$$E = 4 p \frac{U}{60} z N \, 10^{-8}$$

$$E = 4 \nu z N \, 10^{-8} \quad \ldots\ldots\ldots \quad (56)$$

Das ist der größte Wert der E.M.K., der in dem Augenblicke eintritt, wenn sich die Spulenmitte in der Entfernung d von der Polmitte befindet. In dem Augenblicke, in welchem die Entfernung zwischen Spulenmitte und Polmitte x beträgt, ist die E.M.K. durch die Gleichung gegeben

$$e_1 = \frac{x}{d} E.$$

Um nun die effektive E.M.K. zu finden, müssen wir die Quadratwurzel aus der Summe der Quadrate von e_1 bilden, wenn x alle Werte von 0 bis d annimmt. Wir haben also zunächst das Integral

$$\int_0^{\frac{T}{4}} e_1^2 \, dt = \frac{T}{4} e^2$$

zu berechnen, wobei e die gesuchte effektive E.M.K. bedeutet. Ist v die lineare Geschwindigkeit der Spulen, also $x = v t$, so ist

$$\frac{T}{4} e^2 = \frac{E^2}{d^2} v^2 \int_0^{\frac{T}{4}} t^2 \, dt$$

$$T e^2 = E^2 \frac{v^2}{d^2} \frac{1}{3} \frac{T^3}{16}$$

$$e = E \frac{v}{d} \frac{1}{\sqrt{3}} \frac{T}{4}.$$

Nun ist aber $v T$ nichts anderes als die in der periodischen Zeit zurückgelegte Strecke, die gleich ist der doppelten Teilung.

Letztere ist aber auch gleich $4\,d$, sodaß diese Formel sich vereinfacht zu

$$e = \frac{1}{\sqrt{3}} E$$

$$e = \frac{4}{\sqrt{3}} \nu z N 10^{-8}$$

oder mit Einführung der größeren Einheit von 10^6 für die Feldstärke

$$e = 2{,}31 \frac{\nu}{100} z N. \quad . \quad . \quad . \quad . \quad . \quad . \quad (57)$$

Wie man sieht, ist die E.M.K. dieser Maschine etwas größer als die der normalen Maschine, bei welcher die E.M.K. sich nach dem Sinusgesetz ändert.

Die Anordnung der Pole auf beiden Seiten des Ankers ist offenbar nicht unbedingt nötig; man könnte die auf der einen Seite befindlichen, wie die untere Hälfte von Fig. 149 zeigt, durch einen Ankerkern aus weichem Eisen ersetzen. Um dieselbe Feldstärke wie oben beizubehalten, wäre dann die erregende Kraft für die übrigen Schenkel zu verdoppeln. Die Ankerwicklung der Wechselstrommaschine wird in dieser Anordnung der einer gewöhnlichen multipolaren Gleichstrommaschine mit Trommelanker ähnlich. In der Tat werden Wechselstrommaschinen so gebaut, wie wir später bei der Beschreibung von Maschinen zeigen werden.

Der Koeffizient 2,31 hat natürlich nur für solche Maschinen Gültigkeit, bei welchen die Breite der Pole und der Spulenseiten und der Abstand der Mitten zweier benachbarten Pole in dem angegebenen Verhältnis stehen. Um zu zeigen, wie er durch eine Abänderung des Verhältnisses dieser Größen beeinflußt wird, wollen wir eine Wechselstrommaschine mit Ringanker und mit radial verlaufenden Windungen betrachten, für welche die im 20. Kapitel erwähnte ältere Maschine des Verfassers als Beispiel dienen kann. Die effektive elektromotorische Kraft dieser Maschinen wird bei gleicher Pol- und Spulenbreite ebenfalls durch Formel (57) dargestellt. Wird jedoch das gegenseitige Verhältnis dieser Dimensionen geändert, so ändert sich auch der Koeffizient.

Die Breite der Pole betrage 12,5 cm, die der Spulen 10,0 cm und der Abstand der Mitten zweier benachbarter Pole 20,0 cm. Durch die Verbreiterung der Pole erreichen wir, daß die maximale elektromotorische Kraft, welche bei gleicher Breite der Spulenseiten und Pole nur während eines Augenblickes wirkt, längere Zeit ihren Wert beibehält. Die effektive elektromotorische Kraft erfährt hierdurch eine Vergrößerung ohne Steigerung der maximalen elektromotorischen Kraft. Für die Beanspruchung der Isolation ist offenbar die maximale elektromotorische Kraft maßgebend, und die Gefahr des Durchschlagens wird keineswegs dadurch aufgehoben, daß sie nur einen Augenblick besteht. Es kommt daher darauf an, eine bestimmte effektive Spannung bei möglichst geringer maximaler elektromotorischer Kraft zu erzielen, und hierzu muß man die

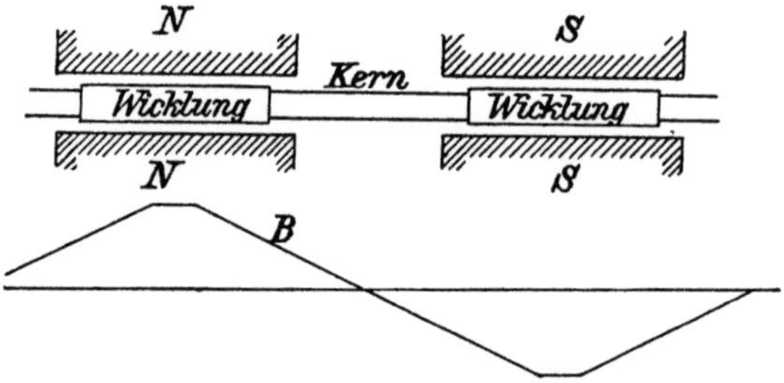

Fig. 150.

Breite der Spulenseite entweder größer oder kleiner als die Polbreite machen.

Fig. 150 entspricht dem betrachteten Falle, wo die Spulen um 2,5 cm schmaler als die 12,5 cm breiten Pole sind; die elektromotorische Kraft behält dann ihren höchsten Wert bei, während die Spule 2,5 cm zurücklegt. Die maximale elektromotorische Kraft ist jetzt kleiner, weil durch die Verbreiterung der Pole um 25 %, die Induktion im Luftraum bei gleichbleibendem Kraftfluß N, um einen entsprechenden Betrag abgenommen hat. Der Koeffizient für die maximale E.M.K beträgt also nicht mehr 4, wie in Gleichung (56), sondern

$$\frac{10}{12,5} \times 4.$$

Die effektive E.M.K. kann man in ähnlicher Weise, wie für den vorigen Fall ausführlich gezeigt wurde, berechnen. Es ist nicht nötig, die Rechnung im einzelnen hier durchzuführen. Das Ergebnis ist, daß die effektive E.M.K. 64,6 % der maximalen beträgt, während im vorigen Fall der Prozentsatz nur 57,8 war. Die effektive E.M.K. der durch Fig. 150 dargestellten Maschine ist somit

$$e = 0{,}646 \times \frac{10}{12{,}5} \times 4\,\nu\, z\, N\, 10^{-8}$$

oder mit Einführung der größeren Einheit für die Feldstärke

$$e = 2{,}07\, \frac{\nu}{100}\, z\, N \quad . \quad . \quad . \quad . \quad . \quad . \quad . \quad . \quad (58)$$

Der Koeffizient ist also um etwa 10 % kleiner, d. h. die effektive E.M.K. ist um nur 10 % gesunken, während die Beanspruchung der Isolation eine Erniedrigung um 25 % erfahren hat. Haben wir eine effektive elektromotorische Kraft von 2000 V, so würde die Isolation $\frac{2000}{0{,}646} = 3100$ V auszuhalten haben, während sie unter den früher besprochenen Verhältnissen durch $\frac{2000}{0{,}578} = 3460$ V beansprucht sein würde. Man könnte natürlich den Polflächen auch eine solche Gestalt geben, daß die Kurve der elektromotorischen Kraft annähernd wie die Sinuslinie verliefe. Dann hätte die Isolation nur $2000\,\sqrt{2} = 2830$ V auszuhalten.

Wir haben bisher nur solche Fälle betrachtet, in denen der Anker entweder kein Eisen enthält oder, wenn er einen Eisenkern hat, dieser glatt ist, sodaß die Spulenseiten auf dem Ankerumfang einen gewissen Raum S einnehmen. Wir haben gesehen, daß sowohl das Verhältnis

$$\frac{S}{\tau} = \frac{\text{Breite der Spulenseite}}{\text{Teilung}}$$

als auch das Verhältnis

$$\frac{P}{\tau} = \frac{\text{Polbreite}}{\text{Teilung}}$$

den Koeffizienten in der Formel für die E.M.K. beeinflussen. Wir wollen jetzt die Untersuchung auf Anker mit Lochwicklung ausdehnen. Wir haben dabei drei Fälle zu unterscheiden. Der einfachste Fall ist die gewöhnliche Einlochwicklung, wie sie für Einphasenanker durch die Fig. 137 und 138 und für Dreiphasenanker durch Fig. 144 dargestellt ist. Der zweite Fall ist eine Mehrlochwicklung, dargestellt durch die Figuren 139, 140, 142 und 143; und der dritte Fall ist eine schleichende Wicklung, wie Fig. 136

oder Fig. 146. Das Charakteristische der Einlochwicklung, möge sie für eine oder mehrere Phasen angewendet werden; ist, daß die zu einer Spulenseite gehörigen Drähte alle gleichzeitig und in gleichem Maße beeinflußt werden. Elektrodynamisch ist deshalb eine solche Wicklung als gleichwertig mit einer Wicklung auf glattem Anker anzusehen, bei der die Breite der Spulenseite Null ist.

$$\frac{S}{\tau} = 0.$$

Wenn es möglich wäre, vollkommen scharf abgegrenzte Felder zu erzeugen, so würde die Kurve der E.M.K. eines so gewickelten Ankers die in Fig. 148 dargestellte Form haben. Nun ist es aber unmöglich, die Felder scharf abgegrenzt zu erhalten. An den Polkanten findet immer eine gewisse Abschattierung statt, sodaß die Flanken der Kurve nicht geradlinig und senkrecht ausfallen, sondern eine mehr oder weniger geschweifte Form annehmen. Die Kurve der E.M.K. ist deshalb nicht mehr eine Aufeinanderfolge von Rechtecken, sondern gleicht einer Wellenlinie mit horizontal abgeschnittenen Wellenköpfen. Wenn man den Polen schräge Kanten gibt oder die Polkanten entsprechend abrundet, so kann man die Wellenlinie einer Sinuslinie nahe bringen. Wir wollen jedoch von solchen Kunstgriffen hier absehen und annehmen, das Feld sei scharf abgegrenzt. Die unter dieser Voraussetzung gemachte Berechnung kann natürlich nur annähernd richtig sein. Die Berechnung ist leicht auszuführen und braucht hier nicht im einzelnen wiedergegeben zu werden. Die allgemeine Formel für die effektive E.M.K. ist

$$e = k \frac{\nu}{100} z N \quad \ldots \ldots \ldots \quad (59)$$

Der Koeffizient k ist von den Werten $\frac{S}{\tau}$ und $\frac{P}{\tau}$ abhängig. In dem jetzt betrachteten Fall ist

$$\frac{S}{\tau} = 0$$

und k ist nur von $\frac{P}{\tau}$ abhängig. Die Polbreite kann nicht größer sein, als die Teilung, und der kleinste Wert, der in der Praxis vorkommt, ist etwa gleich der halben Teilung. Wir haben also als Grenzen für $\frac{P}{\tau}$, 1 und $\frac{1}{2}$. Die folgende Tabelle gibt die Werte für k bei verschiedenen Polbreiten.

$$\frac{P}{\tau} = 1 \qquad \frac{4}{5} \qquad \frac{2}{3} \qquad \frac{1}{2}$$

$$k = 2 \qquad 2{,}23 \qquad 2{,}46 \qquad 2{,}83.$$

Diese Werte gelten, wie schon oben vermerkt, unter der Voraussetzung scharf abgegrenzter Felder. Da jedoch die Felder nicht scharf abgegrenzt sein können, so müssen diese Werte etwas (etwa 5 bis 10 %) vermindert werden.

Die E.M.K. von Ankern mit Mehrlochwicklungen kann berechnet werden, indem man die Wicklung je nach der Anzahl auf die Spulenseite entfallender Löcher als eine Hintereinanderschaltung von zwei oder mehr Einlochwicklungen auffaßt. Diese Wicklungen sind gegeneinander um Phasenwinkel verschoben, die dem Lochabstand entsprechen. Man braucht also bloß, wie weiter unten gezeigt wird, die vektorielle Summe der E.M.Kräfte der einzelnen Einphasenwicklungen unter Berücksichtigung der Phasenwinkel graphisch zu konstruieren und erhält die E.M.K. der ganzen Wicklung. Dieses Verfahren ist notwendig, wenn man die genaue Form der E.M.K.-Kurve feststellen will. Handelt es sich jedoch nur um Bestimmung des Koeffizienten k, so kann man auch wie folgt verfahren. Man berechnet für verschiedene Stellungen des Ankers gegenüber dem Felde den augenblicklichen Wert der E.M.K. und benutzt diese Werte, um die Kurve der E.M.K. aufzuzeichnen. Man zeichnet dann eine zweite Kurve, deren Ordinaten die Quadrate der ersten Kurve darstellen, und planimetriert ihre Fläche. Die Höhe eines Rechteckes von gleicher Grundlinie und Fläche stellt in dem gewählten Ordinatenmaßstab das Quadrat der gesuchten effektiven E.M.K. dar. Unter Annahme scharf abgegrenzter Felder und wenn, wie das gewöhnlich der Fall ist, die Löcher regelmäßig verteilt sind, braucht man nicht einmal einen Planimeter zu verwenden, sondern kann die E.M.K. rechnerisch bestimmen. Um das Verfahren zu erklären, möge hier ein Beispiel folgen. Es sei die Polbreite gleich $^2/_3$ der Teilung, und der Anker möge eine Dreiphasen-Dreilochwicklung erhalten. Es kommen also auf die Teilung $3 \times 3 = 9$ Löcher, und der Lochabstand ist $\frac{1}{9}$ der Teilung. In der Skizze Fig. 151 zeichnen wir Pole und Löcher so, daß der Polmittenabstand 9 Längeneinheiten und der Lochabstand 1 Längeneinheit beträgt. Die Kurve der E.M.K. braucht natürlich nur für eine Phase, z. B.

jene, die durch die voll ausgezogenen Spulenköpfe angedeutet ist, aufgezeichnet zu werden. Das gibt die in Fig. 152 dargestellte treppenförmige Linie. Natürlich wird der treppenförmige Charakter der E.M.K.-Kurve in Wirklichkeit nicht so scharf ausgeprägt sein, da durch die Abschattierung des Feldes an den Polkanten die Ecken ausgefüllt und abgerundet werden. Die Kurve erhält dadurch einen wellenförmigen Charakter. Da die Polbreite 6 und die Breite der

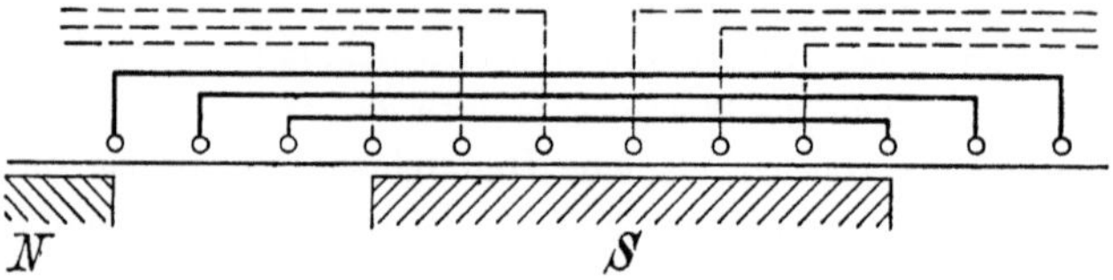

Fig. 151.

Spulenseite 2 ist, so behält die E.M.K. ihren Maximalwert bei, während der Anker den Weg 4 zurücklegt. Die Breite der Abstufungen ist 1. Das gibt die in Fig. 152 eingeschriebenen Zahlen. Die Ordinaten der Absätze sind E, $\frac{2}{3}E$ und $\frac{1}{3}E$; die Quadrate von Ordinaten sind E^2, $\frac{4}{9}E^2$ und $\frac{1}{9}E^2$. Wir haben also

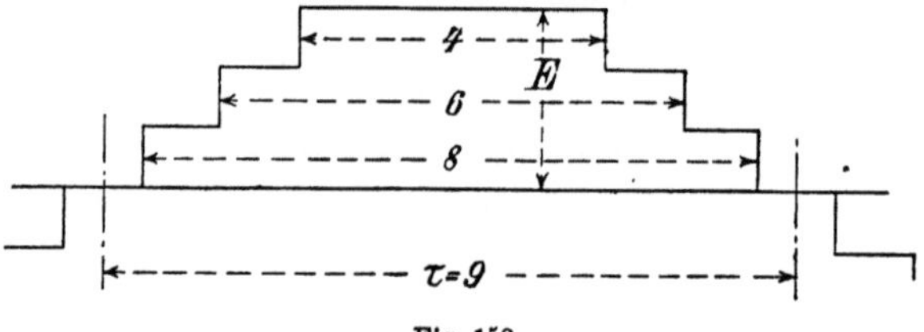

Fig. 152.

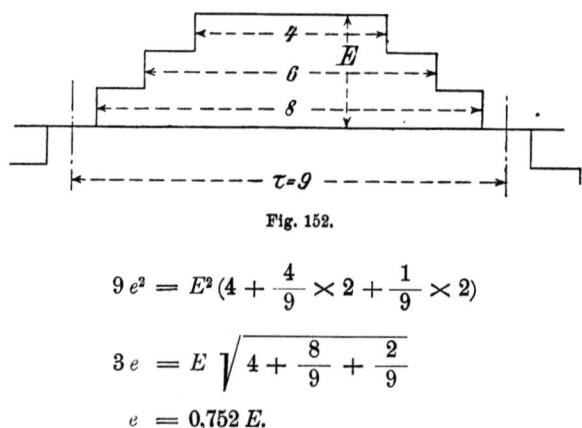

$$9\,e^2 = E^2\left(4 + \frac{4}{9} \times 2 + \frac{1}{9} \times 2\right)$$

$$3\,e = E\sqrt{4 + \frac{8}{9} + \frac{2}{9}}$$

$$e = 0{,}752\,E.$$

Ist L die Länge des Ankers und v die Umfangsgeschwindigkeit, so gelten die Beziehungen

$$v = 2\,\tau\,\nu \qquad B\,L\,\frac{2\,\tau}{3} = N.$$

Diese Werte in die Formel

$$E = v B L z$$

eingesetzt, gibt

$$E = 3 \nu z N$$

$$e = 2{,}26 \frac{\nu}{100} z N \quad . \quad . \quad . \quad . \quad . \quad . \quad . \quad (60)$$

Das ist sehr nahezu dieselbe Formel, die wir für eine Maschine mit sinusartiger E.M.K.-Kurve fanden. Der Koeffizient 2,26 gilt natürlich nur für den hier behandelten Fall, für welchen $P = {}^2/_3\, \tau$ und drei Löcher für jede Spulenseite angenommen wurden.

Wählen wir zwei Löcher für jede Spulenseite, so ist bei gleichem Abstand aller Löcher voneinander die Breite der Spulenseite ${}^1/_6\, \tau$ und eine der oben ausgeführten ähnliche Rechnung ergibt den Koeffizienten k zu 2,30.

Wenn wir eine sehr große Anzahl Löcher annehmen, so nähert sich die Anordnung dem glatten Anker mit Breite der Spulenseite gleich ein Drittel der Teilung. Der Koeffizient ist dann $k = 2{,}23$.

Auf ähnliche Art läßt sich die effektive E.M.K. für jede beliebige Polbreite und Gruppierung der Spulen berechnen. Bei Dreiphasenankern muß natürlich jeder Phase ein Drittel des gesamten verfügbaren Wicklungsraumes und bei Zweiphasenankern die Hälfte zugewiesen werden. Es müssen nämlich innerhalb der Länge τ je eine Seite der Spulen aller Phasen, im ganzen also drei bezw. zwei Spulenseiten liegen. Dabei kann natürlich jede Spulenseite in ein Loch oder in mehrere Löcher gelegt werden. Machen wir die Entfernung zwischen den zwei Seiten einer Spule gleich der Teilung τ, so erhalten wir übergreifende Spulen, wie Fig. 151 andeutet. In dieser Figur sind die Drähte einer Phase voll und die der beiden andern Phasen punktiert gezeichnet. Um nun das Kreuzen der Drähte möglichst zu beschränken und eine vollkommen symmetrische Anordnung zu erhalten, empfiehlt es sich, die Wicklung derart auszuführen, daß die Löcher jeder Phase eine zusammenhängende Gruppe bilden. Man wird also bei fortlaufender Numerierung der Löcher Phase a in die Löcher 1, 2, 3, Phase b in die Löcher 4, 5, 6 und Phase c in die Löcher 7, 8, 9 wickeln; nicht aber Phase a in 1, 3, 4, Phase b in 2, 5, 7 und Phase c in 6, 8, 9. Durch diese Bedingung ergibt sich aber die Wicklungsbreite, d. h. der Abstand zwischen dem ersten und letzten Loch jeder Spulenseite zu nahezu

$^1/_3\,\tau$ bei sehr vielen Löchern für die Spulenseite. Bei 3 Löchern für die Spulenseite ist die Wicklungsbreite $^2/_9\,\tau$, bei 2 Löchern $^1/_6\,\tau$ und bei einem Loch Null.

Der dritte oben angeführte Fall der schleichenden Wicklungen (vergleiche Fig. 136 und Fig. 146) läßt sich nach dem früher Gesagten auf den Fall einer glatten Ankerwicklung zurückführen. Es liegen zwar bei der schleichenden Wicklung die Stäbe in Löchern, die Lage der Löcher gegenüber den Polen ist aber derart, daß die induktive Wirkung jener bei einem glatten Anker gleichwertig ist. Es gilt also für die schleichende Wicklung der Koeffizient der entsprechenden glatten Wicklung. Die E.M.K. einer schleichenden Spulenwicklung ist also dieselbe wie bei einer glatten Wicklung mit

$$\frac{S}{\tau} = \frac{1}{3}$$

und jene einer schleichenden Stabwicklung ist die gleiche wie bei einer glatten Wicklung mit

$$\frac{S}{\tau} = \frac{2}{3}.$$

In ähnlicher Weise, wie es hier für lange Spulen gezeigt wurde, kann die E.M.K. bezw. der Koeffizient k in Formel (59) für kurze Spulen und auch für Zackenanker berechnet werden. Da diese Rechnungen nur eine Anwendung der oben erläuterten Grundsätze sind, brauchen sie nicht im einzelnen wiedergegeben zu werden. Es möge genügen, in den folgenden Tabellen die solcher Weise berechneten Koeffizienten k in der Formel

$$e = k \frac{\nu}{100} z N \quad . \quad . \quad . \quad . \quad . \quad . \quad . \quad (59)$$

anzugeben und zwar für

glatte Anker und lange Spulen,
Lochanker und kurze Spulen,
Lochanker und lange Spulen,
Zackenanker.

Tabelle des Koeffizienten k für glatte Anker und lange Spulen.

τ = Teilung. P = Polbreite. S = Spulenbreite.

$\frac{S}{\tau}$		0	$\frac{1}{3}$	$\frac{1}{2}$	$\frac{2}{3}$	1	Feldsystem
$\frac{P}{\tau}$ =	1	2	1,76	1,64	1,49	1,16	Gleichpole
	$\frac{4}{5}$	2,23	1,96	1,82	1,66	1,29	
	$\frac{2}{3}$	2,46	2,23	2,13	1,94	1,49	Wechselpole
	$\frac{1}{2}$	2,83	2,50	2,32	2,12	1,64	

Tabelle des Koeffizienten k für Lochanker und kurze Spulen.

Feldsystem	Gleichpole	Wechselpole	
$\frac{P}{\tau}$ =	1	$\frac{2}{3}$	$\frac{1}{2}$
k =	1,64	2,12	2,32

Tabelle des Koeffizienten k für Lochanker und lange Spulen.

τ = Teilung. P = Polbreite. S = Spulenbreite.

Art der Wicklung		——			· · ·		· ·		·	○	◎	
Anzahl Phasen		1	2	3	1 u. 2	1 u. 3	1 u. 2	1 u. 3	1, 2 u. 3	1	3	Feld-
$\frac{S}{\tau}$		1	$\frac{1}{2}$	$\frac{1}{3}$	$\frac{1}{3}$	$\frac{2}{9}$	$\frac{1}{4}$	$\frac{1}{6}$	0	1	$\frac{2}{3}$	System
$\frac{\text{Lochabstand}}{\text{Teilung}}$		0	0	0	$\frac{1}{6}$	$\frac{1}{9}$	$\frac{1}{4}$	$\frac{1}{6}$	$1, \frac{1}{2}$ u. $\frac{1}{3}$	$\frac{\pi D}{\tau z}$	$\frac{\pi D}{3 \tau z}$	
$\frac{P}{\tau}$ =	1	1,16	1,64	1,76	1,68	1,80	1,72	1,82	2,00	1,16	1,49	Gleich-pole
	$^4/_5$	1,29	1,82	1,96	1,98	2,10	2,02	2,12	2,23	1,29	1,66	
	$^2/_3$	1,49	2,13	2,23	2,16	2,26	2,18	2,30	2,46	1,49	1,94	Wechsel-pole
	$^1/_2$	1,64	2,32	2,5	2,36	2,54	2,45	2,59	2,83	1,64	2,12	

Zeichenerklärung.

——— bedeutet eine symmetrische Stabwicklung mit so vielen Löchern pro Phase und Pol, daß die Wicklung elektrodynamisch gleichwertig wird mit einer glatten Wicklung.

. . . bedeutet eine Spulenwicklung, bei welcher jede Spulenseite in drei Löchern untergebracht ist.

. . bedeutet eine Spulenwicklung, bei welcher jede Spulenseite in zwei Löchern untergebracht ist.

. bedeutet eine Spulenwicklung, bei welcher jede Spulenseite in einem einzigen Loch untergebracht ist.

○ bedeutet eine geschlossene Gleichstromwicklung, von welcher Einphasen-Wechselstrom entnommen wird.

ൟ bedeutet eine schleichende Stabwicklung für Dreiphasenstrom.

Tabelle des Koeffizienten k für Zackenanker.

Breite der Ankerzacken / Teilung		$\frac{2}{3}$	$\frac{1}{2}$	Feldsystem
Breite der Polzacken / Teilung	$\frac{2}{3}$	2,10	1,73	Wechselpole
	$\frac{1}{2}$	2,30	2,00	

Es ist interessant, eine Wechselstrom- und eine Gleichstrommaschine in Bezug auf die induzierte E.M.K. zu vergleichen. Nach Formel (38) Seite 127 ist die E.M.K. einer mehrpoligen Gleichstrommaschine, deren Anker zwei Stromkreise hat,

$$e = p \frac{U}{60} z N 10^{-8}$$

oder mit Einführung der Frequenz und der größeren Einheit für N

$$E = \frac{\nu}{100} z N \quad \ldots \ldots \ldots \quad (59)$$

Für die Wechselstrommaschine fanden wir

$$e = k \frac{\nu}{100} z N.$$

Das Verhältnis der elektromotorischen Kräfte in den beiden Maschinen, unter der Voraussetzung gleich starker Felder und gleicher Drahtlänge im Anker, ist mithin $k:1$, während unter Voraussetzung gleicher Stromdichte in den Ankerdrähten die Stromstärken sich wie $1:2$ verhalten. Es ist also das Produkt von Strom und Spannung bei der Wechselstrommaschine $k:2$ von dem entsprechenden Wert bei der Gleichstrommaschine. Da nun k bei Wechselpolmaschinen im allgemeinen größer als 2 ist, so ist die Voltampere-Leistung der Wechselstrommaschinen etwas größer als gleich schwerer Gleichstrommaschinen; wegen der meist vorhandenen Phasenverschiebung ist jedoch ihre Wattleistung von jener der Gleichstrommaschinen nicht sehr verschieden.

Nach der hier erläuterten Methode läßt sich der Koeffizient k in der Formel für die E.M.K. mit für die Praxis genügender Genauigkeit bestimmen; diese Methode gibt uns jedoch nicht die Form der Spannungskurve. Die Kenntnis dieser Kurve ist aber wichtig, weil allzugroße Abweichungen von einer Sinuslinie gewisse Nachteile mit sich bringen und es deshalb angezeigt ist, die Maschine so zu entwerfen, daß die Spannungskurve nicht eine zu unregelmäßige Gestalt erhält.

Wegen ihrer mechanischen und elektrischen Vorteile werden Wechselstrommaschinen heutzutage in der Regel mit Lochankern ausgeführt. In Bezug auf die in einem Draht induzierte E.M.K. ist ein solcher Anker als beinahe gleichwertig mit einem glatten Anker anzusehen, wobei allerdings die Einschränkung gemacht werden muß, daß die Drähte auf dem glatten Anker als unendlich dünn anzusehen sind. Es würde also das ganze in einem Loch liegende Drahtbündel als in eine vor dem Loch liegende mathematische Linie zusammengedrängt zu denken sein. Auch bei offenen Nuten ist diese Vorstellung zulässig. Wenn auch in der Nute selbst die Induktion nur ein kleiner Bruchteil von jener zwischen dem Kopfe der Stege und der Polfläche ist, so ist dafür die Geschwindigkeit, mit der die Kraftlinien quer durch die Nute schnellen, genau im entsprechenden Verhältnis größer, und daraus folgt, daß wir uns auch in diesem Falle den Nutenanker durch einen glatten Anker ersetzt denken können, sofern bei diesem der gleiche Gesamtkraftfluß auftritt und die allgemeine Form der Feldkurve nicht verändert ist.

Bedeutet also z. B. in Fig. 153 A den Nutenanker und P einen Pol einer Dreiphasenmaschine mit Zweilochwicklung, so würde die im unteren Teil der Skizze punktierte Linie die tatsächliche

Induktion im Luftraum darstellen und diese Linie gäbe auch die E.M.K. eines Drahtes, der sich durch den Luftraum bewegt, wenn Pol und Anker fest stehen. Wenn aber der Draht in der Nute liegt und sich mit dem Anker relativ zum Pol bewegt, so können die Einfaltelungen der Feldkurve in der Kurve der E.M.K. nicht mehr zum Ausdruck kommen, denn diese Teile der Feldkurve werden von dem Drahte mit entsprechend höherer Geschwindigkeit geschnitten und die Wirkung ist jene eines glatten Ankers, dessen Feldkurve durch die vollgezogene Linie dargestellt wird. Diese Linie schließt mit der Abszissenachse dieselbe Fläche ein wie die eingefaltelte Linie, und sie hat im allgemeinen einen den oberen

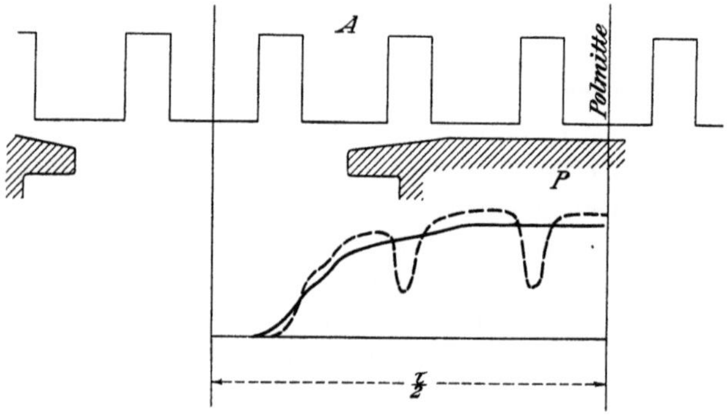

Fig. 153.

Teilen der letzteren ähnlichen Verlauf. Nun können wir die wirkliche Feldkurve sowie die für einen glatten Anker äquivalente Kurve auch für andere relative Stellungen von Anker und Pol zeichnen, z. B. wenn die Polmitte der Mitte der Nute gegenübersteht und für eine Zwischenstellung. Wir erhalten so drei äquivalente Feldkurven, die jedoch nur wenig voneinander abweichen, und wenn wir daraus das Mittel nehmen, so erhalten wir die Feldkurve für einen glatten Anker, bei dem die Drähte einer Spulenseite jeweilig in eine mathematische Linie zusammengedrängt zu denken sind und deren Abstand voneinander bei einer Dreiphasen-Zweilochwicklung $\frac{1}{3} \times \frac{1}{2} = \frac{1}{6}$ der Teilung ist. Die wirkliche (in Fig. 153 punktiert gezeichnete) Feldkurve für jede Stellung muß mit Rücksicht auf den magnetischen Widerstand der Stege, den Einfluß der Kanten der Pole und Nuten, und hauptsächlich der Dicke des Luftraumes, die bei abgeschrägten

Polen variabel ist, bestimmt werden. Die Bestimmung erfolgt unter sinngemäßer Anwendung der im zehnten Kapitel für die Aufzeichnung der Feldcharakteristik angegebenen Methode.

Hat man die mittlere Feldkurve für den äquivalenten glatten Anker bestimmt, so kann diese auch nach einem anderen Maßstab, den wir jedoch vorläufig nicht zu kennen brauchen, als die Kurve der E.M.K. für alle in einer Nute liegenden Drähte betrachtet werden. Nun sind mit diesen Drähten in Reihe geschaltet jene, die in den anderen zur gleichen Phase gehörigen Nuten liegen, und um die Kurve der E.M.K. der ganzen Phase zu finden, müssen wir die

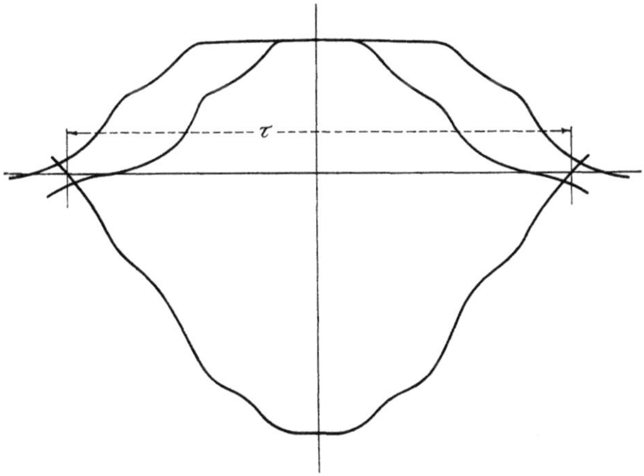

Fig. 154.

Ordinaten der E.M.K.-Kurve eines Drahtes vektoriell addieren. Das geschieht am bequemsten, indem wir diese Kurve so viele Male aufzeichnen, als Nuten zu einer Spulenseite gehören, und zwar jeweilig um die Nutenentfernung verschoben. Die resultierende Kurve wird dann einfach durch Summation der Ordinaten der Einzelkurven erhalten.

In Fig. 154 stellen die oberhalb der Horizontalen gezeichneten Linien die Einzelkurven für eine Dreiphasen-Zweilochwicklung dar und die unterhalb der Horizontalen gezeichnete Linie ist die resultierende Kurve der E.M.K. in der ganzen Phase. Um die effektive E.M.K. zu finden, müßten wir eine neue Kurve zeichnen, deren Ordinaten das Quadrat der E.M.K.-Kurve sind, diese planimetrieren und ein Rechteck von gleicher Basis und Fläche zeichnen. Die

Quadratwurzel aus der Höhe dieses Rechteckes ist die effektive E.M.K., d. h. der quadratische Mittelwert der E.M.K.-Kurve. Bezeichnen wir mit E die Ordinaten dieser Kurve und mit x die Abszissen, gezählt vom Punkte $E = 0$, so ist die effektive E.M.K.

$$e = \sqrt{\frac{1}{\tau}\int_0^\tau E^2\,dx}$$

Der arithmetische Mittelwert der E.M.K. ist

$$e_0 = \frac{1}{\tau}\int_0^\tau E\,dx.$$

Wäre die Feldkurve ein Rechteck mit der Basis τ und der Höhe B, so hätten wir für einen Anker von L cm Länge

$$e_0 = B\,v\,L\,z\,10^{-8}\,.$$

Nun ist aber

$$v = 2\,\tau\,\nu,$$

also auch

$$e_0 = B\,\tau\,L\,2\,\nu\,z\,10^{-8}\,.$$

Da

$$N = B\,\tau\,L,$$

so ist auch

$$e_0 = N\,2\,\nu\,z\,10^{-8}\,,$$

wobei N in C.G.S.-Einheiten einzusetzen ist. Unter Anwendung derselben Einheit haben wir

$$e = k\,\nu\,N\,z\,10^{-8}\,,$$

also

$$\frac{e}{e_0} = \frac{k}{2}\,.$$

Das Verhältnis des quadratischen zum arithmetischen Mittelwert der E.M.K.-Kurve wird ihr Formfaktor genannt; bezeichnen wir ihn mit f, so haben wir die Beziehung

$$k = 2\,f.$$

Die oben angegebene Methode zur Bestimmung des quadratischen Mittelwertes (also auch des Formfaktors) ist etwas umständlich.

Man kann sich die Arbeit durch Anwendung von Polarkoordinaten bedeutend erleichtern. In Fig. 155 ist die eine Hälfte der E.M.K.-Kurve noch einmal gezeichnet und rechts davon dieselbe Kurve in Polarkoordinaten. Ein im Winkelabstand α vom Anfangspunkt herausgeschnittenes Elementensegment hat die Fläche $\frac{E^2 \, d\alpha}{2}$ und die ganze zwischen 0 und $\frac{\pi}{2}$ eingeschlossene Fläche ist

$$\frac{1}{2}\int_0^{\frac{\pi}{2}} E^2 \, d\alpha$$

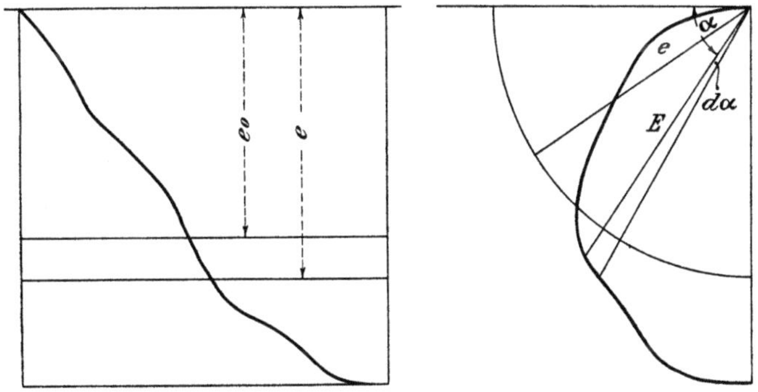

Fig. 155.

Nennen wir e den Radius eines Viertelkreises von gleicher Fläche, so ist offenbar

$$\frac{1}{2}\int_0^{\frac{\pi}{2}} E^2 \, d\alpha = \frac{1}{4} \pi e^2.$$

Bezeichnet r einen Radius, sodaß $r\pi = \tau$ und $r\alpha = x$, so kann diese Gleichung auch in der Form geschrieben werden

$$\int_0^{\frac{\tau}{2}} E^2 \frac{dx}{r} = \frac{1}{2} \frac{\tau}{r} e^2$$

$$\int_0^{\tau} E^2 \, dx = \tau e^2$$

und daraus

$$e = \sqrt{\frac{1}{\tau}\int_0^\tau E^2\,dx}.$$

Der Radius eines Kreises, dessen Quadrant dieselbe Fläche einschließt wie die in Polarkoordinaten gezeichnete Hälfte der E.M.K.-Kurve, ist also die effektive E.M.K. Um nun den Formfaktor zu finden, zeichnen wir die Kurve der E.M.K. sowohl in rechtwinkligen als auch in Polarkoordinaten; bestimmen durch Planimetrierung aus ersterer den arithmetischen und aus letzterer den quadratischen Mittelwert. Das Verhältnis beider gibt den Formfaktor und das Doppelte des Formfaktors ist der Koeffizient k. Da letzterer eine Zahl, also dimensionslos ist, so kann die Konstruktion in jedem beliebigen Maßstab ausgeführt werden, den wir nicht einmal zu kennen brauchen.

Bei Maschinen mit Dreieckschaltung ist die Kurve der Phasen-E.M.K. auch die Kurve der Linienspannung. Da im Anker die drei Phasen in Reihe geschaltet sind, soll die Summe der E.M.Ke. in jedem Augenblick Null sein. Das tritt aber nur ein, wenn die Kurven Sinuslinien sind. Ist das nicht der Fall, so ist die Resultante eine aus Harmonischen höherer Ordnung zusammengesetzte Kurve[1]) und es entsteht auch bei Leerlauf ein Strom in der Ankerwicklung. Wegen der hohen Periodenzahl ist jedoch die E.M.K. der Selbstinduktion ziemlich groß und deshalb kann dieser Strom keinen sehr hohen Wert haben. Bedenklich kann das Auftreten der höheren Harmonischen jedoch werden, wenn die Maschine ein Kabelnetz speist. Es kann dann durch die Wechselwirkung von Kapazität und Selbstinduktion in Bezug auf eine bestimmte höhere Harmonische Resonanz eintreten und Erhöhung der Spannung bis zum Durchschlag des Kabels. Aus diesem Grunde und auch weil Motoren mit Sinusströmen am besten arbeiten, ist es zweckmäßig, die Generatoren so zu konstruieren, daß sie eine möglichst sinusförmige E.M.K.-Kurve haben. Das kann, wie aus obigen Betrachtungen leicht einzusehen ist, durch entsprechende Wahl der die Kurve bestimmenden

---

[1]) Fischer Hinnen hat in ETZ. 1901, Heft 19, eine verhältnismäßig einfache Methode angegeben, aus einer vorliegenden Spannungskurve die verschiedenen Harmonischen höherer Ordnung abzuscheiden.

Einzelheiten, wie Abstand der Nuten, Abschrägung der Pole, Länge der Pole und Zahl der Nuten pro Spulenseite, erreicht werden.

Prof. Hospitalier hat einen von ihm Ondograph benannten Apparat konstruiert zur selbsttätigen Aufzeichnung der Spannungskurve. Das Prinzip des Apparates ist in Fig. 156 dargestellt. *M* ist die zu untersuchende Maschine, *w* ein induktionsloser Widerstand, der für die Bestimmung der Spannungskurve bei Leerlauf so groß sein muß, daß kein erheblicher Strom der Maschine entnommen wird. Wird eine Belastung diesem Widerstand parallel geschaltet, so erhält man die Spannungskurve bei Belastung. Die Spannung wird von dem Widerstande *w* abgenommen und einem registrierenden Voltmeter *R* zugeführt und zwar unter Vermittlung eines Kondensators *K* und Umschalters *U*. Der Umschalter wird von einem in der Skizze nicht gezeichneten Synchronmotor durch Räderwerk derart

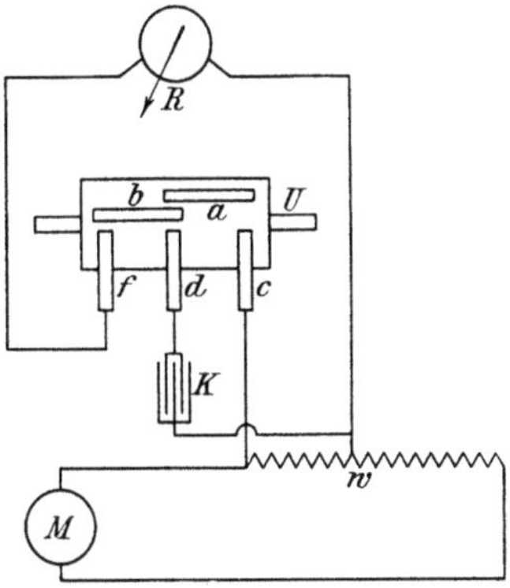

Fig. 156.

angetrieben, daß seine Periodenzahl um ein Tausendstel von jener der Maschine verschieden ist. Da der Synchronmotor nicht an die Maschinenklemmen angeschlossen zu sein braucht, sondern von irgend einem Punkte der Leitung aus betrieben werden kann, so eignet sich der Apparat auch zur Bestimmung der Spannungskurve in irgend einem Punkte eines Leitungsnetzes. Der Zweck des Umschalters ist, den Kondensator in schneller Reihenfolge abwechselnd behufs Ladung mit der Stromquelle und behufs Entladung mit dem Voltmeter zu verbinden. Aufeinander folgende Ladungen erfolgen um ein Tausendstel Periode verfrüht oder verspätet; aufeinander folgende, dem Voltmeter aufgedrückte Impulse sind also so wenig voneinander verschieden, daß der Schreibhebel ihnen vollkommen folgen kann. Auf dem Umschalter schleifen drei Federn *c*, *d*, *f*, die abwechselnd durch die in die Oberfläche des Umschaltcylinders eingelassenen Kontaktstücke *a* und *b* in Verbindung gesetzt werden. Durch *a* fließt der Ladestrom und durch *b* der Entladestrom des Kondensators. Der Übersichtlichkeit halber ist der Kontakt *b* ebenso schmal dargestellt als der Kontakt *a*. In Wirklichkeit ist jedoch *b* erheblich breiter, da für die Entladung des Kondensators durch das Voltmeter wegen der Selbstinduktion des letzteren eine größere Zeit erforderlich ist, als für die Ladung des Kondensators. Das Anlassen des Synchronmotors, der den Umschalter antreibt, geschieht von Hand unter Verwendung einer stroboskopischen Scheibe und Glühlampe. Ist die synchronische Geschwindigkeit erreicht, so klinkt sich (wie beim Anlassen der Automobilmotoren) die Anlaßkurbel von selbst aus. Die Trommel des registrierenden Voltmeters wird ebenfalls vom Synchronmotor aus bewegt und zwar ist die Übersetzung so gewählt, daß einer Umdrehung 3000 Perioden entsprechen. Man erhält also die Periodenzahl, wenn man 3000 durch die in Sekunden gemessene Zeit einer Umdrehung dividiert.

Sechzehntes Kapitel.

99. Leistung eines Wechselstromes.

Im letzten Abschnitt ist gezeigt worden, wie man aus den geometrischen und Wicklungsdaten einer Maschine die bei Leerlauf im Anker induzierte E.M.K. berechnen kann. Die Feldstärke ist dabei als bekannt vorausgesetzt, da sie, ebenso wie die zugehörige Erregung, nach den im zehnten Kapitel erläuterten Grundsätzen bestimmt werden kann. Mit der Kenntnis der E.M.K. bei Leerlauf ist uns jedoch noch nicht gedient. Was wir wissen wollen, ist die Klemmenspannung bei Belastung und die Leistung der Maschine, d. h. die an den äußeren Stromkreis in der Zeiteinheit abgegebene Arbeit. Diese Arbeit ist offenbar

$$\int_{t_1}^{t_2} e\, i\, dt\,,$$

wobei die Grenzen des Integrals so zu wählen sind, daß

$$t_2 - t_1 = 1 \text{ Sekunde.}$$

Es ist jedoch nicht nötig und wäre auch unbequem, die Integration zwischen so weiten Grenzen vorzunehmen, weil wir dabei die während einer großen Anzahl von Perioden geleistete Arbeit bestimmen müßten. Einfacher ist es, wenn wir die Integration auf nur eine Periode, oder noch besser auf nur einen Teil einer Periode, etwa eine halbe Periode, ausdehnen. Das ist zulässig, da die halben Perioden alle einander gleich sind, und es genügt deshalb, über eine halbe Periode zu integrieren, also über die Zeit 0 bis $\frac{T}{2}$. Die Leistung ist dann der Quotient aus der so gefundenen Arbeit, dividiert durch die Zeit $\frac{T}{2}$.

Wir haben also

$$P = \frac{2}{T} \int_0^{\frac{T}{2}} e\, i\, dt.$$

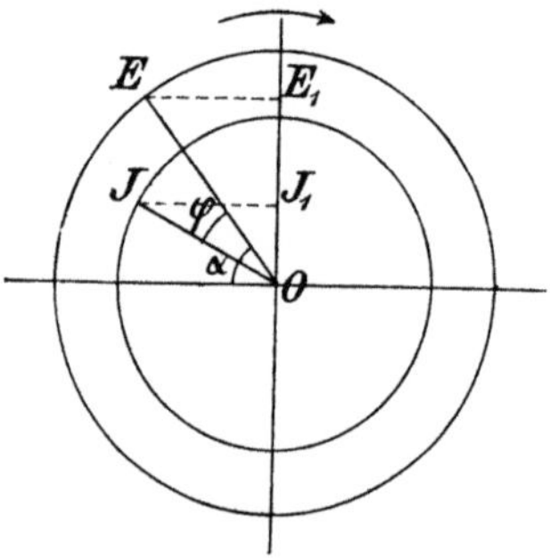

Fig. 157.

Unter der Annahme, daß Strom und Spannung Sinusfunktionen sind, haben wir

$$P = \frac{2}{T} \int_0^{\frac{T}{2}} E \sin \alpha\, J \sin(\alpha - \varphi)\, dt,$$

wobei, wie Fig. 157 zeigt,

$$E_1 = E \sin \alpha$$
$$J_1 = J \sin(\alpha - \varphi).$$

In die letzte Gleichung ist der Winkel φ eingeführt, um anzugeben, daß der Strom nicht gleichzeitig mit, sondern etwas später als die E.M.K. den Maximalwert erreicht. Die Stromphase ist gegen die Spannungsphase verschoben, und zwar in diesem Falle nach rückwärts. Der Strom hat Nacheilung. Wir sagen, es besteht zwischen Spannung und Strom eine Phasenverschiebung φ. In Fig. 157 ist diese Beziehung durch die gegenseitige Lage von Strom-

und Spannungsvektor dargestellt. Denkt man sich beide Vektoren mit der Winkelgeschwindigkeit

$$\omega = 2\pi\nu$$

im Sinne des Uhrenzeigers rotierend, so wird die augenblickliche Spannung E_1 durch die Projektion des Spannungsvektors E und der augenblickliche Strom J_1 durch die Projektion des Stromvektors J dargestellt.

Da $\alpha = \omega t$, so ist $dt = \frac{d\alpha}{2\pi\nu}$.

Führt man diesen Wert in die Gleichung für P ein und ändert die obere Grenze entsprechend, so hat man

$$P = 2\nu \int_0^\pi E J \sin\alpha \sin(\alpha - \varphi) \frac{d\alpha}{2\pi\nu}$$

$$P = \frac{EJ}{\pi} \int_0^\pi \sin\alpha \sin(\alpha - \varphi)\, d\alpha\,.$$

Das Integral ist $\cos\varphi \frac{\pi}{2}$ und wir haben somit

$$P = \frac{EJ}{2} \cos\varphi$$

$$P = e\,i \cos\varphi \quad \ldots\ldots\ldots \quad (61)$$

Das Produkt $e\,i$ ist das, was im letzten Abschnitt die Voltampere-Leistung der Maschine genannt wurde. Man sieht, daß die wirkliche oder Wattleistung gefunden wird, wenn man die Voltampere-Leistung mit dem Kosinus des Phasenwinkels multipliziert. Da $i \cos\varphi$ nichts anderes ist als die Projektion des Vektors des effektiven Stromes auf den Vektor der effektiven Spannung e, so kann man auch sagen, die Leistung wird dargestellt durch das Produkt der effektiven Spannung und jener Komponente des effektiven Stromes, die mit der Spannung gleiche Phase hat. Oder die Leistung wird dargestellt durch das Produkt aus effektivem Strom und jener Komponente der effektiven Spannung, die mit dem Strom gleiche Phase hat.

Bei der Ableitung der Formel für die Leistung haben wir die Integralrechnung benutzt; diese Formel läßt sich jedoch, wie zuerst

Blakesley angegeben hat, auch auf rein trigonometrischem Wege wie folgt ableiten. Denken wir uns in Fig. 157 eine große Anzahl von Strom- und Spannungsvektoren gleichmäßig verteilt eingezeichnet und bilden wir die Produkte $E_1 J_1$, so ist ihre Summe, dividiert durch ihre Anzahl, der effektive Mittelwert der Leistung. Nun können wir, anstatt die Summierung schrittweise vorzunehmen, immer Stellungen zusammenfassen, die um 90^0 auseinander liegen. Dabei wird aber jedes Paar von Vektoren zweimal gezählt, und um die Leistung zu erhalten, müssen wir durch 2 dividieren. Wir bilden also Ausdrücke von der Form

$$E_1 J_1 = E J \sin \alpha \sin (\alpha - \varphi)$$
$$E_1' J_1' = E J \sin (\alpha + 90) \sin (\alpha + 90 - \varphi).$$

Die Summe ist

$$E_1 J_1 + E_1' J_1' = E J [\sin \alpha \sin (\alpha - \varphi) + \cos \alpha \cos (\alpha - \varphi)]$$
$$E_1 J_1 + E_1' J_1' = E J \cos (\alpha + \varphi - \alpha)$$
$$E_1 J_1 + E_1' J_1' = E J \cos \varphi.$$

Den gleichen Ausdruck würden wir für jeden anderen Wert von α finden. Ist n die Anzahl der Vektorenpaare, so ist $n E J \cos \varphi$ die obenerwähnte Summe, die durch $2n$ zu dividieren ist, um die Leistung zu finden. Wir haben also

$$P = \frac{E J}{2} \cos \varphi.$$

Das ist der gleiche Ausdruck, den wir früher durch Integralrechnung gefunden haben.

100. Selbstinduktion.

Die Leistung fällt um so geringer aus, je kleiner $\cos \varphi$, also je größer die Phasenverschiebung ist. Man nennt $\cos \varphi$ den Leistungsfaktor. Die Verzögerung der Stromphase wird bewirkt durch den Einfluß jener E.M.K., die der Strom selbst induziert, also durch die Selbstinduktion. Die Selbstinduktion kann nun im Anker allein oder auch im äußeren Stromkreis liegen. Wir wollen über ihre Verteilung vorläufig keine Voraussetzung machen, sondern nur annehmen, daß irgendwo im Stromkreis eine E.M.K. selbstinduziert wird. Ihr maximaler Wert sei E_s und ihr effektiver Wert sei e_s.

Eine E.M.K. kann nur entstehen, wenn ein Leiter von Kraftlinien geschnitten wird. Um die Entstehung dieser E.M.K. zu erklären, wollen wir deshalb annehmen, daß ein selbstinduziertes Feld N_s mit n Windungen des Leiters verkettet ist. Wir haben dann nach Formel (50)

$$e_s = \frac{2\pi}{\sqrt{2}} \nu n N_s 10^{-8},$$

wobei ν die sekundliche Umdrehungszahl einer zweipoligen Maschine war. Wir haben dann gezeigt, daß dieselbe Formel auch für mehrpolige Maschinen gilt, wenn für ν nicht die Umdrehungszahl, sondern die Periodenzahl gesetzt wird. Da $E_s = e_s \sqrt{2}$, so können wir auch schreiben

$$E_s = 2\pi \nu n N_s 10^{-8}$$

$$E_s = \omega n N 10^{-8} \quad . \quad . \quad . \quad . \quad . \quad . \quad . \quad . \quad . \quad . \quad (62)$$

Nun ist N_s ein durch den Strom J selbstinduziertes Feld. Da dieses im allgemeinen nicht so stark ist, daß etwa im Kraftlinienpfade vorhandenes Eisen der Sättigung nahe kommt, so können wir die Feldstärke und mithin auch das Produkt $n N_s$ als dem maximalen Wert des Stromes proportional annehmen und schreiben

$$n N_s = L J 10^{-1}.$$

L ist der Proportionalitätskoeffizient, und der Faktor 10^{-1} ist eingeführt, um die Formel in absolutem Maß zu erhalten, wenn J in Ampere gegeben wird. Wir haben dann

$$E_s = \omega J L 10^{-9} \text{ Volt.}$$

Da im absoluten Maßsystem der Quotient einer E.M.K. und eines Stromes eine Geschwindigkeit ist und da ω eine Winkelgeschwindigkeit ist, so muß L eine Länge sein, und zwar in Längeneinheiten von 1 cm angegeben. $L\, 10^{-9}$ ist also auch eine Länge, jedoch in Einheiten von 10^9 cm oder 10000 km angegeben. Man nennt L den Koeffizienten der Selbstinduktion. Drückt man ihn in Einheiten von $10^9 = 10000$ km (oder Erdquadranten) aus, so vereinfacht sich die obige Formel in

$$E_s = \omega J L \quad . \quad . \quad . \quad . \quad . \quad . \quad . \quad . \quad . \quad . \quad (63)$$

Nach einem auf dem Kongreß in Chicago 1893 gefaßten Beschlusse hat die Erdquadranteneinheit des Koeffizienten der Selbstinduktion den Namen des amerikanischen Physikers Henry bekommen. Das Produkt Winkelgeschwindigkeit, Stromstärke und Henry gibt also die selbstinduzierte E.M.K. in Volt an. Da für Stromstärke sowohl als für E.M.K. das Verhältnis des maximalen zum effektiven Wert $\sqrt{2}$ ist, so kann obige Gleichung auch in der Form geschrieben werden

$$e_s = \omega \imath L \quad . \quad . \quad . \quad . \quad . \quad . \quad . \quad . \quad (64)$$

Eine Winkelgeschwindigkeit ist das Reziproke einer Zeit; das Produkt $L\,\omega$ ist also nichts anderes als eine lineare Geschwindigkeit, hat also den Charakter eines elektrischen Widerstandes. Wir können deshalb $\omega\,L$ auch in Ohm ausdrücken.

Aus (62) und (63) finden wir

$$L = \frac{n\,N_s 10^{-8}}{J}.$$

Aus Gleichung (22) Seite 81 ergibt sich

$$N = \frac{n\,J}{R},$$

wobei R den aus Gleichung (23) berechenbaren magnetischen Widerstand des selbstinduzierten Feldes bedeutet. Es ist somit

$$L = \frac{n^2}{R}\,10^{-8} \quad . \quad . \quad . \quad . \quad . \quad . \quad . \quad . \quad (65)$$

Ein Beispiel möge die Anwendung dieser Formel klar machen. Um Glühlampen dunkel brennen zu lassen, schaltet man zuweilen eine sogenannte Drosselspule ein. Diese hat einen Eisenkern, der bis auf einen kleinen Luftzwischenraum einen geschlossenen magnetischen Kreis bildet. Der Luftraum sei 0,5 cm breit und habe 100 qcm Querschnitt. Sein magnetischer Widerstand berechnet sich nach Formel (23) zu

$$R = 4 \,.\, 10^{-3}.$$

Die Spule enthalte 100 Windungen. Es ist somit

$$L = \frac{100^2}{4 \,.\, 10^{-3}}\,10^{-8} = \frac{1}{40}\ \text{Henry}.$$

Bei $\nu = 50$ ist $\omega = 314$ und

$$e_s = \frac{314}{40}\, i$$

$$e_s = 7{,}85\, i.$$

Die Drosselspule wirkt also in derselben Weise, als ob sie 7,85 Ohm Widerstand hätte. Um 10 A durchzutreiben, muß (abgesehen von ihrem wirklichen ohmischen Widerstand, der beliebig klein gemacht werden kann) an ihren Endpunkten eine E.M.K. von 78,5 Volt aufgedrückt werden.

101. Selbstinduktion des Ankers.

Wir haben bisher über den Sitz der Selbstinduktion keine Annahme gemacht. Jetzt wollen wir annehmen, daß sie sich nur im Anker, nicht aber im äußeren Stromkreis befindet, daß also z. B. die Maschine eine Gruppe von Glühlampen direkt speist. Wie wir später sehen werden, ist die Selbstinduktion des Ankers nicht der einzige störende Einfluß, sondern es kommt noch die magnetisierende oder entmagnetisierende Wirkung des Ankers auf das Feld hinzu, je nachdem der Strom voreilt oder nacheilt. Wir wollen jedoch, um die Untersuchung einfach zu halten, vorerst diese Art der Ankerrückwirkung vernachlässigen und annehmen, daß der Anker bloß mit Widerstand und Selbstinduktion behaftet sei.

Die Selbstinduktion ist offenbar folgenden drei Größen proportional: der Kraftlinienzahl, der Windungszahl und der Wechselzahl in der Zeiteinheit. Die Kraftlinienzahl ihrerseits ist wiederum proportional der Stromstärke, vorausgesetzt, daß das Medium, welches die Spule umgibt, konstante Permeabilität besitzt; die elektromotorische Kraft der Selbstinduktion ist somit der Stromstärke proportional. Nehmen wir an, wir hätten Spulen von q Windungen, welche vom Strom i durchflossen werden, so ist für eine Spule

$$L = \frac{q^2}{R}\, 10^{-8},$$

wobei R den magnetischen Widerstand des Raumes bedeutet, der die Spule umgibt. Die Selbstinduktion des ganzen Ankers, der $2\,p$ in Serien geschaltete Spulen enthält, ist dann $2\,p$ mal so groß. Um die Selbstinduktion nicht zu groß werden zu lassen, muß q klein und R groß sein. Wir werden also auf den Anker nicht zu viel Draht wickeln dürfen und deshalb ein möglichst starkes Feld verwenden. Auch werden wir den Luftraum so groß machen, als es in Bezug auf Feldstreuung und Erregung ratsam erscheint. Wie später gezeigt wird, bewirkt die Selbstinduktion eine Änderung in der Klemmenspannung, wenn sich die Belastung ändert. Man wird also, um eine möglichst konstante Klemmenspannung und einen hohen Leistungsfaktor zu erreichen, bestrebt sein, die Selbstinduktion klein zu halten. Das bedeutet aber starke Felder, d. h. schwere Maschinen und viel Erregung.

Die Selbstinduktion einer Wechselstrommaschine zu prüfen, bietet keine Schwierigkeit. Wir brauchen nur, während die Maschine still steht, einen Strom von bekannter Stärke und von der normalen

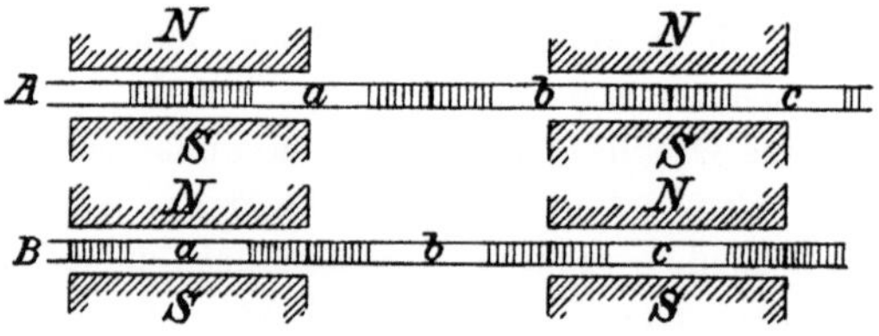

Fig. 158.

Frequenz durch den Anker zu schicken und die elektromotorische Kraft an den Klemmen zu messen. Wir haben dabei natürlich dem Ankerwiderstande Rechnung zu tragen, wofür wohl keine weitere Anleitung erforderlich ist. Der Selbstinduktionskoeffizient für eine Spule ist $q^2 R^{-1}\ 10^{-8}$ und somit für den gesamten Anker von $2p$ Spulen

$$L = 2pq^2 R^{-1}\ 10^{-8}.$$

Die elektromotorische Kraft, welche erforderlich ist, um einen Strom von der maximalen Stärke J und von ν Perioden in der Sekunde durch den Anker zu senden, ist demnach

$$E_s = \omega L J \text{ Volt},$$

wobei E_s und J die Maximalwerte sind.

Führen wir in dieser Formel für die maximalen Werte der Spannung und Stromstärke die effektiven Werte ein, so ist

$$e_s = \omega L i \text{ Volt}.$$

Da die Periodenzahl ν bekannt ist und i und e_s meßbar sind, so ergibt sich aus dieser Formel der Selbstinduktionskoeffizient.

Es ist noch zu bemerken, daß L nicht konstant ist, sondern je nach der Stellung, welche der Anker im Felde einnimmt, verschiedene Werte hat. Dies ergibt sich aus Fig. 158, welche den Anker einer Mordeyschen Maschine in zwei verschiedenen Stellungen zeigt; in der obern Stellung (A) hat die elektromotorische Kraft der Maschine ihren höchsten Wert, in der untern Stellung (B) ist sie Null. Im ersten Falle ist eine Hälfte von jeder der Spulen a, b, c

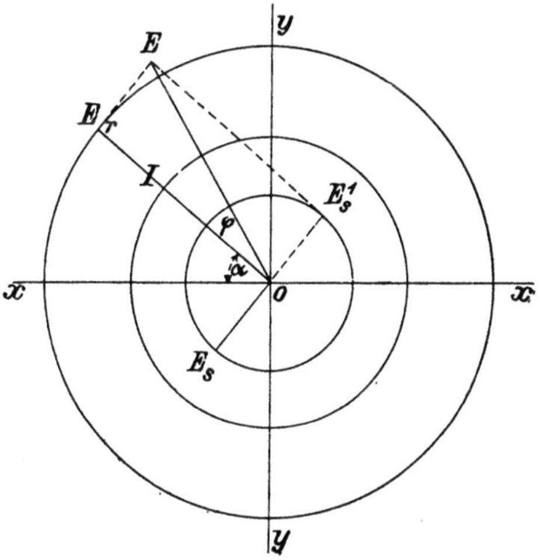

Fig. 159.

in Wirksamkeit, und die Feldmagnete bilden nur unvollständige Kerne für die Ankerspulen. Im zweiten Falle haben die Spulen a und c vollständige Kerne, die Spule b hat jedoch überhaupt keinen Kern. Die Permeabilität des Mediums in der Umgebung der Spule b und der in gleicher Lage wie diese befindlichen Spulen wird für den durch die Fig. 158 B dargestellten Fall ein Minimum sein, für die Spulen b und c und die übrigen gleich gelegenen ein Maximum. In dem andern durch Fig. 158 A dargestellten Falle ist die Permeabilität aller Spulen dieselbe und hat einen mittlern Wert. Es ist unmöglich, sofort zu sagen, ob die Selbstinduktion des ganzen Ankers in dem einen oder dem andern Falle größer sein wird. Versuche, welche Ayrton[1]) an einer Mordeyschen Maschine anstellte, zeigten, daß die Differenz nicht groß ist. Der Selbstinduktionskoeffizient ergab sich für die Stellung A des Ankers zu 0,038 Henry und für die Stellung B zu 0,036 Henry. Ayrton fand ferner, daß beide Werte bei voller Erregung der Magnete um etwa 14 % kleiner sind, was sich durch die Abnahme der Permeabilität der Magnete bei hohen Kraftliniendichten erklärt.

In Fig. 157 ist gezeigt, wie die induzierte E.M.K. und der Strom durch Vektoren dargestellt werden können. Die gleiche Darstellungsart kann natürlich auch auf die E.M.K. der Selbstinduktion angewendet werden. In Fig. 159 stelle die Strecke OJ in einem beliebigen Maßstabe die maximale Stromstärke dar, dann gibt die Projektion dieser Strecke in jedem beliebigen Augenblicke den momentanen Wert der Stromstärke im gleichen Maßstabe an. Für die elektromotorische Kraft gelten natürlich dieselben Betrachtungen. Stellt OE_r in einem beliebigen Maßstabe die maximale elektromotorische Kraft dar, welche erforderlich ist, um einen Strom von der maximalen Stärke J durch den induktionslosen Stromkreis vom Widerstande w zu schicken, dann geben die Projektionen dieser Strecke auf die Vertikale oy die augenblicklichen Werte der elektromotorischen Kraft an.

In gleicher Weise läßt sich auch die Selbstinduktion darstellen. Bekanntlich hat dieselbe ihren maximalen Wert, wenn $i = 0$ ist, d. h. wenn der Vektor OJ in unserer Figur horizontal steht. In diesem Augenblicke muß daher der Radiusvektor, der die elektromotorische Kraft der Selbstinduktion darstellt, mit der Vertikalen oy zusammenfallen. Die einzige Frage, die noch zu lösen ist, wäre die, ob er nach oben oder nach unten gerichtet ist. Nehmen wir an, der Stromvektor bewege sich im Sinne des Uhrzeigers und falle mit dem linken Teile der Horizontalen ox zusammen. Die Stromstärke würde dann gerade Null sein und zu wachsen anfangen. Nach dem Lenzschen Gesetze sucht die Selbstinduktion das Anwachsen der Stromstärke zu verhindern; der Vektor der selbstinduzierten E.M.K. muß also nach unten gerichtet sein. OE_s möge die maximale E.M.K. der Selbstinduktion im gleichen Maßstabe darstellen, wie OE_r die maximale elektromotorische Kraft, die zur Überwindung des Widerstandes nötig ist. Die Projektionen von OE_s geben dann wieder die

---

[1]) Journal of the Institution of Electrical Engineers *18*, 1889.

augenblicklichen Werte der selbstinduzierten E.M.K. an. Die Vektoren OJ und OE_s bewegen sich also gemeinsam um O und behalten stets ihre gegenseitige, um 90^0 gegeneinander geneigte Stellung bei.

Bei der Festsetzung der Lage von J und E_r nahmen wir an, daß außer E_r keine andere elektromotorische Kraft in dem Stromkreise wirke. Wir sehen jetzt, daß außer der elektromotorischen Kraft E_r, welche zur Überwindung des Widerstandes des Stromkreises erforderlich ist, noch die Selbstinduktion E_s wirkt. Soll also die Stromstärke den angenommenen Betrag beibehalten, so haben wir noch eine weitere elektromotorische Kraft einzuführen, die die Selbstinduktion aufhebt. Dieselbe muß natürlich von gleichem Betrage, aber von entgegengesetzter Richtung wie letztere sein und wird durch die punktierte Linie $OE_s{}^1$ dargestellt. Die Wechselstrommaschine muß daher die Resultante aus beiden elektromotorischen Kräften liefern, die sich durch geometrische Addition der beiden sie darstellenden Vektoren als die Strecke OE ergibt und augenscheinlich unter allen Umständen größer als OE_r sein muß.

Denken wir uns nun die Feldmagnete der Wechselstrommaschine erregt und den äußern Stromkreis offen, so wird die Spannung, die wir an den Klemmen der Maschine messen, gleich $\frac{E}{\sqrt{2}}$ sein. Schließen wir jetzt den äußern Stromkreis und fügen wir soviel induktionslosen Widerstand ein, daß die maximale Stromstärke J wird, so fällt die Spannung wegen der Selbstinduktion auf $\frac{E_r}{\sqrt{2}}$.

Aus der Zeichnung ergibt sich, daß

$$E^2 = E_r{}^2 + E_s{}^2$$

ist; diese Formel, die natürlich auch für die effektiven Werte gilt, liefert eine neue Methode, um die mittlere Selbstinduktion einer Wechselstrommaschine angenähert zu bestimmen. Diese Bestimmung ist deshalb nur eine annähernde, weil neben der Selbstinduktion noch ein anderer Effekt auftritt, nämlich die durch den Ankerstrom hervorgerufene Entmagnetisierung des Feldes. Wir bestimmen für dieselbe Geschwindigkeit und Erregung der Feldmagnete die Klemmenspannung bei offenem und geschlossenem Stromkreise. Im ersten Falle ergibt sich die statische Spannung E und im letzten die dynamische Spannung, vermindert um den kleinen Bruchteil, der zur Überwindung des Ankerwiderstandes erforderlich ist. Bezeichnet

W diesen Widerstand und E_k die Klemmenspannung der Maschine, so ist

$$E_r = E_k + JW.$$

Die beiden Messungen ergeben daher

$$E_s = \sqrt{E^2 - E_r^2},$$

worauf man mit Hilfe von Formel (64) den Selbstinduktionskoeffizienten L finden kann. Der so gefundene Koeffizient ist jedoch wegen der Ankerrückwirkung auf das Feld größer als der durch die frühere Methode bestimmte.

Ein Beispiel möge diese Beziehungen noch besser erläutern. Eine Wechselstrommaschine des Verfassers, welche für eine Leistung von 30 Kilowatt bestimmt ist, liefert bei 70 Perioden in der Sekunde 15 A bei einer effektiven Klemmenspannung von 2100 V. Wir haben also

$$J = 21{,}1 \text{ A und } E_k = 2960 \text{ V}$$

zu setzen. Der Ankerwiderstand beträgt 7 Ohm und verzehrt daher 148 V. Die dynamische elektromotorische Kraft ist daher

$$E_r = 2960 + 148 = 3108 \text{ V}.$$

Bei Unterbrechung des äußern Stromkreises steigt die effektive Spannung auf 2295 V, sodaß die statische elektromotorische Kraft

$$E = 3230 \text{ V}$$

wird. Die Selbstinduktion beträgt demnach

$$E_s = \sqrt{3230^2 - 3108^2} = 880 \text{ V}.$$

Aus Formel (64) ergibt sich daher

$$L = \frac{880}{2\pi \times 70 \times 21{,}1} = 0{,}095 \text{ Henry}.$$

Wir haben indessen, wie schon bemerkt, noch eine Korrektion anzubringen. Im folgenden Kapitel wird gezeigt, daß ein Strom, der hinter der elektromotorischen Kraft zurückbleibt, das Feld des Generators zu schwächen bestrebt ist und den Wert von E_r also mehr erniedrigt, als die Selbstinduktion allein. Der Wert, den wir hier für die Selbstinduktion berechnet haben, berücksichtigt daher gleichzeitig die Ankerrückwirkung.

102. Bedingung für das Maximum der Leistung.

Die unmittelbare Folge der Selbstinduktion im Anker einer Wechselstrommaschine oder in einem andern Teile des Stromkreises ist eine Verminderung der Leistung. Die Maschine erzeugt eine höhere elektromotorische Kraft als diejenige, welche am Gebrauchsorte verfügbar ist, und wir haben infolgedessen eine größere Maschine nötig, als wenn Spannung und Stromstärke in gleicher Phase wären. Das Produkt der effektiven Werte der Spannung und der Stromstärke, welches wir oben die Voltampereleistung nannten, wird zuweilen auch die scheinbare Leistung des Wechselstromes genannt, und aus dem Verhältnisse derselben zur wirklichen Leistung läßt sich ein angenäherter Schluß ziehen, ob die Maschine richtig dimensioniert ist. Wenn sich auch dies Verhältnis infolge einer

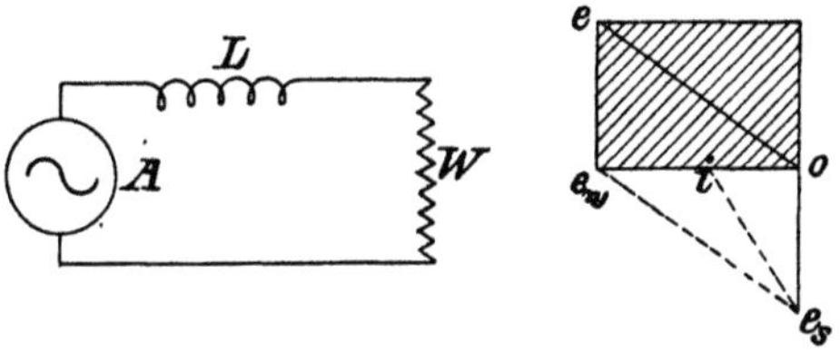

Fig. 160.

hohen Selbstinduktion ungünstig gestalten und die Maschine für ihre Leistung zu schwer und zu kostspielig werden kann, so braucht deshalb der mechanische Wirkungsgrad der Maschine noch nicht schlecht zu sein.

Uns interessiert indessen augenblicklich nur die Frage, unter welchen Bedingungen eine gegebene elektromotorische Kraft die höchste Leistung in einem gegebenen Stromkreise hervorbringt, der eine bestimmte Selbstinduktion im Anker oder in einem andern Teile besitzt. In Fig. 160 möge A eine Wechselstrommaschine, L einen Teil des Stromkreises mit Selbstinduktion und W einen induktionsfreien Widerstand bedeuten, in welchem mit einer gegebenen elektromotorischen Kraft der Maschine eine möglichst hohe Leistung erzeugt werden soll. Wie groß haben wir unter diesen Umständen den Widerstand W zu wählen? Um die Aufgabe nicht unnötig zu erschweren, nehmen wir an, daß der Anker und die übrigen Teile des Stromkreises mit Ausnahme von W widerstandslos sind.

Hätten wir es mit Gleichstrom zu tun, so würden wir eine umso größere Leistung erhalten, je mehr wir den Widerstand verringerten. Anders verhält sich die Sache beim Wechselstrom. Vergrößern wir die Stromstärke, so nimmt auch die Drosselwirkung der Spule L zu und verringert die in W verfügbare elektromotorische Kraft. Vermehren wir hingegen den Widerstand W, so schwächen wir die Stromstärke; es wird ja dann allerdings ein geringerer Teil der elektromotorischen Kraft bei L abgedrosselt und ein größerer Teil bleibt für W verfügbar, aber wegen der Schwächung der Stromstärke könnte doch die in W aufgenommene Energie verringert sein. Es muß augenscheinlich für W ein bestimmter Wert existieren, für welchen die in ihm verzehrte Energie einen höchsten Wert hat. Derselbe läßt sich leicht bestimmen.

In Fig. 160 möge $O\,e_s$ die der Stromstärke $O\,i$ entsprechende E.M.K. der Selbstinduktion und $O\,e$ die elektromotorische Kraft der Maschine bedeuten. Die für W verfügbare elektromotorische Kraft ist dann $O\,e_w$; W ist nun so zu bestimmen, daß das Produkt $i\,e_w$ ein Maximum wird. Da i proportional e_s ist, kann man die Aufgabe auch dahin stellen, den Wert von W zu finden, für welchen das Produkt der in W verbrauchten elektromotorischen Kraft und der zur Überwindung von L erforderlichen ein Maximum wird. Das Produkt $e_w\,e_s$ wird nun durch die Fläche des schraffierten Rechtecks dargestellt, und es leuchtet sofort ein, daß diese ein Maximum wird, wenn das Rechteck ein Quadrat ist, d. h. wenn $e_w = e_s$ oder die Phasenverschiebung $\varphi = 45^0$ ist. Der entsprechende Wert von W ergibt sich durch Anwendung von Formel (64) zu

$$W = \omega\,L.$$

Das Verhältnis der wirklich verfügbaren Leistung zur scheinbaren wird in diesem Falle $\sqrt{1/2} = 0{,}71$.

103. Anwendung auf Motoren.

An Stelle des Widerstandes W möge in den Stromkreis eine Dynamomaschine mit Hauptstromwicklung und mit Feldmagneten eingefügt sein, welche zur Vermeidung von Wirbelströmen aus Eisenblechen gebildet sind. Die Umdrehungsrichtung einer solchen Maschine ist unabhängig von der Richtung des Stromes, der sie durchfließt; sie gerät daher, auch wenn sie mit Wechselstrom gespeist wird, von selbst in Gang. Eine derartige Maschine wird aus drei Ursachen dem Durchgange des Stromes Widerstand leisten, einmal wegen des Leitungswiderstandes, zweitens wegen der Selbstinduktion und drittens, weil sie beim Umlaufen in genau derselben Weise wie beim Betrieb mit Gleichstrom eine elektromotorische Gegenkraft entwickelt. Die Feldmagnete mögen nur wenige Windungen tragen und deshalb nur so stark erregt sein, daß die Charakteristik eine Gerade ist; dann ist die elektromotorische Gegenkraft der Stromstärke proportional und verhält sich wie die elektromotorische Kraft, die zur Überwindung eines induktionsfreien Widerstandes nötig ist. Unter diesen Umständen läßt sich daher die oben durchgeführte Untersuchung auch auf diesen Fall anwenden. Vernachlässigen wir den Leitungswiderstand des Motors, so wird die Arbeit, die er leisten kann, den höchsten Betrag annehmen, wenn die elektromotorische Kraft, welche zur Überwindung der Selbstinduktion erforderlich ist, der elektromotorischen Gegenkraft gleich ist. Da bei hoher Periodenzahl die Selbstinduktion eines solchen Motors viel höher als die elektromotorische Gegenkraft ist, die bei einer üblichen Geschwindigkeit auftreten kann, so ist eine niedrige Periodenzahl wesentlich, wenn die Bedingung für das Maximum der Leistung erfüllt oder annähernd erreicht werden soll. Motoren dieser Art sind in neuerer Zeit besonders für Bahnbetrieb ausgebildet worden. Allerdings verlangen sie eine kleine Periodenzahl (etwa 16) und eine verhältnismäßig hohe Umdrehungszahl, damit ihre E.M.K. der Selbstinduktion zurücktritt gegenüber der gegenelektromotorischen Kraft. Eine andere Lösung des Problems ist die Kompensation des selbstinduzierten Feldes durch Kurzschlußströme im Rotor, zu welchem Zwecke ein zweiter Satz in sich kurzgeschlossener Bürsten verwendet wird. Wir werden in einem späteren Kapitel auf diese Motoren noch zurückkommen.

104. Kapazität.

Wir haben bisher angenommen, daß der Ankerstromkreis nur Widerstand und Induktanz (Selbstinduktion) hat. Allerdings wurde im vorigen Abschnitt der Fall betrachtet, daß in diesem Stromkreis noch eine zweite E.M.K. wirkt, es war aber das eine E.M.K., die der Stromstärke direkt proportional war und gegen sie keine Phasenverschiebung hatte. Eine solche E.M.K. kann aber als das Produkt aus Stromstärke und einem induktionslosen Widerstand aufgefaßt werden. Wir müssen jetzt den Fall untersuchen, daß der Ankerstromkreis neben Widerstand und Induktanz auch elektrostatische Kapazität hat. Um die Untersuchung schrittweise durchzuführen, nehmen wir zunächst an, daß eine widerstandslose und induktionslose Quelle von Wechsel-E.M.K. mit den Belegungen eines Kondensators verbunden wird, dessen Kapazität C sein möge. Die Ladung ist bekanntlich dem Produkt $C e$ proportional. Hat die Welle der E.M.K. ihr positives Maximum E erreicht, so ist der Kondensator voll geladen, der Ladestrom also Null. Wenn jetzt die E.M.K. abnimmt, so fängt der Kondensator an, sich zu entladen, d. h. der Ladestrom hat einen endlichen, und zwar einen negativen Wert, trotzdem die Spannung noch positiv ist. Ist die Spannung auf Null gesunken, so hat der Entladestrom sein Maximum erreicht und fängt an, wieder abzunehmen, während die Spannung im Negativen zunimmt. Man sieht, der Strom eilt der Spannung um 90^0 voraus. Gerade das Umgekehrte ist der Fall, wenn der Stromkreis Selbstinduktion enthält; dann eilt der Strom der Spannung um 90^0 nach. Man kann diesen Gegensatz ausdrücken, indem man eine Kapazität als eine Art negativer Selbstinduktion bezeichnet. Um nun die Beziehung zwischen E.M.K., Kapazität und Stromstärke zu finden, machen wir folgende Überlegung.

Wenn die E.M.K. in der Zeit dt um den Betrag de zunimmt, so fließt die Elektrizitätsmenge dQ in den Kondensator. Diese Elektrizitätsmenge ist aber $i\,dt$. Wir haben also für den augenblicklichen Wert der Stromstärke die Gleichung

$$i = C \frac{de}{dt} \cdot$$

Nun ist aber de/dt nichts anderes als der Grad der Änderung der E.M.K. auf die Zeit bezogen, und wenn die E.M.K. sich nach dem Sinusgesetz ändert, so ist

$$\frac{de}{dt} = 2 \pi \nu E \cos \alpha.$$

Für $a = 0$ ist $e = E$, und der Kapazitätsstrom hat seinen maximalen Wert

$$I_c = C 2 \pi \nu E.$$

Für andere Werte von α ist der augenblickliche Stromwert

$$i = I_c \cos \alpha.$$

Wie man sieht, folgt auch der Kapazitätsstrom dem Sinusgesetz und sein effektiver Wert ist mithin

$$i_c = \frac{I_c}{\sqrt{2}}.$$

Setzen wir ω für $2\pi\nu$, so haben wir

$$I_c = C\omega E$$

$$i_c = C\omega e,$$

wobei wir mit e den effektiven Wert der E.M.K. bezeichnen. Es erübrigt noch, diese Gleichungen mit dem praktischen Maßsystem (e in Volt, i in Ampere und C in Mikrofarad) in Einklang zu bringen. Wird einem Farad ein Volt aufgedrückt, so nimmt es ein Coulomb = 1 Ampere-Sekunde auf. Da das Mikrofarad 10^6 mal kleiner ist als das Farad, haben wir in praktischem Maß

$$i_c = C\omega e\,10^{-6} \quad \ldots\ldots\ldots \quad (66)$$

Ist z. B. die Maschine mit einem 10 km langen Kabel verbunden, das eine Kapazität von 0,2 Mikrofarad pro km hat, so würde bei 6000 V Ankerspannung und 50 Perioden der Ladestrom

$$2 \times 6{,}28 \times 50 \times 6000 \times 10^{-6} = 3{,}77 \text{ A}$$

betragen. Die Maschine würde also scheinbar 22,6 Kwt. leisten, obwohl dem Kabel kein Strom entnommen wird. In Wirklichkeit ist jedoch die Leistung Null, weil der Kapazitätsstrom im Vergleich zur Spannung um 90^0 voreilt.

105. Einfluß von Selbstinduktion und Kapazität.

Das eben angeführte Beispiel zeigt, daß durch Kapazität ein Anker mit Strom belastet werden kann, auch wenn die Leistung Null ist. Andererseits wird durch Selbstinduktion im allgemeinen die Strombelastung des Ankers verringert, weil eben die E.M.K. der Selbstinduktion die Amplitude der Stromwelle verkleinert. Es ist von vornherein zu vermuten, daß diese gegensätzliche Wirkung der beiden Eigenschaften des Stromkreises einen erheblichen Einfluß auf das dynamische Verhalten der Maschine haben wird, und es ist deshalb notwendig, diesen Gegenstand etwas eingehender zu prüfen.

Wir wollen dabei annehmen, daß der Anker nur Selbstinduktion, aber keine Rückwirkung habe, oder vielmehr, daß die Induktanz ωL des Ankers so bewertet wird, daß dabei nicht nur die Selbstinduktion, sondern auch die Rückwirkung des Ankers berücksichtigt ist. Wie im nächsten Kapitel gezeigt wird, müssen beide Eigenschaften zur Bestimmung des dynamischen Verhaltens der Maschine in Rechnung gezogen werden. Hat man aber das getan, so kann man mit für praktische Zwecke genügender Annäherung das Zusammenwirken beider Eigenschaften als die Wirkung einer ideellen Selbstinduktion auffassen, die größer als die wirkliche ist. und dafür die magneti-

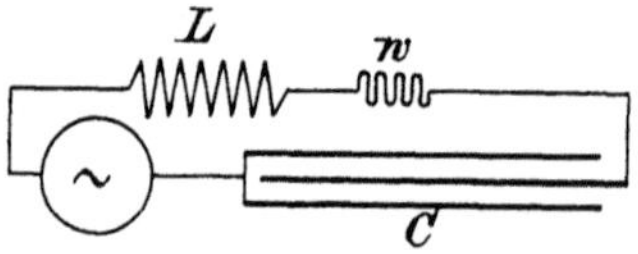

Fig. 161.

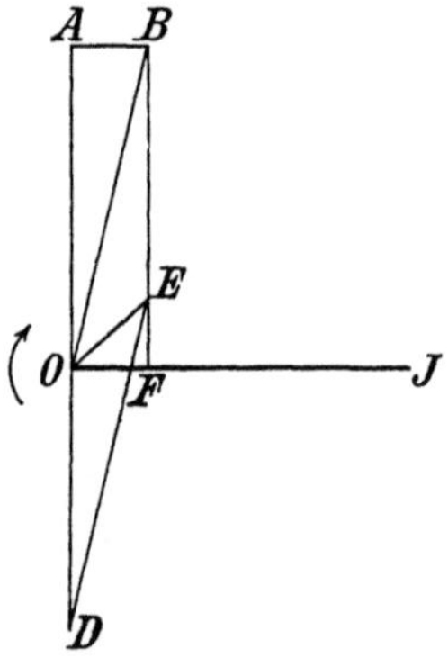

Fig. 162.

sierende oder entmagnetisierende Wirkung des Ankers vernachlässigen. Wir können uns dann den Anker vorstellen als eine Quelle der Wechsel-E.M.K. von konstantem effektiven Wert, jedoch behaftet mit einem sehr kleinen ohmischen Widerstand und einer nicht sehr kleinen Selbstinduktion.

Wir wollen nun zunächst den Fall betrachten, daß Widerstand, Selbstinduktion und Kapazität in Serie geschaltet sind, wie es Fig. 161 darstellt. Das zugehörige Vektordiagramm zeigt Fig. 162. Um den Kapazitätsstrom $i = OI$ zu erzeugen, brauchen wir, wie Formel (66) zeigt, die E.M.K.

$$OA = \frac{i\,10^6}{C\omega}.$$

Zur Überwindung des Widerstandes w brauchen wir die E.M.K.

$$OF = w\,i.$$

Hätte der Stromkreis keine Selbstinduktion, so würde die ihm aufzudrückende E.M.K. die vektorielle Summe dieser beiden Komponenten, d. h. OB sein. Um jedoch den Strom OJ durch die Selbstinduktion von L Henry zu treiben, muß noch eine zweite E.M.K. aufgedrückt werden, die gegenüber dem Strom um 90^0 voreilt, im Vektordiagramm also die Lage OD hat. Die gesamte von der Stromquelle zu liefernde E.M.K. ist also die vektorielle Summe von OB und OD, nämlich OE. Wie man sieht, ist OE kleiner als seine beiden Komponenten. Nach (63) ist

$$OD = L\,\omega\,i.$$

Da OEF ein rechtwinkeliges Dreieck ist, so haben wir

$$OE = e = \sqrt{(OF)^2 + (OA - OD)^2}$$

$$e = i\sqrt{w^2 + \left(\frac{10^6}{C\,\omega} - L\,\omega\right)^2} \quad . \quad . \quad . \quad . \quad . \quad (67)$$

Wir können den Faktor von i als einen ohmischen Widerstand auffassen

$$W = \sqrt{w^2 + \left(\frac{10^6}{C\,\omega} - L\,\omega\right)^2}.$$

Man kann W graphisch als die Hypotenuse eines rechtwinkligen Dreiecks darstellen, dessen beide Katheten durch die unter dem Wurzelzeichen stehenden Ausdrücke dargestellt sind. In Fig. 162 ist OEF dieses Dreieck, wobei allerdings statt des Voltmaßstabes ein entsprechender Ohmmaßstab zu verwenden ist. Man nennt die Seiten dieses Dreieckes wie folgt

Widerstand $OF = \quad . \quad . \quad . \quad . \quad . \quad . \quad . \quad . \quad . \quad . \quad . \quad w$

Induktanz $FE = \quad . \quad . \quad . \quad . \quad . \quad . \quad . \quad . \quad \left(\frac{10^6}{C\,\omega} - L\,\omega\right)$

Impedanz $OE = \quad . \quad . \quad . \quad \sqrt{w^2 + \left(\frac{10^6}{C\,\omega} - L\,\omega\right)^2}$

Der Winkel zwischen Widerstand und Impedanz gibt die Phasenverschiebung an.

Ist die Kapazität Null, d. h. ist kein Kondensator vorhanden und der Stromkreis bei C einfach unterbrochen, so ist $W = \infty$ und der Strom ist Null. Ist die Kapazität ∞, d. h. besteht bei C Kurzschluß, so ist

$$W = \sqrt{w^2 + (L\,\omega)^2}$$

und der Strom hat einen endlichen Wert.

Es ist selbstverständlich, daß sowohl L als w nicht im Anker allein zu liegen brauchen, sondern im ganzen Stromkreis verteilt sein können. In der Regel ist tatsächlich auch der größte Teil des Widerstandes im äußern Stromkreis enthalten, und wenn die Maschine Motoren oder Bogenlampen speist, ist auch ein erheblicher Teil der Selbstinduktion im äußern Stromkreis enthalten. Wir wollen jedoch jetzt den Spezialfall behandeln, daß die Selbstinduktion beinahe ausschließlich im Anker liegt und der Widerstand sehr klein ist. Ein solcher Fall tritt ein, wenn man die Isolation eines Kabels durch Verbindung mit einer Wechselstrommaschine prüft. Nehmen wir an, das im vorigen Abschnitt erwähnte Kabel sei zur Übertragung von 100 A bei einem ohmischen Spannungsverlust von 300 V bestimmt. Sein Widerstand würde also 3 Ohm betragen. Wir haben also

$$W = \sqrt{9 + \left(\frac{10^6}{C\,\omega} - L\,\omega\right)^2}$$

und wenn

$$\frac{10^6}{C\,\omega} - L\,\omega = 0,$$

so ist

$$i = \frac{e}{3}.$$

In diesem Falle verhält sich die Kombination von Maschine und Kabel wie ein Leiter, der nur Widerstand, nicht aber Selbstinduktion und Kapazität hat. Das Anwachsen des Stromes ist nur durch den Widerstand begrenzt. Dieser Fall tritt ein für einen bestimmten Wert von $\omega = 2\,\pi\,\nu$, für den die Impedanz verschwindet. Dieser Wert ist

$$\omega = \frac{1000}{\sqrt{C\,L}}.$$

Die natürliche Frequenz des Stromkreises, bei der Resonanz eintritt, ist mithin

$$\nu_0 = \frac{1000}{2\,\pi\sqrt{C\,L}}.$$

In dieser Formel ist C in Mikrofarad und L in Henry einzusetzen. Bei der Frequenz ν_0 wird die Selbstinduktion durch die Kapazität gerade aufgehoben und der Stromkreis verhält sich so, als ob er nur den ohmischen Widerstand w hätte. Um uns eine Vorstellung über die damit verbundene Gefahr zu machen, wollen wir zusehen, was bei der obenerwähnten Kabelprüfung mittels einer kleinen Maschine eintreten würde. Die verwendete Maschine sei für 6000 V und 10 A gebaut. Ihre Erregung werde so einreguliert, daß die Klemmenspannung bei Leerlauf und jeder Geschwindigkeit 1000 V beträgt. Die Selbstinduktion ihres Ankers würde etwa 0,5 Henry und sein Widerstand 12 Ohm betragen. In den 0,5 Henry möge die im Verhältnis zur Maschine geringe Selbstinduktion des Kabels mit enthalten sein. Da die 10 km Kabel 2 Mikrofarad Kapazität haben, so ist die gefährliche Periodenzahl

$$\nu_0 = \frac{1000}{6{,}28\sqrt{2\,.\,0{,}5}} = 160.$$

Bei dieser Periodenzahl würde der Strom $\frac{6000}{12+3} = 400$ A und die Spannung zwischen den zwei Leitern des Kabels

$$e_0 = \frac{430 \times 10^6}{2 \times 2\pi \times 160},$$

also 400 000 Volt betragen. Es ist selbstverständlich, daß lange, ehe dieser Punkt erreicht ist, Maschine und Kabel zerstört sein würden. Aber auch bei Periodenzahlen in der Nähe von 160 ist Gefahr vorhanden, wie man aus folgender Tabelle sieht.

$\nu =$	50	100	150	170
$i =$	4,16	12,3	96	98
Spannung =	6600	9800	51 000	46 000.

Wie man aus diesen Zahlen entnimmt, ist die Spannung zwischen den beiden Leitern des Kabels durchweg höher als die Spannung, auf welche die Maschine bei Leerlauf erregt ist. Um mit einer so kleinen Maschine das Kabel zu prüfen, wird man also gut tun, die Frequenz nicht über 50 zu steigern.

Die hier erörterte Wechselwirkung tritt natürlich nicht nur in Bezug auf die Grundschwingung der Wechsel-E.M.K., sondern auch in Bezug auf die höheren Harmonischen auf. Wie im vorigen Kapitel erwähnt wurde, kann jede Spannungskurve als Resultante von Sinuskurven verschiedener Periodenzahlen aufgefaßt werden. Wegen Symmetrie der Pole und Ankerspulen können natürlich Harmonische gerader Ordnungszahlen nicht auftreten und die einzelnen Sinuskurven können nur die Frequenzen 3ν, 5ν, $7\nu \ldots (2n+1)\nu$ haben. Denken wir uns nun beispielsweise die Kombination von Selbstinduktion und Kapazität in Fig. 161 so abgestimmt, daß die Induktanz in Bezug auf die Harmonische der fünften Ordnung verschwindet, so hätten wir

$$5\nu = \frac{1000}{2\pi\sqrt{CL}}$$

und der durch das System hin und her fließende Strom wäre mit großer Annäherung gegeben durch die Gleichung

$$i_5 = \frac{e_5}{w+W},$$

wenn wir mit e_5 die Amplitude der fünften Harmonischen und mit W den Widerstand der Spule L bezeichnen. Legen wir an die Enden des Widerstandes w ein Voltmeter, das die Spannung e_5' anzeigen möge, so haben wir

$$e_5 = e_5'\left(\frac{w+W}{w}\right).$$

Damit die Spannungskurve durch den Ankerstrom nicht geändert wird, müssen die Widerstände natürlich so groß gewählt werden, daß i_5 nur ein kleiner Bruchteil des Stromes ist, den die Maschine bei normaler Belastung gibt. Wir können dann durch diesen Versuch die Amplitude der fünften Harmonischen und durch entsprechende Veränderung von C, L und w jene von anderen Harmonischen finden. Es braucht wohl kaum erwähnt zu werden, daß auch für diese Bestimmungen der im vorigen Kapitel beschriebene Ondograph von Hospitalier mit Vorteil verwendet werden kann. Wir erhalten dann unmittelbar die Aufzeichnungen der Sinuskurven höherer Ordnung. Da jedoch die Geschwindigkeit des Synchronmotors durch die Grundkurve bestimmt wird, so gibt die Umdrehungszeit der Trommel nur ein Maß für die periodische Zeit dieser Kurve, nicht aber für jene der höheren Harmonischen. Diese muß durch Zählen der aufgeschriebenen Wellen bestimmt werden.

Für gewisse Untersuchungen ist es wünschbar, Strom von möglichst reiner Sinusform zu verwenden. Wenn die Maschine einen solchen Strom nicht gibt, so kann man ihn doch unter Benutzung der in Fig. 161 skizzierten Anordnung gewissermaßen aus ihr heraus filtrieren. Wir brauchen nur C und L so zu wählen, daß

$$C L = \frac{10^6}{(2 \pi \nu)^2}$$

und den Widerstand w so groß zu machen, daß die normale Stromstärke nicht überschritten wird. Dann ist die Kurve der zwischen den Klemmen des Widerstandes auftretenden E.M.K. beinahe genau eine Sinuskurve, und wenn wir den Klemmen einen Strom entnehmen, der nur ein Bruchteil des Maschinenstromes ist, so ist auch dieser abgezweigte Strom ein Sinusstrom.

Wir haben bisher angenommen, daß Selbstinduktion und Kapazität in Serie geschaltet sind; wenn sie jedoch in Parallelschaltung

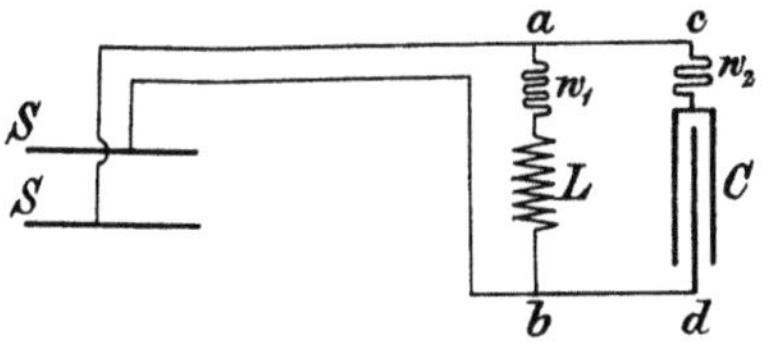

Fig. 163.

liegen, so ist die Spannung für beide gleich. Wir wollen annehmen, die Stromquelle sei so kräftig, daß sie durch die Vorgänge in den beiden Verbrauchsstromkreisen nicht beeinflußt wird. Das würde der Fall sein, wenn wir z. B. den Strom von den Sammelschienen einer großen Centrale entnehmen. Es seien in Fig. 163 $S S$ die Sammelschienen, und die von ihnen gespeisten Verbrauchsstromkreise seien $a b$ und $c d$. Der erstere enthalte den Widerstand w_1 und die Selbstinduktion L, der zweite den Widerstand w_2 und die Kapazität C.

Aus (67) finden wir für den Stromkreis $a b$

$$e = i_1 \sqrt{w_1^2 + (L \omega)^2}$$

und für die Phasenverschiebung

$$\operatorname{tg} \varphi_1 = \frac{L \omega}{w_1}.$$

Ebenso finden wir für den Stromkreis $c d$

$$e = i_2 \sqrt{w_2^2 + \left(\frac{10^6}{\omega C}\right)^2}$$

$$\operatorname{tg} \varphi_2 = \frac{10^6}{w_2 \omega C}.$$

Da e von den Sammelschienen konstant gehalten wird und ω, L, C, w_1 und w_2 bekannt sind, kann man φ_1 und φ_2 berechnen. Es sei in Fig. 164 $OE = e$ gleich der aufgedrückten Spannung, so ist die Richtung des Stromvektors OJ_1 durch die Formel für tg φ_1 gegeben. Ebenso ist die Richtung der Stromvektors OJ_2 durch φ_2 gegeben. Die Größe der Ströme i_1 und i_2 ist aus den obigen Formeln

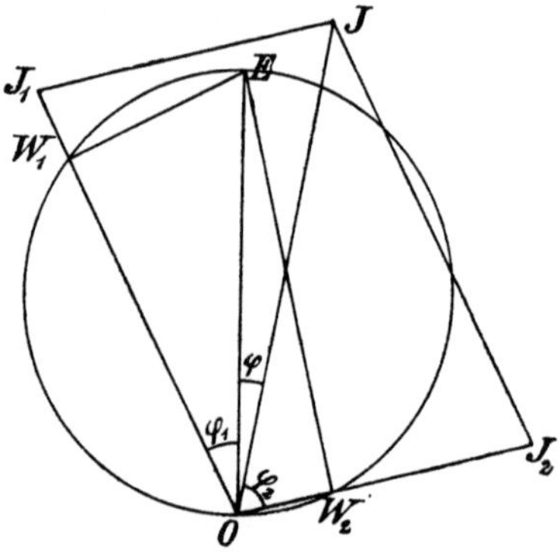

Fig. 164.

zu berechnen. Von den Sammelschienen wird die vektorielle Summe von i_1 und i_2, d. h. die resultierende Stromstärke

$$i = OJ$$

geliefert. OW_1 ist diejenige Komponente von e, welche zur Überwindung des ohmischen Widerstandes im Stromkreise ab nötig ist, und EW_1 die für die E.M.K. der Selbstinduktion nötige Komponente. Ebenso ist OW_2 die Widerstands- oder Watt-Komponente von e im Stromkreis cd, und EW_2 die wattlose Komponente, welche den Kapazitätsstrom hervorruft. Wie man ohne weiteres sieht, liegen die Punkte W_1 und W_2 auf einem Kreis, dessen Durchmesser OE ist. Die Sammelschienen liefern den Strom i unter der Spannung e. Seine Phasenverschiebung φ (in diesem Fall eine Voreilung) ist offenbar geringer als die jedes Teilstromes. Nun denken wir uns, der Stromkreis $a\,b$ enthalte asynchrone Motoren. Es würde dann $w_1\,i_1^2$ die Leistung dieser Motoren darstellen und $\omega\,L\,i_1$ ihre E.M.K. der Selbstinduktion. Wäre der Stromkreis $c\,d$ nicht vorhanden, so könnte die Stromquelle die Leistung nur unter der Phasenverschiebung φ_1 abgeben. Dadurch aber, daß wir den Kondensator dazu schalten, wird die Stromphase vorgerückt, und bei passender Wahl der Kapazität kann man die Phasenverschiebung auf Null bringen. w_2 kann so klein gemacht werden, daß wir es vernachlässigen dürfen. Dann ist $O\,J_2$ horizontal und

$$i_2 = e\,\omega\,C\,10^{-6}.$$

Wenn wir nun die Kapazität derart wählen, daß

$$i_2 = i_1 \sin\varphi_1,$$

so fällt der Vektor von i mit dem Vektor von e zusammen und wir haben die Phasenverschiebung eliminiert. Weiter unten wird gezeigt, daß ein übererregter synchroner Motor wie eine Kapazität wirkt. Man kann mithin durch Zuschalten eines solchen Motors Phasengleichheit und dadurch die bestmögliche Ausnützung der Leitung und Generatoren herbeiführen.

106. Mehrphasensysteme.

Die obigen Ausführungen sind selbstverständlich auch auf Zwei- und Dreiphasensysteme anwendbar. Ein Dreiphasensystem kann, wie schon im vorigen Kapitel ausgeführt wurde, in Stern- oder Dreieckschaltung verbunden werden (vergl. Fig. 132 und 133 S. 350). Schematisch ist eine zweipolige Ankerwicklung für drei Phasen in Sternschaltung durch Fig. 165 und in Dreieckschaltung in Fig. 166 dargestellt.

Da bei Sternschaltung die Spannungsvektoren zwischen je zwei Leitungen einen Winkel von 120° bilden, so ist die resultierende (verkettete) Spannung gleich dem Produkt zweimal Phasenspannung mal sin 60°. In gleicher Weise ist bei Dreieckschaltung der Strom in einer Leitung gleich dem Produkt zweimal Phasenstrom mal sin 60°.

Bezeichnen wir Phasenstrom und Phasenspannung mit i und e und die verketteten Werte mit I und E, so ist bei

Sternschaltung	Dreieckschaltung
$I = i$	$I = i\sqrt{3}$
$E = e\sqrt{3}$	$E = e.$

Die Leistung ist offenbar für beide Schaltungen $3\,e\,i\cos\varphi = \sqrt{3}\,E\,I\cos\varphi$. Bezeichnet W den Widerstand jeder Einzelleitung und w den Widerstand der Einzelleitung in einem Gleichstromsystem, das dieselbe Leistung auf dieselbe Entfernung überträgt, so ist die Bedingung gleichen Verlusts in der Leitung gegeben durch

$$3\,I^2\,W = 2\,I_0^2\,w,$$

wenn I_0 den Gleichstrom bedeutet und die Phasenverschiebung im

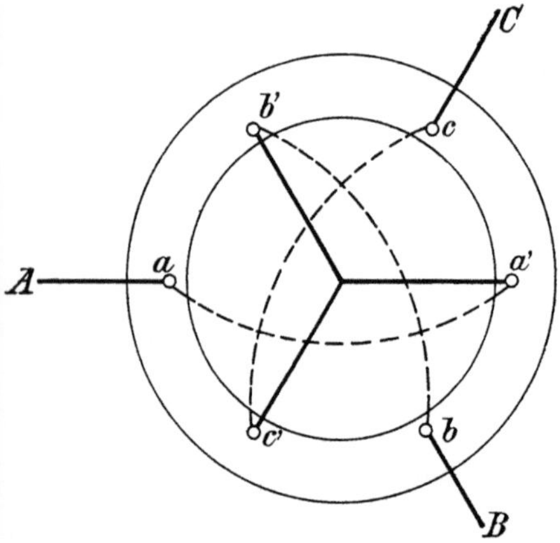

Fig. 165.

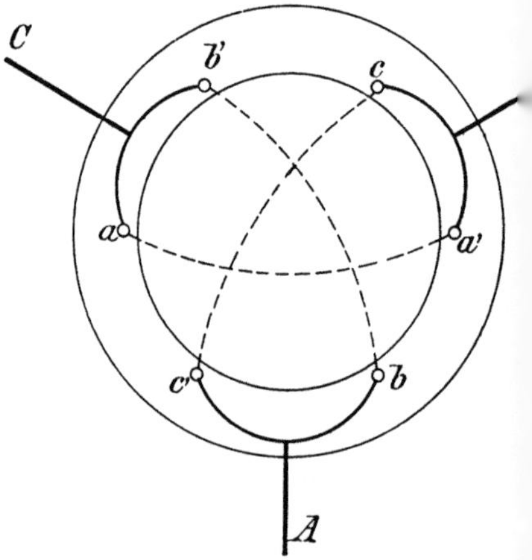

Fig. 166.

Drehstromsystem Null ist. Soll nun in beiden Fällen die Übertragung unter derselben effektiven Spannung stattfinden, so ist

$$\sqrt{3}\,E\,I = I_0\,E$$

$$I_0 = \sqrt{3}\,I$$

$$3\,I^2\,W = 2\,.\,3\,.\,I^2\,w$$

$$w = \frac{W}{2}.$$

Es muß also der Leitungsquerschnitt bei Gleichstrom doppelt so groß sein als bei Drehstrom. Berücksichtigt man ferner, daß bei Drehstrom drei und bei Gleichstrom nur zwei Leitungen nötig sind, so sieht man, daß die Kupfergewichte sich verhalten wie 3 : 4.

Die Fernleitung bei Drehstrom braucht also bei gleicher effektiver Spannung nur 75% des Kupfers, welches bei einer Gleichstromanlage nötig wäre. Bei gleicher Maximalspannung würde die Drehstromleitung 150%, also 50% mehr brauchen. Da man jedoch mit Gleichstrom überhaupt nicht so hohe Spannungen erzielen kann als mit Drehstrom, so ist der Vergleich der maximalen Spannung bei Drehstrom mit der Spannung eines Gleichstromes derselben Leistung bedeutungslos, und der Wert obiger Untersuchung liegt nur darin, daß sie uns ein einfaches Mittel gibt, die Leitungen für Drehstromanlagen unter Bezugnahme auf eine imaginäre Gleichstromanlage leicht berechnen zu können. Das Verhältnis 0,75 zu 1 wurde abgeleitet unter der Annahme, daß die Phasenverschiebung Null ist. Das trifft bei Beleuchtungsanlagen nahezu ein; bei Motorenbetrieb jedoch nicht. Ist φ die Phasenverschiebung, so ist die Leistung des Drehstromes $\sqrt{3}\, I\, E \cos\varphi$ und das Verhältnis der Kupfergewichte wird $\frac{0{,}75}{\cos^2\varphi} : 1$. Bei einer Phasenverschiebung von $\cos\varphi = 0{,}8$ würde also die Drehstromleitung 17% schwerer werden als die Gleichstromleitung.

Ist p der Prozentsatz der verlorenen Leistung, bezogen auf die Leistung der Generatoren P (in Kw.), e die verkettete Spannung in einem Dreiphasensysteme und l die einfache Länge der Leitung (in km), so ist der Drahtquerschnitt q in qmm gegeben durch

$$q = \frac{1{,}8\, P\, l}{p \left(\frac{e}{1000} \cos\varphi\right)^2}.$$

Für Einphasenstrom ist der Koeffizient nicht 1,8, sondern 3,6. Für Gleichstrom ist er ebenfalls 3,6, jedoch ist dann immer $\cos\varphi = 1$. Bei Ableitung der obigen Formel ist angenommen worden, daß 55,5 m eines Drahtes von 1 qmm Querschnitt einen Widerstand von 1 Ohm haben.

107. Das monozyklische System.

Unter diesem Namen hat Steinmetz[1]) ein Mehrphasensystem patentiert, welches man sich entstanden denken kann aus einem Einphasensystem, in dessen elektrischem Mittelpunkt ein zweites Ein-

---

[1]) ETZ. 1895, Heft 23.

phasensystem gewissermaßen aufgepreßt wird. Ist *A B*, Fig. 167, der Vektor der E.M.K. des ersten Einphasensystemes, so können wir uns die Wicklung in zwei gleiche Teile zerlegt denken, deren Anschlußpunkt *O* der elektrische Mittelpunkt des Systems ist. Nun wickeln wir zwischen die Spulen *A B* mit 90^0 Phasenverschiebung eine zweite Serie von Spule *C*, in denen eine E.M.K. erzeugt wird, deren Vektor *O C* sein möge. Wenn wir die Spulen *C* in *O* anschließen, bekommen wir einen Anker mit drei Klemmen *A*, *B*, *C*. Von *A B* können wir gewöhnlichen einphasigen Wechselstrom entnehmen,

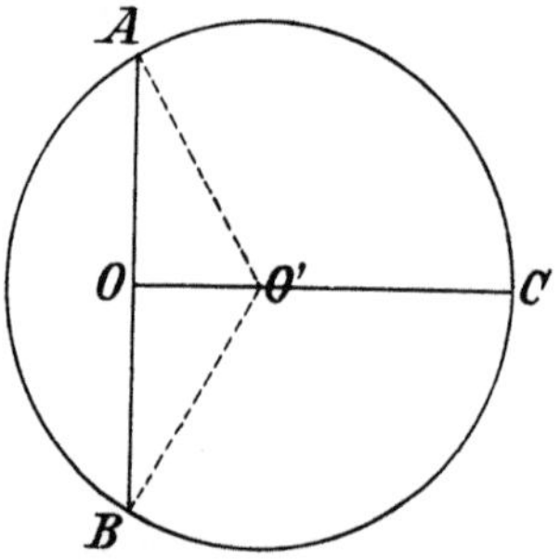

Fig. 167.

während wir den Klemmen *A C* und *B C* Wechselströme entnehmen können, die in der Phase verschoben sind. Ist die E.M.K. der Zusatzphase *O C* gleich $\sqrt{3/4}$ mal die E.M.K. der Hauptphase *A B*, so kann man der Maschine gewöhnlichen Drehstrom entnehmen. Man kann sich das monozyklische System auch dadurch entstanden denken, daß man bei einem Dreiphasenanker mit Sternschaltung, dessen Phasen durch die punktierten Linien *O' A*, *O' B* und die vollgezogene Linie *O' C* dargestellt sind, die zwei ersten Phasenwicklungen jede um 30^0, und zwar in der Richtung zueinander verschiebt, sodaß sie zusammenfallen, und der dritten Phasenwicklung $\sqrt{3}$ mal soviel Windungen gibt als jeder der beiden anderen Wicklungen. In der Regel wird jedoch die dritte Phase schwächer als $\sqrt{3/4}$ mal die Hauptphase gemacht, sodaß man ein, in Bezug auf die verkettete Spannung, unsymmetrisches System erhält. Das monozyklische System ist besonders dann vorteilhaft, wenn die Maschine hauptsächlich Beleuchtungsstrom und nur in untergeordnetem Maße Kraftstrom liefern soll. Dann kann man die Zusatzphase *O C* mit dünnerem

Draht wickeln, während die Hauptphase *A O B*, die dickeren Draht erhält, voll ausgenutzt wird. Soll die Maschine jedoch überwiegend Kraftstrom liefern, so wird durch die gewöhnliche Dreiphasenwicklung die Maschine besser ausgenutzt.

108. Leistung eines Drehstromes.

Die Leistung eines Drehstromes ist die Summe der Einzelleistungen der drei Linienströme. Wir können sie also mittels dreier Wattmeter messen, wobei die Stromspulen in die Linien *A*, *B*, *C* und die Spannungsspulen als Nebenschluß zwischen Linien und Strompunkt 0 geschaltet werden, wie Fig. 168 zeigt. Daß diese Meßmethode richtig ist, erhellt sofort aus der Überlegung, daß sie

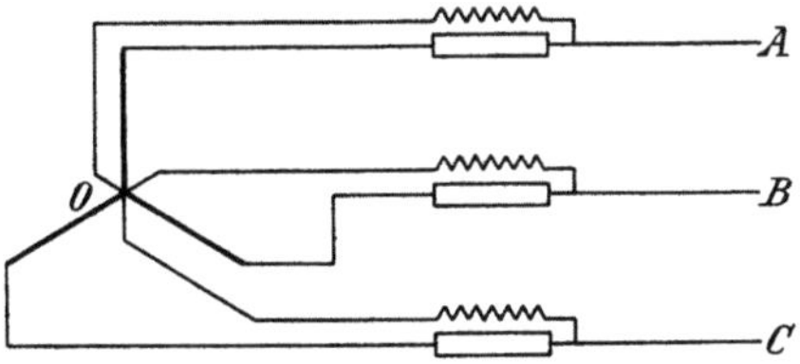

Fig. 168.

nichts anderes ist als die Messung der Leistung von drei Einphasenströmen, deren Einzelspannungen ungleich sein und die gegeneinander beliebige Phasenwinkel haben können, deren Summe jedoch $2\,\pi$ sein muß, während die Ströme der einzigen Bedingung genügen müssen, daß ihre Summe in jedem Augenblicke Null ist. Ihre Phasenwinkel gegen die Spannungen können verschieden sein. Wir haben also in Fig. 168 den allgemeinsten Fall, der auch für nicht symmetrische und ungleich belastete Systeme gilt. Es ist bei dieser Meßmethode allerdings vorausgesetzt, daß das System einen Sternpunkt hat und daß dieser behufs Anlegung der Spannungsspulen zugänglich sei. Diese Voraussetzung trifft nicht immer zu. Der Generator oder Strom empfangende Apparat kann Dreieckschaltung haben, der Sternpunkt kann unzugänglich sein, oder der Apparat kann so weit von der zur Messung gewählten Stelle entfernt sein, daß die Anwendung von Spannungsleitungen zum Sternpunkt unmöglich wird. In einem solchen Falle könnte man sich allerdings dadurch helfen, daß man durch Einschaltung einer dreiphasigen Drosselspule mit

Sternschaltung sich einen künstlichen Sternpunkt schafft; es bleibt aber immer noch die Unbequemlichkeit, daß drei Instrumente verwendet und gleichzeitig abgelesen werden müssen. Diese Unbequemlichkeit wird durch eine zuerst von Behn-Eschenburg in ETZ. 1892, Heft 6 angegebene Schaltung insofern vermindert, als man

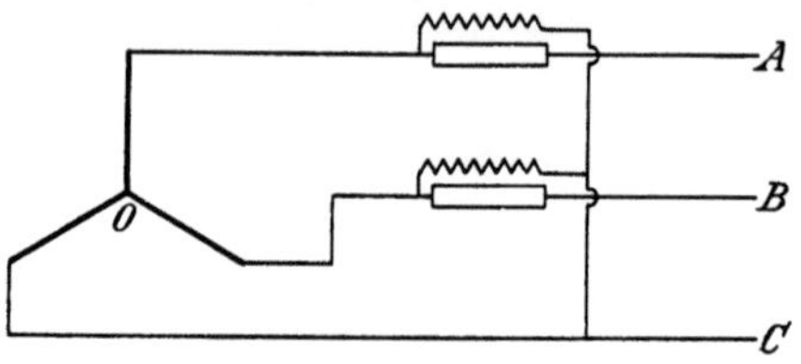

Fig. 169.

mit 2 Wattmetern auskommt und dabei den Sternpunkt nicht benutzt, sodaß die Messung an irgend einem Punkte der Linie, beliebig weit vom Generator oder Strom verbrauchenden Apparat, vorgenommen werden kann. Die Schaltung von Behn-Eschenburg

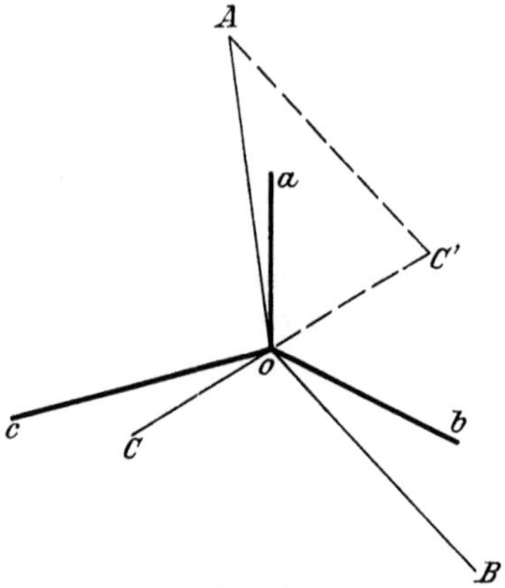

Fig. 170.

(auch Aron-Schaltung genannt, weil Aron sie zuerst für Elektrizitätszähler angewendet hat) ist in Fig. 169 schematisch dargestellt. Um die Analogie mit Fig. 168 zu wahren, ist auch hier der Generator oder Strom verbrauchende Apparat als in Stern geschaltet skizziert; es ist aber ohne weiteres klar, daß auch Dreieckschaltung verwendet werden kann. Behn-Eschenburg gibt an genanntem Ort einen analytischen Beweis für die Richtigkeit seiner Schaltung. Ich gebe hier einen graphischen Beweis.

Es seien in Fig. 170 *o a*, *o b*, *o c* die Vektoren der Spannungen und *O A*, *O B*, *O C* jene der Ströme. Da die Summe der Ströme in jedem Augenblicke Null sein muß, so muß die Summe der Projektionen ihrer Vektoren auf eine beliebige Gerade Null sein; es muß also jeder Stromvektor gleich und entgegengesetzt sein der Resultierenden

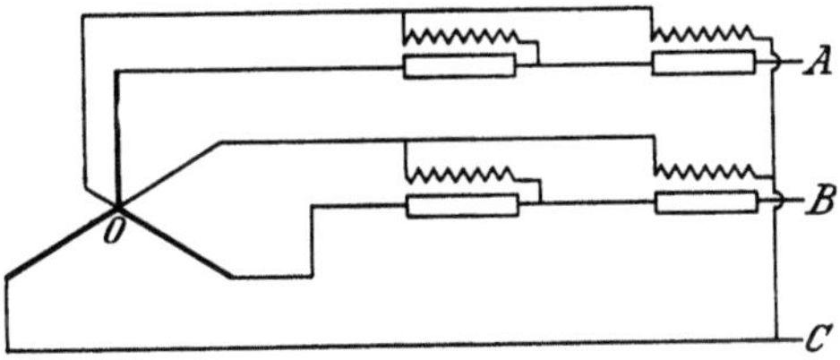

Fig. 171.

aus den beiden andern. Es muß also beispielsweise *O C'*, die Resultierende von *O A* und *O B*, gleich und entgegengesetzt *O C* sein. Die Leistung des Linienstromes *C* kann mithin bestimmt werden als die Summe der Leistungen seiner beiden Komponenten *A* und *B*. Wenn wir also in *A* und *B* Wattmeter einschalten, deren Span-

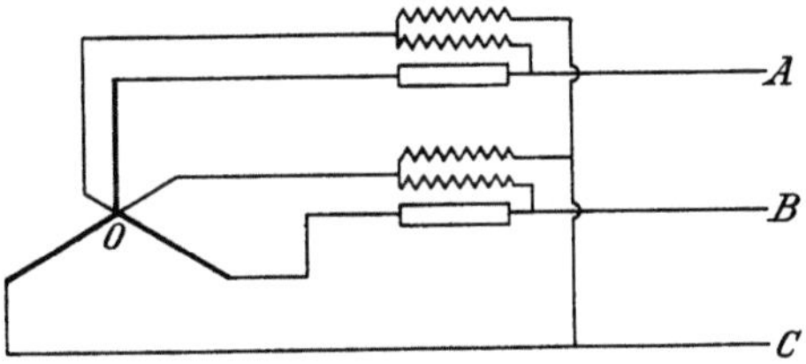

Fig. 172.

nungsspulen einerseits mit *C* und andererseits mit dem Sternpunkt verbunden sind, so gibt die Summe der Ablesungen die Leistung in *C*. In Fig. 171 sind die ursprünglich in den Leitungen *A* und *B* nach Fig. 169 eingeschalteten Wattmeter wieder eingezeichnet worden und auch die zwei neu hinzugekommenen Wattmeter zur Bestimmung der Leistung in *C*. Vorläufig ist also noch nichts gewonnen; im Gegenteil, die Messung ist noch etwas umständlicher geworden, denn wir haben jetzt 4 Wattmeter und Anschluß an den Sternpunkt nötig. Nun kann man aber eine einfachere Anordnung treffen. Da hier zwei hintereinander geschaltete Instrumente vom gleichen Linienstrom durchflossen werden, so kann man sie in einem Instrument vereinigt denken. Dieses würde dieselbe Stromspule haben, die früher jedes Einzelinstrument hatte, aber zwei auf demselben Rahmen gewickelte Spannungsspulen erhalten, wie das schematisch in Fig. 172 angedeutet ist. Nun ist die dynamische Wirkung des Rahmens offenbar gleich der Summe der Wirkungen der beiden einzelnen Spulen. Bedeuten in Fig. 173 *o a*, *o b* und *o c* die Vektoren der drei Sternspannungen, so ist das Drehmoment, welches der Rahmen des in *A* eingeschalteten Wattmeters in einem bestimmten Augenblicke durch den Strom erhält, offenbar proportional der Summe von zwei Produkten, jedes zusammengesetzt aus dem augenblicklichen Wert des Linienstromes

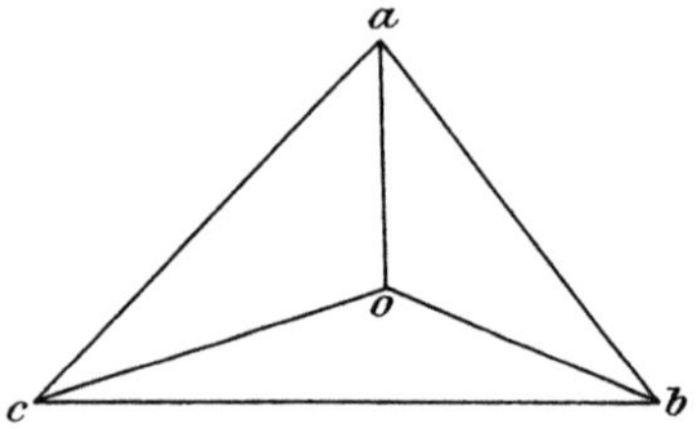

Fig. 173.

und dem augenblicklichen Wert der Sternspannungen. Diese sind aber für das in *A* eingeschaltete Wattmeter durch die Projektionen von *o a* und *o c* gegeben. Da ihre Summe die Projektion von *c a* ist, so sieht man ohne weiteres, daß unser Wattmeter mit doppelt bewickeltem Rahmen ersetzt werden kann durch ein solches mit einfach bewickeltem Rahmen, wenn diese Wicklung die Spannung *c a* erhält. Es fällt natürlich dabei die Verbindung mit dem Sternpunkt fort und wir kommen zu der in Fig. 169 skizzierten Schaltung. Da wir bei Ableitung dieser Schaltung nur sinusförmige Strom- und Spannungskurven annahmen, in Bezug auf Symmetrie der Spannungsvektoren oder Gleichheit der Belastung in den drei Zweigen keinerlei Voraussetzungen gemacht haben, so ist ohne weiteres klar, daß diese Meßmethode auch für unsymmetrische und ungleich belastete Drehstromsysteme richtig ist, sofern bei der Addition der Ablesungen auf das Vorzeichen gebührend Rücksicht genommen wird. Diese Meßmethode ist also auch auf das monozyklische System anwendbar.

Siebenzehntes Kapitel.

109. Ankerrückwirkung.

Im 15. Kapitel wurde gezeigt, wie man aus den konstruktiven Angaben der Maschine die im Anker induzierte E.M.K. bestimmen kann. Diese E.M.K. kann man auch an den Klemmen des Ankers direkt messen, wenn kein merklicher Strom die Ankerwindungen durchfließt. Liefert der Anker jedoch einen merklichen Strom, so können wir zwar auch die Klemmenspannung messen, das Meßresultat ist aber nicht mehr die im Anker induzierte E.M.K., sondern eben die Klemmenspannung. Zwischen beiden kann ein recht erheblicher Unterschied bestehen, und zwar aus verschiedenen Gründen. Der zunächstliegende Grund ist in dem ohmischen Widerstand der Ankerwicklung zu suchen. Dieser verursacht einen Verlust an Spannung, der mit der Stromstärke wächst und dessen Vektor mit dem Stromvektor die gleiche Richtung hat. Ein zweiter Grund ist die Selbstinduktion des Ankers. Wie im vorigen Kapitel gezeigt wurde, muß zur Überwindung der Selbstinduktion dem Stromkreis eine E.M.K. aufgedrückt werden, deren Vektor dem Stromvektor um 90^0 voraus eilt und deren Größe durch den Ausdruck

$$e_s = \omega L i$$

dargestellt wird. Es ist also e_s als eine Komponente der induzierten E.M.K. aufzufassen. Ein dritter Grund der Verschiedenheit zwischen E.M.K. und Klemmenspannung ist die magnetisierende oder entmagnetisierende Wirkung des Ankerstromes auf das Feld. Man könnte bei oberflächlicher Betrachtung auf die Meinung verfallen, als könne der Ankerstrom eine solche Wirkung nicht ausüben, denn es ist ein Wechselstrom, während doch zur Magnetisierung der Feldmagnete ein Gleichstrom nötig ist. Diese Meinung wäre jedoch irrig. Es ist allerdings richtig, daß in der durch den Erregerstrom erzeugten Feldstärke eine zweite Erregerspule, die Wechselstrom führt, keine Änderung hervorbringen kann. Diese zweite Spule müßte aber ihre Lage zu den Polen unverändert beibehalten. Die Windungen des Ankers sind solche Spulen, aber sie stehen nicht stille, sondern ändern ihre Lage den Feldpolen gegenüber mit einer Geschwindigkeit, die der Frequenz genau entspricht. Während der Zeit, daß der Strom in einer bestimmten Spule seine Richtung wechselt, hat die Spule ihre Stellung im Felde um die Strecke τ verändert. Hat also in der ersten Stellung der augenblickliche Stromwert eine magnetisierende Wirkung ausgeübt, so übt in der zweiten Stellung der dann herrschende Strom, trotzdem er die entgegengesetzte Richtung hat, eine magnetisierende Wirkung im gleichen Sinne aus. Der Vorgang in einer Spule wiederholt sich natürlich in jeder anderen, sodaß wir sagen können, der Anker übt, wenn er Strom gibt oder empfängt, eine magnetisierende Wirkung auf das Feld aus, und diese Wirkung besteht aus Pulsationen in gleichem Sinne. Diese Pulsationen wiederholen sich $2\,\nu$ mal pro Sekunde und haben die gleiche Kurve wie der Ankerstrom selbst. Der Einfachheit halber wollen wir annehmen, sie folgen dem Sinusgesetz. Ob nun diese Pulsationen den Kraftfluß verstärken oder schwächen, hängt ab von der Stellung, die der Anker den Polen gegenüber zu jener Zeit hat, wenn die Stromwelle im Anker ihr Maximum passiert. Bei Phasengleichheit zwischen Strom und induzierter E.M.K. gibt es ebenso viele Pulsationen im Sinn des erregenden Gleichstroms als im entgegengesetzten Sinn, und der Anker übt weder eine magnetisierende noch eine entmagnetisierende Wirkung auf das Feld aus. Ist jedoch Phasenverschiebung vorhanden, so überwiegt je nach ihrem Vorzeichen die eine oder die andere Wirkung, d. h. die im Anker induzierte E.M.K. ist größer oder kleiner als bei Leerlauf. Wir wollen der Kürze halber die magnetisierende Kraft des Ankers, möge sie in einem oder dem anderen Sinne wirken, als durch Gegenwindungen veranlaßt auffassen. Nennen wir diese X_g und die durch Gleichstrom erzeugte Erregung X, so ist die wirklich auf das Feldsystem wirkende Erregung $X-X_g$, wobei wir X_g als positiv auffassen, wenn es gegen, und als negativ, wenn es mit der Gleichstromerregung wirkt. Das Zusammenwirken dieser störenden Einflüsse, nämlich Selbstinduktion und Gegenwindungen, kann man unter dem Namen Ankerrückwirkung zusammenfassen.

Nun liegt der Gedanke nahe, die Ankerrückwirkung als einzig und allein durch Gegenwindungen hervorgebracht anzusehen. Diese Auffassung ist auch in Fachschriften verschiedentlich vertreten worden. Darnach würde man unter Vernachlässigung des Ankerwiderstandes die Klemmenspannung als gleich betrachten mit jener E.M.K. bei Leerlauf, die einer Felderregung von $X-X_g$ entspricht. Diese Anschauungsweise hat den Vorteil der Einfachheit, leider aber den Nachteil der Unrichtigkeit, wie man sich durch einen sehr einfachen Versuch überzeugen kann. Denken wir uns einen Einphasengenerator auf etwa $^1/_4$ Feldstärke erregt und kurzgeschlossen. Dann ist die Klemmenspannung Null und nach obiger Anschauung müßte die induzierte E.M.K. auch nahezu Null sein, nämlich nur so weit von Null verschieden, als dem sehr kleinen Spannungsverlust infolge ohmischen Widerstandes entspricht. Es wird also auch die Feldstärke sehr gering sein und $X-X_g$ wird auch nahezu Null sein. Mit anderen Worten, wir müßten annehmen, daß die entmagnetisierende Kraft des Ankers sehr nahezu gleich ist der magnetisierenden Kraft der Erregerspule. Denken wir uns nun das Experiment mit einer Phase eines Zweiphasenankers wiederholt. In der kurzgeschlossenen Phase ist die E.M.K. nahezu Null, und wenn die obige Ansicht richtig ist, muß das Feld verschwindend schwach sein. Unter dieser Voraussetzung dürfte also in der zweiten offenen Phase nur eine ganz geringe Spannung auftreten. Das ist jedoch nicht der Fall. In Wirklichkeit tritt in der offenen Phase eine Spannung auf, deren Größenordnung etwa $^1/_2$ der Leerlaufspannung bei der betreffenden Erregung ist. Daraus schließen wir, daß der Kurzschlußstrom eine entmagnetisierende Wirkung ausübt, die erheblich geringer ist als die magnetisierende Wirkung der Erregerspule, und daß ein beträchtlicher Teil des ursprünglichen (bei Leerlauf vorhandenen) Kraftflusses bestehen geblieben ist. Wenn aber trotzdem nur in der offenen, nicht aber in der kurzgeschlossenen Phase eine erhebliche

E.M.K. meßbar ist, so liegt das einfach daran, daß in der kurzgeschlossenen Phase die E.M.K. der Selbstinduktion die induzierte E.M.K. neutralisiert.

Wir haben in der Maschine vier Felder zu unterscheiden. Zwei davon erzeugt der Erregerstrom und die zwei anderen der Ankerstrom. Von den ersteren zwei Feldern ist eines durch Kraftlinien gebildet, welche nur mit den Erregerspulen, nicht aber mit den Ankerspulen verschlungen sind. Es ist das nichts anderes als das Streufeld des Magnetsystems; seine Berechnung erfolgt nach der im zehnten Kapitel gegebenen Anweisung. Das andere von den Erregerspulen erzeugte Feld ist mit ihnen und mit den Ankerspulen verschlungen. Es ist das Nutzfeld und die E.M.K. bei Leerlauf ist ihm direkt proportional. Jede Ankerspule macht ein Feld, das nur mit ihr allein, und ein zweites Feld, das mit ihr und den Erregerspulen verschlungen ist. Das erste ist das selbstinduzierte Feld N_s und das zweite ist das Gegenfeld N_g. Ist R der magnetische Widerstand des Kraftlinienpfades, der Anker und Erregerspulen durchsetzt, so ist

$$N_g = \frac{X_g}{R},$$

$$N = \frac{X}{R},$$

$$N - N_g = \frac{1}{R}(X - X_g).$$

Die Bestimmung der Gegenwindungen X_g ist im Abschnitt 111 gegeben.

Im Ankerkern und im Luftraum kommt wirklich zu stande ein Feld, welches als die vektorielle Summe von $N - N_g$ und N_s aufgefaßt werden kann. Die magnetische Beanspruchung des Ankerkernes ist also proportional einer E.M.K., deren Komponenten sind Klemmenspannung und ohmischer Spannungsabfall. Es ist wichtig, diese Beziehung bei Berechnung der Eisenverluste zu beachten.

110. Selbstinduktion im Anker.

Denken wir uns den Anker in einer solchen Lage festgehalten, daß eine Spulenseite ungefähr in der Mitte unter einem Pol zu liegen kommt. Schicken wir nun durch die Spule einen Wechselstrom, so erzeugt er ein Wechselfeld, dessen Kraftlinienpfad links und rechts von der Spulenseite den Luftraum zwischen Pol und Anker durchdringt. Ist die Spulenseite breit, so werden auch einige Kraftlinien diese selbst durchdringen. Ein Draht, der in der Mitte der Spulenseite liegt, ist mit allen Kraftlinien des selbstinduzierten Feldes verschlungen, während Drähte rechts oder links mit einer entsprechend kleineren Anzahl von Kraftlinien verschlungen sind. Die selbstinduzierte E.M.K. ist also für den mittleren Draht am größten und für die anderen Drähte je nach ihrer Entfernung entsprechend kleiner. Da der magnetische Widerstand des Eisens gegenüber jenem des Luftraumes vernachlässigt werden kann, so kann man den selbstinduzierten Kraftfluß als dem Luftraum δ umgekehrt proportional annehmen. Andererseits ist er offenbar dem Stromvolumen in der Spulenseite, also dem Produkt $q\,i$, direkt proportional. Wir können deshalb sagen, daß der selbstinduzierte Kraftfluß dem Ausdruck

$$N\,\frac{q\,i}{X_a}$$

proportional ist. Da nun e_s diesem Kraftfluß und die bei Leerlauf induzierte E.M.K. e dem Kraftfluß N proportional ist, so gilt auch die Beziehung

$$e_s = e\,k_s\,\frac{q\,i}{X_a} \quad \ldots\ldots\ldots \quad (68)$$

wobei k_s ein Faktor ist, welcher die oben erwähnte Proportionalität darstellt. Dieser Faktor hängt natürlich von den konstruktiven Daten der Maschine ab. Ist z. B. der Pol sehr breit, so ist die Durchgangsfläche rechts und links von der Spulenseite groß und der Stromfluß N_s wird größer, dadurch wird k_s auch größer. Ist die Spulenseite sehr breit (glatte Wicklung oder schleichende Wicklung), so sind die meisten Drähte nur mit einem Teil von N_s verschlungen und die E.M.K. der Selbstinduktion für die ganze Spulenseite zusammengenommen wird kleiner, wodurch k_s auch kleiner wird. Es wird auch offenbar bei Einlochwicklung k_s größer sein, als bei Zweilochwicklung, weil in letzterem Fall nicht nur das Stromvolumen in jedem Loch kleiner ist, sondern auch durch die Trennung der Spulenseite in zwei Löcher der Durchgangsquerschnitt des Streuflusses verringert worden ist. In dieser Beziehung ist also ein großer Lochabstand günstig. Nun kann man ähnlich, wie es für den Koeffizienten k in der Formel für die induzierte E.M.K. bei Leerlauf geschehen ist, den Koeffizienten k_s für verschiedene Werte von P/τ und S/τ und verschiedene Lochwicklungen berechnen. Die so erhaltenen Werte sind jedoch noch etwas zu reduzieren. Wir haben nämlich den Anker als stillstehend angenommen, während er sich in Wirklichkeit bewegt. Die Spulenseite nimmt also nur zweimal in jeder Periode die Stellung vor der Polmitte ein. In dieser Stellung ist der magnetische Widerstand des Streufeldes am geringsten und das Streufeld selbst am größten. Liegt aber die Spulenseite zwischen zwei Polen, so verlaufen die Streulinien außerhalb des Ankers ganz durch Luft und das Streufeld wird deshalb schwächer ausfallen. Der Mittelwert der Selbstinduktion muß also kleiner ausfallen als jener, den wir für die zentrale Stellung der Spulenseiten berechnen. Dazu kommt noch eine zweite Korrektion. Sind die Pole massiv, so ist die eingangs gemachte Annahme, daß der Streupfad im Eisen keinen Widerstand hat, auch unrichtig. Das selbstinduzierte Feld erzeugt Wirbelströme in den soliden Polen, und diese Wirbelströme erschweren den Durchgang der Streulinien, vermindern also die Stärke des Kraftflusses und mithin die E.M.K. der Selbstinduktion.

Haben wir es mit einer Gleichpolmaschine zu tun, so haben die Linien des Nutzfeldes den Luftraum δ zwischen Anker und Pol nur einmal zu durchsetzen und nicht zweimal wie bei Wechselpolmaschinen, während die selbstinduzierten Streulinien diesen Luftraum zweimal durchsetzen müssen. Es ist also wie früher N_s proportional $q\,i/2\,\delta$, dagegen ist N_1 proportional X_a/δ. Es ist also bei Doppelmaschinen für X_a nur der einem Luftraum entsprechende Wert einzusetzen. Da

$$\frac{e_s}{e} = \frac{N_s}{N_1\left(\frac{1-\eta}{2}\right)},$$

so ist k_s von der Streuung η abhängig.

Die folgenden Tabellen geben die Werte von k_s für einige gebräuchliche Typen von Maschinen.

Tabelle des Koeffizienten k_s für Gleichpole und lange Spulen mit einfacher Lochwicklung.

τ = Teilung. P = Polbreite. η = Streuungsverhältnis.

η %		10	15	20	25
$\frac{P}{\tau}=$	1	0,78	0,83	0,88	0,94
	$\frac{4}{5}$	0,70	0,75	0,80	0,88

Tabelle des Koeffizienten k_s für Wechselpole und lange Spulen.

τ = Teilung. P = Polbreite. S = Spulenbreite.

Art der Wicklung		———			. . .	. .	.	○	◎
$\frac{S}{\tau}$		1	$\frac{1}{2}$	$\frac{1}{3}$	$\frac{2}{9}$	$\frac{1}{4}$	0	1	$\frac{2}{3}$
$\frac{\text{Lochabstand}}{\text{Teilung}}$		0	0	0	$\frac{1}{9}$	$\frac{1}{4}$	1	$\frac{\pi D}{\tau z}$	$\frac{\pi D}{3 \tau z}$
$\frac{P}{\tau}=$	$\frac{2}{3}$	0,3	0,66	0,82	0,92	0,76	1,16	0,3	0,73
	$\frac{1}{2}$	0,15	0,33	0,60	0,60	0,30	1,00	0,15	0,40

Zeichenerklärung wie bei der Tabelle auf Seite 375.

111. Magnetisierung des Feldes durch den Ankerstrom.

Die magnetisierende Wirkung des Ankerstromes hängt offenbar von der Phasenverschiebung ab. Ist diese Null, so tritt das Maximum des Stromes in einer Spulenseite genau in dem Augenblicke ein, wenn die Spulenseite vor der Polmitte steht. Während der folgenden Viertelperiode wirkt der Ankerstrom entmagnetisierend auf das Feld und nach Ablauf dieser Zeit ist die Spulenseite genau in die Mitte zwischen zwei Pole gekommen und der Strom ist auf Null gesunken. Während der nächsten Viertelperiode steigt der Strom in umgekehrter Richtung an und wirkt magnetisierend auf das Feld, bis die Spulenseite die Mitte des nächsten Poles erreicht. Es wechseln also bei $\varphi = 0$ Perioden, in welchen eine demagnetisierende Wirkung ausgeübt wird, mit gleich langen Perioden ab, in denen eine magnetisierende Wirkung ausgeübt wird. Es wird deshalb das Feld durch den Ankerstrom überhaupt nicht beeinflußt. Hat der Strom jedoch Nacheilung, so wird die entmagnetisierende Periode verlängert, die magnetisierende verkürzt, und der Gesamteffekt ist entmagnetisierend. Das Umgekehrte findet statt, wenn der Strom Voreilung hat. In einem Generator wird also das Feld durch einen nacheilenden Ankerstrom geschwächt, und zwar umsomehr, je größer die Phasenverschiebung ist. Wird $\varphi = 90^0$, so tritt das Maximum der Gegenwindungen ein.

Wir wollen nunmehr diesen Fall rechnerisch untersuchen, und

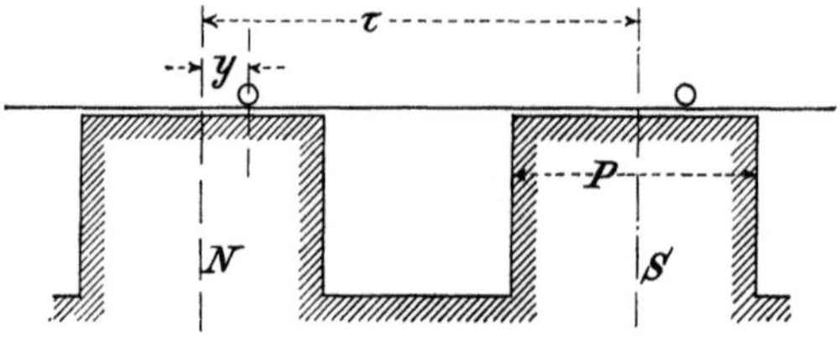

Fig. 174.

zwar für eine Einphasen-Einloch-Wicklung. Zählen wir die Zeit von der centralen Stellung des Loches, so ist in Fig. 174

$$y = v\,t, \qquad t\,\omega = \alpha, \qquad \omega = 2\,\pi\,\nu, \qquad v = 2\,\tau\,\nu.$$

Daraus ist

$$y = \frac{\alpha}{\pi}\,\tau.$$

Das Stromvolumen im Loch ist $q\,i\sqrt{2}\sin\alpha$ und die Durchgangsfläche für die Gegenlinien ist rechts $L\left(y + \frac{P}{2}\right)$ und links $L\left(\frac{P}{2} - y\right)$; die Gesamtfläche ist $L\,P$. Das ist aber auch die Durchgangsfläche für das Nutzfeld. Der Kraftfluß rechts ist gegen, jener links mit dem Nutzfeld gerichtet. Das Nutzfeld wird also um einen Betrag geschwächt, der $2\,y\,L$ proportional ist. Bezeichnen wir mit R den magnetischen Widerstand des Kraftlinienpfades, der mit Anker und Feldspulen verschlungen ist, so können wir für das tatsächlich wirksame Gegenfeld die Gleichungen aufstellen

$$N_g = \frac{q\,i\sqrt{2}\sin\alpha}{R}\;\frac{2\,y}{P}$$

$$N_g = \frac{q\,i\sqrt{2}}{R}\sin\alpha,$$

wobei die erste Gleichung für jene Werte von α gilt, die den Werten für y zwischen 0 und $\frac{P}{2}$ entsprechen, und die zweite Gleichung für größere Werte von α, die eintreten, wenn das Loch über die Polkante fortgeschritten ist. Da nach dem Begriff des magnetischen Widerstandes der augenblickliche Wert der Gegenwindungen

$$x_g = N_g R,$$

so können wir obige Gleichungen auch in der Form schreiben

$$x_g = q i \sqrt{2} \sin \alpha \frac{2y}{P},$$

$$x_g = q i \sqrt{2} \sin \alpha.$$

Wie man sieht, ist x_g, d. h. der augenblickliche Wert der Gegenwindungen, von der Lage des Loches relativ zum Pol abhängig. Er variiert beständig und würde ein beständig variierendes Gegenfeld erzeugen, wenn nicht eine die Variationen dämpfende Wirkung vorhanden wäre. Eine solche Wirkung ist jedoch vorhanden, selbst wenn sowohl im Anker als auch im Feld solide Eisenmassen vermieden werden. Nach dem Begriff der Gegenwindungen müssen die von ihnen erzeugten Kraftlinien mit der Erregerspule verschlungen sein. Da letztere eine große Selbstinduktion hat, so kann der Gegenfluß nur in ganz verschwindend kleinem Maße variieren und diese Variationen dürfen wir vernachlässigen. Wir haben also eine zwischen weiten Grenzen wechselnde Erregung durch eine stetige, d. h. durch konstanten Gleichstrom erzeugte Erregung zu ersetzen. Diese äquivalente Erregung X_g kann offenbar gefunden werden, indem wir die Impulse x_g der Zeit nach integrieren und das Integral durch die gesamte Zeit dividieren.

$$X_g = \frac{1}{t} \int_0^t x_g \, dt.$$

Da α und t proportional sind, können wir auch schreiben

$$X_g = \frac{2}{\pi} \int_0^{\frac{\pi}{2}} x_g \, d\alpha,$$

wobei wir der Einfachheit halber die Integration nur über den Winkel einer Viertelperiode ausdehnen, was in unserem Falle wegen vollständiger Gleichheit aller Viertelperioden genügt.

Da $y = \frac{\alpha}{\pi} \tau$, so haben wir

$$X_g = \frac{2}{\pi} \left[\int_0^{\alpha_1} q\, i \sqrt{2} \sin \alpha \frac{2\alpha}{\pi} \frac{\tau}{P}\, d\alpha + \int_{\alpha_1}^{\frac{\pi}{2}} q\, i \sqrt{2} \sin \alpha\, d\alpha \right].$$

Dabei ist

$$\alpha_1 = \frac{\pi}{2} \frac{P}{\tau} = \frac{\pi m}{2},$$

wenn wir mit m das Verhältnis von Polbreite zu Teilung bezeichnen.

$$X_g = \frac{2\, q\, i \sqrt{2}}{\pi} \left[\frac{2}{\pi m} \int_0^{\frac{\pi m}{2}} \alpha \sin \alpha\, d\alpha + \int_{\frac{\pi m}{2}}^{\frac{\pi}{2}} \sin \alpha\, d\alpha \right].$$

Die Auflösung des Integrals gibt

$$X_g = \frac{2\, q\, i \sqrt{2}}{\pi^2} \frac{2}{m} \sin m \frac{\pi}{2}$$

$$X_g = \frac{0{,}57}{m} \sin m \frac{\pi}{2} q\, i.$$

Setzen wir

$$k_g = \frac{0{,}57}{m} \sin m \frac{\pi}{2},$$

so ist

$$X_g = k_g\, q\, i.$$

$q\, i$ ist das effektive Stromvolumen in einer Spulenseite. Zu beachten ist, daß diese Formel nur unter der Voraussetzung gilt, daß $\varphi = \frac{\pi}{2}$. Es ist dann natürlich die Gegenwirkung des Ankers am größten und zwar schwächt sie das Feld, wenn $\varphi = + \frac{\pi}{2}$ (der Strom hat Nacheilung), und stärkt es, wenn $\varphi = - \frac{\pi}{2}$ (der Strom hat Voreilung). Für kleinere Werte von φ ist die Gegenwirkung kleiner und verschwindet ganz für $\varphi = 0$. Wir wollen vorläufig annehmen, daß der Einfluß von φ durch eine Sinusfunktion mit genügender Genauigkeit dargestellt werden kann. Unter dieser Voraussetzung hätten wir allgemein

$$X_g = \sin \varphi \, k_g \, q \, i.$$

wobei der Wert von k_g von der Anzahl Phasen abhängt. Streng genommen, hängt k_g auch von der Wicklungsart ab, denn es kann nicht gleichgültig sein, ob, wie wir oben angenommen haben, das ganze Stromvolumen einer Spulenseite in einem einzigen Loch konzentriert ist, oder ob es mehr oder weniger verteilt ist. Eine genaue Berechnung der Gegenwindungen würde jedoch sehr verwickelt sein und hätte wenig praktischen Wert, da die durch die Gegenwin-

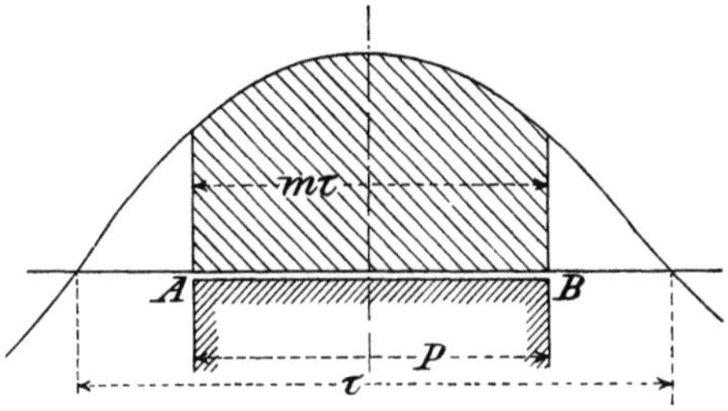

Fig. 175.

dungen verursachte Änderung der Spannung im allgemeinen nicht groß ist und bei Maschinen mit ziemlich flach auslaufender Charakteristik sogar sehr klein ist.

Ein mäßiger Fehler, den wir bei der Berechnung von X_g begehen, hat also nur einen kleinen Fehler in der Bestimmung der Spannungsänderung zur Folge.

Wir wollen jetzt die Rückwirkung eines Dreiphasenankers mit schleichender Stabwicklung untersuchen. Wenn man diese Wicklung zeichnerisch verfolgt, so findet man, daß infolge der Ineinanderlagerung der Phasen die Kurve, welche die Ankeramperewindungen als eine Funktion einer am Ankerumfang gemessenen Länge darstellt, sehr nahezu Sinusform hat und die Höhe dieser Sinuswelle sich je nach der Phasenstellung in geringen Grenzen ändert. Geht eine Phase durch Null, so ist die Höhe der Welle $q\, i \sqrt{2}\sqrt{3}$; ist eine Phase ein Maximum, so ist die Höhe der Welle $q\, i \sqrt{2}\, 2$. Der Mittelwert ist 2,64 $q\, i$. Die Basis der Welle ist τ. Bei feststehendem Anker schreitet nun diese Welle mit der Geschwindigkeit der Feldpole vorwärts. Bei rotierendem Anker bleibt sie im Raum stehen. Die Lage der Welle den Polen gegenüber bleibt also unverändert.

Ist $\varphi = 90^0$, so fällt, wie Fig. 175 zeigt, die Polmitte mit dem Scheitel der Welle zusammen und die entmagnetisierende Wirkung des Ankers wird durch die mittlere Höhe der schraffierten Fläche ausgedrückt. Wir haben also

$$X_g = \frac{\text{Fläche}}{m\,\tau}$$

$$\text{Fläche} = \frac{\tau}{\pi}\,2{,}64\,q\,i\int_{\alpha_1}^{\alpha_2}\sin\alpha\,.\,d\,\alpha,$$

wobei wir den der Polkante A entsprechenden Winkel mit α_1 und den der Polkante B entsprechenden mit α_2 bezeichnen. Da $\cos\alpha_1 = \cos\alpha_2$, haben wir

$$\text{Fläche} = \frac{\tau}{\pi}\;2{,}64\,q\,i\;2\cos\alpha_1\,.$$

Nun ist aber $\alpha_1 = 90 - \beta$, wobei β jener Winkel ist, welcher der halben Polbreite entspricht. Es ist also

$$\cos\alpha_1 = \sin m\,\frac{\pi}{2}$$

$$\text{Fläche} = \frac{\tau}{\pi}\;2{,}64\,q\,i\;2\sin m\,\frac{\pi}{2}$$

$$X_g = \frac{2{,}64\,q\,i\,2}{\pi\,m}\;\sin m\,\frac{\pi}{2}$$

$$X_g = \frac{1{,}68\,q\,i}{m}\;\sin m\,\frac{\pi}{2}\,.$$

Bei Einloch-Einphasenwicklung fanden wir

$$X_g = \frac{0{,}57\,q\,i}{m}\;\sin m\,\frac{\pi}{2}\,.$$

Haben wir Dreiphasen-Einloch-Wicklung, so ist der Koeffizient natürlich dreimal so groß

$$3 \times 0{,}57 = 1{,}71.$$

Diese Zahl stimmt recht gut mit dem eben gefundenen Wert 1,68 für glatte oder schleichende Wicklung. Der Unterschied rührt daher, daß bei Lochwicklung die entmagnetisierende Wirkung mehr konzentriert ist als bei schleichender Wicklung; er ist übrigens so gering, daß man ihn vom praktischen Standpunkte aus vernachlässigen kann. Ist die Phasenverschiebung kleiner als 90^0, so fällt die Polmitte nicht mehr mit dem Wellenscheitel zusammen, sondern liegt um den Winkel

$$\psi = \frac{\pi}{2} - \varphi$$

seitlich davon (Fig. 176). Die Fläche ist wie früher gegeben durch den Ausdruck

$$\frac{\tau}{\pi} 2.64\, q\, i \int\limits_{\alpha_1 + \psi}^{\alpha_2 + \psi} \sin \alpha\, d\alpha = \frac{\tau}{\pi} 2{,}64\, q\, i \Big[- \cos \alpha \Big]_{\alpha_1 + \psi}^{\alpha_2 + \psi},$$

wenn wir für α_1 und α_2 die früheren Werte bestehen lassen.

Die Klammergröße ist

$$\cos(\alpha_1 + \psi) - \cos(\alpha_2 + \psi) = \cos \psi (\cos \alpha_1 - \cos \alpha_2) \sin \psi (\sin \alpha_1 - \sin \alpha_2).$$

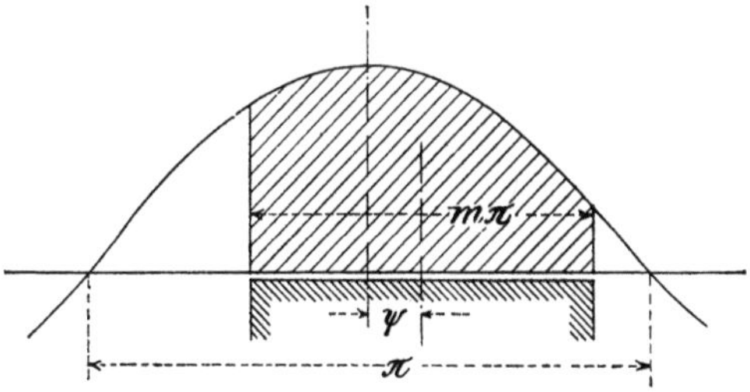

Fig. 176.

Da $\cos \alpha_1 = \cos \alpha_2$ und $\cos \psi = \sin \varphi$, so ist die Klammergröße gegeben durch

$$2 \cos \alpha_1 \sin \varphi$$

und die Fläche ist

$$\text{Fläche} = \frac{\tau}{\pi} 2{,}64\, q\, i\, 2 \cos \alpha_1 \sin \varphi .$$

Dieser Ausdruck unterscheidet sich von dem früheren nur dadurch, daß $\sin \varphi$ als Faktor hinzugekommen ist. Unsere frühere Annahme, daß die Ankergegenwindungen dem Sinus des Phasenwinkels proportional sind, ist also wenigstens für die hier behandelte Dreiphasenwicklung streng richtig, und da, wie oben gezeigt wurde, der Unterschied im Koeffizienten von X_g für Einloch- und Mehrlochwicklungen sehr unbedeutend ist, können wir als für praktische Zwecke genügend genau annehmen, daß in allen Fällen die Ankergegenwindungen dem Sinus des Phasenwinkels proportional sind. Wir haben also allgemein

$$X_g = k_g\, q\, i \sin\varphi \qquad (69)$$

$$k_g = n\,\frac{0{,}57}{m}\,\sin\frac{m\,\pi}{2} \qquad (70)$$

Dabei ist n die Anzahl der Phasen.

112. Vorausbestimmung des Spannungsabfalls.

Wir haben in den vorigen beiden Abschnitten die Wirkung der Selbstinduktion im Anker und die entmagnetisierende Wirkung des Ankerstromes gesondert betrachtet. In Wirklichkeit treten aber diese Erscheinungen gleichzeitig auf und bewirken, daß bei Be-

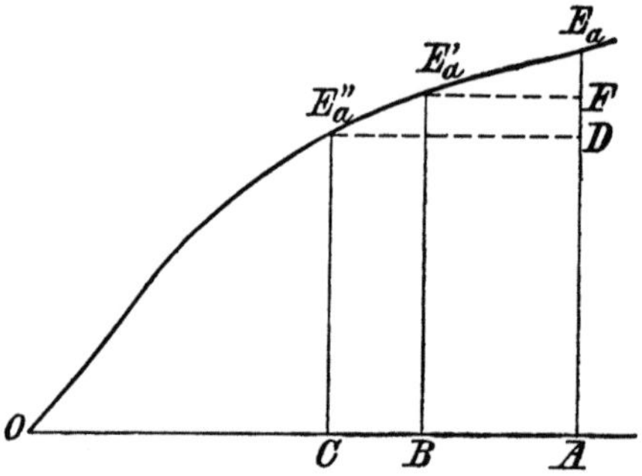

Fig. 177.

lastung die Klemmenspannung einen anderen Wert hat als die im Anker bei Leerlauf, aber der gleichen Erregung, induzierte E.M.K. Wir wollen jetzt dazu übergehen, die Klemmenspannung bei Belastung aus den elektrischen Daten der Maschine zu bestimmen.

Es sei in Fig. 177 $O\,E_a$ die Charakteristik der Maschine, also $O\,A$ die Erregung, welche nötig ist, um bei Leerlauf die E.M.K. $A\,E_a$ im Anker zu induzieren. Die nach (69) berechneten Gegenwindungen tragen wir, wenn φ positiv ist (Strom im Generator eilt der Spannung nach), von A nach links auf. Es sei das die Strecke $A\,B$. Für $\varphi = \frac{\pi}{2}$ sei diese Strecke $A\,C$. Es würde also je nach dem Werte von φ, wenn der Anker weder ohmischen Widerstand noch Selbstinduktion hätte, die Klemmenspannung um $E_a\,F$ oder $E_a\,D$ geringer als die Leerlaufspannung $A\,E_a$ sein.

In der Regel sind die Gegenwindungen des Ankers klein gegenüber der Felderregung. Das Stück der Kurve $E_a'' E_a' E_a$ weicht also nicht bedeutend von einer Geraden ab und wir können ohne großen Fehler setzen

$$\frac{BA}{CA} = \frac{E_a F}{E_a D}.$$

Nennen wir E_g den Spannungsabfall für $\varphi = 90^0$, also $E_g = E_a D$, so ist

$$E_a F = E_g \frac{BA}{CA},$$

$$E_a F = E_g \sin \varphi.$$

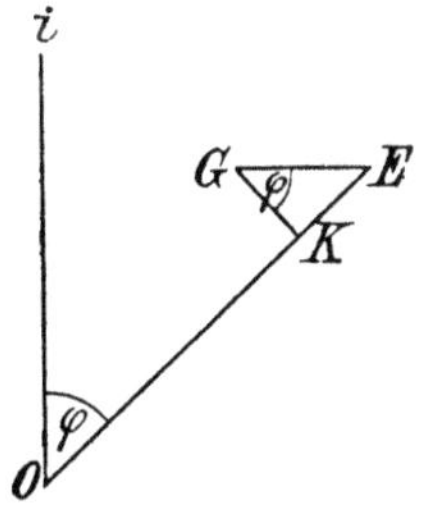

Fig. 178.

Die Klemmenspannung ist dann unter den obigen Annahmen

$$E_k = E_a - E_g \sin \varphi.$$

Diese Gleichung läßt sich graphisch darstellen. In Fig. 178 ist Oi der Stromvektor und OE der Vektor der E.M.K. Zieht man EG senkrecht zu OJ, macht $EG = E_g$ und fällt von G eine Senkrechte auf OE, so gibt (wenn wir annehmen, daß der Anker keine Selbstinduktion hat) ihr Fußpunkt K die gesuchte Klemmenspannung, denn EK ist offenbar nichts anderes als $E_g \sin \varphi$. Für denselben Ankerstrom i ist natürlich E_g konstant, und man kann für verschiedene Phasenverschiebungen φ den Vektor der Klemmenspannung OK in der eben beschriebenen Weise finden. Zu bemerken ist, daß E_g im Vergleich mit E_a immer klein ist. Führt man die Konstruktion für verschiedene Werte von φ durch, so findet man, daß die Punkte K sehr nahezu auf einem Kreise liegen, dessen Radius OE ist und dessen Mittelpunkt um den Betrag E_g

von O nach links verschoben ist. In Fig. 179 entspricht K' dem Punkte K in Fig. 178.

Wir haben bisher angenommen, daß die Maschine keine Verluste hat und daß Streufluß nicht vorhanden ist. Wir lassen jetzt diese Annahmen fallen und ziehen sowohl den Streufluß als auch die Verluste mit in Betracht. Die wirkliche Klemmenspannung muß offenbar die Resultante sein von drei Komponenten, die in Fig. 179 eingezeichnet sind, nämlich OK' die Klemmenspannung für eine Maschine ohne Verluste und ohne Selbstinduktion, ferner die E.M.K. der Selbstinduktion E_s und eine E.M.K. E_w, welche den Verlusten

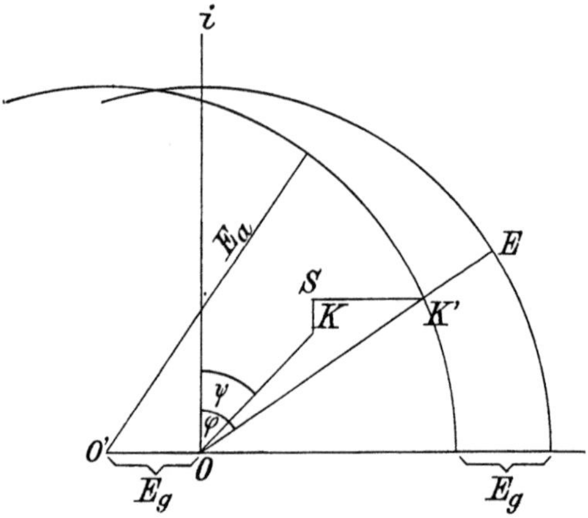

Fig. 179.

entspricht und deren Größe wir so bestimmen, daß iw die auf eine Phase entfallenden Verluste (Ohmsche und Wirbelströme) darstellt. E_s muß offenbar senkrecht stehen auf dem Stromvektor, und E_w muß ihm parallel sein. E_s kann aus der Zeichnung der Maschine und der Stromstärke i nach der im 110. Abschnitt angegebenen Methode angenähert berechnet werden. E_s ist ebenso wie E_w der Stromstärke proportional. Um die wirkliche Klemmenspannung zu finden, machen wir in Fig. 179 $K'S = E_s$ und $SK = E_w$. Es ist dann OK die Klemmenspannung bei der Strombelastung i und dem Phasenwinkel ψ im äußeren Stromkreis.

Aus der eben beschriebenen Konstruktion folgt ohne weiteres, daß für die gleiche Strombelastung, aber für verschiedene Phasenwinkel ψ alle Punkte K auf einem Kreise liegen müssen, dessen Radius E_a ist und dessen Mittelpunkt gegenüber O' um den gleichen Betrag und in der gleichen Richtung verschoben ist, als K gegen K' verschoben ist. Wir kommen durch diese Betrachtung auf eine sehr einfache Konstruktion zur Bestimmung der Klemmenspannung und somit auch des Spannungsabfalles. Man zeichne (Fig. 180) mit einem Radius gleich der E.M.K. bei Leerlauf einen Kreis aus O und einen zweiten Kreis aus o, wobei

$$O S = E_g + E_s \quad \text{und} \quad S o = E_w$$

gemacht wird. E_g wird, wie oben erläutert, aus der statischen

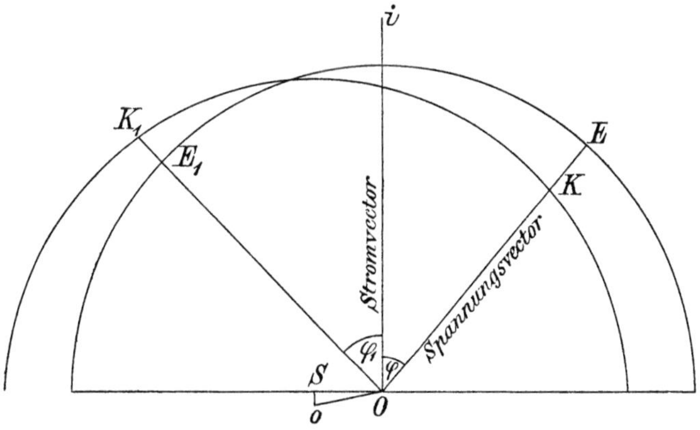

Fig. 180.

Charakteristik und E_s aus der Zeichnung der Maschine berechnet. E_w kann nicht genau berechnet werden, weil darin Wirbelstromverluste enthalten sind, welche sich höchstens schätzen, nicht aber genau bestimmen lassen. Man wird bei modernen gut gebauten Maschinen jedoch nicht weit fehlgehen, wenn man die Wirbelstromverluste dem Ohmschen Verlust in den Ankerdrähten gleichsetzt. Überdies ist E_w gegenüber E_a so klein (2—5 %), daß ein Fehler in der Schätzung von E_w keinen großen Einfluß hat. Hat man auf diese Weise die Lage von o festgesetzt, so kann man den Kreis für K zeichnen und findet für jeden Phasenwinkel φ die Klemmenspannung $O K$ bei der Strombelastung, für welche E_g, E_s und E_w bestimmt wurden. Ändert man die Strombelastung, so muß der Punkt o natürlich für jeden Wert derselben besonders bestimmt werden. Für kleine Änderungen und besonders für Werte von E_a, welche nicht gerade am Knie der Charakteristik liegen, kann man ohne großen Fehler annehmen, daß $O\,o$ dem Strom proportional ist.

Das Diagramm zeigt auch, welchen Einfluß die Phasenverschiebung auf die Klemmenspannung hat. Für einen positiven Wert φ des Phasenwinkels haben wir den Spannungsabfall $E\,K$, der sein Maximum erreicht bei rein induktiver Belastung, etwa mit leerlaufenden Motoren. Der Spannungsabfall ist dann $E_s + E_g$. Bei reiner Widerstandsbelastung ist $\varphi = 0$ und der Spannungsabfall bedeutend kleiner.

Bei negativem Phasenwinkel φ_1, d. h. Voreilung des Stromes, hervorgebracht durch Kapazität oder übererregte Synchronmotoren im äußeren Stromkreis, haben wir die Klemmenspannung $O\,K_1$, also nicht einen Spannungsabfall, sondern eine Erhöhung der Klemmenspannung um den Betrag $E_1\,K_1$.

113. Kurzschluß-Charakteristik.

Es wurde schon erwähnt, daß für Werte von E_a, die nicht gerade am Knie liegen, also für sehr starke und auch für sehr schwache Erregung, die Strecke $O\,o$ dem Strom proportional ist. Bei steigender Strombelastung wandert also o auf der Verlängerung von $O\,o$ nach links und $O\,K$ wird immer kleiner. Bei Kurzschluß ist $O\,K$ Null, und die Strecke $O\,o$ ist ein Maß für den Kurzschlußstrom. Wir können auf diese Weise durch Messen des Kurzschlußstromes bei schwacher Erregung die Lage des Punktes o für jede Stromstärke bestimmen. Das Experiment macht also die vorherige Berechnung der Werte E_g und E_s überflüssig oder kann dazu dienen, diese Berechnung auf ihre Richtigkeit zu prüfen.

Eine andere Methode, den Kurzschlußstrom nicht nur für geringe, sondern für jede Erregung im voraus zu berechnen, möge hier zum Schluß noch angegeben werden. Wir haben gesehen, daß $X_q = X_a \sin\varphi$ Amperewindungen von der gesamten Erregung X abgezogen werden müssen, um jene Erregung zu erhalten, welche den magnetischen Fluß in den Anker treibt. Bei Kurzschluß ist φ nahezu 90^0, also $X - X_a$ die tatsächliche Erregung der Feldmagnete, welche eine E.M.K. induziert, die gerade ausreicht, um die E.M.K. der Selbstinduktion E_s zu neutralisieren und die den Verlusten entsprechende E.M.K. E_w hervorzubringen. Da E_w gegenüber E_s sehr klein ist und darauf senkrecht steht, kann man ohne großen Fehler E_w vernachlässigen und annehmen, daß die der tatsächlichen Erregung entsprechende E.M.K. genau gleich ist E_s. Nun ist aber bei konstanter Periodenzahl $E_s = S\,i$, wobei S ein Koeffizient ist, welcher sich aus der Zeichnung der Maschine und dem Sättigungsgrade angenähert berechnen läßt. Im allgemeinen ist S umso größer, je weniger gesättigt das Eisen ist, d. h. je tiefer der Arbeitszustand der Maschine auf der statischen Charakteristik liegt. Da jedoch im Pfad des Streuflusses der Widerstand der Luft überwiegt, so ist die durch zunehmende Sättigung des Eisens in S erzeugte Verminderung nicht sehr bedeutend. Wir berechnen also S

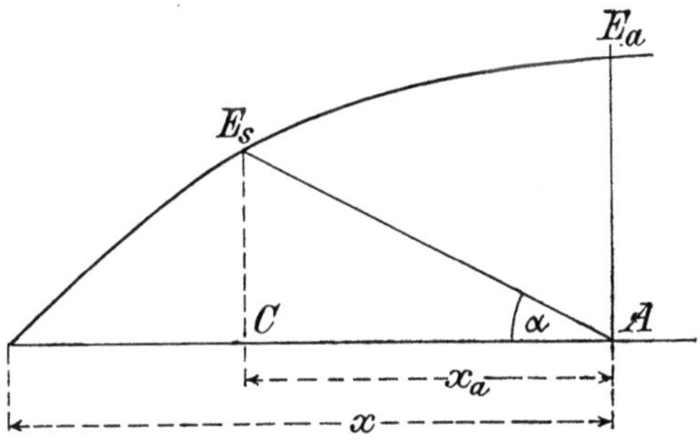

Fig. 181.

zunächst für einen Sättigungsgrad, den wir bei Kurzschluß erwarten. Genaue Schätzung dieses Sättigungsgrades ist dabei nicht nötig.

Es ist nun in Fig. 181

$$C E_s = S\,i,$$

wobei nach (68)

$$S = \frac{e\,k_s\,q}{X_a}$$

$$C E_s = x_a \operatorname{tg} \alpha$$

nach (69) ist

$$X_g = x_a = k_g\,q\,i$$

$$S_i = k_g\,q\,i \operatorname{tg} \alpha$$

$$C E_s = k_g\,q\,i \operatorname{tg} \alpha.$$

Daraus folgt

$$\operatorname{tg} \alpha = \frac{S}{k_g\, q} \cdot$$

Wenn wir also in Fig. 181 aus dem Punkte A, welcher der Felderregung x entspricht, unter dem Winkel α eine Gerade ziehen, so gibt ihr Schnittpunkt mit der statischen Charakteristik E_s sofort den Arbeitszustand der Maschine bei Kurzschluß. Es ist

$$A\,C = x_a \quad \text{und} \quad C\,E_s = S\,i.$$

Daraus finden wir den Kurzschlußstrom

$$i_0 = \frac{E_s}{S} \cdot$$

Da wir den Sättigungsgrad zu Anfang nur oberflächlich schätzen konnten, so ist es möglich, daß E_s nicht in die Gegend fällt, welche jenem Sättigungsgrad entspricht. In diesem Fall muß eben S noch einmal für einen genaueren Wert von e berechnet und die Konstruktion wiederholt werden.

Für schwache Erregung ist die Charakteristik ziemlich geradlinig und S kann wegen geringen magnetischen Widerstands des Eisens als konstant angenommen werden. Es ist deshalb für verschiedene Werte von X die Strecke $C\,E_s$ der Strecke $O\,A$ proportional. Das heißt, E_s ist X proportional, und mithin ist auch i_0 der Erregung proportional. Zeichnet man also eine Kurve, deren Abszissen Erregerstromstärke und deren Ordinaten Kurzschlußstromstärke darstellen, so lehrt die hier entwickelte Theorie, daß diese Charakteristik für mäßige Werte der Erregung geradlinig sein muß. Das ist auch tatsächlich der Fall.

114. Das Arbeiten zweier Wechselstrommaschinen auf denselben Stromkreis.

In Fig. 180 entspricht die Strecke $O\,S$ der Zusammenwirkung von Selbstinduktion und Ankergegenwindungen. Um sie zu finden, müssen beide störenden Einflüsse in Betracht gezogen werden. Haben wir sie aber gefunden, so können wir für diesen Arbeitszustand der Maschine und annähernd auch für jeden anderen Arbeitszustand annehmen, daß diese Strecke nur die E.M.K. der Selbstinduktion darstellt. Wir können uns die wirkliche Maschine durch eine ideelle Maschine ersetzt denken, die nur Selbstinduktion, aber keine Ankergegenwindungen hat. Die Selbstinduktion dieser ideellen Maschine muß aber dann um so viel größer als jene der wirklichen Maschine sein, als nötig ist, um die Wirkung der Gegenwindungen mit einzubegreifen. Haben wir also z. B. durch eine Konstruktion nach Fig. 181 den Kurzschlußstrom i_0 für die der induzierten E.M.K. E_a entsprechende Erregung bestimmt, so können wir den Selbstinduktions-Koeffizienten L der ideellen Maschine aus der Gleichung

$$\omega L i_0 = E_a$$

berechnen. Wenn die Charakteristik eine Gerade wäre, so würde die ideelle Maschine sich genau so verhalten wie die wirkliche, und es würden durch die Einführung des Begriffes der ideellen Maschine bei der Behandlung von Problemen über das Arbeiten von Maschinen auf denselben Stromkreis keine Fehler begangen werden. Ist die Charakteristik jedoch gekrümmt, so entsteht ein Fehler, weil E_g den Gegenwindungen nicht genau proportional ist. Der Fehler ist jedoch gering und wir können ihn mit in den Kauf nehmen, weil durch den Begriff der ideellen Maschine die Lösung vieler Wechselstrom-Probleme bedeutend erleichtert wird.

Das Verhalten zweier oder mehrerer Wechselstrommaschinen, die auf denselben Stromkreis arbeiten, ist sowohl bei dem Betrieb von Centralstationen, als auch bei Arbeitübertragungen von großer Wichtigkeit. Im ersten Falle ist es offenbar aus Sparsamkeitsrücksichten notwendig, die Zahl der im Gange befindlichen Maschinen jederzeit möglichst dem Strombedarf anzupassen. Rüstete man nun die Centrale nur mit zwei großen Wechselstrommaschinen aus, von denen jede die maximale Leistung liefern könnte, so erforderte dies einerseits ein unnötig großes Anlagekapital, anderseits arbeiteten die Maschinen meistens nur mit kleiner Leistung, also mit geringem Wirkungsgrade. Diese Mängel umgeht man durch Aufstellung mehrerer kleinerer Maschinen, die zur Vermeidung komplizierter Schaltungen alle auf denselben äußern Stromkreis arbeiten müssen. Bei Arbeitübertragungen arbeiten selbstverständlich wenigstens zwei Wechselstrommaschinen auf denselben Stromkreis, nämlich der Generator und der Motor.

Der Einfachheit halber gehen wir bei dieser Betrachtung von folgender Annahme aus: die eine der beiden Maschinen sei so groß und habe eine so geringe Selbstinduktion und einen so kleinen Widerstand, daß ihr Gang keine Änderungen erfährt, wenn auch in dem Stromkreise oder dem Gange der zweiten Maschine allerlei Änderungen eintreten. Dies trifft annähernd bei einer Centralstation zu, wo eine größere Zahl von Maschinen auf Sammelschienen arbeitet, wenn eine Maschine ein- oder ausgeschaltet wird. Hierdurch werden die bereits eingeschalteten Maschinen kaum beeinflußt, und wir können annehmen, daß die Spannung an den Sammelschienen konstant bleibt, welchen Strom die kleine Maschine auch liefert oder aufnimmt.

Wir haben also folgenden Fall unserer Betrachtung zu unterziehen: Eine große Maschine ohne Widerstand und Selbstinduktion liefert in den äußern Stromkreis eine beträchtliche Leistung und ist mit einer kleinen Maschine parallel geschaltet, die Widerstand und Selbstinduktion besitzt. Beide Maschinen haben dieselbe Polwechselzahl und die gleiche Klemmenspannung. Unter den Fragen, die sich bei näherer Betrachtung dieser Anordnung aufdrängen, ist die folgende für die Praxis am wichtigsten: Es sollen die Betriebsbedingungen bestimmt werden, unter denen die kleine Maschine, die von einem besondern Motor angetrieben wird, möglichst viel nutzbare Leistung in den äußern Stromkreis liefert. Diese Aufgabe kann auch so formuliert werden: Wie muß eine Anzahl von Wechselstrommaschinen einer Centralstation, die sämtlich parallel geschaltet sind, arbeiten, damit jede nicht allein dieselbe Stromstärke, sondern auch dieselbe Leistung liefert?

Da die Verluste in den Maschinen verhältnismäßig nur klein sein können, so beeinflußt eine Veränderung der Betriebsbedingungen den gesamten Wirkungsgrad nur wenig; die Maschinen werden also annähernd dasselbe leisten, wenn die ihnen zugeführte mechanische Energie bei allen möglichst dieselbe ist. Die Dampfmaschinen müssen konstante Geschwindigkeit haben, da diese schon durch die Wechselzahl bestimmt und bei allen Maschinen dieselbe bleiben muß. Ist der Regulator so eingerichtet, daß er bei normaler Geschwindigkeit nicht in Wirksamkeit tritt, sondern nur dann, wenn die Maschine durchgehen will, so hängt die von der Maschine bei jeder Umdrehung gelieferte Energie nur von dem Dampfdruck und der Ventilöffnung ab und kann als konstant angesehen werden. Da aber die Geschwindigkeit gleichförmig ist, so bleibt auch die der Dynamomaschine zugeführte und annäherungsweise auch die von ihr abgegebene Leistung konstant. Will man diese ändern, so läßt sich dies dadurch erreichen, daß man den Dampfdruck oder die Cylinderfüllung ändert.

Wir kommen nun wieder auf den elektrischen Teil der Aufgabe zurück und betrachten eine Wechselstrommaschine, auf deren Anker ein konstantes Drehungsmoment wirkt, und suchen zunächst die Beziehungen auf, die zwischen der Leistung, der Stromstärke, der Phasenverschiebung und der Erregung bestehen. Die Erregung definiert man zweckmäßig durch die Spannung, die die Maschine

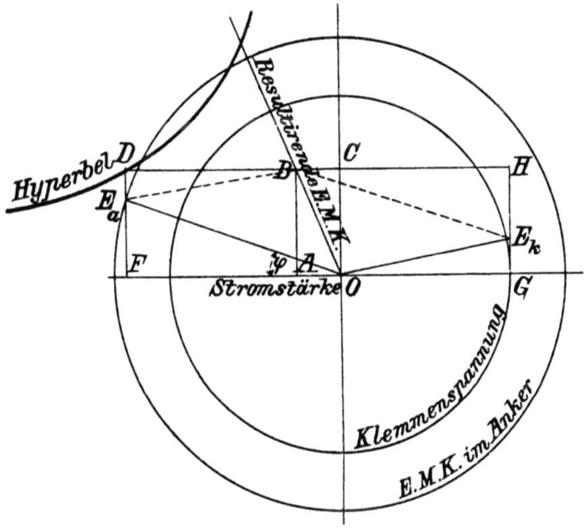

Fig. 182.

bei offenem Stromkreise liefern würde. Man kann daher statt der Feldstärke die *Ankerspannung* (E.M.K. im Anker) einführen, und unsere Aufgabe lautet dann folgendermaßen: Es sei eine bestimmte Triebkraft und eine bestimmte Klemmenspannung gegeben; wie hängen alsdann die Stärke und die Phasenverschiebung des Stromes von der Ankerspannung ab?

Der innere Kreis in Fig. 182 möge der Spannung an den Maschinenklemmen oder an den Sammelschienen und der äußere der Ankerspannung entsprechen; der Vektor der Stromstärke verlaufe vom Punkte O aus nach links. Der Spannungsverlust in einem bekannten Widerstande kann für eine bestimmte Stromstärke leicht berechnet und auf der Stromlinie aufgetragen werden. Auf diese Weise möge A auf der Horizontalen durch O als der ohmische Spannungsverlust im Anker festgelegt sein. Die elektromotorische Kraft der Selbstinduktion ist durch einen nach unten gerichteten Vektor dargestellt und muß deshalb durch eine nach oben gerichtete elektromotorische Kraft aufgehoben werden, die durch OC dargestellt sein möge. Um den Strom durch den Anker zu treiben, müssen wir also die elektromotorische Kraft OB, die Resultante von OA und OC, aufwenden. Es ist zu beachten, daß die resultierende elektromotorische Kraft für alle Werte der Stromstärke in die Linie OB fällt, deren Richtung ausschließlich durch die Selbstinduktion und den Widerstand des Ankers bestimmt ist. Ferner bemerke man, daß die Längen der Strecken OA, OB und OC der Stromstärke proportional sind und daß wir deshalb eine derselben, z. B. OC, als passendes Maß für die Stromstärke wählen können.

Die resultierende elektromotorische Kraft OB kann nun auch als Resultante der Klemmen- und der Ankerspannung betrachtet werden, und es bietet keine Schwierigkeit, jetzt das Parallelogramm der Spannungen zu finden, dessen Resultante OB ist. Es sind nur zwei solche Parallelogramme möglich. In dem einen liegt die Ankerspannung rechts von der Vertikalen; in diesem Falle hat der Strom im Anker die entgegengesetzte Richtung wie die elektromotorische Kraft und gibt deshalb Energie an die Maschine ab, die somit als Motor wirkt. Wir sehen hiervon augenblicklich ab und beschränken uns auf die andere Möglichkeit, wo die Maschine Strom liefert; dieser Fall ist in dem Diagramm Fig. 182 dargestellt. Die Linie OE_a bedeutet die Ankerspannung und die Linie OE_k die Spannung an den Sammelschienen, die natürlich der Spannung an den Maschinenklemmen entgegengesetzt gleich ist. Die Phasenverschiebung ist φ, und die Leistung, die der Maschine zugeführt wird (einschließlich des Verlustes infolge des innern Widerstandes, aber abgesehen von den Verlusten durch Reibung, Hysteresis und Wirbelströme) ist gleich dem Produkt aus der Stromstärke, der Ankerspannung und $\cos\varphi$. Wir müssen also E_a auf die Stromlinie projizieren, erhalten damit den Punkt F und multiplizieren alsdann OF mit der Stromstärke. Dabei wird natürlich vorausgesetzt, daß wir die effektiven Werte und nicht die maximalen für Stromstärke und Spannung auftragen.

Die Multiplikation kann auf graphischem Wege ausgeführt werden.

Da OC die Stromstärke in einem passenden Maßstab bedeutet, so stellt der Flächeninhalt des Rechtecks $OCDF$ die der Maschine zugeführte Leistung dar.

In ähnlicher Weise gibt das Rechteck $OCHG$ die Leistung an, die die Maschine liefert, und das Rechteck $OCBA$ den Leistungsverlust infolge des Ankerwiderstandes. Da die zugeführte Leistung konstant ist, so muß es auch das Produkt von DC und DF sein; der Punkt D liegt also auf einer gleichseitigen Hyperbel.

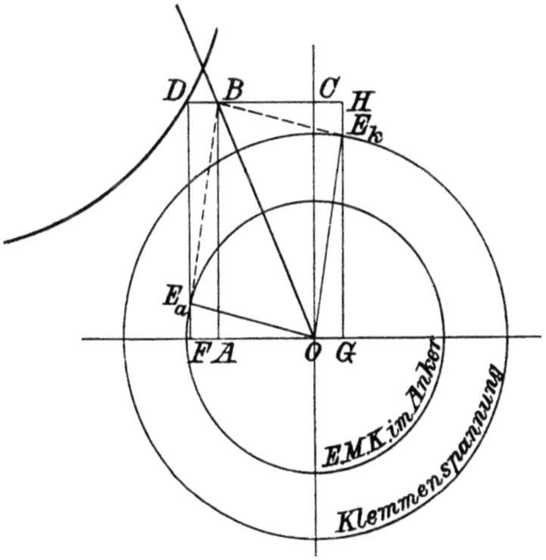

Fig. 183.

Es bietet jetzt weiter keine Schwierigkeiten, das Diagramm auch für andere Bedingungen zu konstruieren. Soll z. B. der Strom im Anker zunehmen, so rückt der Punkt B auf der Linie der resultierenden Spannung höher hinauf. Fig. 183 stellt diese Linie und die gleichseitige Hyperbel der vorhergehenden Figur nochmals dar. Wir wollen nun die Ankerspannung bestimmen, die nötig ist, um den stärkern Ankerstrom hervorzubringen. Stellt OC die betreffende Stromstärke dar, so ziehen wir eine Horizontale, die die Linie der resultierenden Spannung in B und die Hyperbel in D schneidet. Der Endpunkt des Radius der Ankerspannung muß auf der Vertikalen liegen, die durch D geht und in F die horizontale Achse schneidet. Um ihn zu finden, schlagen wir von B als Mittelpunkt mit einem Radius, der gleich der Klemmenspannung ist, einen Kreisbogen, der

DF in E_a schneidet. OE_a ist alsdann gleich der Ankerspannung, welche mithin viel kleiner als vorher ist. Die mechanische Leistung, die die Maschine verzehrt, ist natürlich dieselbe wie früher, aber die gelieferte Leistung ist geringer, da der Verlust im Ankerwiderstande viel größer ist.

Um den Verlust möglichst herabzudrücken, muß die Maschine so stark erregt werden, daß die Stromstärke im Anker bei demselben Betrage der absorbierten Leistung ein Minimum ist. Der

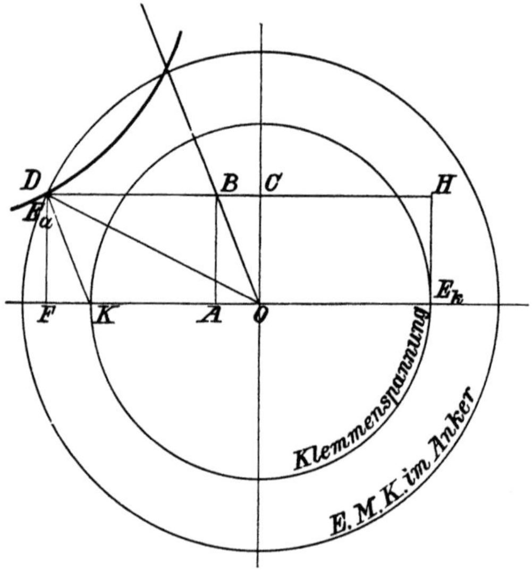

Fig. 184.

Punkt D muß also auf der Hyperbel und ebenso der Punkt B auf der Linie der resultierenden Spannung möglichst tief liegen.

Nun erreicht der Punkt B die tiefste Lage, wenn BE_a horizontal ist. Würden wir B noch tiefer fallen lassen, so würde ein mit dem Radius der Klemmenspannung vom Punkte B aus konstruierter Kreis die Vertikale, die durch D geht, nicht mehr erreichen, und die Stromstärke wäre so gering, daß die Maschine die zugeführte Leistung nicht mehr absorbieren könnte. In Fig. 184 ist der Punkt D dadurch gefunden worden, daß durch K eine Parallele zu der Linie der resultierenden Spannung gezogen wurde. Hierdurch erhält man die Ankerspannung OE_a; die Punkte E_a und D fallen natürlich zusammen. Die Klemmenspannung hat jetzt dieselbe Phase wie die Stromstärke, und die Maschine liefert von der ihr zugeführten Energie den höchsten Betrag in den äußern Stromkreis.

Die dargestellten Diagramme sind nicht in genauer Übereinstimmung mit der Wirklichkeit ausgewählt. Moderne Maschinen

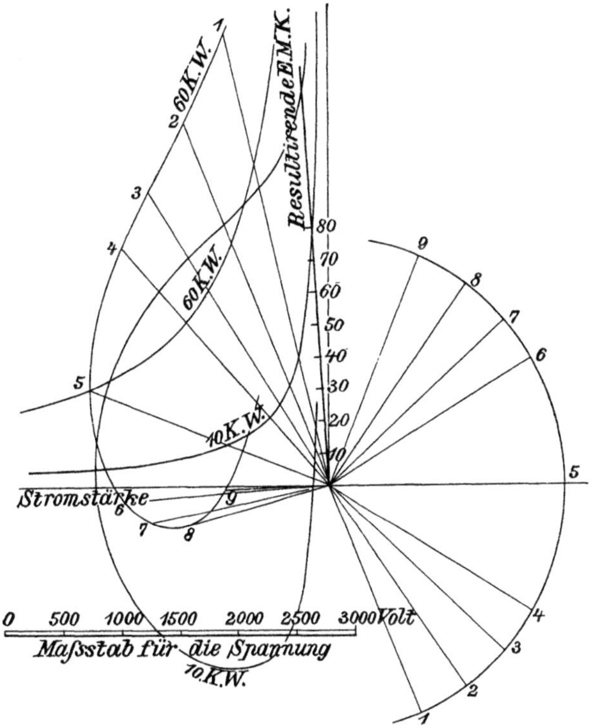

Fig. 185.

haben einen weit kleinern Widerstand und im allgemeinen eine geringere Selbstinduktion. Wir haben hierfür verhältnismäßig große Werte angenommen, um die geometrische Darstellung leichter verständlich zu machen. Fig. 185 stellt dagegen ein Diagramm dar, das sich auf eine wirkliche Wechselstrommaschine von 60 Kilowatt bezieht, die allerdings auch ziemlich viel Selbstinduktion hat. Bei dieser Maschine ist:

Klemmenspannung	2000 V
Periodenzahl in der Sekunde .	60
Widerstand des warmen Ankers	1,94 Ohm,
Selbstinduktionskoeffizient . . .	0,069 Henry.

Die E.M.K. der Selbstinduktion wird also, nach Formel (64) berechnet,

$$e_s = 26\,i.$$

Fig. 186 gibt die Charakteristik dieser Maschine und Fig. 185 die Beziehungen zwischen Leistung, Stromstärke und Ankerspannung.

Der Deutlichkeit halber sind die Konstruktionslinien weggelassen, und die Punkte, die die Lage für den Vektor der Ankerspannung

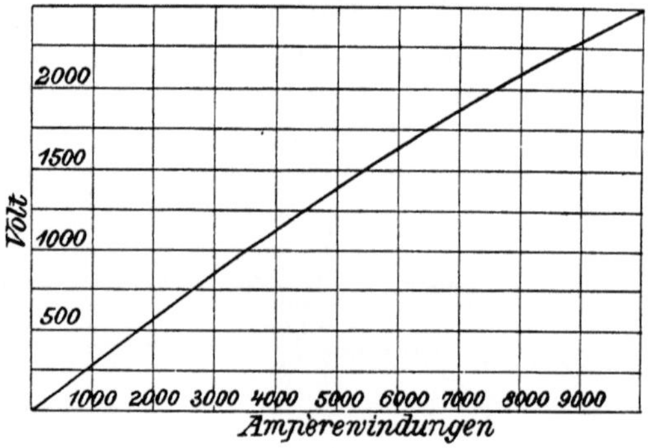

Fig. 186.

angeben, sind untereinander durch eine Kurve verbunden und mit 1, 2, 3 u. s. w. bezeichnet. Die entsprechenden Punkte auf dem Kreise der Klemmenspannung, die natürlich der Spannung an den Sammelschienen entgegengesetzt gleich ist, sind in derselben Weise hervorgehoben. Die resultierende elektromotorische Kraft wird durch die geneigte Gerade dargestellt, die in der Nähe der Ordinatenachse verläuft; auf ihr sind die Werte der Stromstärke eingetragen, welche den betreffenden resultierenden elektromotorischen Kräften entsprechen; sie ergeben sich leicht aus der Konstruktion des Parallelogramms über je zwei zusammengehörigen Werten der Anker- und der Klemmenspannung. Der Radius Vektor der Stromstärke fällt in jedem Falle mit der linken Seite der Abszissenachse zusammen; das Diagramm veranschaulicht mithin auch unmittelbar die Phasendifferenz des Stromes gegen die Anker- und die Klemmenspannung. Die Radien Vektoren der Ankerspannung liegen teils unterhalb der Stromlinie (Punkt 6 bis 9), teils oberhalb derselben (Punkt 1 bis 5). Im ersten Falle bleibt die Spannung hinter dem Strom zurück, im andern Falle bleibt der Strom hinter der Spannung zurück. Die Spannung des Ankers läßt sich also durch Regulierung des erregenden Stroms in weiten Grenzen verändern, ohne daß dadurch die von der Maschine verzehrte Leistung (60 Kilowatt) beeinflußt wird. Der einzige Unterschied besteht darin, daß die Stromstärke sowohl bei zu starker, als auch bei zu schwacher Erregung steigt, während der Wirkungsgrad abnimmt, weil mehr Leistung im Widerstand des Ankers verloren geht. Punkt 5 ent-

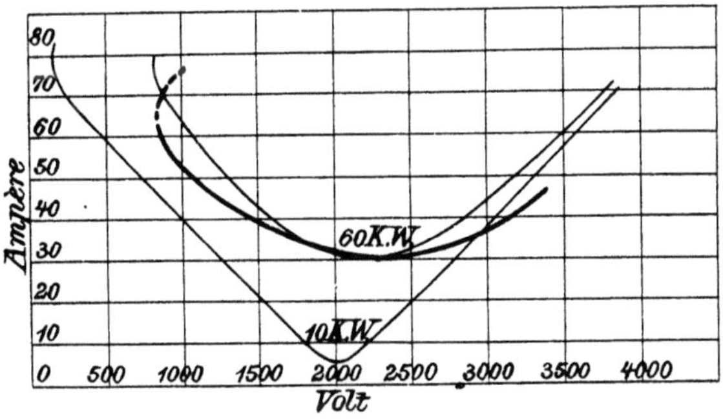

Fig. 187.

spricht den günstigsten Bedingungen für die Wirkung der Maschine; alsdann hat der Ankerstrom dieselbe Phase wie die Spannung an den Sammelschienen, und die Maschine besitzt bei offenem Stromkreise eine Spannung von 2200 V.

Obgleich das Vektordiagramm Fig. 185 alle Daten enthält, so läßt sich daraus doch nicht ohne weiteres die Abhängigkeit erkennen, die zwischen der Feldstärke oder der Spannung des Ankers und der Stromstärke besteht. In dieser Beziehung ist das von Mordey angegebene Diagramm vorzuziehen, das in Fig. 187 dargestellt ist. Es entsteht aus dem vorhergehenden, wenn man die Ankerspannungen als Abszissen und die Stromstärken, die in Fig. 185 auf der Linie der resultierenden elektromotorischen Kraft verzeichnet sind, als Ordinaten aufträgt. Wir erhalten auf diese Weise eine Kurve, die sofort angibt, welchen Strom die Maschine liefert, wenn die Erregung geändert, die treibende Kraft aber auf 60 Kilowatt konstant gehalten wird. Wir können in dieser Weise mehrere solcher Kurven für verschiedene Werte der treibenden Kraft konstruieren. In der Figur sind zwei gezeichnet, nämlich eine für 60 und eine für 10 Kilowatt. Diese Kurven sind dünn ausgezogen und ergeben sich aus dem Diagramm von Fig. 185. Bei der dick ausgezogenen Kurve ist den Gegenwindungen des Ankers besonders Rechnung getragen. Die Kurven veranschaulichen die wichtige Tatsache, daß es für jeden Wert der Triebkraft (oder der Belastung) der Maschine eine bestimmte Erregung gibt, bei der die Stromstärke ein Minimum und der Wirkungsgrad ein Maximum ist. Bleibt die Erregung unter diesem Betrage oder überschreitet sie ihn, so nimmt in jedem Falle die Stromstärke zu, der Wirkungsgrad aber ab. Will man also die Leistung regulieren, so hat man nicht die erregende Kraft, sondern die Triebkraft zu ändern. Die günstigste erregende Kraft für 60 und für 10 Kilowatt ist annähernd dieselbe, da die Ordinaten der tiefsten Punkte beider Kurven sehr nahe bei einander liegen.

Es ist bemerkenswert, daß der Unterschied der beiden Kurven, welche das Verhalten der Maschine mit und ohne Berücksichtigung der Gegenwindungen darstellen und die beide einer Leistung von 60 Kilowatt entsprechen, nicht sehr groß ist. Dies rechtfertigt die oben erklärte Einführung des Begriffes der ideellen Maschine. Ferner ergibt Fig. 187, daß die Phasenverschiebung für verschiedene Werte der Ankerspannung innerhalb mäßiger Grenzen ziemlich gleich bleibt. Hieraus folgt für die Praxis, daß kleine Änderungen des erregenden Stroms keinen großen Einfluß auf den Ankerstrom der Maschine ausüben, wenn die Maschine unter den günstigsten Betriebsbedingungen arbeitet. Eine starke Zu- oder Abnahme des erregenden Stromes vergrößert die Stromstärke im Anker dagegen in hohem Grade; wird aber die erregende Kraft und damit auch die Ankerspannnng noch weiter unter eine gewisse Grenze herabgedrückt, so trifft die entsprechende Ordinate die Energiekurve (diese Stelle ist in der Figur punktiert) überhaupt nicht mehr: die Wechselstrommaschine kann alsdann ihrer Antriebsmaschine nicht mehr hinreichend entgegenwirken, sodaß diese durchgehen muß. Arbeitet die Maschine bei normaler Feldstärke, so ist ihr Gang wegen der Selbstinduktion vollkommen gleichförmig und Parallelbetrieb sicher. Dagegen liegt die Sache ganz anders, wenn die Selbstinduktion sehr klein ist. Obgleich eine Maschine mit sehr geringer Selbstinduktion wegen der hohen Kosten in der Praxis nicht ausführbar ist, so bietet es doch

Interesse, einen solchen Fall der Betrachtung zu unterziehen. Zeichnet man sich hierfür die entsprechenden Diagramme, so ergeben diese, daß die Veränderung, die die Phasenverschiebung bei kleinen Veränderungen des erregenden Stromes erfährt, mit abnehmender Selbstinduktion wächst; infolge dessen wird die Gestalt der Kurve immer spitzer, wenn man die Selbstinduktion mehr und mehr verkleinert. Die Stromspannungskurve hat dann die Gestalt eines sehr spitzen V, wie es Fig. 188 zeigt, die den ungefähren Verlauf dieser Kurve für eine Maschine darstellt, bei der die Selbstinduktion bei voller Belastung nur wenige Prozente der Ankerspannung ausmacht.

Abgesehen von den hohen Kosten, die die Herstellung einer solchen Maschine verursacht, ist es noch fraglich, ob sie sich für

Fig. 188.

den Betrieb in einer Centralstation eignen würde. Um dies zu untersuchen, kehren wir für einen Augenblick zu dem oben beschriebenen Fall zurück, wo mehrere Maschinen, von denen jeder dieselbe Leistung zugeführt wird, auf die Sammelschienen einer Centralstation parallel geschaltet sind. Es ist natürlich wünschenswert, daß alle Maschinen unter denselben Bedingungen arbeiten, daß also jede dieselbe Stromstärke und dieselbe Leistung liefert. Zu diesem Zwecke müssen die Maschinen so erregt werden, daß alle Anker dieselbe Spannung haben. Es ist nun die Frage, woran erkennt man, daß die Maschinen richtig erregt sind? Die Strommesser im Kreise des erregenden Stromes geben nur die Größe der Erregung an; dies beweist jedoch noch nicht, daß die Ankerspannung überall dieselbe ist. Denn bei den einzelnen Maschinen sind die Luftzwischenräume und die sonstigen konstruktiven Einzelheiten immer etwas verschieden. Abgesehen hiervon, wäre es schwierig, die Rheostaten in dem Stromkreis der Feldmagnete so einzustellen, daß überall dieselbe Stromstärke herrscht. Es werden sich deshalb

Unterschiede in der Spannung der verschiedenen Anker nicht vermeiden lassen. Nun erzeugen diese bei Maschinen mit mäßiger Selbstinduktion, auf die sich Fig. 187 bezieht, nur geringe Veränderungen in der Stromstärke des Ankers, da hier die Stromspannungskurve einem bauchigen, abgerundeten V gleicht. Diese Maschinen liefern also, wenn sie mit derselben Kraft angetrieben werden, nicht nur dieselbe Leistung, sondern auch dieselbe Stromstärke. Umgekehrt können wir die Triebkraft nach dem Strommesser im Ankerkreis jeder Maschine regulieren.

Bei den Maschinen mit sehr geringer Selbstinduktion ist dies nicht der Fall. Ein Blick auf Fig. 188 zeigt, daß bei konstanter Triebkraft eine geringe Änderung in der Feldstärke die Stärke des Ankerstromes erheblich beeinflussen würde. Hier läßt sich deshalb die Leistung der Maschine und ihre Triebkraft nicht nach dem Strommesser im Ankerkreis regulieren, und eine gleiche Verteilung der Leistung zwischen den verschiedenen Maschinen ist schwer zu erreichen. Diese Schwierigkeit wächst in demselben Maße, wie die Selbstinduktion der Maschine abnimmt; könnten wir die Selbstinduktion vollständig beseitigen, so wäre die Maschine in keinem Stromkreise verwendbar, wo noch eine andere elektromotorische Kraft wirksam ist. Die Selbstinduktion ist deshalb eine sehr schätzenswerte Eigenschaft der Wechselstrommaschinen; nur vermöge derselben können diese Maschinen parallel geschaltet und für Arbeitübertragungen verwendet werden.

115. Bedingung für einen stationären Gang.

Bisher haben wir ausschließlich die Parallelschaltung von Wechselstrommaschinen behandelt; im folgenden werden wir auch die Hintereinanderschaltung derselben in den Kreis unserer Betrachtungen ziehen. Wir werden sehen, daß sich beide Schaltungsweisen von einem Gesichtspunkte aus betrachten lassen, wenn wir uns folgende Aufgabe stellen. Es ist eine gewisse Spannung für die Sammelschienen und für den Anker gegeben, und es fragt sich, in welcher Weise die Leistung der Maschine von der Phasenverschiebung zwischen den beiden Spannungen abhängt. Um die praktische Tragweite dieser Frage kennen zu lernen, wollen wir annehmen, daß die Spannung des Ankers jener der Sammelschienen voraneilt und daß sich die Dampf- und die Dynamomaschine im Gleichgewicht befinden. Nimmt nun aus irgend einem Grunde die Leistung der Antriebsmaschine zu, so wird unmittelbar auch die Phasenverschiebung wachsen, und wächst dann gleichzeitig die Leistung in hinreichend starkem Maße, so können die Dampfmaschine und die Wechselstrommaschine wieder in einen stationären Gang kommen. Verursacht aber die Zunahme der Phasenverschiebung eine Abnahme der Leistung, so ist der neue Zustand nicht stabil, und die Dampfmaschine geht durch.

Des bessern Verständnisses halber wollen wir ein Beispiel wählen. Es möge die Spannung an den Sammelschienen von einer sehr großen Maschine erzeugt werden, deren Selbstinduktion und Widerstand zu vernachlässigen sind. Mit der großen Maschine. soll eine kleine Maschine zunächst mechanisch gekuppelt sein, und zwar in verstellbarer Weise, sodaß die beiden Anker verschiedene Winkel miteinander bilden können und die Phasendifferenz der Spannung beider Maschinen beliebig zu verändern ist. Zeichnen wir in jedem Falle das Vektordiagramm, so müssen wir uns vor allen Dingen über die Richtung, in der jede der beiden elektromotorischen Kräfte wirkt, im klaren sein. Sind z. B. beide Maschinen parallel geschaltet und verläuft in dem Diagramm der großen Maschine der Vektor der elektromotorischen Kraft in einem bestimmten Augenblicke vertikal nach unten, so hätten wir ihn in dem Diagramm der kleinen Maschine vertikal nach oben anzubringen. Sind die beiden Maschinen hintereinander geschaltet, so behält natürlich die elektromotorische Kraft der großen Maschine ihre Richtung bei, wenn sie auf das Diagramm der kleinen Maschine übertragen wird.

Die Parallelschaltung ist schematisch in Fig. 189 dargestellt, wo m die kleine und M die große Maschine bezeichnet; zwischen die Verbindungen beider sind Glühlampen geschaltet. Das beigefügte Diagramm ist so einfach, daß wenige Worte zu seiner Erklärung ausreichen. In dem Zeitpunkt, auf den sich das Diagramm bezieht, erzeugt die große Maschine eine nach unten gerichtete elektromotorische Kraft $O\,E_g$, die natürlich im Diagramm der kleinen Maschine nach oben gerichtet ist. Sind nun die beiden Anker in solcher Stellung gekuppelt, daß die Ankerspannung der kleinen Maschine um den in dem Diagramm angegebenen Winkel φ vorauseilt, so setzen sich die Spannungen der Sammelschienen und des Ankers, $O\,E_g$ und $O\,E_k$ (die letzte ist im vorliegenden Fall kleiner), zu der resultierenden elektromotorischen

Kraft OB zusammen. Es ist dies die elektromotorische Kraft, die den Strom durch die kleine Maschine treibt und die einmal den Ankerwiderstand OF und sodann die Selbstinduktion BF zu überwinden hat. Wie groß auch immer die resultierende elektromotorische Kraft sein mag, das Verhältnis ihrer beiden Komponenten ist stets dasselbe. Mit andern Worten, da BF auf OF senkrecht steht, so ist der Winkel BOF konstant und nähert sich um so mehr

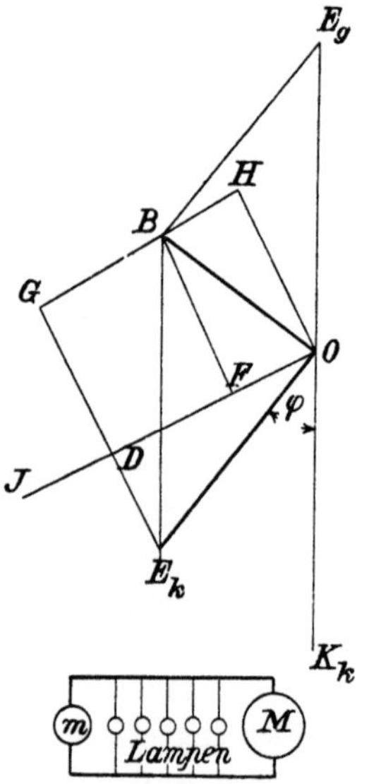

Fig. 189.

einem Rechten, je geringer der ohmische Spannungsverlust im Anker ist. Bei den neuern Maschinen ist der Ankerwiderstand sehr klein, der Winkel FBO also sehr spitz und BOF nahezu ein Rechter. In dem Diagramm ist er jedoch der Deutlichkeit halber merklich kleiner angenommen.

Die mechanische Leistung, die an die kleine Maschine abgegeben wird, ist gleich dem Produkt aus der Stromstärke und der Projektion der Ankerspannung auf den Vektor OJ des Stromes. Da die Spannnng FB der Stromstärke proportional ist, so ist die Leistung auch durch den Flächeninhalt des Rechtecks $ODGH$ dargestellt, dessen Basis gleich der Projektion der Ankerspannung auf den

Vektor der Stromstärke und dessen Höhe gleich der Selbstinduktion ist. Das Rechteck $FDBG$ stellt die Leistung dar, die an die Sammelschienen des Netzes abgegeben wird, und $OFBH$ den Verlust im Anker.

Verstellen wir nun die Kuppelung, sodaß der Phasenunterschied ein anderer wird, und wiederholen alsdann dieselbe geometrische Konstruktion, so erhalten wir einen andern Wert für die Leistung und können auf diese Weise die Leistung für jeden beliebigen

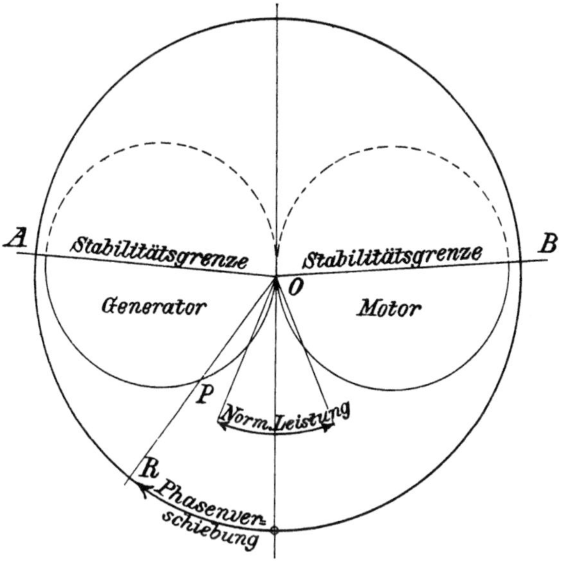

Fig. 190.

Phasenunterschied bestimmen. Werden die so gewonnenen Werte in Polarkoordinaten aufgetragen, so erhalten wir eine Kurve, wie sie die linke Hälfte der Fig. 190 darstellt, welche das Wort Generator einschließt. Für die neuern Wechselstrommaschinen, die nur einen kleinen Ankerwiderstand haben, ist diese Kurve fast ein Kreis, und vernachlässigen wir den Ankerwiderstand, so ist sie wirklich ein Kreis, wie sich leicht folgendermaßen zeigen läßt. Es sei in Fig. 191 OE_k die Ankerspannung der kleinen Maschine, OB die resultierende E.M.K. zwischen dieser und der Schienenspannung OE_g und Oi der Stromvektor. Da der Ankerwiderstand vernachlässigt werden kann, so ist in Fig. 189 $OF = 0$ und der Punkt H fällt mit B zusammen.

Die Strecke OB stellt die E.M.K. der Selbstinduktion $e_s = \omega L i$ dar. Es ist also

$$i = \frac{e_s}{\omega L}.$$

Die Leistung ist

$$P = i \cdot O E_k \cos \psi.$$

$$P = \frac{O E_k}{\omega L} e_s \cos \psi.$$

Zieht man $E_g K$ senkrecht auf $O E_k$, so ist $\measuredangle E_k E_g K = \measuredangle D O E_g = \psi$. Es ist also $K E_g = e_s \cos \psi$. Gleichzeitig ist aber

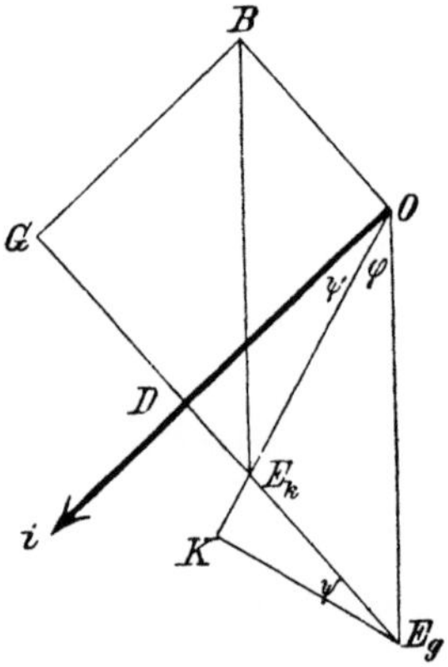

Fig. 191.

auch $K E_g = O E_g \sin \varphi$. Die Gleichung für die Leistung kann somit auch in folgender Form geschrieben werden:

$$P = \frac{O E_k}{\omega L} \cdot O E_g \sin \varphi.$$

$O E_k$ ist die Ankerspannung der kleinen Maschine und $O E_g$ ist die Spannung an den Sammelschienen. Setzen wir für diese Werte beziehungsweise e und E, so ist

$$P = \frac{e}{\omega L} E \sin \varphi.$$

Unter der allerdings nicht ganz richtigen Voraussetzung, daß e konstant ist (d. h. daß für die Kombination von Selbstinduktion und Ankergegenwindungen eine ideelle Selbstinduktion gesetzt werden kann), ist P dem Sinus des Phasenwinkels direkt proportional und der Ort aller Punkte P in Fig. 190 muß ein Kreis sein. Dabei nimmt die in dieser Figur als Stabilitätsgrenze bezeichnete Linie OA natürlich eine horizontale Lage an. Wie man ohne weiteres sieht, ist der erste Faktor in der Gleichung für P nichts anderes als der Kurzschlußstrom

$$i_0 = \frac{e}{\omega L}.$$

Es ist also auch

$$P = i_0 E \sin \varphi \quad . \quad . \quad . \quad . \quad . \quad . \quad . \quad . \quad . \quad (71)$$

P ist die Leistung, die von der Dampfmaschine der Dynamo aufgedrückt wird. Wie man sieht, hängt diese Leistung bei konstanter Erregung und konstanter Schienenspannung einzig und allein vom Phasenwinkel ab und der Ort aller Punkte P ist ein Kreis. Die größte Leistung, welche die Dynamo aufnehmen kann, ist

$$P_{max} = i_0 E.$$

Das ist der Durchmesser des Kreises.

Die kleinste ist Null und diese tritt ein, wenn $\varphi = 0$. Für alle zwischenliegenden Werte von φ ist die Leistung durch die Strecke OP dargestellt, die auf dem Phasenvektor OR liegt; der Winkel, den dieser mit der Vertikalen bildet, ist gleich der Phasenverschiebung zwischen der kleinen und großen Maschine.

Bisher haben wir angenommen, daß die beiden Maschinen fest miteinander verkuppelt sind. Die Kupplung möge nun plötzlich gelöst und die kleine Maschine durch eine besondere Dampfmaschine angetrieben werden. In diesem Augenblicke gebe OP die Phasenverschiebung und die Leistung an. Nimmt die Kraft der Dampfmaschine nun aus irgend einem Grunde ab, so fällt auch die Leistung der kleinen Dynamomaschine, die Phasenverschiebung wird kleiner, und der Punkt P bewegt sich auf der Leistungskurve nach O hin, d. h. die Dampfmaschine hat wirklich weniger als zuvor zu leisten. Anderseits kann man durch Vergrößerung des Dampfdrucks die Leistung der Dampfmaschine vermehren. Die Phasenverschiebung wird infolge dessen größer, der Punkt P bewegt sich auf der Leistungskurve von O weg, und die Leistung der Wechselstrommaschine nimmt also gleichfalls zu. Die einzelnen Zustände sind demnach vollkommen stationär. Sobald der Dampfmaschine mehr Dampf zugeführt wird, wächst auch die Leistung der Wechselstrommaschine und umgekehrt. Diese automatische Regulierung hat jedoch ihre Grenzen.

Eilt die Dampfmaschine so weit vor, daß der Leistungsvektor mit OA zusammenfällt, so kann die Wechselstrommaschine nicht mehr Leistung aufnehmen. Wächst alsdann der Phasenunterschied noch weiter, so nimmt die Leistung ab, und die Dampfmaschine geht durch. Die Leistungskurve ist in diesem Teile punktiert gezeichnet. Will man auf diesem Teile arbeiten, so müssen die beiden Maschinen fest miteinander gekuppelt sein. Die kleine Maschine eilt in diesem Falle um mehr als 90^0 vor, d. h. ihre elektromotorische Kraft hat teilweise dieselbe Richtung wie die der großen Maschine. Die beiden Maschinen sind also hintereinander geschaltet. Dies ist aber nur möglich, wenn sie fest miteinander gekuppelt sind. Sonst können sie nur in Parallelschaltung arbeiten. Diese Arbeitsweise setzt also eine gewisse Elastizität in der Betriebskraft und freie Einstellung in den richtigen Phasenwinkel voraus, d. h. voneinander unabhängige Antriebsmotoren. Zwei Maschinen, die durch Riemen von derselben Welle aus angetrieben werden, können deshalb nicht gut parallel arbeiten.

Das Diagramm enthält noch eine zweite Leistungskurve auf der rechten Seite, die das Wort Motor einschließt. Sie bezieht sich auf das Verhalten der Maschine, wenn sie als Motor läuft und in der Phase hinter der großen Maschine zurückbleibt. Je stärker der Motor belastet wird, umsomehr wächst die Verzögerung und damit die Leistung. Erreicht der Vektor die Linie OB, so steigt die Leistung nicht mehr an und jenseits von OB reguliert sich die Maschine nicht mehr selbst. Sie fällt aus dem Tritt. Um dies zu vermeiden, arbeitet man am besten mit einer geringen Phasenverschiebung, sodaß auch ein plötzliches und unvorhergesehenes Anwachsen der Belastung die Selbstregulierung nicht stört.

Die Grenzen, innerhalb deren sich die Maschine sowohl als Motor wie als Generator sicher selbst reguliert, sind in der Figur durch den Winkel angegeben, der als *normale Leistung* bezeichnet ist. Er ist bei modernen Maschinen höchstens 40^0, d. h. 20^0 nach jeder Seite.

Benutzt man die Maschine nur als Generator, so ist die Gefahr, daß die zugeführte Energie zu groß wird, offenbar nicht so groß wie bei dem Motor die Gefahr der Überlastung. Wir können deshalb eine größere Phasenverschiebung zulassen, als das Diagramm angibt. Arbeiten wir z. B. mit einer solchen von 40^0, so kann die Leistung ohne Gefahr um 60 bis 70 % zunehmen. Dies bezieht sich natürlich auf eine zweipolige Maschine. Für eine zwanzigpolige kann die geometrische Phasenverschiebung nur zwischen 0 und 4^0 liegen. Haben wir z. B. zwei Dampf-Wechselstrommaschinen, die parallel geschaltet sind, und läuft die Kurbel der einen Dampfmaschine um 4^0 gegen die der andern voraus, so liefert die erste in einem Augenblick die ganze Leistung. Beträgt der Unterschied in dem Gange beider Maschinen noch mehr als 4^0, so liefert die erste für einen Augenblick nicht allein die volle Leistung, sondern auch noch einen gewissen Überschuß, um die andere Maschine zu treiben. Die Leistung würde also zwischen den beiden Maschinen hin und her wogen, wodurch ein Arbeiten bei Parallelschaltung unmöglich wird.

Die Art der Verbindung zweier Maschinen, die in Fig. 189 dargestellt ist, wird gewöhnlich nicht als Reihenschaltung bezeichnet, obgleich der Strom bei dieser Anordnung die Maschinen hintereinander durchlaufen kann. Denn außer dem Strom, der durch die Maschinen fließt, wird noch Strom zur Speisung der Lampen verwandt. Bei wirklicher Reihenschaltung müßte der im äußern Kreise verbrauchte Strom aber durch beide Maschinen laufen. Der Strom, der bei der in Fig. 189 dargestellten Anordnung durch die beiden Maschinen fließt, ist mehr eine nebensächliche Wirkung, die nicht auftritt, wenn die Maschinen frei von jedem mechanischen Zwang laufen. Denn alsdann beeinflussen sie sich gegenseitig so, daß sie von selbst in Parallelschaltung kommen. Nun wollen wir aber die Verbindungen so anordnen, daß wirklich eine Reihenschaltung entsteht, wie sie Fig. 192 darstellt. Hier können die Lampen nur dann brennen, wenn der Strom durch beide Maschinen fließt. Die elektromotorischen Kräfte der beiden Maschinen setzen sich zu der resultierenden elektromotorischen Kraft OB zusammen, die den Strom durch den Widerstand des ganzen Kreises (Lampen, Netz und beide Anker) treibt und außerdem die Selbstinduktion der beiden Anker überwinden muß. Da Widerstand und Selbstinduktion konstant sind, so ist das Verhältnis der beiden elektromotorischen Kräfte immer dasselbe, wie auch der Winkel φ, die Verzögerung der Ankerspannung der kleinen Maschine gegen die der großen, beschaffen ist. Der Winkel $B\,O\,F$ bleibt deshalb konstant, wenn er auch weiter nach links zu liegen kommt, je mehr der Phasenunterschied durch passende Änderung der mechanischen Kupplung zwischen den beiden

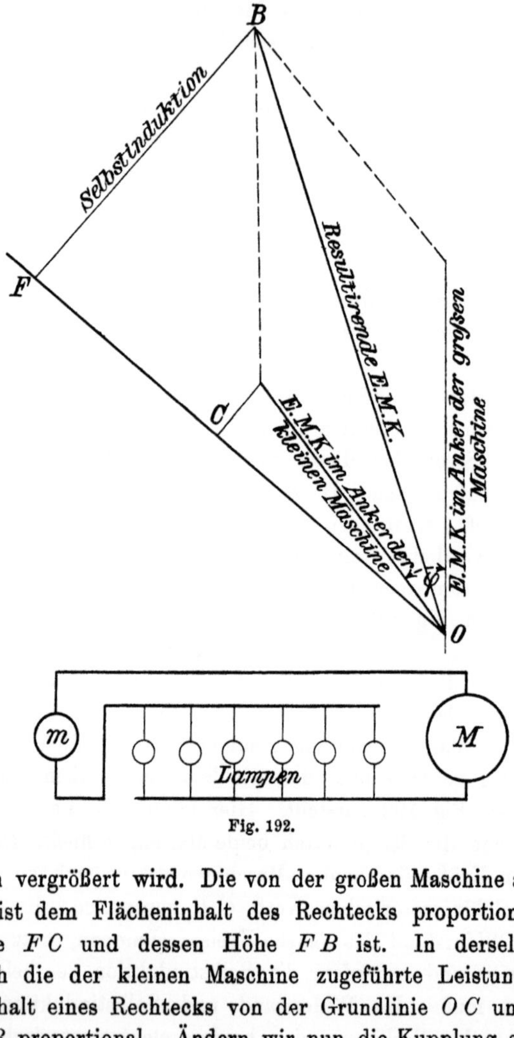

Fig. 192.

Maschinen vergrößert wird. Die von der großen Maschine absorbierte Leistung ist dem Flächeninhalt des Rechtecks proportional, dessen Grundlinie $F\,C$ und dessen Höhe $F\,B$ ist. In derselben Weise ergibt sich die der kleinen Maschine zugeführte Leistung als dem Flächeninhalt eines Rechtecks von der Grundlinie $O\,C$ und von der Höhe $F\,B$ proportional. Ändern wir nun die Kupplung so, daß die kleine Maschine noch mehr zurückbleibt, und wiederholen die Konstruktion, so finden wir den Wert der Leistung, der dem neuen Phasenunterschied entspricht. Tragen wir, wie früher, die berechneten Werte in Polarkoordinaten auf, so erhalten wir Leistungskurven, die jetzt eine ganz andere Gestalt haben.

In Fig. 193 sind die Leistungskurven für zwei Maschinen *A* und *B* von gleicher elektromotorischer Kraft dargestellt. Sie arbeiten mit dem Maximum der Leistung, wenn sie derartig gekuppelt sind,

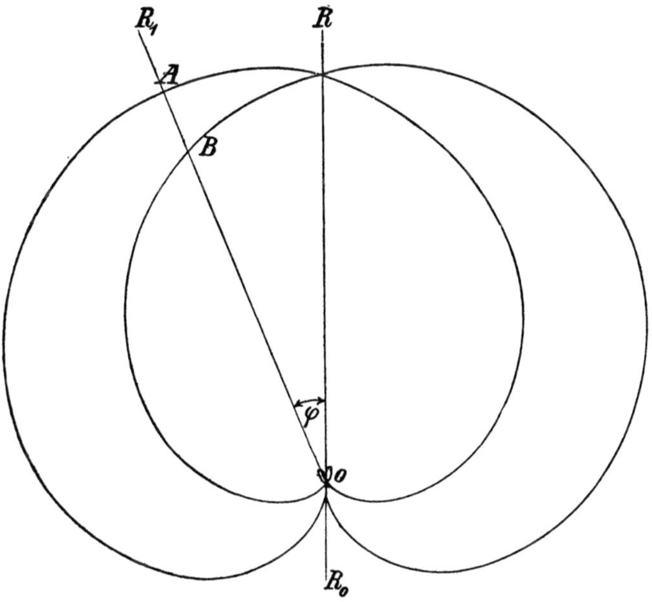

Fig. 193.

daß das Maximum der elektromotorischen Kraft bei beiden gleichzeitig eintritt. Dieser Bedingung entspricht in dem Diagramm der Vektor OR. Bleibt die Maschine *A* um den Winkel $R O R_1$ hinter *B* zurück, so absorbiert *A* die Leistung OA und *B* die Leistung OB.

Die parallel geschalteten Maschinen hatten einen stationären Gang, auch wenn sie nicht mechanisch miteinander gekuppelt waren. Das ist im vorliegenden Fall nicht so. Denn wenn die Kupplung gelöst wird, so liefert die Dampfmaschine von *B*, die voreilt, zu viel und jene von *A* zu wenig Triebkraft. Infolgedessen bleibt *A* sofort noch etwas mehr zurück, d. h. der Vektor $O R_1$ bewegt sich noch weiter nach links. Hierdurch wird OB, die von der voreilenden Maschine absorbierte Leistung, kleiner, sodaß diese Maschine noch mehr voreilt. Die Maschinen können ohne mechanische Kupplung in Hintereinanderschaltung nicht stationär arbeiten. Sind die Dampfmaschinen auf konstante Geschwindigkeit reguliert, so bleibt die Maschine A von selbst um 180° zurück, d. h. sie läuft parallel mit B, und es wird keine Arbeit im Lampenkreise geleistet. Aus dem Gesagten geht hervor, daß freilaufende Wechselstrommaschinen nicht hintereinander geschaltet werden können, wohl aber parallel, wenn die Triebkräfte während des ganzen Zyklus gleichmäßig wirken.

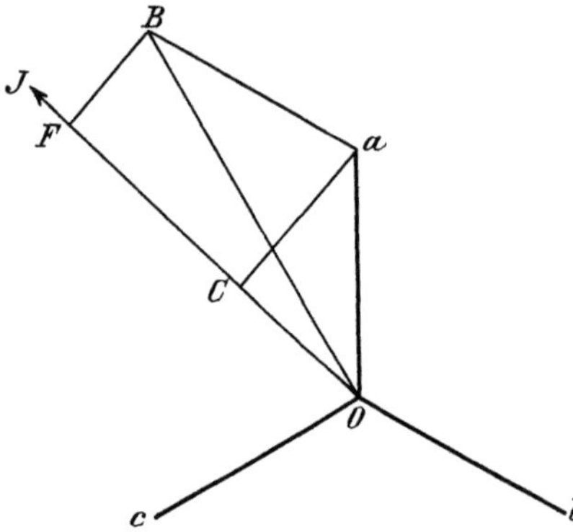

Fig. 194.

Ob Wechselstrommaschinen parallel geschaltet werden können, hängt also in erster Linie von den Dampfmaschinen und der Art ihrer Regulierung ab.

Da ein Zusammenarbeiten von Wechselstrommaschinen nur bei Parallelschaltung möglich ist, könnte es auf den ersten Blick scheinen, daß die im Anschluß an Fig. 192 gemachte Untersuchung keine praktische Bedeutung hat. Dem ist jedoch nicht so. Es gibt einen Fall, wo Serienschaltung angewendet wird, zwar nicht ganzer Maschinen, wohl aber zweier Wicklungen auf demselben Anker. Die Zwangläufigkeit ist dann durch die Tatsache gegeben, daß die beiden Wicklungen gegeneinander unverrückbar sind. Wird bei einer Dreiphasenmaschine, Fig. 194, nur aus zwei Klemmen, z. B. a und b, Strom entnommen, so können die entsprechenden Ankerwicklungen als zwei unter dem Phasenwinkel von 60 elektrischen Graden fest verkuppelte Einphasenmaschinen betrachtet werden. Die Wattkomponente der a-Phase ist OC, jene der b-Phase CF, wenn OF den Stromvektor darstellt. BF ist die E.M.K. der Selbstinduktion beider Phasen zusammen. Phase b hat voreilenden und Phase a nacheilenden Strom. Da beide vom gleichen Strom durchflossen werden, so verhalten sich ihre Leistungen wie $FC : OC$. Die resultierende Ankerspannung ist $\sqrt{3}$ mal die Stromspannung einer Phase, und die Maschine verhält sich wie eine Einphasenmaschine, die für die Ankerspannung OB gewickelt ist.

Arbeitet eine Wechselstrommaschine auf die Sammelschienen eines Leitungsnetzes, so sollte nach unserer bisherigen Annahme die Spannung des Netzes durch eine große Maschine oder eine Anzahl kleinerer konstant gehalten werden, sodaß die Klemmenspannung der zu betrachtenden Maschine von vornherein bestimmt ist. Es bleibt nun noch übrig, den Fall zu untersuchen, wo zwei Maschinen parallel geschaltet sind, die sich jedoch nicht so voneinander unterscheiden, daß eine allein bestimmend für die Klemmenspannung ist. Es mögen zwei Maschinen A und B verschiedene Ankerspannung haben und von gleich starken Dampfmaschinen angetrieben werden. Zuerst leuchtet es ein, daß die Klemmenspannung bei beiden Maschinen gleich groß sein und dieselbe Phase wie der resultierende Strom haben muß, wenn dieser in einem induktionsfreien Widerstande Arbeit leistet. Ferner sieht man, daß die Stromstärke in jeder Maschine größer, aber nicht kleiner sein kann als die Hälfte der resultierenden Stromstärke. Da die Triebkraft bei beiden Maschinen dieselbe ist, so muß auch die Leistung die nämliche sein.

Die beiden Maschinen mögen zuerst gleich stark erregt werden, sodaß ihre Ankerspannungen beide gleich OE sind, denen die Klemmenspannung OE_t entspricht (Fig. 195). Jede Maschine liefert alsdann das Minimum der Stromstärke i_0, beide zusammen also $2\,i_0$; der Wirkungsgrad ist ein Maximum. Die Strecke EE_t stellt die elektromotorische Kraft dar, die zur Überwindung der Selbstinduktion und des Ankerwiderstandes erforderlich ist; sie entspricht der Linie DK in Fig. 184. Wir wollen nun untersuchen, wie die Ankerspannung abgeändert werden muß, damit die Maschine A die Stromstärke $O\,i_A$ und die Maschine B die Stromstärke $O\,i_B$ liefert. Um den Strom $O\,i_A$ im Anker zu erhalten, müssen wir zu der Klemmenspannung OE_t noch die Spannung E_tE_A addieren, die den Ankerwiderstand und die Selbstinduktion überwindet. Wir müssen also die Maschine so stark erregen, daß sie bei offenem Stromkreis die Spannung $O\,E_A$ hat. Die Lage von E_A finden wir aus der Bedingung, daß $\measuredangle\, E\,E_t\,E_A = \measuredangle\, E_t\,O\,i_A$. Führen wir eine ähnliche Konstruktion für die Maschine B durch, so erhalten wir für ihre Spannung den Wert $O\,E_B$. Es ist also offenbar möglich, zwei Maschinen von sehr verschiedener Spannung miteinander zu verbinden, wenn jede von einer Dampfmaschine mit derselben Leistung angetrieben wird. Eine ähnliche Konstruktion, wie sie Fig. 195 darstellt, läßt sich in dem Falle anwenden, wo die beiden Dampf-

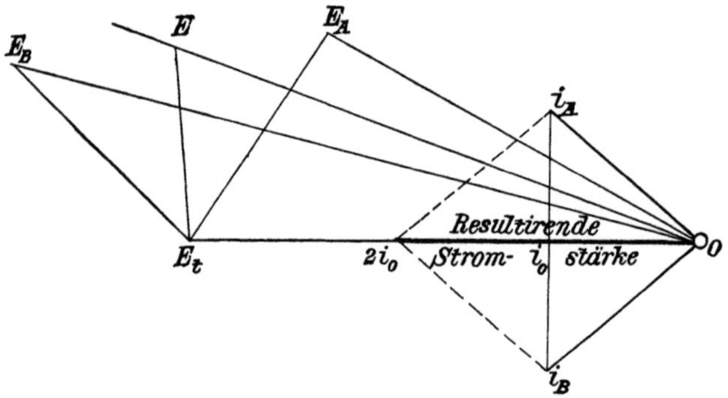

Fig. 195.

maschinen nicht dieselbe Antriebskraft ausüben; der einzige Unterschied besteht nur darin, daß dann die Stromstärke in beiden Maschinen nicht dieselbe ist und die Punkte i_A und i_B nicht auf derselben Vertikalen liegen. Die Maschine A kann z. B. eine Spannung von 2500 V und B eine solche von 1500 V vor dem Zusammenschalten besitzen; nachher beträgt die Klemmenspannung ungefähr 2000 V.

116. Größte gegenseitige Kontrolle.

Arbeiten zwei Maschinen parallel, so üben sie eine gegenseitige Kontrolle derart aus, daß die voreilende Maschine etwas stärker, die zurückbleibende etwas schwächer belastet wird. Es ist, als ob die beiden Maschinen durch eine mechanische Einrichtung zwangläufig verbunden wären, etwa durch Stirnräder mit elastischen Zähnen. Einer geringeren Selbstinduktion würde dann in der mechanischen Analogie geringere Elastizität d. h. geringere Nachgiebigkeit der Zähne entsprechen. Die kontrollierende Kraft zwischen den beiden

Maschinen kann natürlich nur durch Vermittlung eines Stromes zu stande kommen, und dieser Strom wird erzeugt durch die Resultante der elektromotorischen Kräfte beider Anker. Laufen die Maschinen genau in gleicher Phase, so sind die elektromotorischen Kräfte jederzeit genau gleich und entgegengesetzt gerichtet. Ihre Resultante ist Null und mithin ist der Ausgleichstrom zwischen beiden Ankern auch Null. Eine kontrollierende Kraft tritt nicht auf und ist auch nicht nötig, da die Maschinen schon an und für sich im Tritt laufen. Dieser Zustand setzt aber ein vollkommenes Gleichgewicht zwischen Triebkraft und Widerstandskraft in jedem Anker sowie

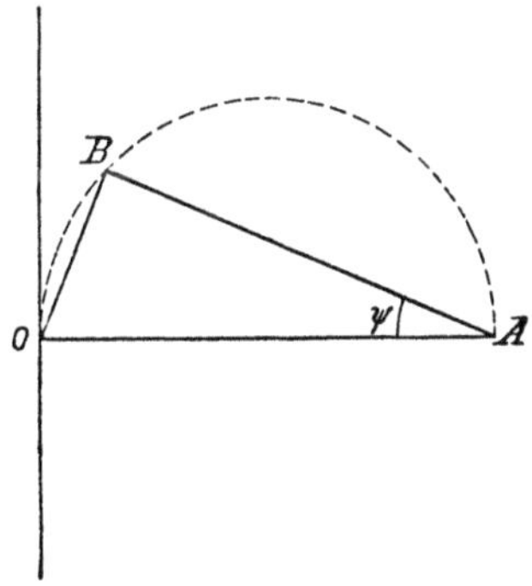

Fig. 196.

absolut gleichförmige Geschwindigkeit voraus und ist deshalb praktisch nicht erreichbar. Kleine Schwankungen der Triebkraft und Geschwindigkeit sind unvermeidlich. Es fragt sich nun, was müssen die elastischen Eigenschaften der Maschine sein, damit die Verschiedenheit im Tritt nie sehr groß werden kann. Das wird der Fall sein, wenn schon bei kleiner Phasenverschiebung zwischen beiden Ankern eine große kontrollierende Kraft in Wirksamkeit kommt. Da der Phasenunterschied in den Spannungsvektoren der beiden Anker sehr klein sein soll, so können wir ohne großen Fehler annehmen, daß die Resultante der Spannungen auf beiden Spannungsvektoren senkrecht steht. In Fig. 196 bezeichne die Vertikale die Vektoren der in den Ankern induzierten E.M.K. E, und die Horizontale OA die Resultante. Letztere treibt nun den Ausgleichstrom durch beide Anker und hat dabei den ohmischen Widerstand und die Selbstinduktion der Anker zu überwinden. Bezeichnen wir die Resultante mit E_r und ihre dem Widerstand und der Selbstinduktion entsprechenden Komponenten mit E_w und E_s, so ist

$$E_r = \sqrt{E_w^2 + E_s^2}.$$

Im Diagramm ist

$$OB = E_w, \qquad AB = E_s.$$

Ist i der effektive Wert des Ausgleichstromes, so ist seine Leistung auf jeden der beiden Anker

$$P = i\,E \cos\psi,$$

und zwar ist die Leistung auf den zurückbleibenden Anker positiv, auf den voreilenden negativ, sodaß letzterer zurückgehalten, ersterer angetrieben wird. Da die Geschwindigkeit konstant ist, kann man die Leistung der kontrollierenden Kraft proportional setzen. Soll nun die kontrollierende Kraft ein Maximum sein, so muß $i \cos\psi$ ein Maximum sein. Da

$$E_r \cos\psi = E_s \qquad \text{und} \qquad i = \frac{E_r \sin\psi}{2\,w},$$

so ist die kontrollierende Kraft

$$F = C\,\frac{E_r}{2\,w} \sin\psi \cos\psi.$$

Dabei bedeutet $2\,w$ den Widerstand beider Anker samt Verbindungsleitungen und C einen Zahlenfaktor. Damit nun F möglichst groß werde, muß $\sin\psi \cos\psi$ ein Maximum werden, was eintritt, wenn $\psi = \frac{\pi}{4}$. Die Maschinen üben also aufeinander die stärkste Kontrolle aus, wenn der Ausgleichstrom gegen die resultierende Spannung eine Phasenverschiebung von 45^0 hat. Damit dieser Zustand eintritt, muß die E.M.K. der Selbstinduktion gleich sein dem ohmischen Spannungsverlust; es muß also für jeden Anker

$$L = \frac{w}{\omega}.$$

Da

$$\cos\psi = \frac{\omega\,L}{\sqrt{w^2 + \omega^2 L^2}},$$

so ist auch

$$P = \frac{\omega\,L}{\sqrt{w^2 + \omega^2 L^2}}\,i\,E.$$

Die Kontrolle wird also um so strammer sein, je kleiner der Widerstand. Wir können mithin sagen, daß ohmischer Widerstand beim Parallelbetrieb unter allen Umständen ungünstig wirkt, Selbstinduktion jedoch nur bis zu der durch den Widerstand gegebenen Grenze. Wäre es möglich, die Selbstinduktion auf Null zu bringen, so wäre ein Parallelbetrieb überhaupt unmöglich. Er wäre jedoch bei verschwindend kleinem ohmischen Widerstand und endlicher Selbstinduktion recht gut möglich. Die Bedingung

$$L = \frac{w}{\omega}$$

ist bei den jetzt gebräuchlichen Periodenzahlen nicht erfüllbar, ohne die Maschine nutzlos zu verteuern. Um die Selbstinduktion auf dieses sehr kleine Maß herabzudrücken, müßten wir der Maschine ein außerordentlich starkes Feld und dem Anker sehr wenig Windungen geben; die Leistung würde im Vergleich mit dem Materialaufwand gering ausfallen und der Wirkungsgrad würde auch leiden, weil die Eisenverluste im Vergleich mit der Leistung groß sein würden. Zudem kommt noch der Übelstand, daß die Maschine wegen ihrer geringen Selbstinduktion bei Kurzschluß gegen Verbrennen nicht mehr geschützt sein würde. Moderne Maschinen sind gewöhnlich so gebaut, daß ihr Koeffizient der ideellen Selbstinduktion $^1/_3$—$^1/_5$ von $\frac{e}{\omega i}$ wird. Dann ist die Induktanz das 10- bis 20-fache des Widerstandes; man erzielt aber auch dabei recht guten Parallelbetrieb.

117. Einfluß der Dampfmaschinen auf den Parallelbetrieb.

Im 115. Abschnitt ist gezeigt worden, daß die voreilende Maschine mehr Arbeit leisten muß, also die Parallelschaltung zweier Dynamomaschinen deshalb möglich ist, weil sie das Bestreben haben, gegenseitig Unregelmäßigkeiten in ihren Geschwindigkeiten auszugleichen. Diese Unregelmäßigkeiten werden durch die Dampfmaschine selbst erzeugt, da die auf den Kurbelzapfen ausgeübte tangentiale Kraft in weiten Grenzen schwankt. Denken wir uns nun zwei Dampfdynamomaschinen in Parallelbetrieb. Wenn nicht nur die Dynamomaschinen, sondern auch die Dampfmaschinen synchron laufen (d. h. wenn entsprechende Kurbeln beider Dampfmaschinen dieselbe Stellung haben und die Dampfmaschinen in jeder Beziehung gleich sind), so werden beide Anker immer gleiche Stellungen einnehmen, also gegeneinander keine Phasenverschiebung haben. Wenn die zwei Maschinensätze so gekuppelt sind, ist es jedoch ein Zufall. Meistens werden die Dampfmaschinen nicht synchronisiert, sondern die Parallelschaltung wird nur mit Rücksicht auf die Dynamomaschinen vorgenommen, und dann kann es vorkommen, daß die Kurbelstellungen bei den Dampfmaschinen beträchtlich abweichen, wobei die Ungleichförmigkeit im Gang der Dampfmaschinen sich fühlbar macht.

Um die Untersuchung nicht unnötig verwickelt zu gestalten, nehmen wir an, daß die eine der Maschinen so groß ist, daß ihr Gang durch den Einfluß der betrachteten Maschine in keiner Weise gestört wird. Es ist das gleichbedeutend mit der Annahme, daß die betrachtete Maschine an ein unendlich starkes Netz angeschaltet wird, dessen Spannung durch einen mit absolut konstanter Geschwindigkeit rotierenden Vektor dargestellt wird. Denken wir uns die Spannung im Netz durch eine sehr große Dynamomaschine erzeugt, so würde die Kurbel ihrer Dampfmaschine auch mit absolut konstanter Geschwindigkeit rotieren müssen und ihre augenblickliche Stellung könnte als Referenzpunkt für die Angabe der Kurbelstellung der betrachteten Maschine verwendet werden. Ebenso können wir die augenblickliche Geschwindigkeit des Kurbelzapfens auf jene V des Kurbelzapfens der großen Maschine beziehen. Ist V_1 die maximale und V_2 die minimale Geschwindigkeit, so ist der Geschwindigkeitsüberschuß $+(V_1 - V)$ und $-(V - V_2)$. Die beiden Werte brauchen nicht gleich zu sein, denn es ist denkbar, daß die Zeit, während welcher die Geschwindigkeit größer ist als die normale, eine andere ist als die Zeit, während welcher die Geschwindigkeit kleiner ist als die normale. Wegen Synchronismus muß aber das Integral an Geschwindigkeitsüberschuß und Zeit, über eine ganze Periode genommen, Null sein, und aus demselben Grunde muß die größte Abweichung der Kurbel zu beiden Seiten der Normalstellung gleich sein, also die größte Voreilung gleich der größten Nacheilung sein. Da es für die Beurteilung des Parallelbetriebes in erster Linie auf die Voreilung ankommt (die Geschwindigkeitsdifferenz kommt nur für Dämpferwicklungen in Betracht, die wir vorläufig nicht untersuchen wollen), so können wir annehmen, daß

$$V_1 - V = V - V_2$$

und dann wird der größte Geschwindigkeitsüberschuß gegeben durch den Ausdruck

$$v = \frac{V_1 - V_2}{2}.$$

Das Verhältnis dieses Geschwindigkeitsüberschusses zur normalen Geschwindigkeit V heißt Ungleichförmigkeitsgrad. Bezeichnen wir diese Verhältniszahl mit u, so haben wir

$$u = \frac{v}{V}.$$

Der Ungleichförmigkeitsgrad hängt ab vom Charakter des Antriebszyklus und dem Trägheitsmoment der rotierenden Massen. Er ist von der Größenordnung $\frac{1}{100}$ bis $\frac{1}{300}$.

Um in einfacher Weise eine Beziehung zwischen Ungleichförmigkeitsgrad und Voreilung aufstellen zu können, wollen wir zunächst voraussetzen, daß v einer Sinuskurve folgt, daß also die Kurbel nach dem Sinusgesetz um ihre Normalstellung schwingt. Dann ist die Entfernung zwischen den äußersten Stellungen gegeben durch

$$2s = \int_0^{\frac{T_1}{2}} v \sin \frac{2\pi t}{T_1} \, dt,$$

wobei T_1 die Zeit zwischen zwei aufeinanderfolgenden gleichgerichteten Impulsen bedeutet. Ist T die Zeit einer Umdrehung, so hätten wir für eine doppelt wirkende einkurbelige Dampfmaschine $T = 2\,T_1$, für eine Viertaktgasmaschine $T = \frac{T_1}{2}$, für eine Willam-Dreikurbelmaschine $T_1 = \frac{T}{6}$ u. s. w. Wir haben allgemein

$$2s = \frac{T_1}{2\pi}\left[v \cos \frac{2\pi t}{T_1}\right]_0^{\frac{T_1}{2}}$$

$$s = \frac{v\,T_1}{2\pi}$$

$$2\pi s = u\,V\,T_1.$$

Ist σ der dem Weg s entsprechende Voreilungswinkel, so haben wir für den Kurbelradius r

$$s = \sigma r \quad \text{und} \quad 2\pi r = V\,T,$$

also in geometrischem Bogenmaß

$$\sigma = u \frac{T_1}{T}.$$

Wollen wir σ in Graden ausdrücken, so haben wir in geometrischem Gradmaß

$$\sigma = \frac{180}{\pi} u \frac{T_1}{T}$$

$$\sigma = 57{,}3\ u \frac{T_1}{T}$$

und in elektrischen Graden für eine Maschine mit p Polpaaren

$$\sigma = 57{,}3\ p\ u \frac{T_1}{T}.$$

Der größte Winkelabstand des Spannungsvektors der betrachteten Maschine, bezogen auf den Spannungsvektor einer mit absolut konstanter Geschwindigkeit rotierenden Maschine, ist also in elektrischen Graden bei Betrieb durch eine

Viertaktgasmaschine	114,6 $p\,u$
Zweitaktgasmaschine	57,3 $p\,u$
Doppelt wirkende Dampfmaschine mit einer Kurbel	28,6 $p\,u$
Doppelt wirkende Dampfmaschine mit 2 um 90° verstellten Kurbeln	14,3 $p\,u$
Willans-Dampfmaschine mit 3 Kurbeln . . .	8 $p\,u$
Dampfturbine	0 $p\,u$.

Bei Ableitung dieser Werte hatten wir die Voraussetzung gemacht, daß v nach einer Sinuskurve variiert. Diese Voraussetzung ist (besonders für Maschinen mit unregelmäßiger Antriebskraft) nicht richtig und deshalb können die hier gewonnenen Zahlen nur als rohe Annäherungswerte betrachtet werden. Immerhin zeigen sie, daß die Antriebsmaschine den Parallelbetrieb beeinflussen muß. Durch die Unregelmäßigkeit im Drehmoment entsteht Voreilung und Nacheilung. Bei Voreilung muß die Dynamomaschine mehr als die normale Leistung an das Netz abgeben, bei Nacheilung weniger (vergl. Fig. 190). Infolge dieser Schwankung in der Leistung schwankt auch das Drehmoment, welches die Antriebsmaschine zu überwinden hat. Wie wir später sehen werden, verursachen diese

Schwankungen ihrerseits ein weiteres Anwachsen des Vor- oder Nacheilungswinkels σ, sodaß dieser größere Werte annimmt, als obiger Tabelle entspricht; ja es kann sogar der Fall eintreten, daß die Wechselwirkung zwischen dem überschüssigen Drehmoment und der entsprechenden Voreilung eine kumulative ist, sodaß beide Werte so weit gesteigert werden, bis der Spannungsvektor die in Fig. 190 angegebene Stabilitätsgrenze überschreitet, die Maschine also durchgeht. Wir werden die Mittel zur Vermeidung eines solchen Arbeitszustandes im zweitfolgenden Abschnitt kennen lernen; zunächst soll jedoch an einem Beispiel gezeigt werden, wie man die in obiger Tabelle nur in roher Annäherung angegebene Voreilung für eine bestimmte Maschine genau ermitteln kann.

118. Das Tangentialdruckdiagramm.

Als Beispiel nehmen wir eine Tandemdampfmaschine an. Fig. 197 möge die Diagramme der Hoch- und Niederdruckcylinder darstellen

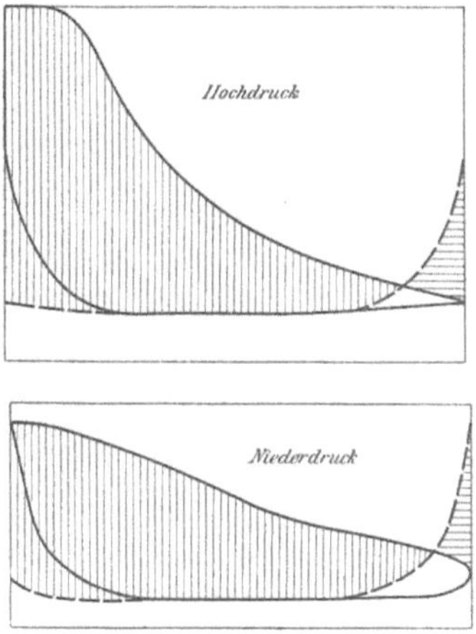

Fig. 197.

und zwar ist es bequem, sie in einem solchen Maßstab zu zeichnen, daß die Ordinaten nicht Dampfdruck per qcm Kolbenfläche, sondern unmittelbar die vom Kolben auf das Gestänge ausgeübte Kraft angeben. Positiv zu rechnende Flächen sind vertikal, negativ zu rechnende horizontal schraffiert. Unter Berücksichtigung der Kompression erhalten wir dann die in Fig. 198 gezeichneten Diagramme, bei denen die unter der Abszissenachse liegenden Teile negativ zu nehmen, also als Gegendruck aufzufassen sind. Fig. 199 gibt in der Kurve DD die Summe der beiden Diagramme oder den Gesamt-

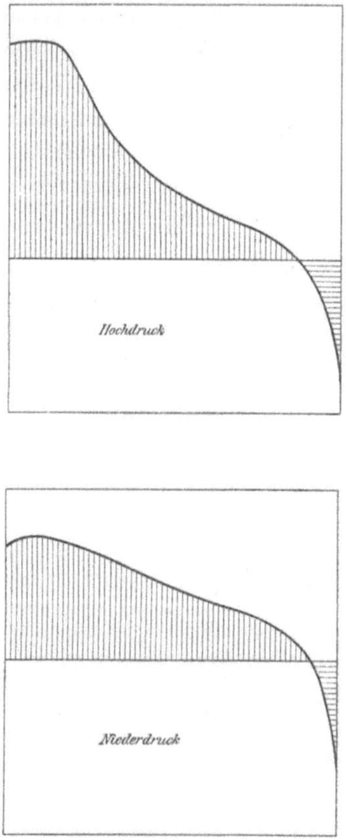

Fig. 198.

druck, jedoch vorläufig noch ohne Rücksicht auf den Beschleunigungsdruck der hin- und hergehenden Massen. Die Massen von Kolben, Kolbenstange und Kreuzkopf sind natürlich voll zu rechnen und jene der Schubstange mit $^2/_3$. Für eine unendlich lange Schubstange ist die Beschleunigung an den Todpunkten bekanntlich $\frac{V^2}{r}$ und die Beschleunigungslinie ist eine Gerade; für eine endliche Schubstange, deren Länge n mal so groß ist als der Kurbelradius, ist die Beschleunigung

$$p = \frac{V^2}{r}\left(\frac{n+1}{n}\right) \text{ am inneren Todpunkt}$$

$$p = \frac{V^2}{r}\left(\frac{n-1}{n}\right) \text{ am äußeren Todpunkt.}$$

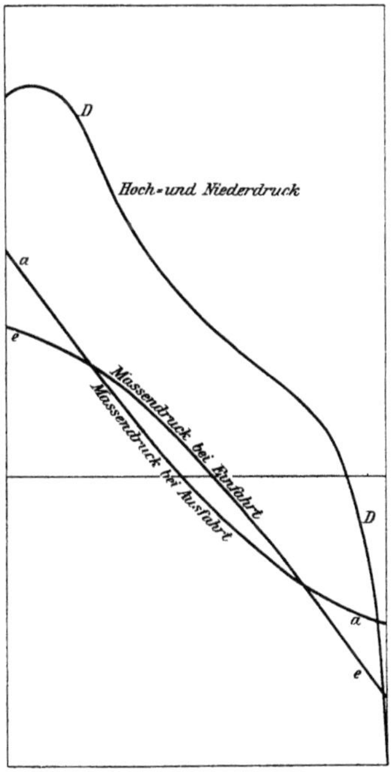

Fig. 199.

Die Beschleunigungskurve ist nicht mehr eine gerade, sondern eine gekrümmte Linie, deren Verlauf nach Mohrs bekannter Konstruktion bestimmt werden kann. Es genügt jedoch meist, nur einen Zwischenpunkt zu bestimmen, nämlich den Punkt

$$p = 0,$$

der offenbar jener Kurbelstellung entspricht, bei welcher die Schubstange den Kurbelkreis tangiert. In Fig. 199 ist die Beschleunigungslinie oder der Massendruck für die Ausfahrt ($a\,a$) und die Ein-

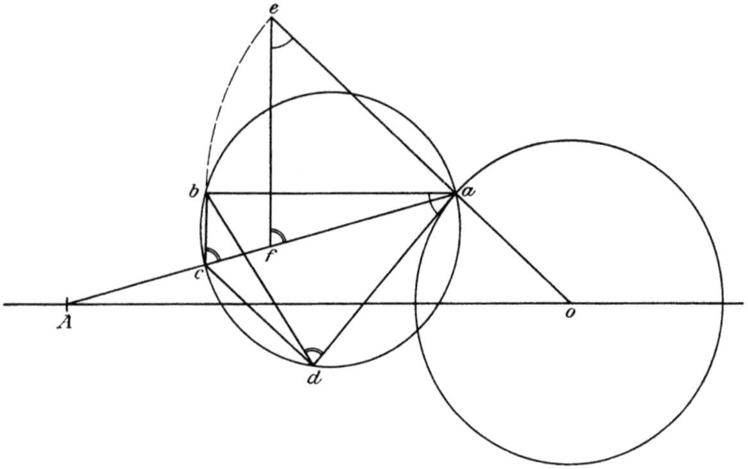

Fig. 200.

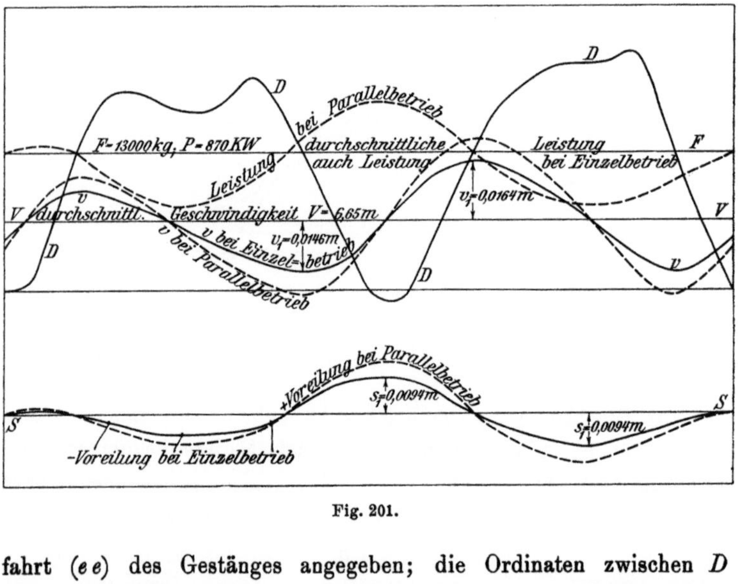

Fig. 201.

fahrt (*e e*) des Gestänges angegeben; die Ordinaten zwischen *D* und *a* einerseits und *D* und *e* andererseits geben die Kräfte, welche der Konstruktion des Tangentialdruckdiagramms zu Grunde zu legen sind. Ist in Fig. 200 *a b* der aus Fig. 199 entnommene und der

Kolbenstellung A entsprechende Druck, so ist $a\,c$ seine Komponente in der Richtung der Schubstange und $a\,d$ die gesuchte Tangentialkraft, während $c\,d$ den in der Richtung des Kurbelradius wirkenden Druck darstellt. Verlängern wir den Kurbelradius, machen $a\,e = a\,b$ und fällen von e ein Lot auf $a\,b$ bis zum Schnittpunkt f mit $a\,c$, so erhalten wir ein Dreieck $a\,e\,f$, welches kongruent ist mit dem Dreieck $b\,a\,d$. Es ist nämlich $\measuredangle\, a\,e\,f = \measuredangle\, b\,a\,d$, ferner $\measuredangle\, e\,f\,a = \measuredangle\, b\,c\,a$ und weil über derselben Sehne eines Kreises errichtet auch $\measuredangle\, b\,c\,a = \measuredangle\, b\,d\,a$. Es ist also auch $\measuredangle\, e\,f\,a = \measuredangle\, b\,d\,a$. Die beiden Dreiecke haben somit zwei Winkel gleich und sind deshalb ähnlich; da sie überdies auch die Seiten $a\,e$ und $a\,b$ gleich haben, so sind sie kongruent und es ist $e\,f = a\,d$. Hieraus ergibt sich eine sehr einfache Konstruktion des Tangentialdruckes. Man trägt auf dem Radius $o\,a$ oder seiner Verlängerung den aus Fig. 199 entnommenen Kolbendruck $a\,e$ auf und fällt von e ein Lot zur Richtung der Kolbenstange, das die Achse der Schubstange in f schneidet. Die Strecke $e\,f$ ist der gesuchte Tangentialdruck. Durch Wiederholung dieser Konstruktion für eine genügende Anzahl Kurbelstellungen $o\,a$ erhalten wir das Tangentialdruckdiagramm Fig. 201, in welchem die Ordinaten der Linie $D\,D$ die Werte des Tangentialdruckes als Funktion des Kurbelweges oder der Zeit darstellen.

119. Auswertung des Tangentialdruckdiagrammes.

Planimetriert man die von der Kurve D eingeschlossene Fläche und berechnet die Höhe F eines Rechteckes gleicher Grundlinie und Fläche, so gibt F den ideellen Tangentialdruck einer Antriebsmaschine, die bei konstanter Geschwindigkeit ein konstantes Drehmoment entwickelt. Man kann sich die wirkliche Antriebsmaschine ersetzt denken durch die Kombination dieser ideellen Maschine mit einer zweiten, die abwechselnd positive und negative Kräfte der konstanten Kraft F zufügt. Die oberhalb der Linie F liegenden Teile der Kurve D entsprechen den positiven, die unterhalb liegenden Teile den negativen Zusatzkräften. Da die Geschwindigkeit sehr nahezu konstant ist, so können die Ordinaten zwischen D und F auch als positive oder negative Leistungen aufgefasst werden und F selbst als die mittlere Leistung der Dampfmaschine.

Ist die Zusatzkraft positiv, so wird das Schwungrad beschleunigt und zwar steigt seine Geschwindigkeit von dem unteren Werte V_2

auf den oberen Wert V_1. Die Abszissen der Kurve D können je nach dem angewendeten Maßstab, Zeit, Winkelstellung der Kurbel oder Kurbelweg darstellen. In letzterem Falle ist die Fläche zwischen D und F der Arbeit A proportional, welche zur Beschleunigung der rotierenden Massen verwendet wird. Das Trägheitsmoment der letzteren, $\Sigma m r^2$, schreiben wir in der Form $m r^2$ und verstehen unter m eine gleichwertige, im Abstand r von der Achse konzentriert gedachte Masse. Es ist also

$$A = \frac{m}{2} (V_1^2 - V_2^2)$$

und da

$$V = \frac{V_1 + V_2}{2},$$

so haben wir auch

$$A = m V 2 v,$$

wenn wir $V_1 - V_2 = 2 v$ setzen. Wir finden so den Unterschied zwischen dem tiefsten und höchsten Punkt der Geschwindigkeitskurve, und zwar am bequemsten durch Planimetrierung der zwischen F und D eingeschlossenen Flächen. Zwischenpunkte werden gefunden, indem man einzelne Abschnitte dieser Flächen planimetriert. Haben wir auf diese Weise die Geschwindigkeitskurve $v v$ erhalten, so legen wir die Gerade $V V$ in solcher Höhe, daß die zwischen dieser Geraden und der Geschwindigkeitskurve eingeschlossenen Flächen einander gleich werden. Wenn wir die Abszissen als Zeit auffassen, so geben diese Flächen die Differenz $2 s$ zwischen den extremen Stellungen des Kurbelzapfens und die Kurve, welche Voreilung und Nacheilung darstellt, erhalten wir wieder durch teilweises Planimetrieren der zwischen v und V liegenden Flächen. Die größte Abweichung von der mittleren Lage $S S$ ist dann s, die Voreilung der betrachteten Maschine im Vergleich mit dem unendlich starken Netz.

Wenn die angetriebene Maschine ein Gleichstromgenerator wäre, so würde ihre Leistung durch die Voreilung nicht vergrößert und durch die Nacheilung nicht verkleinert werden, denn eine Änderung der Leistung setzt eine merkliche Änderung der Geschwindigkeit voraus und die kleine Zu- und Abnahme der Geschwindigkeit um den Betrag v kann gegenüber V als unmerklich betrachtet werden. Zudem liegen die extremen Werte von V zwischen jenen von D so, daß die $F F$-Linie, wenn sie auch nicht mehr als mathematische

Gerade angesehen werden kann, sondern eine fast unmerkliche Wellenform erhält, keine Änderung der Arbeit A und somit auch keine weitere Steigerung der Werte v und s herbeiführen kann.

Ganz anders liegen die Verhältnisse, wenn die Dampf- oder Gasmaschine einen an das unendlich starke Netz geschalteten Wechselstromgenerator antreibt. Zunächst ist zu beachten, daß die maximalen Ausschläge s zeitlich mit den maximalen Zusatzkräften zusammenfallen, aber entgegengesetztes Vorzeichen haben. Die Abszisse des positiv genommenen Ausschlages s (Voreilung) fällt ganz oder annähernd zusammen mit der Abszisse der größten negativen Zusatzkraft und umgekehrt. Da die Leistung und das Drehmoment der Dynamomaschine, wie aus Fig. 190 zu sehen ist, dem Ausschlag nahezu proportional sind, so folgt daraus, daß gerade in dem Augenblick, wo die Antriebsmaschine das größte Drehmoment entwickelt, die Dynamo den geringsten Widerstand leistet. Die Widerstandslinie FF ist jetzt nicht mehr eine Gerade, sondern hat eine der ss-Linie ähnliche Gestalt. Die zwischen den F- und D-Linien eingeschlossene Fläche ist also größer geworden, dadurch wird aber auch v größer und demzufolge auch s. Der größere Wert von s bringt seinerseits eine im selben Sinne größere Abweichung der F-Linie von der Geraden hervor und so weiter. Es hängt, wie später gezeigt werden soll, von den elektrischen und mechanischen Konstanten des Maschinensatzes ab, ob dieser kummulative Effekt sich ins Unendliche steigert, die Maschine also aus dem Tritt fällt und durchgeht, oder eine endliche Grenze erreicht. Jedenfalls ist dieser Effekt immer vorhanden und bewirkt eine Vergrößerung des Ungleichförmigkeitsgrades. Denken wir uns eine Dampfmaschine auf der einen Seite mit einem Gleichstromgenerator und auf der anderen Seite mit einem Wechselstromgenerator fest gekuppelt. Jede Maschine kann die Leistung der Dampfmaschine voll aufnehmen, sodaß bei Vollbelastung entweder nur Gleichstrom oder nur Wechselstrom abgegeben wird. Ist die Gleichstrommaschine in Betrieb, während die Wechselstrommaschine leer mitläuft, so möge der Ungleichförmigkeitsgrad u sein. Nun lassen wir die Gleichstrommaschine leer und die Wechselstrommaschine voll belastet auf das Netz arbeitend laufen. Aus den oben erläuterten Gründen wird jetzt der Ungleichförmigkeitsgrad nicht mehr u sein, sondern einen größeren Wert ζu annehmen, wobei $\zeta > 1$. Es werden durch die Rückwirkung der Dynamo auf die Antriebsmaschine die von vornherein vorhandenen Unregelmäßigkeiten

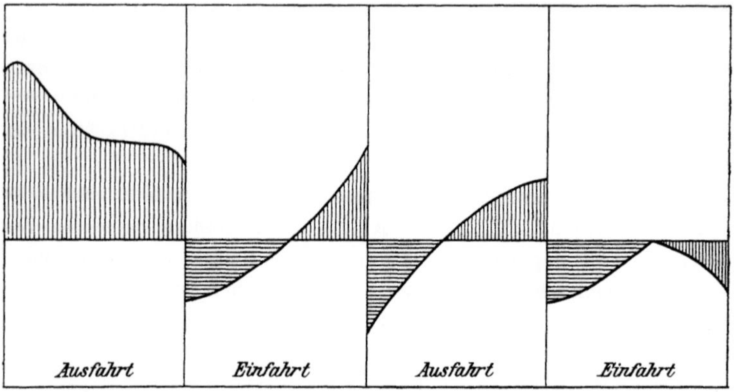

Fig. 202.

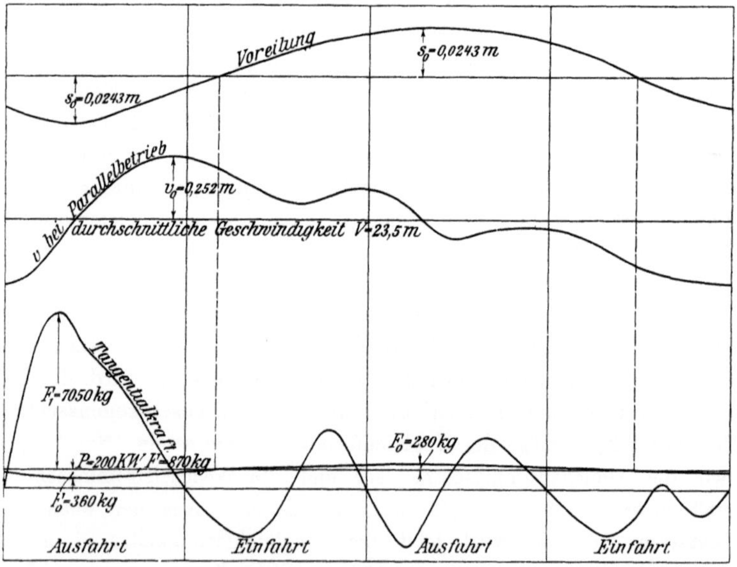

Fig. 203.

vergrößert und ζ kann deshalb als Vergrößerungsfaktor[1]) bezeichnet werden. In Fig. 201 veranschaulichen die punktierten Linien den wirklichen Betriebszustand. Man sieht, daß die an das Netz abgegebene Leistung die mittlere Leistung erheblich über- und unterschreitet.

Bei Antrieb durch eine Viertaktgasmaschine kann die Unterschreitung der Leistung so erheblich werden, daß während des Antriebshubes die Leistung der Dynamo negativ wird, also das Netz Leistung an die Dynamo abgibt und diese als Motor treibt. In Fig. 202 ist das Kolbendruckdiagramm und in Fig. 203 das Tangentialdruckdiagramm für eine Gasdynamo von 200 Kw bei 150 Touren pro Minute und einem Trägheitsmoment der rotierenden Massen von $\Sigma m r^2 = 3600$ dargestellt. Die Linien sind unter Berücksichtigung des Vergrößerungsfaktors, der in diesem Fall nur 1,05 beträgt, gezeichnet. Wie man sieht, ist Parallelbetrieb ganz gut möglich, obwohl die Antriebskraft sehr unregelmäßig ist. Bei einem erheblich leichteren Schwungrad wäre jedoch der Parallelbetrieb nicht möglich.

120. Das Pendeln parallel geschalteter Maschinen.

Wir haben im vorigen Abschnitt gesehen, daß der Spannungsvektor einer an ein unendlich starkes Netz angeschlossenen Dynamo infolge der Unregelmäßigkeit in der Betriebskraft dem Netzvektor abwechselnd vor- und nacheilt, also gewissermaßen um eine Mittellage pendelt. Die Mittellage entspricht der mittleren Leistung und die Ausschläge von der Mittellage entsprechen größeren und kleineren Leistungen. Es pendelt also nicht nur der Anker mechanisch um eine mit der Winkelgeschwindigkeit $\omega = V/r$ sich drehende Mittellage, sondern es findet auch ein Pendeln der Leistung statt. Wir können die augenblickliche Leistung uns als aus zwei Komponenten zusammengesetzt denken. Die eine ist die als konstant anzunehmende durchschnittliche Leistung P und die andere ist eine zusätzliche Leistung, die abwechselnd positiv und negativ ist und die einem Sinusgesetz folgt. Ein Blick auf die Diagramme Fig. 201 und 203 zeigt, daß

---

[1]) Die Bezeichnung Vergrößerungsfaktor ist von Rosenberg in einer sehr eleganten Abhandlung über die Wirkung des Dämpfers bei parallel arbeitenden Wechselstrommaschinen (ETZ. 1903, Heft 42) vorgeschlagen worden. Im folgenden Abschnitt lehne ich mich an Rosenbergs Arbeit an, gebe aber eine andere Ableitung dieses Faktors.

die Annahme eines einfachen Sinusgesetzes ohne höhere Harmonische nicht allzuweit von der Wirklichkeit entfernt ist, und da es sich bei der vorliegenden Betrachtung zunächst darum handelt einen durch das Pendeln hervorgebrachten Gefahrzustand zu charakterisieren, nicht aber eine mathematisch genaue Bestimmung seiner Größe zu geben, so dürfen wir im Interesse einer möglichst einfachen Behandlung dieses an und für sich genugsam verwickelten Gegenstandes die Annahme machen, daß die zusätzliche Leistung einem reinen Sinusgesetz folgt, wobei die periodische Zeit jene ist, um welche zwei gleich gerichtete Antriebsimpulse abstehen. Die Folge dieser Annahme ist, daß auch die zusätzliche Betriebskraft (ausgedrückt durch die Ordinaten zwischen DD und FF in Fig. 201) einem einfachen Sinusgesetz und zwar mit derselben periodischen Zeit folgt. Denken wir uns zunächst die Maschine mit absolut konstanter Geschwindigkeit angetrieben und die Speichen ihres Magnetrades oder Ankers unter Verwendung einer stroboskopischen Scheibe betrachtet, die durch einen unter Netzspannung stehenden Synchronmotor betrieben wird. Die Speichen scheinen dann im Raum stillzustehen. Wir wollen zunächst bei Leerlauf (also in Fig. 190 Phasenverschiebung = 0) ihre Stellung, etwa durch Projektion auf eine Wand, fixieren. Jetzt belasten wir die Maschine und finden, daß die Speichen um einen gewissen, der Belastung nahezu proportionalen Winkel vorgerückt sind, aber in ihrer neuen Stellung unbeweglich verharren. Ist φ dieser Winkel, in elektrischem Maß ausgedrückt, so ist die Leistung nach (71)

$$P = i_0 E \sin \varphi .$$

Die neue Stellung der Speichen möge wieder durch Projektion auf die Wand fixiert werden. Bisher haben wir angenommen, daß der Antrieb mit absolut konstanter Geschwindigkeit erfolgt. Nun möge die Maschine einen zusätzlichen Impuls in der Drehrichtung erhalten, gleich darauf aber wieder mit konstanter Geschwindigkeit, etwa durch Vermittlung eines elastischen Riemens, weiter betrieben werden. Durch den Impuls wird das Rad beschleunigt und die Speichen werden, durch die stroboskopische Scheibe gesehen, um einen gewissen Betrag vorrücken. Da die Stellung der Speichen jene des Spannungsvektors kennzeichnet, so können wir jetzt die Vorstellung der stroboskopischen Beobachtung fallen lassen und sagen: durch den zusätzlichen Impuls wird der Spannungsvektor über seine Normalstellung φ vorgeschoben, etwa bis zur Stellung φ_1. Jetzt leistet aber die Maschine entsprechend mehr und da die zugeführte Leistung wieder auf ihren Normalwert zurückgegangen ist, so muß die Differenz der Leistung durch die Schwungmassen gedeckt werden. Die Bewegung wird also verlangsamt und der Spannungsvektor kehrt unter zunehmender Differenzgeschwindigkeit zur Normalstellung φ zurück. Hat er diese erreicht, so kann er dort nicht verharren, denn die Schwungmassen haben jetzt die Geschwindigkeit v und treiben den Spannungsvektor weiter zurück, wobei die der Maschine aufgedrückte Leistung größer wird als die von ihr abgegebene. Dadurch wird aber die Schwingung nach rückwärts bei dem Winkel $\varphi_2 < \varphi$ begrenzt und die Schwungmassen werden wieder beschleunigt. Der Vektor geht wieder durch seine Normalstellung φ, erreicht wieder die extreme Lage φ_1, geht zurück nach φ_2 und so wiederholt sich dieses Spiel. Wir sehen, daß infolge der Wechselwirkung zwischen Ausschlag, Leistung und Schwungmoment ein einmaliger Anstoß genügt, um eine Pendelung einzuleiten. Die Schwingungszeit dieser Pendelung ist von den elektrischen, magnetischen und mechanischen Konstanten der Dynamo abhängig. Ein einmaliger Anstoß kann das Pendeln erregen, aber nicht unterhalten. Die Schwingungen werden infolge der dämpfenden Wirkung der Reibung und Wirbelströme nach und nach kleiner und verschwinden schließlich ganz.

Anders verhält sich die Sache, wenn der Anstoß, wie das bei Betrieb durch Dampfmaschinen der Fall ist, periodisch wiederholt wird. Ist die Zeit zwischen zwei aufeinander folgenden Impulsen zufälligerweise gleich der Zeit, welche die Maschine als Pendel braucht, um eine Hin- und Herschwingung auszuführen, so besteht vollkommene Resonanz, die Impulse addieren sich unendlich oft und die Maschine muß aus dem Tritt fallen. Infolge der kumulativen Wirkung genügen schon ganz kleine Impulse, die Maschine außer Tritt zu bringen, wenn Resonanz vorhanden ist. Eine Maschine mit zwei Kurbeln liefert ein viel gleichmäßigeres Drehmoment und viel kleinere Impulse als eine Maschine mit einer Kurbel. Trotzdem ist der Fall denkbar, daß letztere Maschine sich zum Pendelbetrieb recht gut und erstere nicht eignet. Dieser Fall wird eintreten, wenn die periodische Zeit der Pendelung genau gleich ist der halben Umlaufszeit. Dann hat die Dynamo mit der Zweikurbelmaschine Resonanz und mit der Einkurbelmaschine nicht.

Um nun beurteilen zu können, ob ein Gefahrzustand eintritt, müssen wir die periodische Zeit der Eigenschwingung der Dynamo berechnen können. Nach (71) ist

$$P = i_0 E \sin \varphi,$$

wenn φ die Winkelstellung des Spannungsvektors der Maschine, bezogen auf die Stellung des Netzvektors, bedeutet. Ist ω die Winkelgeschwindigkeit, r der Radius, in dem die konstante Kraft F wirkt, und T die Zeit einer Umdrehung, so haben wir

$$V = r\omega = \frac{2\pi r}{T}.$$

Die mechanische Leistung in m kg pro Sekunde ist offenbar

$$VF = \frac{i_0 E \sin \varphi}{9{,}81}$$

$$F = \frac{i_0 E \sin \varphi}{9{,}81\, r\omega}.$$

Die mittlere Tangentialkraft ist also dem Sinus des mittleren Voreilungswinkels proportional, wobei dieser Winkel in elektrischen Graden einzusetzen ist. Ist ψ der entsprechende Winkel in geometrischen Graden, so besteht bei einer Maschine von $2p$ Polen die Beziehung

$$\varphi = p\psi.$$

Für eine lineare Voreilung von a Metern haben wir

$$r\psi = a \qquad \text{und} \qquad \varphi = a\frac{p}{r}.$$

Da φ bei modernen Maschinen immer ein kleiner Winkel ist (12 bis höchstens 20^0), so begehen wir keinen großen Fehler, wenn wir statt des Sinus den Bogen setzen, und wir können somit schreiben

$$F = \frac{i_0 E}{9{,}81\, r\omega}\,\frac{p}{r}\,a.$$

Der Faktor von a ist konstant und durch die Konstruktion der Maschine gegeben. Bezeichnen wir ihn mit

$$c = \frac{i_0 E}{9{,}81\, r\omega}\,\frac{p}{r},$$

so ist

$$F = ca.$$

Für einen zusätzlichen Ausschlag x ist die zusätzliche Kraft

$$F_1 = c\,x.$$

Das ist mithin die Kraft, mit welcher die Masse m aus der Lage $a + x$ in die Lage a zurückgezogen wird. Wir haben jetzt das Problem auf den bekannten Fall der geradlinigen Schwingung zurückgeführt, wobei eine Masse m um einen festen Anziehungsmittelpunkt (gegeben durch den normalen Ausschlag a) unter dem Einfluß einer Kraft F_1 schwingt, die proportional dem Ausschlag x ist. Am Ende jedes Ausschlages ist die Geschwindigkeit der Masse, bezogen auf den Schwingungsmittelpunkt, Null. Die Länge des Ausschlages sei x_0. Im Ausschlag x sei die Geschwindigkeit v_1, dann ist allgemein für einen Ausschlag x die Arbeit, welche der Masse m mitgeteilt wird,

$$\int_0^x c\,x\,d\,x = \frac{m}{2}\,(v^2 - v_1^2) = \frac{c\,x^2}{2}$$

$$v_1 = \sqrt{v^2 - \frac{c}{m}\,x^2}.$$

Für den ganzen Ausschlag x_0 nach einer Seite ist $v_1 = 0$ und wir haben

$$v^2 = x_0^2\,\frac{c}{m}$$

$$m\left(\frac{c}{m}\,x_0^2 - v_1^2\right) = c\,x^2$$

$$v_1^2 = \frac{c}{m}\,(x_0^2 - x^2)$$

$$v_1^2 = \frac{v^2}{x_0^2}\,(x_0^2 - x^2)$$

$$v_1 = v\sqrt{1 - \left(\frac{x}{x_0}\right)^2}.$$

Nun ist aber

$$v_1 = \frac{d\,x}{dt}$$

und wir haben auch

$$dt = \frac{dx}{v\sqrt{1-\left(\frac{x}{x_0}\right)^2}}$$

$$t = \frac{x_0}{v} \arcsin \frac{x}{x_0}$$

$$\frac{x}{x_0} = \sin \frac{v\,t}{x_0}.$$

Zählen wir die Zeit von dem Augenblick des Durchgangs durch die Mittellage, wo also $x = 0$, so ist, nachdem die Zeit einer Viertelperiode verstrichen ist, $x = x_0$ und wir haben

$$1 = \sin \frac{v\,t}{x_0},$$

$$\frac{v\,t}{x_0} = \frac{\pi}{2},$$

wobei t die Zeit einer Viertelperiode ist. Wir haben also für die Zeit einer vollen Periode, d. h. einer ganzen Hin- und Herschwingung

$$t_1 = 4\,t$$

$$\frac{v}{x_0}\,\frac{t_1}{4} = \frac{\pi}{2}$$

$$t_1 = 2\,\pi\,\frac{x_0}{v}.$$

Da wir fanden, daß

$$\frac{x_0}{v} = \sqrt{\frac{m}{c}},$$

so haben wir auch

$$t_1 = 2\,\pi\sqrt{\frac{m}{c}}.$$

Die periodische Zeit der Impulse haben wir T_1 genannt. Resonanz tritt ein, wenn

$$T_1 = t_1.$$

In diesem Fall ist ein Parallelbetrieb jedenfalls unmöglich. Damit er möglich sei, müssen die beiden periodischen Zeiten verschieden sein, und zwar ist ohne weiteres klar, daß, je größer die Verschiedenheit, um so kleiner ist die Gefahr, daß die Maschine aus dem Tritt kommt. Wir können also

$$\vartheta = \frac{t_1}{T_1}$$

gewissermaßen als einen Sicherheitskoeffizienten betrachten, der in einer noch näher zu bestimmenden Weise die Vollkommenheit des Parallelbetriebes kennzeichnet. Je größer ϑ, desto besser, d. h. mit desto weniger Schwankung in der Leistung arbeitet die Maschine in Parallelschaltung mit einem unendlich starken Netz. Man könnte auch glauben, daß ein sehr kleiner Wert von ϑ den Parallelbetrieb ermöglicht, da ja nach unserer bisherigen Untersuchung die Gefahr des Außertrittfallens nur besteht für Werte von ϑ, die von 1 nicht sehr verschieden sind. Für ϑ bedeutend kleiner als 1 müßte also auch Parallelbetrieb möglich sein. Dieser Fall hat jedoch für Generatoren keine praktische Bedeutung. Soll t_1 gegen T_1 sehr klein sein, so muß das Schwungrad sehr leicht sein, und dadurch würde die initiale Unregelmäßigkeit in der Leistung so groß werden, daß schon dadurch der Parallelbetrieb unmöglich wird. Es genügt also, wenn wir uns bei Betrachtung der Generatoren auf die Fälle beschränken, in denen $\vartheta > 1$. Es soll jetzt gezeigt werden, daß zwischen ϑ und dem den Zuwachs der Unregelmäßigkeiten angebenden Vergrößerungsfaktor ζ die Beziehung besteht

$$\zeta = \frac{\vartheta^2}{\vartheta^2 - 1}$$

$$\vartheta = \sqrt{\frac{\zeta}{\zeta - 1}}.$$

Wir haben gesehen, daß der wirklich auftretende Tangentialdruck angesehen werden kann als die Resultante von zwei Komponenten. Eine ist konstant und möge den Wert F haben, die andere variiert nach dem Sinusgesetz mit der periodischen Zeit T_1 und hat den Maximalwert $\pm F_1$. Der konstanten Kraft F entspricht der Winkelausschlag φ des Spannungsvektors, gemessen in elektrischem Bogenmaß, oder der lineare Ausschlag a, gemessen in Metern. Unter Beibehaltung der früheren Bezeichnung haben wir

$$F = c\,a.$$

In Fig. 204 stellt für eine Maschine mit zwei Impulsen in jeder Umdrehung ($2\,T_1 = T$) die Basis entweder die periodische Zeit des Antriebszyklus oder den Winkel π oder den Massenweg πr dar.

F_1 ist der Maximalwert der variablen Komponente der Tangentialkraft, F ist die konstante Komponente. Die der Masse m in der Zeit $\frac{T_1}{2}$ mitgeteilte Arbeit ist

$$r F_1 = m V 2 v_1.$$

Daraus finden wir

$$v_1 = \frac{r F_1}{2 m V}.$$

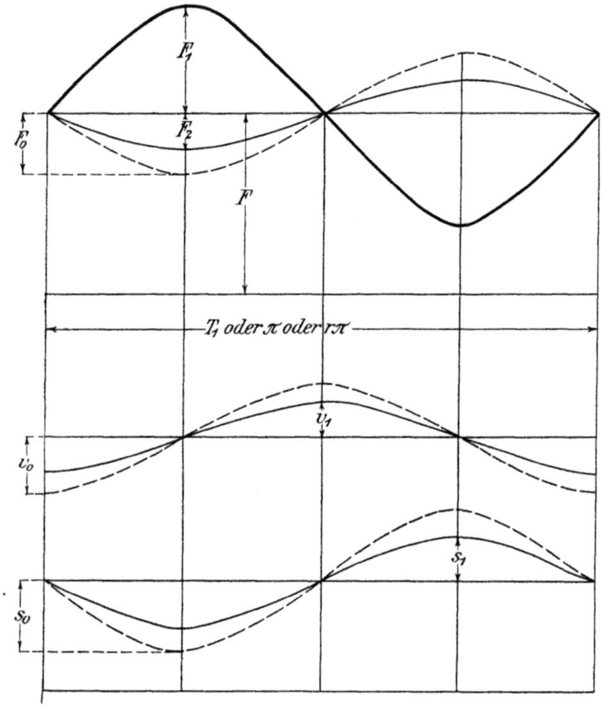

Fig. 204.

Der zusätzlichen Geschwindigkeit v_1 entspricht eine Voreilung s_1 über den normalen Ausschlag a, die wir bestimmen aus

$$2 s_1 = \frac{1}{\omega} \int_0^{\frac{\pi}{2}} \sin \alpha \, d \alpha$$

$$s_1 = \frac{v_1}{2 \omega} \quad \text{oder} \quad s_1 = \frac{F_1}{4 m \omega^2}.$$

Wir können diese Gleichung auch in dem Sinne schreiben

$$s_1 = \frac{F_1}{c} \frac{c}{4 m \omega^2},$$

oder, wenn wir $\frac{c}{4 m \omega^2} = q$ setzen, $s_1 = \frac{F_1}{c} q$.

Der zusätzliche Ausschlag s_1 erzeugt nun wieder eine zusätzliche Tangentialkraft F_2, die ihm proportional ist,

$$F_2 = c\, s_1.$$

Die Kraft des Impulses ist also jetzt größer als früher; sie ist von F_1 auf $F_1 + F_2$ gewachsen. Der Zuwachs F_2 in der Kraft erzeugt einen weiteren Zuwachs in der Geschwindigkeit

$$v_2 = \frac{r F_2}{2 m V}$$

und diese einen weiteren Zuwachs in der Voreilung

$$s_2 = \frac{F_2}{4 m \omega^2}$$

$$s_2 = \frac{s_1 c}{4 m \omega^2}$$

$$s_2 = s_1 q$$

$$s_2 = \frac{F_1}{c} q^2$$

Die Voreilung s_2 erzeugt einen Zuwachs F_3 in der Kraft, dieser wieder eine Voreilung s_3 und so wiederholt sich diese Wechselwirkung unendlich oft. Dadurch wird aus der initialen Voreilung s_1 schließlich die Voreilung $s_0 = s_1 + s_2 + \ldots\ldots + s_\infty$.

Der initiale Geschwindigkeitsüberschuß ist gewachsen von v_1 auf $v_0 = v_1 + v_2 + \ldots\ldots + v_\infty$.

Der Überschuß an Tangentialkraft ist gewachsen von F_1 auf $F_0 = F_1 + F_2 + \ldots\ldots + F_\infty$.

Es ist klar, daß die Endwerte nur dann endlich sein können, wenn

$$q < 1.$$

Wir haben dann für die Voreilung die Summe zu bilden von

$$s_1 = \frac{F_1}{c} q$$

$$s_2 = \frac{F_1}{c} q^2$$

$$\vdots$$

$$s_n = \frac{F_1}{c} q^n$$

und diese Summe ist für $n = \infty$

$$s_0 = \frac{F_1}{c} \left(\frac{q}{1 - q} \right).$$

Nun ist $\frac{F_1 q}{c} = s_1$ die initiale Voreilung; diese ist also durch die oben geschilderte Wechselwirkung in dem Verhältnis

$$\zeta = \frac{1}{1 - q}$$

vergrößert worden. Ebenso sind Schwankung der Leistung und Geschwindigkeitsüberschuß im selben Verhältnis gewachsen. Wir haben also für die Endwerte

$$s_0 = \zeta s_1$$

$$P_0 = \zeta \frac{F_2}{F} P$$

$$v_0 = \zeta v_1 .$$

War u_1, der Ungleichförmigkeitsgrad, als die Maschine allein arbeitete, so ist er bei Parallelschaltung mit einem unendlich starken Netz

$$u_0 = \zeta u_1 .$$

Die Unregelmäßigkeit des Antriebs kann durch den Quotienten F_1/F ausgedrückt werden; auch diese ist gesteigert worden und zwar auf $\frac{F_1 + F_0}{F}$. Die Unregelmäßigkeit in der Leistung wird offenbar durch $P_0 = \pm P \frac{c s_0}{F}$ ausgedrückt, wobei P die durchschnittliche Leistung bedeutet. Der Zeiger des Wattmeters wird also zwischen den Grenzen $P - P_0$ und $P + P_0$ schwanken.

Für den Maschinensatz, dessen Tangentialdruckdiagramm durch die Linie DD in Fig. 201 gegeben ist, beträgt der Vergrößerungsfaktor 1,45. Um den Betriebszustand bei Schaltung an ein unendlich starkes Netz darzustellen, sind also die Ordinaten der v- und s-Kurven im Verhältnis von 1 : 1,45 zu vergrößern. Wir erhalten so die punktierten Linien.

Wir haben gesehen, daß die Unregelmäßigkeiten, die schon bei Einzelbetrieb auftraten, durch die Schaltung der Maschine an ein unendlich starkes Netz gesteigert werden. Diese Steigerung geht ins Unendliche und die Maschine fällt außer Tritt, wenn $q = 1$. Wir haben dann den Zustand, den man als vollkommene Resonanz bezeichnet. Diese tritt ein, wenn

$$\frac{c}{4\,m\,\omega^2} = 1.$$

Da $\omega = \frac{\pi}{T_1}$, so haben wir auch

$$c = 4\,m\,\frac{\pi^2}{T_1^2}$$

und daraus

$$T_1 = 2\,\pi\sqrt{\frac{m}{c}}.$$

Nun fanden wir aber früher, daß die Zeit t_1 der Eigenschwingung der Maschine genau durch denselben Ausdruck gegeben wird. Wir finden also, daß der Vergrößerungsfaktor ins Unendliche wächst und Parallelbetrieb unmöglich wird, wenn Betriebszyklus der Dampfmaschine und Eigenschwingung der Dynamo die gleiche Frequenz haben.

Ist das nicht der Fall, so ist $q < 1$ und wir haben

$$T_1 = 2\,\pi\sqrt{\frac{m}{c}}\sqrt{q}$$

$$T_1^2 = t_1^2\,q$$

und unter Verwendung der früheren Bezeichnung

$$\vartheta^2 = \frac{1}{q}$$

$$\zeta = \frac{\vartheta^2}{\vartheta^2 - 1}$$

wie schon früher angegeben. Die Beziehungen zwischen Sicherheitskoeffizient ϑ und Vergrößerungsfaktor ζ können aus folgender aus dieser Formel berechneten Tabelle entnommen werden.

ϑ	=	1	1,1	1,2	1,3	1,5	1,75	2	2,5
ζ	=	∞	5,8	3,27	2,45	2	1,48	1,33	1,19.

Wie man aus diesen Zahlen sieht, genügt es nicht, wenn die periodischen Zeiten von Antriebszyklus und Eigenschwingung nur wenig verschieden sind. Wir haben dann allerdings keine vollkommene Resonanz, aber immerhin einen so hohen Wert des Vergrößerungsfaktors, daß unter Umständen Parallelbetrieb unmöglich wird. Übrigens ist zu bemerken, daß für die Beurteilung des Parallelbetriebes nicht der Vergrößerungsfaktor an und für sich, sondern dieser in Verbindung mit dem initialen Zustand (also bei Einzelbetrieb) zu berücksichtigen ist. Wir fanden

$$F_0 = \zeta F_2.$$

Ist $f = \frac{F_1}{F}$ der Unregelmäßigkeitsgrad der Tangentialkraft bei Einzelbetrieb, so ist der entsprechende Wert für Parallelbetrieb

$$f_0 = f + \zeta \frac{F_2}{F}.$$

Nun ist f je nach der Antriebsmaschine sehr verschieden; bei einer Viertakt-Gasmaschine liegt es weit über 1, bei einer einkurbeligen Dampfmaschine ist es von der Größenordnung 0,6, bei einer zweikurbeligen Dampfmaschine von der Größenordung 0,15 u. s. w. Man wird also einen um so höheren Wert für den Vergrößerungsfaktor und einen um so kleineren Sicherheitskoeffizienten zulassen dürfen, je gleichmäßiger der Antrieb ist.

In den bisherigen Überlegungen sind wir von der Voraussetzung ausgegangen, daß außer den periodisch verlaufenden Impulsen keine weiteren Impulse wirken. Diese Voraussetzung trifft nicht immer zu. Es können beispielsweise durch mehr oder minder regelmäßige Schwankungen der regulierenden Organe Impulse mit längerer Schwingungsdauer den regelmäßigen Impulsen, die wir im Tangentialdruckdiagramm berücksichtigt haben, überlagert werden. Auch etwaige Unterschiede in den Diagrammen für Aus- und Einfahrt und jene der verschiedenen Cylinder bei mehrkurbeligen Maschinen gehören hierher. Durch sie werden Impulse erzeugt, die allerdings klein sind im Vergleich mit den bisher betrachteten, deren periodische Zeit aber das Doppelte oder Mehrfache beträgt, wodurch die Gefahr der Resonanz, die wir bei den schnell wechselnden starken Impulsen vermeiden, doch wieder entstehen könnte. Es ist also beim Entwurfe von Maschinen für Parallelbetrieb nicht nur auf diese Impulse, sondern auch auf etwaige sie überlagernde Impulse von längerer Periode Rücksicht zu nehmen.

121. Einfluß der Dämpfung.

In der bisherigen Betrachtung sind wir von der Voraussetzung ausgegangen, daß die Schwingung des rotierenden Teils der Maschine um seine Mittellage sich ohne jeglichen Reibungswiderstand vollzieht. Diese Voraussetzung ist nicht streng richtig, aber so lange zulässig, als nicht durch eine besondere Vorrichtung ein der Reibung

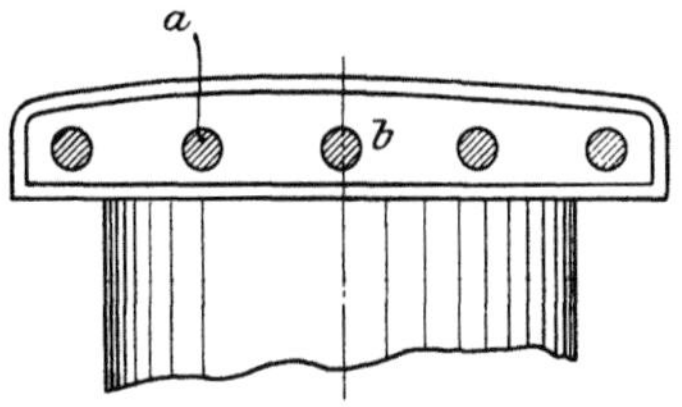

Fig. 205.

analog wirkender Widerstand eingeführt wird. Der Widerstand der Reibung allein ist im Verhältnis zu der Beschleunigungskraft so gering, daß wir ihn füglich außer acht lassen können. Das ist jedoch nicht mehr der Fall, wenn wir durch Anbringung einer Dämpferwicklung eine Kraft einführen, welche der Geschwindigkeit v proportional und in der Richtung ihr entgegengesetzt ist. Eine solche Dämpferwicklung zeigt Fig. 205. Sie besteht aus einem Gitter aus starken Kupferstäben s, welche die Pole durchsetzen und an den Enden durch starke Bügel b verbunden sind. Auch eine auf die Polfläche aufgenietete Kupferplatte würde dämpfend wirken, das Gitter ist jedoch vorzuziehen, weil der ohnehin schmale Spielraum zwischen Pol und Anker dabei nicht verkleinert wird. Schwere Kupferbacken zwischen die Polkanten eingesetzt bewirken ebenfalls eine Dämpfung. Für die Zwecke unserer Untersuchung ist es gleichgültig, in welcher Weise die Dämpfer angeordnet sind; wesentlich ist nur, daß sie nach Art des bekannten Foucault-Pendels magnetische Zugkräfte erfahren, wenn sie nicht genau die Geschwindigkeit des durch den Netzvektor gegebenen Drehfeldes haben. Die dämpfende in der Richtung des Umfanges ausgeübte Kraft ist der Geschwindigkeit v und streng genommen auch dem Ankerstrom, also den Ordinaten der in Fig. 204 punktiert gezeichneten F_0-Kurve proportional. Da aber, wie wir später sehen werden, eine Dämpfung nur Wert hat bei ziemlich gleichmäßigen Antrieb, wobei die F_0-Kurve nicht allzuweit von der F-Linie abweicht, so wollen wir die vereinfachende Voraussetzung machen, daß die der Geschwindigkeit v entgegengesetzt gerichtete Dämpfungskraft dieser Geschwindigkeit direkt proportional ist. Nennen wir die Dämpfungskraft F_d, so ist

$$F_d = -\delta v,$$

wobei δ einen von der Konstruktion des Dämpfers abhängigen und dem Quadrat der Durchschnittsbelastung P proportionalen Koeffizienten bezeichnet. Da wir auch P als gegeben und konstant betrachten, so kann δ einfach als eine Konstante angesehen werden. Je kleiner die Belastung, desto kleiner ist diese Konstante und daraus folgt, daß der Dämpfer nur auf die belastete Maschine eine energische Kontrolle ausüben kann.

Die Arbeitsweise einer Maschine mit Dämpfer kann am bequemsten mit Hilfe eines Vektordiagrammes dargestellt werden. Rosenberg hat das in der schon zitierten Arbeit getan und in den hier folgenden Ausführungen lehne ich mich im wesentlichen an diese Arbeit an. Um den Einfluß der Dämpfung klar zum Ausdruck zu bringen, wird es zweckmäßig sein, zunächst das Diagramm für die ungedämpfte Schwingung aufzuzeichnen und dann jene Veränderungen zu studieren, welche es durch die Dämpfung erfährt. Wir haben gesehen, daß der Überschuß an Betriebskraft F_1 (Rosenberg nennt ihn „initiale Pendelkraft“) eine Voreilung s_1 erzeugt, die um eine halbe Periode hinter F_1 zurückbleibt, also zur Zeit wo F_1 ein positives Maximum ist, als Nacheilung auftritt und deshalb die Widerstandskraft des Netzes F um $F_2 = c\, s_1$ vermindert. Dadurch wird die Voreilung wieder größer, die Widerstandskraft des Netzes wird weiter vermindert und infolge dieser Wechselwirkung haben wir den im vorigen Abschnitt geschilderten kumulativen Effekt mit den Endwerten v_0, s_0 und F_0, die nur dann endlich sein können, wenn in

$$q = \frac{F_2}{F_1}$$

$$q < 1.$$

Unter Vernachlässigung der Verluste besteht Gleichheit zwischen der von der Antriebsmaschine der Dynamo aufgedrückten Arbeit und jener Arbeit, welche die Dynamo an das Netz abgibt. Da bei der sehr nahezu konstanten Geschwindigkeit V Tangentialkraft und Arbeit sowohl als auch Leistung proportional sind, so können wir auch sagen: die Tangentialkraft F wird ganz vom Netz aufgenommen und kann also im Vektordiagramm unberücksichtigt bleiben. Dann müssen wir aber annehmen, daß das Netz auf die Dynamo die Kraft $\pm F_0$ überträgt, während die Antriebsmaschine auf die Dynamo die Kraft $\pm F_1$ überträgt. Die Schwingung der Dynamo erfolgt dann nach dem früher erläuterten Gesetze unter dem Einfluß dieser beiden Kräfte $\pm (F_1 + F_0)$. Es ist wichtig, daß F_0 kein allzugroßer Prozentsatz von F sei. Bei der Gasdynamo Fig. 203 ist $F_0 = 41\,\%$ von F im Arbeitshub und $31\,\%$ in der Zwischenperiode, bei der Dampfdynamo Fig. 201 ist $F_0 = 38\,\%$ von F in jeder halben Umdrehung.

Um den Wert der Dämpfung beurteilen zu können, müssen wir also untersuchen, ob die vom Netz auf die Dynamo übertragene Kraft durch die Dämpfung kleiner oder größer wird. Es ist klar, daß nur im ersten Falle die Dämpfung von Nutzen ist, im zweiten würde sie schädlich sein.

Es sei in Fig. 206 der Vektor von F_1 durch $o\,a$ dargestellt, und jener von v_1 durch $o\,b$. Nun machen wir $o\,d = c\,s_1 = F_2$, so ist

$$q = \frac{o\,d}{o\,a}\,.$$

Wir ziehen $d\,e$ parallel zu $o\,b$ und $o\,e$ parallel zu $a\,b$. Durch b und e legen wir eine Gerade und verlängern sie bis zu ihrem Schnittpunkt f mit der Verlängerung von $a\,d$, dann ist

$$o\,f = F_0.$$

Der Beweis ist einfach. Wegen Ähnlichkeit der Dreiecke haben wir

$$\frac{d\,e}{o\,b} = \frac{f\,d}{f\,o} \quad \text{und} \quad \frac{d\,o}{d\,e} = \frac{o\,a}{o\,b}\,.$$

Aus diesen beiden Gleichungen ergibt sich

$$\frac{d\,o}{o\,a} = \frac{f\,d}{f\,o} \quad \text{oder} \quad q = \frac{f\,d}{f\,o}\,.$$

Ferner ist

$$1 - q = \frac{f\,o - f\,d}{f\,o} = \frac{o\,d}{o\,f}$$

und

$$o\,f = \frac{o\,d}{1 - q} = F_2.$$

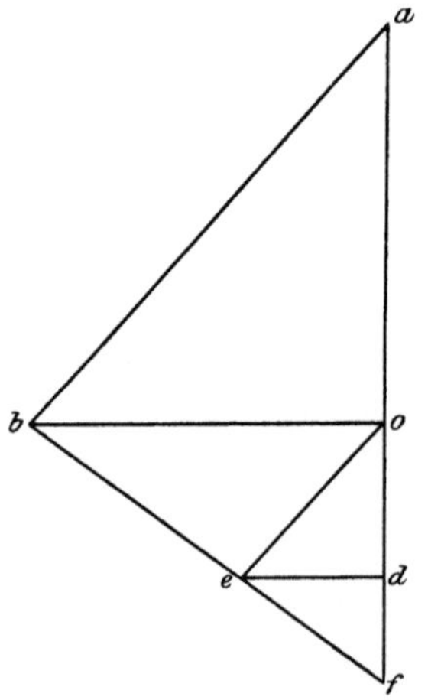

Fig. 206.

Wir können also durch die hier angegebene graphische Konstruktion den Vergrößerungsfaktor ζ finden; es ist

$$\zeta = \frac{o\,f}{o\,d}\,.$$

Nun wollen wir annehmen, daß die Maschine, auf die sich Fig. 206 bezieht, eine Dämpfung bekommt. Zu den Kräften F_1 und F_0 kommt noch die Dämpfungskraft F_d, deren Vektor auf F_1 senkrecht steht. Da die Dämpfungskraft der Richtung der Geschwindigkeit entgegengesetzt ist, so muß, wenn im Betriebszustand keine Änderung hervorgerufen werden soll, der Dynamo eine gleich große Kraft im Sinne des Geschwindigkeitsvektors aufgedrückt werden.

Wir ziehen also in Fig. 207 den Vektor

$$F_d = \delta v_0$$

von o nach links. Die initiale Pendelkraft ist also jetzt die vektorielle Summe von F_1 und F_d und im Diagramm durch $o\,a$ dargestellt. Wir denken uns zunächst die Antriebsmaschine so geändert, daß sie jetzt nicht mehr die Pendelkraft F_1, sondern die größere Pendelkraft $o\,a = \sqrt{F_1^2 + F_d^2}$ ausübt. Dann muß das Netz

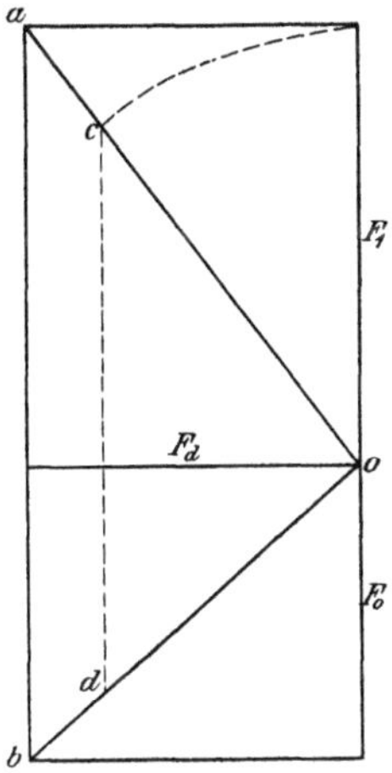

Fig. 207.

nicht nur, wie früher, die Kraft F_0, sondern die größere Kraft $o\,b = \sqrt{F_0^2 + F_d^2}$ auf die Dynamo übertragen. Nun hat aber die Antriebsmaschine keine größere Pendelkraft als früher und um den wahren Betriebszustand zu finden, müssen wir alle Linien des Diagrammes in dem Verhältnis der Kräfte $o\,a : F_1$ reduzieren. Wir schlagen also um o mit dem Radius F_1 einen Kreis und finden so den Punkt c. Das Reduktionsverhältnis ist also $o\,a : o\,c$ und wenn wir die Linie $a\,b$ in gleichem Verhältnis reduzieren, so finden wir $o\,d$, die tatsächlich vom Netz auf die Dynamo übertragene Kraft. Bei dem für Fig. 207 gewählten Verhältnis von $F_0/F_1 < 1$, also $q < 1/2$, ist $a\,d > F_0$, d. h. durch die Anbringung von Dämpfern haben wir den Parallelbetrieb verschlechtert, denn es wogt jetzt mehr Leistung zwischen Netz und Dynamo hin und her. Die Verschlechterung ist um so fühlbarer, je stärker die Dämpfung ist, d. h. je größer F_d im Vergleich mit F_1 ist.

Man sieht ohne weiteres, daß für $F_1 = F_0$ auch $o\,d = F_0$ wird. Wenn also bei der ungedämpften Maschine die initiale Pendelkraft F_1 gleich der Netzkraft F_0 ist, so wird die Schwankung in der Leistung durch die Dämpfung nicht geändert. Die Dämpfung schadet also nicht, nützt aber auch nichts. Man wird also in einem solchen Fall, wie in Fig. 207 dargestellt, Dämpferwicklungen nicht anbringen, denn sie würden nur unnötiger Weise die Herstellungskosten der Dynamo

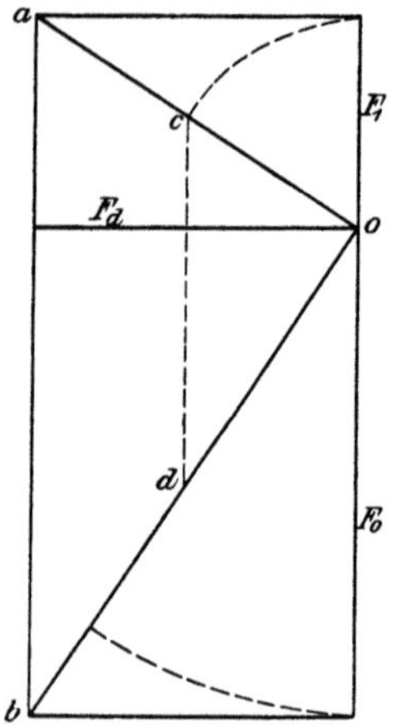

Fig. 208.

vergrößern. Nun kann es aber vorkommen, daß bei Zwei und Dreikurbelmaschinen F_0 erheblich größer ist als F_1. Es ist dann F_1 von vornherein sehr klein (etwa 15 % bis 7 % von F) und man kann ein leichtes Schwungrad verwenden. Dann wird aber $q > 1/2$ und $\zeta > 2$. In Fig. 208 ist dieser Fall dargestellt. Wendet man wieder die in Fig. 207 angegebene Konstruktion an, so findet man, daß $o\,d < F_0$, d. h. durch die Dämpfung ist die zwischen Netz und Dynamo hin- und herwogende Leistung verkleinert und der Parallelbetrieb dadurch besser gemacht worden. Die Verbesserung ist um so größer, je stärker die Dämpfer wirken. Im übrigen ist zu bemerken, daß, wenn die Schwungmassen so weit reduziert werden, daß $q = 1$, also absolute Resonanz eintritt und $F_0 = \infty$ wird, die Dämpfung den Parallelbetrieb nicht möglich macht. Dagegen ist er möglich, wenn die Schwungmassen noch weiter reduziert werden, sodaß $q > 1$ und ζ negativ wird. Es wird dann auch F_0 negativ und die durch c gelegte Vertikale schneidet wieder auf $o\,b$ ein endliches Stück $o\,d$ ab. Dieser Fall hat für Generatoren allerdings keine praktische Bedeutung, er ist aber für Synchronmotoren und für Umformer wichtig. Treibt der Synchronmotor z. B. eine Pumpe mit 2 oder 3 Cylindern, so ist der Tangentialwiderstand der Motorkurbel nicht konstant. Der Betriebszustand des Motors wird also vergleichbar mit jenem eines Generators, der von einer Zwei- oder Dreikurbeldampfmaschine angetrieben wird. Hat die Pumpe nur ein sehr leichtes oder gar kein Schwungrad, so kann für den Motor $q > 1$ und F_0 negativ werden. Es ist dann eine genügend starke Dämpferwicklung das einzige Mittel, um den Motor im Tritt zu halten. Auch bei Umformern werden Dämpferwicklungen oft angewandt. Damit der Umformer etwaigen Schwankungen in der Netzspannung leicht folgen kann, baut man diese Maschinen mit möglichst geringen Schwungmassen. Es ist dann aber keine Arbeitsreserve vorhanden zur Überwindung eines plötzlichen Widerstandes, der z. B. durch einen Stromstoß auf der Gleichstromseite eintreten kann. Ein Umformer ohne Dämpfung und ohne Schwungrad würde dabei aus dem Tritt fallen. Hat er aber eine genügend starke Dämpfung, so wirkt diese wie der Kurzschlußanker eines Asynchronmotors und hält dadurch die Maschine in Tritt.

Das Ergebnis der obigen Betrachtungen kann in Bezug auf Generatoren wie folgt zusammengefaßt werden:

Ist der Antrieb schon von Hause aus so unregelmäßig, daß man große Schwungmassen braucht, um überhaupt arbeiten zu können, so ist die Dämpfung nicht nur überflüssig, sondern sie schadet geradezu, indem durch ihren Einfluß die zwischen Maschine und Netz hin- und herwogende Leistung größer wird, als sie ohne Dämpfung ist. Man wird also bei Gasdynamos oder Dampfdynamos mit einer Kurbel die Dämpfung nicht anwenden.

Ist der Antrieb schon von Hause aus sehr regelmäßig und erhält die Maschine nur geringe Schwungmassen, so ist die Dämpfung um so nützlicher, je stärker sie ist, denn sie verringert die zwischen Netz und Maschine hin- und herwogende Leistung. Man wird also bei Zwei- und Dreikurbelmaschinen eine Dämpfung anbringen, wenn die Schwungmassen so gering sind, daß F_0 erheblich größer ist als F_1. Sind die Schwungmassen bei solchen Maschinen an und für sich schon schwer (bei Schwungraddynamos mit rotierendem Magnetfelde muß aus rein mechanischen Gründen der Jochring ziemlich kräftig gehalten werden), so kann die Dämpfung nur wenig nützen und ist besser fortzulassen.

In den vorhergehenden Überlegungen haben wir zur Erleichterung der Rechnung angenommen, daß die Maschine einem unendlich starken Netz parallel geschaltet ist. Das Netz liefert dann die Leistung P_0, die zwischen ihm und der Maschine mit der Frequenz $\nu_1 = \frac{1}{T_1}$ hin- und herwogt. Um diese Leistung zirkulieren zu lassen, ist es aber nicht nötig, daß das Netz unendlich stark sei; es braucht nur so stark zu sein, daß es diese Leistung abwechselnd aufnehmen und abgeben kann. Wir können also jetzt die Vorstellung eines unendlich starken Netzes fallen lassen und uns das Netz ersetzt denken durch eine Maschine von endlicher Gesamtleistung, die nur so groß zu sein braucht, daß sie die zusätzliche Leistung P_0 aufnehmen und abgeben kann. Diese Bedingung ist aber erfüllt, wenn die zweite, das unendlich starke Netz ersetzende Maschine gleich stark ist wie die erste Maschine. Soll dann in dem Betriebszustand der ersten Maschine gegenüber früher (Arbeiten auf ein unendlich starkes Netz) keine Änderung eintreten, so haben wir nur dafür zu sorgen, daß die zweite Maschine die zusätzliche Leistung genau zu den gleichen Zeiten aufnimmt und abgibt, als das früher vom Netz getan wurde. Das wird der Fall sein, wenn die Kurbeln der beiden gleich starken Maschinen gegeneinander eine solche Stellung einnehmen, daß die Antriebszyklen um eine halben Periode verschoben sind. Es würde also beispielsweise bei zwei Einkurbeldampfmaschinen die Parallelschaltung in dem Augenblick erfolgen müssen, wenn die Kurbeln unter 90^0 stehen. Dann arbeitet jede der beiden Maschinen unter den gleichen Verhältnissen, als wäre sie an ein unendlich starkes Netz geschaltet. Ihr Parallelbetrieb ist also ebenso gut, als in dem Falle, den wir in den vorigen Abschnitten behandelt haben. Erfolgt das Zusammenschalten zu einem Zeitpunkte, wenn die Kurbeln eine andere gegenseitige Stellung einnehmen, so arbeitet jede Maschine insofern unter günstigeren Verhältnissen, als die zwischen den Maschinen hin- und herwogende Leistung kleiner wird. Bei synchroner Kurbelstellung verschwindet diese Leistung ganz und wir haben dann den günstigsten Betriebszustand. Jede Maschine arbeitet, als ob sie allein im Betrieb wäre. Wir sehen also, daß zwei Maschinen in Parallelschaltung wohl besser, nie aber schlechter arbeiten können, als eine Maschine, die an ein unendlich starkes Netz geschaltet wird. Es genügt deshalb, die Tauglichkeit der Maschine für diesen Fall nach der in den vorigen Abschnitten gegebenen Anleitung zu untersuchen. Ist sie für diesen Fall tauglich, so kann sie für jede Art der Parallelschaltung verwendet werden.

Achtzehntes Kapitel.

122. Der Synchronmotor.

Im vorigen Kapitel ist das Zusammenarbeiten zweier Maschinen auf denselben Stromkreis behandelt worden. Es ist auch gezeigt worden, daß eine dieser Maschinen als Motor arbeiten kann. In dieser Beziehung verhält sich eine Wechselstrommaschine wie eine Gleichstrommaschine mit Nebenschlußerregung. Wenn eine Maschine dieser Art an ein Gleichstromnetz angeschlossen wird, so kann sie, je nachdem man ihr mechanische Leistung zuführt oder entnimmt, Strom in das Netz liefern oder Strom aus dem Netz entnehmen. Das Gleiche gilt von der Wechselstrommaschine, jedoch mit dem Unterschied, daß die letztere bei beiden Betriebszuständen genau die gleiche Geschwindigkeit hat, während die Gleichstrommaschine, wenn sie als Generator arbeiten soll, eine etwas größere Geschwindigkeit haben muß als in dem Fall, daß man sie bei *gleicher Felderregung* als Motor laufen läßt. Ist jedoch die Felderregung in genügend weiten Grenzen variabel, so kann die Maschine auch bei ein und derselben Geschwindigkeit Strom aufnehmen oder liefern. Bei Wechselstrommaschinen, die mit der Wechselspannung im Netz synchron laufen, ist natürlich die Geschwindigkeit einzig und allein von Polzahl und Periodenzahl abhängig. Der Unterschied im Betriebszustand liegt dann einzig und allein in der Felderregung und der damit zusammenhängenden Phasenverschiebung zwischen dem Vektor der Netzspannung und dem Vektor der E.M.K., die im Anker der Maschine induziert wird. In folgendem sollen für diese beiden Größen die schon im vorigen Abschnitt gebrauchten Bezeichnungen Netzvektor und Ankervektor beibehalten werden.

Um die Aufgabe nicht zu kompliziert zu gestalten, wollen wir, wie schon im vorigen Kapitel erläutert, einen Näherungsweg einschlagen, indem wir annehmen, daß die Maschine eine ideelle Selbstinduktion hat, die größer ist als die wirkliche, dafür aber die magnetisierende Wirkung des Ankers vernachlässigen. Die Resultierende E_r der Ankerspannung e und der Netzspannung E hat dann zwei

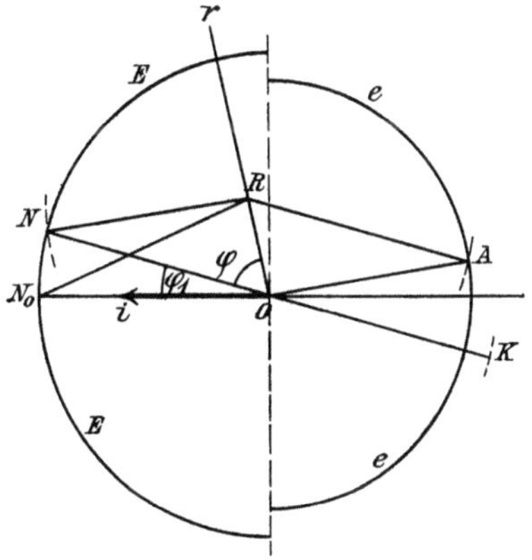

Fig. 209.

Komponenten wi und $\omega L i$, die aufeinander senkrecht stehen, während der Phasenwinkel φ zwischen $O N_0$ und $o r$ durch die Beziehung gegeben ist

$$\cos \varphi = \frac{w}{\sqrt{w^2 + \omega^2 L^2}}.$$

Dieser Winkel ist von Strom und Leistung des Motors unabhängig, kann also für einen bestimmten Motor, dessen Eigenschaften bekannt sind, ohne weiteres im Vektordiagramm eingetragen werden. In Fig. 209 zeichnen wir den Stromvektor nach links und den Vektor der resultierenden Spannung nach oben. Seine Richtung sei $O r$. Nehmen wir nun einen bestimmten Ankerstrom an, so können wir den zugehörigen Wert von $O R = E_r$ aus der Beziehung finden

$$E_r = i \sqrt{w^2 + \omega^2 L^2}.$$

Es sei ferner gegeben die Netzspannung E, die natürlich mit der Klemmenspannung E_k in einer Linie liegt und ihr entgegengesetzt gleich ist, und die Ankerspannung e. OR ist die Resultante von e und E. Von den zwei möglichen Lagen der Komponenten nehmen wir jene, bei welcher e nach rechts fällt, also im allgemeinen dem Strom entgegengesetzt liegt, denn das ist die Bedingung, damit die Maschine als Motor arbeitet. Gleichzeitig muß E nach links liegen. Wir schlagen also aus O mit dem Radius e den Halbkreis e rechts und mit dem Radius E den Halbkreis E links. Der Endpunkt des

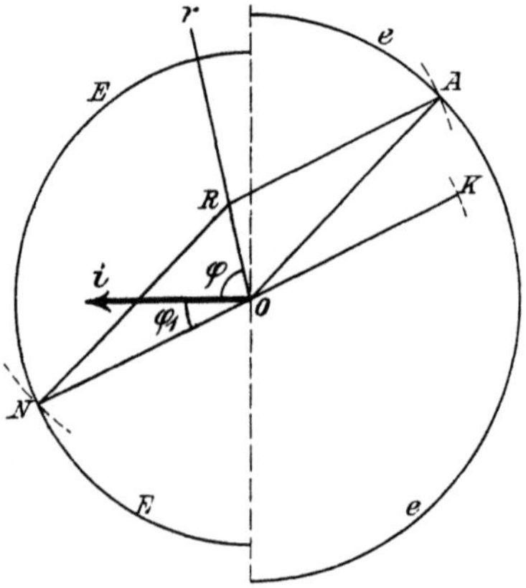

Fig. 210.

Ankervektors muß auf e, jener des Netzvektors auf E liegen. Schneiden wir nun aus R mit der Zirkelöffnung E den Halbkreis e, so finden wir den Ankervektor OA, und schneiden wir aus R mit der Zirkelöffnung e den Halbkreis E, so finden wir den Netzvektor ON. Seine Umkehrung OK gibt den Vektor der Klemmenspannung. Der Leistungsfaktor des Motors ist $\cos \varphi_1$ und die zugeführte Leistung ist

$$P = E\, i \cos \varphi_1$$

$$P = \frac{E\, E_r \cos \varphi_1}{\sqrt{w^2 + \omega^2 L^2}} \,.$$

Die Leistung kann also aus dem Vektordiagramm berechnet werden. Sie wird ein Maximum, wenn $\varphi_1 = 0$, also wenn $e = R N_0$. Es ist dann

$$e^2 = (E - w\, i)^2 + \omega^2 L^2 i^2 .$$

In modernen Maschinen ist bei Vollbelastung $w\,i$ von der Größenordnung 0,02 E und $\omega\,L\,i$ von der Größenordnung 0,16 E bis 0,2 E. Wir haben somit

$$e^2 = E^2\,(0{,}98)^2 + \varepsilon^2\,(0{,}18)^2$$

$$e^2 = E^2\,(0{,}96 + 0{,}032)$$

$$e = 0{,}996\,E.$$

Um also bei Vollbelastung den Leistungsfaktor möglichst gleich der Einheit zu erhalten, ist der Motor derart zu erregen, daß er, als Generator betrieben, bei Leerlauf die Netzspannung geben würde.

In Fig. 209 ist angenommen, daß der Motor schwächer erregt wird, sodaß seine im Anker induzierte E.M.K. (wenn bei Leerlauf gemessen) kleiner als die Netzspannung sein würde. Da wir nun gesehen haben, daß durch etwas stärkere Erregung die Phasenverschiebung auf Null reduziert werden kann, so liegt der Gedanke nahe, sie durch noch stärkere Erregung negativ zu machen, sodaß der Strom der Spannung voreilen würde. Das ist in der Tat möglich, wie ein Blick auf Fig. 210 ohne weiteres zeigt. Hier ist $e > E$ und φ_1 ist negativ. Ein übererregter Synchronmotor wirkt also wie ein Kondensator in Bezug auf das Vorschieben der Stromphase. Maschinen dieser Art werden benützt, um die durch andere Apparate bewirkte Phasenverschiebung mehr oder weniger auszugleichen.

123. Der asynchrone Motor.

Bei synchronen Motoren hat das Feld konstante Polarität und wird wie bei einem Generator durch Gleichstrom erregt. Der Motor braucht also zwei Stromquellen; die eine liefert Gleichstrom und dient nur zur Felderregung, die andere liefert ein- oder mehrphasigen Wechselstrom und liefert die elektrische Leistung, welche im Anker in mechanische Leistung umgesetzt wird. Nun können wir auch einen Motor bauen, welcher nur einer Stromquelle bedarf, nämlich jener, welche ein- oder mehrphasigen Wechselstrom liefert. Wir wollen zunächst annehmen, daß die Stromquelle mehrphasigen Wechselstrom liefert und zur Erzeugung eines rotierenden Feldes dient. Wie ein solcher Fall zu stande kommt, ist in Fig. 212 erläutert. Bevor wir auf eine Beschreibung dieser Figur eingehen, wollen wir jedoch untersuchen, in welcher Weise ein rotierendes Feld zur Entwicklung einer mechanischen Leistung verwendet werden kann. Da die Art und Weise der Herstellung des Feldes zunächst nicht in Betracht kommt, so wollen wir annehmen, daß das Feld durch ein Magnetsystem, wie es Fig. 211 zeigt, erzeugt wird. In dieser Figur sei *A* ein aus Blechscheiben bestehender Lochanker und *F* das Feldsystem, das 4 Pole haben möge. Die Ankerstäbe seien zu einzelnen Schleifen verbunden, die jede 90° des Umfanges umspannen. Von diesen ist nur die Schleife *a b* gezeichnet. Denken wir uns nun sowohl den Anker als auch das Feldsystem drehbar gelagert und letzteres in der Pfeilrichtung gedreht. Durch diese

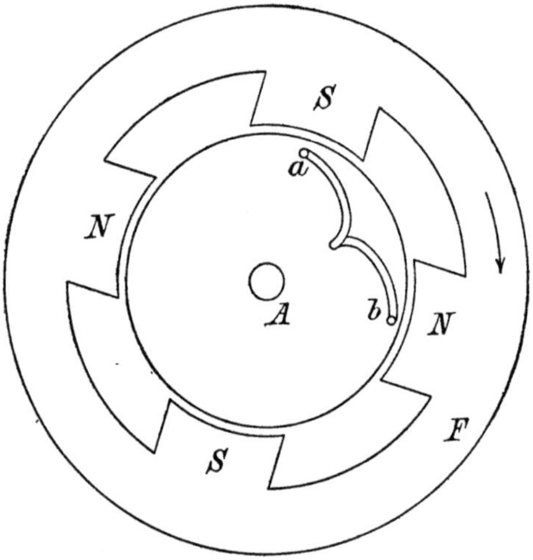

Fig. 211.

Bewegung wird offenbar in *a* eine nach abwärts und in *b* eine nach aufwärts gerichtete E.M.K. erzeugt. Da die Schleife an beiden Stirnflächen des Ankers geschlossen ist, muß in *a* ein nach unten und in *b* ein nach oben gerichteter Strom entstehen, welche Ströme in Verbindung mit den von *N* nach *S* fließenden Kraftlinien ein Drehmoment in der Pfeilrichtung erzeugen. Was hier für eine Schleife gezeigt wurde, gilt natürlich für die ganze Wicklung des Ankers, und es ist klar, daß bei jeder Stellung des sich drehenden Feldes dem Anker ein Drehmoment erteilt wird. Kann der Anker sich vollständig frei, also ohne jeglichen Widerstand, drehen, so wird er mit dem Felde synchron laufen. Dann besteht keine relative Bewegung zwischen Ankerstäben und Kraftlinien; es wird also auch keine E.M.K. und kein Strom in den Ankerstäben induziert und kein Drehmoment ausgeübt. Der Anker läuft einfach leer mit. Wird jedoch der Anker mechanisch belastet, so bleibt er in der Drehgeschwindigkeit gegenüber dem Felde etwas zurück, und zwar um einen solchen Betrag, daß der in seinen Stäben induzierte Strom in Verbindung mit der Feldstärke das der Belastung entsprechende Drehmoment hervorbringt. Es ist ohne weiteres klar, daß der in jedem Ankerstabe fließende Strom ein Wechselstrom sein muß, und es ist auch einleuchtend, daß, konstanten Ankerstrom vorausgesetzt,

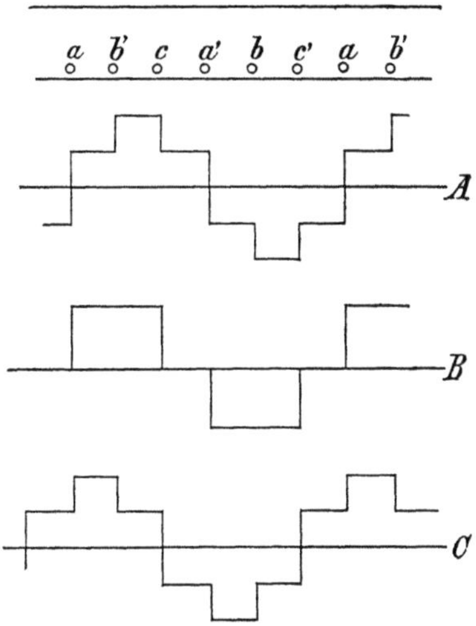

Fig. 212.

das Drehmoment umso kleiner wird, je mehr der Strom in seiner Phase hinter der ihn erzeugenden E.M.K. zurückbleibt, d. h. je größer die Selbstinduktion in den Ankerstäben ist.

Wir haben zum Zweck einer einfachen Erklärung angenommen, daß wirkliche Pole eines Feldsystems um den Anker rotieren; die Bewegung der Eisenmassen selbst ist jedoch nicht das Wesentliche, es kommt offenbar nur darauf an, daß die einzelnen Büschel von Kraftlinien rotieren, und wenn es möglich ist, diese Rotation auf elektrischem Wege zu bewerkstelligen, kann das Feldsystem aus einem glatten Ring ohne polare Ansätze bestehen, und dieser Ring kann im Raume feststehen. Ein rotierendes Feld bei feststehendem

Polring kann nun durch einen Drehstrom erzeugt werden, wie man aus Fig. 212 leicht ersieht.

Denken wir uns den in Fig. 156, Seite 410 gezeichneten Polring mit 6 Stäben versehen, die zu drei Wicklungen verbunden sind. Die Stromzuführung geschieht an den vordern Enden der Stäbe *a*, *b*, *c*. Die Verbindungen an der hintern Stirnfläche des Polringes sind punktiert gezeichnet; sie gehen von *a* nach *a'*, von *b* nach *b'* und von *c* nach *c'*.

Die vordern Enden der Stäbe *a'*, *b'*, *c'* sind, wie die Skizze zeigt, in einem Punkte verbunden. Wir nennen einen Strom positiv, wenn er vom Mittelpunkt nach auswärts fließt, und ein Feld positiv, wenn die Kraftlinien nach auswärts gerichtet sind. Ein positiver Strom in der Wicklung *a a'* wird also in der obern Hälfte des Polringes ein positives und in der untern Hälfte ein negatives Feld erzeugen. Denken wir uns den Ring zwischen *a* und *c'* aufgeschnitten und ausgestreckt, so erhalten wir das Schema Fig. 212. Dann erzeugt ein positiver Strom in *a a'* ein positives Feld rechts von *a* und links von *a'*, und ähnliches gilt für die andern beiden Wicklungen. Wenn der Strom im Kreise *a* seinen positiven Maximalwert I erreicht, ist in *b* und *c* sein Wert $-\frac{I}{2}$ und das Diagramm des resultierenden Feldes ist durch den Linienzug *A* gegeben. Eine zwölftel Periode später ist in *a* der Strom $0{,}86\ I$, jener in *c* ist $-0{,}86\ I$ und jener in *b* ist Null. Das Feld ist dann durch den Linienzug *B* dargestellt. Wieder eine zwölftel Periode später erreicht *c* ein negatives Maximum, und wir erhalten den Linienzug *C*. Wir sehen, daß die Felder von rechts nach links fortschreiten. Wenn die Windungen nicht in einzelnen Löchern konzentriert, sondern je in mehreren Löchern verteilt sind, so werden die Ecken in den Linienzügen abgeschrägt und wir erhalten sinusähnliche Kurven. Dabei schwankt die Höhe der Welle zwischen $2\,q\,I$ und $1{,}73\,q\,I$, wenn q die Anzahl Drähte in jedem Loch und I den Maximalwert des Stromes in jeder Phase bedeuten.

Man sieht, daß man durch entsprechende Wicklung bei Dreiphasenstrom ein rotierendes Feld erzeugen kann. Dieses wirkt auf den Rotor in der gleichen Weise wie das materielle Feldsystem Fig. 211. Wir können also durch dieses rotierende Feld den Rotor in Drehung versetzen.

124. Allgemeine Erklärung der Wirkungsweise des asynchronen Motors.

Im vorigen Abschnitt ist gezeigt worden, daß ein rotierendes Drehfeld in den Ankerstäben Ströme induziert, welche mit dem Felde zusammen ein Drehmoment ausüben. Infolgedessen rotiert der Rotor im gleichen Sinne wie das Drehfeld, jedoch nicht ganz so schnell wie dieses. Die Differenz in der Geschwindigkeit ist notwendig zur Induktion einer E.M.K. in den Ankerstäben, die eben die Ankerströme hervorruft. Wir wollen die Untersuchung zunächst auf ein zweipoliges Feld beschränken und annehmen, der Primärstrom habe die Frequenz ν_1. Die im Rotor erzeugten Ströme würden, wenn allein wirkend, auch ein zweipoliges Drehfeld erzeugen, dessen Drehgeschwindigkeit gegenüber einem festen Punkte im Raume auch ν_1 ist, und zwar gleichviel, ob der Rotor feststeht oder rotiert. Dem Rotor gegenüber ist jedoch die Drehgeschwindigkeit des Rotorfeldes von der Drehgeschwindigkeit des Rotors selbst abhängig. Dreht sich der Rotor ν_2 mal in der Sekunde, so ist die relative Drehgeschwindigkeit des Rotorfeldes gegen die Rotorstäbe

$$\nu = \nu_1 - \nu_2$$

und das ist auch die relative Geschwindigkeit des primären Drehfeldes gegen die Rotorstäbe. Ähnlich wie bei Generatoren (vergl. S. 420) haben wir auch bei dem Drehstrommotor vier Felder zu unterscheiden. Zwei davon erzeugt der primäre oder Statorstrom und zwei erzeugt der sekundäre oder Rotorstrom. Bezeichnet X_1 die Erregung oder Anzahl Amperedrähte, die im Stator wirken, so erzeugt diese Erregung einmal einen Kraftfluß, der mit den Stator- und Rotorstäben verschlungen ist, und außerdem einen zweiten Kraftfluß, der nur mit den Statorstäben verschlungen ist. Ebenso erzeugt die im Rotor wirkende Erregung von X_2 Amperedrähten einmal einen Kraftfluß, der sowohl mit den Rotor- als auch mit den Statorstäben verschlungen ist, und außerdem einen Kraftfluß, der nur mit den Rotorstäben verschlungen ist. Analog, wie wir das bei Behandlung der Generatoren getan haben, können wir denjenigen Kraftfluß, der nur mit den ihn erregenden Stäben verschlungen ist, als Streufluß bezeichnen.

Nach dem hier Gesagten ist es ohne weiteres klar, daß nicht das gesamte von X_1 erzeugte Feld N_1 mit den Rotorstäben verschlungen ist, sondern nur ein Theil davon, den wir mit $\eta_1 N_1$ bezeichnen wollen, wobei η_1 ein Zahlenfaktor kleiner als 1 ist. Ist R_1 der magnetische Widerstand des Gesamtfeldes N_1, so ist

$$N_1 = \frac{X_1}{R_1},$$

$$\eta_1 N_1 = \frac{\eta_1 X_1}{R_1}.$$

Wir können also die Beziehung zwischen dem Teil des Primärfeldes, das in den Rotor übertragen wird, und der Erregung auch so auffassen, als befände sich die Erregung $\eta_1 X_1$ tatsächlich in den Rotorstäben. Unter dieser Voraussetzung können wir den Zahlenfaktor η_1 dahin definieren, daß er anzeigt, wie viel von der primären Erregung X_1 in den sekundären Stromkreis übertragen wird. In ähnlicher Weise können wir durch einen zweiten Zahlenfaktor η_2 angeben, wie viel von der sekundären Erregung X_2 in den primären Stromkreis übertragen wird.

Das Primärfeld N_1 macht ν_1 Umdrehungen pro Sekunde und schneidet die Statorstäbe mit der Frequenz ν_1. Dadurch wird in ihnen einen E.M.K. erzeugt, welche im allgemeinen dem erregenden Strom i_1 entgegenwirkt und mithin dem primären Stromkreis Leistung entnimmt. Hat der Betriebsstrom konstante Spannung, d. h. ist die den primären Wicklungen aufgedrückte Spannung konstant, so muß auch (abgesehen von einer kleinen, durch die Verluste nötigen Korrektion) N_1 konstant sein und die der Stromquelle entnommene Leistung ist dem Produkte $i_1 \cos \varphi$ proportional, wobei φ die Phasenverschiebung zwischen Primärstrom und aufgedrückter Primärspannung bedeutet. Da diese Leistung aus dem Primärstromkreis verschwindet, muß sie anderswo wieder erscheinen. Sie erscheint zu einem geringen Teil in Kupfer- und Eisenwärme und der Rest erscheint in der dem Rotor mitgeteilten Leistung. Letztere besteht nun wieder aus zwei Teilen; einem kleinen Teil, der den Verlusten (Kupfer- und Eisenwärme, mechanische Reibung und Luftwiderstand) entspricht, und einem großen Teil, der nichts anderes ist als die an der Welle abgegebene mechanische Leistung. Diese ist gegeben durch das Produkt des Drehmomentes und der Winkelgeschwindigkeit. Das Drehmoment wird geliefert durch die dynamische Wirkung der Ströme in den Rotorstäben und dem tatsächlich mit den Rotorstäben verschlungenen Felde, das wir mit N

bezeichnen wollen. Das Drehmoment ist, wie man ohne weiteres ersieht, dem Produkt dieser zwei Größen proportional. Nun ist N nicht konstant, sondern ändert sich mit der Belastung. Wir können N als die Resultante von zwei Feldern auffassen; das eine, N_s, ist durch den Rotorstrom selbstinduziert und das andere wird durch eine Erregung erzeugt, die man als die vektorielle Summe der Erregungen $\eta_1 X_1$ und X_2 betrachten kann. Da das selbstinduzierte Feld in der Resultante enthalten ist, so hat der Strom i_2 gegen das Feld N keine Phasenverschiebung und kann aus der durch N induzierten E.M.K. und dem Rotorwiderstand einfach nach dem Ohmschen Gesetz berechnet werden.

Bevor wir auf diese Rechnung näher eingehen, wollen wir die Beziehung zwischen Drehmoment und zugeführter Leistung untersuchen. Wir haben bisher angenommen, daß Stator und Rotor zweipolig gewickelt sind. Jetzt wollen wir jedoch ganz allgemein annehmen, daß wir es mit einem Motor von $2\,p$ Polen zu tun haben. Die Tourenzahl des Rotors sei u pro Sekunde. Dann ist

$$\nu_2 = p\,u$$

und die Winkelgeschwindigkeit des Rotors ist

$$\omega = 2\,\pi\,\frac{\nu_2}{p}.$$

Ist T das Drehmoment in Meterkilogramm, so ist die mechanische Leistung in mkg pro Sekunde

$$T\,2\,\pi\,\frac{\nu_2}{p}.$$

Die mechanische Leistung des Rotors in Watt ist

$$P_m = 9{,}81\,T\,2\,\pi\,\frac{\nu_2}{p}.$$

Die dem Rotor elektromagnetisch zugeführte Leistung P muß um den Betrag der Verluste größer sein. Von diesen Verlusten wollen wir Reibung, Luftwiderstand und Eisenwärme vernachlässigen, da sie tatsächlich sehr klein sind. Die Kupferwärme, die einige Prozente der Gesamtleistung beträgt und, wie wir später sehen werden, für den Betriebszustand des Motors maßgebend ist, dürfen wir jedoch nicht vernachlässigen. Wir nehmen an, der Rotor habe Dreiphasenwicklung mit Sternschaltung und es sei w_2 der ohmische

Widerstand einer Phase. Dann geht im Rotor verloren

$$3\, w_2\, i_2^2$$

und wir haben

$$P_m = P - 3\, w_2\, i_2^2.$$

Aus der obigen Formel finden wir

$$P_m = 61{,}6\, T \frac{\nu_2}{p}.$$

Es ist also

$$T = \frac{p}{61{,}6\, \nu_2} P_m,$$

$$T = \frac{p}{61{,}6\, \nu_2} (P - 3\, w_2\, i_2^2) \quad . \quad . \quad . \quad . \quad . \quad . \quad (72)$$

Es wurde oben gesagt, daß die Erregung X_2 im Raum mit einer der Frequenz ν_1 entsprechenden Geschwindigkeit fortschreitet. Würde nun X_2 allein wirken, so würde diese Erregung ein Feld N_2 erzeugen, welches sich im Raum mit der Geschwindigkeit ν_1/p Touren pro Sekunde dreht. Diese Drehgeschwindigkeit hat aber auch das Feld N_1, und wir sehen somit, daß diese beiden Felder gleiche Drehgeschwindigkeit haben und ihr Winkelabstand immer derselbe bleibt, gleichgültig, ob der Rotor sich dreht oder nicht. Die Stärke des Feldes N_2, sowie des selbstinduzierten Feldes N_s hängt vom Rotorstrom i_2 ab; halten wir diesen konstant, so bleiben auch die Stärke und gegenseitige Lage dieser Felder und mithin auch die Stärke des Feldes N konstant, ob der Rotor stille steht oder sich dreht. Nun denken wir uns zunächst den Motor in Betrieb und mit P_m Watt mechanisch belastet. Vergrößern wir die Belastung, so wird zunächst die Geschwindigkeit verringert und dadurch ν vergrößert. Es wird also eine Vergrößerung von i_2 eintreten. Um diese zu vermeiden, nehmen wir an, daß wir in jedem der drei Rotorstromkreise einen induktionslosen Widerstand einschalten. Wenn wir diesen Zusatzwiderstand beliebig einregulieren können, so haben wir ein Mittel, den Rotorstrom i_2 konstant zu halten. Unter dieser Voraussetzung werden die verschiedenen Felder weder ihrer Stärke, noch ihrer gegenseitigen Lage nach geändert, und zwar selbst dann nicht, wenn wir den Rotor festbremsen. Ist der entsprechende Zusatzwiderstand W, so besteht für diesen Zustand offenbar die Beziehung

$$\frac{\nu}{\nu_1} = \frac{w_2}{w_2 + W} \quad . \quad . \quad . \quad . \quad . \quad . \quad . \quad (73)$$

Da i_2 den früheren Wert beibehalten hat und das Feld N nicht geändert worden ist, so haben wir auch jetzt noch dasselbe Drehmoment T wie früher; der Rotor leistet aber keine mechanische Arbeit mehr, da er festgebremst ist. Die zugeführte Leistung und alle elektrischen Verhältnisse innerhalb des Motors sind die gleichen geblieben. Es muß also die im Zusatzwiderstand aufgezehrte Leistung genau jener gleich sein, welche früher mechanisch von der Motorwelle abgenommen wurde. Es ist also

$$P_m = 3\, W i_2^2.$$

Der Wirkungsgrad des Rotors ist offenbar

$$\frac{P_m}{P} = \frac{3\, W i_2^2}{3\, W i_2^2 + 3\, w_2 i_2^2}$$

$$\frac{P_m}{P} = \frac{W}{W + w_2}.$$

Aus (73) findet man

$$(\nu_1 - \nu_2)(W + w_2) = \nu_1 w_2$$

$$\nu_1 W = \nu_2 (W + w_2)$$

$$\frac{W}{W + w_2} = \frac{\nu_2}{\nu_1}$$

$$\frac{P_m}{P} = \frac{\nu_2}{\nu_1} \quad . \; . \; . \; . \; . \; . \; . \; . \; . \quad (74)$$

Es ist also der Wirkungsgrad des Rotors durch das Verhältnis der Periodenzahlen gegeben. Diese Beziehung bedarf noch einer kleinen Korrektur, da wir bei Ableitung der Gleichung für den Wirkungsgrad den Eisenverlust und die mechanischen Verluste vernachlässigt haben. In Wirklichkeit ist der Wirkungsgrad aus diesen Gründen etwas geringer. Die prozentuale Schlüpfung ist

$$\frac{100\, \nu}{\nu_1} = 100 \left(1 - \frac{\nu_2}{\nu_1}\right).$$

Da $\frac{\nu_2}{\nu_1}$ annähernd den Wirkungsgrad des Rotors angibt, so gibt $1 - \frac{\nu_2}{\nu_1}$ annähernd den Verlustgrad an und wir können somit sagen, die prozentuale Schlüpfung gibt annähernd den prozentualen Verlust im Rotor an. Damit nun der Wirkungsgrad des Motors im ganzen hoch sei, müssen die Eisen- und Kupferverluste im Stator und die Schlüpfung klein sein.

Aus (74) und (72) erhält man eine zweite Gleichung für das Drehmoment in Meterkilogramm

$$T = \frac{p}{61,6\,\nu_1}(P_m + 3\,w_2\,i_2^2). \quad . \quad . \quad . \quad . \quad . \quad (75)$$

Der oben eingeführte Begriff des Zusatzwiderstandes hat den Vorteil, daß man bei dem Studium der Vorgänge im Motor den Anker als stillstehend annehmen kann. Wir haben es dann mit einem ruhenden Transformator zu tun, der sich jedoch von dem gewöhnlichen Transformator wesentlich unterscheidet. Er hat sehr viel mehr Streuung und die Pfade der Kraftflüsse sind nicht streng begrenzt. Bei einem gewöhnlichen Transformator kann man annehmen, daß die Kraftlinien des beiden Wicklungen gemeinsamen Feldes mit sämtlichen Windungen jeder Wicklung verschlungen sind. Das ist beim Motor nicht der Fall. Die Windungen bilden nicht kompakte Spulen, sondern sind über die Oberfläche des Stators und Rotors verteilt, sodaß sie von den Kraftlinien der Felder nicht alle gleichzeitig und auch nicht im gleichen Maße beeinflußt werden. Andererseits variiert auch die Stromstärke zwischen den einzelnen Drähten innerhalb der Teilung, sodaß eine graphische Darstellung der Induktion als Funktion einer auf dem Umfang gemessenen Länge nicht mehr wie bei Generatorenfeldern Rechtecke mit abgerundeten und ausgefüllten Ecken, sondern mehr sinusähnliche Kurven gibt. Aus diesem Grunde können auch die Koeffizienten k der Tabellen auf Seite 375 zur Berechnung der induzierten E.M.K. nicht angewendet werden. Die Berechnung muß in anderer Weise ausgeführt werden, eine Aufgabe, der wir uns nun zuwenden.

125. Berechnung des Kraftflusses, der elektromotorischen Kraft und des Drehmomentes.

Um die Untersuchung nicht allzu kompliziert zu gestalten, wollen wir annehmen, daß die dem Motor aufgedrückte Spannung dem Sinusgesetz folgt und daß auch der Primärstrom diesem Gesetz folgt. Die Gestalt des durch den Primärstrom erzeugten Feldes (wenn dieser allein wirken würde) hängt von der Anordnung der Wicklung ab. In der Regel hat das Feld bei Dreiphasenstrom schleichende Trommelwicklung (vergl. Fig. 136) oder Spulenwicklung mit $S = \frac{\tau}{3}$. Im ersteren Falle wird die Kurve der Induktion ziemlich sinusartig, im letzteren weniger so. Wir wollen den Abweichungen in folgender Weise Rechnung tragen. Wir bestimmen die Fläche der Induktionskurve und ermitteln jene Sinuskurve, welche bei gleicher Basis τ die gleiche Fläche hat. Die Scheitelhöhe dieser ideellen Sinuskurve gibt die maximale Induktion im Luftraum. Die induzierte E.M.K. berechnen wir nicht aus der wirklichen Induktionskurve, sondern aus der ideellen Induktionskurve gleicher Fläche, d. h. gleichen Kraftflusses.

Von den möglichen Wicklungsarten des Stators wollen wir nur drei betrachten, nämlich zwei für Dreiphasen- und eine für Zweiphasenstrom. Für den Rotor kommt neben diesen drei Wicklungen noch eine in Betracht, die man als Käfigwicklung bezeichnet. Sie wird gebildet durch eine große Anzahl von Stäben, die an den Stirnseiten des Rotors durch starke Kurzschlußringe verbunden sind. Gleichwertig mit dieser ist eine Wicklung, die aus einer großen Anzahl von Stäben besteht, die in Paaren oder auch in größerer Anzahl durch Endverbindungen zu einzelnen voneinander unabhängigen Schleifen verbunden sind. Wir haben also folgende 4 Wicklungen:

1. Käfig- oder Einzelschleifenwicklung.
2. Dreiphasen-Spulenwicklung mit $S = \frac{\tau}{3}$.
3. Zweiphasen-Spulenwicklung mit $S = \frac{\tau}{2}$.
4. Dreiphasen-schleichende Stabwicklung mit $S = \frac{2}{3}\tau$.

Unter der Voraussetzung, daß alle Felder dem Sinusgesetz folgen, variiert auch der Strom in jedem Stab einer Käfigwicklung nach diesem Gesetz, und die augenblickliche Stromstärke, gemessen von Stab zu Stab, kann auch als Sinusfunktion ausgedrückt werden. Es sei z die Anzahl Stäbe im Rotorkäfig, $2p$ die Polzahl und q die Anzahl Stäbe pro Pol, so ist

$$z = 2pq.$$

Der maximale Wert des Stromes in einem Rotorstabe sei J. Wenn jeder Stab diesen Strom führen würde, so wäre die Stromdichte pro cm Rotorumfang

$$\Delta = \frac{qJ}{\tau}.$$

Nun nimmt aber der Strom in aufeinanderfolgenden Rotorstäben zu beiden Seiten des Stabes, der J Ampere führt, nach dem Sinusgesetz ab. Es ist also die wirkliche Stromdichte

$$\Delta = \frac{q\,J}{\tau} \sin \alpha,$$

wobei wir den Winkel von jenem Stabe aus zählen, in welchem der Strom Null ist. Um die magnetisierende Kraft aller innerhalb der Teilung τ liegenden Stäbe zu finden, bilden wir das Integral aller Amperestäbe zwischen den Grenzen 0 und τ, oder in Winkelmaß zwischen den Grenzen 0 und π

$$x = \frac{q\,J}{\tau}\,\frac{\tau}{\pi} \int_0^{\pi} \sin \alpha \, d\,\alpha,$$

$$x = \frac{2}{\pi}\, q\, J,$$

$$x = 0{,}9\, q\, i,$$

wenn wir mit i den effektiven Wert des Stromes in einem Rotorstab bezeichnen. Dieser erregenden Kraft entspricht die Induktion B im Scheitel der Induktionskurve. Die letztere ist natürlich auch eine Sinuslinie.

$$B = \frac{x}{1{,}6\,\delta}. \qquad B = 0{,}56\,\frac{q\,i}{\delta}.$$

Dabei ist unter δ der Luftraum zwischen Rotor und Stator, einschließlich eines entsprechenden Zuschlages für den Widerstand der Zähne oder Stege zwischen den Löchern, zu verstehen, falls dieser Widerstand nicht vernachlässigt werden kann. Die Fläche der Induktionskurve ist

$$B \int_0^{\tau} \sin \alpha \, d\,a,$$

wobei $a = \tau \dfrac{\alpha}{\pi}$.

Diese Fläche, mit der Länge L des Rotors multipliziert, gibt den gemeinsamen Kraftfluß

$$N = B\,L \int_0^{\tau} \frac{\sin \alpha\, \tau}{\pi}\, d\,\alpha,$$

$$N = \frac{2}{\pi} B L \tau,$$

$$N = 0{,}637\, B L \tau,$$

$$N = 0{,}353 \frac{q i}{\delta} L \tau.$$

Tatsächlich tritt dieses Feld nicht auf, sondern ein schwächeres Feld, weil auch die Primärwicklung auf das Feld einwirkt. Nennen wir das tatsächlich im Rotor auftretende Feld N, so berechnet sich die durch das Feld N in den Stäben erzeugte E.M.K. aus der Überlegung, daß ihr Maximalwert durch das Produkt

$$L B v 10^{-8}$$

gegeben ist. Dabei ist $v = 2 \nu \tau$ und mithin

$$E = 2 \nu B L \tau 10^{-8}$$

und der effektive Wert ist

$$e = \sqrt{2}\, \nu B L \tau 10^{-8}.$$

Setzen wir für $B L \tau$ den Wert $\frac{\pi}{2} N$, so ist

$$e = \frac{\pi}{\sqrt{2}} \nu N 10^{-8}.$$

Wenn wir, wie früher, den Kraftfluß in Einheiten von 10^6 ausdrücken, ist

$$e = 2{,}22 \frac{\nu}{100} N.$$

Wir können N als ein wirklich bestehendes Feld auffassen, welches in jedem Rotorstabe den Strom

$$i_2 = \frac{e}{w}$$

erzeugt. Dabei ist w der Widerstand eines Rotorstabes und seiner Endverbindung. Wir haben also

$$i_2 = \frac{2{,}22\, \nu N}{100\, w},$$

$$\nu = \frac{100\, w\, i_2}{2{,}22\, N}.$$

Jener Stab, der im stärksten Teile B des Feldes N liegt, übt die Zugkraft $B L J$ Dynen aus. Die Zugkraft der anderen Stäbe ist allgemein

$$B L J \sin^2 \alpha.$$

Die Arbeit, die ein Stab leistet, während er die Strecke τ zurücklegt, ist in Erg

$$A = B J L \int_0^\tau \sin^2 a\, d\, a,$$

$$A = B L J \frac{\pi}{\tau} \int_0^\pi \sin^2 \alpha\, d\, \alpha.$$

Da $\int_0^\pi \sin^2 \alpha\, d\, \alpha = \frac{\pi}{2}$, so ist die Arbeit eines Stabes

$$A = \tau \frac{B L J}{2}$$

und die Zugkraft von z_2 Stäben ist $z \frac{A}{\tau}$, oder

$$\frac{z_2}{2} B L J \text{ Dynen.}$$

Ersetzen wir $B L$ durch $\frac{\pi}{2} \frac{N}{\tau}$, so ist die Zugkraft

$$1{,}1 \frac{z_2 N i_2}{\tau} \text{ Dynen.}$$

Das Drehmoment in Dynen-Centimetern ist bei dem Radius R

$$T = 1{,}1\, R \frac{z_2 N i_2}{\tau},$$

$$2 p \tau = 2 \pi R,$$

$$R = \frac{p \tau}{\pi},$$

$$T = \frac{1{,}1}{\pi} \frac{p \tau z_2}{\tau} N i_2,$$

$$T = \frac{1{,}1}{\pi} p\, z_2 N i_2.$$

Um das Drehmoment in kgm zu erhalten, müssen wir durch 98100000 dividieren. Setzen wir i_2 in Ampere und N in Einheiten von 10^6, so ist der Ausdruck rechts mit 10^5 zu multiplizieren. Wir erhalten dadurch

$$T = 3{,}58\, p \left(\frac{z_2}{100}\right) N \left(\frac{i_2}{100}\right) \text{ Meterkilogramm.}$$

Der Koeffizient 3,58 gilt natürlich nur für Käfigwicklung. Hat der Rotor eine andere Wicklung, so ändert sich auch der Koeffizient. Wir können deshalb allgemein das Drehmoment in Meterkilogramm durch die Formel ausdrücken

$$T = d\,p\left(\frac{z_2}{100}\right) N \left(\frac{i_2}{100}\right), \quad \ldots\ldots \quad (76)$$

wobei d ein von der Wicklungsart des Rotors abhängiger Koeffizient ist.

In ähnlicher Weise, wie es oben für Käfigwicklung geschehen ist, können wir auch für andere Wicklungsarten die Beziehungen zwischen Amperedrähten und Kraftfluß, sowie die induzierte E.M.K.

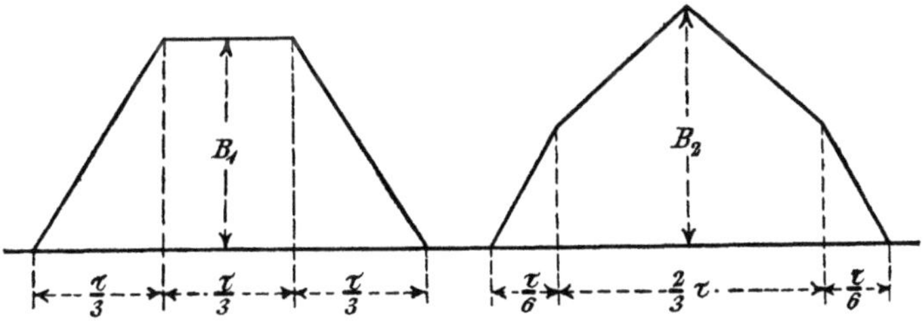

Fig. 213.

und das Drehmoment berechnen. Wir wollen dies noch für die schleichende Trommelwicklung mit $S = \frac{2}{3}\tau$ tun. Die einzelnen Phasen überlappen einander um $\frac{\tau}{3}$ und infolgedessen ist die Induktionskurve ziemlich sinusartig und weist bei verschiedenen Phasenstellungen keine großen Unterschiede auf. Der größte Unterschied besteht zwischen folgenden zwei Phasenstellungen:

1. Phase a hat den Strom J, die Phasen b und c haben jede den Strom $\frac{J}{2}$.
2. Phase c hat den Strom Null, die Phasen a und b haben jede den Strom $J\sqrt{\frac{3}{4}}$.

Die theoretische Form der Induktionskurve ist in Fig. 213 für beide Zustände eingezeichnet. In Wirklichkeit sind natürlich die Ecken abgerundet.

Wie man ohne weiteres sieht, ist

$$B_1 = 1{,}5\,\frac{q\,J}{1{,}6\,\delta},$$

$$B_2 = \sqrt{3}\,\frac{q\,J}{1{,}6\,\delta}.$$

Die Flächen sind

$$F_1 = \frac{q\,J}{1{,}6\,\delta}\,\tau,$$

$$F_2 = 1{,}05\,\frac{q\,J}{1{,}6\,\delta}\,\tau.$$

Den Kraftfluß finden wir, wenn wir die mittlere Fläche mit der Ankerlänge multiplizieren. Es ist also

$$N = 1{,}025\,L\,\frac{q\,J\,\tau}{1{,}6\,\delta}.$$

Bei reinem Sinusfeld kommt der gleiche Kraftfluß zu stande, wenn B der Gleichung genügt

$$1{,}025\,L\,\frac{q\,J\,\tau}{1{,}6\,\delta} = \frac{2}{\pi}\,B\,L\,\tau,$$

$$1{,}6\,\delta\,B = 1{,}025\,\frac{\pi}{\sqrt{2}}\,q\,i.$$

Nun ist aber $1{,}6\,\delta\,B$ nichts anderes als die Erregung X_1, welche das ideelle und gleichwertige Sinusfeld erzeugen würde. Wir haben also sehr nahezu

$$X_1 = 2{,}22\,q_1\,i_1,$$

wobei wir den Index 1 gebrauchen, um anzuzeigen, daß es sich um den Primärstrom handelt. Für den Rotor, wenn er schleichende Trommelwicklung hat, gilt in der gleichen Weise

$$X_2 = 2{,}22\,q_2\,i_2.$$

Bezeichnet z_2 die gesamte Anzahl Rotorstäbe, so ist

$$z_2 = 3 \times 2\,p\,q_2$$

und wir haben auch

$$X_2 = 0{,}74\,\frac{z_2\,i_2}{2\,p}.$$

Um die durch das Feld N in jeder Phase der schleichenden Trommelwicklung induzierte E.M.K. zu berechnen, machen wir folgende Überlegung. Es sei γ der Winkelabstand zweier benachbarter Stäbe derselben Phase und β der Winkelabstand zwischen dem ersten und letzten Stab der Spulenseiten; in diesem Falle sehr nahezu $\frac{2}{3}\pi$. Ist der erste Stab der Spulenseite um den Winkel $90 - \alpha$ vom Scheitel der Induktionskurve entfernt, so ist die in ihm induzierte E.M.K.

$$e = v L B \sin \alpha.$$

Im zweiten Stabe ist

$$e = v L B \sin (\alpha + \gamma)$$

und so weiter. Da alle q Stäbe in Serie geschaltet sind, so ist für diese eine Spulenseite (der $\frac{1}{2p}$ te Teil der ganzen Phase) die induzierte E.M.K. in absolutem Maß gegeben durch

$$a = \Sigma v L B \sin (\alpha + n\gamma),$$

wobei die Summation über alle Werte von n, die zwischen 0 und q liegen, auszudehnen ist.

Da $N = \frac{2}{\pi} B L \tau$ und $v = 2\tau\nu$, ist auch

$$e = \nu \pi N \Sigma \sin (\alpha + n\gamma).$$

Die Ausführung der Summation ergibt

$$\Sigma \sin (\alpha + n\gamma) = \frac{\sin \frac{q}{2}\gamma}{\sin \frac{\gamma}{2}} \sin \left(\alpha + \frac{q-1}{2}\gamma\right).$$

Nun ist aber $(q-1)\gamma = \beta$, und weil γ sehr klein ist, können wir statt $\sin \frac{\gamma}{2}$ einfach $\frac{\gamma}{2} = \frac{\beta}{2(q-1)}$ setzen

$$\Sigma \sin (\alpha + n\gamma) = \frac{2(q-1)}{\beta} \sin \left(\frac{\beta + \gamma}{2}\right) \sin \left(\alpha + \frac{\beta}{2}\right).$$

In dieser Gleichung ist α die Variable und es muß offenbar einen Wert von α geben, für welchen $\sin \left(\alpha + \frac{\beta}{2}\right)$ gleich der Einheit wird. Da $\beta = \frac{2}{3}\pi$, so tritt dieser Fall für $\alpha = \frac{\pi}{3}$ ein, d. h. in dem Augenblick, in welchem die Mitte der Spulenseite genau unter dem Scheitel der Induktionskurve steht. In diesem Augenblick ist die E.M.K. ein Maximum, nämlich

$$E = \nu \pi N \frac{2(q-1)}{\beta} \sin \left(\frac{\beta + \gamma}{2}\right).$$

Da γ ein sehr kleiner Winkel ist und q eine große Zahl ist, können wir ohne großen Fehler die obige Gleichung auch in der Form schreiben

$$E = \nu \pi N \frac{2q}{\beta} \sin \frac{\beta}{2}.$$

Bei schleichender Trommelwicklung ist

$$\beta = \frac{2}{3} \pi \quad \text{und} \quad \sin \frac{\beta}{2} = 0{,}865.$$

Dies gibt den Maximalwert der induzierten E.M.K.

$$E = 3 \nu N q \, 0{,}865.$$

Der effektive Wert der induzierten E.M.K. ist daher für die q Drähte einer Spulenseite

$$e = 1{,}84 \nu N q,$$

und für eine Phase der ganzen Wicklung

$$e = 1{,}84 \frac{\nu}{100} N z',$$

wobei z' die Gesamtzahl wirksamer Leiter in einer Phase bedeutet und N in Einheiten von 10^6 einzusetzen ist.

Diese Formel gilt sowohl für den Stator als auch den Rotor, wenn beide dieselbe Wicklung mit $S = \frac{2}{3} \tau$ haben.

Bei Spulenwicklung ist $\beta = \frac{\pi}{3}$ und $\sin \frac{\beta}{2} = 0{,}5$ daher

$$E = 3 \nu N q$$

$$e = 2{,}12 \nu N q.$$

Bei Käfigwicklung war der Koeffizient nicht 1,84, sondern 2,22. Die Verminderung des Koeffizienten ist dem Umstande zuzuschreiben, daß infolge der Ausbreitung der Spulenseite auf $S = \frac{2}{3} \tau$ die meisten Stäbe in einem schwächeren Teil des Feldes liegen, daher die durchschnittliche Induktionswirkung geringer ist.

Für den Rotor haben wir in praktischen Einheiten

$$i_2 = \frac{1{,}84 \nu N z_2'}{100 w},$$

wobei N in Einheiten von 10^6 einzusetzen ist. Da $z_2' = \frac{z_2}{3}$, so ist auch

$$i_2 = \frac{0{,}613\, \nu\, N z_2}{100\, w}.$$

In dieser Formel bedeutet w den Widerstand einer Rotorphase in Ohm

$$\nu = \frac{100\, w\, i_2}{1{,}84\, N z_2'},$$

$$\nu = \frac{100\, w\, i_2}{1{,}84\, N} \frac{3}{z_2}.$$

Das Drehmoment kann in gleicher Weise, wie früher für die Käfigwicklung gezeigt wurde, oder aus folgender Überlegung bestimmt werden. Die Leistung in den drei Phasen ist

$$3\, e_2\, i_2 = 3 \,.\, 1{,}84 \frac{\nu}{100} N z_2'\, i_2.$$

Die während einer halben Periode geleistete Arbeit ist in Wattsekunden

$$\frac{3\, e_2\, i_2}{2\, \nu}$$

und in Meterkilogramm (vergleiche Seite 24)

$$\frac{0{,}102 \,.\, 3\, e_2\, i_2}{2\, \nu}.$$

Diese Arbeit ist auch gleich dem Produkt vom Drehmoment und dem einer halben Periode entsprechenden Winkel $\frac{\pi}{p}$. Wir haben also, wenn T das Drehmoment in Meterkilogramm bedeutet,

$$T \frac{\pi}{p} = \frac{0{,}102}{2} 3 \,.\, 1{,}84\, N \frac{z_2'}{100} i_2,$$

$$T = 8{,}95\, p \left(\frac{z_2'}{100}\right) N \left(\frac{i_2}{100}\right).$$

Wenn wir die Gesamtzahl der Rotorstäbe z_2 einführen, ist der Koeffizient auf ein Drittel zu reduzieren. Das gibt rund 3, sodaß wir haben

$$T = 3\, p \left(\frac{z_2}{100}\right) N \left(\frac{i_2}{100}\right) \text{ Meterkilogramm.}$$

In ähnlicher Weise können magnetisierende Kraft, E.M.K. und Drehmoment für andere Wicklungsarten berechnet werden. Es ist nicht nötig, diese Berechnungen hier im einzelnen wiederzugeben, da das nur eine Wiederholung sein würde. Es möge deshalb genügen, die Resultate anzuführen.

Es bedeutet:

z die Gesamtzahl der wirksamen Leiter in Stator oder Rotor bei allen Phasenzahlen;

z' die Anzahl wirksamer Leiter in einer Phase (für Käfigwicklung ist $z' = 1$);

N den Kraftfluß in Einheiten von 10^6;

e die E.M.K. in Volt;

i den effektiven Strom in einem Draht in Ampere;

X die erregende Kraft in Amperedrähten;

B die Scheitelhöhe der Induktionskurve;

δ den Luftraum mit einem entsprechenden Zuschlag, wenn der Widerstand des Eisens zwischen den Löchern nicht vernachlässigt werden darf;

T das Drehmoment in Meterkilogramm;

x', x, k, d sind Koeffizienten.

$$N = 0{,}4\, X L \frac{\tau}{\delta} 10^{-6} \quad \ldots \quad (77)$$

$$X = x' \frac{z'}{2p} i \quad \ldots \quad (78)$$

$$X = x' q i \quad \ldots \quad (78a)$$

$$X = x \frac{z}{2p} i \quad \ldots \quad (79)$$

$$e = k \frac{\nu}{100} N z_2' \quad \ldots \quad (80)$$

$$T = d\, p \left(\frac{z_2}{100}\right) N \left(\frac{i_2}{100}\right) \quad \ldots \quad (81)$$

$$\nu = \frac{100\, w\, i_2}{k N z_2'} \quad \ldots \quad (82)$$

Die Koeffizienten x', x, k und d sind aus folgender Tabelle zu entnehmen.

Wicklungsart	x'	x	k	d
Käfig oder Schleifen	—	0,90	2,22	3,6
Dreiphasen-Spulen $S = \frac{\tau}{3}$	2,58	0,86	2,12	3,4
Zweiphasen-Spulen $S = \frac{\tau}{2}$	1,62	0,81	2,00	3,2
Dreiphasen-schleichend $S = \frac{2}{3}\tau$	2,22	0,74	1,84	3,0

Die erste Zeile der Tabelle hat natürlich nur für den Rotor Bedeutung; die anderen Zeilen gelten sowohl für den Rotor als auch den Stator. Wie man sieht, ist die Ausnützung des Materials bei der Dreiphasen-Spulenwicklung besser als bei der Zweiphasen-Spulenwicklung, und bei dieser wieder besser als bei der schleichenden Wicklung. Die letztere hat jedoch den Vorteil, daß sie eine bessere Kurve gibt als die beiden anderen.

Denken wir uns die Rotorwicklung geöffnet und die in ihr induzierte E.M.K. gemessen. Gleichzeitig möge die dem Stator aufgedrückte E.M.K. gemessen werden. Die beiden Werte seien e_2 und e_1. Kennt man die Windungszahlen z_2 und z_1, so kann man aus diesen Werten den Kraftfluß im Stator und jenen im Rotor berechnen. Der letztere ist um den Betrag der Streuung kleiner. Es läßt sich auf diese Art die primäre Streuung bei offenem Anker (oder auch bei Leerlauf, da der Ankerstrom dabei sehr klein ist) ermitteln. Für dieselbe Wicklungsart in Stator und Rotor ist

$$\frac{N_1}{\eta_1 N_1} = \frac{e_1 z_2}{e_2 z_1} \quad \text{und} \quad \eta_1 = \frac{e_2 z_1}{e_1 z_2},$$

wobei η_1 anzeigt, wieviel von dem primären Felde mit der sekundären Wicklung verschlungen ist. Es bedeutet also $1 - \eta_1$ den primären Streuungsfaktor.

Ist die Wicklungsart im Rotor eine andere als im Stator, so muß durch Einführung des in obiger Tabelle gegebenen Koeffizienten k noch eine entsprechende Korrektion gemacht werden.

126. Vektordiagramm des asynchronen Motors.

Im 124. Abschnitt wurde gezeigt, daß die elektrischen Verhältnisse eines Motors nicht geändert werden, wenn man den Rotor festhält und seinen Widerstand durch Einschalten eines Rheostaten gleichzeitig um so viel vergrößert, daß der Rotorstrom denselben Wert behält wie bei normalem Lauf. Die im Rheostaten aufgezehrte Leistung ist dann genau gleich der mechanischen Leistung, die im normalen Betrieb abgegeben wird. Der Vorteil dieser Anschauungsweise liegt darin, daß der Motor wie ein ruhender Transformator berechnet werden kann. Wir wollen zunächst das Problem in dieser Weise behandeln. Es sei ν die Frequenz der aufgedrückten Spannung. Die Frequenz aller Felder, Ströme und

Spannungen im Motor ist dann auch ν. Ist e die E.M.K einer Phase im Rotor, w der Widerstand (einschließlich jenes des Rheostaten) und i_2 der Strom, so ist durch diese Angaben das tatsächlich mit den Rotorwindungen verschlungene Feld durch die Gleichung (82) gegeben

$$N = \frac{100\, w\, i_2}{k\, \nu\, z'},$$

wobei wir die Anzahl Stäbe im Rotor pro Phase jetzt mit z', nicht wie früher mit z'_2 bezeichnen.

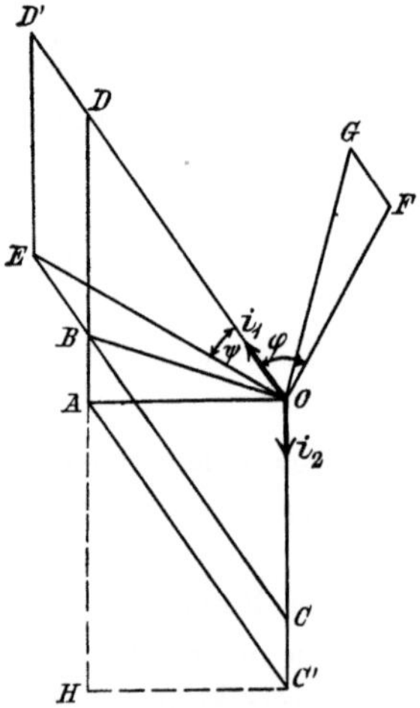

Fig. 214.

Dieses Feld sei im Vektordiagramm Fig. 214 durch die Strecke OA dargestellt. Es erzeugt eine E.M.K., deren Vektor nach unten gerichtet ist und mit dem Stromvektor i_2 zusammenfällt. Der Strom induziert das Feld N_s und dieses eine E.M.K. e_s, deren Vektor dem Strom um 90° nacheilt. Es muß deshalb eine gleiche und entgegengesetzte E.M.K.

$$e_s = k\,\frac{\nu}{100}\,N_s\,z'$$

aufgedrückt werden, deren Vektor horizontal nach links gerichtet ist. Der Vektor von N_s muß daher vertikal und nach oben gerichtet sein. Er werde durch die Strecke AB dargestellt. Damit also das Feld OA wirklich zu stande kommt, muß durch die

Erregung, die beide Stromkreise ausüben, dem Rotor das Feld OB aufgedrückt werden. Da die Vektoren der erregenden Kräfte mit jenen der Feldstärken zusammenfallen, so kann man bei passender Wahl eines Maßstabes für die erregende Kraft die letztere durch den Vektor der Feldstärke darstellen. Es würde also OB in diesem Maßstabe gemessen, nichts anderes sein, als die Resultante der Erregungen in Rotor und Stator, soweit sie sich gegenseitig übertragen. Die nicht übertragene Erregung des Rotors ist nur mit den Rotorwindungen selbst verschlungen und erzeugt das Streufeld N_s. Ist also OC' der Vektor der gesamten Erregung im Rotor, in Amperedrähten ausgedrückt, und

$$OC = \eta_2\, OC'$$

der Vektor jener Erregung, die in die primäre Wicklung übertragen wird, so muß

$$CC' = AB.$$

OB ist die Resultante von OC und OD, wobei für das Primärfeld

$$OD = \eta_1\, OD'.$$

Da DD' Selbstinduktion erzeugt, ist

$$DD' = BE.$$

Das durch den Primärstrom selbstinduzierte Feld ist N_{s_1} und $OE = N_1$ ist das tatsächlich mit den Primärwindungen verschlungene Feld.

Wir haben also in der Maschine zwei wirklich vorhandene Felder, nämlich

$OA = N$ . . . . ist mit den Rotorwindungen verschlungen,
$OE = N_1$ . . . . - - - Statorwindungen

Außer diesen kann man auch

$OB = N_r$ . . . . als ein resultierendes Feld ansehen, das jedoch in keinem der beiden Stromkreise allein auftritt.

Das Feld N_1 erzeugt in den z'_1 Drähten jeder Statorphase eine elektromotorische Gegenkraft, zu deren Überwindung die E.M.K.

$$e_1' = k\,\frac{\nu}{100}\,N_1\, z_1'$$

aufgedrückt werden muß. Ihr Vektor steht senkrecht auf OE. Er sei durch die Linie OF dargestellt. Außerdem muß zur Überwindung des Ohmschen Widerstandes der Primärwicklung noch die mit dem Primärstrom gleichphasige E.M.K.

$$i_1 w_1 = FG$$

aufgedrückt werden. Dem Motor muß an seinen Primärklemmen mithin die E.M.K.

$$e_1 = OG$$

aufgedrückt werden. Der Primärstrom ist nach Gleichung (79) bestimmt durch

$$OD' = X_1 = \frac{x z_1 i_1}{2p},$$

wobei z_1 die Anzahl der (für alle Phasen und Pole zusammengezählten Drähte des Stators bezeichnet.

In gleicher Weise kann der Rotorstrom berechnet werden aus

$$OC' = X_2 = \frac{x z_2 i_2}{2p}.$$

Das Verhältnis zwischen X_1, X_2 und N ist durch Gleichung (77) gegeben

$$N = 0{,}4\, X L \frac{\tau}{\delta} 10^{-6},$$

wobei

$$X = \sqrt{\eta_1^2 X_1^2 - X_2^2}.$$

Ist n die Anzahl Phasen, so berechnet sich aus den Gleichungen (79) und (80) die Leistung in Watt zu

$$n e i \cos\varphi = \frac{k}{x} \frac{2p\nu}{100} N X \cos\varphi.$$

Nun ist, wie man aus der Tabelle sieht, für jede Phasenzahl und für jede Wicklungsart

$$\frac{k}{x} = 2{,}46,$$

also eine Konstante. Da nach unserer Voraussetzung eines stillstehenden Rotors ν für beide Stromkreise den gleichen Wert hat und die Polzahl in beiden natürlich auch gleich sein muß, so gilt allgemein, was immer die Phasenzahl in Stator oder Rotor sein mag, folgende Gleichung für die Leistung in Watt

$$P = 2{,}46 \frac{2p\nu}{100} N X \cos\varphi.$$

Die Leistung ist also dem Produkt der wirklich auftretenden Feldstärken und erregenden Kräfte proportional. Für den Rotor ist $\cos\varphi = 1$ und die Leistung kann in einem geeigneten Maßstabe durch die Fläche des Rechteckes $OAHC'$ dargestellt werden. In gleicher Weise ist die dem primären Stromkreis zugeführte Leistung durch das Produkt

$$OE \times OD' \times \cos \measuredangle GOD'$$

gegeben. Wenn wir von allen Verlusten im Stator und von den Eisenverlusten im Rotor absehen, so muß die dem Stator aufgedrückte Leistung genau gleich jener sein, die in den Rotorwicklungen und Zusatzwiderstand als Stromwärme erscheint.

Diese Bedingung gibt uns ein Mittel an die Hand, zu untersuchen, ob zwischen den Koeffizienten η_1 und η_2 eine bestimmte Beziehung besteht. Wir haben diese Koeffizienten dahin definiert, daß sie ausdrücken, wie viel von der Erregung einer Wicklung in die andere übertragen wird. Diese Definition schließt aber den Begriff der Selbstinduktion ein, indem wir für jeden Stromkreis eine selbstinduzierte E.M.K. haben, die ausgedrückt wird durch

$$e_s = k \frac{\nu}{100} N_s z',$$

wobei für den Rotor $N_s = (1 - \eta_2) N$
und für den Stator $N_{s_1} = (1 - \eta_1) N_1$.

Nun ist es ohne weiteres klar, daß, wenn die Rotorstäbe tief eingebettet sind, ihre Entfernung vom Rotorumfang also groß ist, der Rotor viel Streufeld hat und daher η_2 klein sein wird. In diesem Falle kann aber η_1 (selbst wenn die Stäbe sehr nahe am Umfang der Statorbohrung liegen) auch nicht groß sein. Man sieht also, daß η_1 und η_2 entweder beide groß oder beide klein sein können; daß aber der Fall, daß ein Wert groß und der andere klein ist, nicht eintreten kann. Diese Überlegung legt den Gedanken nahe, daß beide Werte gleich sein müssen, und das ist in der Tat der Fall, denn nur unter dieser Voraussetzung ergibt die geometrische Untersuchung des Vektordiagrammes Gleichheit der Leistungsflächen.

Ist $\eta_1 = \eta_2 = \eta$, so ist in Fig. 215

$$\frac{OD}{OD'} = \frac{OC}{OC'} \quad \text{und} \quad \frac{C'A}{C'H} = \frac{OC}{OC'}.$$

Der Punkt H liegt also auf einer durch D' gelegten Senkrechten. Die zugeführte Leistung ist

$$O D' \times O E \cos \varphi = O D' \times O E \sin \psi,$$

also zweimal die Fläche des Dreieckes $O D' E$. In gleicher Weise ist die auf den Rotor übertragene Leistung zweimal die Fläche des Dreieckes $O A C'$.

Die Fläche des Dreieckes $O D' E$ wird nicht verändert, wenn wir die Spitze E parallel zur Basis $O D'$ verschieben. Wir erhalten

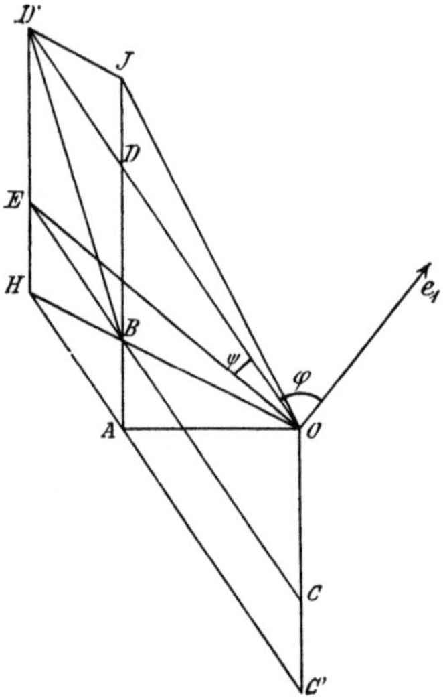

Fig. 215.

somit das Dreieck $O B D'$. Dessen Fläche wird aber wieder nicht geändert, wenn wir die Spitze D' nach J, d. h. parallel zur Basis $B O$ verschieben. Die halbe aufgedrückte Leistung ist also durch die Fläche $O B J$ gegeben. Nun ist

$$A B = D J \quad \text{und} \quad A D = B J.$$

Es ist also die halbe Leistung auch durch die Fläche des Dreiecks $O A D$ gegeben. Da

$$A D = O C' \quad \text{und} \quad O D = C' A,$$

so sind die zwei Dreiecke $O A D$ und $A O C'$ kongruent und ihre Flächen sind gleich. Die halbe der Primärwicklung aufgedrückte

Leistung ist also auch durch die Fläche des Dreieckes $A\,O\,C'$ gegeben. Diese Fläche gibt aber auch die halbe in den Rotor übertragene Leistung. Wir sehen somit, daß unter der Voraussetzung $\eta_1 = \eta_2$ tatsächlich Gleichheit zwischen aufgedrückter und übertragener Leistung besteht. Der hier geführte Beweis gelingt nicht, wenn $\eta_1 \gtrless \eta_2$. Da aber wegen des Grundsatzes der Erhaltung der Arbeit Gleichheit der Leistungen bestehen muß, so ist zwischen η_1 und η_2 keine andere Beziehung als ebenfalls Gleichheit möglich. Wir schreiben also in der Folge η ohne Index und können sagen, daß

$1 - \eta$ dem Koeffizienten der Selbstinduktion und

η dem Koeffizienten der gegenseitigen Induktion

proportional ist.

Wir haben bisher angenommen, daß der Rotor festgehalten wird und die ganze in ihm entwickelte Leistung in Stromwärme verwandelt wird. Nun denken wir uns den Rotor in Bewegung und mechanische Arbeit leistend. Dann muß der Zusatzwiderstand vermindert werden, und zwar derart, daß die Summe von Stromwärme und mechanischer Arbeit genau jener Arbeit gleich ist, welche früher ganz und gar in Stromwärme verwandelt wurde. Wir können mithin den Betriebszustand des Motors aus dem Diagramm (Fig. 214) bestimmen. Es sei e_1 die aufgedrückte Primärspannung, die konstant sein möge; ν_1 sei die Frequenz der Primärspannung, ν_2 jene des Ankers und $\nu = \nu_1 - \nu_2$ sei die Frequenz des Rotorstromes in Bezug auf die Wicklung oder was auf dasselbe herauskommt, die Frequenz, mit welcher die Rotorstäbe das Feld N schneiden. Der Widerstand im Rotorstromkreis einschließlich eines etwaigen noch im Rheostaten belassenen Widerstandes sei für jede Phase w; und der Übertragungskoeffizient η sei bekannt.

Wir können jetzt durch Annahme bestimmter Werte für zwei der Variablen, z. B. ν und N, alle andern durch ein Vektordiagramm nach Fig. 214 bestimmen. Dabei bestimmen wir auch e_1. Dieser Wert ist aber von vornherein gegeben. Um also die Lösung dieser Bedingung anzupassen, müssen wir nachträglich eine der willkürlich gewählten Variablen, am bequemsten N, in dem gleichen Verhältnis verkleinern oder vergrößern als e_1 zu groß oder zu klein herausgekommen ist. Der Gang der Konstruktion ist folgender.

Wir berechnen unter Annahme von ν und N zunächst aus Gleichung (82) i_2 und aus diesem aus Gleichung (79) die durch den

Rotor hervorgebrachte Gesamterregung X_2. Das gibt im Diagramm Fig. 214 die Länge $X_2 = O\,C'$. Die Länge $X = O\,A$ finden wir aus Gleichung (77). Da η bekannt ist, so finden wir auch

$$C'\,C = O\,C' \times \eta$$

und machen $A\,B = C'\,C$.

Die Linie $O\,B$ gibt die resultierende Erregung X_r. Machen wir jetzt

$$B\,D = C\,O,$$

so gibt $X_1\,\eta = O\,D$ denjenigen Teil der Statorerregung, der in den Rotor übertragen wird. Wir verlängern nun die Linie $O\,D$ um einen solchen Betrag, daß

$$O\,D = O\,D' \times \eta,$$

dann ist $X_1 = O\,D'$ die gesamte Statorerregung. Aus dieser kann mit Hilfe der Gleichung (78) der Primärstrom i_1 gefunden werden. Das tatsächlich zustandekommende Primärfeld ist der Erregung $O\,E$ proportional und kann aus Gleichung (77) gefunden werden, wenn wir für X den Wert $O\,E$ einsetzen. Haben wir N_1, so finden wir aus Gleichung (80) unter Berücksichtigung, daß für die Primärwicklung die Frequenz ν_1 ist,

$$e_1' = O\,F.$$

Der durch Ohmschen Widerstand erzeugte Spannungsverlust $F\,G$ muß nun vektoriell addiert werden, wobei natürlich $F\,G$ zur Linie $O\,D'$ parallel zu legen ist. Wir finden dadurch

$$e_1 = O\,G,$$

die Primärspannung, welche aufgedrückt werden muß, damit die Schlüpfung ν und das im Rotor tatsächlich auftretende Feld N genau die Werte annehmen, die wir der Konstruktion zu Grunde gelegt haben. Nun wäre es ein reiner Zufall, wenn wir bei der Wahl von N genau den richtigen Wert getroffen hätten, bei dem $O\,G$ gleich der vorgeschriebenen Spannung herauskommt. In der Regel wird das nicht der Fall sein. Die Korrektion ist jedoch sehr leicht zu machen. Wir brauchen nur zu bedenken, daß $F\,G$ dem Strom und $O\,F$ dem durch die Erregung $O\,E$ erzeugten Primärfelde N_1 proportional ist. Nun sind alle Erregungen und mithin alle Felder den Strömen proportional. Wir brauchen also das Diagramm nicht noch einmal zu zeichnen, sondern bloß den Maßstab für die Erregungen in dem gleichen Verhältnis zu ändern als wir den Maßstab für die Spannung ändern müssen, damit OG die aufgedrückte Primärspannung richtig darstellt. Auf diese Weise finden wir für die angenommene Schlüpfung die richtigen Werte von N, i_2 und i_1 und nach Gleichung (81) auch das Drehmoment.

127. Das Kreisdiagramm.

Die im vorigen Abschnitt gegebene Methode reicht zur Lösung aller im Betrieb von asynchronen Motoren vorkommenden Probleme aus; sie ist aber umständlich, und ich habe sie nur deshalb ausführlich erläutert, weil sie für das Verständnis des Gegenstandes nützlich ist. Für den praktischen Gebrauch ist jedoch das sogenannte Kreisdiagramm, wie es von Heyland ausgearbeitet wurde, vorzuziehen[1]).

In Fig. 216 ist die gleiche Bezeichnung wie in den zwei vorhergehenden Figuren benützt. Es bedeutet also OA jene Erregung X, welche dem tatsächlich im Rotor bestehenden Kraftfluß N entspricht. OC' ist die durch den Rotorstrom hervorgebrachte Erregung

$$X_2 = x \frac{z_2}{2p} i_2$$

und OC ist jener Teil dieser Erregung, der in die Statorwicklung übertragen wird, also

$$\eta X_2 = ED'.$$

Von der gesamten Statorerregung

$$X_1 = OD'$$

wird der Teil

$$\eta X_1 = OD$$

in die Rotorwicklung übertragen. Die primäre Erregung ist

$$X_1 = x' \frac{z_1'}{2p} i_1.$$

---

[1]) Vergleiche Heyland, Ein graphisches Verfahren zur Vorausberechnung von Transformatoren und Mehrphasenmotoren (ETZ. 1894, Heft 41), Bedell und Crehore, Action of a transformer etc. (Electrical World 1894, No. 6, 8, 10, 15), Behrend, Ein Beitrag zur Theorie der Drehstrommotoren (ETZ. 1896, Heft 5), Blondel, Zur graphischen Theorie der Mehrphasenmotoren (ETZ. 1896, Heft 24), Rothert, Praktische Vorausbestimmung der Drehstrommotor-Diagramme (ETZ. 1898, Heft 44). Ich lehne mich in dem Text hauptsächlich an die Arbeit von Behrend an.

Bei geeigneter Wahl der Maßstäbe stellt also OD' den Primärstrom und ED' den Sekundärstrom dar. Wenn wir die Verluste im Feld vernachlässigen, so steht OE senkrecht auf dem Vektor e_1 der aufgedrückten Spannung, und wenn diese konstant ist, hat auch OE einen konstanten Wert. Ziehen wir durch D' eine Senkrechte $D'S$ auf OE, so ist

$$\measuredangle SD'E = \measuredangle EOA,$$

$$\sin\beta = \frac{AL}{OL} = \frac{AD - DL}{OL},$$

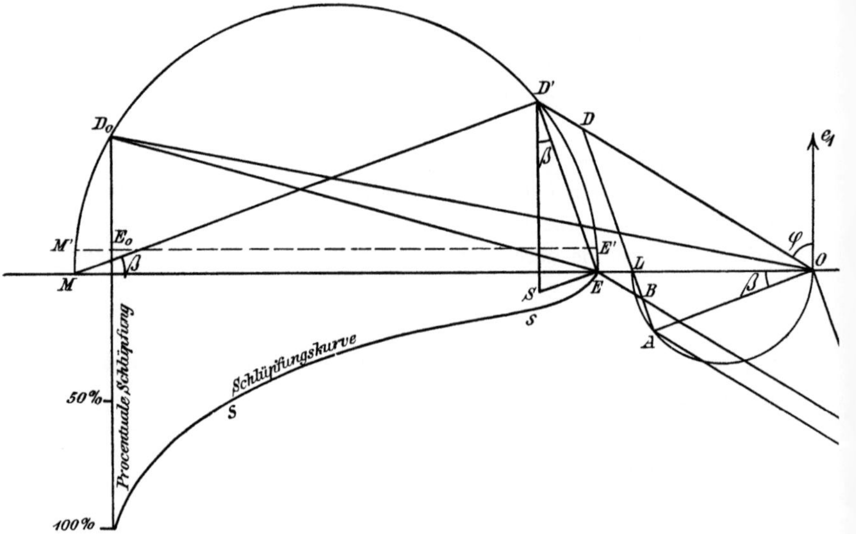

Fig. 216.

$$AD = OC' = X_2 \qquad DL = \frac{ED' \times OD}{OD'} = \eta^2 X_2,$$

$$\sin\beta = \frac{X_2(1-\eta^2)}{OL},$$

$$OL = \eta \,.\, OE,$$

$$\sin\beta = \frac{X_2(1-\eta^2)}{\eta \,.\, OE},$$

$$ED' = \eta X_2,$$

$$ED' = \frac{\eta^2}{1-\eta^2}\, OE \sin\beta \,. \quad . \quad . \quad . \quad . \quad . \quad (83)$$

Da η und $O\,E$ konstant sind, so ist (83) die Gleichung eines Kreises, dessen Durchmesser

$$ME = \frac{\eta^2}{1-\eta^2}\,O\,E.$$

Die Punkte D' liegen auf diesem Kreise. Da $L\,A\,O$ ein rechtwinkliges Dreieck ist, liegen auch die Punkte A auf einem Kreise, dessen Durchmesser ist

$$O\,L = \eta\,O\,E.$$

Wenn der Motor leer läuft, so ist X_2 nahezu Null und D' fällt sehr nahezu mit E zusammen. Es ist also für Leerlauf $O\,E$ die primäre Erregung. Ist i_μ der Leerlaufstrom, so haben wir aus (77), (78) und (80)

$$N_1 = \frac{100\,e_1}{k\,\nu_1\,z_1'},$$

$$N_1 = 0{,}4\;X_1\,L\,\frac{\tau}{\delta}\,10^{-6},$$

$$X_1 = \frac{x'\,z_1'\,i_\mu}{2\,p}.$$

Daraus können wir den Leerlaufstrom i_μ berechnen. Wählen wir jetzt den Maßstab für den Primärstrom in solcher Weise, daß

$$i_\mu = O\,E,$$

so ist, mit demselben Maßstab gemessen, der Primärstrom bei Belastung durch die Strecke $O\,D'$ gegeben

$$i_1 = O\,D'.$$

Wenn Stator und Rotor in gleicher Art gewickelt sind, so gibt, mit demselben Maßstab gemessen, die Strecke $E\,D'$ den Rotorstrom an. Ist die Wicklungsart verschieden, so muß der Maßstab im Verhältnis der in der Tabelle auf Seite 516 gegebenen Werte von x' geändert werden.

Nach Gleichung (81) ist das Drehmoment dem Produkt $N\,i_2$, d. h. dem Produkt $O\,A \times E\,D'$ proportional. Nun ist $O\,A$ dasselbe wie $O\,L\cos\beta$ und somit auch proportional $O\,E\cos\beta$. Da $O\,E$ eine Konstante ist, können wir das Drehmoment als proportional

$$E\,D'\cos\beta$$

ansehen. Die Höhe des Punktes D' über dem Durchmesser des

Halbkreises ME ist also ein Maß für das Drehmoment, welches dem Rotor durch den Strom aufgedrückt wird. Das an der Welle disponible Drehmoment ist um den Reibungswiderstand MM' geringer, also durch die Höhe des Punktes D' über der Linie $M'E'$ gegeben.

Die Schlüpfung ν kann ebenfalls aus dem Kreisdiagramm bestimmt werden. Da

$$i_2 = \frac{\nu k N z_2'}{100\, w},$$

wobei N der Strecke OA und i_2 der Strecke OC proportional ist, so können wir die Schlüpfung ν dem Verhältnis $\frac{OC}{OA}$ proportional setzen. Es ist also, wenn σ einen Zahlenkoeffizienten bedeutet,

$$\nu = \frac{OC}{OA}\,\sigma,$$

$$\nu = \frac{ED}{OL\cos\beta}\,\sigma = \frac{ED'}{OE\,\eta\cos\beta}\,\sigma,$$

OE und η sind konstant. Ziehen wir durch E eine Senkrechte auf ED', sodaß sie die Vertikale durch D' in S schneidet, so ist

$$SD' = \frac{ED'}{\cos\beta},$$

$$\nu = \frac{\sigma}{OE\,\eta}\,SD'.$$

Es ist also die Schlüpfung als eine Frequenzzahl, d. h. der reziproke Wert einer Zeit, durch das Verhältnis von zwei Längen, nämlich $\sigma SD'$ und ηOE gegeben. Da die letztere konstant und σ ein Zahlenkoeffizient ist, so stellt die Strecke SD' bei geeigneter Wahl des Maßstabes die Schlüpfung dar. Hat man die Schlüpfung für einen Arbeitszustand berechnet, so kann man sie für alle anderen Arbeitszustände mittels der eben erklärten Konstruktion finden und als prozentuale Schlüpfung durch die Ordinaten der Kurve ss ausdrücken. Beim Anlauf ist die Schlüpfung 100%. Dann ist das Drehmoment durch die Höhe des Punktes D_0 gegeben. Der Primärstrom ist OD_0 und der Rotorstrom ist ED_0.

Bei Motoren, die wenig Widerstand haben, ist die Schlüpfung klein und der Wirkungsgrad groß. Gleichzeitig ist aber auch die Anlaufszugkraft klein. Um sie zu vergrößern, schaltet man beim

Anlauf Widerstand in den Rotor, der dann schrittweise kurz geschlossen wird. Da das Drehmoment der Höhe des Punktes D' über dem Durchmesser des Kreises proportional ist, so kann das größte noch erreichbare Drehmoment unmittelbar aus dem Diagramm entnommen werden. Es ist dem Radius des Halbkreises ME proportional. Der größte Leistungsfaktor tritt ein, wenn OD' eine Tangente zum Kreis bildet. In Fig. 216 sind wegen der Deutlichkeit der Darstellung ungünstige Verhältnisse gewählt. In Wirklichkeit ist OE im Verhältnis zum Durchmesser des Kreises ME viel kleiner, sodaß $\cos\varphi$, wenn OD' eine Tangente des Kreises bildet, von der Größenordnung 0,80 bis 0,94 ist. Der Übertragungsfaktor η ist von der Größenordnung 0,93 bis 0,98.

128. Graphische Theorie des asynchronen Motors.

In dem vorigen Abschnitt ist die Ableitung des Kreisdiagrammes im wesentlichen so gegeben, wie sie sich in den klassischen Arbeiten von Heyland, Behrend u. a. findet; sie hat den Vorteil, sich in ungezwungener Weise der graphischen Darstellung des allgemeinen Transformators anzuschließen, ist aber vielleicht nicht ganz so einfach, als der mathematisch weniger geschulte Leser wünschen könnte. Ich will deshalb hier noch eine andere und einfachere Ableitung des Kreisdiagrammes folgen lassen. Sie fußt auf dem Begriff der *äquivalenten Spulen*. Man kann sich offenbar jeden Transformator so umgewickelt denken, daß sein Umsetzungsverhältnis 1 : 1 wird. Dann hat dieser Apparat seine wesentliche Eigenschaft, nämlich die Spannung zu transformieren, verloren, und wenn wir ihn dennoch zwischen Maschine und Lampen einschalten, so bleibt von seinen guten Eigenschaften nur noch die übrig, daß wir durch seine Zwischenschaltung den Maschinenstromkreis vom Lampenstromkreis elektrisch getrennt halten können. Seine Nachteile, nämlich Verluste und induktiven Spannungsabfall, müssen wir auch bei dem Umsetzungsverhältnis 1 : 1 mit in den Kauf nehmen. Wenn wir nun auch die elektrische Trennung der beiden Stromkreise aufgeben, so bleiben von dem Transformator nurmehr die schlechten Eigenschaften (Joulesche Wärme in Eisen und Kupfer und induktiver Spannungsabfall) und ihre Wirkung auf den Lampenstromkreis übrig. Um diese Wirkung zu erzielen, brauchen wir aber nicht einen ganzen Transformator einzubauen; es genügt, wenn wir zwischen Maschine und Lampen solche Spulen setzen, daß dadurch der Lampenstrom ebenso beeinflußt wird, wie durch die schlechten Eigenschaften des wirklichen Transformators. Diese Spulen wollen wir *äquivalente Spulen* nennen.

In Fig. 217 zeigt die linke Seite in schematischer Darstellung Maschine, Lampen und wirklichen Transformator und die rechte die äquivalente Anordnung. Der durch Hysteresis im wirklichen Transformator erzeugte Verlust ist hier künstlich erzeugt durch den Verlust im induktionslosen Widerstand w_h; die Spule L_μ hat keinen Widerstand, aber eine solche Selbstinduktion, daß der sie durchfließende Strom gleich ist der wattlosen Komponente des Leerlaufstromes im wirklichen Transformator und die Spulen w und L sind so konstruiert, daß sie den ohmischen und induktiven Spannungsabfall genau wie im wirklichen Transformator hervorbringen. Wir haben dann für die Wattkomponente des Leerlaufstromes den Ausdruck

$$i_\mu = \frac{e_1}{w_h}$$

und für die wattlose Komponente des Leerlaufstromes

$$i_\mu = \frac{e_1}{\omega L_\mu}.$$

Ferner ist:

Ohmischer Spannungsabfall $= w\, i_2$.

Induktiver Spannungsabfall $e = \omega L\, i_2$.

Ist W der Widerstand der Lampengruppe, so ist

$$i_2 = \frac{e_2}{W}$$

$$i_2 = \frac{e'_2}{w + W}.$$

Da e_2' mit dem Strom gleichphasig, e jedoch gegen den Strom um $\frac{\pi}{2}$ vorgeschoben ist, so bilden die Vektoren dieser beiden Größen die Katheten eines rechtwinkligen Dreieckes, dessen Hypothenuse durch den Vektor e_1 gebildet wird. Es ist also im linken Teil der Fig. 218 $EA = e_1$ die Maschinenspannung, $EB = e_2'$ ihre Wattkomponente und $BA = e$ ihre wattlose Komponente. Es ist ohne weiteres ersichtlich, daß bei einer Änderung von e_2', hervorgebracht durch Änderung des Lampenwiderstandes W, der Punkt B sich auf einem Kreise bewegen muß.

Im rechten Teil der Fig. 218 ist das Stromdiagramm gezeichnet. Da i_2 gleichphasig mit e_2' ist, zeichnen wir den Stromvektor $ED = i_2$ parallel zu EB und natürlich gleichzeitig auch senkrecht auf BA. Wäre es möglich, $w + W = 0$ zu machen, so wäre der Stromvektor horizontal zu ziehen, denn dann ist $e_2' = 0$ und es fällt e mit e_1 zusammen. Nun können wir allerdings die Lampen kurzschließen, also $W = 0$ machen, wir können aber nicht den inneren Widerstand

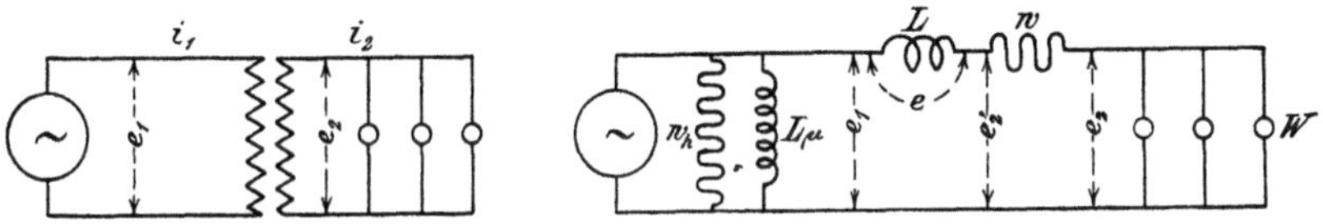

Fig. 217.

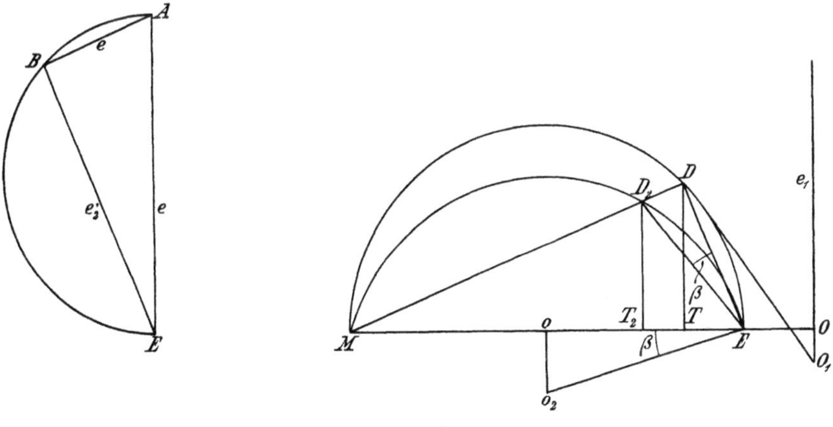

Fig. 218.

des Apparates w unterdrücken. Die Voraussetzung $w + W = 0$ ist also ein ideeller, in Wirklichkeit nicht erreichbarer Zustand, und daher bezeichnen wir im Stromdiagramm EM als den ideellen Kurzschlußstrom. Seine Einführung an dieser Stelle hat nur den Zweck, in bequemer Weise einen Maßstab für den Stromvektor festzulegen. Der ideelle Kurzschlußstrom ist offenbar

$$i_{20}' = \frac{e_1}{\omega L}.$$

Da e dem Strom proportional ist und i_2 auf e immer senkrecht steht, so muß, wenn W geändert wird, sich nicht nur B auf dem über e_1 geschlagenen Kreise, sondern auch D auf dem über i_{20}' geschlagenen Kreise bewegen. Wir haben bisher die Wirkung der beiden im Nebenschluß zu den Lampen liegenden Spulen außer Betrachtung gelassen. Da sie zu den Lampen parallel geschaltet sind, können sie i_2 nicht beeinflussen; ihr Einfluß auf i_1 läßt sich leicht darstellen. Wir brauchen nur in Fig. 218 die Strecke

$$E\,O = i_\mu$$

von E nach rechts aufzutragen und die Strecke

$$O\,O_1 = i_h$$

von O nach unten. Es ist ohne weiteres klar, daß i_1 aus den Komponenten i_2, i_μ und i_h zusammengesetzt sein muß, also im Diagramm durch den Vektor $O_1\,D = i_1$ gegeben ist. Wenn wir jetzt die Vorstellung von den äquivalenten Spulen verlassen und wieder zurückgehen zum Begriff des wirklichen Transformators mit primär und sekundär gleicher Windungszahl, so wird offenbar an der Konstruktion des Diagrammes nichts geändert. Es ist dann i_1 der Primärstrom des Transformators und i_2 sein Sekundärstrom. Bei passender Wahl der Maßstäbe stellt $E\,M$ nicht nur den ideellen sekundären Kurzschlußstrom i_{20}', sondern auch die aufgedrückte Primärspannung e_1 dar und dann gibt im selben Voltmaßstab $E\,D$ den induktiven Spannungsabfall an. $M\,D$ wäre die Klemmenspannung, wenn beide Spulen widerstandslos wären. In Wirklichkeit ist die Klemmenspannung um den Betrag $D\,D_2 = i_2\,w$ kleiner. Da alle Dreiecke $D\,E\,D_2$ wegen $w = \operatorname{tg}\beta =$ Konstante, einander ähnlich sein müssen, so muß auch $\measuredangle\, E\,D_2\,M$ für alle Lagen der Strecken $M\,D_2$ und $E\,D_2$ derselbe sein; es muß sich also auch D_2 auf einem Kreise bewegen, dessen Mittelpunkt o_2 wir aus der Bedingung finden

$$o\,o_2 = o\,E \operatorname{tg}\beta$$
$$o\,o_2 = o\,E \times w.$$

Da die Lampengruppe einen induktionslosen Widerstand bildet, so ist die Leistung durch das Produkt von i_2 und Klemmenspannung $M\,D_2$, also durch die Fläche des Dreieckes $E\,D_2\,M$ gegeben. Da die Fläche der Höhe proportional ist, so kann auch $D_2\,T_2$ als ein Maß für die sekundär angegebene Leistung und $D\,T + O\,O_1$ als ein Maß für die primär zugeführte Leistung angesehen werden.

Die hier entwickelte Ableitung des Kreisdiagrammes enthält (ebenso wie die früher angegebene klassische Ableitung) eine Ungenauigkeit, die darin liegt, daß wir den ohmischen Spannungsabfall des ganzen Transformators als durch $i_2 w$ richtig dargestellt angenommen haben. Diese Annahme ist nicht streng richtig, denn auch bei dem Übersetzungsverhältnis 1 : 1 ist $i_1 > i_2$ und die beiden Ströme stehen nicht in einem konstanten Verhältnis zueinander. Es ist also, streng genommen, nicht richtig, $i_1 w_1 + i_2 w_2$ durch den einfacheren Ausdruck $i_2 w$ zu ersetzen. Der Fehler ist aber an und für sich klein und kann für einen bestimmten Betriebszustand dadurch korrigiert werden, daß wir für w_1 nicht den wirklich sich durch Umrechnung auf gleiche Windungszahl ergebenden Widerstand, sondern diesen vergrößert im Verhältnis von i_2 zu i_1 einsetzen. Der Vergrößerungsfaktor $\frac{i_1}{i_2}$ kann aus dem Diagramm entnommen werden. Natürlich gilt diese Korrektion nur für den gewählten Betriebszustand, und wenn wir den so gefundenen Wert von w auf alle Betriebszustände anwenden, so ist die Korrektion nicht vollkommen. Den kleinen, noch verbleibenden Fehler wollen wir aber mit in den Kauf nehmen, um die einfache Darstellungsweise des Betriebszustandes des Transformators durch ein Kreisdiagramm beibehalten zu können.

Im 124. Abschnitt wurde gezeigt, daß der asynchrone Motor als Transformator aufgefaßt werden kann, dessen sekundäre Leistung zum Teil als Joulesche Wärme und zum Teil mechanisch abgegeben wird. Nach dieser Anschauung ist also $D_2 T_2$ als die mechanische Leistung des Rotors aufzufassen, wenn der ganze Vorschaltwiderstand aus dem Rotorstromkreis entfernt worden ist. Damit das Diagramm auch noch Drehmoment und Schlüpfung anzeige, müssen wir es, wie Fig. 219 zeigt, vervollständigen. Der Einfachheit halber vernachlässigen wir i_h als sehr klein im Vergleich zu i_1. Wir wollen jedoch jetzt die Widerstände der Wicklungen getrennt einführen und zwar bezeichnen wir mit w_1 den nach der obigen Anleitung korrigierten Widerstand der primären, mit w_2 jenen der sekundären Wicklung. Wir können jetzt den Spannungsabfall $D D_2$ in Fig. 218 in seine zwei Komponenten zerlegen. In Fig. 219 ist $D D_1$ der ohmische Spannungsverlust in der Primärwicklung und $D_1 D_2$ jener in der Sekundärwicklung. Die in der Sekundärwicklung induzierte E.M.K. ist $D_1 M$ und $D_2 M$ ist die sekundäre Klemmenspannung des Transformators. Da bei diesem Apparat die Frequenz für beide Stromkreise dieselbe ist, so können wir auch MD_1 als jenen Kraftfluß bezeichnen, der mit den sekundären Windungen verkettet ist, also bei der Frequenz ν_1 in dem Stromkreis, dessen Widerstand $w + W$ ist, den Strom i_2 erzeugt. Wenn wir nun zu dem Begriff des Motors übergehen, so ist MD_1 in derselben Weise, als der mit den Rotorwindungen verkettete Kraftfluß aufzufassen und dieser

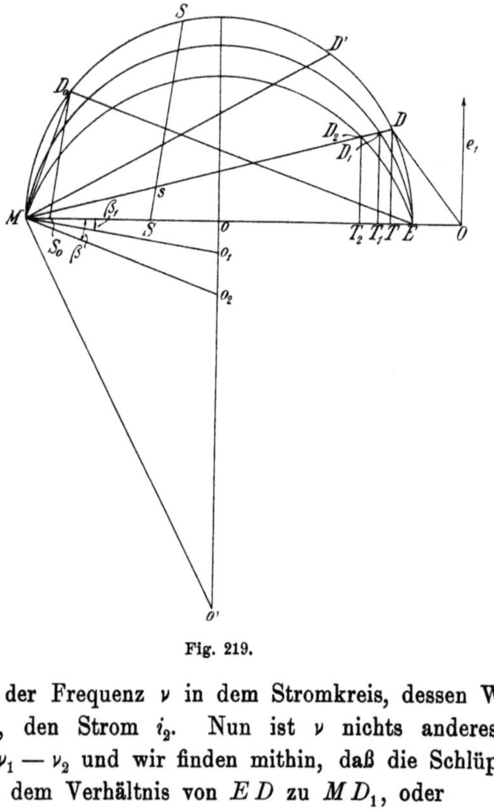

Fig. 219.

erzeugt bei der Frequenz ν in dem Stromkreis, dessen Widerstand jetzt w ist, den Strom i_2. Nun ist ν nichts anderes, als die Schlüpfung $\nu_1 - \nu_2$ und wir finden mithin, daß die Schlüpfung proportional ist dem Verhältnis von ED zu MD_1, oder

$$\nu \equiv \frac{ED}{MD_1}.$$

Um das Diagramm nicht undeutlich zu machen sind die Linien ED, ED_1 und ED_2 weggelassen.

Bezeichnen wir den Winkel DED_1 mit dem Buchstaben β_1, so ist offenbar

$$w_1 = \operatorname{tg} \beta_1$$

und β_1 hat für alle Lagen des Punktes D denselben Wert. Es sind also alle Dreiecke $D D_1 E$ ähnlich und D_1 liegt auf einem Kreise, dessen Mittelpunkt o_1 durch die Beziehung gegeben ist

$$o\, o_1 = o\, M \times \operatorname{tg} \beta_1.$$

Da das Drehmoment dem Produkt von Kraftfluß und Strom, also in unserem Falle dem Produkt $M D_1 \times E D_1$ proportional ist, und da dieses Produkt nichts anderes ist, als der doppelte Flächeninhalt des Dreieckes $M D_1 E$, der wegen der konstanten Grundlinie ME der Höhe $D_1 T_1$ proportional ist, so gibt die Höhe des Punktes D_1 über der Grundlinie ME ein Maß für das Drehmoment.

Die vom Rotor entwickelte Leistung, also das Produkt Drehmoment mal Tourenzahl ist, wie schon aus Fig. 218 abgeleitet wurde, durch die Höhe des Punktes D_2 über der Grundlinie ME gegeben. Die durch die Punkte D, D_1 und D_2 gehenden Kreise sind also geometrische Orte, durch die der Betriebszustand des Motors definiert wird. Es ist

D der Kreis für die primär zugeführte Leistung,

D_1 der Kreis für das vom Rotor entwickelte Drehmoment,

D_2 der Kreis für die sekundär abgegebene Leistung.

Die Korrektion für die durch mechanische Bewegungswiderstände verursachten Verluste wird durch Höherlegen der Grundlinie ($M' E'$ in Fig. 216) gemacht.

Bei festgebremstem Rotor ist die Leistung Null. Es muß also der Punkt D_2 mit M zusammenfallen und der Strahl MD wird eine Tangente an den Leistungskreis, der aus dem Punkt o_2 geschlagen wurde. Beim Anlassen ohne Vorschaltwiderstand ist also der Arbeitspunkt D_0 dadurch bestimmt, daß man durch M eine Senkrechte auf $o_2 M$ zieht. Fällt man nun von D_0 eine Senkrechte auf $o_1 M$, so erhält man das Dreieck $M S_0 D_0$, dessen stumpfer Winkel bei S_0 gleich ist dem stumpfen Winkel des Dreieckes $E D_1 M$ bei D_1. Der besseren Darstellung wegen verschieben wir die Linie $S_0 D_0$ nach $S S$ und erhalten so das Dreieck $M S s$, welches wegen Gleichheit zweier Winkel dem Dreieck $M D_1 E$ ähnlich ist. Nun haben wir früher gesehen, daß

$$\nu = \frac{ED}{MD_1}$$

und da ED und ED_1 proportional sind, ist auch

$$\nu = \frac{E D_1}{M D_1},$$

es ist also auch

$$\nu = \frac{S s}{M S}.$$

Da nun MS eine beliebig gewählte Länge ist, so ist die Schlüpfung gegeben durch die vom Strahl MD auf der Linie SS abgeschnittene und in einem der Wahl von MS entsprechenden Maßstab zu messenden Strecke Ss. Um den Maßstab für die Schlüpfung festzustellen, machen wir folgende Überlegung. Denken wir uns den unteren Punkt S mit S_0 zusammenfallend, so wäre $S_0 D_0$ die Schlüpfungslinie und die Strecke $S_0 D_0$ würde 100% Schlüpfung bedeuten. Wir denken uns nun die Strecke in 100 Teile geteilt und übertragen diese Teile auf SS in einem Maßstabe, der im Verhältnis von MS_0 zu MS vergrößert ist. Dann können wir auf SS die Schlüpfung ohne weiteres in % ablesen.

Um den Stromstoß beim Anlassen zu mildern, schaltet man in den Rotorstromkreis Widerstand ein. Sein Eigenwiderstand ist in Fig. 219 durch die Strecke $o_1 o_2$ dargestellt. Wird nun dieser Widerstand vergrößert, so rückt o_2 weiter nach unten, der Leistungskreis erhält einen größeren Radius aber verläuft in geringerer Höhe über der Grundlinie ME. Der Kreis des Drehmomentes wird dadurch nicht geändert; der Anlaßpunkt D_0 rückt aber nach rechts und ED_0 wird kleiner. Es wird also auch der primäre Strom OD_0 (dieser Vektor ist im Diagramm nicht eingezeichnet) kleiner. Will man nun den Anlaufstrom auf einen bestimmten Wert, z. B. auf den durch D' definierten Wert begrenzen, so muß der Leistungskreis in M den Strahl MD' tangieren. Eine in M auf $D'M$ errichtete Senkrechte ist also ein Radius des Kreises und wir finden so seinen Mittelpunkt o'. Der Vorschaltwiderstand ist durch die Strecke $o_2 o'$ gegeben.

Man sieht ohne weiteres, daß für einen bestimmten Vorschaltwiderstand die Anzugskraft ein Maximum wird. Das tritt ein, wenn D' senkrecht über o zu liegen kommt. Allerdings erfordert das schon einen recht erheblichen Anlaufstrom, sodaß man im allgemeinen den Vorschaltwiderstand größer machen muß, als dieser Bedingung entspricht.

Der Leistungsfaktor des Motors ist durch den Cosinus des zwischen e_1 und i_1 eingeschlossenen Winkels gegeben. Sein Maximalwert wird erreicht, wenn i_1 den Kreis D tangiert. Es wird dann

$$\cos\varphi = \frac{oE}{oO}$$

$$= \frac{oE}{oE + EO}$$

$$= \frac{ME}{ME + 2EO}$$

$$= \frac{1}{1 + 2\frac{EO}{ME}}.$$

Nennen wir das Verhältnis des Magnetisierungsstromes EO zum sekundären ideellen Kurzschlußstrom $EM_1\sigma$, so ist $\frac{1}{\sigma}$ der Durchmesser des Kreises, angegeben in Einheiten von i_μ. Der größte Leistungsfaktor ist

$$\cos\varphi = \frac{1}{1 + 2\sigma}.$$

Der ideelle Kurzschlußstrom kann aus den geometrischen und Windungsverhältnissen des Stators und Rotors berechnet werden[1]); da auch der Magnetisierungsstrom vorausberechnet werden kann, so ist $\frac{1}{\sigma}$ dadurch bestimmt und das Kreisdiagramm Fig. 219 kann aufgezeichnet werden. Dadurch ist das Verhalten des Motors bei jeder Belastung bestimmt.

129. Der kompensierte Asynchronmotor.

Bei großen, sehr sorgfältig ausgeführten Asynchronmotoren gewöhnlicher Art ist ein Leistungsfaktor von der Größenordnung 0,94 erreichbar; er kann jedoch nie gleich der Einheit werden, weil die primäre Wicklung den Magnetisierungsstrom aufnehmen muß, der gegen die Spannung um 90° verschoben ist, und die Streuung eine weitere Zurückschiebung der Stromphase verursacht. Die erstere Ursache überwiegt bei geringer, die letztere bei großer Belastung. Wenn es möglich wäre, eine solche Schaltung zu finden, daß dabei der Magnetisierungsstrom nicht von der primären Seite aus geliefert zu werden

[1]) Die Berechnungsweise ist in des Verfassers Werk: Elektromechanische Konstruktionen, 2. Aufl., Seite 186—193 an einem Beispiel erläutert.

braucht, so würde dadurch der Punkt O im Kreisdiagramm Fig. 216 nach links gerückt werden und man würde einen Motor erhalten, der ohne Phasenverschiebung oder sogar mit voreilender Stromphase arbeitet. Wir hätten dann die Phasenverschiebung kompensiert. Eine Schaltung, die diesen Zweck erreicht, ist zuerst von Ernest Wilson[1]) für einen Zweiphasen-Asynchronmotor angegeben worden. Der Stator ist dabei, wie üblich, der primäre Teil und der Rotor der sekundäre. Letzterer besteht aus einem Gleichstromanker mit Kommutator und 4 Bürsten, durch welche zweiphasiger Wechselstrom zugeführt wird. Es wird also bei dieser Anordnung nicht nur im Stator sondern auch im Rotor ein Drehfeld erzeugt und zwar haben beide dieselbe Drehgeschwindigkeit im Raume. Wenn bei Stillstand die Bürsten so eingestellt werden, daß die Achsen der beiden Drehfelder zusammenfallen, so kann ein Drehmoment nicht ausgeübt werden und der Motor kann nicht anlaufen. Um ihn anlaufen zu machen, müssen die Bürsten in der gewünschten Drehrichtung verschoben werden. Wenn der Rotor läuft, so vermindert sich seine Reaktanz, da die Frequenz, mit welcher die Leiter von den vorbeistreichenden Kraftlinien des Drehfeldes geschnitten werden, umsomehr abnimmt, je mehr sich die Tourenzahl des Rotors dem Synchronismus nähert. Ist Synchronismus erreicht, so verschwindet die Reaktanz des Rotors vollständig und der Strom ist nur durch den ohmischen Widerstand des Rotors (einschließlich des Bürstenwiderstandes) begrenzt. Ist nun die dem Rotor aufgedrückte Wechselspannung genügend groß, so kann das durch den Rotor erzeugte Drehfeld stärker sein als jenes, welches bei abgehobenen Bürsten durch die Statorwindungen erzeugt wird. Die durch das Rotorfeld in den Statorwindungen induzierte E.M.K. wird dann größer sein als die dem Stator aufgedrückte E.M.K und die Maschine wird sich verhalten wie ein übererregter Synchronmotor, wobei der Rotor die Rolle des Feldes und der Stator jene des Ankers übernimmt. Im 122. Abschnitt ist gezeigt worden, daß ein Synchronmotor, der auf eine größere als die seinem Anker zugeführte Spannung erregt wird, wie ein Kondensator wirkt, d. h. die Phase des von ihm aufgenommenen Stromes vorschiebt. Der von Wilson angegebene Motor kann also bei richtiger Ausführung nicht nur ohne positive Phasenverschiebung, sondern sogar mit negativer Phasen-

[1]) Britische Patentschrift 18525 vom 18. Dezember 1888.

verschiebung arbeiten. Übrigens ist zu bemerken, daß er sich von dem Synchronmotor und dem gewöhnlichen Asynchronmotor dadurch unterscheidet, daß er keine bestimmte Geschwindigkeit hat. Seine Geschwindigkeit hängt von der Belastung und der Bürstenstellung ab. Wilson hat selbst diesen Übelstand erkannt und zu seiner Beseitigung angegeben, daß, „wenn eine Tendenz zum synchronen Laufe gewünscht wird", der Rotor neben seiner Gleichstromankerwicklung mit in sich kurz geschlossenen Spulen versehen werden muß.

Die von Wilson für Zweiphasenstrom angegebene Anordnung eines Rotors mit Kommutator ist zwei Jahre später von Görges

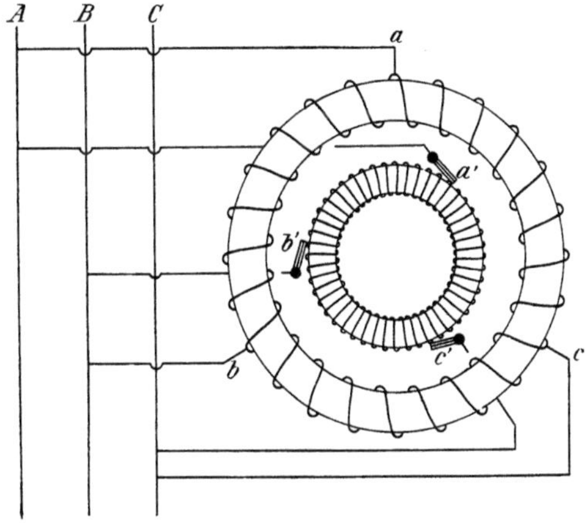

Fig. 220.

für Drehstrom neu erfunden[1]) worden. Eine der von Görges angegebenen Anordnungen ist in Fig. 220 dargestellt. Auch Görges sagt in seiner Patentschrift, daß die Drehgeschwindigkeit des Rotors von jener der Drehfelder unabhängig ist. Soll der Motor bei allen Belastungen mit einer dem Synchronismus nahen Geschwindigkeit laufen, so muß der Rotor, wie bei dem gewöhnlichen Asynchronmotor, eine in sich geschlossene Wicklung von geringem Widerstande enthalten. Diese Anordnung ist von Heyland[2]) in seinen kom-

[1]) D. R. P. Klasse 21, No. 61951 vom 21. Januar 1891. Siehe auch ETZ. 1891, Seite 701.

[2]) ETZ. 1901, Seite 633. Die Figur 221 ist dem Heylandschen Aufsatz entnommen.

pensierten Asynchronmotoren verwendet worden. Sie ist in Fig. 221 schematisch dargestellt.

Dem Stator *A* werden durch die Leitungen *I*, *II*, *III* Wechselströme zugeführt. *B* ist der Rotor und *b* sind die Bürsten, die dem Rotor den Erregerstrom zuführen Der Einfachheit halber ist der Rotor mit Käfigwicklung gezeichnet, es ist jedoch ohne weiteres klar, daß dabei die Bürsten einen zu großen Strom führen müßten. Heyland gibt deshalb an, daß man nicht einen Käfiganker sondern einen gewickelten Anker verwenden und die Wicklung durch einen kontinuierlichen Ring *K* schließen soll, dessen Widerstand zu dem der

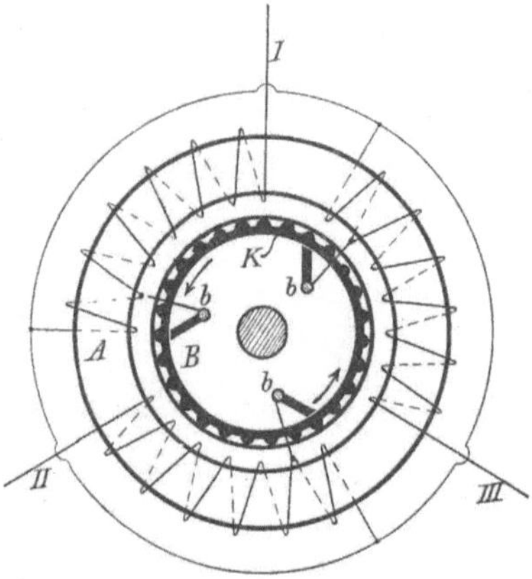

Fig. 221.

Wicklung in einem gewissen Verhältnis stehen muß. In dieser Anordnung ist also die gewöhnliche Rotorwicklung mit der Kompensationswicklung vereinigt. Noch besser ist es, wenn man, wie auch von Heyland angegeben wurde, den Ring *K* als Kommutator ausbildet und mit der Wicklung nach Art eines Gleichstromankers verbindet. Der Schlußring wird dann durch induktionsfreie Widerstände gebildet, welche die aufeinanderfolgenden Segmente überbrücken. Fig. 222 zeigt einen solchen Anker. Die zwischen die Lamellen geschalteten Widerstände erscheinen als ein den Kommutator umgebender Kranz. Bei Motoren mit Schleifringen zum Anlassen legt Heyland den Erregerring in den neutralen Punkt der drei Phasen. Da zur Erregung nur eine sehr geringe E.M.K. erforderlich ist, muß die dem Stator aufgedrückte Spannung herabtransformiert werden. Das kann mittels eines besonderen kleinen Transformators geschehen, dessen Leistung nur wenige Prozente der Motorleistung beträgt, oder der Erregerstrom kann, wie in Fig. 221 skizziert, dem Stator entnommen werden. Natürlich können Antriebs- und Kompensationswicklung auch getrennt angeordnet werden, und obwohl in diesem Falle die Überbrückung der Kommutatorlamellen nicht

Fig. 222.

unbedingt nötig ist, so behält sie Heyland[1]) doch bei, weil sie die Pulsationen im Drehfeld abdämpfen und so eine gute Kommutierung selbst bei geringer Lamellenzahl möglich machen.

130. Der kompoundierte Generator nach Heyland.

Es ist selbstverständlich, daß der kompensierte Asynchronmotor, ebenso wie der gewöhnliche, als Generator arbeiten kann, wenn man ihn mechanisch mit einer den Synchronismus etwas übersteigenden Geschwindigkeit antreibt. Die kompensierte Maschine ist dabei selbsterregend und verhält sich ähnlich wie eine Gleichstrommaschine mit Nebenschlußerregung. Wir haben im Rotor des Heyland-Generators zwei Ströme zu unterscheiden, nämlich den durch die Bürsten zugeführten Erregerstrom, der die Kompensierung bewirkt und den man deshalb auch den Kompensationsstrom nennen kann, und den eigentlichen Arbeitsstrom, der durch den Statorstrom

[1]) ETZ. 1902, Seite 563.

in den Rotorstäben induziert wird. Denken wir uns zunächst den Statorstromkreis offen, den Rotor aber mit einer den Synchronismus ein wenig übersteigenden Geschwindigkeit, entsprechend einer Frequenz ν_2, mechanisch angetrieben und mit Drehstrom von der Fre-

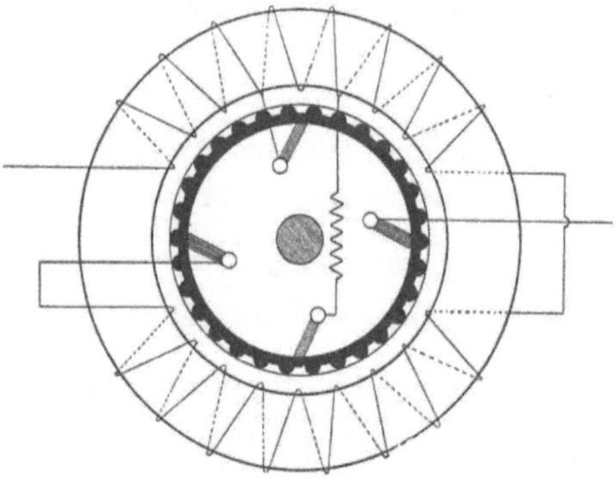

Fig. 223.

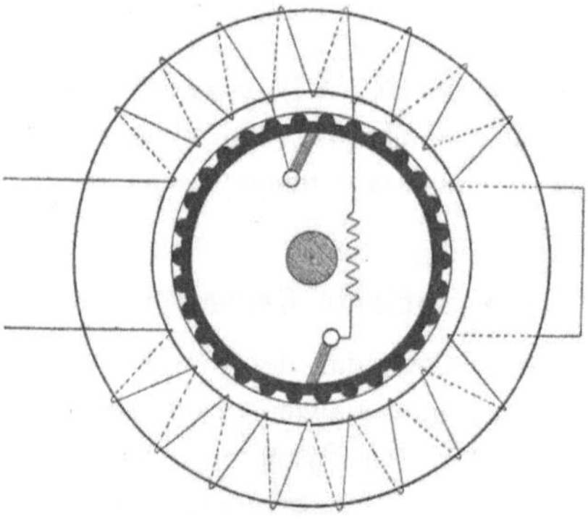

Fig. 224.

quenz ν_1 erregt. Die zur Erregung, d. h. zur Erzeugung des Kompensationsstromes nötige E.M.K. ist sehr klein und übersteigt nur wenig den ohmischen Spannungsabfall im Rotor, denn die Frequenz

$$\nu = \nu_2 - \nu_1,$$

mit welcher die Rotorstäbe das Drehfeld schneiden, ist sehr klein, und mithin ist auch die induzierte E.M.K. sehr klein. Es ist also der Rotorstrom beinahe reiner Wattstrom und seine Leistung ist klein, nämlich nur die der Jouleschen Wärme entsprechende. Denken wir uns nun den Stator mit Glühlampen belastet, so tritt im Stator ein reiner Wattstrom auf, der seinerseits einen Arbeitsstrom im Rotor induziert. Da dieser Strom auch unter der kleinen Frequenz ν induziert wird, so ist er auch ein beinahe reiner Wattstrom, d. h. mit dem Statorstrom gleichphasig und ihm entgegengesetzt gerichtet. Es wird also durch den Arbeitsstrom im Rotor die entmagnetisierende Wirkung des Statorstromes bei allen Belastungen kompensiert, sofern die Belastung induktionslos ist.

Anders verhält sich die Sache, wenn der Stator induktiv belastet wird. Dann hat der Statorstrom eine wattlose Komponente mit 90^0 Phasennacheilung. Da bei der für die Kompensierung richtigen Bürstenstellung der Arbeitsstrom im Rotor ein reiner Wattstrom ist, so kann er nur mit der Wattkomponente, nicht aber mit der wattlosen Komponente des Statorstromes gleichphasig sein und kann also die entmagnetisierende Wirkung dieser Komponente nicht aufheben. Um diesen Zweck zu erreichen, ordnet Heyland einen zweiten Bürstensatz an, der gegen die Kompensierungsbürsten um 90^0 verschoben ist, und schaltet diesen Bürstensatz in den Statorstromkreis ein. Die so angeordnete Maschine nennt er kompoundiert. Durch die Kompensierungsbürsten wird die Wattkomponente des Statorstromes und durch die Kompoundierungsbürsten seine wattlose Komponente unschädlich gemacht. Fig. 223 zeigt die Schaltung eines kompensierten Generators ohne Kompoundierung und Fig. 224 mit Kompoundierung, beide der Einfachheit halber für Einphasenstrom und eine zweipolige Maschine dargestellt. Bei Dreiphasenstrom sind im ganzen 6 Bürsten nötig.

131. Der kompoundierte Generator nach Latour.

Wenn der Rotor als Gleichstromanker ausgebildet ist, dem durch drei Bürsten bei genau synchronem Antrieb Drehstrom zugeführt wird, so ist $\nu_2 = \nu_1$, also $\nu = 0$; d. h. die Rotorwicklung schneidet das Drehfeld überhaupt nicht, und es wird in ihr keine E.M.K. induziert. In diesem Zustande ist also vollkommen funkenfreie Kommutierung sehr leicht zu erreichen und die dem Rotor aufgedrückte Spannung ist gegeben durch das Produkt von Widerstand und Erregerstromstärke. Das im Rotor entstehende Drehfeld schneidet die Statorwindungen mit einer Geschwindigkeit, die der Frequenz ν_2 entspricht, und die im Stator induzierte Wechsel-E.M.K. hat die Frequenz $\nu_1 = \nu_2$. Diese E.M.K. kann, wenn nötig unter Zwischenschaltung eines Transformators, zur Speisung des Rotors verwendet werden, sodaß wir eine selbsterregende Maschine erhalten. Wird der Stator belastet, so wird das Drehfeld nicht mehr einzig und allein durch die Rotorströme erzeugt, sondern es ist dann ein resultierendes Feld aus Rotor- und Statorströmen. Standen die Bürsten bei Leerlauf richtig, d. h. so, daß der Rotor synchron mit der im Stator induzierten Wechsel-E.M.K. lief, so stehen sie bei Belastung falsch. Wir haben nicht mehr synchronen Lauf und induktionsfreie Kommutierung. Um zu dieser zurückzukehren, müssen die Bürsten für jede Belastung neu eingestellt werden. Latour hat nun eine Anordnung angegeben[1]), nach welcher ein und demselben Bürstensatz sowohl die Erreger- als auch die Kompoundierungsströme zugeführt werden, sodaß die Maschine bei allen Belastungen konstante Klemmenspannung hält und zwar bei fester Bürstenstellung.

Bevor wir auf diese Schaltung näher eingehen, ist es zweckmäßig, zunächst ganz allgemein die Erregung des Rotors durch Wechselstrom zu studieren. Da das Prinzip von der Anzahl der Phasen nicht abhängt, die Darstellung aber durchsichtiger wird, wenn wir seine Anwendung nicht auf Dreiphasen-, sondern auf Zweiphasenstrom betrachten, so wollen wir diese Stromart voraussetzen und außerdem annehmen, daß Rotor und Stator Ringwicklung (nicht Trommelwicklung) haben. Diese Annahme ist keine Einschränkung der Theorie auf eine bestimmte Konstruktion, sie erleichtert aber die zeichnerische Darstellung, weil die durch den Bürstendurchmesser angegebene Richtung des Stromes mit jener des von ihm erzeugten Feldes zusammenfällt, während bei Trommelwicklung diese beiden Richtungen aufeinander senkrecht stehen. In Fig. 225 ist der innere Ring der Rotor, der äußere der Stator. Ein bei a' ein- und bei a austretender Strom erzeugt ein Feld, dessen Kraftlinien senkrecht nach aufwärts gerichtet sind; ebenso erzeugt

[1]) The compounding of self-excited alternating current generators for variation in load and power factor. Vortrag, gehalten von A. S. Garfield am 19. Mai 1903 vor dem Amer. Inst. of El. Engineers.

ein bei b' ein- und bei b austretender Strom ein Feld, dessen Kraftlinien horizontal nach rechts gerichtet sind. Es stimmen also Richtung und Sinn der Felder mit den sie erzeugenden Strömen. Wir nennen Ströme positiv, wenn sie bei a oder b austreten. $o\,a$ und $o\,b$ im kleinen Vektordiagramm rechts oben seien die Vektoren der Ströme a, b, in dem Augenblicke, wo a ein Maximum und b Null ist. Wir nehmen an, die Vektoren rotieren im Sinne des Uhrzeigers.

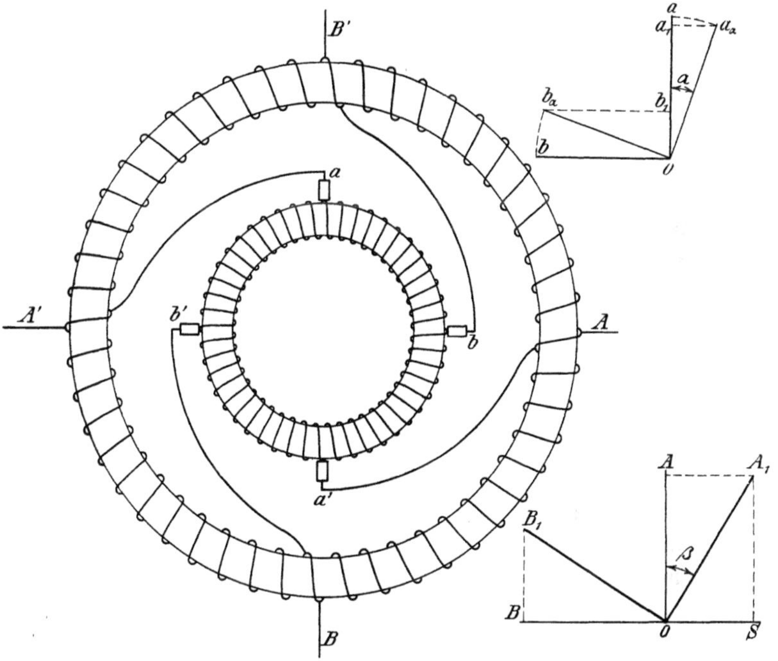

Fig. 225.

In der Winkelstellung α ist der durch die a-Bürste austretende Strom a_1 und noch positiv; der durch die b-Bürste austretende Strom ist b_1 und ebenfalls positiv. Das a-Feld ist also von o nach oben und das b-Feld von o nach rechts gerichtet, und wir sehen, daß das resultierende Feld dieselbe Drehrichtung wie die Stromvektoren hat. Da wir den Maßstab für die Feldstärke beliebig wählen können, so ist es zulässig, im Vektordiagramm $o\,a_1$ als Feldvektor des Stromes $o\,a_1$ und $o\,b_1$ als Feldvektor des Stromes $o\,b_1$ aufzufassen. Da in der wirklichen Maschine $o\,b_1$ auf $o\,a_1$ senkrecht steht, so finden wir das resultierende Feld, indem wir von a_1 die Strecke $o\,b_1$ nach rechts auftragen. Wir kommen so zu dem Punkt a_a und finden somit, daß bei der skizzierten Wicklungsart und gegenseitigen Stellung der Vektoren der Vektor des a-Stromes im Vektordiagramm die Richtung des resultierenden Feldes in der Maschine angibt. In der Stellung $\alpha = 0$ ist die zwischen A' und A im Stator auftretende E.M.K. ein Maximum und Null zwischen B' und B. Wir nennen E.M.Ke. positiv, wenn sie Ströme erzeugen, die bei A oder B austreten. Die Stellung der Spannungsvektoren wird also sein müssen, wie rechts unten in Fig. 225 angegeben; d. h. A ist mit a und B mit b gleichphasig im Vektordiagramm, während in der wirklichen Maschine der Spannungsdurchmesser im Stator auf dem Stromdurchmesser der a-Phase im Rotor senkrecht steht.

Nun denken wir uns die Bürsten aus einem unendlich starken Zweiphasennetz unter Vermittlung zweier Transformatoren zur Herabsetzung der Spannung mit Strom gespeist, die Verbindungen zwischen Bürsten und Stator jedoch vorläufig unterbrochen. Wird der Rotor synchron angetrieben, so hat er nur ohmischen Widerstand, aber keine Induktanz; der Erregerstrom ist also mit der Netzspannung phasengleich und die Spannung im Stator ist mithin auch der Netzspannung phasengleich und bei richtiger Einregulierung der dem Rotor aufgedrückten Spannung auch der Größe nach der Netzspannung gleich. Es können also die Bürsten mit entsprechenden Punkten der Statorwicklung verbunden und vom Netz abgeschaltet werden, ohne daß die Maschine ihre Erregung verliert. Bei synchronem Leerlauf müssen mithin die Anschlußpunkte der Bürsten an den Stator um 90^0 zurückstehen oder anders ausgedrückt: werden bei Leerlauf die Bürsten um 90^0 gegen ihre Anschlußpunkte im Stator vorgeschoben, so ist die im Stator induzierte E.M.K. synchron mit der Drehgeschwindigkeit des Ankers.

Wir wollen jetzt untersuchen, was geschieht, wenn der Rotor übersynchron oder untersynchron angetrieben wird. Da der Begriff des Synchronismus das Vorhandensein eines Taktgebers voraussetzt, so müssen wir wieder die Bürsten mit dem Netz verbinden. Wir wollen aber zunächst den Stator von den Bürsten sowohl als auch vom Netz abtrennen. Bei untersynchronem Antrieb des Rotors werden seine Windungen von dem voraneilenden Drehfeld mit der Frequenz

$$\nu = \nu_1 - \nu_2$$

geschnitten und es wird im Augenblick von $\alpha = 0$ eine E.M.K. in der Richtung $b\,b'$ induziert. Damit trotzdem der Stromvektor die Lage und Größe $o\,a$ habe, muß der Vektor der Netzspannung eine Komponente $O\,S$ enthalten, die zur Überwindung der Induktanz des Rotors dient. Er ist also jetzt nicht mehr $O\,A$, sondern $O\,A'$. Da $O\,A' > O\,A$, so muß, um dieselbe Feldstärke und dieselbe Stator-E.M.K. wie früher zu erhalten, die dem Rotor aufgedrückte Spannung jetzt größer sein. Wir können uns die Vergrößerung der Spannung durch Änderung des Umsetzungsverhältnisses der Transformatoren bewirkt denken. Denken wir uns nun die Bürsten um den Winkel $A\,O\,A'$ vorgeschoben und greifen wir den im Vektordiagramm dargestellten Augenblick heraus, dann ist der Erregerstrom in der a-Phase ein Maximum und jener in der b-Phase ist Null. Das Feld steht also in diesem Augenblicke vertikal nach aufwärts und die im Stator induzierte E.M.K. ist in der Richtung $A'A$ ein Maximum und in der Richtung $B'B$ Null. Um diesen Zustand des Stators durch das Vektordiagramm darzustellen, müssen wir uns die Netzvektoren $O\,A'$ und $O\,B'$ um den Bürstenverschiebungswinkel $A'O\,A$ zurückgedreht denken. Da jetzt die Auschlußpunkte Netzspannung haben, so können wir sie, ohne an dem Betriebszustand etwas zu ändern, einerseits mit dem Netz und andererseits mit den Bürsten verbinden. Es ist also auch bei Untersynchronismus Parallelschaltung möglich, nur müssen die Bürsten vorgeschoben werden. Ist w der Widerstand des Rotors, L sein Selbstinduktionskoeffizient und i der Erregerstrom, so ist $2\pi\nu L i = O\,S$ die E.M.K. der Selbstinduktion und $w\,i = O\,A$ die zur Überwindung des Widerstandes nötige E.M.K. Setzen wir ferner $\omega = 2\pi\nu$, so sieht man ohne weiteres aus dem Vektordiagramm, daß der Bürstenverschiebungswinkel β gegeben ist durch die Bedingung

$$\operatorname{tg}\beta = \frac{\omega L}{w}$$

und der Winkel zwischen Anschlußpunkt und Bürste ist

$$\frac{\pi}{2} + \operatorname{arc\,tg}\frac{\omega L}{w}.$$

Bei Betrachtung des synchronen Antriebs hattten wir gefunden, daß die Maschine sich selbst im Leerlauf erregt, auch nachdem sie vom Netz abgetrennt war. Dabei haben wir stillschweigend die

Voraussetzung gemacht, daß, ähnlich wie bei einer Gleichstrom-Nebenschlußmaschine, die Geschwindigkeit den kritischen Wert übersteigt. Wenn wir auch jetzt diese Voraussetzung machen, so finden wir, daß auch bei vorgeschobenen Bürsten die Maschine sich selbst erregen kann, daß jedoch dann die Frequenz der Spannung im Stator größer sein wird, als der Rotationsgeschwindigkeit des Rotors entspricht.

Was geschieht nun, wenn wir den Rotor an das Netz schalten und übersynchron antreiben? Seine Windungen schneiden jetzt das Drehfeld im entgegengesetzten Sinne wie früher und infolgedessen hat die zusätzliche Komponente der dem Rotor aufzudrückenden Spannung OS die entgegengesetzte Richtung. Der Rotor wirkt wie ein Kondensator und bewirkt dadurch ein Voreilen des Stromes. Die früher gemachte Überlegung, auf diesen Fall angewendet, zeigt, daß die Bürsten zurückgeschoben werden müssen, wenn man den Stator an das Netz schalten und mit den Bürsten verbinden will.

Die bisherige Untersuchung bezieht sich nur auf Leerlauf, also das Grenzgebiet zwischen Motor und Generator. Die Ergebnisse lassen sich in folgende Sätze zusammenfassen:

Bei 90^0 Bürstenstellung läuft der Rotor synchron mit der Frequenz des Netzes.

Bei 90^0 Bürstenstellung und Selbsterregung ist die Frequenz der Stator-E.M.K. gleich jener des Rotorlaufes.

Bei mehr als 90^0 Bürstenstellung läuft der Rotor untersynchron im Vergleich mit der Frequenz des Netzes.

Bei mehr als 90^0 Bürstenstellung und Selbsterregung ist die Frequenz der Stator-E.M.K. größer als jene des Rotorlaufes.

Bei weniger als 90^0 Bürstenstellung läuft der Rotor übersynchron im Vergleich mit der Frequenz des Netzes.

Bei weniger als 90^0 Bürstenstellung und Selbsterregung ist die Frequenz der Stator-E.M.K. kleiner als jene des Rotorlaufes.

Bei der leerlaufenden Maschine wird das Drehfeld einzig und allein durch den Rotor geliefert. Belastet man jedoch den Stator, so erzeugt dieser auch ein Drehfeld und die beiden Drehfelder setzen sich zu einem resultierenden Drehfeld zusammen, das gegen das Rotordrehfeld nach rückwärts verschoben ist. Um diesen Fehler auszugleichen, müssen die Bürsten vorwärts geschoben werden und zwar umsoweiter, je größer die Belastung des Stators ist. Für jede Belastung gibt es eine Bürstenstellung, bei der die Kommutierung vollkommen ist und die Frequenz des Statorstromes genau der Rotorgeschwindigkeit entspricht. Die Maschine arbeitet also synchron als Generator. Vergrößert man nun ihre Belastung, ohne die Bürsten entsprechend zu verstellen, so ist der Bürstenwinkel zu klein; dem entspricht nach der obigen Zusammenstellung $\nu_2 > \nu_1$, d. h. die Frequenz des Statorstromes nimmt ab. Gleichzeitig wird der Rotorstrom durch Induktanz geschwächt und die E.M.K. des Stators nimmt ab. Bei fester Bürstenstellung und konstanter Rotorgeschwindigkeit bedeutet also Vermehrung der Belastung schlechte Kommutierung, fallende Spannung und geringere Frequenz. Eine derartige Maschine hat wegen dieser Fehler keinen praktischen Wert; um sie

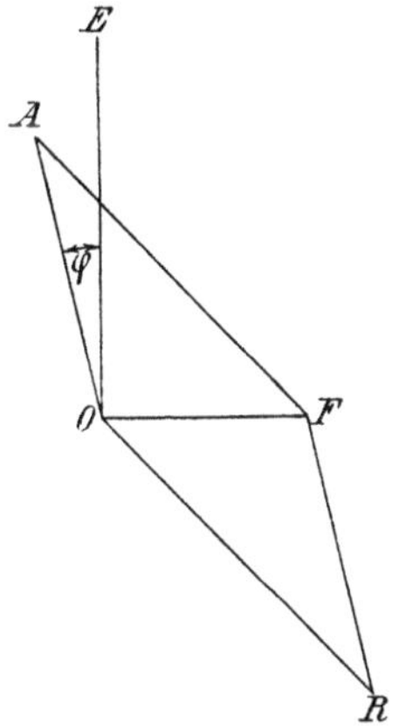

Fig. 226.

brauchbar zu machen, muß sie kompoundiert werden, und das erreicht Latour dadurch, daß er in den Rotor Ströme einführt, deren magnetisierende Wirkung jene der Statorströme genau aufhebt.

Es sei in Fig. 226 OF der Vektor der Amperewindungen des Rotors bei Leerlauf und OE die Stator-E.M.K. Dann ist bei Leerlauf der Bürstenwinkel $EOF = \frac{\pi}{2}$. Wird nun der Stator mit Strom belastet, der OA Amperewindungen erzeugt, so muß die Erregung von OF auf OR gesteigert werden und es müssen die Bürsten um den Winkel FOR vorgeschoben werden. Beides ist im praktischen Betrieb einer Maschine undurchführbar. Man kann jedoch denselben Effekt bei fester Bürstenstellung erreichen, wenn man dem Rotorstrom neben der durch die Spannung erzeugten Komponente noch die dem Rotorstrom proportionale Komponente *F R* gibt, und das kann, wie in Fig. 227 angedeutet ist, durch die Einschaltung von Stromtransformatoren *St* geschehen. In dieser Figur sind der Einfachheit halber die Rotor- und Statorwicklungen durch Kreise, nicht Spirallinien, dargestellt. *Sp* sind die Spannungstransformatoren, die nötig. sind, wenn man im Rotor nur Niederspannung haben will. Die Bezeichnungen entsprechen jenen der Fig. 225. Wir haben Eingangs dieses Abschnittes gesehen, daß der Vektor der *a*-Phase des Rotorstromes nach Größe und Stellung das vom Rotor erzeugte

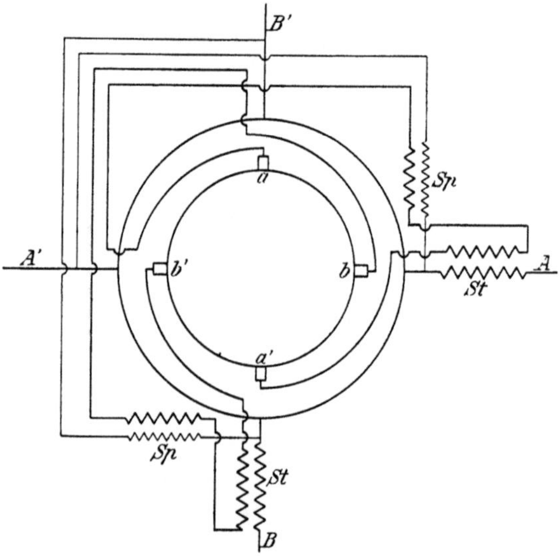

Fig. 227.

Drehfeld richtig darstellt. Es ist also *O R* das durch die zwei Komponenten *O F* und *F R* erzeugte Rotorfeld. Dieses setzt sich mit dem Statorfeld *O A* zu dem wirklich auftretenden Feld *O F* zusammen. Es ist also die Bürstenstellung *O F* für jede Belastung richtig, die Kommutierung erfolgt bei synchronem Lauf des Rotors und die Frequenz des Statorstromes ist nur von der Geschwindigkeit des Rotors, nicht aber von der Belastung abhängig.

In Fig. 227 sind die Bürsten genau um 90^0 gegen die Anschlußpunkte vorgeschoben gezeichnet. Streng genommen ist das nur richtig, wenn man die Induktanz der Stromtransformatoren vernachlässigen darf. Das ist jedoch kaum zulässig, denn die beiden Spulen haben verschiedene Amperewindungen, deren Resultante bei allen Belastungen OF proportional ist. Da der Erregerstrom durch St fließen muß, erfährt er infolge der Selbstinduktion des Transformators eine Phasenverschiebung. Die Wirkung ist genau gleich jener, welche wir fanden unter der Annahme, daß die nicht kompoundierte Maschine bei Leerlauf im Untersynchronismus angetrieben wird. Wir fanden dort, daß es nötig ist, die Bürsten vorzuschieben, um die Selbstinduktion des Rotors zu kompensieren. Ebenso ist es bei der kompoundierten Maschine nötig, die Bürsten vorzuschieben, um die

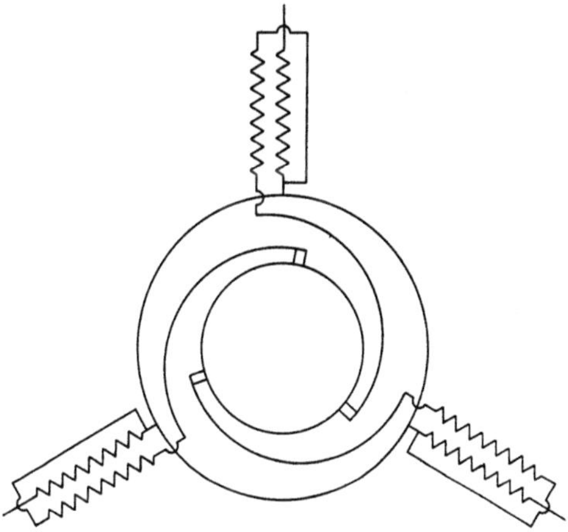

Fig. 228.

Selbstinduktion des mit dem Rotor in Serie geschalteten Stromtransformators zu kompensieren. Bezeichnet L den Selbstinduktionskoeffizienten des Transformators und w den Widerstand des Rotorstromkreises, so ist bei Leerlauf für die Frequenz ν_1 der Bürstenwinkel

$$\frac{\pi}{2} + \operatorname{arc\,tg} \frac{\omega_1 L}{w}.$$

Hat man die Bürsten bei Leerlauf auf diesen Winkel eingestellt (was am einfachsten dadurch geschieht, daß man sie so lange verschiebt, bis man die Lage absoluter Funkenlosigkeit gefunden hat), so stehen die Bürsten richtig für jede Belastung. Die Anwendung des Latourschen Kompoundierungsprinzips für Dreiphasenstrom[1])

[1]) D.R.P. vom 25. Sept. 1901.

ist in Fig. 228 schematisch dargestellt. Der Einfachheit halber sind die Spannungstransformatoren in dieser Figur fortgelassen. Die Rotor- und Statorwindungen sind, wie in Fig. 227, als einfache Kreise gezeichnet.

132. Einphasenmotoren.

Wird bei einem Dreiphasenasynchronmotor eine von den drei Zuleitungen zum Stator unterbrochen, so läuft der Motor als Einphasenmotor weiter, allerdings bei vermindertem Wirkungsgrad und vermehrter Schlüpfung. Von dieser Eigenschaft der Mehrphasenmotoren, auch einphasig laufen zu können, wird gelegentlich beim Bahnbetrieb Gebrauch gemacht, wenn man, um allzu große Komplikationen bei Weichen und Kreuzungen zu vermeiden, an diesen Stellen eine Phase unterbricht.

Das Arbeiten des Einphasenmotors beruht auf der Wechselwirkung zweier Felder. Diese sind aber nicht beide Drehfelder wie beim Mehrphasenmotor, sondern das eine Feld, nämlich das im Stator erzeugte, ist ein oszillierendes, während das im Rotor erzeugte ein oszillierendes und drehendes ist. Denken wir uns ein und denselben Rotor einmal in einen Wechselfeldstator und das andere Mal in einen Drehfeldstator gelegt. Ist N die Stärke des Drehfeldes und J der Maximalwert des Stromes in einem Stab des Rotors, so kann bis auf kleine, durch die geometrische Anordnung der Wicklungen verursachte Schwankungen das Drehmoment als stetig wirkend und NJ proportional angesehen werden. Bei Verwendung des Wechselfeldstators erhalten wir jedoch kein stetig wirkendes, sondern ein pulsierendes Drehmoment, denn seine Faktoren gehen durch Null, und wenn auch wegen der im allgemeinen gleichzeitigen Änderung des Vorzeichens das Drehmoment selbst nicht negativ wird, so schwankt es doch zwischen Null und einem Maximalwert, der $N_1 J_1$ proportional ist, wobei N_1 das Maximum des Kraftflusses im Stator und J_1 die maximale Stromstärke in einem Stabe des Rotors bedeutet. Die augenblicklichen Werte der zwei Faktoren des Drehmomentes sind $N_1 \sin \alpha$ und $J_1 \sin \alpha$ und es ist deshalb das Drehmoment $N_1 J_1$ und $\sin^2 \alpha$ proportional. Soll das effektive Drehmoment ebenso groß wie beim Drehfeldstator sein, so muß

$$N J = \frac{2}{T} \int_0^{\frac{T}{2}} N_1 J_1 \sin^2 \alpha \, dt$$

$$N J = \frac{2 \nu}{\omega} \int_0^{\pi} N_1 J_1 \sin^2 \alpha \, d \alpha$$

$$N J = \frac{2 \nu}{2 \pi \nu} N_1 J_1 \frac{\pi}{2}$$

$$N_1 J_1 = 2 N J.$$

Es braucht also der Einphasenmotor, verglichen mit dem Mehrphasenmotor, entweder ein stärkeres Feld oder mehr Stromvolumen im Rotor oder beides. Die Anwendung eines doppelt so starken Feldes würde den Eisenverlust und Leerstrom zu sehr steigern; während ein doppelt so großes Stromvolumen im Rotor den Leistungsfaktor ungünstig beeinflussen würde. Man wird also zweckmäßig das Feld um etwa 40 % verstärken und im Rotor einen um etwa 40 % stärkeren Strom zulassen, also

$$N_1 = N \sqrt{2} \quad \text{und} \quad J_1 = J \sqrt{2}$$

machen. Es hat also der Einphasenmotor im Stator mehr Eisenwärme als der Mehrphasenmotor, und im Rotor hat er etwa die doppelte Kupferwärme und dementsprechend die doppelte Schlüpfung.

Die klassische, zuerst von Ferraris angegebene Erklärung für die Wirkungsweise des Einphasenmotors ist folgende: Das Wechselfeld kann man sich aus zwei in entgegengesetzten Richtungen umlaufenden Drehfeldern halber Stärke zusammengesetzt denken. Gegen das eine Drehfeld hat der Rotor eine Schlüpfung von wenigen Prozenten und gegen das andere eine Schlüpfung von beinahe 200 %. Das dieser großen Schlüpfung entsprechende Drehmoment ist gegen die Bewegung gerichtet, aber, wie man aus dem Kreisdiagramm sieht, numerisch sehr klein im Vergleich mit dem im Sinne der Bewegung ausgeübten und der kleinen Schlüpfung entsprechenden Drehmoment. Ist $N_1 = N\sqrt{2}$ die Stärke des Wechselfeldes, so ist seine rotierende Komponente $\frac{N}{\sqrt{2}}$, und wenn diese dasselbe Drehmoment erzeugen soll als das Drehfeld N im Mehrphasenmotor, so muß der Rotorstrom $\sqrt{2}$ mal so groß sein als dort. Es führt also auch die von Ferraris gegebene Erklärung der Wirkungsweise des Einphasenmotors zu dem oben gefundenen Resultat, daß sein Wirkungsgrad kleiner und seine Schlüpfung größer ist als bei Mehrphasenmotoren. Eine streng wissenschaftliche Erklärung der Wirkungsweise und eine Theorie der Einphasenmotoren hat Görges in ETZ. 1903, Heft 15, gegeben. Er findet auch größere Stromwärme im Rotor, größere Schlüpfung und Unmöglichkeit der Geschwindigkeitsregulierung durch Widerstand im Rotor. Das Anlassen muß durch eine von außen mechanisch zugeführte Kraft erfolgen oder unter Verwendung einer sogenannten Kunstphase. Der Anlaufstrom ist groß, das Anlaufmoment klein. Aus diesen Gründen haben die gewöhnlichen asynchronen Einphasenmotoren keine sehr große Verbreitung gefunden, und das umsoweniger, weil in den letzten Jahren die mit Kommutator versehenen Einphasenmotoren praktisch durchgebildet worden sind und diese Motoren in Bezug auf Anlaufmoment, Leistungsfaktor, Wirkungsgrad und Regulierbarkeit weit vollkommener sind als die gewöhnlichen Einphasenmotoren.

133. Asynchrone Kommutatormotoren.

Schon im Jahre 1890 hat Elihu Thomson einen mit Last angehenden Einphasenmotor nach dem sogenannten Repulsionsprinzip angegeben und später (1895—1897) hat Atkinson eine ganze Reihe von Konstruktionen erdacht und beschrieben[1]). Auch Steinmetz, Blondel, Latour, Eichberg, Winter, Finzi, Lamme, Osnos, Heubach, Schüler und andere haben auf diesem Gebiete gearbeitet und vielfach sind diese Arbeiten so gleichartig, daß mehrere Erfinder die Priorität für eine und dieselbe Konstruktion beanspruchen. Von den vielen im Laufe der letzten Jahre aufgetauchten Konstruktionen[2]) mögen hier nur die zwei wichtigsten Arten, nämlich der Repulsionsmotor und der kompensierte Einphasenmotor beschrieben werden.

---

[1]) Minutes of Proceedings of the Institution of Civil Engineers. Vol. CXXXIII, 1898.

[2]) Eine ausführliche Zusammenstellung gibt Osnos, ETZ. 1904, Heft 1 und 2.

134. Der Repulsionsmotor.

Es sei in Fig. 229 der äußere Ring der Stator und der innere der Rotor. Der einfacheren Darstellung halber ist Grammewicklung für beide Teile und eine zweipolige Schaltung angenommen. Natürlich ist auch Trommelwicklung und mehrpolige Schaltung anwendbar. Wir wollen von störenden Nebenerscheinungen, wie Streuung, Eisenwärme und Kupferwärme, absehen. Nehmen wir ferner an, daß

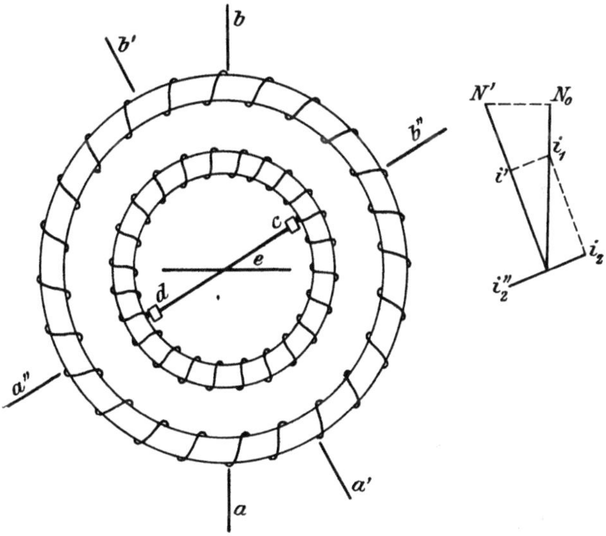

Fig. 229.

beide Ringe dieselbe Anzahl Windungen haben, so kann jeder Strom in einem Teil durch einen gleich großen aber entgegengesetzt magnetisierenden Strom im anderen Teil kompensiert werden. Da der Luftraum zwischen Stator- und Rotoreisen überall der gleiche ist (die Maschine hat keine ausgeprägten Pole) und da wir sehr viele Nuten, also sehr gleichmäßig verteilte Wicklungen voraussetzen können, so ist es auch zulässig, den längs eines Durchmessers durchgeleiteten Strom durch Komponenten zu ersetzen, die längs anderer Durchmesser eingeführt werden. Wir können also beispielsweise den längs des Durchmessers $a\,b$ in den Stator eingeführten Strom i_1 durch zwei Ströme i' und i_2 ersetzen, die wir längs der Durchmesser

$a' b'$ und $a'' b''$ einführen. Die Phasen dieser Ströme sind natürlich dieselben und wenn wir die Ströme i_1, i' und i_2 geometrisch darstellen (wie im rechten Teil der Fig. 229), so ist das nicht ein Vektordiagramm im gewöhnlichen Sinne, sondern nur eine Festlegung der durch die Ströme erzeugten Felder. Der Rotor sei in der Richtung des Durchmessers $a'' b''$ durch die Bürsten $d\,c$ kurz geschlossen. Es wird dann im Rotor ein Strom i_2'' entstehen, der gleich und entgegengesetzt der Komponente i_2 des Statorstromes ist, sodaß nur seine andere Komponente i' zur Erzeugung des Magnetfeldes N' übrig bleibt. Ist Θ die Bürstenstellung, bezogen auf jene Stellung, bei der i_2 Null ist, so haben wir

$$i' = i_1 \cos \Theta.$$

Das Feld N' pulsiert mit der Frequenz ν_1 und dadurch wird in den Statorwindungen eine E.M.K. e'_1 erzeugt, die wir messen können, wenn wir die Prüfdrähte in den Punkten $a' b'$ anlegen. Legen wir die Prüfdrähte über einen anderen Durchmesser an, so werden wir eine geringere E.M.K. messen und zwar im Verhältnis von 1 zum cos des Winkels, den die neue Lage der Anschlußpunkte mit $a' b'$ einschließt. Die in $a'' b''$ gemessene E.M.K. wird also Null sein und die in $a\,b$ gemessene wird sein

$$e_1 = e_1' \cos \Theta.$$

Es ist das die Gegen-E.M.K. des Stators, die der aufgedrückten Spannung gleich und entgegengesetzt sein muß. Der Phase nach steht sie natürlich senkrecht auf dem Felde N' und mithin auch senkrecht auf dem Primärstrom i_1. Es wird nur wattloser Strom zugeführt.

Die Windungen des Rotors werden von dem Felde N' geschnitten und da sie den Strom i''_2 führen, so wird dem Rotor ein Drehmoment in der Richtung des Uhrenzeigers aufgedrückt. Der Motor hat Anzugskraft. Es ist von Interesse, zu untersuchen, wie groß die Anzugskraft ist im Vergleich mit einem Gleichstrommotor von denselben Eisen- und Wicklungsverhältnissen. Es sei z die Anzahl Windungen in Stator und Rotor, r der Radius und δ die Dicke des Luftraumes. Die achsiale Länge der Maschine sei l. Dann ist die durch den primären Gleichstrom i erzeugte Felderregung im polaren Durchmesser $a\,b$ gleich $\frac{i\,z}{4}$ und senkrecht dazu ist sie Null. Die Induktion im Luftraum variiert also innerhalb eines

Viertelkreises von Null bis $\frac{iz}{4}\,\frac{0{,}4\,\pi}{2\,\delta}$. Der Mittelwert ist die Hälfte davon, also

$$B_a = \frac{1}{2}\,\frac{iz}{4}\,\frac{0{,}4\,\pi}{2\,\delta}.$$

Der ganze aus dem Stator in den Rotor dringende Kraftfluß ist $r\,\pi\,l$ mal so groß oder

$$N = \frac{1}{2}\,\frac{iz}{4}\,\frac{0{,}4\,\pi}{2\,\delta}\,Q_a,$$

wobei wir den Querschnitt des Luftraumes $\pi\,r\,l = Q_a$ setzen.

Beim Gleichstrommotor dürfen die Bürsten $e\,d$ natürlich nicht kurz geschlossen werden, sondern sind mit der Feldwicklung in Serie zu schalten und es muß $\theta = 0$ sein. Es liegen z Drähte, deren jeder $\frac{i}{2}$ Ampere führt, in einem Felde, dessen mittlere Induktion

$$\frac{1}{2}\,\frac{iz}{4}\,\frac{0{,}4\,\pi}{2\,\delta}$$

ist und das dadurch erzeugte Drehmoment ist in cm Dynen

$$D = \frac{1}{10}\,\frac{N}{\pi}\,z\,\frac{i}{2}.$$

Der Faktor $\frac{1}{10}$ kommt daher, daß in der Formel für die Kraft der Strom in absoluten Einheiten einzusetzen ist, während i in Ampere ausgedrückt ist. Durch Einsetzen des Wertes für N finden wir das Drehmoment in kgm

$$D = \frac{1}{400}\,\frac{i^2 z^2}{0{,}981}\,\frac{1}{R}\,10^{-8}$$

$$D = \frac{1}{392}\,i^2 z^2\,\frac{1}{R}\,10^{-8},$$

wobei

$$\frac{1}{R} = \frac{Q_a}{2\,\delta}$$

die magnetische Leitfähigkeit des Luftraumes bedeutet. Schalten wir die Maschine so, daß im Feld und Anker p Polpaare gebildet werden, so ist das Drehmoment

$$D = \frac{1}{p^2}\,\frac{1}{392}\,i^2 z^2\,\frac{1}{R}\,10^{-8}.$$

Da der Gesamtstrom i jetzt p mal größer sein kann, aber die Leitfähigkeit eines Luftraumes p mal kleiner ist, so finden wir, daß das Drehmoment mit steigender Polzahl abnimmt.

Die bisherige Überlegung bezieht sich auf den mit Gleichstrom gespeisten Motor; was uns aber besonders interessiert, ist das Drehmoment des mit Wechselstrom gespeisten Motors, wobei wir voraussetzen wollen, daß die Bürsten $c\,d$ in jene Stellung gebracht werden, die das größte Drehmoment gibt.

Beim Repulsionsmotor ist das Drehmoment proportional dem Produkt $i_2 N'$. Da aber N' durch i' erzeugt wird, so ist das Drehmoment auch proportional dem Produkt der beiden Komponenten von i_1. Dieses hängt von der Bürstenstellung ab und wird ein Maximum, wenn $\theta = 45^0$. Wir wollen also annehmen, daß die Bürsten unter 45^0 eingestellt sind. Dann ist

$$i' = i_2 = \frac{i_1}{\sqrt{2}}\,.$$

Im Augenblicke, wo i_1 seinen Maximalwert J_1 hat, ist der Strom im Rotor auch ein Maximum, nämlich

$$J_2 = \frac{J_1}{\sqrt{2}}$$

und die Feldstärke N' hat auch ihren maximalen, dem Strom

$$J' = \frac{J_1}{\sqrt{2}}$$

entsprechenden Wert erreicht. Nennen wir i_1 den effektiven Wert des Primärstromes, so ist

$$J_2 = J' = i_1\,.$$

Soll nun der effektive Wert des Wechselstromes genau so groß sein wie die Stromstärke beim Gleichstrommotor, so haben wir $i_1 = i$ und im Augenblick der Maxima ist das in der Richtung $a'\,b'$ auftretende Feld genau so groß, als das in der Richtung $a\,b$ bei Gleichstrom auftretende. Da auch $J_2 = i$, so ist der Maximalwert des Drehmomentes durch dieselbe Gleichung ausgedrückt wie bei Gleichstrom, wenn wir statt i, J_2 oder i_1 schreiben. Nun schwankt das Drehmoment D' des Repulsionsmotors zwischen diesem Maximalwert und Null nach dem Gesetz

$$D' = D \sin^2 (\omega\, t)$$

und sein effektiver Wert ist mithin

$$D' = \frac{D}{2} \cdot$$

Bei gleicher Stromstärke gibt der Repulsionsmotor nur das halbe Drehmoment eines ebenso großen Gleichstrommotors. Um gleiche Drehmomente beim Anlaufen zu erhalten, muß die effektive Stromstärke beim Repulsionsmotor um 40 % erhöht werden.

Bei der Bürstenstellung Θ haben wir

$$J' = J_1 \cos \Theta$$

$$J_2 = J_1 \sin \Theta.$$

Der Maximalwert des wirklich auftretenden Feldes ist

$$N' = \frac{1}{2} \frac{J_1 z}{4} \frac{0{,}4 \pi}{2 \delta} Q_a$$

Dieses Feld teilt sich in die zwei Hälften des Statorringes so, daß die im Durchmesser $a'' b''$ liegenden Windungen je mit dem Kraftfluß $\frac{N'}{2}$ verkettet sind, während die anderen, weiter gegen a' und b' liegenden Windungen mit kleineren Kraftflüssen verkettet sind. Wären alle Windungen in den Punkten des größten Kraftflusses konzentriert, so wäre die in jeder Statorhälfte von $z/2$ Windungen durch das Feld $\frac{N'}{2}$ bei ν_1 Perioden induzierte maximale E.M.K.

$$E_1' = 2 \pi \nu_1 \left(\frac{N'}{2}\right) \left(\frac{z}{2}\right) 10^{-8} .$$

Nun sind aber die Windungen nicht konzentriert, sondern gleichmäßig über den ganzen Statorumfang verteilt. Infolgedessen ist die induzierte E.M.K. kleiner und zwar nur zwei Drittel[1]) von obigem

[1]) Der Beweis für dieses Verhältnis ist wie folgt. Es sei x die Entfernung einer Windung von a'' und B die Luftinduktion in dem Punkte b', für den $x = \frac{\tau}{2}$, dann ist der durch die betrachtete Windung gehende Kraftfluß

$$N_x = \frac{B}{4 \tau} (\tau^2 - 4 x^2) \, l.$$

Auf $d x$ cm Umfang kommen $d x \frac{z}{2 \tau}$ Windungen. Die in diesem Wicklungselement induzierte E.M.K. hat also den Maximalwert

Werte. Wir haben mithin für die effektive, zwischen den Punkten $a' b'$ auftretende Spannung

$$e_1' = \frac{2}{3} \times \frac{2\pi\nu_1}{\sqrt{2}} \left(\frac{N'}{2}\right) \left(\frac{z}{2}\right) 10^{-8},$$

wobei N' aus der obigen Formel zu entnehmen ist. Denken wir uns nun die Bürsten so eingestellt, daß $\theta = 0$. Dann ist $e_1' = e_1$ und der Rotor hat keinen Einfluß auf den Primärstrom. Das Drehmoment ist Null und der Motor wirkt wie eine Drosselspule, die bei der aufgedrückten Spannung e_1 den Magnetisierungsstrom i_0 (Maximalwert J_0) aufnimmt. Wir haben dann

$$N_0 = \frac{1}{2} \frac{J_0 z}{4} \frac{0{,}4\pi}{2\delta} Q_a$$

$$e_1 = \frac{2}{3} \times \frac{2\pi\nu_1}{\sqrt{2}} \left(\frac{N_0}{2}\right) \left(\frac{z}{2}\right) 10^{-8}.$$

Bei Ableitung dieser Formeln hatten wir gleiche Windungszahl in Stator und Rotor angenommen; es ist aber ohne weiteres klar, daß die Windungszahl des Rotors ohne Einfluß auf die letzten beiden Formeln ist. Wir können also den Rotor beliebig wickeln und daher auch für Niederspannung, während der Stator für Hochspannung gewickelt sein kann.

Aus Fig. 229 ist ersichtlich, daß das Verhältnis der Felder N_0 und N' durch den cos des Bürstenwinkels gegeben ist. Wir haben also für die gleiche Klemmenspannung bei jeder Bürstenstellung

$$N' \cos \Theta = N_0.$$

$$d E = 2\pi\nu_1 \frac{B}{4\tau} (\tau^2 - 4x^2) \frac{z}{2\tau} dx\, 10^{-8},$$

und wenn wir von $x = 0$ bis $x = \frac{\tau}{2}$ integrieren, so erhalten wir die E.M.K. zwischen a'' und b'. Die ganze zwischen a' und b' auftretende Spannung ist doppelt so groß; es ist also

$$e_1' = 2 \times \frac{2\pi\nu_1}{\sqrt{2}} \frac{B}{4\tau} \frac{z}{2\tau} \int_0^{\frac{\tau}{2}} (\tau^2 - 4x^2)\, dx\, 10^{-8}.$$

Die Integration gibt

$$e_1' = \frac{2}{3} \times \frac{2\pi\nu_1}{\sqrt{2}} \left(\frac{N'}{2}\right) \left(\frac{z}{2}\right) 10^{-8},$$

also $^2/_3$ der E.M.K. bei konzentrierter Wicklung.

Nun wird N' durch die Komponente $i_1 \cos \theta$ erzeugt, während N_0 durch den ganzen Leerstrom i_0 erzeugt wird. Wir haben also

$$\frac{N'}{i_1 \cos \Theta} = \frac{N_0}{i_0}$$

$$i_1 = \frac{i_0}{\cos^2 \Theta}.$$

Das Drehmoment ist dem Produkte N' und i_2, also auch dem Produkte von $\frac{N_0}{\cos \Theta}$ und $\frac{i_0}{\cos^2 \Theta} \sin \theta$ proportional. Da sowohl N_0 als auch i_0 der Spannung e_1 direkt proportional ist, so haben wir für das Drehmoment den Ausdruck

$$D = K \cdot \frac{e_1^2}{\cos^2 \Theta} \operatorname{tg} \Theta,$$

wobei K eine Konstante ist, die von den Konstruktionsverhältnissen des Motors abhängt und die wir für $\theta = 45^0$ aus der früher abgeleiteten Beziehung zwischen Gleichstrom und Wechselstrom finden können. Es ist bei $\theta = 45^0$ $i_1 = 2\, i_0$ und mithin für Wechselstrom das Drehmoment in kgm

$$\frac{1}{2} \times \frac{1}{392}\, 4\, i_0^2 z^2 \frac{1}{R}\, 10^{-8} = 2\, K e_1^2$$

$$K = \frac{1}{392} \left(\frac{i_0}{e_1}\right)^2 z^2 \frac{1}{R}\, 10^{-8}.$$

Das Verhältnis von Magnetisierungsstrom i_0 bei $\theta = 0$ und aufgedrückte Spannung kann für jeden Motor aus den obigen Gleichungen für N_0 und e_1 berechnet werden und dadurch ist auch die Konstante K bestimmt.

Die Gleichung für D zeigt, daß das Drehmoment (wie bei asynchronen Motoren überhaupt) dem Quadrat der Spannung proportional ist und daß es mit der Bürstenverschiebung wächst. Es kann jedoch nicht, wie die Gleichung andeutet, unendlich werden, denn bei Ableitung dieser Gleichung sind wir von der Annahme ausgegangen, daß der Motor weder Streuung noch Verluste hat. Der durch diese Annahme begangene Fehler wird um so größer, je größer i_1, und deshalb ist die Gleichung für das Drehmoment nur annähernd richtig und wird für große Werte von θ ganz unbrauchbar.

Wenn der Rotor mit der Tourenzahl ν_2 per Sekunde in Bewegung ist, so wird durch das Feld N' in der Richtung des Bürsten-

36*

durchmessers eine E.M.K. induziert, die von der Geschwindigkeit abhängt. Wegen der streuungslosen Wechselwirkung zwischen Stator und Rotor wird diese E.M.K. in entgegengesetzter Richtung auf den Stator übertragen; sie wirkt also in der Richtung $b'' a''$ und ist mit N' gleichphasig. Bei der Frequenz ν_1 war die im Stator längs des Durchmessers induzierte E.M.K.

$$e_1' = \frac{e_1}{\cos\Theta}.$$

Bei der Frequenz ν_2 ist die E.M.K.

$$\frac{\nu_2}{\nu_1}\frac{e_1}{\cos\Theta}.$$

Nur ihre Komponente in der Richtung $a\,b$ kann auf den primären Strom Einfluß haben. Ihr Wert ist

$$\frac{\nu_2}{\nu_1}\frac{e_1}{\cos\Theta}\sin\Theta.$$

Da der Strom im Stator mit N' und mithin auch mit dieser Komponente der E.M.K. phasengleich ist, und da die den Klemmen $a\,b$ aufgedrückte Spannung dem Strom um 90° voreilt, so muß bei Lauf die zugeführte Spannung e_1 um den Betrag

$$e_1\frac{\nu_2}{\nu_1}\operatorname{tg}\Theta$$

vektoriell vergrößert werden, wenn das wirksame Feld N' erhalten bleiben soll. Wir haben also bei Lauf die zugeführte Spannung

$$e = e_1\sqrt{1+\left(\frac{\nu_2}{\nu_1}\operatorname{tg}\Theta\right)^2}.$$

Da der Strom im Rotor ein Kurzschlußstrom ist, so bleibt er hinter der durch die Rotation erzeugten Spannung um 90° zurück. Der ihn kompensierende Statorstrom ist also auch gegen i_1' um 90° verschoben und deshalb mit der Spannung e_1 phasengleich. Sein Wert ist

$$i_1\frac{\nu_2}{\nu_1}\operatorname{tg}\Theta.$$

Da das Drehmoment, wie wir früher gesehen haben, dem Quadrate der Spannung proportional ist, so muß, um das gleiche Drehmoment bei Lauf wie bei Stillstand zu erhalten, die Spannung

$$\sqrt{1+\left(\frac{\nu_2}{\nu_1}\operatorname{tg}\Theta\right)^2}\ \text{mal}$$

so groß gemacht werden. Ist jedoch die Spannung, wie das meist der Fall ist, konstant, so ist das Drehmoment bei Lauf gleich jenem bei Stillstand, dividiert durch

$$1+\left(\frac{\nu_2}{\nu_1}\operatorname{tg}\Theta\right)^2.$$

Für konstante Bürstenstellung nimmt das Drehmoment wie bei einem Gleichstromserienmotor mit Wachsen der Tourenzahl ab.

Der Leistungsfaktor ist offenbar das Verhältnis der Wattkomponente der Gegen-E.M.K. im Motor

$$e_1\,\frac{\nu_2}{\nu_1}\operatorname{tg}\Theta$$

zur aufgedrückten Spannung, also

$$\cos\varphi=\frac{\frac{\nu_2}{\nu_1}\operatorname{tg}\Theta}{\sqrt{1+\left(\frac{\nu_2}{\nu_1}\operatorname{tg}\Theta\right)^2}}.$$

Läßt man den Motor synchron laufen, so ist

$$\cos^2\varphi=\frac{\operatorname{tg}^2\Theta}{1+\operatorname{tg}^2\Theta}$$

$$\sin^2\varphi=\frac{1}{1+\operatorname{tg}^2\Theta}$$

und daraus

$$\operatorname{tg}\varphi=\operatorname{cotg}\Theta.$$

Es gibt also für synchronen Lauf das Komplement des Bürstenwinkels unmittelbar den Phasenwinkel an. Bei synchronem Lauf ist die Kommutierung vollkommen, da dann im Anker ein wirkliches Drehfeld entsteht. Das Drehmoment ist aber dann erheblich kleiner als beim Anlauf.

Da nun der gewöhnliche Einphasen-Asynchronmotor beim Anlaufen gar kein und nahe dem Synchronismus ein starkes Drehmoment hat, so hat L. Schüler[1]), um starkes Anzugsmoment und

[1]) ETZ. 1903, Heft 29.

gleichzeitig großes Drehmoment bei Lauf zu erhalten, das Repulsionsprinzip bei dem gewöhnlichen Einphasenmotor angewandt, indem er

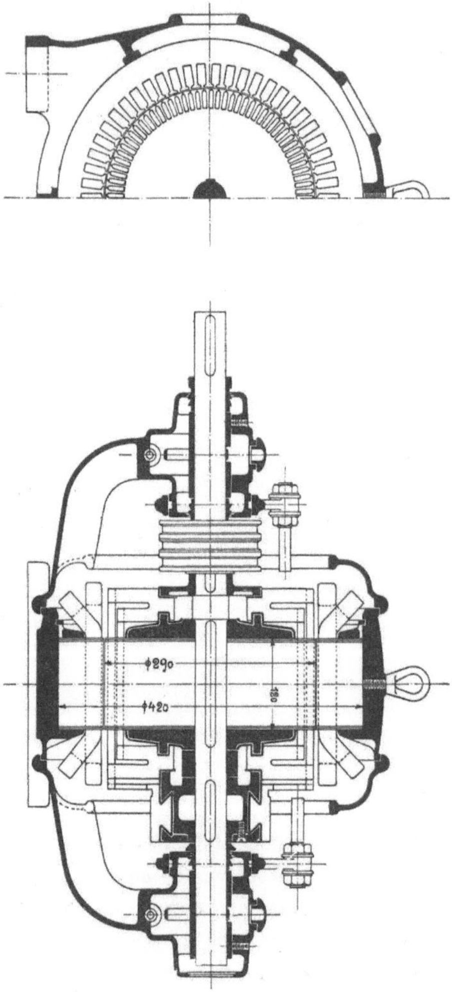

Fig. 230.

dem Rotor außer den Schleifringen und Anlaßwiderstand noch einen Kommutator mit kurzgeschlossenen Bürsten gab. Fig. 230 zeigt einen Längsschnitt eines 5 PS · 6 poligen Schüler-Motors, Fig. 231

das Schema des Rotors und Fig. 232 die Versuchsresultate bei $\nu_1 = 50$.

Wie man aus den Kurven sieht, ist das Drehmoment beim Anlauf doppelt so groß als bei Lauf und die Stromstärke nicht ganz

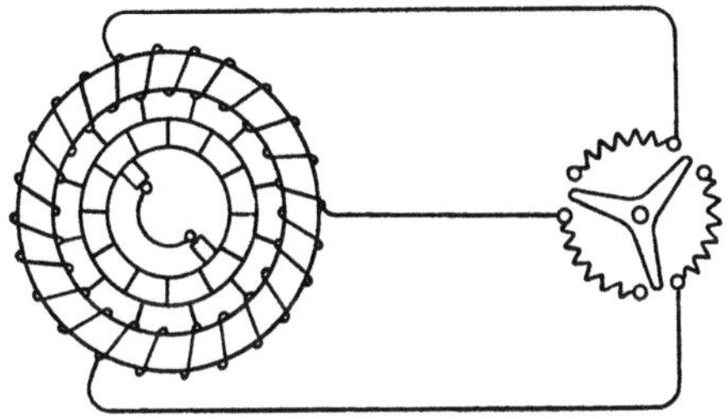

Fig. 231

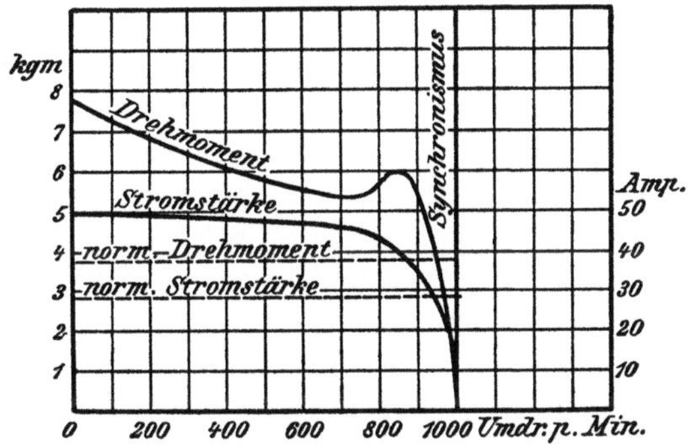

Fig. 232.

doppelt so groß. Allerdings wurden diese Resultate erzielt, indem der Anlaßwiderstand für jede Tourenzahl auf maximales Drehmoment einreguliert wurde. Der Leistungsfaktor kann nicht größer als jener eines gewöhnlichen Einphasenmotors sein.

135. Der kompensierte Einphasenmotor.

Auf Seite 399 ist darauf hingewiesen worden, daß eine Gleichstromdynamo mit Blechpolen durch Wechselstrom als Motor betrieben werden kann. Allerdings muß der Luftraum klein sein, der Kommutator viele Segmente haben und die Frequenz muß klein sein. Auch empfiehlt es sich, besondere Vorkehrungen gegen das Feuern der Bürsten (Kommutierungspole, doppelte Wicklung etc.) zu treffen. Trotz aller dieser Maßregeln kann aber der Leistungsfaktor eines derartigen Motors wie 1 werden, denn die Selbstinduktion in den Erregerspulen des Feldes kann nicht Null sein. Um diese Selbstinduktion unschädlich zu machen, ist ein zusätzliches Organ notwendig und dieses besteht aus einem zweiten kurz geschlossenen Bürstenpaar[1]), das senkrecht zu dem gewöhnlichen Bürstenpaar eingestellt wird. Natürlich darf der Stator keine ausgeprägten Pole haben, sondern muß wie bei dem Repulsionsmotor aus einem gleichmäßig bewickelten Ring bestehen.

Im 129. Abschnitt wurde gezeigt, daß bei einem mit Mehrphasenstrom durch Bürsten und Kommutator gespeisten Rotor die E.M.K. der Selbstinduktion mit zunehmender Drehgeschwindigkeit abnimmt, bei Synchronismus den Wert Null erreicht und bei Übersynchronismus das Vorzeichen wechselt. Es wirkt also ein solcher Rotor je nach seiner Drehgeschwindigkeit als Drosselspule oder Kondensator und zwar ist die Wirkung nach beiden Richtungen hin um so ausgeprägter, je weiter die Drehgeschwindigkeit in dem einen oder dem anderen Sinne vom Synchronismus entfernt ist. Bei Synchronismus verschwindet die Selbstinduktion und der Rotor verhält sich so, als ob er nur mit ohmischem Widerstand behaftet wäre. Dieses Verhalten kann ein mit Einphasenstrom gespeister Rotor nicht zeigen. Da er von einem Wechselfeld und nicht von einem Drehfeld durchsetzt wird, kann seine Drehung auf die durch Selbstinduktion zwischen den Bürsten entstehende E.M.K. keinen Einfluß haben. Fügen wir aber das oben erwähnte Organ (die kurz geschlossenen Querbürsten) hinzu, so wird durch die kombinierte Wirkung des eingeleiteten und des Kurzschlußstromes ein Drehfeld erzeugt und dann kann unter gewissen Umständen eine Kompensierung der Selbstinduktion in ähnlicher Weise wie bei einem Zweiphasenrotor eintreten. Der Kurzschlußstrom steht sowohl räumlich (wegen der Bürstenstellung) als auch der Zeit nach (weil es eben ein Kurzschlußstrom ist, der durch eine mit dem zugeführten Strom phasengleiche E.M.K. erzeugt wird) auf dem zugeführten Strome senkrecht. In folgendem bedeutet Hauptbürsten das Bürstenpaar, durch welches

---

[1]) Latour, ETZ. 1903, Heft 6 und 43.

der Strom dem Rotor von außen zugeführt wird, und Querbürsten das andere Bürstenpaar. Wir werden dann analog zwischen Hauptstrom und Querstrom und zwischen Haupt-E.M.K. und Quer-E.M.K. zu unterscheiden haben. Die erstere ist dem Rotor aufgedrückt, die letztere wird durch die Drehung des Rotors induziert.

In Fig. 233 bedeute der bewickelte Ring den Rotor und der kleine Kreis in der Mitte eine Wechselstromquelle. Ein von *a* nach *b* fließender Strom erzeugt im Innern des Ringes ein von unten nach oben, also in gleichem Sinne wie der Strom verlaufendes Feld N. Wird nun der Ring in der Pfeilrichtung mit der Frequenz

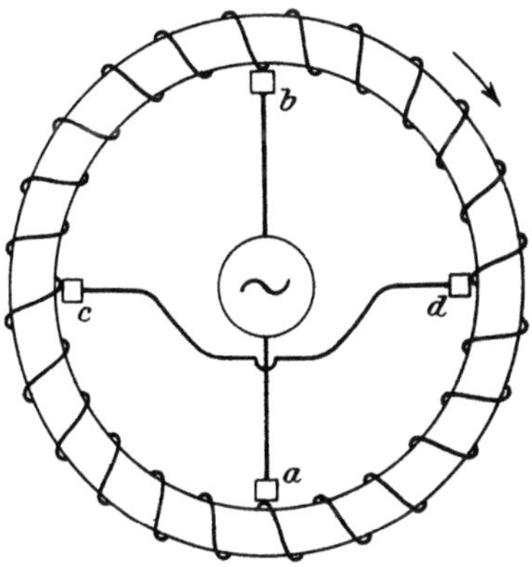

Fig. 233.

ν_2 gedreht, so schneiden die inneren Drähte der Windungen dieses Feld und es wird die Quer-E.M.K. $\nu_2 N z 10^{-8}$ induziert und diese erzeugt den in der Richtung *c d* mit 90° Phasenverschiebung fließenden Querstrom. Die Quer-E.M.K. ist phasengleich mit dem Hauptstrom und daher hat der Querstrom 90° Nacheilung gegenüber dem Hauptstrom. Der Querstrom erzeugt aber seinerseits ein Feld in der Richtung *c d* und dieses eine E.M.K. in der Richtung *b a*, die mit dem Querstrom phasengleich ist und daher dem Hauptstrom um 90° nacheilt. Da die Haupt-E.M.K. dem Hauptstrom um 90° voreilt, so ist die durch das Querfeld induzierte E.M.K. mit der aufgedrückten Spannung phasengleich und addiert sich zu dieser. Soll also der Hauptstrom bei Stillstand und Bewegung denselben Wert beibehalten, so muß mit steigender Drehgeschwindigkeit die aufgedrückte Spannung vermindert werden und es ist klar, daß es eine ganz bestimmte Drehgeschwindigkeit geben muß, bei der die aufgedrückte Spannung Null wird, sofern man den ohmischen Widerstand und die Eisenwärme vernachlässigt. Diese Drehgeschwindigkeit finden wir, wenn wir die durch Drehung induzierte E.M.K. gleichsetzen jener E.M.K., die bei ruhendem Rotor nötig ist, um die ganze E.M.K. der Selbstinduktion zu überwinden. Ist ν_1 die Periodenzahl des zugeführten Stromes, so haben wir für die E.M.K. der Selbstinduktion bei ruhendem Rotor nach der im vorigen Abschnitt abgeleiteten Formel

$$e = \frac{2}{3} \times \frac{2\pi\nu_1}{\sqrt{2}} \frac{Nz}{4} 10^{-8},$$

wobei N das durch den gegebenen Strom i erzeugte Wechselfeld ist und den Wert hat

$$N = \frac{1}{2} \frac{i\sqrt{2}z}{4} \frac{0{,}4\pi}{2\delta} Q_a.$$

Die durch Drehung erzeugte E.M.K. hat nach (37) den Maximalwert

$$E = Nz \frac{U}{60} 10^{-8}$$

und den effektiven Wert

$$\frac{E}{\sqrt{2}} = \frac{Nz\nu_2}{\sqrt{2}} 10^{-8},$$

wobei wir für $\frac{U}{60}$ die Frequenz der Drehung ν_2 setzen. Die den Bürsten ab von der Stromquelle aufzudrückende Spannung wird Null, wenn

$$e = \frac{E}{\sqrt{2}},$$

also wenn

$$\frac{Nz\nu_2 10^{-8}}{\sqrt{2}} = \frac{2}{3} \times \frac{2\pi\nu_1}{\sqrt{2}} \frac{Nz}{4} 10^{-8}.$$

Aus dieser Gleichung folgt als Bedingung für das Verschwinden der Selbstinduktion des Rotors

$$\nu_2 = \frac{\pi}{3} \nu_1.$$

Wird also der Rotor mit einer Geschwindigkeit angetrieben, die den Synchronismus um rund 5 % übersteigt, so verhält er sich wie ein Stromkreis, der nur ohmischen Widerstand hat, und die von der Stromquelle den Bürsten *a b* aufzudrückende Spannung braucht nur so groß gu sein, als zur Überwindung des ohmischen Widerstandes nötig ist. Der Rotor erzeugt dabei ein Drehfeld *N*, das mit der Winkelgeschwindigkeit

$$\omega_1 = \nu_1 2\pi$$

rotiert, und könnte durch einen permanenten Magneten, der mit dieser Winkelgeschwindigkeit rotiert und *N* Kraftlinien ausstrahlt, ersetzt werden. Der Erregerstrom *i* ist ein reiner Wattstrom. Denken wir uns nun diesen Rotor in einen einphasig gewickelten Stator gelegt, so haben wir nichts anderes als einen synchronen Wechselstrommotor, bei dem der Rotor die Rolle des Feldmagneten und der Stator jene des Ankers übernimmt. Im 122. Abschnitt wurde gezeigt, daß ein Synchronmotor den Leistungsfaktor 1 haben kann, wenn das Feld etwas stärker erregt wird, als nötig wäre, um bei Antrieb als Generator eine der Schienenspannung gleiche Ankerspannung bei offenen Klemmen zu erzeugen. Wenn wir also die den Klemmen *a b* aufgedrückte Spannung so einregulieren, oder wenn wir bei gegebenem Wert des Erregerstromes die Windungszahl des Rotors so wählen, daß diese Erregung des Rotors erreicht wird, so arbeitet der kompensierte Einphasenmotor mit dem Leistungsfaktor 1. Fig. 187, die ebensogut auf Motoren als auf Generatoren anwendbar ist, zeigt, daß die für $\cos\varphi = 1$ nötige Erregung sich mit der Belastung nur sehr wenig ändert. Ist also die Erregung für eine mittlere Belastung des Motors einmal richtig eingestellt, so ist sie auch für größere und kleinere Belastungen sehr nahezu richtig und wir haben einen Motor, der bei konstanter, den Synchronismus nur wenig übersteigender Tourenzahl bei allen Belastungen den Leistungsfaktor 1 hat.

Es fragt sich nun, wie verhält sich der Motor, wenn seine Tourenzahl, wie z. B. beim Eisenbahnbetrieb (und für diesen Zweck ist der kompensierte Einphasenmotor in erster Linie von Wichtigkeit), nicht konstant sein kann. Wir haben gesehen, daß die E.M.K. der Selbstinduktion im Rotor für

$$\nu_2 = 1{,}05\,\nu_1$$

verschwindet und wir können mit einer für die jetzige Überlegung hinreichenden Genauigkeit annehmen, daß die E.M.K. der Selbstinduktion dem Ausdruck

$$\nu_1 - \nu_2$$

proportional ist. Wenn $\nu_2 < \nu_1$, so eilt der Erregerstrom der aufgedrückten Spannung nach und der Rotor wirkt wie eine Drosselspule. Ist jedoch $\nu_2 > \nu_1$, so wirkt der Rotor wie ein Kondensator. In beiden Fällen ist das Drehfeld nicht mehr kreisförmig, sondern hat elliptische Form. Bei $\nu_2 < \nu_1$ würde die große Achse der Ellipse N und die kleine $N' = N\frac{\nu_2}{\nu_1}$ sein, und das Drehfeld kann aufgefaßt werden als die Zusammensetzung eines kreisförmigen Dreh-

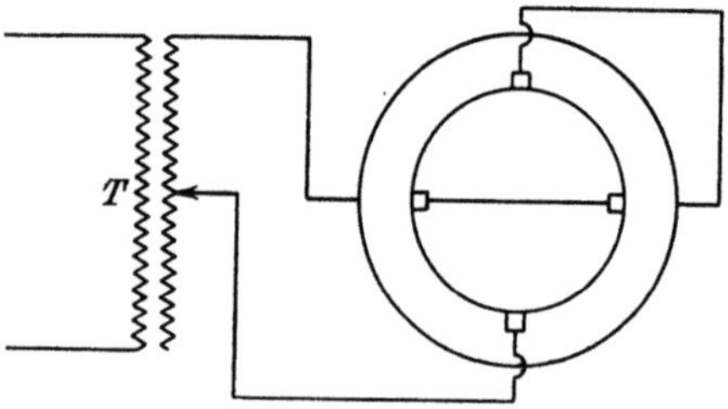

Fig. 234.

feldes vom Vektor N' und eines Wechselfeldes, dessen Achse $a\,b$ und dessen Amplitude $N - N' = N\frac{\nu_1 - \nu_2}{\nu_1}$ ist. Das Wechselfeld steht räumlich senkrecht auf der Rotorwicklung und beeinflußt sie deshalb nicht. Von Einfluß ist nur das Drehfeld, das bei gleichem i jetzt schwächer geworden ist. Um es auf die für $\cos\varphi = 1$ nötige Stärke zu bringen, muß i größer werden. Der den Hauptbürsten zugeführte Strom muß in diesem Verhältnis größer werden und es muß auch die den Hauptbürsten aufgedrückte Spannung größer werden, da nicht nur ein größerer Strom durch den Anker zu treiben, sondern auch die durch das Wechselfeld $N - N'$ erzeugte E.M.K. zu überwinden ist. Gleichzeitig findet auch wegen letzterer Ursache eine Phasenverschiebung statt und es kann bei verminderter Geschwindigkeit der Leistungsfaktor 1 nicht vollkommen erreicht werden. Immerhin kann man aber den Leistungsfaktor verbessern, indem man die Erregung bei verminderter Geschwindigkeit verstärkt. Bis zu einem gewissen Grade findet diese Verstärkung automatisch statt, wenn die Hauptbürsten mit der Statorwicklung, wie Fig. 234 zeigt, in Serie geschaltet sind. In dieser Figur bedeuten die beiden Kreise die Stator- und Rotorwicklungen und T einen Transformator zur Herabminderung der dem Motor zugeführten Spannung. Die Sekundärspannung ist durch den beweglichen Kontakt noch besonders regulierbar, was während des Anlaufens wertvoll ist. Da während der Anlaufsperiode die Stromstärke nach und nach abnimmt, so nimmt auch die Erregung im gleichen Maße ab. Hat sie bei Synchronismus den für $\cos \varphi = 1$ richtigen Wert, so ist sie bei geringeren Geschwindigkeiten stärker und es findet so eine natürliche Kompensierung statt. Allerdings ist diese nur unvollkommen, sodaß der Leistungsfaktor nur in der Nähe der synchronen Geschwindig-

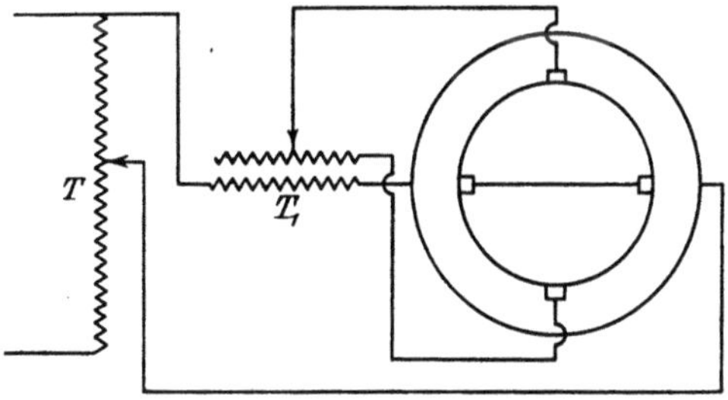

Fig. 235.

keit der Einheit nahe kommt, bei geringen Geschwindigkeiten aber erheblich unter der Einheit bleibt. Um die Kompensierung zu verbessern, schalten Eichberg und Winter[1]) den Rotor nicht unmittelber in Serie mit dem Stator, sondern, wie Fig. 235 zeigt, unter Vermittlung eines Stromtransformators T_1, der es möglich macht, während der Anlaufperiode die Erregung noch besonders zu regulieren und auch für bestimmte Fahrgeschwindigkeiten so einzustellen, daß der Leistungsfaktor möglichst hoch ausfällt. Der Transformator T der Fig. 234 kann entweder ganz wegfallen oder durch einen sogenannten Autotransformator (Transformator mit Sparschaltung) ersetzt werden. Ein Vorteil der Eichberg-Winterschen Schaltung liegt darin, daß der Rotor für Niederspannung gewickelt sein kann und daß der dem Stator zugeführte Primärstrom garnicht unterbrochen

[1]) ETZ. 1904, Heft 4.

zu werden braucht. Die Schaltung und Regulierung kann einzig und allein im Rotorstromkreis erfolgen.

Der Repulsionsmotor hat den Vorteil eines sehr großen Anlaufmomentes, aber den Nachteil eines geringen Leistungsfaktors; der kompensierte Motor hat den Vorteil eines sehr hohen Leistungsfaktors (praktisch gleich der Einheit bei Geschwindigkeiten, die in der Nähe des Synchronismus liegen), dafür aber den Nachteil einer geringeren Anzugskraft. Latour hat eine Schaltung angegeben, welche die Vorteile beider Motoren vereinigt, d. h. es möglich macht, den Motor als Repulsionsmotor anlaufen zu lassen und, wenn er in die Nähe der synchronen Geschwindigkeit gekommen ist, als kom-

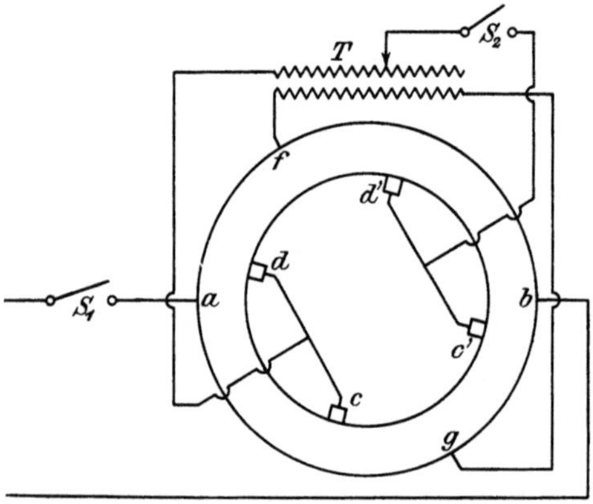

Fig. 236.

pensierten Motor weiter laufen zu lassen. In Fig. 236 bedeuten die beiden Kreise wieder Stator und Rotor. Die 4 Bürsten des Rotors sind paarweise kurz geschlossen. Die Anordnung ist so aufzufassen, als ob statt eines diametralen Kurzschlusses, wie in Fig. 233, zwei zum Durchmesser *c d* symmetrisch liegende Kurzschlußverbindungen angeordnet wären. Wird dem Stator durch Schließen des Schalters S_1 Wechselstrom über den Durchmesser *a b* zugeführt, während der Schalter S_2 offen ist, so arbeitet die Maschine wie ein Repulsionsmotor. Von der Rotorwicklung ist in *f g* der Anschluß zu den Primärklemmen eines Spannungstransformators *T* mit regulierbarer Übersetzung abgezweigt. Die Sekundärspannung dieses Transformators wird den Bürsten *d c* einerseits und *d' c'* andererseits zugeführt. Denken wir uns die Bürsten *d* und *c* zusammenfallend, und ebenso die Bürsten d' und c', so würden sie genau den Bürsten $a\,b$ in Fig. 233 entsprechen. Die Sekundärspule des Transformators entspricht der durch den kleinen Kreis in Fig. 233 angedeuteten Stromquelle. Jede der 4 Bürsten ist also gleichzeitig Hauptbürste und Querbürste. Ist der Motor angelaufen, so wird S_2 geschlossen und T auf den größtmöglichen Leistungsfaktor einreguliert. Der Motor arbeitet dann als kompensierter Motor.

Neunzehntes Kapitel.

136. Maschinen zur Umwandlung der Stromart.

Zur Übertragung von Arbeit auf große Entfernungen ist Ein- oder Mehrphasenstrom deshalb dem Gleichstrom vorzuziehen, weil man wegen der Möglichkeit, den ganzen Stromkreis ununterbrochen zu isolieren, sehr viel höhere Spannungen anwenden kann. Weiter kommt, wie im 16. Kapitel gezeigt wurde, bei Dreiphasenstrom noch der Vorteil des geringeren Aufwandes an Leitungskupfer hinzu. Nun ist aber für gewisse Zwecke der Gleichstrom entweder die einzige brauchbare Stromart, oder wenigstens vorteilhafter als Wechselstrom oder Drehstrom und es ist deshalb notwendig, Maschinen und Apparate zu haben, welche die Umwandlung einer Stromart in die andere bewerkstelligen. Wir können dann sowohl die Vorteile des Wechselstroms, soweit sie die Übertragung betreffen, als auch die Vorteile des Gleichstroms, soweit sie eine besondere Anwendung betreffen, voll ausnützen. Die Umwandlung der einen Stromart in die andere kann nun auf zweierlei Art geschehen.

Entweder man verwendet einen Wechselstrommotor zum Antrieb eines Gleichstromgenerators, oder man verwendet, wie schon auf Seite 344 angedeutet wurde, nur eine Dynamomaschine, deren Ankerwicklung für den Wechselstrom und Gleichstrom gemeinschaftlich

---

[1]) Die hier entwickelte Theorie der Umformer ist einem Aufsatze des Verfassers in der Elektrotechnischen Zeitschrift 1898, Heft 37 bis 39 entnommen.

ist. Der Anker erhält dann außer dem gewöhnlichen Kommutator noch Schleifringe, die mit gewissen Punkten der Ankerwicklung verbunden sind. Der Wechselstrom wird durch Bürsten diesen Schleifringen zugeführt, während der Gleichstrom durch einen anderen Satz von Bürsten in der üblichen Weise vom Kommutator abgenommen wird. Eine abgeänderte Anordnung, die man erhält, indem man denselben Ankerkern mit zwei getrennten Wicklungen versieht (die eine für Gleichstrom, die andere für Wechselstrom), bietet zwar die Möglichkeit, das Verhältnis der Spannungen beliebig zu wählen, hat aber verschiedene Nachteile. Erstens wird die Wicklung komplizierter, zweitens ist das Kupfergewicht und die Stromwärme erheblich größer, und drittens ist die Isolierung der beiden Wicklungen gegeneinander sehr schwierig. Es ist hauptsächlich dieser Umstand, welcher den Vorteil der beliebigen Wahl des Spannungsverhältnisses dann illusorisch macht, wenn es sich darum handelt, Wechselstrom von hoher Spannung in Gleichstrom von mäßiger Spannung umzuwandeln. Solche Fälle sind es jedoch gerade, welche die Verwendung von Umformern bedingen. Es ist dann notwendig, den Wechselstrom von hoher Spannung zunächst auf eine geringere Spannung zu transformieren, und da man das Wicklungsverhältnis des Transformators beliebigen wählen kann, so kann man die dem Anker zugeführte Wechselstromspannung genau der gewünschten Gleichstromspannung anpassen. Dadurch wird aber eine Trennung der Ankerwicklung für beide Stromarten überflüssig und aus den oben angeführten Gründen sogar unvorteilhaft.

Es haben mithin für die Verwandlung von Wechselstrom in Gleichstrom nur

der Motorgenerator und
der Umformer

praktische Bedeutung.

Fig. 237 ist eine schematische Darstellung eines Motorgenerators zur Verwandlung von Dreiphasenstrom in Gleichstrom. A_w ist der Anker des Drehstromsynchronmotors mit seinen Schleifringen S, A_g jener des Gleichstromgenerators mit seinem Kommutator C; $a\ b\ c$ sind die Wechselstromleitungen und $d\ e$ die Gleichstromleitungen. Die Feldsysteme sind nicht gezeichnet. Offenbar kann statt eines Synchronmotors auch ein asynchroner Motor verwendet werden; man wird aber im allgemeinen den erstern vorziehen, weil seine Verwendung ein Vorschieben der Stromphase im Drehstromnetz und mithin eine bessere Ausnutzung des Generators in der Kraftstation und auch der Leitungen ermöglicht. Wird in der Kraftstation Einphasenstrom erzeugt, so ändert sich die in Fig. 237 skizzierte Anordnung nur insofern, als A_w nicht Dreiphasen-, sondern Einphasenwicklung bekommt und als statt dreier nur zwei Schleifringe nötig sind. Da die Wicklungen getrennt sind, ist die Gleichstromspannung von der Wechselstromspannung unabhängig und eine vorherige Transformierung der letztern ist nur nötig, wenn sie höher ist als jene, für die der Motor noch bequem gewickelt und isoliert werden kann.

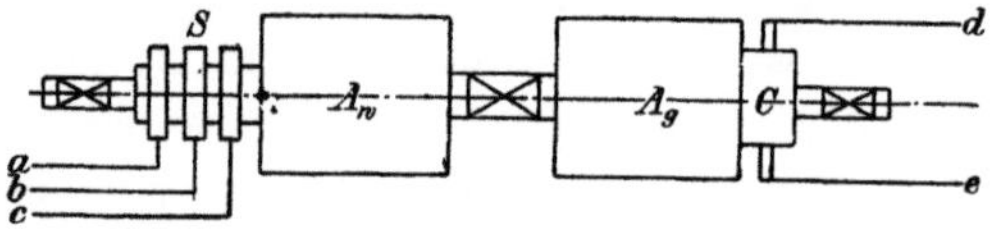

Fig. 237.

Da man nun Motoren, wenn ihre Leistung nicht zu klein ist, recht gut für eine Spannung von zehntausend und mehr Volt wickeln kann, so wird bei diesem System der Verwandlung von Wechselstrom in Gleichstrom eine vorherige Transformierung im allgemeinen entbehrlich; und außer der in Fig. 237 skizzierten Maschine ist kein weiterer Apparat nötig.

Benutzt man jedoch einen Umformer, so kann das Verhältnis zwischen Wechselstrom- und Gleichstromspannung nicht mehr beliebig gewählt werden, da beide in denselben Ankerwindungen erzeugt werden. Dieses Verhältnis ergibt sich aus den Formeln für die E.M.K. des Gleichstromankers und Wechselstromankers wie folgt.

137. Verhältnis der Gleich- zur Wechselspannung.

Die E.M.K. des Gleichstromankers ist für einen Anker mit Reihenschaltung, der in einem Feld mit 2 p Polen rotiert, bei Leerlauf

$$e_g = p N z \frac{U}{60} 10^{-8},$$

wobei z die Anzahl wirksamer Leiter, N die Feldstärke und U die Anzahl Umdrehungen in der Minute bedeuten.

Da die Frequenz

$$\nu = p \frac{U}{60},$$

so ist auch

$$e_g = \nu N z 10^{-8}.$$

Bei Einphasenankern sind nun Punkte der Wicklung, die in den Entfernungen 0, 2π, 4π u. s. w. liegen, an den einen Schleifring und die zwischenliegenden Punkte π, 3π, 5π u. s. w. an den anderen Schleifring angeschlossen. Bei einem Zweiphasenanker kommen noch zwei weitere Schleifringe hinzu, an welche Punkte der Wicklung in den Abständen $\frac{\pi}{2}$, $\frac{5\pi}{2}$, $\frac{9\pi}{2}$ u. s. w. einerseits und $\frac{3\pi}{2}$, $\frac{7\pi}{2}$, $\frac{11\pi}{2}$ u. s. w. andererseits angeschlossen sind. Die Phasenspannung ist also in beiden Fällen gegeben durch die Anzahl Leiter, welche in dem Intervall π liegen, wobei die Spulenbreite gleich der Teilung zu setzen ist. Wir haben mithin für die Wechselstromseite bei Einphasenmaschinen für z den halben Wert einzusetzen und erhalten für die E.M.K. des Wechselstromes bei Leerlauf

$$e_w = k \nu N \frac{z}{2} 10^{-8},$$

wobei k aus den im 15. Kapitel gegebenen Tabellen zu entnehmen ist.

$$\frac{e_w}{e_g} = \frac{k}{2}.$$

Der Zweiphasenanker hat 4 voneinander isolierte Zuleitungsdrähte, nämlich die Drähte $a_1 a_2$ für die Phase a und die Drähte $b_1 b_2$ für die Phase b. Die Spannung zwischen a_1 und a_2 oder zwischen b_1 und b_2 nennen wir Phasenspannung. Nun kann ein solcher Anker auch als Vierphasenanker aufgefaßt werden, wobei wir die Spannung zwischen zwei benachbarten Anschlußpunkten, z. B. 0 und $\frac{\pi}{2}$ oder $\frac{\pi}{2}$ und π, also zwischen a_1 und b_1 oder b_1 und a_2 als verkettete Spannung bezeichnen. Die verkettete Spannung ist offenbar $\frac{1}{\sqrt{2}}$ der Phasenspannung und wir erhalten für das Verhältnis der verketteten Spannung zur Gleichstromspannung den Ausdruck

$$\frac{k}{2\sqrt{2}}.$$

Bei Dreiphasenankern sind die Anschlußpunkte 0, $\frac{2}{3}\pi$, $\frac{4}{3}\pi$ u. s. w., und da nur Dreieckschaltung möglich ist, muß die verkettete Spannung gleich der Phasenspannung sein. Für die Wechselstromseite eines solchen Ankers ist für z ein Drittel des vollen

Wertes zu setzen und die Spulenbreite ist gleich $\frac{2}{3}$ der Teilung anzunehmen. Wir erhalten somit

$$e_w = k \nu N \frac{z}{3} 10^{-8}$$

$$\frac{e_w}{e_g} = \frac{k}{3}.$$

Wenn wir nun jene Werte von k einsetzen, welche den in der Praxis vorkommenden Polbreiten von $\frac{2}{3}$ oder $\frac{1}{2}$ des Polmittelabstandes τ entsprechen, so erhalten wir folgende Tabelle für das Verhältnis der E.M.K. des Wechselstromes zu jener des Gleichstromes. Die Werte beziehen sich auf Leerlauf.

$\frac{P}{\tau} =$	$\frac{2}{3}$	$\frac{1}{2}$	Stromsystem
E.M.K. des Wechselstromes in Prozenten der E.M.K. des Gleichstromes.	75	82	Einphasen
	75	82	Zweiphasen
	65	71	Dreiphasen
	53	58	Vierphasen
	37	42	Sechsphasen

Der für Drei-, Vier- und Sechsphasensysteme gegebene Prozentsatz bezieht sich auf die verkettete Spannung.

Bei Belastung ändert sich das Verhältnis nur wenig. Da der Wechselstrom ein Motorenstrom, der Gleichstrom jedoch ein Generatorenstrom ist, so haben sie im allgemeinen entgegengesetzte Richtung, und es kommt in Bezug auf Ankerrückwirkung nur ihre Differenz zur Geltung. Diese ist jedoch bei mäßiger Phasenverschiebung gering und bei Phasengleichheit verschieden klein. Eine wesentliche Änderung der E.M.K. durch Ankerrückwirkung ist also ausgeschlossen, während die durch ohmischen Widerstand erzeugte Änderung der Klemmenspannung bei modernen Maschinen hohen Wirkungsgrades auch nur klein sein kann, sich übrigens in so einfacher Weise berechnen läßt, daß für diese Rechnung keine weitere Erläuterung hier nötig ist.

Wie man aus der obigen Tabelle sieht, ist die Wechselstromspannung in allen Fällen kleiner als die Gleichstromspannung. Da nun die letztere in den meisten Fällen (wie z. B. bei elektrischen

Bahnen oder in Beleuchtungsanlagen) mehrere Hundert Volt nicht übersteigt, so ist die dem Umformer zugeführte Wechselstromspannung für eine Fernleitung zu gering, und wir müssen deshalb einen Transformator vorschalten, der die hohe Spannung des durch die Fernleitung zugeführten Stromes zunächst auf die für den Um-

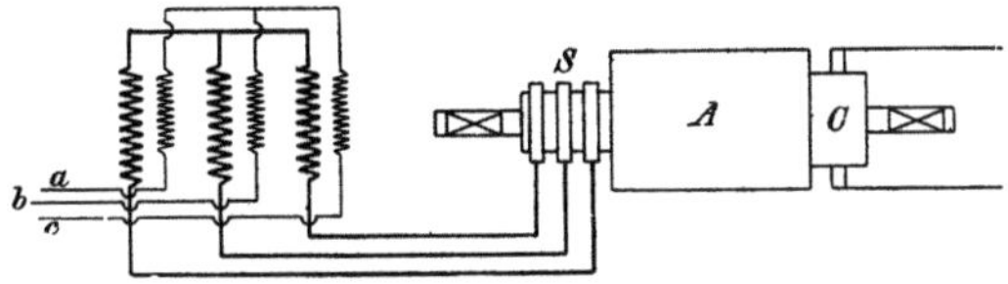

Fig. 238.

former geeignete Spannung herabsetzt. Fig. 238 zeigt schematisch diese Anordnung für die Verwandlung von Dreiphasenstrom hoher Spannung in Gleichstrom mäßiger Spannung. Ein Dreiphasentransformator erhält aus der Fernleitung *a b c* Strom hoher Spannung. *A* ist der Anker des Umformers, *C* sein Kommutator und *S* sind seine Schleifringe. Das Feldsystem ist auch in dieser Skizze weggelassen.

138. Materialaufwand.

Um beurteilen zu können, ob es vorteilhafter ist, einen Motorgenerator oder einen Umformer zu verwenden, müssen wir diese beiden Apparate in Bezug auf Materialaufwand und Wirkungsgrad untersuchen. Der Motorgenerator enthält zwei Feldsysteme und zwei Anker, jeden für die volle Leistung. Da die beiden Anker auf derselben Welle sitzen, kann man gegenüber zwei vollständig getrennten Dynamos ein oder zwei Lager und etwas an der Grundplatte sparen; im übrigen ist jedoch der Materialaufwand gleich jenem von zwei Maschinen. Da mechanische Arbeit von außen nicht zugeführt wird, kann die Umdrehungsgeschwindigkeit ziemlich hoch sein, was in Bezug auf den Wirkungsgrad günstig ist. Derselbe beträgt, je nach der Größe der Dynamos, für jede Maschine allein 90 bis 95 %, für die Kombination beider also 81 bis 90 %.

Der Umformer besteht aus nur einer Maschine, hat also je nach der Größe derselben 90 bis 95 % Wirkungsgrad; rechnet man im Mittel 92,5 % und für den feststehenden Transformator 97,5 %, so ergibt sich ein Gesamtwirkungsgrad von 90 %; dieser ist also günstiger als der Mittelwert beim Motorgenerator.

Die Frage nach dem Materialaufwand können wir erst beantworten, wenn wir die Ausnutzung der Ankerwicklung bei gleichzeitiger Beanspruchung durch die beiden Stromarten werden untersucht haben. Diese Untersuchung soll in folgendem gemacht werden; wir können aber das Ergebnis vorweg nehmen und gleich jetzt sagen, daß bei Phasengleichheit und Einphasenstrom der Anker des Umformers etwas größer, bei Mehrphasenstrom erheblich kleiner ausfällt als ein gewöhnlicher Gleichstromanker derselben Leistung; und daß bei Phasenverschiebung der Anker des Umformers größer ausfällt als bei Phasengleichheit. Ohne auf die feinen Unterschiede einzugehen, die von Fall zu Fall durch genaue Rechnung festgestellt werden müssen, können wir deshalb im allgemeinen annehmen, daß der Umformer bei Mehrphasenstrom weniger Material enthält und weniger kostet als der Gleichstromteil des Motorgenerators, während der Transformator sich etwas billiger stellt als sein Wechselstromteil. Es erfordert also der Motorgenerator etwas mehr Anlagekapital, als Transformator und Umformer zusammengenommen. Dabei ist allerdings vorausgesetzt, daß man in der Wahl der Frequenz nicht beschränkt ist. Sollte man jedoch beschränkt sein, so kann sich das Verhältnis umkehren, denn bei einer zu kleinen Frequenz wird der Transformator, und bei einer zu großen der Umformer zu teuer; ja es kann vorkommen, daß wegen großer Polzahl und kleiner Zahl von Leitern ein rationeller Entwurf überhaupt unmöglich wird. In solchen Fällen muß man von der Verwendung eines Umformers absehen und sich trotz des geringeren Wirkungsgrades mit einem Motorgenerator behelfen.

Wir gehen nun dazu über, die Leistungsfähigkeit des Umformers im Vergleich mit jener einer gewöhnlichen Gleichstromdynamo zu untersuchen. Bei dieser ist die Leistung nicht so sehr durch Erwärmung als durch Ankerrückwirkung und die damit verbundene Gefahr des Funkens begrenzt. Beim Umformer dagegen ist die Ankerrückwirkung überhaupt klein und die Grenze seiner Leistung ist in der Erwärmung durch ohmischen Widerstand zu suchen. Um eine bequeme Grundlage für den Vergleich zu haben, wollen wir annehmen, ein und derselbe Anker werde einmal mechanisch und das andere Mal elektrisch durch Wechselstrom angetrieben und er liefere in beiden Fällen denselben Gleichstrom. Zu berechnen ist die Stromwärme in den Ankerwicklungen bei mechanischem und elektrischem Antrieb. Der Einfachheit halber wollen wir die Untersuchung nur für zweipolige Maschinen durchführen; es ist ohne weiteres klar, daß die Ergebnisse auch für mehrpolige Maschinen gelten. Auch wollen wir annehmen, daß Wechselströme und die wechselelektromotorischen Kräfte nach dem Sinusgesetz verlaufen. Beide Annahmen sind tatsächlich unrichtig, aber für eine einfache Behandlung unerläßlich. Der damit verbundene Fehler ist übrigens klein.

139. Einphasenumformer bei Phasengleichheit.

Der äußere Kreis in Fig. 239 stellt die Ankerwicklung und d, f die Gleichstrombürsten dar.

Die gegenüberliegenden Punkte a, b der Ankerwicklung sind mit den Schleifringen S verbunden. Der dem Anker entnommene Gleichstrom sei $2\,c$, sodaß in jeder Ankerhälfte der Gleichstrom c fließt. Zugeführt wird dem Anker ein Wechselstrom, dessen effektiver Wert $2\,i$ und dessen maximaler Wert $2\,J$ sein möge. Ist e die E.M.K. des Gleichstromes, so ist, abgesehen von den Verlusten, die effektive E.M.K. des Wechselstromes $\frac{e\,k}{2}$ und wegen Gleichheit der zu- und abgeführten Leistung[1])

$$2\,i\,\frac{e\,k}{2} = 2\,c\,e.$$

Da

$$i = \frac{J}{\sqrt{2}},$$

ist

$$\frac{2\,J}{\sqrt{2}}\;\frac{e\,k}{2} = 2\,c\,e$$

[1]) Ist n die Anzahl verketteter Phasen, so gilt allgemein

$$2\,c\,\nu\,N\,z = n\,i\,k\,\nu\,N\,\frac{z}{n},$$

$$i = \frac{2\,c}{k},$$

$$J = \frac{2\sqrt{2}\,c}{k}.$$

Es ist also für jede Anzahl Phasen ganz allgemein

$$\eta = \frac{2\sqrt{2}}{k}.$$

$$J = \frac{c\,2\sqrt{2}}{k}$$

$$J = \eta\, c.$$

Der Wert η hängt lediglich von dem Verhältnis der Polbreite zur Polteilung, d. h. von der Form und Anordnung des Feldes ab. Für praktische Zwecke kommt in Betracht eine Polbreite, die höchstens zwei Drittel und mindestens ein Halb der Teilung beträgt. Von rein theoretischem Interesse ist noch ein nach dem Sinusgesetz abschattiertes Feld[1]), für welchen Fall η den Wert 2 annimmt. Eine Maschine, welche dieser Bedingung entspricht, ist jedoch

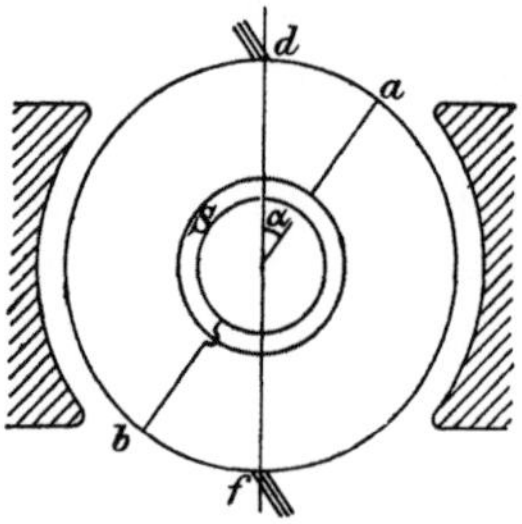

Fig. 239.

praktisch nicht ausführbar und hätte übrigens auch keine Vorteile. Wir haben also für η folgende Werte

Theoretischer Grenzwert	$\eta = 2$
Polbreite gleich $^2/_3$ der Teilung . . .	$\eta = 1{,}9$
Polbreite gleich $^1/_2$ der Teilung . . .	$\eta = 1{,}72$

Es sei d die positive und f die negative Bürste; dann tritt in dem Augenblick, auf den sich die Zeichnung bezieht, bei a Strom in den Anker ein und bei b der gleiche Strom aus. Da der Anker synchron mit dem Wechselstrom rotiert und die Phasenverschiebung 0 ist, so ist die Stärke des bei a eintretenden Stromes

$$2\, J \cos \alpha.$$

Dieser Strom teilt sich nach rechts und links, sodaß jeder Zweig der Ankerwicklung den Strom

$$J \cos \alpha = \eta\, c \cos \alpha$$

[1]) Diesen Fall hat Steinmetz behandelt. Vergl. E.T.Z. 1898, Heft 9 u. 10.

erhält. Außerdem fließt durch die Ankerwicklung auf den Wegen fad und fbd der Strom c. Wenn wir diejenige Stromrichtung als positiv auffassen, welche mit der Richtung des Gleichstroms übereinstimmt, so haben wir in den vier Ankerabschnitten fa, ad, fb, bd folgende Ströme

in fa . . . . $c(1 - \eta \cos \alpha)$
in ad . . . . $c(1 + \eta \cos \alpha)$
in fb . . . . $c(1 + \eta \cos \alpha)$
in bd . . . . $c(1 - \eta \cos \alpha)$.

Ist w der Ohmische Widerstand der Ankerwicklung innerhalb des Winkels 1 (dieser Winkel ist in Graden $\frac{180}{\pi} = 57^0\,19',\,30''$), also $\frac{\pi w}{2}$ der gesamte Widerstand beider Ankerhälften, so ist der Widerstand der Ankerabschnitte $w\alpha$ und $w(\pi - \alpha)$ und die in dem betrachteten Augenblicke durch ohmischen Widerstand verlorene Leistung ist

in fa und bd . . . . $2wc^2(1 - \eta \cos \alpha)^2 (\pi - \alpha)$
in ad und fb . . . . $2wc^2(1 + \eta \cos \alpha)^2 \alpha$.

Die in der Zeit dt in Stromwärme umgesetzte Arbeit ist

$$dA = 2wc^2\left[(1 - \eta \cos \alpha)^2 (\pi - \alpha) + (1 + \eta \cos \alpha)^2 \alpha\right] dt.$$

Bezeichnen wir die Winkelgeschwindigkeit des Ankers mit ω, die Frequenz des Wechselstromes mit ν und die periodische Zeit mit T, so ist

$$T = \frac{1}{\nu} \qquad \omega = 2\pi\nu \qquad \alpha = \omega t$$

$$dt = \frac{d\alpha}{\omega} \qquad dt = \frac{d\alpha}{2\pi\nu}.$$

Die während einer halben Umdrehung verlorene Arbeit ist

$$\int_0^{\frac{T}{2}} dA$$

und der Mittelwert der verlorenen Leistung ist

$$P_v = \int_0^{\frac{T}{2}} \frac{2}{T}\, dA = \frac{\omega}{\pi} \int_0^{\frac{T}{2}} dA.$$

Wenn wir in dA das Differential des Winkels statt desjenigen der Zeit einführen und die Grenzen des Integrals entsprechend ändern, erhalten wir

$$P_v = \frac{2\,w\,c^2}{\pi} \int_0^\pi \Big((1 - \eta \cos \alpha)^2 (\pi - \alpha) + (1 + \eta \cos \alpha)^2 \alpha \Big)\, d\alpha.$$

Durch Umformung finden wir

$$P_v = \frac{2\,w\,c^2}{\pi} \int_0^\pi (\pi - 2\,\pi\,\eta \cos \alpha + \pi\,\eta^2 \cos^2 \alpha + 4\,\eta\,\alpha \cos \alpha)\, d\alpha.$$

Die Auflösung der Integrale gibt in der Reihenfolge, wie die Glieder unter dem Integralzeichen stehen,

$$\pi^2, \qquad 0, \qquad \frac{\pi^2 \eta^2}{2}, \qquad -8\,\eta.$$

Wir können jetzt durch Einsetzen der entsprechenden Werte von η den Leistungsverlust durch Erwärmung finden. Die Rechnung ist so einfach, daß sie nicht im einzelnen ausgeführt zu werden braucht. Das Ergebnis ist folgendes:

Theor. Grenzfall $\eta = 2$ . . . $P_v = \frac{2\,w\,c^2}{\pi}\, 13{,}66$

$m = {}^2/_3$ $\eta = 1{,}9$ . . . $P_v = \frac{2\,w\,c^2}{\pi}\, 12{,}56$

$m = {}^1/_2$ $\eta = 1{,}72$ . . $P_v = \frac{2\,w\,c^2}{\pi}\, 10{,}71.$

Hier ist m das Verhältnis von Polbreite zu Polmittenabstand.

Nun ist $2\,\pi\,w\,c_1^2$ jene Leistung, welche im Ankerkupfer durch ohmischen Widerstand verloren geht, wenn der Anker den Strom $2\,c_1$ liefert und dabei mechanisch angetrieben wird. Soll nun in beiden Fällen (elektrischer und mechanischer Antrieb) genau die gleiche Leistung verloren gehen, so müssen wir setzen

$$P_v = 2\,\pi\,w\,c_1^2.$$

Aus dieser Formel läßt sich c und mithin das Verhältnis der Leistungen berechnen, wenn die Maschine das eine Mal als Umformer und das andere Mal als gewöhnlicher, mechanisch angetriebener Gleichstromgenerator arbeitet.

Für den theoretischen Grenzfall, den Steinmetz in dem oben erwähnten Aufsatz behandelt hat, ist

$$2\pi w c_1^2 = \frac{2 w c^2}{\pi} 13{,}66$$

$$\left(\frac{c}{c_1}\right)^2 = \frac{\pi^2}{13{,}66}$$

$$c = c_1 \frac{\pi}{\sqrt{13{,}66}}$$

$$c = 0{,}85\, c_1.$$

Bei gleicher Erwärmung leistet also die Maschine als Umformer nur 85 % von dem, was sie als mechanisch angetriebener Generator leisten würde. Dieser Fall hat jedoch, wie schon oben erwähnt, keine praktische Bedeutung. Bei Maschinen, wie sie wirklich gebaut werden, ist η kleiner und mithin die Leistung größer. So finden wir für

$$m = {}^2\!/_3 \quad \ldots \quad \eta = 1{,}9 \quad \ldots \quad c = 0{,}88\, c_1$$

$$m = {}^1\!/_2 \quad \ldots \quad \eta = 1{,}72 \quad \ldots \quad c = 0{,}95\, c_1.$$

Eine Maschine, bei der die Polbreite gleich zwei Drittel der Teilung ist, leistet also als Umformer nur um 12 % weniger, und eine solche, bei der die Polbreite gleich der halben Teilung ist, nur um 5 % weniger, als wenn man sie als einfachen Gleichstromgenerator verwendete. Das gilt natürlich nur für Phasengleichheit. Besteht jedoch Phasenverschiebung zwischen Strom und E.M.K., so arbeitet der Umformer weniger günstig, weil die Leistung im Verhältnis zum Cosinus des Phasenwinkels abnimmt.

140. Einphasenumformer bei Phasenverschiebung.

Wenn durch Übererregung des Feldes die Stromphase vorgeschoben wird, so tritt in Fig. 240 der Maximalwert des Wechselstromes ein, bevor der Anschlußpunkt a die Bürste d erreicht hat. Ist der entsprechende Winkelabstand, d. h. die Phasenverschiebung φ, so ist

$$\alpha = \varphi + \beta.$$

Die Leistung des Wechselstromes ist

$$\frac{2J}{\sqrt{2}} \cdot e \frac{k}{2} \cos\varphi = 2ec$$

$$J = c \frac{2\sqrt{2}}{k \cos\varphi}.$$

Setzen wir

$$\eta = \frac{2\sqrt{2}}{k \cos \varphi},$$

so wird, wie früher

$$J = \eta c,$$

nur das jetzt η größere Werte annimmt.

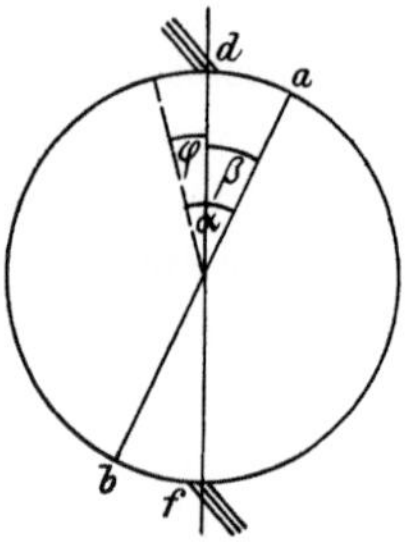

Fig. 240.

Eine ähnliche Überlegung, wie sie oben angestellt wurde, gibt

$$P_v = \frac{2 w c^2}{\pi} \int_0^\pi \cdot \Big((1 - \eta \cos \alpha)^2 (\pi - \beta) + (1 + \eta \cos \alpha)^2 \beta \Big) \, d\alpha$$

$$P_v = \frac{2 w c^2}{\pi} \int_0^\pi (\pi - 2 \pi \eta \cos \alpha + \pi \eta^2 \cos^2 \alpha$$

$$+ 4 \eta \alpha \cos \alpha) \, d\alpha - \frac{2 w c^2}{\pi} \int_0^\pi 4 \varphi \eta \cos \alpha \, d\alpha \, .$$

Das erste Integral ist genau dasselbe wie für Phasengleichheit; das zweite ist neu hinzugekommen. Da das Integral eines Cosinus zwischen den Grenzen 0 und π Null ist, verschwindet dieses Glied. Zu bemerken ist, daß auch für negative Werte von φ, d. h. für Stromnacheilung, das zweite Integral Null ist. Daraus folgt, daß nur der numerische Wert von φ, nicht aber sein Vorzeichen einen Einfluß hat. Ob die Phasenverschiebung positiv oder negativ ist, macht in der Leistung des Umformers keinen Unterschied. Wesentlich ist nur der absolute Wert der Phasenverschiebung, insofern als er η vergrößert.

Die Auflösung des ersten Integrales rechts gibt wie früher

$$\pi^2, \quad 0, \quad \frac{\pi^2 \eta^2}{2}, \quad -8\eta.$$

Wenn wir nun für $\cos\varphi$ verschiedene Werte annehmen, können wir in der Weise, wie es früher für $\cos\varphi = 1$ geschehen ist, die Leistung des Umformers im Verhältnis zu seiner Leistung als Gleichstromgenerator als einen Prozentsatz ausdrücken. Die Rechnung ist so einfach, daß sie hier nicht wiederholt zu werden braucht. Das Ergebnis ist in folgender Tabelle zusammengestellt.

$\cos\varphi =$	1	0,9	0,8	0,7
Theoretischer Grenzfall	85	78	69	60
Polbreite $= \frac{2}{3}$ Polmittelabstand	88	81	73	63
Polbreite $= \frac{1}{2}$ Polmittenabstand	95	88	80	70

Wie man aus der Tabelle sieht, gibt die praktisch ausführbare Maschine in allen Fällen eine größere Leistung als die theoretische Maschine, deren Feld genau der Sinusfunktion folgt. Es ist deshalb zwecklos und sogar schädlich, eine Anpassung an eine Sinusfunktion (etwa durch besondere Form der Pole) anzustreben.

141. Vierphasenumformer.

Da ein Zweiphasenstrom nur mittels Viereckschaltung (entsprechend der Dreieckschaltung beim Dreiphasenstrom) durch den Anker des Umformers geschickt werden kann und da jede Seite des Schaltungsviereckes als eine Phase aufgefaßt werden kann, so ist ein mit Zweiphasenstrom betriebener Umformer in Wirklichkeit ein Vierphasenumformer.

In Fig. 241 seien $a_1\,a_2$ die Anschlußpunkte der Phase a; $b_1\,b_2$ jene der Phase b. Die Bürsten stehen in d und f. Wenn wir wieder die Richtung des Gleichstromes als positiv bezeichnen, so sind im Quadranten $a_1\,b_1$ beide Phasenströme negativ und im Quadranten $a_1\,b_2$ ist der Strom der a Phase negativ, jener der b Phase jedoch positiv. Der resultierende Zweiphasenstrom im Quadranten $a_1\,b_1$ ist

$$i = -J(\cos\alpha + \sin\alpha).$$

Dabei bedeutet J den halben Maximalwert des Stromes in einer Phase.

Dieser Ausdruck gilt für alle Stellungen dieses Quadranten und natürlich auch für die anderen Quadranten, wenn wir den Winkel α mit dem entsprechenden Vorzeichen von der Linie $o\,d$ aus rechnen.

Da nun, wie sich durch eine trigonometrische Umrechnung leicht zeigen läßt,

$$\cos\alpha + \sin\alpha = \sin\left(\alpha + \frac{\pi}{4}\right)\sqrt{2},$$

so ist

$$i = -J\sqrt{2}\sin\left(\alpha + \frac{\pi}{4}\right)$$

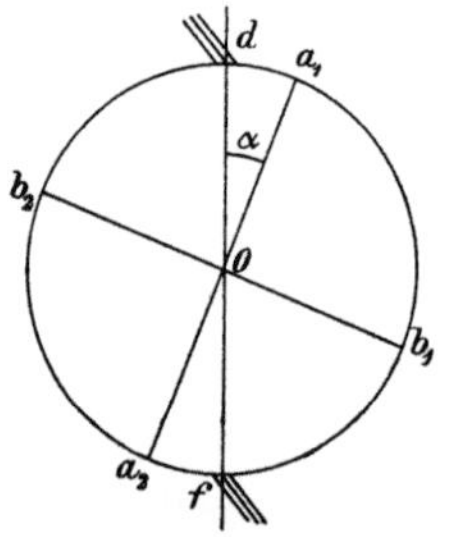

Fig. 241.

und der Maximalwert des resultierenden Phasenstromes ist

$$J\sqrt{2}.$$

Dabei setzen wir voraus, daß die Phasenverschiebung Null ist.

Der Maximalwert tritt ein für $\alpha = \frac{\pi}{4}$, d. h. in dem Augenblicke, in welchem der Quadrant genau vor dem Pole steht. In diesem Augenblicke ist auch die in den $\frac{z}{4}$ Drähten des Quadranten induzierte E.M.K. ein Maximum, während sie Null wird, wenn der Quadrant mit der Bürste symmetrisch steht. Der effektive Wert der E.M.K. ist

$$e_w = \nu\, k\, N \frac{z}{4}.$$

Die E.M.K. des Gleichstromes ist

$$e = \nu\, N\, z;$$

daraus ist

$$e_w = e\frac{k}{4}.$$

Da der effektive Strom im Quadranten den Wert J hat, so ist die Leistung beider Wechselströme zusammen in einem Quadranten $Je\frac{k}{4}$ und die des ganzen Ankers Jek. Dieses ist, abgesehen von den Verlusten, auch die Leistung des Gleichstromes

$$2ec = Jek,$$

$$J = \frac{2}{k}c.$$

Der Maximalwert des resultierenden Wechselstromes in einem Quadranten ist $\sqrt{2}$ mal so groß

$$J_1 = \frac{2\sqrt{2}}{k}c$$

oder

$$J_1 = \eta c,$$

dabei sind für k jene Werte einzusetzen, welche einer Spulenbreite gleich der halben Polteilung entsprechen.

Wir haben also

$$\text{für } m = \frac{2}{3} \qquad \frac{1}{2}$$

$$\eta = 1{,}32 \qquad 1{,}21.$$

Besteht Phasenverschiebung, so muß J_1 im Verhältnis von $\cos\varphi : 1$ vergrößert werden. Es sind also die Werte von η durch $\cos\varphi$ zu dividieren.

Wir gehen jetzt dazu über, die Leistung zu bestimmen, welche durch Kupferwärme im Anker verloren geht, und zwar zunächst unter der Voraussetzung, daß keine Phasenverschiebung vorhanden ist.

Zur Bequemlichkeit der Rechnung empfiehlt es sich, den Winkel einzuführen, welchen die Mittellinie des Quadranten mit od bildet. Nennen wir diesen Winkel β, so ist, wie man aus Fig. 242 sieht,

$$\beta = a + \frac{\pi}{4}$$

$$i = c\eta \sin\beta.$$

Um die verlorene Leistung in dem einen Quadranten zu bestimmen, integrieren wir die Arbeit zwischen den Grenzen $\beta = 0$ und $\beta = \pi$ und dividieren durch die halbe periodische Zeit. Die Integration ist zweckmäßig in drei Stufen auszuführen, nämlich von

$\beta = 0$ bis $\beta = \frac{\pi}{4}$, dann von $\beta = \frac{\pi}{4}$ bis $\beta = \frac{3}{4}\pi$ und schließlich von $\beta = \frac{3}{4}\pi$ bis $\beta = \pi$. Die letzte Stufe ist numerisch gleich der ersten; wir brauchen also bloß das Ergebnis dieser zu verdoppeln.

In dem Augenblick, auf den sich Fig. 242 bezieht, ist der Strom in

$$a\,d \quad .\ .\ .\ .\ . \quad c + c\,\eta \sin\beta$$
$$b\,d \quad .\ .\ .\ .\ . \quad c - c\,\eta \sin\beta.$$

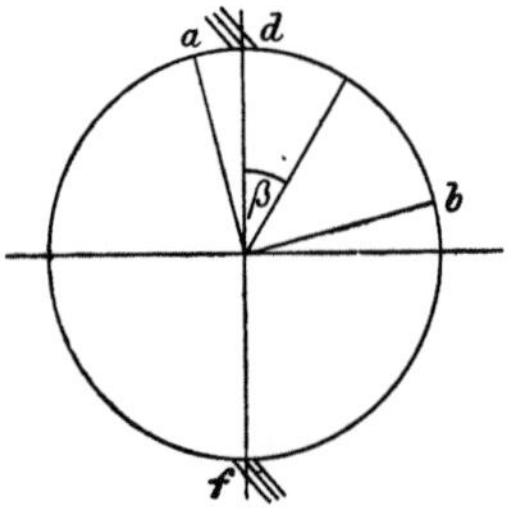

Fig. 242.

Unter Berücksichtigung der Länge der Spulenabschnitte ist mithin das Differential der verlorenen Arbeit

$$\left(c^2 (1 + \eta \sin\beta)^2 w \left(\frac{\pi}{4} - \beta\right) + c^2 (1 - \eta \sin\beta)^2 w \left(\frac{\pi}{4} + \beta\right) \right) dt.$$

Da nun

$$dt = \frac{d\beta}{2\pi\nu},$$

so finden wir für die der ersten und dritten Stufe entsprechende Arbeit den Ausdruck

$$A_1 + A_3 = \frac{c^2 w}{2\nu} \int_0^{\frac{\pi}{4}} \left(1 + \eta^2 \sin^2\beta - \frac{8}{\pi}\,\eta\,\beta \sin\beta\right) d\beta.$$

Die Ausrechnung ergibt

$$A_1 + A_3 = \frac{c^2 w}{4\nu} \left(\frac{\pi}{2} + \eta^2 \left(\frac{\pi}{4} - \frac{1}{2}\right) - \frac{8\sqrt{2}}{\pi}\,\eta \left(1 - \frac{\pi}{4}\right)\right).$$

Für die zweite Stufe haben wir das Differential der verlorenen Arbeit

$$d A_2 = c^2 w \frac{\pi}{2} (1 - \eta \sin \beta)^2 dt$$

$$A_2 = \frac{c^2 w}{4 \nu} \int_{\frac{\pi}{4}}^{\frac{3}{4}\pi} (1 + \eta^2 \sin^2 \beta - 2 \eta \sin \beta) \, d \beta .$$

Die Ausrechnung ergibt

$$A_2 = \frac{c^2 w}{4 \nu} \left(\frac{\pi}{2} + \eta^2 \left(\frac{\pi}{4} + \frac{1}{2} \right) - 2 \eta \sqrt{2} \right) .$$

Nun ist aber die in einem Quadranten verlorene Leistung offenbar

$$\frac{A_1 + A_2 + A_3}{\frac{T}{2}} = (A_1 + A_2 + A_3) \, 2 \nu$$

und die in allen vier Quadranten, d. h. im ganzen Anker verlorene Leistung ist 4 mal so groß.

$$P_v = 8 \nu (A_1 + A_2 + A_3).$$

Setzt man die Werte für $A_1 + A_3$ und für A_2 ein, so erhält man

$$P_v = c^2 w \left(2 \pi + \pi \eta^2 - \frac{16 \sqrt{2}}{\pi} \eta \right)$$

$$P_v = c^2 w (6{,}28 + 3{,}14 \eta^2 - 7{,}2 \eta).$$

Ist die Polbreite gleich zwei Drittel der Teilung, so ist

$$k = 2{,}13 \text{ und } \eta = 1{,}32.$$

Ist die Polbreite gleich ein Halb der Teilung, so ist

$$k = 2{,}32 \text{ und } \eta = 1{,}215.$$

Diese Werte in die Formel für P_v eingesetzt, gibt für

$$m = \frac{2}{3}, \qquad P_v = 2{,}24 \, c^2 w$$

$$m = \frac{1}{2}, \qquad P_v = 2{,}20 \, c^2 w .$$

Würde derselbe Anker mechanisch angetrieben und zur Erzeugung von Gleichstrom verwendet, so wäre bei der Stromstärke $2\,c_1$ die verlorene Leistung

$$P_v = 6{,}28\,c_1^2\,w.$$

Diese soll nun gleich sein der im Umformer verlorenen Leistung. Daraus folgt für $m = \frac{2}{3}$.

$$2{,}24\,c^2 = 6{,}28\,c_1^2$$
$$c = 1{,}67\,c_1.$$

Die Maschine leistet also als Umformer 67 % mehr, als wenn sie als gewöhnliche Gleichstrommaschine betrieben würde.

In ähnlicher Weise findet man, daß für $m = \frac{1}{2}$ die Mehrleistung 69 % ist. Diese Zahlen zeigen, daß beim Vierphasen-Umformer die Polbreite keinen wesentlichen Einfluß auf die Leistung ausübt. Man kann deshalb das Magnetfeld ohne Rücksicht auf die Wechselstromseite und nur mit Rücksicht auf die Gleichstromseite der Maschine entwerfen.

142. Dreiphasenumformer.

Es sei in Fig. 243 $a\,b$ ein Segment der Ankerwicklung, dessen Mittellinie in dem betrachteten Augenblicke mit der Vertikalen den Winkel α einschließt. Da der Wechselstrom im allgemeinen dem

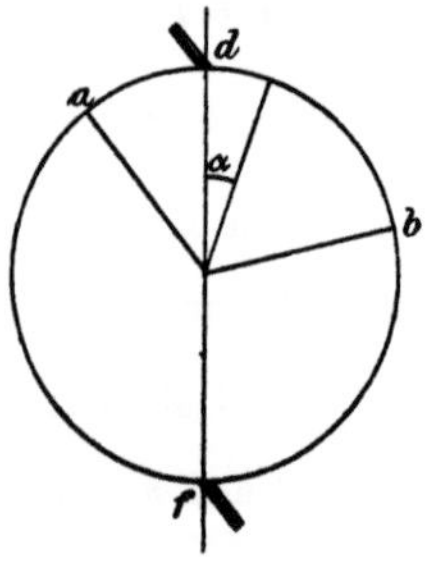

Fig. 243.

Gleichstrom entgegengesetzt gerichtet ist, so muß die augenblickliche Richtung des Wechselstromes von a nach b sein, wenn wir, wie früher, annehmen, daß d die positive Bürste ist. Wir haben also bei Phasengleichheit:

	Stromstärke	Widerstand
Im Abschnitt $a\,d$:	$c + J \sin\alpha$	$w\left(\frac{\pi}{3} - \alpha\right)$
Im Abschnitt $b\,d$:	$c - J \sin\alpha$	$w\left(\frac{\pi}{3} + \alpha\right)$

Für Werte von α, die zwischen $\frac{\pi}{3}$ und $\frac{2}{3}\pi$ liegen, ist im Segment $a\,b$

Stromstärke . . . . $c - J \sin\alpha$,

Widerstand . . . . $\frac{w\,\pi}{3}$.

Da das Segment $\frac{z}{3}$ Drähte enthält, so ist der effektive Wert der in ihm induzierten E.M.K.

$$e_w = k\,\nu\,N\frac{z}{3}.$$

Die E.M.K. des Gleichstromes ist

$$e = \nu\,N\,z$$

daraus

$$e_w = \frac{k}{3}\,e.$$

Ist i der effektive Wert des Wechselstromes in einem Segment, so folgt aus der Bedingung gleicher Leistung

$$2\,e\,c = 3 \cdot e_w\,i,$$

$$2\,e\,c = k\,e\,i,$$

$$i = \frac{2}{k}\,c.$$

Der Maximalwert des Wechselstromes ist $\sqrt{2}$ mal so groß

$$J = \frac{2\sqrt{2}}{k}\,c.$$

Es sei

$$\eta = \frac{2\sqrt{2}}{k},$$

so haben wir, wie früher

$$J = \eta\,c.$$

Zur Bequemlichkeit der Berechnung können wir wieder die Bestimmung der verlorenen Arbeit in drei Stufen vornehmen, nämlich A_1 für die Grenzen $\alpha = 0$ und $\alpha = \frac{\pi}{3}$; A_3 für die Grenzen

$\alpha = \frac{2}{3}\pi$ und $\alpha = \pi$ und A_2 für die Grenzen $\alpha = \frac{\pi}{3}$ und $\alpha = \frac{2}{3}\pi$. A_1 und A_3 sind gleich.

$$d A_1 = \left(c^2 (1 + \eta \sin \alpha)^2 w \left(\frac{\pi}{3} - \alpha\right) + c^2 (1 - \eta \sin \alpha)^2 w \left(\frac{\pi}{3} + \alpha\right)\right) d t$$

$$A_1 = \frac{c^2 w}{2 \nu} \int_0^{\frac{\pi}{3}} \left(\frac{2}{3} + \frac{2}{3} \eta^2 \sin^2 \alpha - \frac{4}{\pi} \eta \alpha \sin \alpha\right) d \alpha.$$

Die Auflösung des Integrals gibt

$$A_1 = \frac{c^2 w}{2 \nu} \left(\frac{2}{9} \pi + \frac{2}{3} \eta^2 \left(\frac{\pi}{6} - \frac{\sqrt{3}}{8}\right) - \frac{4 \eta}{\pi} \left(\frac{\sqrt{3}}{2} - \frac{\pi}{6}\right)\right).$$

Für die zweite Stufe haben wir

$$d A_2 = c^2 (1 - \eta \sin \alpha)^2 w \frac{2}{3} \pi \, d t,$$

$$A_2 = \frac{c^2 w}{3 \nu} \int_{\frac{\pi}{3}}^{\frac{2}{3}\pi} (1 - 2 \eta \sin \alpha + \eta^2 \sin^2 \alpha) \, d \alpha.$$

Die Auflösung des Integrals gibt

$$A_2 = \frac{c^2 w}{3 \nu} \left(\frac{\pi}{3} + \eta^2 \left(\frac{\pi}{6} + \frac{\sqrt{3}}{4}\right) - 2 \eta\right),$$

$$A_2 = \frac{c^2 w}{2 \nu} \left(\frac{2}{9} \pi + \frac{2}{3} \eta^2 \left(\frac{\pi}{6} + \frac{\sqrt{3}}{4}\right) - \frac{4}{3} \eta\right).$$

Die während der Zeit einer halben Periode im Segment verlorene Arbeit ist

$$A = 2 A_1 + A_2$$

und die entsprechende Leistung ist

$$\frac{P_v}{3} = (2 A_1 + A_2) \, 2 \nu.$$

Durch Einsetzen der Werte für A_1 und A_2 findet man für die im ganzen Anker verlorene Leistung den Ausdruck

$$P_v = c^2 w (2 \pi + \eta^2 \pi - \eta \, 6{,}62),$$

$$P_v = c^2 w (6{,}28 + \eta^2 \, 3{,}14 - \eta \, 6{,}62).$$

Nun ist für

$m =$	$\frac{2}{3}$	$\frac{1}{2}$
$k =$	1,94	2,12
$\eta =$	1,45	1,33
$P_v =$	$3{,}28\, c^2 w$	$3{,}02\, c^2 w$
$c =$	$1{,}38\, c_1$	$1{,}44\, c_1$.

Die Maschine leistet also, je nachdem sie breite oder schmale Pole hat, als Umformer verwendet, 38 % bezw. 44 % mehr, als sie bei derselben Kupferwärme im Anker als gewöhnliche Gleichstrommaschine leisten würde.

143. Sechsphasenumformer.

Es ist ohne weiteres klar, daß man die in Fig. 238 angegebene Dreiphasenschaltung in eine Sechsphasenschaltung verwandeln kann, indem man die Sekundärspulen im Transformator voneinander trennt und dem Anker drei Paare von Schleifringen gibt. Jede Sekundärspule speist dann ein Paar Schleifringe, wie bei einem Einphasenumformer. Wir erhalten so die in Fig. 244 skizzierte Anordnung.

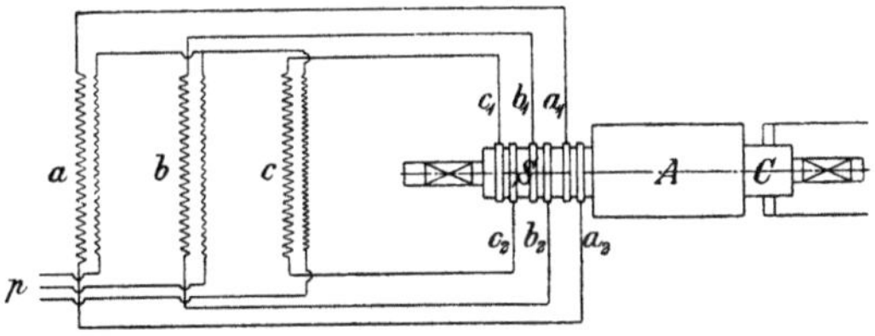

Fig. 244.

A ist der Anker, *C* der Kommutator und *S* sind die 6 Schleifringe. Diese sind paarweise mit den Sekundärspulen *a*, *b*, *c* der drei Phasen durch die Leitungen $a_1\, a_2$, $b_1\, b_2$, $c_1\, c_2$ verbunden. Die Primärspulen sind in Stern geschaltet und ihre drei freien Enden *p* sind mit der Fernleitung verbunden. Da die sechs Speisepunkte durch die Ankerwicklung selbst verkettet sind, so haben wir in der Tat einen Sechsphasenumformer mit Sechseckschaltung. Eine einfache Untersuchung, die hier nicht wiedergegeben zu werden braucht, zeigt, daß der Maximalwert des resultierenden Wechselstromes in jeder Seite des Sechseckes gleich ist dem Maximalwert des von einer

Sekundärspule des Transformators gelieferten Stromes, und daß bei Phasengleichheit dieser Maximalwert in dem Augenblicke eintritt, wo dieses Sechstel der Ankerwicklung vor der Polmitte steht.

Die Berechnung der verlorenen Leistung kann nach derselben Methode ausgeführt werden, welche oben für Drei- und Vierphasenumformer angewendet wurde; es ist daher überflüssig, sie hier im einzelnen zu erläutern. Das Ergebnis ist, wie man der Sache nach erwarten kann, noch günstiger als beim Vierphasenumformer, indem der Anker bei Phasengleichheit beinahe das Doppelte von dem leistet, was er als mechanisch angetriebener Gleichstromgenerator leisten würde. Die Polbreite hat bei Phasengleichheit keinen, und bei Phasenverschiebung nur einen geringen Einfluß.

144. Zusammenstellung der Ergebnisse.

Für die Bedürfnisse der Praxis ist es bequem, die hier gefundenen Werte tabellarisch zusammenzustellen. Die Drei-, Vier- und Sechsphasenumformer sind nur für Phasengleichheit untersucht worden. Die Berechnung der verlorenen Leistung bei Phasenverschiebung kann in gleicher Weise ausgeführt werden, wie es für den Einphasenumformer gezeigt wurde; sie ist jedoch sehr weitläufig und würde, wenn hier mit aufgenommen, dieses Buch mit einem Wulst langer Formeln unnötigerweise beschweren. Große Genauigkeit bei Bestimmung der Kupferwärme, wenn Strom und Spannungsphase verschoben sind, ist übrigens für praktische Zwecke nicht nötig, denn man wird die Erregung immer so einrichten, daß bei Maximalbelastung Phasengleichheit herrscht. Bei geringerer Belastung wird in der Regel Phasenverschiebung eintreten; der dadurch bedingte Zuwachs an Kupferwärme hat aber dann wenig Bedeutung, weil die Leistung und mithin die Kupferwärme, absolut gevommen, geringer ist. In der folgenden Tabelle ist deshalb die Leistung bei Phasenverschiebung einfach dadurch bestimmt worden, daß für den Faktor von c, $\frac{\eta}{\cos\varphi}$ gesetzt worden ist. Für den Einphasenumformer sind die so erhaltenen Werte vollkommen und für die Drei-, Vier- und Sechsphasenumformer sind sie annähernd richtig. Der Vollständigkeit wegen habe ich die von Steinmetz in der früher zitierten Arbeit gefundenen Werte, die für den theoretischen Grenzfall eines sinusartig abschattierten Feldes gelten, mit aufgenommen.

Leistung des Umformers, ausgedrückt in Prozenten jener Leistung, welche er bei derselben Kupferwärme im Anker als Gleichstromgenerator abgeben würde.

Type des Umformers und Phasenverschiebung		Theoretischer Grenzfall Steinmetz	Polbreite	
			$\frac{2}{3}$	$\frac{1}{2}$
Einphasen-Umformer	$\cos\varphi = 1$	85	88	95
	$\cos\varphi = 0{,}9$	—	81	88
	$\cos\varphi = 0{,}8$	—	73	80
	$\cos\varphi = 0{,}7$	—	63	70
Dreiphasen-Umformer	$\cos\varphi = 1$	134	138	144
	$\cos\varphi = 0.9$	—	128	137
	$\cos\varphi = 0{,}8$	—	117	126
Zwei- oder Vierphasen-Umformer	$\cos\varphi = 1$	164	167	170
	$\cos\varphi = 0{,}9$	—	160	167
	$\cos\varphi = 0{,}8$	—	144	153
Sechsphasen-Umformer	$\cos\varphi = 1$	196	198	199
	$\cos\varphi = 0{,}9$	—	192	196
	$\cos\varphi = 0{,}8$	—	177	188

Zwanzigstes Kapitel.

145. Praktische Gesichtspunkte für die Konstruktion von Wechselstrommaschinen. — 146. Beispiele von Wechselstrommaschinen.

145. Praktische Gesichtspunkte für die Konstruktion von Wechselstrommaschinen.

Da Wechselstrom gewöhnlich in jenen Fällen angewendet wird, wo es sich um Übertragung elektrischer Arbeit auf größere Entfernungen handelt, und da aus wirtschaftlichen Gründen derartige Anlagen nicht in kleinem Maßstab ausgeführt werden können, so folgt, daß Wechselstromgeneratoren, wenn man sie für hohe Spannung baut, in der Regel Maschinen von beträchtlicher Leistung sein werden. Es ist damit nicht gesagt, daß Wechselstromgeneratoren für mäßige Spannungen nicht auch für große Leistungen gebaut werden; diese lassen sich ebenso leicht für große als auch für kleine Leistungen bauen. Wenn wir es aber mit Spannungen von mehreren Tausend Volt zu tun haben, so ist die kleine Maschine wegen des verhältnismäßig großen Raumes, den die Isoliermaterialien beanspruchen, im Nachteil, während es bei der großen Maschine ziemlich gleichgültig ist, ob die Isolierschichten einige Millimeter mehr oder weniger Dicke haben. Es ist also für hohe Spannungen ein großer Generator leichter betriebssicher herzustellen als ein kleiner, und da die Verwendungsart ebenfalls zu Maschinen von großer Leistung führt, so können wir sagen, daß Generatoren für hohe Spannungen in der Regel Maschinen von beträchtlicher Leistung sind. Bei solchen Maschinen wird man natürlich Riemenantrieb möglichst vermeiden und die Turbine oder Dampfmaschine mit dem Generator direkt kuppeln. Bei Dampfdynamos ist auf die Lage des Schwungrades Bedacht zu nehmen. Ganz verfehlt wäre es, das Schwungrad auf die eine Seite der Dampfmaschine und die Dynamo auf die andere zu setzen, denn es käme dann zwischen Schwungrad und Anker die

Welle mit den Kurbeln als ein elastisches Zwischenglied zu liegen, was in Bezug auf das Pendeln sehr unvorteilhaft wäre. Am besten ist es, das Schwungrad in den Anker oder bei feststehendem Anker in das Polrad selbst zu legen; ist das aber nicht möglich, so sollte man es möglichst nahe an das Polrad setzen, damit das Stück der Welle, welches als elastisches Zwischenglied wirkt, möglichst kurz wird. Noch besser ist es, Schwungrad und Polrad direkt zu verbolzen.

Die Anforderungen, die man an einen Generator stellen muß, sind solider Bau, geräuschloser Gang, geringe Erwärmung, hoher Wirkungsgrad, kleiner Spannungsabfall, hohe Isolierung und leichte Zugänglichkeit der Teile. Ein feststehender Anker ist einem rotierenden vorzuziehen, dagegen ist die Bedingung, daß auch die Feldwicklung feststehen soll, vom praktischen Standpunkt aus betrachtet, nicht wichtig. Die Feldspulen führen keine hohe Spannung und ihre Isolierung ist nicht schwierig. Zudem ist das Gewicht der Feldspulen nicht so übermäßig groß, daß es in Bezug auf Centrifugalkraft wesentlich wäre, ob sie rotieren oder feststehen. Feststehende Feldspulen bedingen aber die Verwendung von Gleichpolfeldern, die schwerer sind als Wechselpolfelder und auch schwerere Anker erfordern. In der Regel sind die Eisenverluste bei Gleichpolmaschinen größer als bei Wechselpolmaschinen, die erstere Type kann aber, besonders für nicht zu hohe Leistungen und ziemlich hohe Tourenzahlen, praktische Vorteile haben.

Das Summen von Generatoren kann durch zu schwachen Bau hervorgebracht werden oder auch eine Folge der Type sein. Wenn die Löcher im Anker sehr groß sind, so wird der Kraftfluß schwankend und die Maschine wird selbst bei sehr starkem Bau nicht geräuschlos arbeiten. Sind bei einem Feld mit radialen Polen die Magnetkerne sehr lang, so können sie unter Umständen wie große Stimmgabeln wirken und so ein starkes Summen erzeugen. Maschinen mit Zackenankern sind diesem Übelstand besonders ausgesetzt. Maschinen mit Einlochwicklung summen stärker als solche mit Zweilochwicklung.

Die Erwärmung der Maschine bildet bei einigermaßen vorsichtiger Konstruktion keine Schwierigkeit und kann in mäßigen Grenzen gehalten werden. Die Umfangsgeschwindigkeit variiert zwischen 18 und 30 m, kann aber auch höher sein; die Ventilation ist also sehr energisch und kann noch durch Luftlöcher im äußeren Gehäuse begünstigt werden, sodaß ziemlich große Wärmemengen leicht abgeführt werden können. Ein wichtiger Punkt, der die Erwärmung und auch den Wirkungsgrad bestimmt, ist die Qualität des Ankerbleches. Man sollte in dieser Beziehung nicht sparen, sondern den Grundsatz befolgen, daß das beste, wenn auch teuerste Blech gerade noch gut genug für den Anker ist, denn je besser das Blech, desto höher kann man es magnetisch belasten und desto kleiner ist der Materialaufwand und desto höher der Wirkungsgrad für eine gegebene Leistung. Ein kleiner Spannungsabfall ist unter allen Umständen erwünscht, und insoweit ein großer Kurzschlußstrom als ein Zeichen eines kleinen Spannungsabfalls angesehen werden kann, ist auch ein großer Kurzschlußstrom anzustreben. An und für sich ist jedoch der große Kurzschlußstrom keine angenehme Eigenschaft der Maschine; denn es wird dadurch die Gefahr einer Beschädigung der Maschine bei etwa eintretendem Kurzschluß der Leitung vergrößert. Was man in der Konstruktion erstreben soll, ist ein kleiner Spannungsabfall, verbunden mit einem mäßigen Kurzschlußstrom, und dieses Ziel läßt sich durch passenden Entwurf des magnetischen Pfades erreichen. Wir müssen zu diesem Zwecke die Maschine so konstruieren, daß ihre Charakteristik in der Gegend des Arbeitszustandes möglichst flach verläuft, was durch Einführung eines beträchtlichen magnetischen Widerstandes, am besten in den Feldmagneten, erreicht werden kann.

146. Beispiele von Wechselstrommaschinen.

Als Anleitung, wie die in den vorhergehenden Kapiteln erläuterten Grundsätze bei dem Bau von Wechselstromgeneratoren Verwendung finden, mögen hier die Beschreibungen von einigen dieser Maschinen Platz finden. Es ist nicht des Verfassers Absicht, eine vollständige Sammlung solcher Beispiele zu bringen, denn das würde über den Rahmen dieses Buches weit hinausgehen und auch deshalb überflüssig sein, weil in des Verfassers Werk „Elektromechanische Konstruktionen" charakteristische Beispiele und eingehende Berechnungen gegeben worden sind. Die folgenden Beschreibungen sind also nur als eine kleine Auswahl aus einer großen Zahl von praktisch erprobten Konstruktionen zu betrachten und behandeln Typen, die in dem eben zitierten Werke des Verfassers nicht behandelt werden. Das Material zu den Beschreibungen verdankt der Verfasser den ausführenden Firmen.

Die Maschine von Ferranti. Die Feldmagnete haben schmiedeeiserne Kerne und sind auf einem gußeisernen Rahmen befestigt, dessen beide Hälften miteinander verschraubt sind. Die erregenden Spulen sind auf Messinghülsen gewickelt und so verbunden, daß die aufeinander folgenden Pole verschiedenes Zeichen haben und daß entgegengesetzte Pole einander gegenüberstehen. Die Kraftlinien schneiden somit den Anker überall rechtwinklig.

Die Ankerkerne bestehen aus Scheiben von Messing und Asbest, wie Fig. 245 und 246 zeigen. Die radial angeordneten Messing-

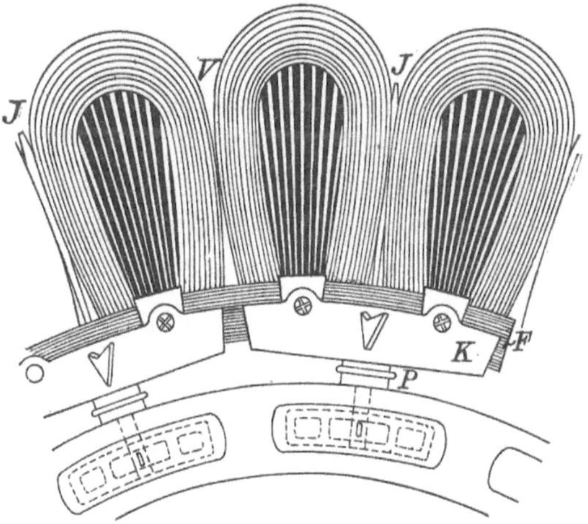

Fig. 245.

scheiben besitzen in ihrer Längsrichtung eingepreßte Rillen, die eine Verschiebung der einzelnen Platten gegeneinander verhindern. Die Dicke der Asbestscheiben nimmt in radialer Richtung zu, um dem Kern die erforderliche Gestalt zu geben. Die Messingplatten werden am dünnen Ende des Kerns durch Übergießen von flüssigem Metall zusammengelötet und während dieses Vorganges nebst den Asbestplatten durch Klammern zusammengepreßt. Durch weitere Bearbeitung erhalten die Kerne die richtige Form und werden dann an dem massiven Ende durchbohrt, um dort Schrauben (*B* und *C*) aufnehmen zu können, welche die elektrische und mechanische Verbindung mit dem Spulenträger herstellen. Das innere Ende der Spulenwicklung wird mit dem Kern verlötet. Sie ist aus blankem

Kupferband hergestellt, das gleichfalls mit einer Rille zur Vermeidung seitlicher Verschiebungen versehen ist. Die aufeinander folgenden Windungen sind durch einen Streifen Hartfiber voneinander isoliert. Beim Aufwickeln des Bandes wird dasselbe stark gespannt, sodaß sich die Isolation fest in die Rille preßt und dadurch das Band eine unveränderliche Lage erhält.

Bei der Montierung der Spulen wird für jedes Paar ein Träger benutzt, wie Fig. 245 und 246 zeigt, der gleichzeitig die inneren Enden der Spulenwicklung miteinander verbindet; die äußersten

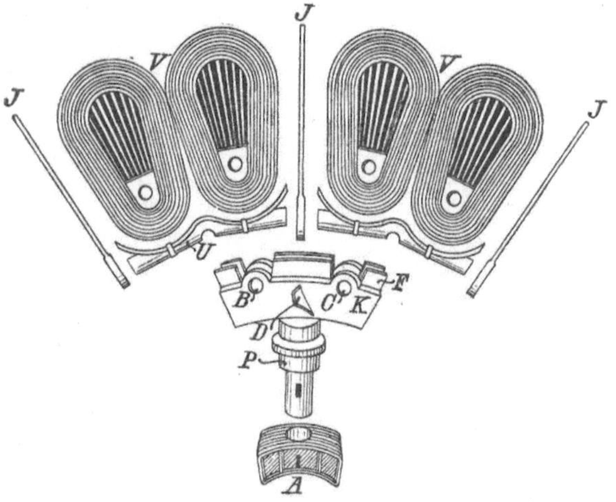

Fig. 246.

Lagen sind durch die Ebonitplatte J voneinander isoliert. Die äußern Enden der Wicklung sind im Punkte V miteinander verbunden, wo sich zwei Spulen berühren, die nicht auf demselben Träger befestigt sind. Es geschieht dies vor der Befestigung der Spulen auf dem Rahmen. Bei dieser Art der Verbindung müssen natürlich die einzelnen Träger sowohl voneinander als auch von dem Rahmen gut isoliert sein. Der Stiel des Trägers ist zunächst an der Stelle, wo er in das zu seiner Aufnahme bestimmte Loch des ringförmigen Trägers für sämtliche Spulen eintritt, mit Porzellan P isoliert. Dieser Träger besitzt an den betreffenden Stellen weite, in der Richtung der Achse verlaufende Durchbohrungen, sodaß auf dem untern Ende des Stieles eine große viereckige Mutter befestigt werden kann und daß rings um diese noch ein schmaler Zwischenraum bleibt, der mit Schwefelkitt ausgefüllt wird. Dieser dehnt sich aus und bildet alsdann sowohl die Isolierung, wie die Befestigung für die Mutter. Durch die Verwendung von Porzellan will man eine größere Oberflächenisolation erzielen und ferner die Feuersgefahr beseitigen, die der Schwefel an dieser Stelle bei dem Auftreten von Funken darbieten würde. Die beiden Hälften des Ankers sind parallel geschaltet, um die Spannung zwischen benachbarten Spulen zu erniedrigen.

Bei einer Maschine für 245 Kilowatt, welche 2400 V liefert, werden in jeder Spule 200 V erzeugt, sodaß die Spannung zwischen den beiden auf einem Träger befindlichen Spulen 400 V beträgt. Die Ebonitplatten, die hier eingefügt sind, gewähren jedoch eine hinreichende Sicherung gegen Kurzschlüsse. Die Spulen sind an ihrem untern Ende mittels isolierter Metallteile in den Trägern befestigt, wie es Fig. 246 veranschaulicht. Diese Anordnung trägt sehr zur Erleichterung der Reparaturen bei. Wird eine Spule irgendwie beschädigt, so nimmt man sie zusammen mit der benachbarten des andern Trägers heraus und ersetzt die beiden durch zwei neue.

Von zwei genau einander gegenüberliegenden Punkten des Ankers sind Verbindungen durch das Innere der Achse nach zwei gut isolierten Kupferringen geführt, von denen der Strom mit Hülfe zweier Halbringe aus Messing abgenommen wird. Zwischen den Kupfer- und Messingringen befindet sich Graphit, der die Reibung verringert, dabei aber zugleich eine gute Leitung herstellt.

Die Feldmagnete sind auf einem Rahmen befestigt, der aus verschiedenen Gußstücken zusammengeschraubt wird. Die erregenden Spulen werden auf besondere Hülsen gewickelt, welche auf die Magnetschenkel geschoben und hier gut befestigt werden. Auf die Schmiervorrichtung der Maschine ist besondere Sorgfalt verwandt. Das Öl wird von unten in das Lager gepreßt und sucht gleichsam die Achse vom Lager abzuheben. Die Ölpumpen werden auf jeder Seite von Exzentern in Bewegung gesetzt, die auf der Achse sitzen.

Bei der 245 Kwt.-Maschine werden die Magnete durch einen Strom von 150 A und 30 V Spannung gespeist; der entsprechende Verlust beträgt 1,85 % der gesamten Leistung.

Nachstehend folgen einige Angaben über eine solche Maschine:

Spannung	2400 V
Stromstärke	100 A
Umdrehungszahl in der Minute . . .	335

Periodenzahl in der Sekunde	66
Zahl der Ankerspulen	24
Querschnitt des Ankerleiters	16 × 1 mm
Zahl der Windungen jeder Spule . .	40
Dicke der Isolation zwischen den Windungen	0,5 mm
Kupfergewicht des Ankers	120 kg
Oberfläche der Polschuhe	800 qcm
Zahl der erregenden Windungen . .	522
Durchmesser des Drahtes der Magnetspulen	4 mm
Gesamtgewicht	18,5 t
Grundfläche	3,0 × 3,8 m.

Die Maschine des Verfassers. Die ältere Type der Maschine des Verfassers hatte einen Ringanker von scheibenförmiger Gestalt, der zwischen zwei Kränzen von Magnetpolen rotierte. Diese Maschine ist von der Maschinenfabrik Oerlikon während einer Reihe von Jahren gebaut worden, wird aber heutzutage nicht mehr hergestellt, weil bei ihr die Hochspannungswicklung rotiert. In der neuen Maschine des Verfassers (Fig. 247), welche von der Firma Johnson & Phillips gebaut wird, steht der Anker fest und die Feldmagnete rotieren innerhalb desselben. Das Feld ist nach der sogen. Lauffener Type konstruiert und besteht aus zwei Gußstücken aus Stahl mit klauenförmigen Ansätzen, welche die Pole bilden und so ineinander greifen, daß ein Kranz von Wechselpolen entsteht. Die Erregung wird durch eine einzige Spule bewirkt, welche in dem Raum zwischen dem Körper des Feldmagnetes und seinen Polstücken untergebracht ist.

Der Anker ist cylindrisch und trägt die Wicklung auf seiner innern, den Polen zugekehrten Seite. Der Ankerkern besteht aus einzelnen Segmenten, die in einem starken, gußeisernen Gehäuse befestigt sind. Jedes Segment trägt eine Spule, die in entsprechende Aussparungen eingebettet ist. Jede Spule wird erst für sich gewickelt und auf ihrer ganzen Oberfläche isoliert; dann werden die Ankerbleche einzeln eingelegt und so das Segment aufgebaut. Die Endplatten bestehen aus Rotguß und haben Ansätze zur Verschraubung mit dem äußern Gehäuse. Durch diese Konstruktion ist jede Spule für sich auswechselbar. Um eine Schwankung in der Feldstärke durch den magnetischen Widerstand der Fugen zwischen benachbarten Segmenten zu vermeiden, wird die innere Kontur der

Segmente nicht genau kreisförmig gemacht, sondern etwas verflacht, sodaß der Luftraum (Entfernung zwischen Polfläche und Fläche des Ankerkernes) in der Spulenmitte etwas kleiner wird als bei den Löchern. Diese Anordnung hat zur Folge, daß der gesamte mag-

Fig. 247.

netische Widerstand des nützlichen Feldes bei allen Stellungen der Magnete gegenüber den Spulen nahezu der gleiche ist.

Eine Kraftübertragungsanlage, bei welcher diese Maschinen Anwendung fanden, wurde von der Firma Johnson & Phillips für die Sheba-Goldminen in Südafrika errichtet. In der Primärstation wird eine Wasserkraft mittels Turbinen ausgenützt und dient zum Betrieb von zwei Zweiphasengeneratoren der eben beschriebenen Type von 132 Kilowatt. Die Spannung jeder Phase beträgt 3000 V und der Strom wird durch unterirdische Kabel nach dem 8 km entfernten Werk geleitet, wo er, durch Transformatoren auf 100 V herabgesetzt, zum Antrieb von Zweiphasenmotoren dient.

Die Maschine von Mordey (Fig. 248) unterscheidet sich im Prinzip und in den Einzelheiten von den bis jetzt beschriebenen.

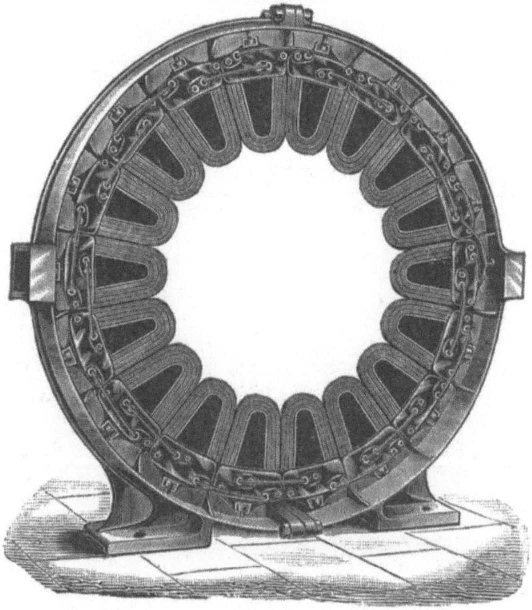

Fig. 248.

Die Richtung der Kraftlinien in den Ankerspulen wird hier nicht umgekehrt, wie bei den bisher betrachteten Maschinen, es ändert sich nur die Feldstärke in den Spulen und nimmt vom maximalen Betrage bis auf einen beträchtlich geringeren Wert ab. Es ist also eine Gleichpolmaschine mit eisenlosem Anker. Der Anker hat zweimal so viel Spulen, wie Pole vorhanden sind. Befindet sich eine Spule gerade vor einem Pole, sodaß die höchste Induktion in ihr herrscht, so liegen die beiden benachbarten Spulen zwischen zwei Polen und werden nur von wenigen Kraftlinien durchsetzt.

Die Feldmagnete sind so angeordnet, daß eine Reihe gleicher Pole aufeinander folgt. Der magnetische Kreis besteht aus einem kurzen, gußeisernen Cylinder, um den eine einzige Spule gelegt ist; an den Endflächen des Cylinders sind nach innen gekehrte klauenförmige Polschuhe befestigt, welche den Rückweg für die Kraftlinien bilden und nur einen schmalen Spalt für den feststehenden Anker zwischen sich frei lassen. Der gußeiserne Cylinder ist mit der Achse fest verbunden und an seine Endflächen sind die sternförmigen Gußstücke geschraubt, die so viele Fortsätze besitzen, wie Pole nötig sind. Die erregende Spule ist auf eine Hülse gewickelt, die auf den Cylinder geschoben wird. In der Mitte der Wicklung ist Platz für die Ankerspulen gelassen, damit diese möglichst auf den Grund der sternförmig auf dem Cylinder angeordneten Hufeisenmagnete dringen können. Durch diese Anordnung wird eine Verkürzung des Kraftlinienweges in radialer Richtung erzielt. Der Strom wird der erregenden Spule von zwei Messingringen aus zugeführt, die durch ein biegsames Band aus Kupfergaze, das durch ein Gewicht gespannt wird, mit den Klemmen verbunden sind.

Die Ankerspulen sind auf Kerne von Porzellan gewickelt. Als Leiter dient blankes Kupferband, das gleichzeitig mit einem isolierenden Streifen aufgewickelt wird. Die innern und äußern Enden der Spulen sind durch biegsame Leiter verbunden; diese sind durch neusilberne Backen geführt, welche zur Befestigung der äußern Enden der Spulen an einen ringförmigen zweiteiligen Rahmen aus Gußeisen dienen. Die hintereinander geschalteten Ankerspulen sind in zwei parallel geschaltete Hälften geteilt, um hohe Spannungsunterschiede zwischen benachbarten Spulen zu vermeiden.

Es folgen einige Angaben über zwei derartige Maschinen verschiedener Größe.

	Kleinere Maschine	Größere Maschine
Spannung	2000 V	2000 V
Stromstärke	25 A	50 A
Umdrehungszahl in der Minute	600	430
Periodenzahl in der Sekunde.	100	100
Zahl der Ankerspulen . . .	20	28
Durchmesser des Ankers . .	1,35 m	1,75 m
Gesamtgewicht.	4 t	9 t
Grundfläche	2,0 × 1,7 m	2,5 × 1,9 m
Höhe	1,6 m	2,1 m.

Die Maschine von Siemens & Halske. Die Wechsel- und Drehstrommaschine von Siemens & Halske hat einen feststehenden Anker und einen rotierenden Magnetstern mit Wechselpolen. Der Anker wird von einem gußeisernen, zweiteiligen Gehäuse umschlossen und besteht aus dünnen gestanzten Eisenblechen, die mit versetzten Stößen zwischen zwei ringförmige, durch radiale Rippen versteifte Flanschen des Gehäuses[1]) eingefügt sind und hier durch Querbolzen gehalten werden. Die Ankerbleche sind an ihrer Innenseite mit Einschnitten versehen, die nach der Zusammensetzung Nuten zur Aufnahme der Wicklung bilden.

Der Magnetstern ist auf einem radförmigen Eisenkörper befestigt, dessen Nabe auf der Achse verkeilt ist. Die eigentlichen Feldmagnete sind aus gestanzten Eisenblechen zusammengesetzt, von denen jedes zwei zusammenstoßende Schenkel begreift. Die Bleche sind mit versetzten Stößen aufeinander gefügt, wodurch außer der größern Festigkeit eine gleichmäßige Verteilung des Kraftflusses erzielt wird. Sie werden zwischen zwei Flanschen des radförmigen Trägers und an den Polschuhen durch Bolzen zusammengehalten. Nach der Zusammensetzung werden die Magnetkerne mit Preßspan umgeben und hierauf bewickelt. Zur Stromzuführung befinden sich auf der Achse zwei Schleifringe.

Die abgebildete Maschine (Fig. 249 und 250) besitzt zwanzig Pole und ist für 50 Perioden in der Sekunde bestimmt. Als Drehstrommaschine liefert sie 2000 V und 56,5 A und leistet demnach bei einem induktionsfreien Stromkreis 196 Kilowatt. Der Anker besitzt 60 Nuten mit je 16 Leitern aus Kupferlitze von $6 \times 5{,}5$ mm Querschnitt. Die Wicklung ist in Sternschaltung angeordnet, und jeder Zweig hat 0,22 Ohm bei 15°. Jeder Magnetschenkel trägt 100 Windungen aus Kupferlitze von 6×6 mm. Sämtliche Magnetwicklungen sind hintereinander geschaltet und haben zusammen etwa 1,7 Ohm bei 15°. Für die Erregung sind 6,25 Kilowatt erforderlich.

Die Maschine wiegt ohne Erreger 5,8 t und ist für Riemenbetrieb bestimmt. Größere Maschinen sind für den Zusammenbau mit der Antriebsmaschine eingerichtet und haben in dieser Ausführung vielfach in den großen Centralen Verwendung gefunden.

---

[1]) In einer neueren Konstruktion der Siemens-Schuckert-Werke wird das Gehäuse aus starkem Eisenblech zusammengesetzt.

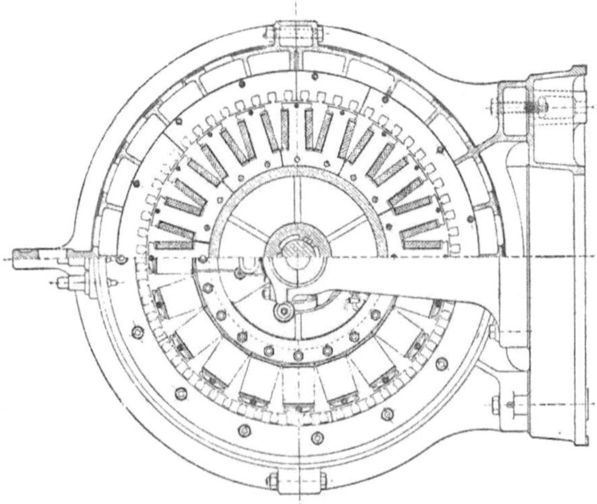

Fig. 250.

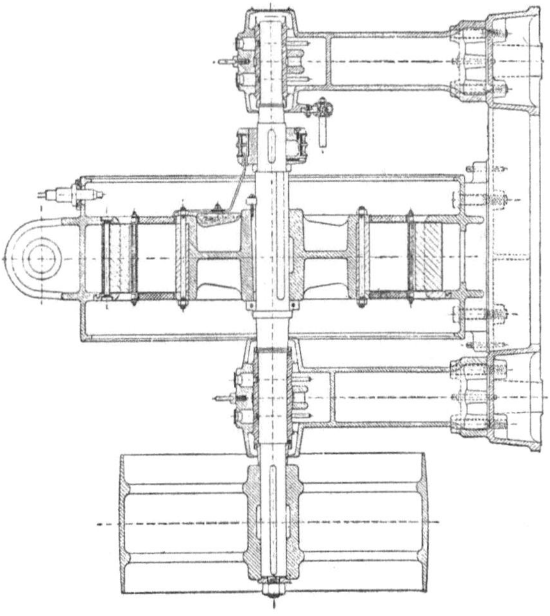

Fig. 249.

Sie werden für Leistungen bis über 1000 Kilowatt gebaut. Eine Maschine von 1100 Kwt. erreicht eine Höhe von mehr als 6 m und ein Gewicht von 65 t. Als Erregermaschine für die größeren Modelle werden gewöhnliche Außenpolmaschinen oder auch die auf S. 332 beschriebenen Innenpolmaschinen benutzt, deren Anker dann unmittelbar auf der Achse der Wechselstrommaschine befestigt wird.

Oerlikoner Maschinen. Fig. 251 bis 253 stellen die Ansicht und Querschnitte einer Drehstrommaschine dar, die von der

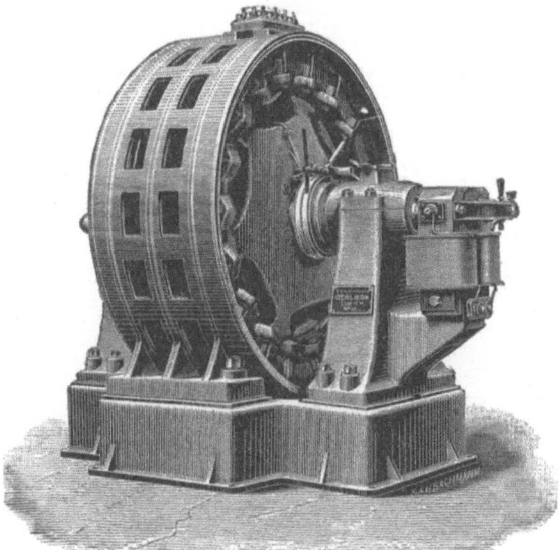

Fig. 251.

Oerlikoner Maschinenfabrik gebaut wurde. Diese Konstruktion rührt von Charles Brown her und wurde zuerst bei der bekannten Kraftübertragung zwischen Frankfurt und Lauffen angewandt. Daher wird auch dieses Magnetsystem manchmal als Lauffenerfeld bezeichnet. Die hier dargestellte Maschine gehört einer spätern Zeit an. Charakteristisch ist das drehbare Feldmagnetsystem, das eine Scheibe bildet, an deren Umfang die zahnförmigen Pole vorspringen, und zwar abwechselnd von jeder Seite, sodaß die aufeinander folgenden Pole verschiedenes Zeichen bekommen. Die Magnetisierung geschieht durch eine centrale Spule, die in einer Nute des scheibenförmigen

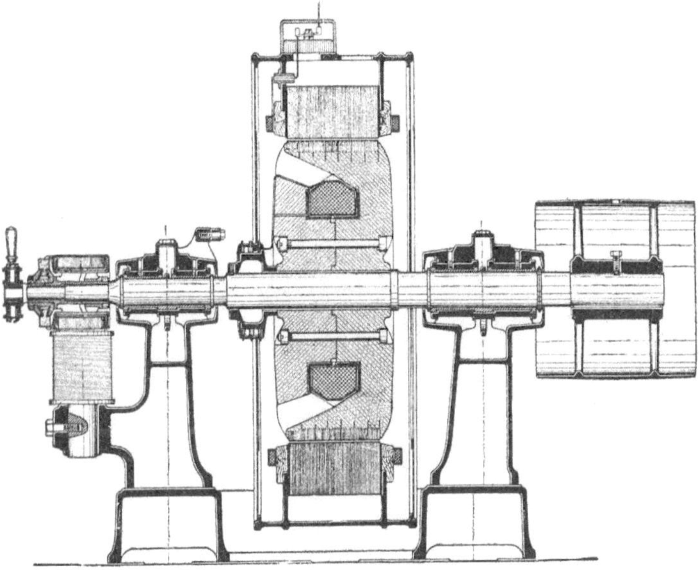

Fig. 252.

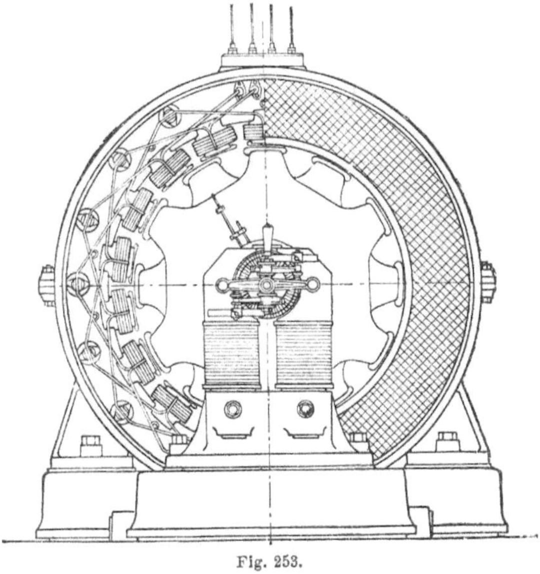

Fig. 253.

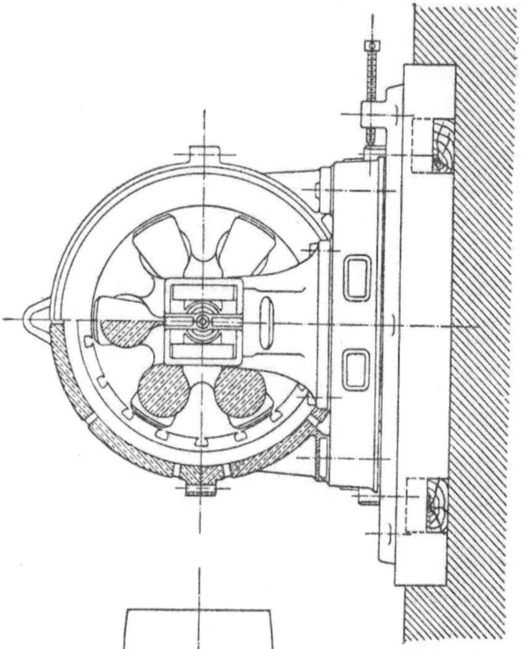

Fig. 255.

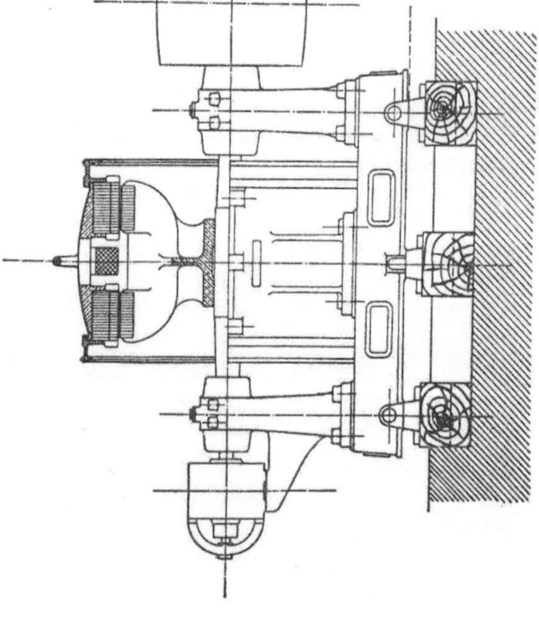

Fig. 254.

Kerns eingebettet ist. Der ringförmige feste Anker besteht aus Eisenblechen, von dem Fortsätze nach innen ragen, welche die Spulen aus Kupferband tragen, deren Zahl gleich der $1^1/_2$-fachen Anzahl der Pole ist. Wir haben es also hier mit einer Kombination von kurzen Spulen und Zackenankern (vergleiche die Tabellen für k Seite 375 und 376 zu tun. Da die Zwischenräume zwischen den Ankerspulen Induktionsschwankungen an der Oberfläche der Feldmagnete erzeugen, so sind deren Polstücke mit Eisenblechen versehen. Für eine Maschine von 100 PS. und 100 V gelten folgende Angaben:

Periodenzahl in der Sekunde	50
Anzahl der Umdrehungen in der Minute	500
Windungszahl der Feldspule	700
Widerstand der Feldspule	2,5 Ohm
Anzahl der Ankerspulen	18.

Fig. 254 und 255 stellen den Querschnitt und die Seitenansicht einer Gleichpolmaschine dar. Die Ankerwicklung ist in Ringen aus Eisenblechen in zwei Reihen gebettet, zwischen denen die ringförmige Erregerspule liegt, die von einer besonderen Gleichstrommaschine mit Strom gespeist wird. Den drehenden Teil bildet ein zahnradförmiger Körper aus Stahlguß, der sogenannte Induktor. Bei einem Drehstromgenerator von 100 PS. Leistung, 500 Touren und einer Periodenzahl von 50 enthält jeder Ankerring 36 Löcher mit je 2 Stäben von 10 mm Durchmesser. Der Widerstand jeder Phase beträgt 0,007 Ohm. Die Erregerspule besitzt 513 Windungen eines Drahtes von 4,5 mm Durchmesser, die einen Widerstand von 1,9 Ohm haben. Die neueren Konstruktionen dieser Firma haben, wie die Maschinen, die von allen anderen erstklassigen Fabriken hergestellt werden, ein rotierendes Magnetfeld mit Wechselpolen.

Anhang.

Dimensionen physikalischer Größen im absoluten Maßsystem.

Länge	L
Zeit	T
Masse	M
Fläche	L^2
Volumen	L^3
Winkel	Zahl
Winkelgeschwindigkeit	T^{-1}
Winkelbeschleunigung	T^{-2}
Lineare Geschwindigkeit	$L\,T^{-1}$
Lineare Beschleunigung	$L\,T^{-2}$
Kraft	$L\,M\,T^{-2}$
Arbeit oder Wärmemenge	$L^2\,M\,T^{-2}$
Leistung	$L^2\,M\,T^{-3}$
Trägheitsmoment	$L^2\,M$
Magnetische Masse	$L^{\frac{3}{2}}\,M^{\frac{1}{2}}\,T^{-1}$
Kraftfluß (gesamter)	$L^{\frac{3}{2}}\,M^{\frac{1}{2}}\,T^{-1}$
Kraftfluß per Flächeneinheit (Induktion)	$L^{-\frac{1}{2}}\,M^{\frac{1}{2}}\,T^{-1}$
Erregung (gesamte Amperewindungen)	$L^{\frac{1}{2}}\,M^{\frac{1}{2}}\,T^{-1}$
Magnetisierende Kraft (Erregung zur Längeneinheit)	$L^{-\frac{1}{2}}\,M^{\frac{1}{2}}\,T^{-1}$
Magnetischer Widerstand	L^{-1}
Magnetische Leitfähigkeit	L
Magnetische Permeabilität	Zahl
Elektrischer Widerstand	$L\,T^{-1}$
Elektrische Leitfähigkeit	$L^{-1}\,T$
Elektromotorische Kraft (Spannung)	$L^{\frac{3}{2}}\,M^{\frac{1}{2}}\,T^{-2}$
Stromstärke	$L^{\frac{1}{2}}\,M^{\frac{1}{2}}\,T^{-1}$
Elektrizitätsmenge (Ladung)	$L^{\frac{1}{2}}\,M^{\frac{1}{2}}$
Kapazität	$L^{-1}\,T^2$
Induktionskoeffizient	L
Frequenz	Zahl
Reaktanz	$L\,T^{-1}$.

Namen- und Sachregister.

MIX
Papier aus verantwortungsvollen Quellen
Paper from responsible sources
FSC® C105338

If you have any concerns about our products,
you can contact us on
ProductSafety@springernature.com

In case Publisher is established outside the EU,
the EU authorized representative is:
Springer Nature Customer Service Center GmbH
Europaplatz 3, 69115 Heidelberg, Germany

Printed by Libri Plureos GmbH
in Hamburg, Germany